普通高等教育规划教材

化工制图

第二版

吕安吉　郝坤孝　主　编
张星明　主　审

化学工业出版社
·北京·

本书是根据教育部制定的高等学校工科“画法几何及工程制图课程教学基本要求”编写而成的。

本书的主要内容包括：制图的基本知识、投影基础、立体的表面交线、组合体、轴测图、机件的表达方法、标准件和常用件、零件图、装配图、化工设备图、化工工艺图、AutoCAD基础知识等。

本书有《化工制图习题集》第二版（郝坤孝、吕安吉主编）配套使用。

本书可作为普通高等院校、高职高专化工类专业教材，也可供有关工程技术人员参考。

图书在版编目（CIP）数据

化工制图/吕安吉，郝坤孝主编. —2版. —北京：化学工业出版社，2020（2024.8重印）
普通高等教育规划教材
ISBN 978-7-122-35718-2

Ⅰ.①化… Ⅱ.①吕… ②郝… Ⅲ.①化工机械-机械制图-高等学校-教材 Ⅳ.①TQ050.2

中国版本图书馆CIP数据核字（2019）第246767号

责任编辑：高 钰
责任校对：边 涛　　装帧设计：刘丽华

出版发行：化学工业出版社（北京市东城区青年湖南街13号 邮政编码100011）
印　　装：河北延风印务有限公司
787mm×1092mm 1/16 印张23½ 字数616千字 2024年8月北京第2版第8次印刷

购书咨询：010-64518888　　售后服务：010-64518899
网　　址：http://www.cip.com.cn
凡购买本书，如有缺损质量问题，本社销售中心负责调换。

定　价：68.00元

前言

本书是根据教育部制定的高等学校工科“画法几何及工程制图课程教学基本要求”编写而成的。

由于制图及有关国家标准近年来有较大的变化，计算机绘图软件也有很大的发展，第一版教材的不少内容已不适应教学的要求。为适应教学内容、教学体系、教学手段和教学方法改革的需要，执行新的国家制图标准，结合工程图学的教改成果，故对其进行修订。

与第一版相比，第二版有以下变动：

① 贯彻最新的制图标准及有关国家标准。

② 对 AutoCAD 绘图部分采用 AutoCAD2018 版本，内容进行了重新编写，使这部分内容能紧跟绘图软件的发展。

③ 对部分章节内容做了补充完善，使教材内容系统完整。

④ 补充了少量习题。

本书可作为普通高等院校、高职高专化工类专业 64～128 学时化工制图的教材。

本书有《化工制图习题集》第二版（郝坤孝、吕安吉主编）配套使用。

本书由吕安吉、郝坤孝主编，张星明主审并提供了许多宝贵意见，季阳萍、刘雯参加了编写，在此致谢。

由于编者水平有限，书中或有欠妥之处，敬请读者批评指正。

编　者

2019 年 8 月

第一版前言

本教材是根据教育部制定的高等学校工科“画法几何及工程制图课程教学基本要求”编写而成的。

本教材的主要内容包括：制图的基本知识、投影基础、立体的表面交线、组合体、轴测图、机件的表达方法、标准件和常用件、零件图、装配图、化工设备图、化工工艺图、AutoCAD基础知识等。

随着科技的迅猛发展，以及计算机技术的普及应用，本课程无论是课程体系，还是教学内容、教学方法和教学手段都发生了深刻的变化。因此，本教材以加强学生综合素质、创造性思维及创新能力的培养为出发点，尽量反映新知识、新内容，体现行业特色，应用现代科学技术，采用先进的教学方法和教学手段。

本教材具有以下特点：

① 注重最新国家标准和部颁标准的推广，突出绘图、读图能力的培养，力求贯彻理论联系实际原则，更符合高等教育的培养目标。

② 力求提高书中插图质量，图例明显，代表性强，使其达到清晰、醒目、秀美的效果。

③ 在内容设置上力求使投影理论部分以应用为目的，以机件表达方法为中介，以机械制图为基础，强化了化工行业和生产的针对性和实用性。在结构上力求做到画图和读图相结合，画图与尺寸标注相结合。

④ AutoCAD基本知识采用AutoCAD 2009版本，并精选内容，做到在允许的学时范围内，达到能绘制二维图形的目的。

本教材可作为普通高等学校本科、高职高专化工类专业80～150学时化工制图的教材，也可供有关工程技术人员参考。

本教材有《化工制图习题集》（郝坤孝、吕安吉主编）配套使用。

参加本教材编写工作的有：吕安吉、郝坤孝、季阳萍、刘雯，由吕安吉、郝坤孝主编，张星明主审。

由于编者水平有限，书中或有欠妥之处，敬请读者批评指正。

编　者

2011年3月

目录

绪论 / 1

第1章 制图的基本知识 / 3

第2章 投影基础 / 24

第3章 立体的表面交线 / 60

第4章 组合体 / 77

绪　论

0.1 本课程的研究对象

工程图学主要研究绘制和阅读工程图样的理论与技术。工程图样普遍应用于工程领域，用于表达和传递制造信息的重要媒介，在技术与管理工作中有着广泛的作用。就机械工程领域和化工工程领域而言，主要采用机械图样和化工图样，从机械图样和化工图样中可以了解机器和化工设备的形状、尺寸和技术要求，以及其他如材料的准备、产品的检验等信息。因此，工程图样是组织和指导生产的重要技术文件，是表达和交流技术思想的工具，被称为工程界的“技术语言”，因此，工程技术人员必须掌握绘制工程图样的理论和方法。

随着计算机工业的发展，计算机绘图应运而生，近年来成为发展最迅速、最引人注目的技术之一。利用计算机完成工程图样信息的产生、加工、存储和传递等环节已成为工程界广泛采用的方法和技术。计算机绘图成为与工程制图学密切联系、不可分割、甚至相互融合的知识内容。

0.2 本课程内容

本课程的主要内容有投影理论基础、国家标准关于技术制图、机械制图的有关规定、图样的表达和绘图方法与技能。

投影理论基础主要研究空间几何元素点、直线、平面以及各种立体在投影体系中的投影规律和性质，建立空间几何元素的空间形位和投影之间的关系，建立各投影图之间的相互关系，以实现三维形状的二维准确图示和三维几何问题的二维正确图解。

机械制图主要涉及机械图样的基本规范，机件的表达方法、标准零件和常用零件的规定画法以及零件图和装配图中各项内容的画法，要深刻理解与机械制图相关的国家标准《技术制图》、《机械制图》中的规定，熟练正确地应用到绘图实践中。

化工制图包括化工设备图和化工工艺图。化工制图是在《技术制图》《机械制图》的基础上，又采用了一些适合化工生产的规定和方法绘制成为化工图样，用以满足化工工程的需要。

绘图方式分传统手工绘图和计算机绘图。传统手工绘图分借助仪器精确绘图和徒手绘图，是牢固掌握绘图方法的基础和必要环节。计算机绘图需要依托一定的绘图软件，大部分绘图软件的操作原理和方法都类似，AutoCAD 软件具有普遍的代表性。

0.3 本课程任务

本课程的任务主要有以下几点：

① 掌握使用投影法用二维平面图形表达三维空间形状的能力；

② 培养和发展学生的空间想象能力和空间思维能力；

③ 培养仪器绘图、徒手绘图的能力；

④ 培养阅读机械图样、化工图样的能力；

⑤ 培养工程意识，贯彻专项国家标准的意识；

⑥ 培养使用 AutoCAD 绘制机械图样、化工图样的能力。

0.4 本课程的学习方法

本课程是一门既有理论又有实践的技术基础课，在学习过程中，主要有以下方法：

① 必须注重理论联系实际，勤思考、多动手，掌握正确的读图、画图的方法和步骤，提高绘图技能。

② 在学习过程中应掌握基本概念、基本理论和基本方法，在此基础上由浅入深地进行绘图和读图实践，逐步提高空间想象能力、空间思维能力、分析问题能力和解决问题能力。

③ 学习过程中，必须注意空间几何关系的分析以及空间形体与其投影之间的相互联系，“由物到图，再从图到物”进行反复思考。

④ 由于工程图样在生产中起着很重要的作用，绘图和读图的差错，都会带来损失，所以在学习过程中，应养成认真负责的态度和严谨细致的作风。本课程只能为学习者的绘图和读图能力打下初步基础，在后续课程学习以及生产实习、课程设计和毕业设计中，还要继续提高。

⑤ 认真听课，用心习题，深刻领会课程内容，很好地将理论与实践相结合，不断提高绘图和读图能力。

第 1 章　制图的基本知识

1.1　国家标准关于制图的基本规定

图样是现代工业生产中的重要技术文件，是人们表达和交流技术思想，组织生产与施工的重要工具，是工程技术人员的“语言”。因此，图样的绘制必须严格遵守统一的规范，这个统一的规范就是国家质量监督检验总局制定的一系列有关《技术制图》与《机械制图》的国家标准，简称国标，用 GB 或 GB/T 表示。本节将对该标准中有关图纸幅面、格式、比例、字体、图线以及尺寸标注等做一简要介绍。

1.1.1　图纸幅面及格式（GB/T 14689—2008）

GB 为“国标”的汉语拼音第一个字母，“T”为推荐执行，“14689”为该标准编号，“2008”指该标准是 2008 年颁布的。

（1）图幅

为了便于装订、保管和技术交流，国家标准对图纸幅面的尺寸大小作了统一规定。绘制技术图样时，应优先采用表 1-1 规定的基本幅面，幅面代号为 A0、A1、A2、A3、A4 共 5 种。其中 A0 幅面尺寸最大，A1 幅面为 A0 幅面沿长边对折，依此类推，后一幅面是前一幅面面积的 1/2。

表 1-1　图纸基本幅面及图框格式尺寸　　mm

幅面代号	A0	A1	A2	A3	A4
$B \times L$	841×1189	594×841	420×594	297×420	210×297
c	10			5	
a	25				
e	20		10		

（2）图框格式

在图纸上必须用粗实线画出图框，其格式分为留有装订边和不留装订边两种，同一产品的图样只能采用同一种格式。留有装订边的图纸，其图框格式如图 1-1 所示，不留装订边的图纸，其图框格式如图 1-2 所示。它们的周边尺寸都按表 1-1 的规定。

（3）标题栏

每张工程图样中均应画出标题栏，其位置一般在图纸的右下角。实际工作中，应采用国家标准 GB/T 10609.1—2008 规定的标题栏的组成、尺寸及格式等内容。学习阶段可采用如图 1-3、图 1-4 所示的标题栏格式和尺寸。

标题栏的长边置于水平方向并与图纸的长边平行时，构成 X 型图纸，如图 1-1（a）和图 1-2（a）所示。若标题栏的长边与图纸的长边垂直，则构成 Y 型图纸，如图 1-1（b）和图 1-2（b）所示。此时，看图的方向与看标题栏中文字的方向一致。

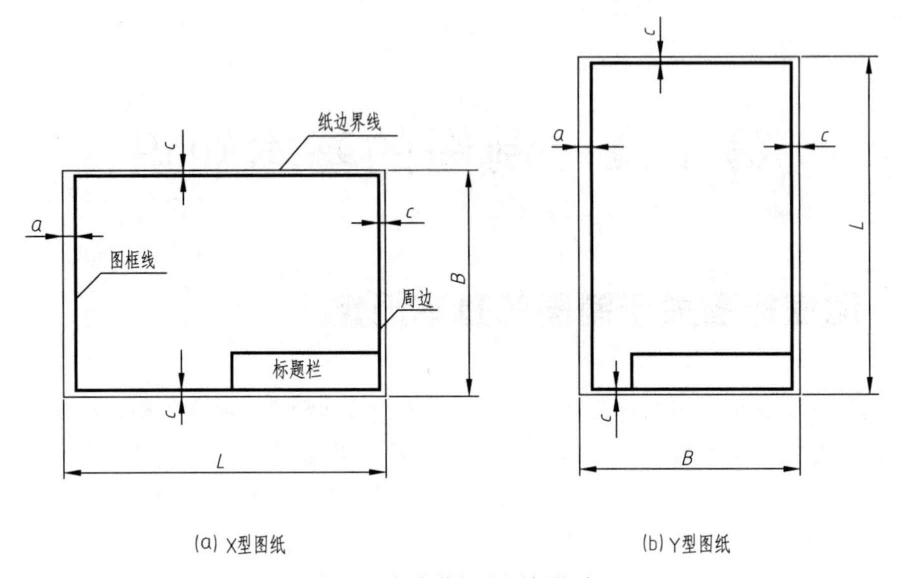

(a) X型图纸　　(b) Y型图纸

图 1-1 留有装订边图框格式

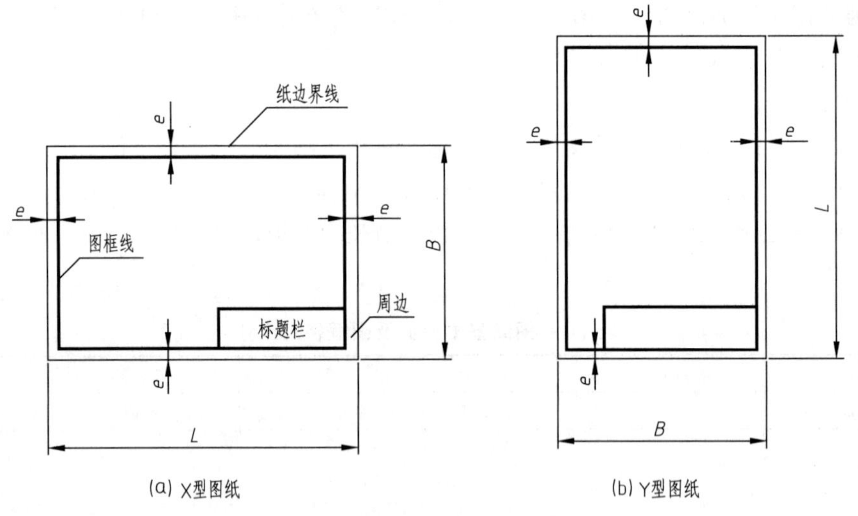

(a) X型图纸　　(b) Y型图纸

图 1-2 无装订边图框格式

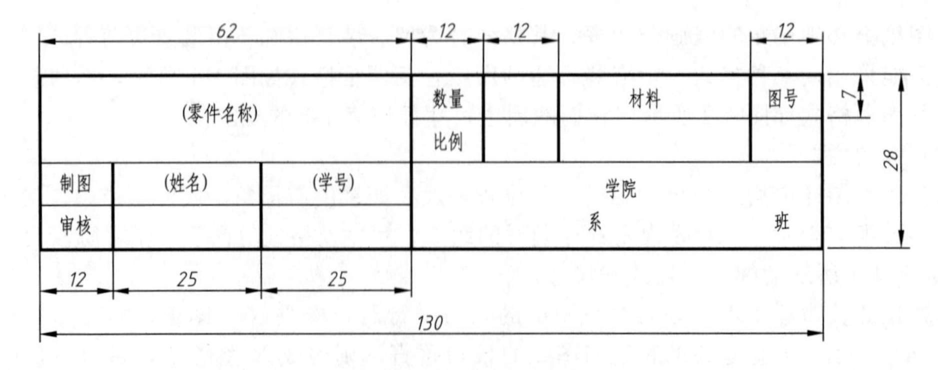

(零件名称)			数量		材料	图号
			比例			
制图	(姓名)	(学号)	学院			
审核			系			班

图 1-3 零件图用标题栏

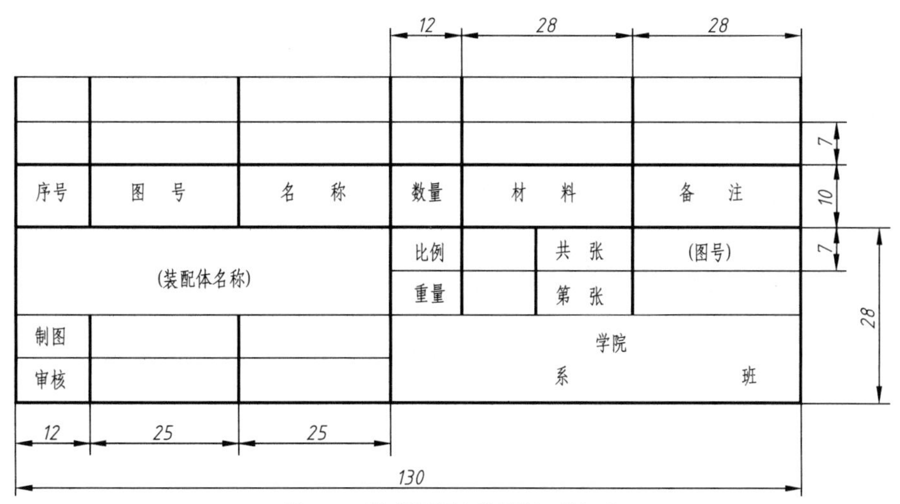

图 1-4　装配图用标题栏与明细表

1.1.2　比例（GB/T 14690—1993）

比例是指图中图形与其实物相应要素的线性尺寸之比。比例符号为“∶”，比例按其比值大小可分为原值比例、缩小比例和放大比例三种，其比例分别为等于 1、小于 1 和大于 1。

绘图时，所用的比例应符合表 1-2 中的规定。优先选用第一系列，尽量采用 1∶1 的原值比例，必要时允许选用第二系列比例。

同一机件的各个视图应采用相同的比例，并应将所选比例填写在标题栏中，必要时也可注写在视图下方或右侧。

表 1-2　比例

种　类	第一系列	第二系列
原值比例	1∶1	
放大比例	2∶1　5∶1　1×10^n∶1 2×10^n∶1　5×10^n∶1	2.5∶1　4∶1 2.5×10^n∶1　4×10^n∶1
缩小比例	1∶2　1∶5　1∶10　1∶2×10^n 1∶5×10^n　1∶1×10^n	1∶1.5　1∶2.5　1∶3　1∶4　1∶6 1∶1.5×10^n　1∶2.5×10^n　1∶3×10^n 1∶4×10^n　1∶6×10^n

注：n 为正整数。

1.1.3　字体（GB/T 14691—1993）

在图样中除了表示物体形状的图形外，还必须用文字、数字和字母说明物体的大小及技术要求等内容。图样中书写字体必须做到：字体工整、笔画清楚、间隔均匀、排列整齐。

字体的高度（用 h 表示）代表字体的号数，其公称尺寸系列为：1.8mm、2.5mm、3.5mm、5mm、7mm、10mm、14mm、20mm。如需要书写更大的字，其字体高度应按$\sqrt{2}$的比率递增。

（1）汉字

汉字应采用我国正式公布推广的简化字，并写成长仿宋体字。汉字的高度 h 不应小于 3.5mm，其字宽一般为 $h/\sqrt{2}$。为保证字体大小一致和排列整齐，书写时可先打格子，然后写字。

长仿宋体字的书写要领：横平竖直、注意起落、结构匀称、填满方格。

汉字示例如下。

10 号字

字体工整 笔画清楚 间隔均匀 排列整齐

7 号字

横平竖直 注意起落 结构均匀 填满方格

5 号字

技术制图机械化工设备土木建筑焊接螺纹轴承零件图装配图工艺图

(2) 字母和数字

数字和字母可写成直体和斜体，斜体字的字头向右倾斜，与水平基准线成 75°。

① 拉丁字母示例如下。

大写斜体：

ABCDEFGHIJKLMNOPQ

小写斜体：

abcdefghijklmnopq

② 数字示例如下。

斜体：

1234567890

直体：

1234567890

③ 罗马数字示例如下。

斜体：*Ⅰ Ⅱ Ⅲ Ⅳ Ⅴ Ⅵ Ⅶ Ⅷ Ⅸ Ⅹ*

直体：Ⅰ Ⅱ Ⅲ Ⅳ Ⅴ Ⅵ Ⅶ Ⅷ Ⅸ Ⅹ

1.1.4 图线（GB/T 4457.4—2002）

(1) 图线型式及应用

所有线型的图线宽度应按图样的复杂程度和大小来确定，在 0.13mm、0.18mm、0.25mm、0.35mm、0.5mm、0.7mm、1.0mm、1.4mm、2.0mm 中选取。绘图中的粗实线图线宽度 d 在 0.5～2.0mm 间选取。

在机械图样中采用粗、细两种线宽，它们之间的比例为 2∶1，在绘制图形时，常用的图线见表 1-3，粗实线的宽度 d 一般取 0.7mm。图线应用举例如图 1-5 所示。

表 1-3 机械制图的图线型式及应用（摘自 GB/T 4457.4—2002）

图线名称	图线型式	图线宽度	主要用途
粗实线	————	d	可见轮廓线
细实线	————	$d/2$	尺寸线、尺寸界线、剖面线、指引线及重合断面轮廓线、可见过渡线等
波浪线	～～～	$d/2$	断裂处的边界线、局部剖视图中剖与未剖部分的分界线等

续表

图线名称	图线型式	图线宽度	主要用途
双折线	3~5　30°　20~40	$d/2$	断裂处的边界线
细虚线	2~6　1~2	$d/2$	不可见轮廓线
细点画线	10~25　2~3	$d/2$	轴线、对称中心线等
细双点画线	10~25　3~5	$d/2$	极限位置的轮廓线、相邻辅助零件的轮廓线等
粗点画线	10~25　2~3	d	有特殊要求的范围表示线
粗虚线	— — — — — — — — — —	d	允许表面处理的表示线

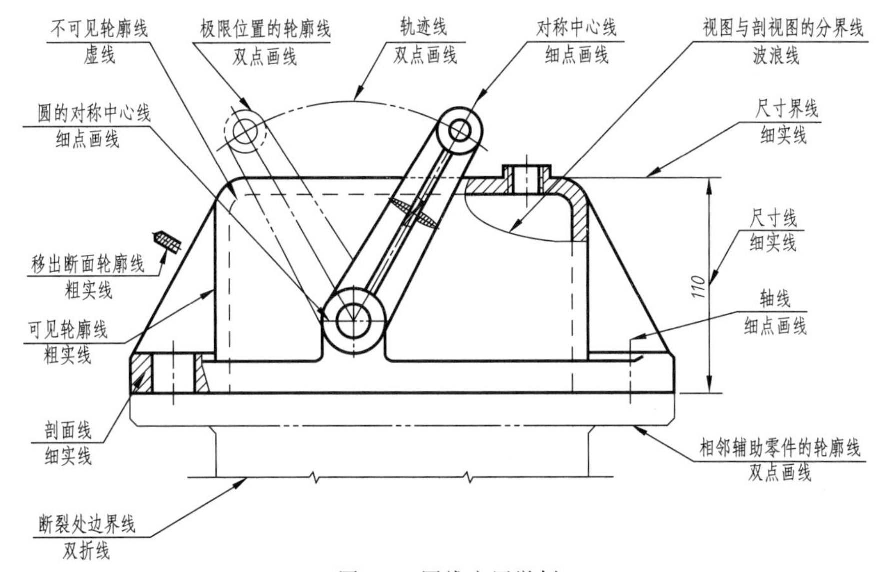

图 1-5　图线应用举例

(2) 图线的画法

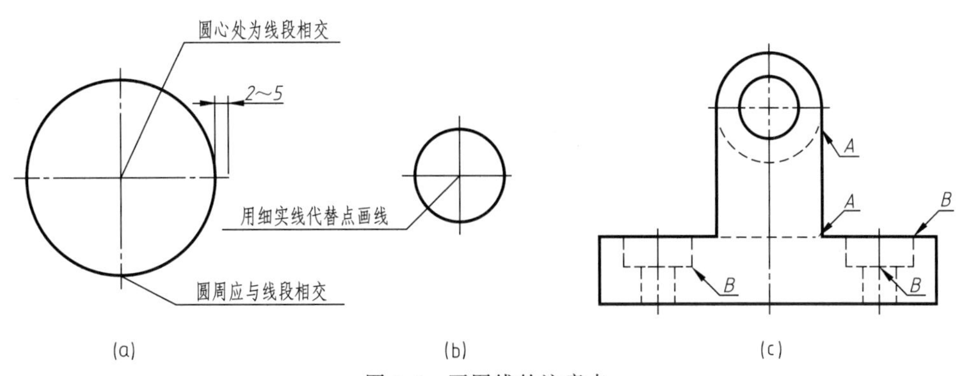

图 1-6　画图线的注意点

① 画圆首先要用垂直相交的两条点画线确定圆心，圆心处应为线段相交，如图 1-6（a）所示。点画线（双点画线）的首末两端应是线段而不是点，且两端应超出圆外 2～5mm。

② 在较小的图形上画点画线（双点画线）有困难时，可用细实线代替，如图 1-6（b）所示。

③ 点画线、虚线与其他图线相交时都应是线段相交，不能交在空隙处，如图 1-6（c）中 *B* 处所示。当虚线处在粗实线的延长线上时，应先留空隙，再画虚线的短线，如图 1-6（c）中 *A* 处所示。

④ 两条平行线（包括剖面线）之间的距离应不小于粗实线的 2 倍宽度，其最小距离不得小于 0.7mm。

⑤ 在同一张图样中，同类图线的宽度应一致，并保持线型均匀，颜色深浅一致。

1.1.5 尺寸标注（GB/T 4458.4—2003）

图形只能表达机件的形状，而机件的大小必须通过标注尺寸来表示。标注尺寸是制图中一项极其重要的工作，必须认真、细致，以免给生产带来困难和损失，标注尺寸时必须按国家标准的规定标注。

（1）基本规则

① 机件的真实大小应以图样上所注的尺寸数值为依据，与图形的大小（即与绘图比例）及绘图的准确度无关。

② 图样中（包括技术要求和其他说明）的尺寸，以毫米（mm）为单位时，不需要标注“mm”或“毫米”；如采用其他单位，则必须注明相应单位的代号或名称。

③ 图样中所标注的尺寸，为该图样所示机件的最后完工尺寸，否则应另加说明。

④ 机件上的每一个尺寸，一般只标注一次，并应标注在反映该结构最清晰的图形上。

⑤ 尽可能使用符号和缩写词。常见符号和缩写词见表 1-4。

表 1-4 常见符号和缩写词

名　称	符号和缩写词	名　称	符号和缩写词	名　称	符号和缩写词
直径	ϕ	正方形	□	埋头孔	∨
半径	R	45°倒角	C	均布	EQS
球面直径	$S\phi$	深度	↧	厚度	t
球面半径	SR	沉孔或锪平	⊔		

（2）尺寸的组成

完整的尺寸由尺寸界线、尺寸线、尺寸数字和尺寸线终端等要素组成，如图 1-7（a）所

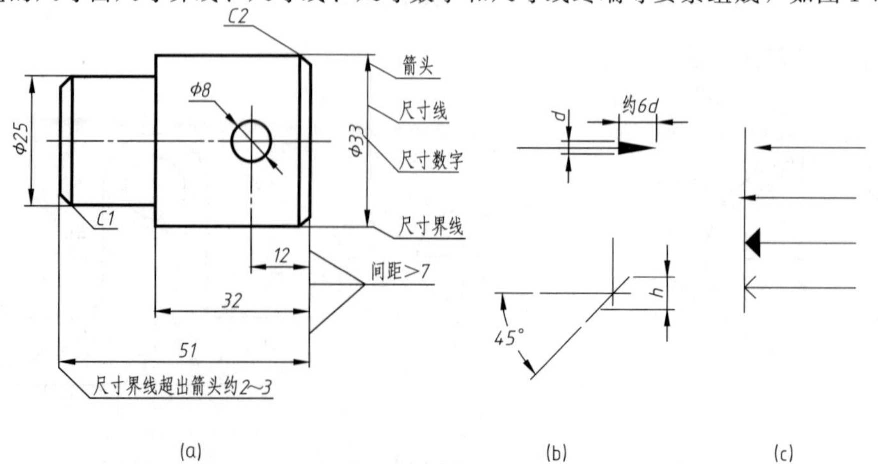

图 1-7 尺寸的组成

示。图中的尺寸线终端可以有箭头、斜线两种形式。尺寸线终端的形式如图 1-7（b）所示，适应于各类图样。图 1-7（c）所示箭头的画法不符合要求。

（3）常见尺寸的标注方法

常见尺寸的标注方法见表 1-5。

表 1-5　尺寸的标注方法

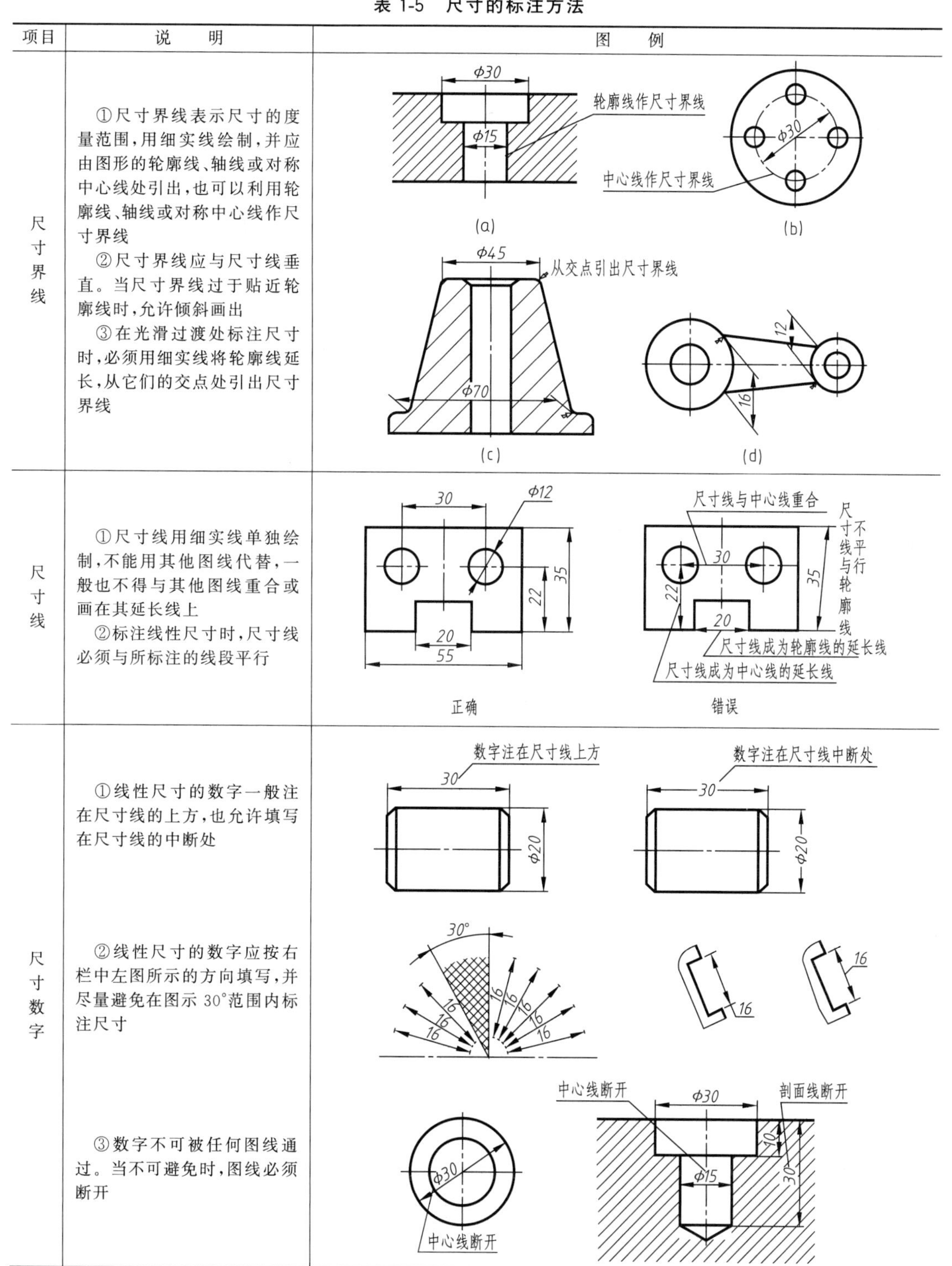

项目	说　明	图　例
尺寸界线	①尺寸界线表示尺寸的度量范围，用细实线绘制，并应由图形的轮廓线、轴线或对称中心线处引出，也可以利用轮廓线、轴线或对称中心线作尺寸界线 ②尺寸界线应与尺寸线垂直。当尺寸界线过于贴近轮廓线时，允许倾斜画出 ③在光滑过渡处标注尺寸时，必须用细实线将轮廓线延长，从它们的交点处引出尺寸界线	(a) (b) (c) (d)
尺寸线	①尺寸线用细实线单独绘制，不能用其他图线代替，一般也不得与其他图线重合或画在其延长线上 ②标注线性尺寸时，尺寸线必须与所标注的线段平行	正确　错误
尺寸数字	①线性尺寸的数字一般注在尺寸线的上方，也允许填写在尺寸线的中断处 ②线性尺寸的数字应按右栏中左图所示的方向填写，并尽量避免在图示 30°范围内标注尺寸 ③数字不可被任何图线通过。当不可避免时，图线必须断开	

续表

项目	说　明	图　例
线性尺寸	尺寸线应与所标注的线段平行。当有几条平行的尺寸线时，应按“小尺寸在内，大尺寸在外”的原则排列，以避免尺寸线与尺寸界线相交	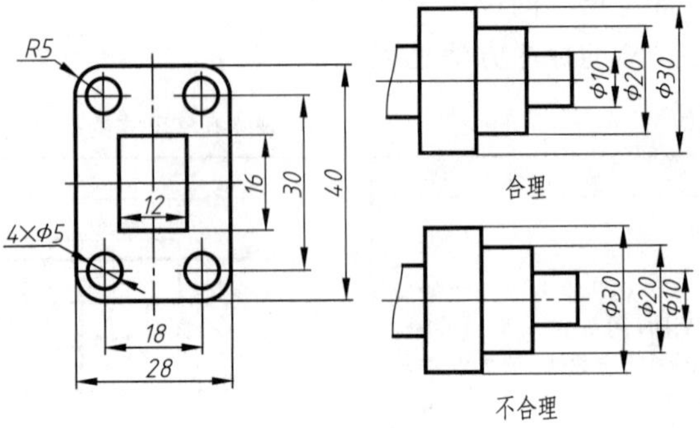 合理　不合理
直径与半径	①圆或大于半圆的圆弧应标注其直径，并在数字前加注符号“ϕ”，其尺寸线必须通过圆心 ②等于或小于半圆的圆弧应标注其半径，并在数字前加注符号“R”，其尺寸线从圆心开始，箭头指向轮廓线 ③标注球面直径或半径时，应在符号“ϕ”或“R”前加注符号“S”，在不致引起误解时允许省略符号“S”	
小尺寸的标注	①在没有足够的位置画箭头或注写数字时，可将数字、箭头布置在外面 ②标注一连串的小尺寸时可用小圆点或斜线代替箭头，但最外两端箭头仍应画处	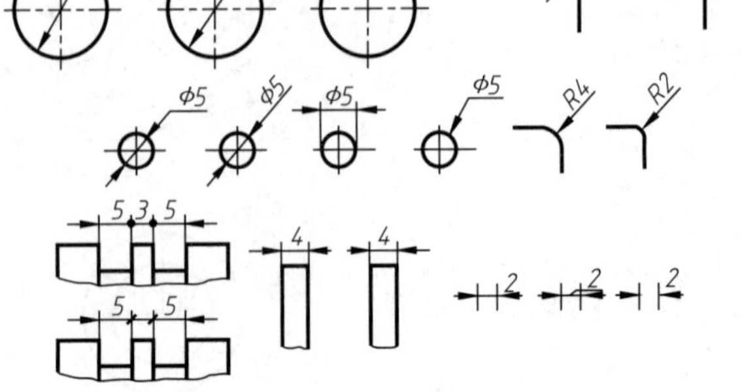

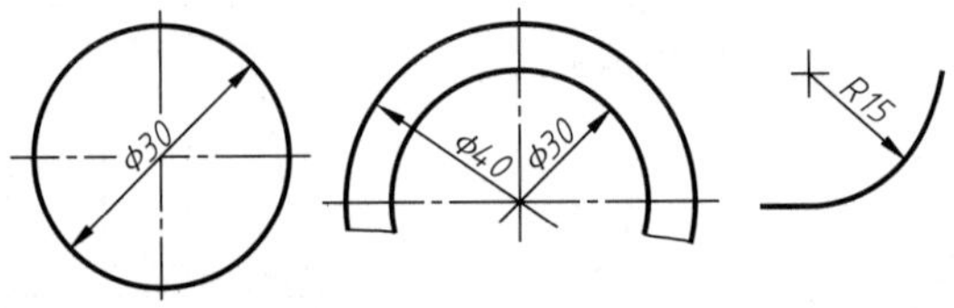

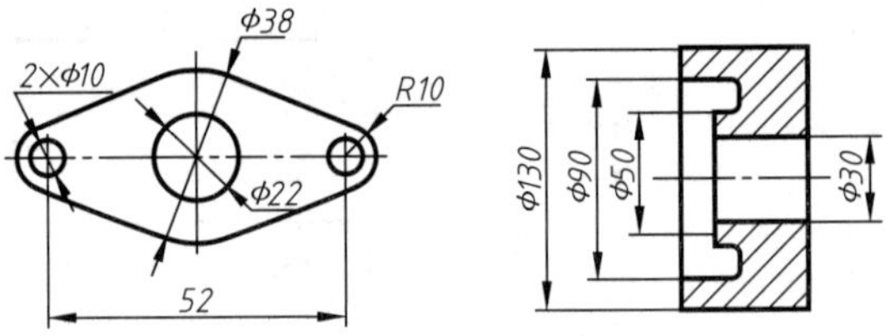

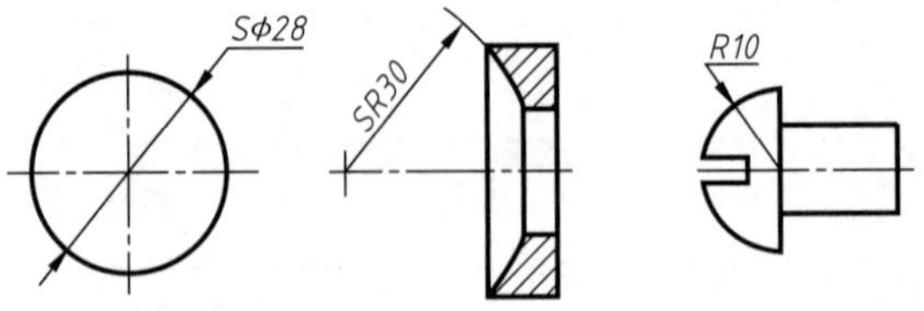

续表

项目	说　明	图　例
角度	①角度的尺寸数字一律水平填写 ②角度的尺寸数字应注写在尺寸线的中断处，必要时允许注写在尺寸线的上方或外侧，也可引出标注 ③角度的尺寸界线必须沿径向引出	
板状机件	标注板状机件时可在厚度尺寸数字前加注符号“t”，表示均匀厚度板，而不必另画视图表示厚度	

1.2　绘图工具及使用

为了保证绘图质量和提高绘图速度，必须正确而熟练地使用绘图工具。本节将简要介绍它们的使用方法。

1.2.1　绘图工具

常用的绘图工具有图板、丁字尺、三角板，如图 1-8 所示。

① 图板是用来铺放及固定图纸的矩形木板，板面要求平整光滑，左侧为导向边，左右两导向边必须平直。

② 丁字尺由尺头和尺身两部分组成，主要画水平线。使用时，尺头紧靠图板左侧导向边，并用左手压住尺身，然后沿尺身工作边自左至右画出水平线，将丁字尺沿图板上、下移动，可画出一系列水平线。

③ 三角板与丁字尺配合使用，可画垂直线、倾斜线和常用的 15°倍数的倾斜线。

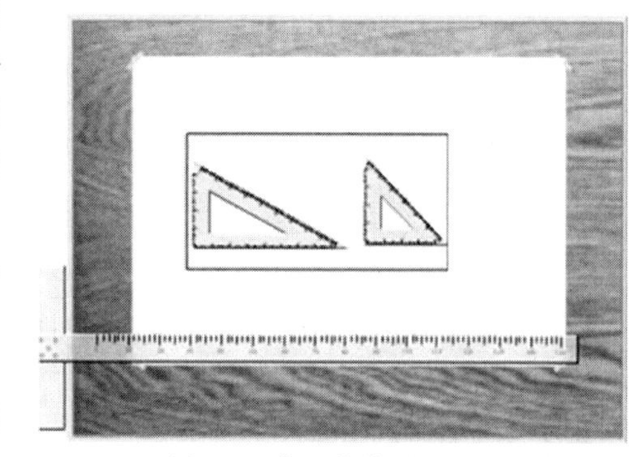

图 1-8　常用的绘图工具

1.2.2　常用的绘图仪器

常用的绘图仪器有圆规、分规、比例尺、曲线板、铅笔、擦图片等。

(1) 圆规

圆规用来画圆和圆弧，常用圆规如图 1-9 (a)～(c) 所示。使用前应先调整针脚，钢针选用带台阶一端，使针尖略长于铅芯，如图 1-9 (d) 所示。画图时，应将圆规向前进方向稍微倾斜，如图 1-9 (e) 所示。画较大圆时要用加长杆，并使圆规两脚都与纸面垂直，如图 1-9 (f) 所示。

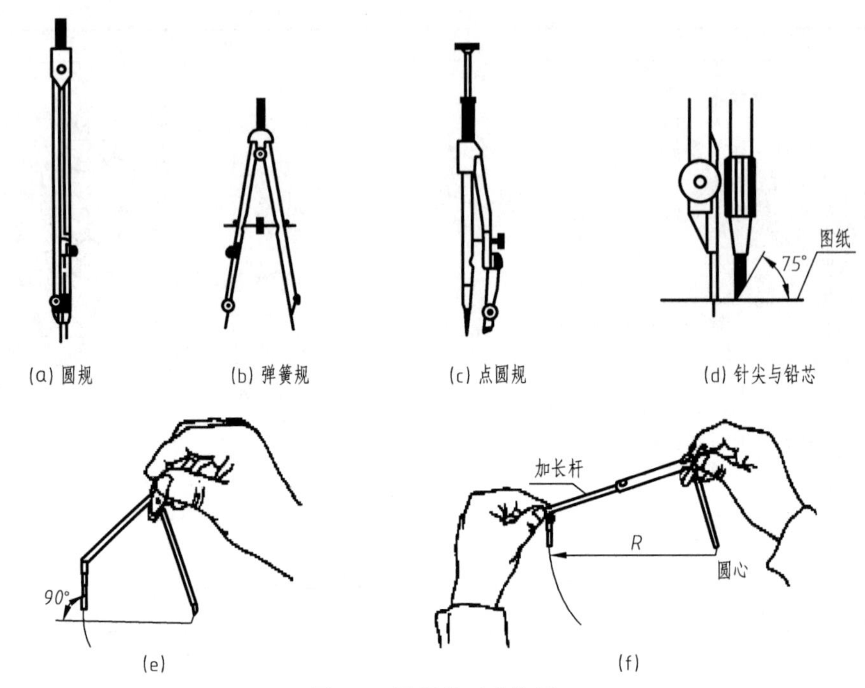

图 1-9 圆规的正确使用

(2) 分规

分规用来等分线段和量取尺寸，分规两脚的针尖在并拢后应能对齐。分规的正确使用如图 1-10 所示。

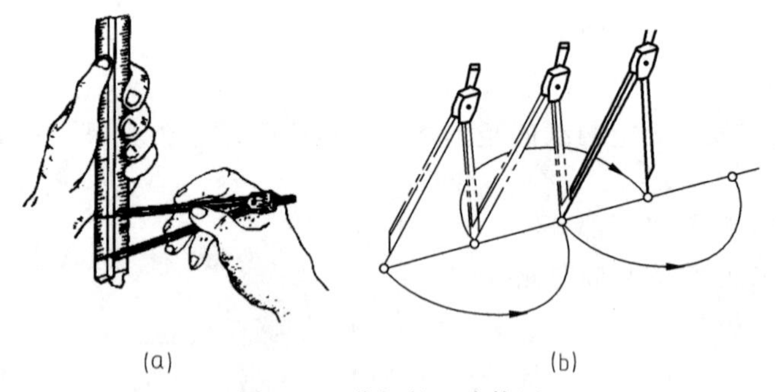

图 1-10 分规的正确使用

(3) 铅笔

绘图铅笔有软（B)、硬（H）和中性（HB）之分，硬铅笔可用来画底图，中性铅笔用来写字和描深细线，软铅笔用来描深粗线。一般将画细线和写字用的铅笔削成圆锥状，将描图用的铅笔磨成四棱柱状，如图 1-11 所示。

(4) 曲线板

曲线板是用来画非圆曲线的。已知曲线上的一系列点后，选用曲线板上一段与相邻 4 个点吻合最好的轮廓，画线时只连接前 3 个点，然后再连续吻合后面未连接的 4 个点，仍然连前 3 个点，这样中间有一段连接是重复的，依次作下去可连出光滑的曲线，如图 1-12 所示。

除上述绘图工具外，常用的还有绘图模板、擦图片、胶带纸（固定图纸)、砂纸（修磨铅芯)、毛刷（掸灰屑)、小刀（削铅笔)、橡皮和量角器等。

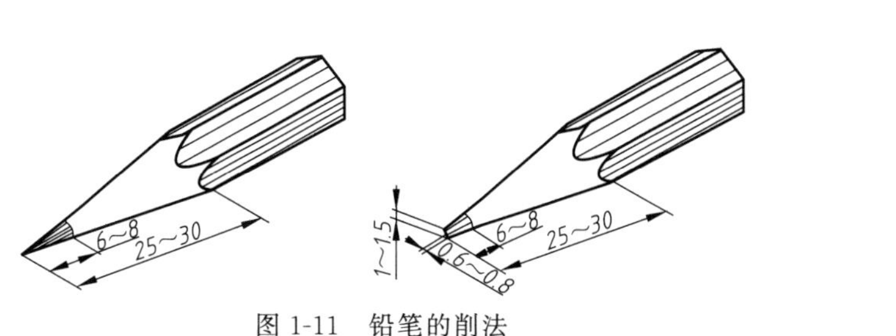

图 1-11　铅笔的削法

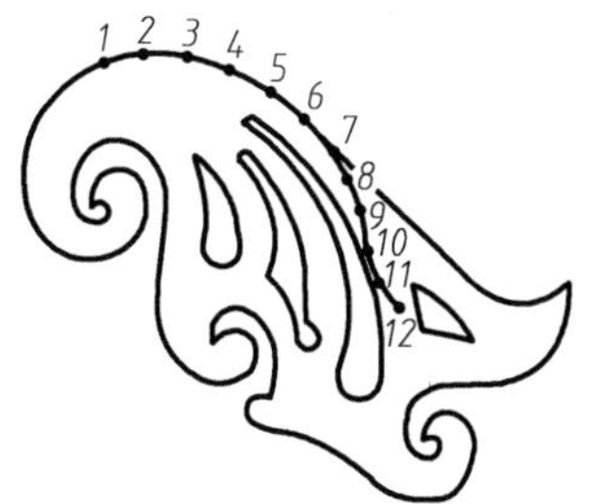

图 1-12　曲线板的用法

1.3　几何作图

机件的轮廓形状虽有不同，但都是由各种基本的几何图形所组成。因此，绘图前应首先掌握常见几何图形的作图原理、作图方法以及图形与尺寸间相互依存的关系。

1.3.1　线段的等分

将线段分成任意等分，其作图步骤如图 1-13 所示。

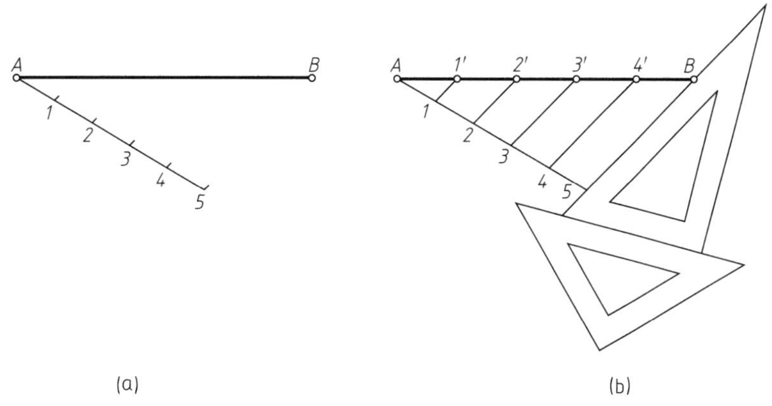

图 1-13　平行线法等分线段

1.3.2　圆周的等分

用 45°三角板和丁字尺配合可直接将圆周进行四、八等分；用 30°、60°三角板和丁字尺配合可直接将圆周进行三、六、十二等分。用圆规三、六、十二等分圆周的作图方法如图 1-14 所示。

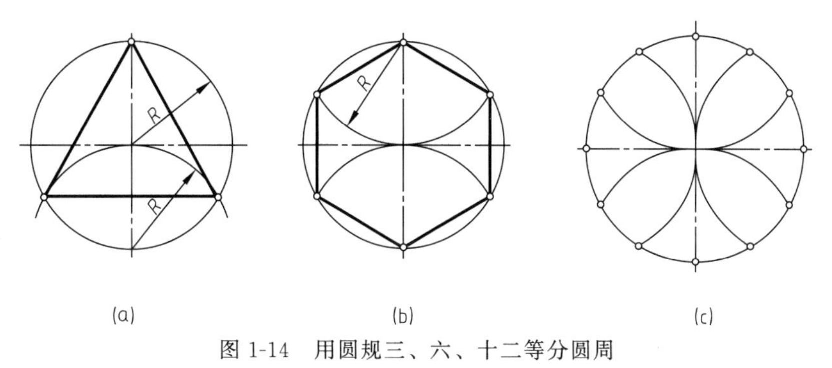

图 1-14　用圆规三、六、十二等分圆周

用圆规五等分圆周的作图方法如图 1-15 所示。

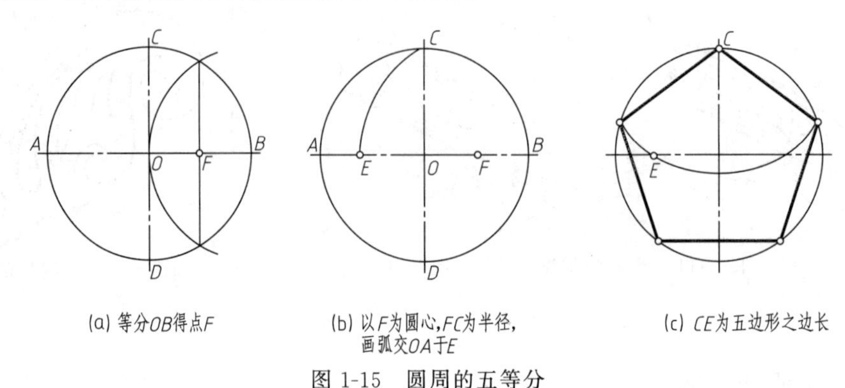

图 1-15 圆周的五等分

1.3.3 椭圆的画法

(1) 同心圆法

已知椭圆的长、短轴 AB、CD，用同心圆法画椭圆的步骤如下。

① 以椭圆中心为圆心，分别以长、短轴为直径作两个同心圆，如图 1-16 (a) 所示。

② 过圆心任作一直线与大圆交于Ⅰ，与小圆交于Ⅱ；过Ⅰ作垂直于长轴的直线，过Ⅱ作平行于长轴的直线，它们的交点 E 即为椭圆上的点，如图 1-16 (b) 所示。

③ 用上述方法求出一系列点后，再用光滑曲线相连便得椭圆，如图 1-16 (c)、(d) 所示。

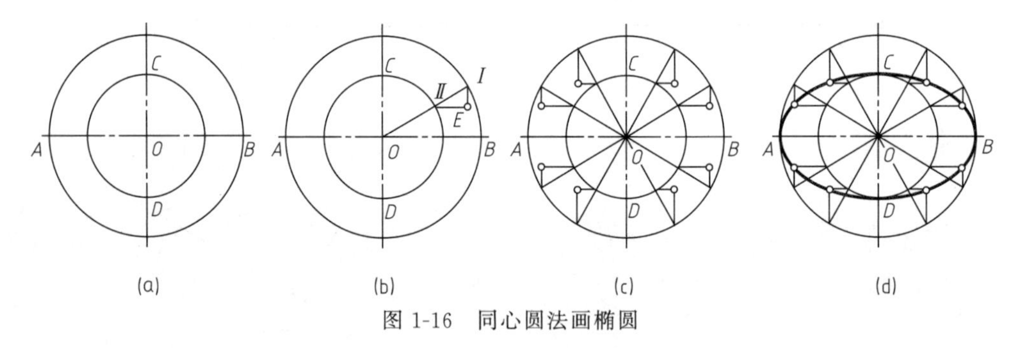

图 1-16 同心圆法画椭圆

(2) 四心近似法

已知椭圆的长、短轴 AB、CD，用四心近似法画椭圆的步骤如下。

① 连接 AC，取 $CE=OA-OC$，如图 1-17 (a) 所示。

② 作 AE 的垂直平分线，交长、短轴于 1、2 两点，并定出 1、2 两点对圆心 O 的对称点 3、4。过 2 和 3、3 和 4、4 和 1 各点，分别作连线，如图 1-17 (b) 所示。

③ 分别以 2 和 4 为圆心，$2C$ 为半径画两弧。再分别以 1 和 3 为圆心，$1A$ 为半径画两弧，使所画四弧的接点，分别位于 21、23、41、43 的延长线上，即得所画的椭圆，如图 1-17 (c) 所示。

1.3.4 斜度和锥度

(1) 斜度

斜度是指一直线（或平面）对另一直线（或平面）的倾斜程度。其大小用它们夹角的正切［图 1-18 (a)］来表示，即

$$斜度=H/L=\tan\alpha$$

在图样中把比值化为“$1:n$”的形式。

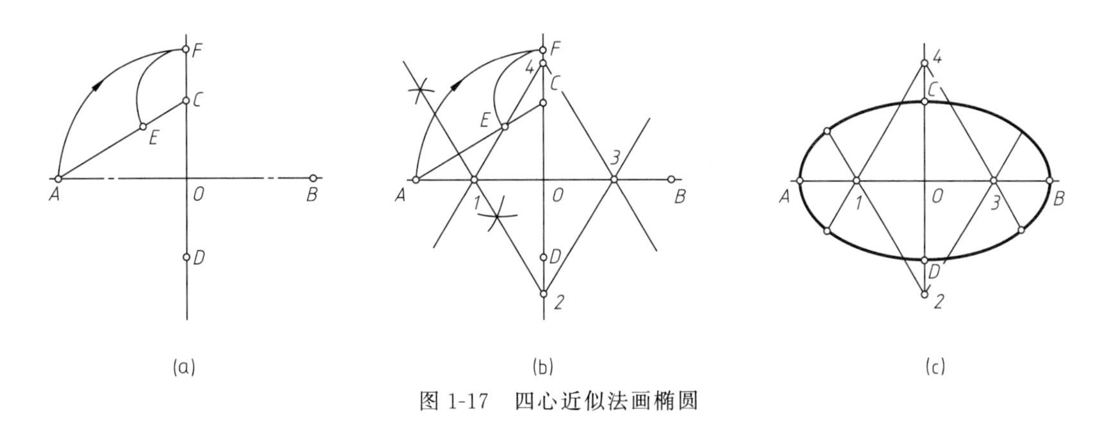

图 1-17　四心近似法画椭圆

斜度符号可按图 1-18（b）绘制。标注时，斜度符号的方向应与所标斜度的方向一致，如图 1-18（c）所示。

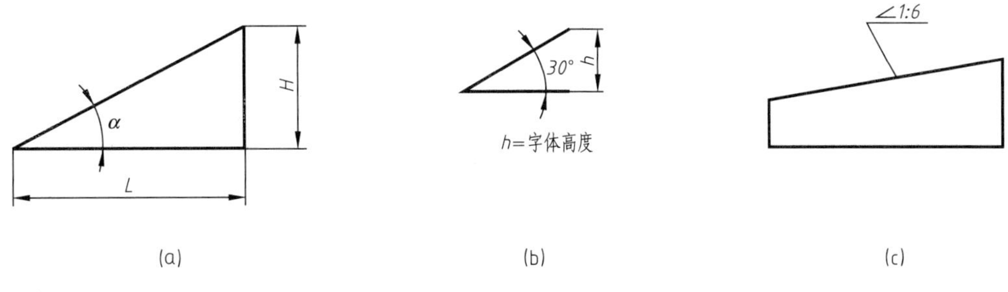

图 1-18　斜度及其标注

斜度的作图方法如下。

① 过 B 点截取 6 个单位长度，得 C 点。过 B 点作 AB 的垂线，并截取 1 个单位长度，得 D 点，则 $BD:BC=1:6$，如图 1-19（b）所示。

② 按尺寸定出 E 点，过点 E 作 CD 的平行线，得 EF 即为所求，如图 1-19（c）所示。

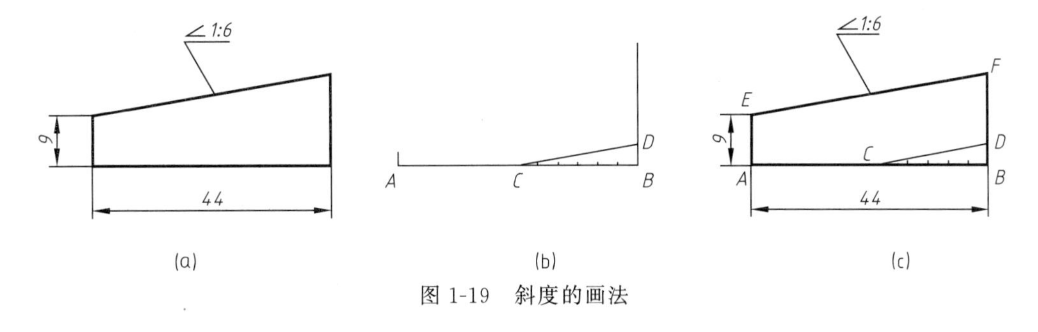

图 1-19　斜度的画法

（2）锥度

锥度是指正圆锥体底圆直径与其高度之比或正圆锥台两底圆直径之差与台高之比［图 1-20（a）］，即

$$锥度=2\tan(\alpha/2)=D/L=(D-d)/L_1$$

同样在图样中把锥度比值表示成 $1:n$ 的形式。

锥度符号可按图 1-20（b）绘制。标注时，锥度符号的方向应与所标锥度的方向一致，如图 1-20（c）所示。锥度的作图方法如图 1-21 所示。

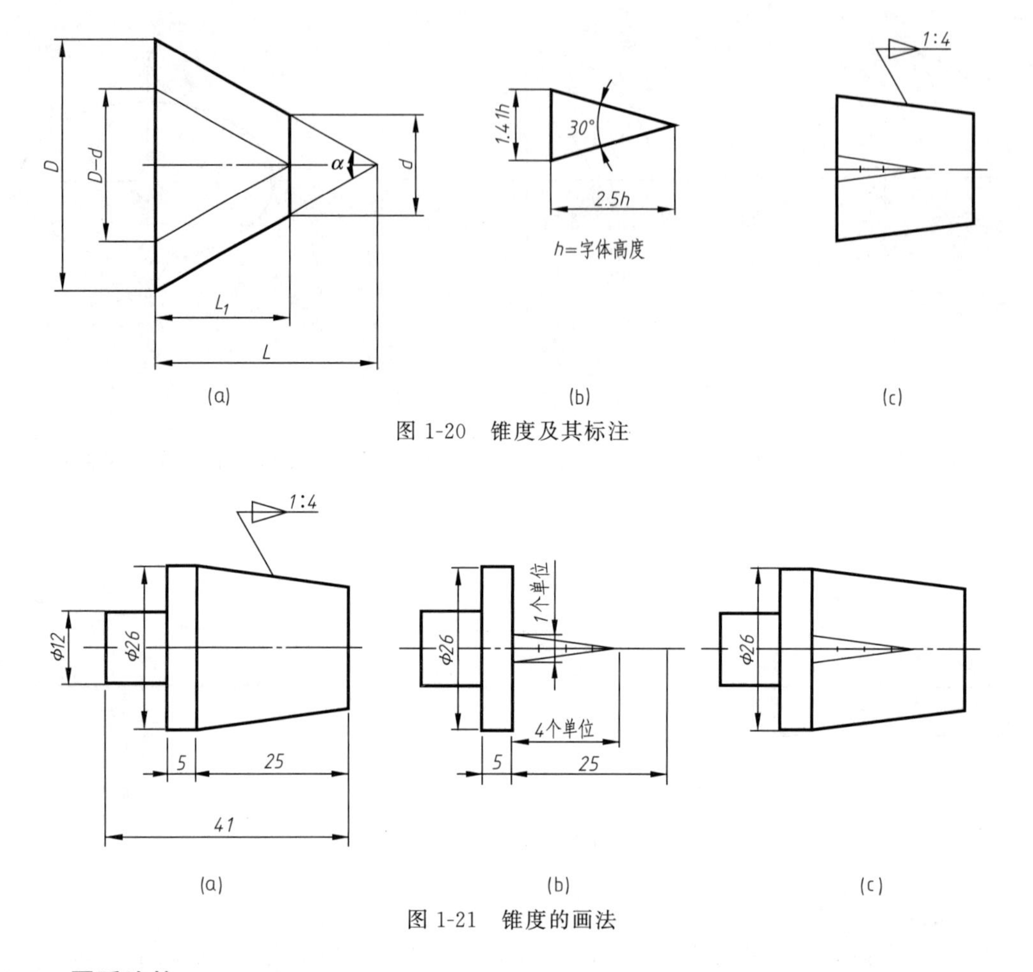

图 1-20 锥度及其标注

图 1-21 锥度的画法

1.3.5 圆弧连接

机件的轮廓根据需要，往往制造成从一条直线（或曲线）很圆滑地过渡到另一条直线，这种圆滑过渡，在制图中称为圆弧连接。圆弧连接时，连接弧的半径是已知的，进行线段连接时，关键是求出连接弧的圆心位置和连接点（切点）的位置。

（1）圆弧连接的作图原理

与已知直线相切的半径为 R 的圆弧，其圆心轨迹是与已知直线平行且距离等于 R 的两条直线，切点是由选定圆心向已知直线所作垂线的垂足，如图 1-22（a）所示。

与已知圆弧（圆心为 O_1，半径为 R_1）相切的半径为 R 的圆弧，其圆心轨迹是已知圆

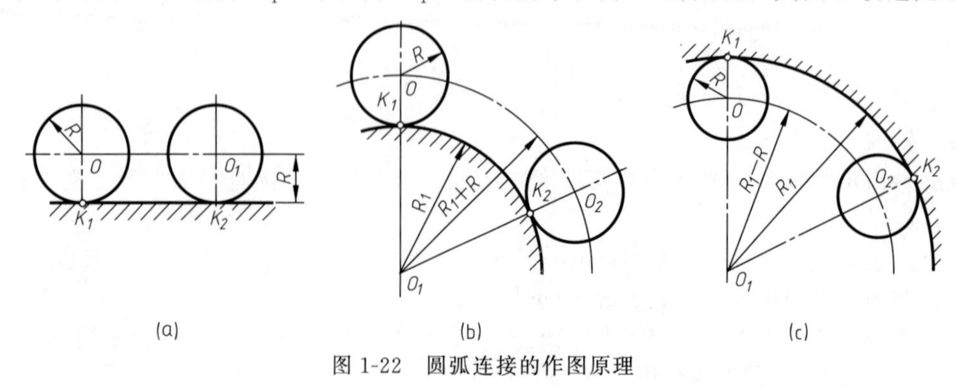

图 1-22 圆弧连接的作图原理

弧的同心圆。该圆的半径要根据相切情况而定。当两圆弧外切时，半径为 R_1+R，如图 1-22（b）所示；当两圆弧内切时，半径为 R_1-R，如图 1-22（c）所示。切点是两圆弧连心线或其延长线与已知圆弧的交点。

（2）圆弧连接的作图方法

圆弧连接形式有：用已知半径的圆弧连接两条直线、两段圆弧、一条直线和一段圆弧。具体作图方法见表 1-6。

表 1-6　圆弧连接作图方法

名称	已知条件和作图要求	作图方法和步骤		
		步骤一	步骤二	步骤三
两直线间的圆弧连接	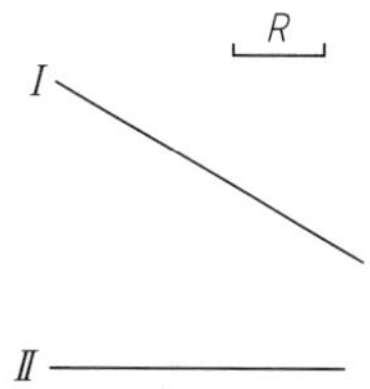 已知连接圆弧的半径为 R，将此圆弧相切于相交两直线 Ⅰ、Ⅱ	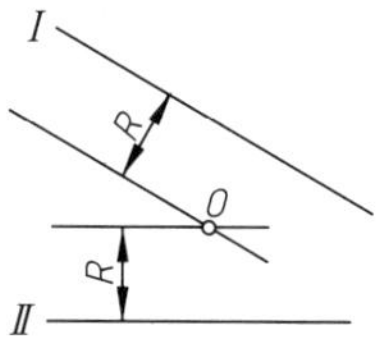 在直线 Ⅰ 和 Ⅱ 分别作相距为 R 的平行线，交点 O 即为连接圆弧的圆心	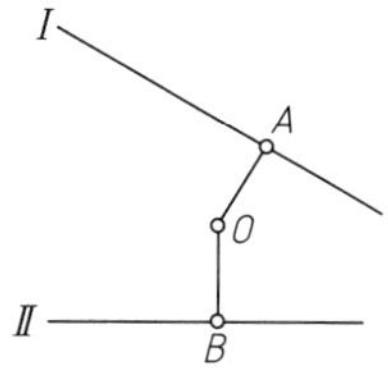 过 O 点分别向 Ⅰ 和 Ⅱ 作垂线，垂足 A、B 即为切点	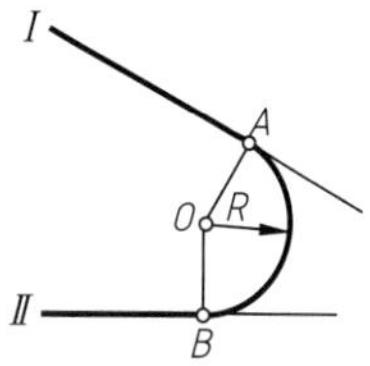 以 O 为圆心，R 为半径作圆弧，连接两直线 A、B 即完成作图
直线和圆弧间的圆弧连接	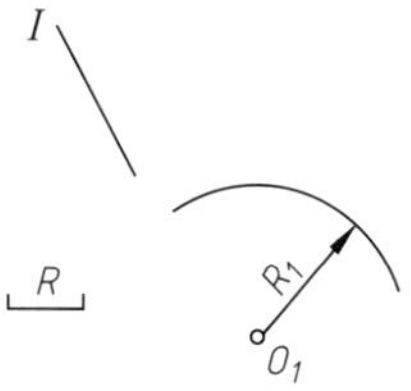 已知连接圆弧的半径为 R，将此圆弧切于直线 Ⅰ 和 O_1 圆弧外切	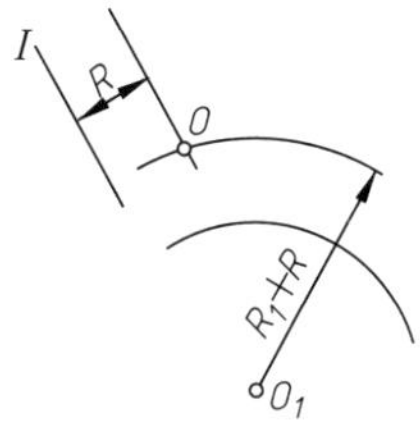 在直线 Ⅰ 作相距为 R 的平行线，再作已知圆弧的同心圆（半径为 R_1+R）与所作平行线相交于 O	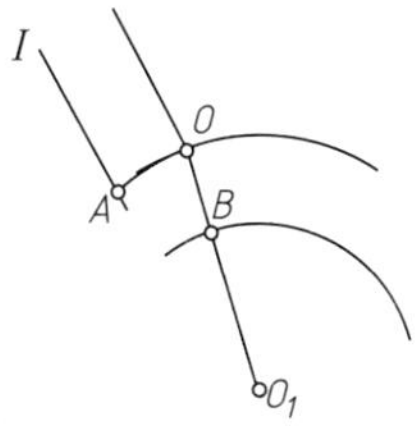 作 OA 垂直于直线 Ⅰ；连 O、O_1 交已知圆弧于 B，A、B 两点即为切点	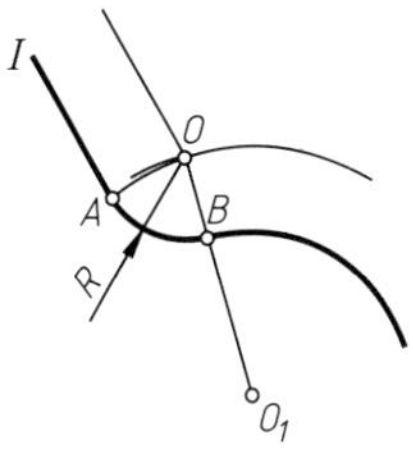 以 O 为圆心，R 为半径作圆弧，连接直线 Ⅰ 和圆弧 O_1 于 A、B 即完成作图
两圆弧间的圆弧连接	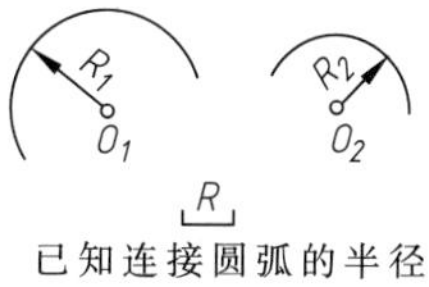 已知连接圆弧的半径为 R，将此圆弧同时外切于 O_1 和 O_2 两圆弧	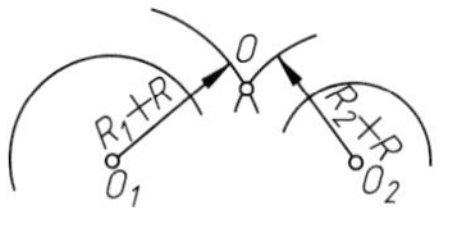 分别以 R_1+R 及 R_2+R 为半径，O_1 和 O_2 为圆心，画弧交于 O	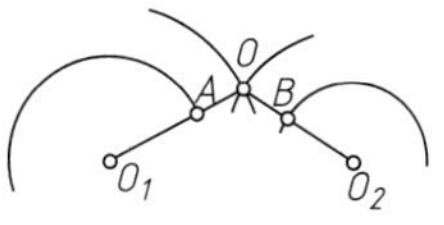 连 OO_1 交已知圆弧于 A，连 OO_2 交已知圆弧于 B，A、B 两点即为切点	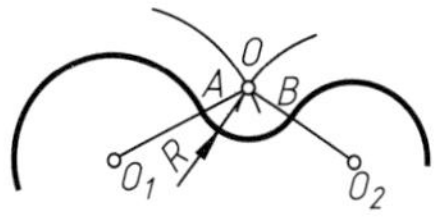 以 O 为圆心，R 为半径作圆弧，连接两已知圆弧于 A、B 即完成作图
两圆弧间的圆弧连接	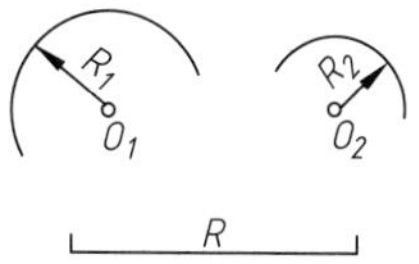 已知连接圆弧的半径为 R，将此圆弧同时内切于 O_1 和 O_2 两圆弧	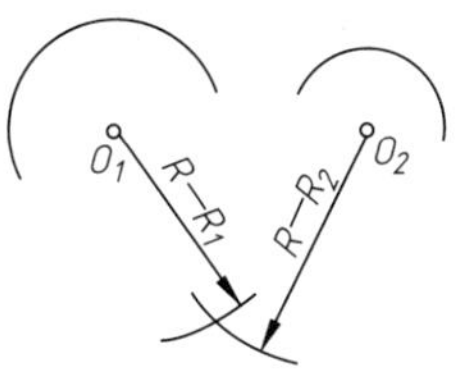 分别以（R_1-R）及（R_2-R）为半径，O_1 和 O_2 为圆心，画弧交于 O	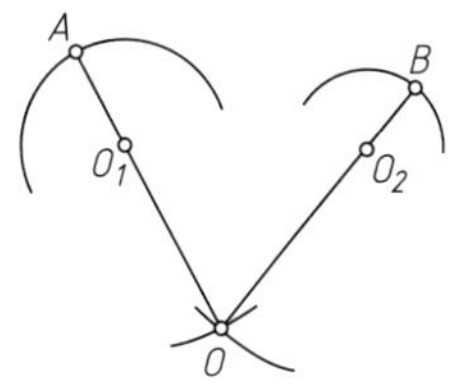 连 OO_1 和 OO_2 并延长交已知圆弧于 A、B，A、B 两点即为切点	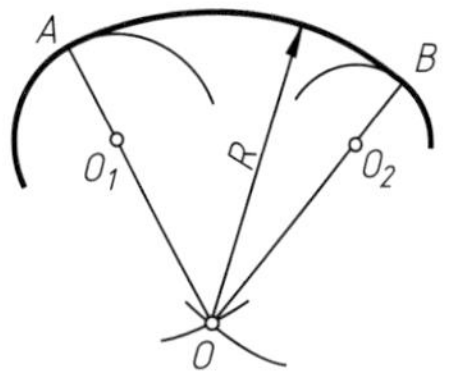 以 O 为圆心，R 为半径作圆弧，连接两已知圆弧于 A、B 即完成作图

续表

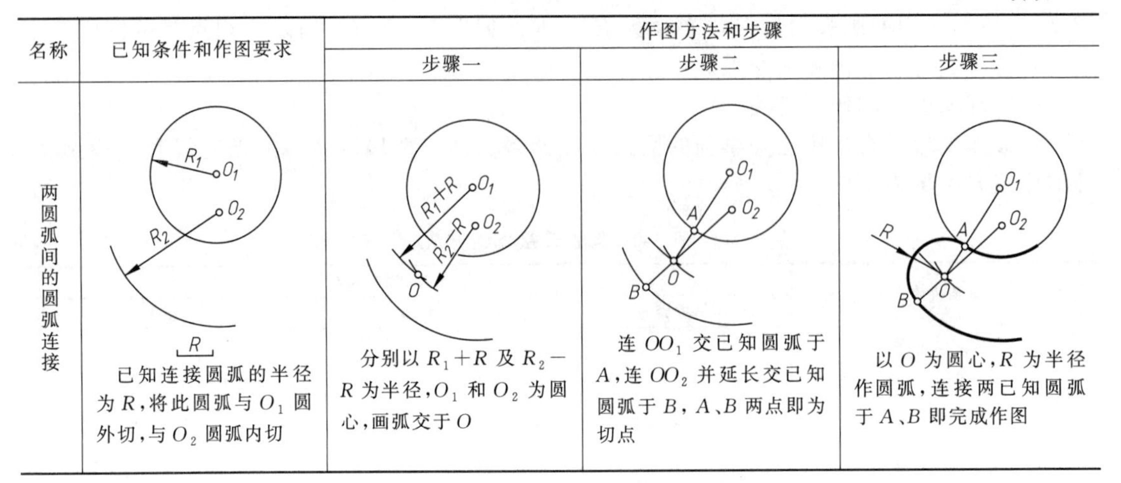

名称	已知条件和作图要求	作图方法和步骤		
		步骤一	步骤二	步骤三
两圆弧间的圆弧连接	已知连接圆弧的半径为 R，将此圆弧与 O_1 圆外切，与 O_2 圆弧内切	分别以 R_1+R 及 R_2-R 为半径，O_1 和 O_2 为圆心，画弧交于 O	连 OO_1 交已知圆弧于 A，连 OO_2 并延长交已知圆弧于 B，A、B 两点即为切点	以 O 为圆心，R 为半径作圆弧，连接两已知圆弧于 A、B 即完成作图

1.4 平面图形的画法

平面图形由很多线段连接而成，画图时必须对平面图形的尺寸、线段间的连接关系进行分析，才能明确平面图形的作图步骤。

1.4.1 尺寸分析

尺寸按其在平面图形中所起的作用，可分为定形尺寸和定位尺寸两类。要想确定平面图形中线段之间的相对位置，还需引入基准的概念。

（1）基准

基准是标注尺寸的起点。平面图形中常用作基准的是对称图形的对称线、较大圆的中心线、圆心以及较长的直线。一个平面图形需要两个方向的尺寸基准，如图 1-23 所示的中心线 A 和轮廓线 B。

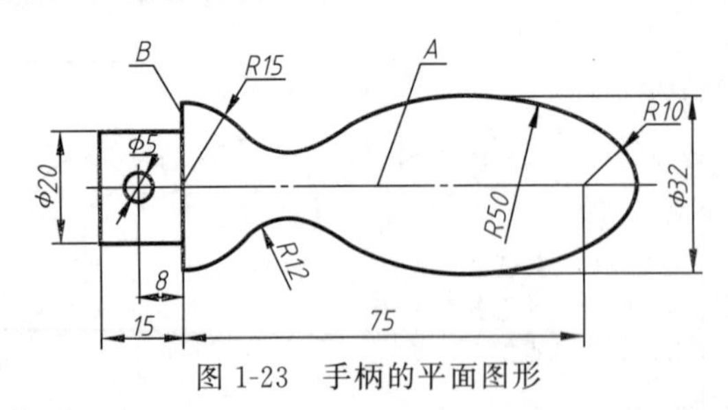

图 1-23 手柄的平面图形

（2）定形尺寸

确定平面图形中各部分线段形状大小的尺寸称为定形尺寸，如线段的长度、圆及圆弧的直径或半径，以及角度大小等。如图 1-23 所示手柄中的 15、ϕ20、ϕ5、R15、R12、R50、R10 等为定形尺寸。

（3）定位尺寸

确定平面图形中各线段之间相对位置的尺寸称为定位尺寸。如图 1-23 所示手柄中的 8、75 等为定位尺寸。

1.4.2 线段分析

平面图形中的线段可按给定尺寸和线段间的连接关系分为三类：已知线段、中间线段和连接线段。

（1）已知线段

定形、定位尺寸齐全，可直接画出的线段称为已知线段，如图 1-23 所示手柄中的 15、ϕ20、ϕ5、R15、R10 是已知线段。

（2）中间线段

具有定形尺寸，但定位尺寸不全，需根据一个连接关系才能画出的线段称为中间线段，如图 1-23 所示手柄中的“R50”圆弧。

(3) 连接线段

只有定形尺寸，没有定位尺寸，需根据两个连接关系才能画出的线段称为连接线段，如图 1-23 所示手柄中的“R12”圆弧。

1.4.3 绘图的方法和步骤

① 选定图幅，确定作图比例，固定图纸。

② 用 2H 铅笔作底稿图，画边框线、标题栏。

③ 确定全图的基准，如图 1-24 (a) 所示。

④ 画已知线段，如图 1-24 (b) 所示。

⑤ 画中间线段，如图 1-24 (c) 所示。

⑥ 画连接线段，如图 1-24 (d) 所示。

⑦ 整理并检查全图后，加深、加粗相关图线完成全图。

⑧ 标注尺寸。

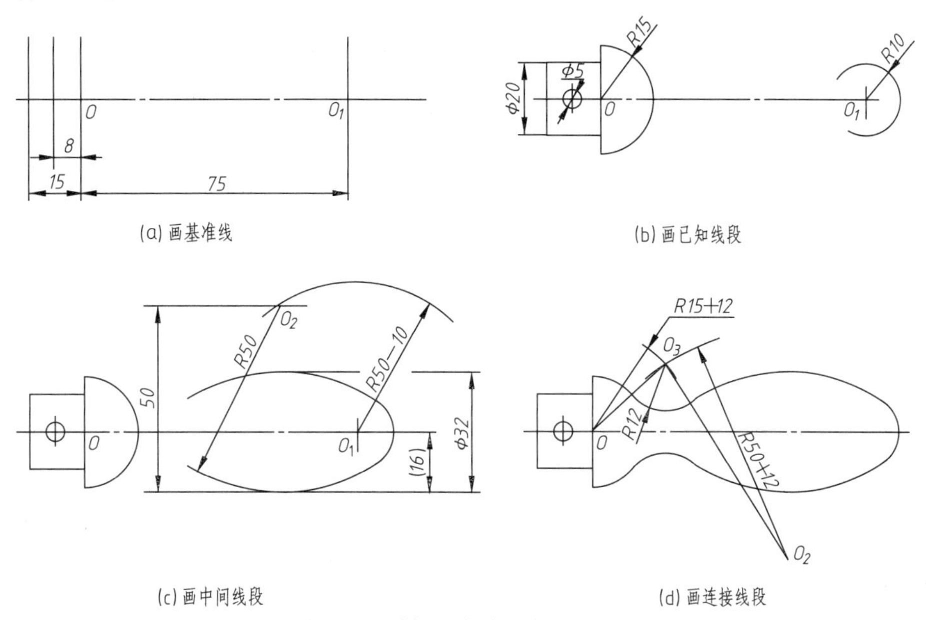

图 1-24　手柄画底稿的方法和步骤

1.4.4 平面图形的尺寸标注

标注平面图形的尺寸时，要求做到正确、完整、清晰。正确是指应严格按照国家标准的规定标注；完整是指尺寸不遗漏、不多余、不重复；清晰是指尺寸配置在图形恰当处，布局整齐，标注清晰。

标注尺寸时，首先要分析图形，选择基准；然后分析组成平面图形的各线段，以确定它们的类型；接下来就可按类型逐个标注各线段的定形尺寸及相关的定位尺寸。

进行尺寸标注时应注意以下问题。

(1) 不标注多余尺寸

标注平面图形的尺寸时，不应标注作图自然得出的尺寸，如图 1-25 (a) 中的 B 和 C；不应标注切线的长度，如图 1-25 (b) 中的 A；不应标注成封闭尺寸链，如图 1-25 (c) 所示，水平方向的 A、B、C、D 尺寸中的任一尺寸都可由其他 3 个尺寸来确定，应去掉一个封闭尺寸，如 D。

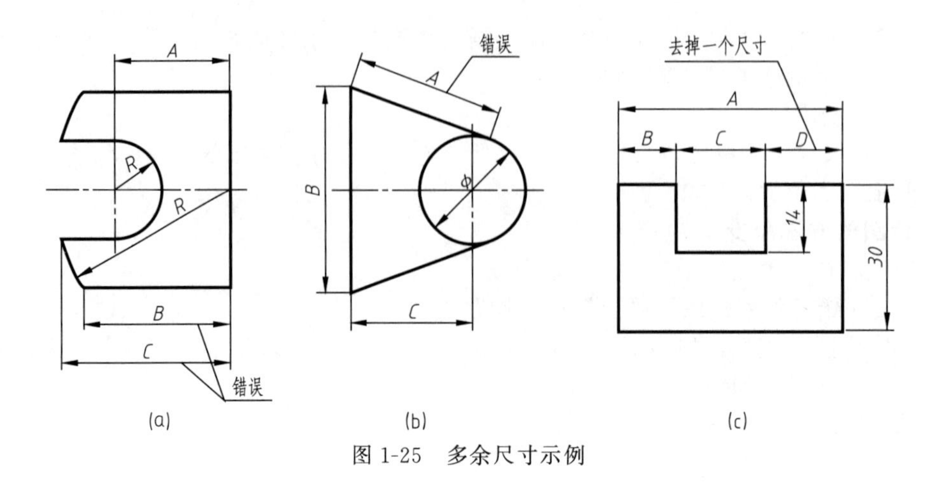

图 1-25 多余尺寸示例

（2）对称尺寸的标注

对称图形中的对称尺寸应对称标注，如图 1-26 所示。

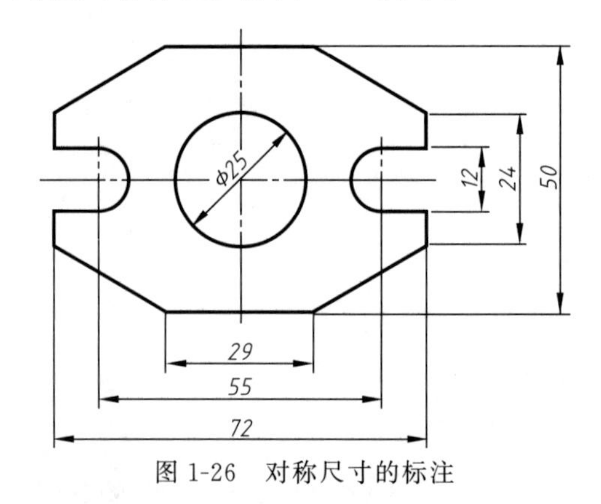

图 1-26 对称尺寸的标注

（3）总体尺寸的标注

一般情况下，需要分别标注平面图形在长、宽两个方向的总体尺寸，如图 1-26 所示。但当图形的端部为圆弧时，该方向的总体尺寸不标注，如图 1-25 所示。

常见平面图形的尺寸标注见表 1-7。

表 1-7 常见平面图形的尺寸标注

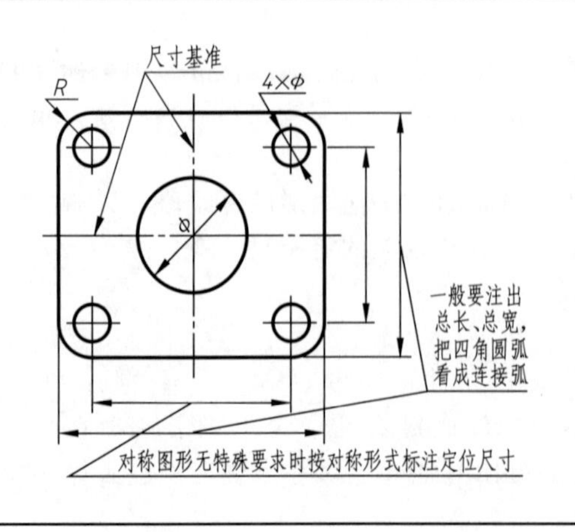

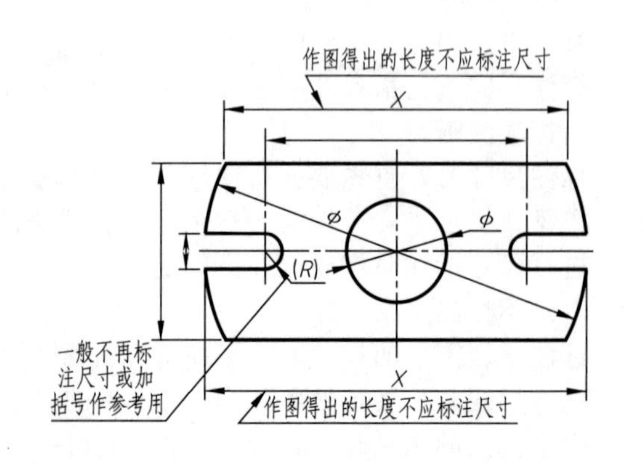

续表

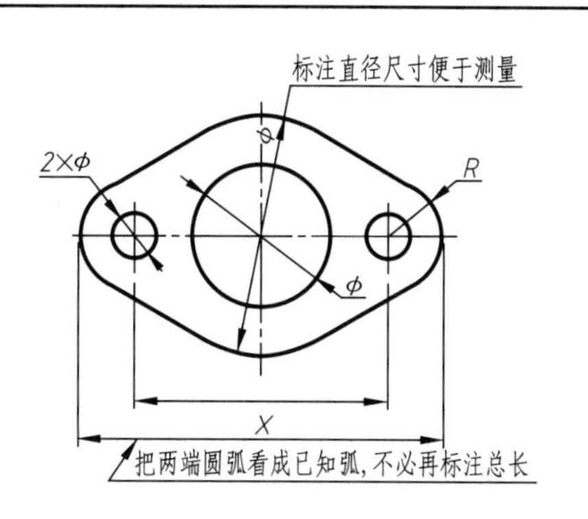

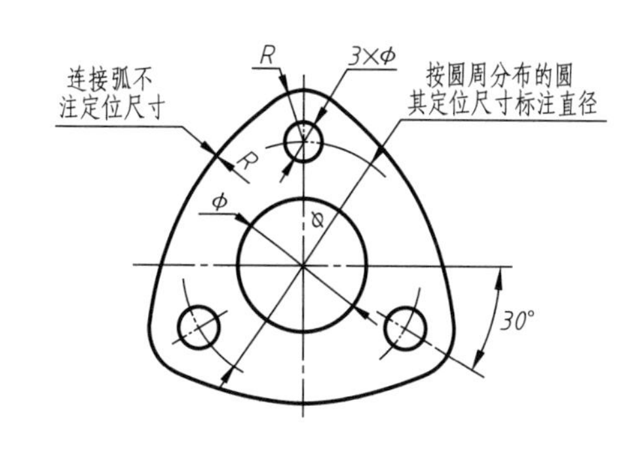

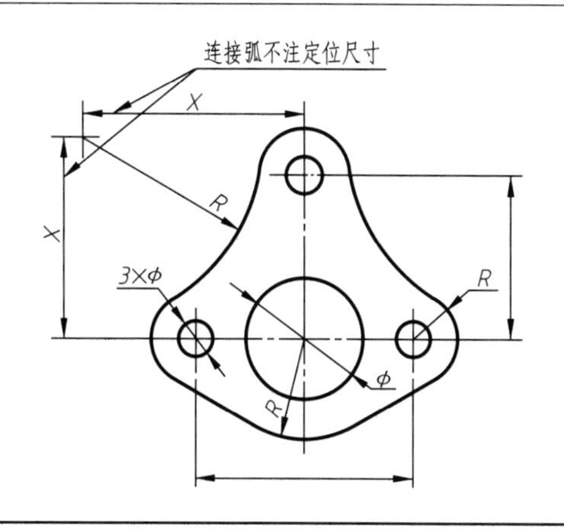

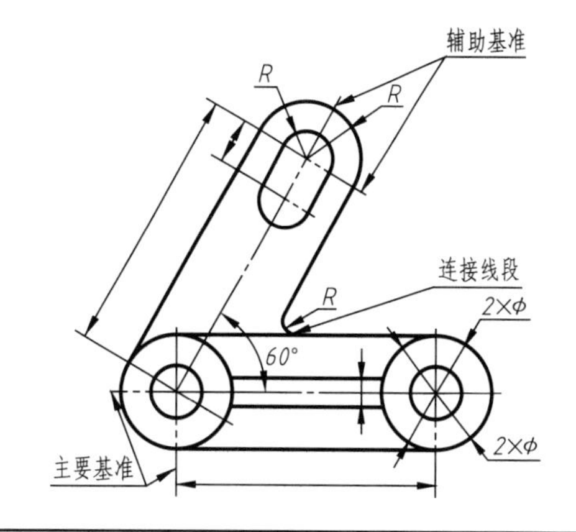

1.5　绘图的方法和步骤

1.5.1　用工具和仪器绘图

（1）制图前的准备

绘图前应准备好图板、丁字尺、三角板、铅笔等绘图工具及其他用品。工具及用品应干净，置于桌面右上边且不影响丁字尺的上下移动。

根据图形的大小和比例选取图纸幅面，将图纸固定在图板上，并应使图纸左边距离图板左边缘 30～50mm，底边与图板底边的距离应大于丁字尺的宽度。

（2）画图框和标题栏

按国家标准规定画出图框和标题栏框格。

（3）图形布局

根据所画图形的大小，合理布置图形的位置，并应留有标注尺寸的位置。布局应做到匀称适中，不偏置或过于集中。

（4）画底稿

底稿线应细、轻、准确。画图时，先画图形的基准线（定位线、中心线、轴线），再画主要轮廓线，按照由大到小、由整体到局部，画出所有轮廓线。完成底稿后，仔细检查。

（5）描深图线

描深时，按线型选用铅笔，描圆及圆弧所用的铅笔应比同类直线的铅芯软一号。加深图线时，应先加深细点画线、细实线、细虚线，然后再加深粗实线。同类图线应保持粗细、深浅一致。加深直线的顺序应是先横后竖再斜，按水平从左到右、竖直从上到下的顺序一次完成。

画出的图线应做到线型正确，粗细分明，连接光滑，图面整洁。

（6）标注尺寸

画出尺寸界线、尺寸线、箭头，填写尺寸数字。

（7）全面检查，填写标题栏

全面检查，确认无误后，填写标题栏和其他说明，完成全图。

1.5.2 徒手绘图

徒手绘图是一种不用绘图仪器而按目测比例徒手画出的图样，这类图就是通常所称的草图。这类图主要用于现场测绘、设计方案讨论或技术交流，因此，工程技术人员必须具备徒手绘图的能力。

（1）草图的要求

草图并不是潦草的图，所以绘图时应做到：表达合理，投影正确，图线清晰，字迹工整，比例匀称。

一般选用削成圆锥状的 HB 或 B 型铅笔将草图绘制在浅色方格纸上。绘图时，方格起定位和导航的作用。方格纸不要求固定在图板上，以便于调整到作图方便的任意位置。在画各种图线时，手指应握在铅笔上离笔尖约 35mm 处，手腕要悬空，并以小指轻触纸面，以防手抖。

① 运笔力求自然，画线要稳，图线要清晰。画较长的直线时，手腕不宜靠在图纸上，如图 1-27（a）所示。

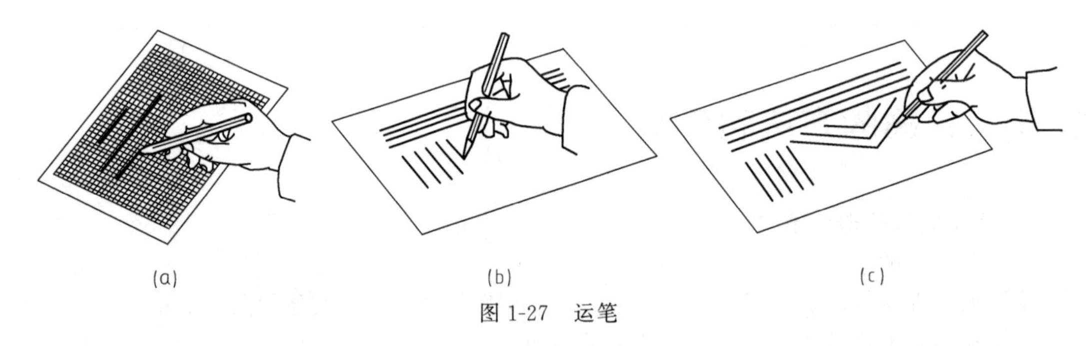

图 1-27 运笔

② 目测尺寸要准，各部分比例匀称，最好在方格纸上练习，以便控制图线的平直和图形的大小。

③ 绘图速度要快，标注尺寸无误。

（2）草图的画法

① 草图中直线的画法：画水平线时，为了方便运笔，可将图纸微微左倾，自左向右画线，如图 1-27（a）所示。画垂线时，自上向下画线，如图 1-27（b）所示。画斜线时，使所画的斜线正好处于顺手方向，如图 1-27（c）所示。

② 草图中圆的画法：徒手画圆时，先画出两条点画线以确定圆心。当画小圆时，在中心线上按半径目测定出四点，然后徒手连点；当画大圆时，过圆心增画两条 45°的斜线再定四个等半径点，然后过这八点画圆，如图 1-28 所示。

③ 草图中椭圆的画法：画草图中的椭圆时，若已知长短轴 AB、CD，则过长短轴的端点作矩形 $EFGH$，如图 1-29（a）所示；如已知共轭直径 AB、CD，则过共轭直径的端点作

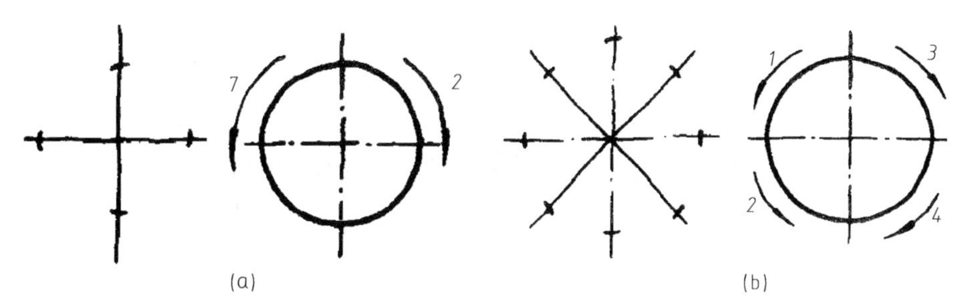

图 1-28　徒手画圆

平行四边形 $EFGH$，如图 1-29（b）所示。然后在它们的对角线上按目测比例 $O1:1E=O2:2F=O3:3G=O4:4H=7:3$ 取 4 个点 1、2、3、4，依次连接 A、1、C、2、B、3、D、4、A，即可画出椭圆。

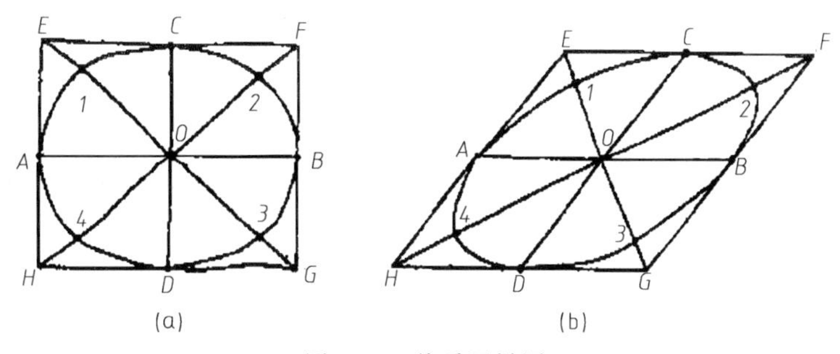

图 1-29　徒手画椭圆

第2章　投影基础

2.1　投影法

2.1.1　投影法的基本概念

物体在阳光或灯光的照射下，会在地面或墙壁上产生物体的影子。人们从这一现象中得到启示并进行了科学的总结，概括出用物体在平面上的投影表示其形状的方法，称为投影法。

投影法，就是投射线通过物体，向选定的投影面投射，并在该投影面上得到物体图形的方法。

按投影法所得到的图形，称为投影图，简称投影。投影的面，称为投影面，如图 2-1 所示。

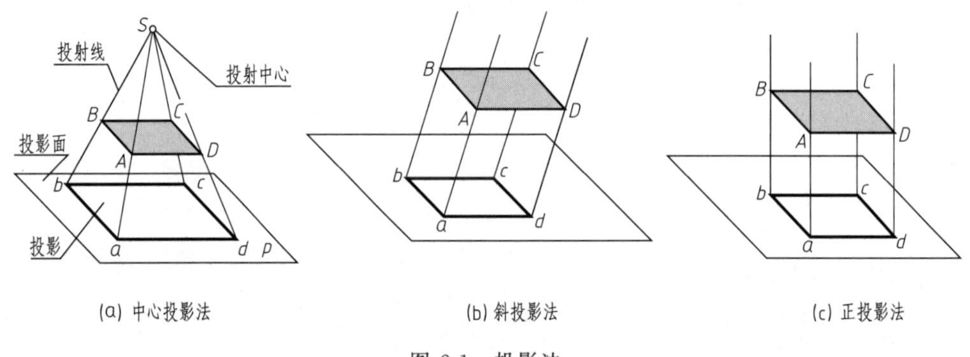

图 2-1　投影法

2.1.2　投影法的分类

投影法分为中心投影法和平行投影法两种。

(1) 中心投影法

投射线汇交一点的投影法，称为中心投影法，如图 2-1 (a) 所示。

(2) 平行投影法

投射线互相平行的投影法，称为平行投影法。

根据投射线是否与投影面垂直，将平行投影法分为斜投影法和正投影法。

① 斜投影法：投射线与投影面倾斜的平行投影法称为斜投影法。斜投影法中得到的图形称为斜投影，如图 2-1 (b) 所示。

② 正投影法：投射线与投影面垂直的平行投影法称为正投影法。正投影法中得到的图形称为正投影，如图 2-1 (c) 所示。

由于正投影法作出的图形能完整、真实地反应物体的形状和大小，不仅度量性好，而且作图简便，因此成为绘制工程图样的主要方法。

2.1.3 正投影法的基本性质

① 真实性：当直线或平面与投影面平行时，直线的投影反映实长，平面的投影反映实形，如图 2-2（a）所示。

② 积聚性：当直线或平面与投影面垂直时，直线的投影积聚成一点，平面的投影积聚成一条直线，如图 2-2（b）所示。

③ 类似性：当直线或平面与投影面倾斜时，直线的投影长度变短、平面的投影面积变小，但投影的形状仍与原来的形状相类似，如图 2-2（c）所示。

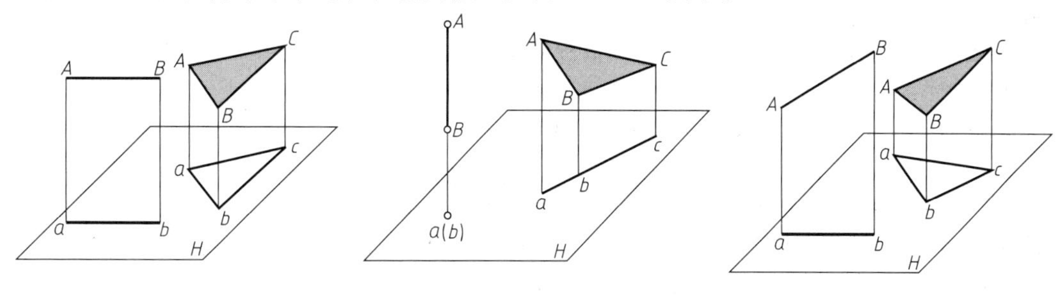

图 2-2 直线、平面的投影

2.2 物体的三视图

用正投影法将物体向投影面投射所得的图形称为视图。如图 2-3 所示，三个不同的物体，它们在一个投影面上的视图完全相同。这说明仅有物体的一个视图，一般不能准确地表达物体的空间形状。为了完整地表达物体的形状，工程上常用三个视图来表达。

2.2.1 三视图的形成

（1）三投影面体系的建立

三投影面体系是由三个互相垂直的投影面所组成，如图 2-4 所示。

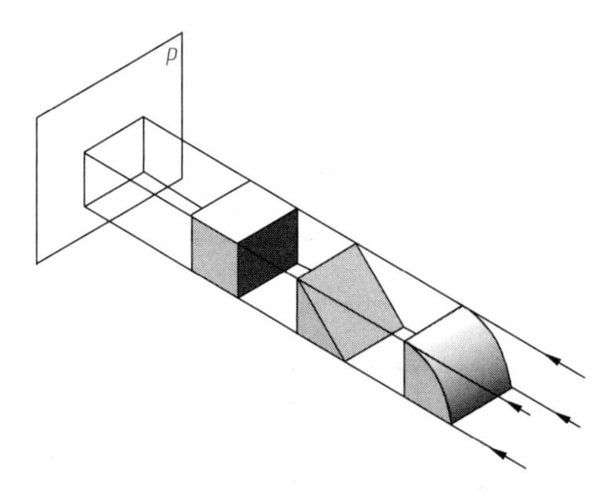

图 2-3 一个视图不能确定物体的空间形状

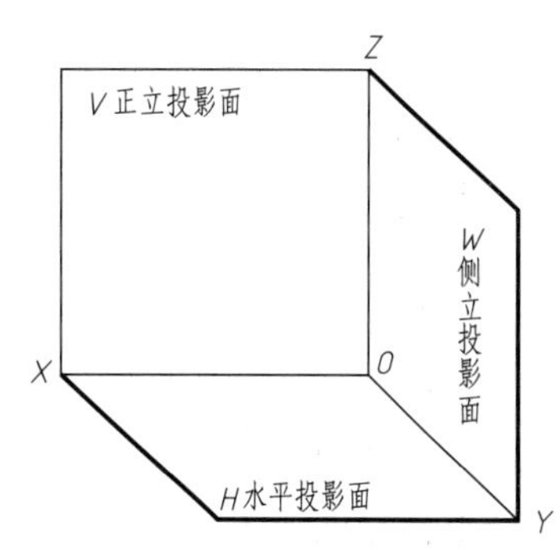

图 2-4 三投影面体系

正立放置的投影面称为正立投影面，简称正面，用 V 表示；水平放置的投影面称为水平投影面，简称水平面，用 H 表示；侧立放置的投影面称为侧立投影面，简称侧面，用 W 表示。

两个投影面的交线，称为投影轴，它们分别是：

OX 轴（简称 *X* 轴）——*V* 面和 *H* 面的交线，可度量物体长度方向的尺寸。

OY 轴（简称 *Y* 轴）——*W* 面和 *H* 面的交线，可度量物体宽度方向的尺寸。

OZ 轴（简称 *Z* 轴）——*W* 面和 *V* 面的交线，可度量物体高度方向的尺寸。

投影轴互相垂直，其交点 *O* 称为原点。

(2) 物体在三投影面体系中的投影

将物体放置在三投影面体系中，按正投影法分别向三个投影面进行投射，得到的三个视图称为三视图，如图 2-5 (a) 所示。

主视图——由前向后投射在 *V* 面上得到的视图。

俯视图——由上向下投射在 *H* 面上得到的视图。

左视图——由左向右投射在 *W* 面上得到的视图。

(3) 三投影面的展开

为了画图与看图的方便，需将三个相互垂直的投影面展开摊平在同一个平面上。其展开方法是：*V* 面不动，*H* 面绕 *OX* 轴向下旋转 90°，*W* 面绕 *OZ* 轴向右后旋转 90°，使 *H*、*W*、*V* 面处在同一平面上，如图 2-5 (b)、(c) 所示。

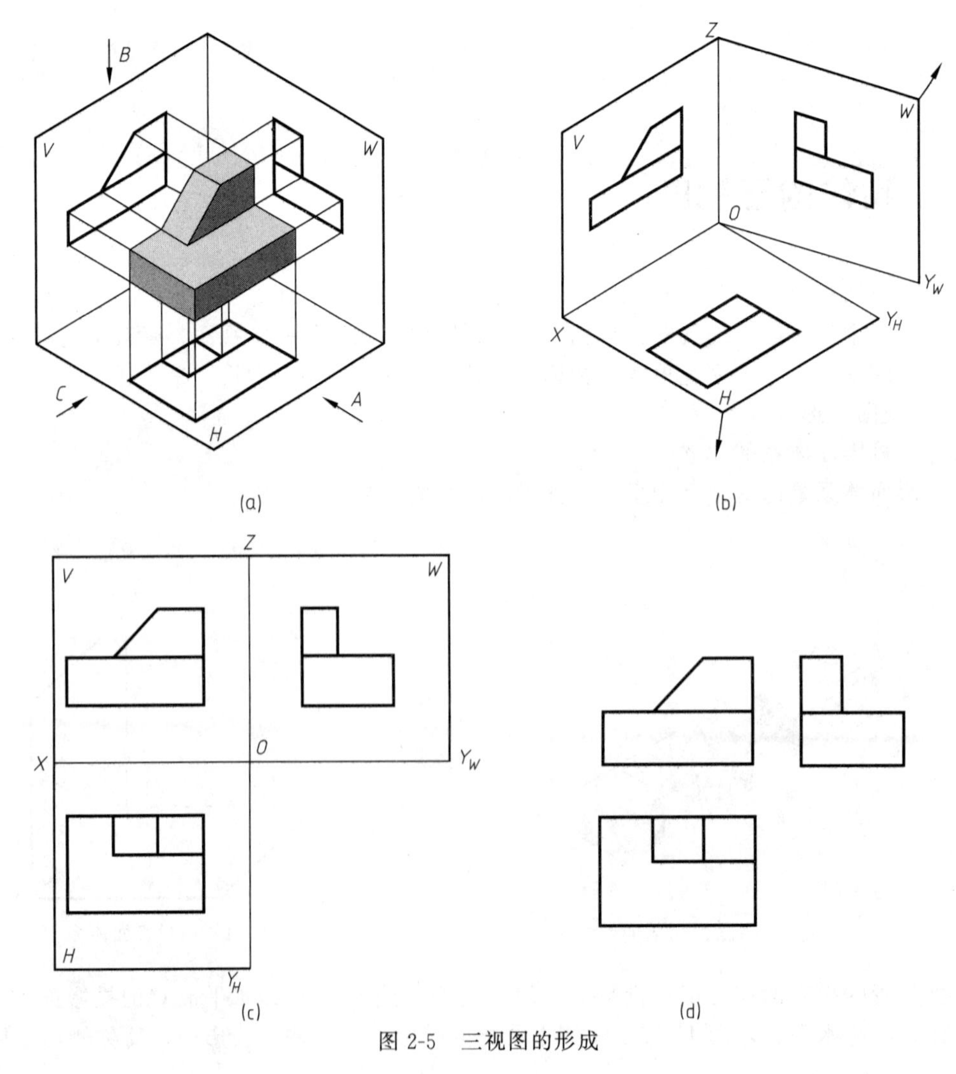

图 2-5　三视图的形成

由于视图所表达的物体形状与投影面的大小、投影面之间的距离无关，所以工程图样上常不画出投影面的边界和投影轴，如图 2-5（d）所示。

2.2.2　三视图之间的对应关系

将投影面旋转展开到同一平面上，物体的三视图就有了规则的配置，相互之间形成了一定的对应关系。

（1）位置关系

以主视图为基准，俯视图在它的正下方，左视图在它的正右方，如图 2-5（d）所示。

（2）尺寸关系

物体有长、宽、高三个方向的尺寸，每个视图都反映物体两个方向的尺寸，即：

主视图反映物体的长度（X）和高度（Z）；

俯视图反映物体的长度（X）和宽度（Y）；

左视图反映物体的宽度（Y）和高度（Z）。

由于三视图反映的是同一个物体，所以相邻两个视图在同一个方向上的尺寸必定相等。由此可归纳得出：

主、俯视图长度相等，且对正；

主、左视图高度相等，且平齐；

俯、左视图宽度相等，且对应。

三视图之间“长对正、高平齐、宽相等”的“三等”关系，即三视图的投影规律，对于物体的整体或局部都是如此。这是绘图、读图的依据，要严格遵循，如图 2-6（a）～(c）所示。

（3）方位关系

方位关系，指的是以绘图（或看图）者面对正面（即主视图的投影方向）来观察物体为

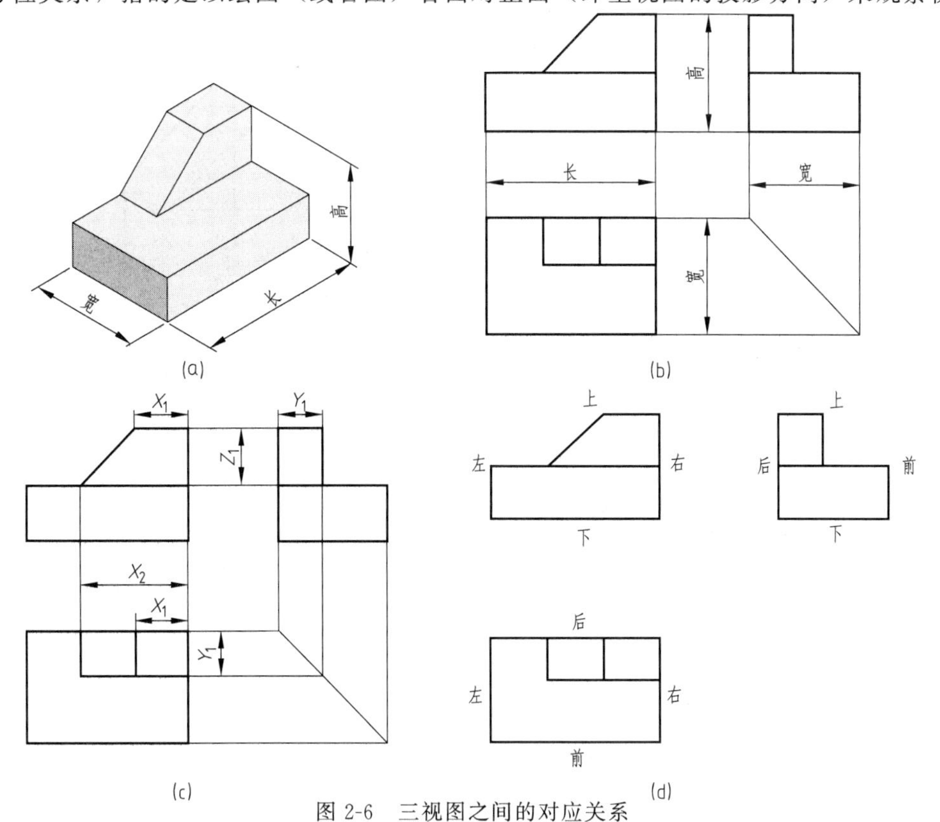

图 2-6　三视图之间的对应关系

准，看物体有上、下、左、右、前、后六个方位，如图 2-6（d）所示。

主视图反映物体的上、下和左、右方位；

俯视图反映物体的左、右和前、后方位；

左视图反映物体的前、后和上、下方位。

由图 2-6（d）可知，俯、左视图中靠近主视图的一面，表示物体的后面，远离主视图的一面，表示物体的前面。

2.3 点的投影

点是最基本的几何要素，为了迅速、正确地绘制出物体的三视图，就必须掌握点的投影规律和作图方法。

2.3.1 点的三面投影

如图 2-7（a）所示的三棱锥，是由△SAB、△SBC、△SAC 和△ABC 四个棱面组成的，各棱面分别交于 SA、SB、SC 等，各棱线汇交于 A、B、C、S 四个顶点。显然，绘制三棱锥的三视图，实质上就是画出这些顶点的三面投影，然后依次连线而成。

如图 2-7（b）所示，三棱锥顶点 S 的三面投影，就是过 S 点分别向 H、V、W 面作投射线，得到的三个垂足 s、s'和 s''就是点 S 在三个投影面上的投影。

图 2-7（d）是投影面展开后的投影图，图中 s_X、s_Y（s_{YH}、s_{YW}）、s_Z 分别为点的投影连线与投影轴 X、Y、Z 的交点。由投影图可以看出，点的投影有如下规律：

① 点的 V 面投影与 H 面投影的连线垂直于 OX 轴，即 $s's \perp OX$；

② 点的 V 面投影与 W 面投影的连线垂直于 OZ 轴，即 $s's'' \perp OZ$；

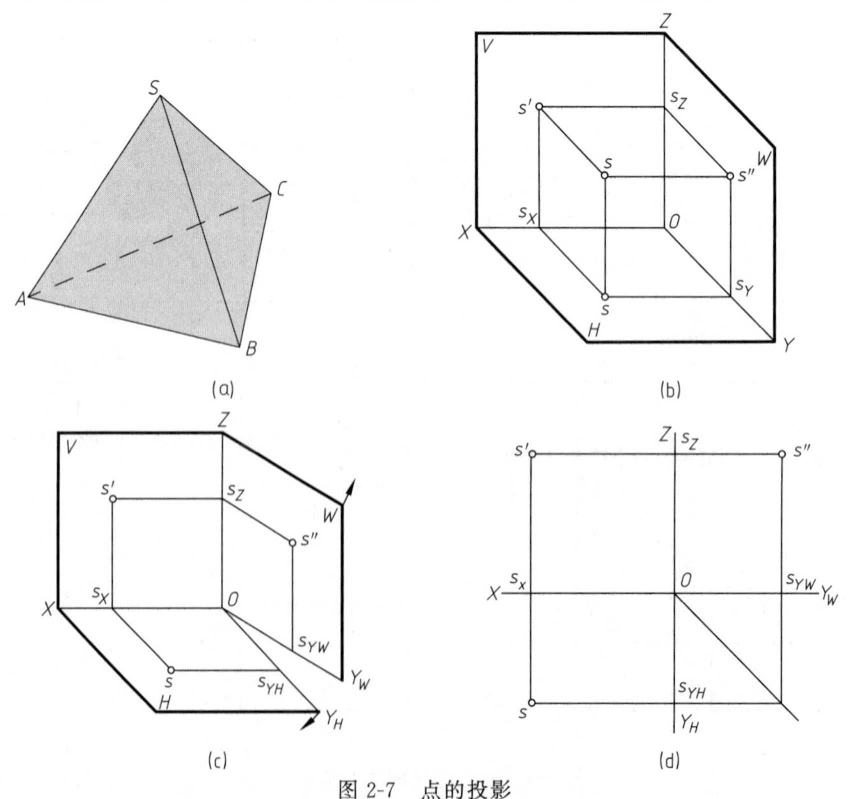

图 2-7 点的投影

③ 点的 H 面投影至 OX 轴的距离等于其 W 面投影至 OZ 轴的距离，即 $ss_X=s''s_Z$。

2.3.2　点的投影与直角坐标的关系

点的空间位置可用直角坐标（x，y，z）表示。如图 2-8 所示，将三个投影面作为坐标面，投影轴作为坐标轴，O 为坐标原点，则空间点 S 到三个投影面的距离即是 S 点的坐标，即：

点到 W 面的距离　$Ss''=s's_Z=ss_Y=Os_X=S$ 点的 x 坐标；

点到 V 面的距离　$Ss'=ss_X=s''s_Z=Os_Y=S$ 点的 y 坐标；

点到 H 面的距离　$Ss=s's_X=s''s_Y=Os_Z=S$ 点的 z 坐标。

由图可知，S 点的三面投影坐标分别为 s（x，y），s'（x，z），s''（y，z）。其中任一投影都由两个坐标来确定，所以一点的两个投影就包含了确定该点空间位置的三个坐标，即确定了点的空间位置。

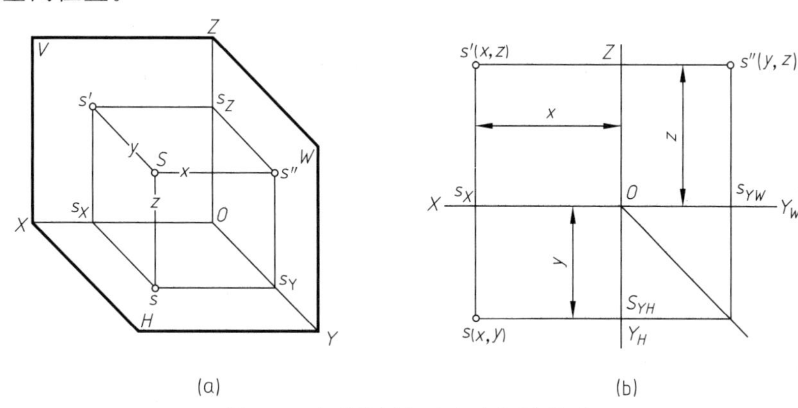

(a)　(b)

图 2-8　点的投影与直角坐标的关系

【例 2-1】　已知点 A 的 V 面投影 a' 与 W 面投影 a''，求作 H 面投影 a，如图 2-9（a）所示。

分析：根据点的投影规律可知，$a'a\perp OX$，过 a' 作 OX 轴的垂线 $a'a_X$，所求 a 必在 $a'a_X$ 的延长线上，由 $a''a_Z=aa_X$，可确定 a 的位置。

作图：

① 过 a' 作直线使 $a'a_X\perp OX$ 并延长，如图 2-9（b）所示。

② 量取 $a''a_Z=aa_X$，求得 a。也可利用 45°线作图，如图 2-9（c）所示。

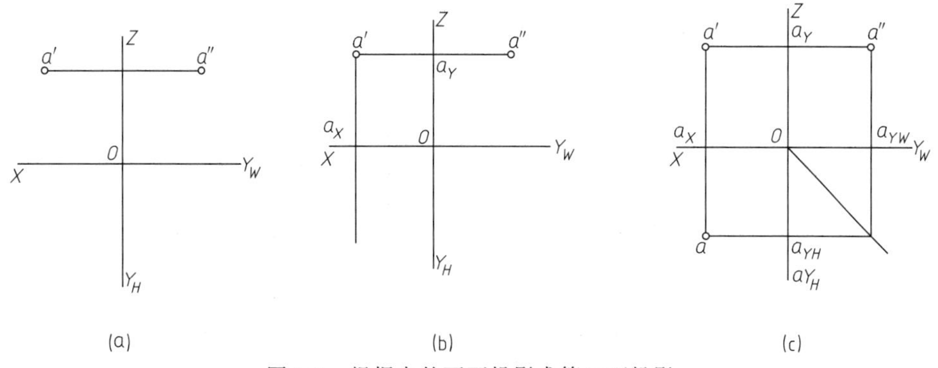

(a)　(b)　(c)

图 2-9　根据点的两面投影求第三面投影

【例 2-2】　已知空间点 B（20，40，30）。求作 B 点的三面投影。

分析：已知空间点的三个坐标，便可作出该点的两个投影，再求作另一个投影，如图

2-10所示。

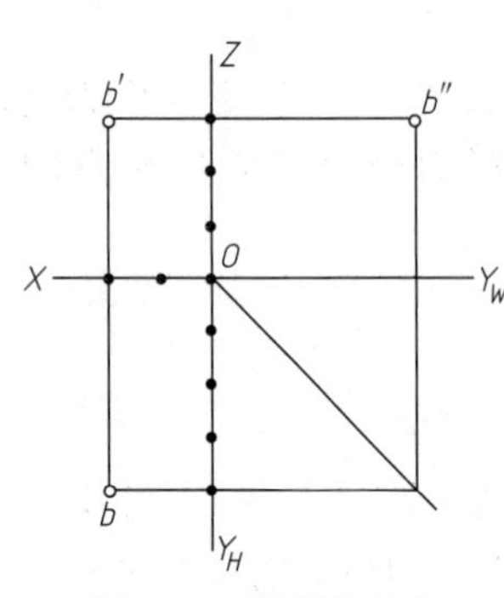

图 2-10　根据点的坐标作投影图

作图：

① 在 OX 轴上向左量取"20"，得 b_X。

② 过 b_X 作 OX 轴的垂线，在此垂线上向下量取"40"得 b；向上量取"30"得 b'。

③ 由 b、b' 作出 b''。

2.3.3　两点间的相对位置

空间两点的相对位置可由它们同面投影的坐标差来判别，如图 2-11 所示，

两点的左、右位置，由两点的 x 坐标差确定。x 坐标值大者在左，x 坐标值小者在右。故 A 点在 B 点的左边。

两点的前、后位置，由两点的 y 坐标差确定。y 坐标值大者在前，y 坐标值小者在后。故 A 点在 B 点的前面。

两点的上、下位置，由两点的 z 坐标差确定。z 坐标值大者在上，z 坐标值小者在下。故 A 点在 B 点的下方。

所以，A 点在 B 点的左、前、下方。

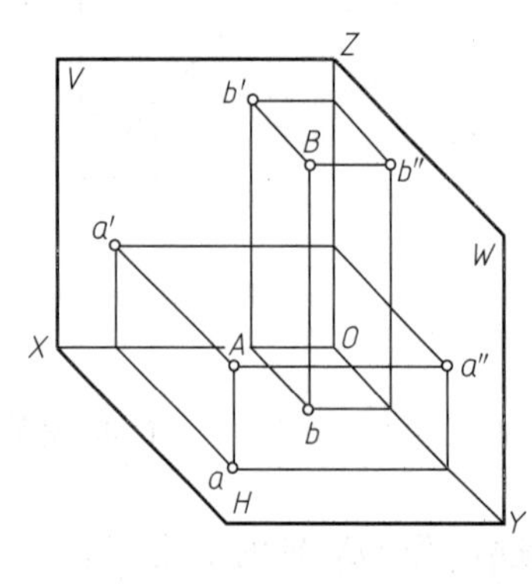

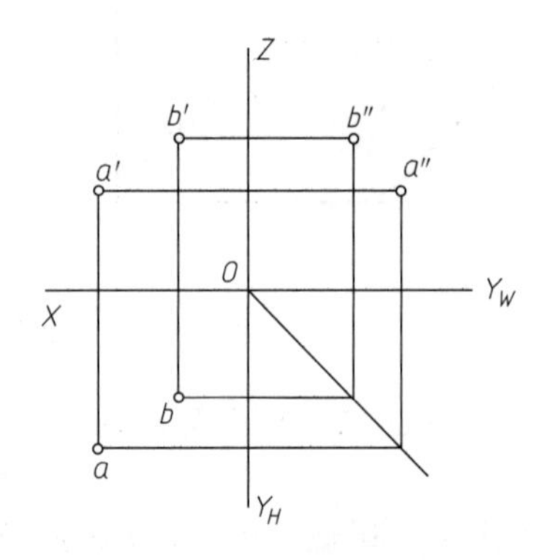

图 2-11　两点间的相对位置

如图 2-12 所示，C 点和 D 点的 x、y 坐标相同，C 点的 z 坐标大于 D 点的 z 坐标，则 C 点和 D 点的 H 面投影 c 和 d 重合在一起，称为 H 面的重影点。重影点在标注时，将不可见的投影加括号，如 C 点在上，遮住了下面的 D 点，所以 D 点的水平投影用"(d)"表示。

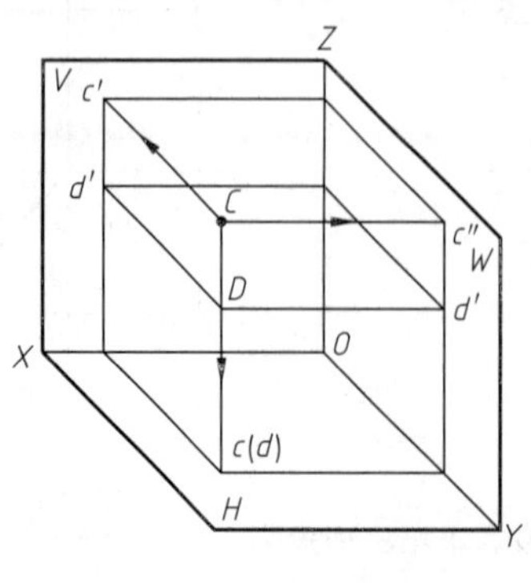

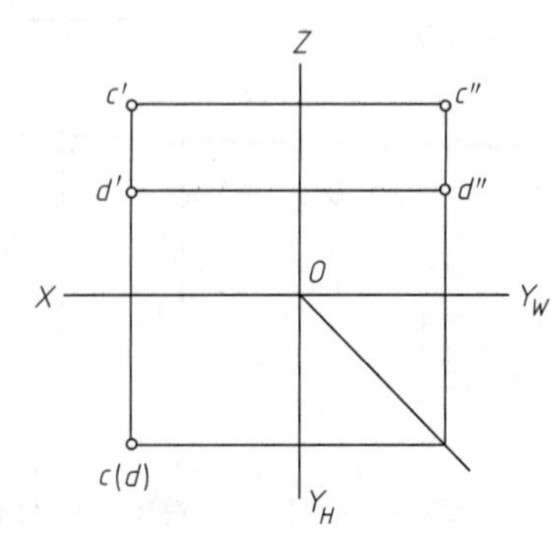

图 2-12　重影点的投影

【例 2-3】 已知空间点 B 在点 A 的左方 10mm，前方 8mm，下方 15 mm，求作 B 点的三面投影，如图 2-13（a）所示。

分析：两点的左右位置看 x 坐标、前后位置看 y 坐标、上下位置看 z 坐标可知：B 点 x 坐标比 A 点大 10mm，y 坐标比 A 点大 8mm，z 坐标比 A 点小 15mm。

作图：

① 在 OX 轴上从 a_X 向左量取“10”，得 b_X，在 OY_H 轴上从 a_{YH} 向前量取“8”，得 b_{YH}，在 OZ 轴上从 a_Z 向下量取“15”，得 b_Z。

② 分别过 b_X、b_Y、b_Z 作 OX、OY_H、OZ 轴的垂线，得 b、b'。

③ 由 b、b'作出 b''，如图 2-13（b）所示。

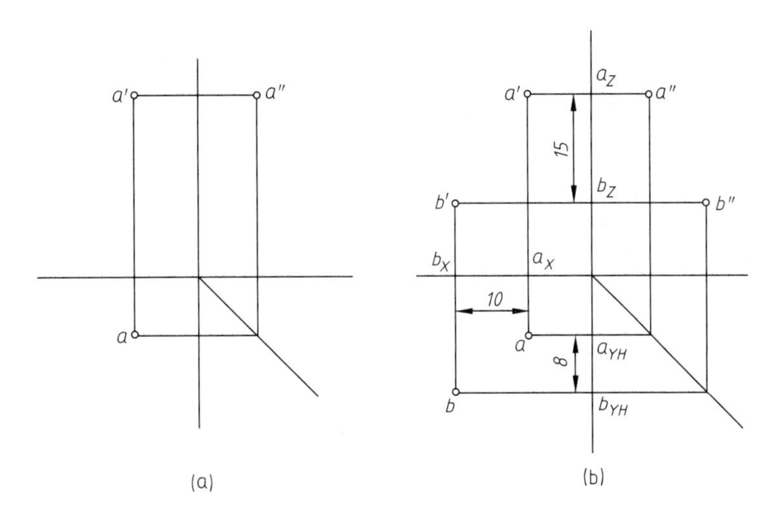

图 2-13　根据两点的相对位置求作点的投影

2.4　直线的投影

2.4.1　直线的三面投影

直线的投影一般仍为直线，其各面投影即为直线上两端点的同面投影的连线。如图 2-14 所示，直线 AB 的三面投影 ab、$a'b'$、$a''b''$均为直线。求作 AB 的三面投影时，先分别

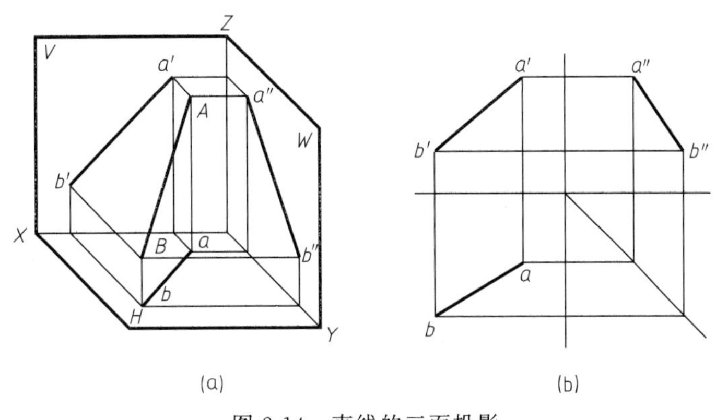

图 2-14　直线的三面投影

作出 A、B 两端点的三面投影，然后将其同面投影连接起来，就是直线 AB 的三面投影。

2.4.2 直线上点的投影

从图 2-15 可以看出，直线 AB 上的任意一点 K 有以下投影特性：

① 点在直线上，则点投影必在该直线的同面投影上，且符合点的投影规律。反之，如果点的各投影均在直线的各同面投影上，且符合点的投影规律，则点必在该直线上。

② 点分割线段之比等于其投影分割线段的投影之比。点 K 在直线 AB 上，则 $AK:KB=ak:kb=a'k':k'b'=a''k'':k''b''$。

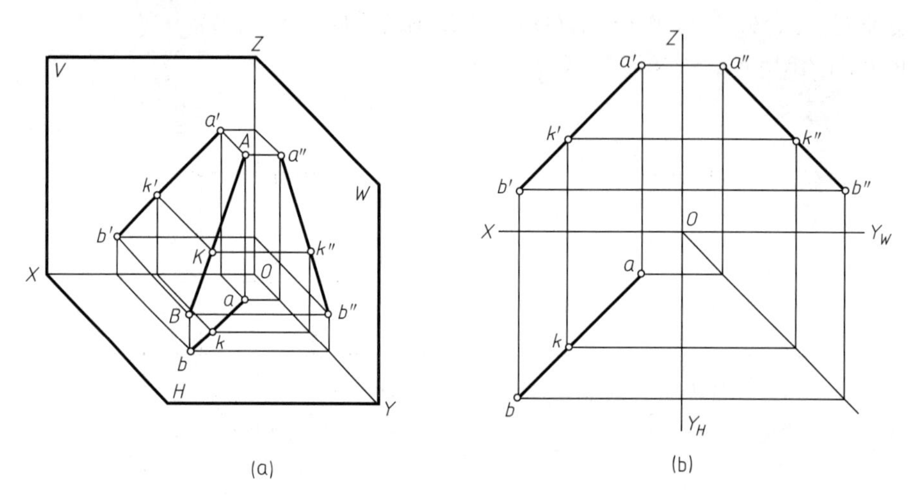

图 2-15 直线上点的投影

【例 2-4】 已知直线 AB 及点 K 的正面投影和水平投影，判别点 K 是否在直线 AB 上，如图 2-16（a）所示。

分析：因为 AB 是侧平线，因此需要画出侧面投影，或用定比方法进行判断。

作图：

方法 1——先画出直线 AB 的侧面投影 $a''b''$ 和点 K 的侧面投影 k''，然后看 k'' 是否在 $a''b''$ 上。从图 2-16（b）的侧面投影看出，k'' 不在 $a''b''$ 上，因此 K 不在直线 AB 上。

方法 2——用分割线段成定比的方法，将直线 AB 的水平投影 ab 分成两段，使其比值

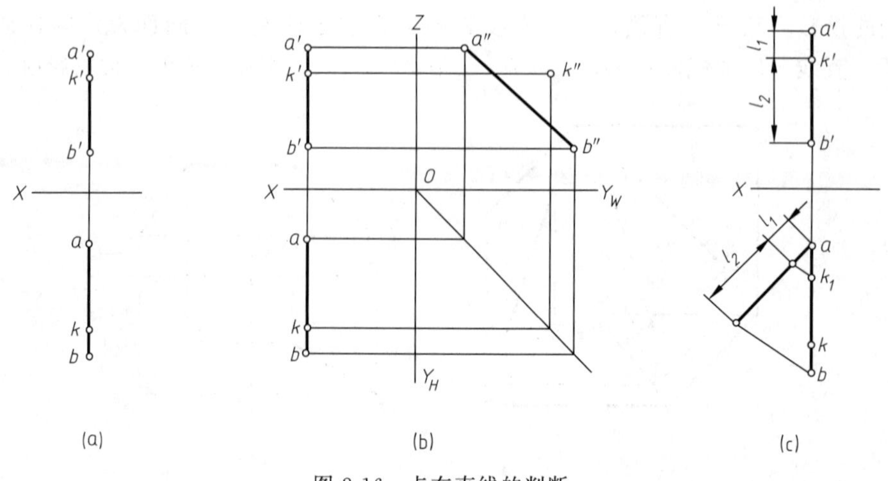

图 2-16 点在直线的判断

等于 $a'b'$ 上线段 l_1 与的 l_2 比，得点 k_1。如图 2-16（c）所示，k_1 与 k 不重合，因此 K 不在直线 AB 上。

2.4.3　各种位置直线的投影

空间直线与投影面的相对位置不同可分为三种：投影面平行线、投影面垂直线、一般位置直线。前两种称为特殊位置直线。

（1）投影面平行线

平行于一个投影面而与另外两个投影面倾斜的直线，称为投影面平行线。投影面平行线有三种情况：平行于 H 面，与 V、W 面倾斜的直线，称为水平线；平行于 V 面，与 H、W 面倾斜的直线，称为正平线；平行于 W 面，与 H、V 面倾斜的直线，称为侧平线。

直线与投影面的夹角，称为直线对投影面的倾角，并以 α、β、γ 分别表示直线对 H、V、W 面的倾角（表 2-1）。

在表 2-1 中分别列出水平线、正平线和侧平线的投影及投影特性。

表 2-1　投影面平行线

名称	水平线(平行于 H)	正平线(平行于 V)	侧平线(平行于 W)
实例	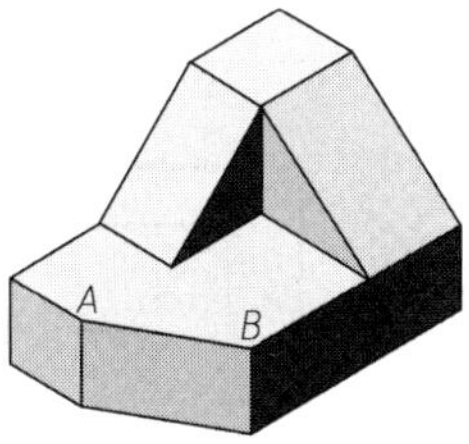	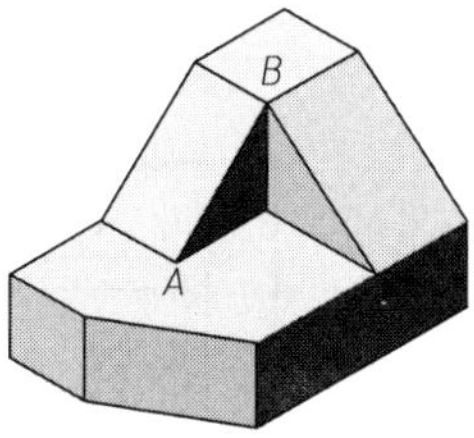	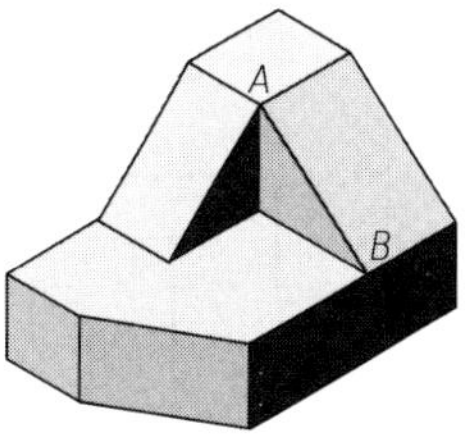
轴测图	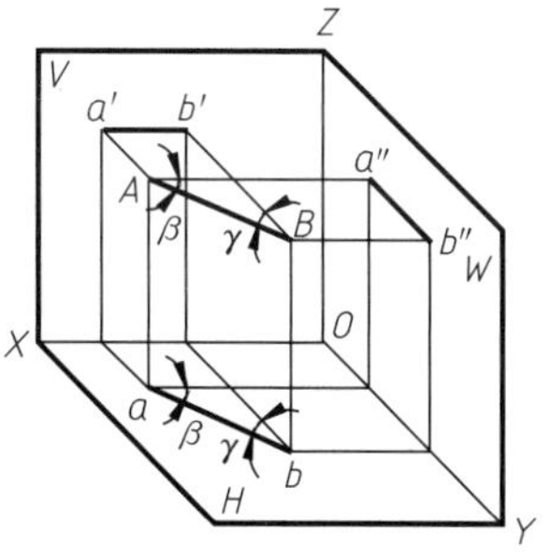	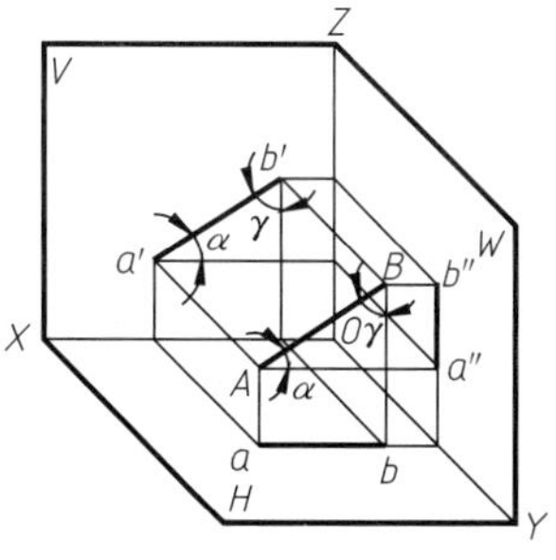	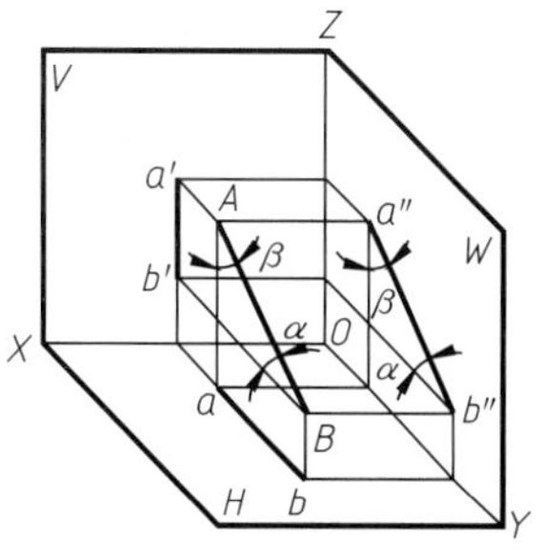
投影图	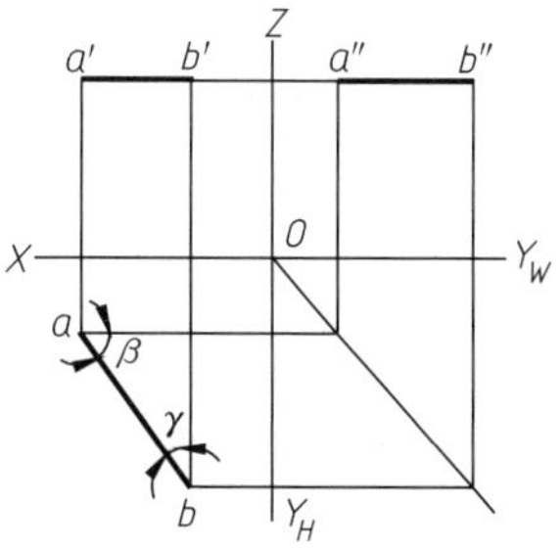	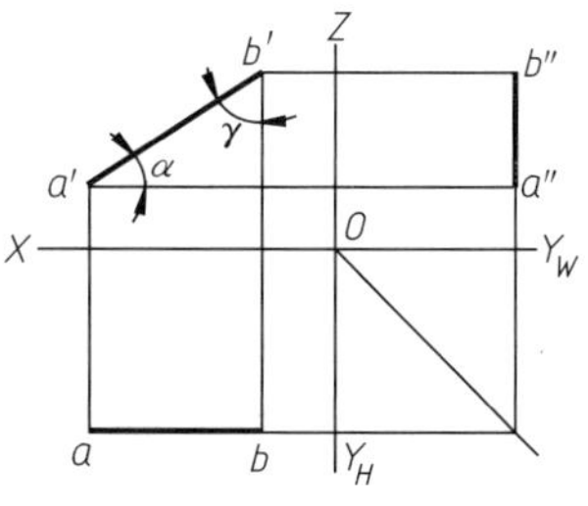	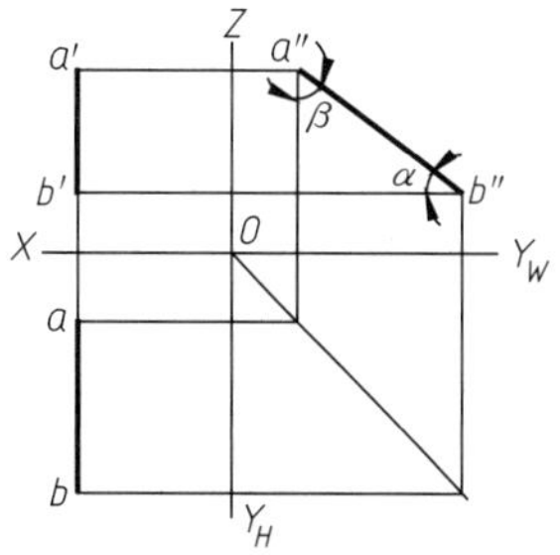
投影特性	①水平投影 ab 反映实长 ②正面投影 $a'b'$ // OX，侧面投影 $a''b''$ // OY_W，都不反映实长 ③ab 与 OX 和 OY_H 的夹角 β、γ 等于 AB 对 V、W 面的倾角	①正面投影 $a'b'$ 反映实长 ②水平投影 ab // OX，侧面投影 $a''b''$ // OZ，都不反映实长 ③$a'b'$ 与 OX 和 OZ 的夹角 α、γ 等于 AB 对 H、W 面的倾角	①侧面投影 $a''b''$ 反映实长 ②正面投影 $a'b'$ // OZ，水平投影 ab // OY_H，都不反映实长 ③$a''b''$ 与 OZ 和 OY_W 的夹角 β、α 等于 AB 对 V、H 面的倾角

（2）投影面垂直线

垂直于一个投影面的直线，称为投影面垂直线。投影面垂直线有三种情况：垂直于 H 面的直线，称为铅垂线；垂直于 V 面的直线，称为正垂线；垂直于 W 面的直线，称为侧垂线。

在表 2-2 中分别列出铅垂线、正垂线和侧垂线的投影及投影特性。

表 2-2　投影面垂直线

名称	铅垂线(垂直于 H)	正垂线(垂直于 V)	侧垂线(垂直于 W)
实例	A B	B A	B A
轴测图	Z V a' A a'' W b' X O b'' B a(b) X Y	Z V a(b') b'' B W a'' A O X b a H Y	Z V a' b' A B a'' (b'') W O X a b H Y
投影图	a' Z a'' b' b'' X O Y_W a(b) Y_H	a'(b') Z b'' a'' X O Y_W b a Y_H	a' b' Z a''(b'') X O Y_W a b Y_H
投影特性	①水平投影积聚成一点 $a(b)$ ②正面投影 $a'b'$、侧面投影 $a''b''$ 都反映实长，且 $a'b' \perp OX$，$a''b'' \perp OY_W$	①正面投影积聚成一点 $a'(b')$ ②水平投影 ab、侧面投影 $a''b''$ 都反映实长，且 $ab \perp OX$，$a''b'' \perp OZ$	①侧面投影积聚成一点 $a''(b'')$ ②水平投影 ab、正面投影 $a'b'$ 都反映实长，$ab \perp OY_H$，$a'b' \perp OZ$

（3）一般位置直线

与三个投影面都处于倾斜位置的直线，称为一般位置直线。如图 2-17（a）所示，直线 AB 对 H 面的倾角为 α，对 V 面的倾角为 β，对 W 面的倾角为 γ。则直线的实长、投影和投影面倾角之间的关系为：

$$ab = AB\cos\alpha;\ a'b' = AB\cos\beta;\ a''b'' = AB\cos\gamma$$

从上式可知，当直线处于倾斜位置时，各面投影都与投影轴倾斜，各面投影的长度均小于实长。

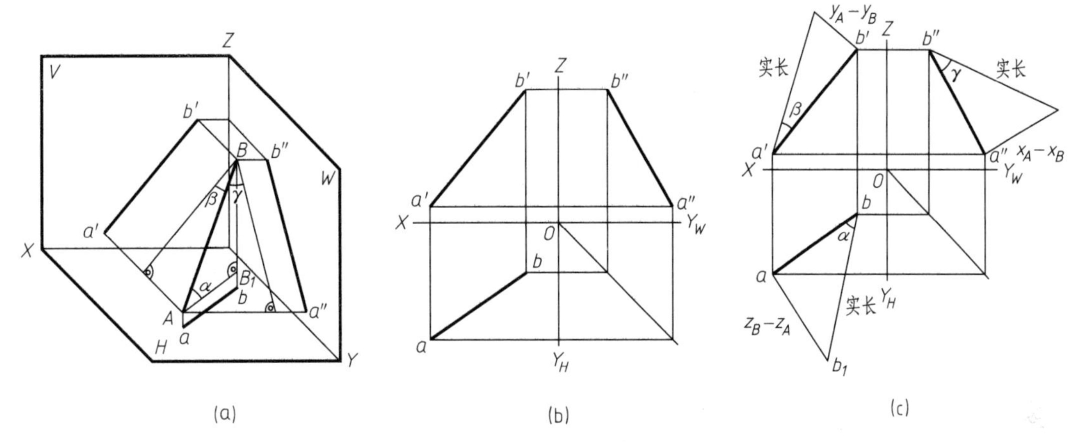

图 2-17　直线上的点的投影

在实际应用中若要根据投影图求出一般位置直线的实长和对投影面的倾角，可用直角三角形法求得。如图 2-17（a）所示，过 A 作 $AB_1 // ab$，则得一直角三角形 ABB_1，它的斜边 AB 即为其实长，AB 与 AB_1 的夹角即为 AB 对 H 面的倾角 α。在投影图中过 a 或 b（图中为过 a）作 ab 的垂线 ab_1，在此垂线上量取 $ab_1 = z_B - z_A$，则 bb_1 即为所求直线 AB 的实长，$\angle abb_1$ 即为 α 角。β 、γ 角的求法与 α 角求法类同，如图 2-17（c）所示，请读者自行分析。

2.4.4　两直线的相对位置

两直线的相对位置有平行、相交、交叉三种情况。前两种位置的直线称为同面直线，而交叉位置的两直线则称为异面直线。

（1）平行两直线

空间相互平行的两直线，它们的同面投影也必定相互平行，如图 2-18（a）所示。反之，如果两直线的各同面投影都相互平行，则可判断它们在空间也必定相互平行。

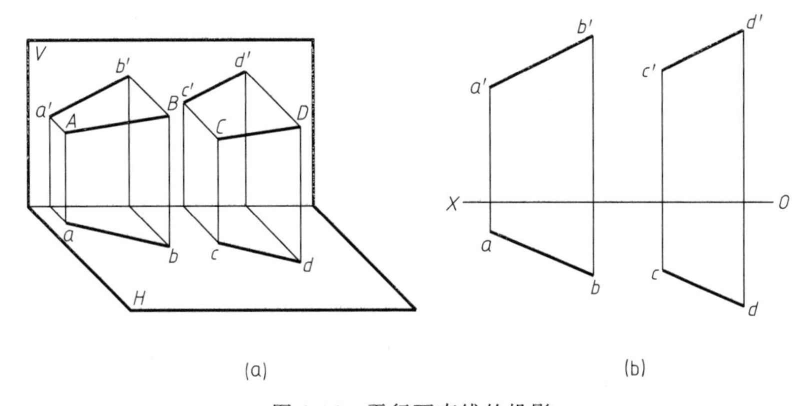

图 2-18　平行两直线的投影

判断空间两直线是否平行，对一般位置直线，只需判别两直线的任意两对同面投影相互平行，如图 2-18（b）所示。但是对于与投影面平行的两直线来说，有时还不能肯定。在这种情况下，一种方法是利用求出它们在平行的投影面上的投影来进行判断，如图 2-19 所示。

另一种方法是利用平行两直线共面，其投影保持定比的规律进行判断，如图 2-20 所示。

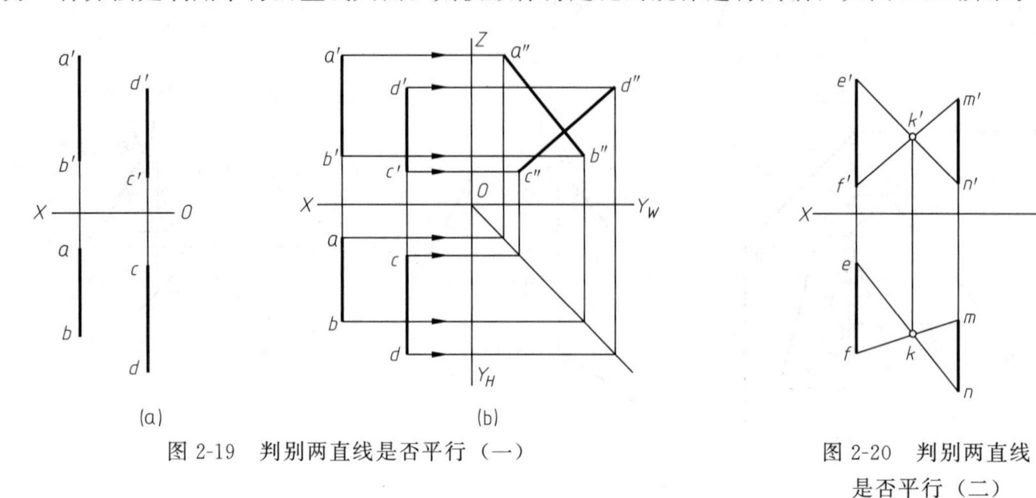

(a)　　(b)

图 2-19　判别两直线是否平行（一）

图 2-20　判别两直线是否平行（二）

（2）相交两直线

空间相交的两直线，它们的同面投影也必定相交，交点为两直线的共有点，且应符合点的投影规律。

如图 2-21 所示，直线 AB 和 CD 相交于 K 点，K 点是直线 AB 和 CD 的共有点。根据点在直线上的投影特性，可知 k 既在 ab 上，又在 cd 上，也就是说 k 一定是 ab 和 cd 的交点。同理，k' 必定是 $a'b'$ 和 $c'd'$ 的交点，k'' 必定是 $a''b''$ 和 $c''d''$ 的交点。由于 k、k'、k'' 是同一点 K 的三面投影，因此 kk' 的连线垂直于 OX 轴，$k'k''$ 的连线垂直于 OZ 轴。

反之，如果两直线的各同面投影都相交，且交点符合点的投影规律，则可判断这两直线在空间也一定相交。

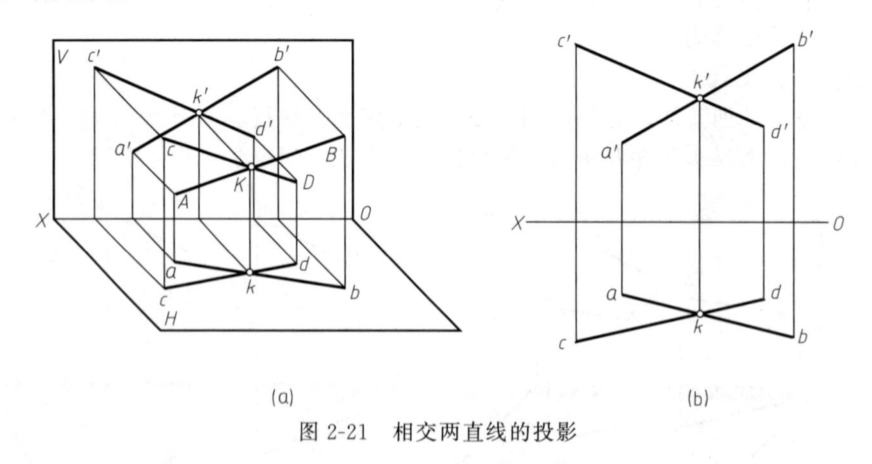

(a)　　(b)

图 2-21　相交两直线的投影

判别空间两直线是否相交，对一般位置直线，只需判断两组同面投影相交，且交点符合一个点的投影规律即可。但是，当两条直线中有一条为投影面平行线时，只有相对于另两投影面的两组同面投影相交，空间两直线不一定相交，如图 2-22 所示。

（3）交叉两直线

在空间既不平行又不相交的两直线称为交叉两直线，亦称异面直线。

如图 2-23 所示，直线 AB 和 CD 交叉，它们的同面投影可能有一对、两对甚至三对是相交的，但它们的交点一定不符合同一点的投影规律。同理，它们的同面投影可能有一对或

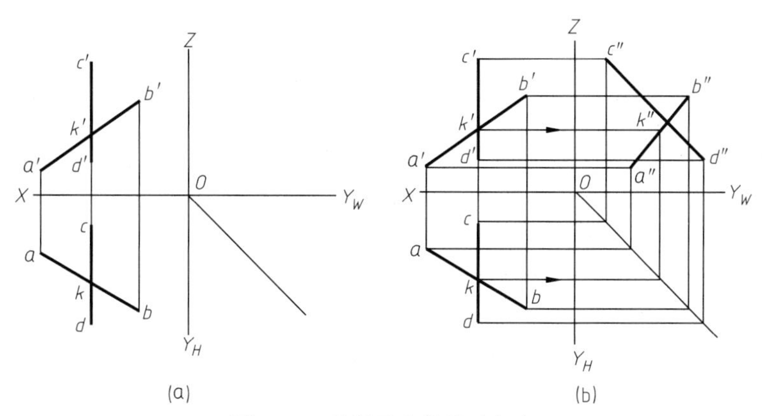

图 2-22　判别两直线是否相交

两对是相互平行的，但绝不会三组同面投影都相互平行。

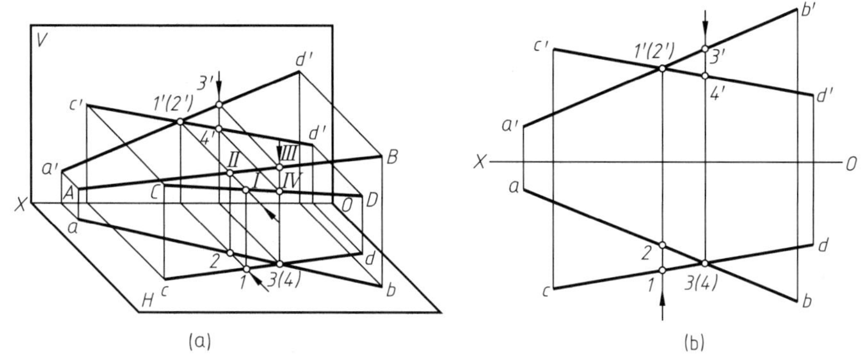

图 2-23　交叉两直线的投影

在图 2-23 中，$a'b'$和 $c'd'$的交点实际上是 AB 上的Ⅱ点与 CD 上的Ⅰ点这一对重影点在 V 面上的投影。从水平投影可以看出，1 在 2 的前面，因此在正面投影面上，Ⅰ是可见的，Ⅱ是不可见的，故标记为 $1'$（$2'$）。同理 ab 和 cd 的交点 3（4），则是 AB 上的Ⅲ点与 CD 上的Ⅳ点这一对重影点在 H 面上的投影。由于 $3'$点在 $4'$点的上面，则Ⅲ点可见，Ⅳ点是不可见。

（4）垂直定理

空间垂直相交两直线，只要有一条直线为投影面平行线时，则两直线在该投影面上的投影也必定相互垂直。

如图 2-24（a）所示，直线 AB 和 BC 垂直相交，$BC /\!/ H$ 面，AB 倾斜 H 面，由于 $BC \perp AB$，$BC \perp Bb$，所以 BC 垂直于平面 $ABba$，又因 $BC /\!/ H$ 面，故 $BC /\!/ bc$，则 bc 垂直平面 $ABba$，因此 $bc \perp ab$。

反之，若相交两直线在某一投影面上的投影相互垂直，且其中有一条直线为该投影面的平行线，则这两直线在空间也必定相互垂直，如图 2-24（b）、（c）所示。

在图 2-24（a）中，AB 和 DE 垂直交叉，$DE /\!/ H$ 面，因此 $de \perp ab$。总之，相互垂直的两直线（相交或交叉）当中，至少有一条直线平行于投影面时，这两直线在该投影面上的投影才相互垂直。

【例 2-5】 已知菱形 $ABCD$ 的对角线 AC 的两个投影，以及菱形另一对角线 BD 一个端点 B 的水平投影 b，求该菱形的正面投影和水平投影，如图 2-25（a）所示。

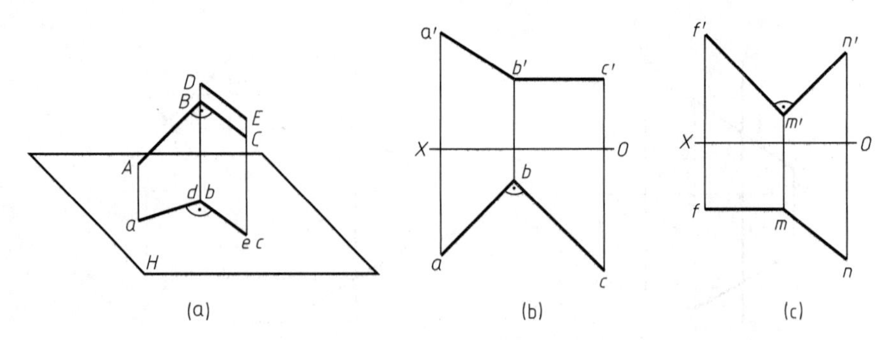

图 2-24　垂直相交两直线的投影

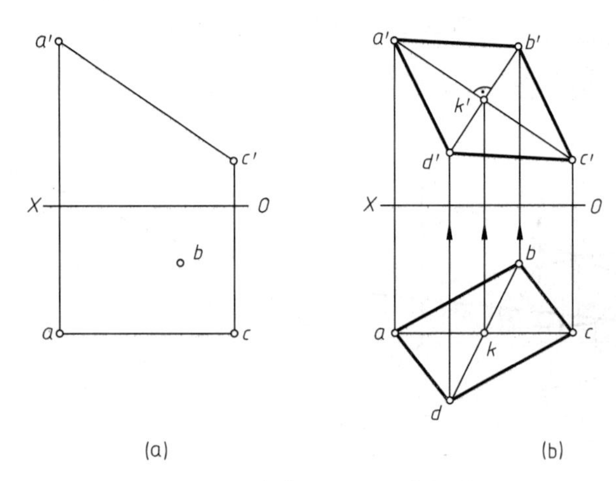

图 2-25　求菱形 $ABCD$ 的投影

分析：菱形的两对角线相互垂直，且其交点平分对角线的线段长度。

作图：

① 在对角线 AC 上取中点 K，K 点也必定是另一对角线的中点。

② AC 是正平线，故另一对角线的正面投影垂直 $a'c'$。先过 k' 作直线垂直 $a'c'$，过 b 作 OX 轴的垂线得 b'。

③ 在对角线 BK 的延长线上取一点 D，使 $KB=KD$，则 $b'd'$ 和 bd 即为另一对角线的投影。连接各点即得菱形 $ABCD$ 的投影，如图 2-25 所示。

2.5　平面的投影

2.5.1　平面的表示法及其投影

(1) 用几何要素表示平面

由初等几何可知，不在一直线上的三点可确定一个平面，在投影图上可用下列几何要素的投影表示平面，如图 2-24 所示。

① 不在一直线上的三点 [图 2-26 (a)]；

② 一直线和直线外的一点 [图 2-26 (b)]；

③ 相交两直线 [图 2-26 (c)]；

④ 平行两直线［图 2-26（d)］；

⑤ 任意平面图形［图 2-26（e)］。

图 2-26 中，是用各组要素所表示的同一平面的投影图，显然各组几何要素是可以相互转换的。

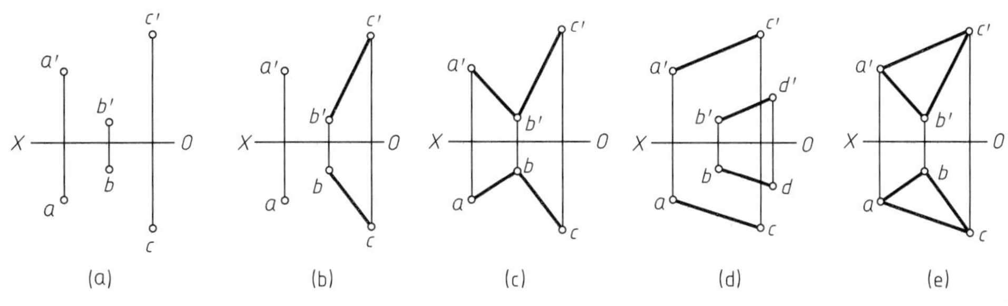

图 2-26　几何要素表示平面

（2）用迹线表示平面

空间平面与投影面的交线称为平面的迹线，用迹线表示平面称为迹线平面。

如图 2-27 所示，平面 P 与 H、V、W 面的交线分别称为水平迹线、正面迹线和侧面迹线，用 P_H、P_V、P_W 表示，P_H、P_V、P_W 两两相交于 OX、OY、OZ 轴上一点，称为迹线集合点，分别用 P_X、P_Y、P_Z 表示。

由于迹线在投影面上，因此迹线在这个投影面的投影必定与迹线本身重合，并用符号标记，它的另两个投影与相应的投影轴重合，不用另标符号。

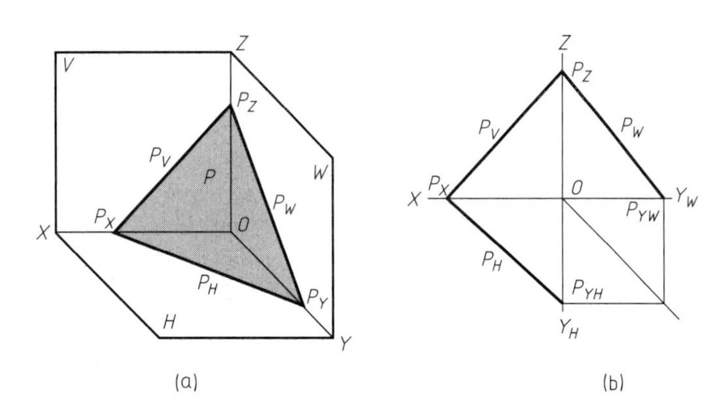

图 2-27　迹线表示平面

用迹线表示特殊位置平面，在作图中经常用到，如图 2-28 所示。

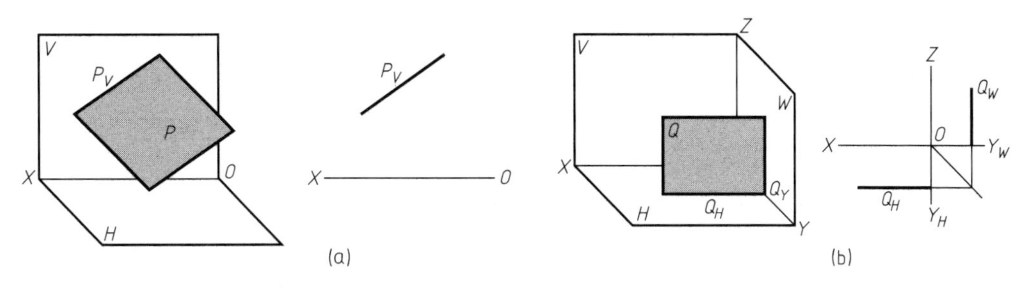

图 2-28　迹线表示特殊位置平面

2.5.2　各类位置平面的投影特性

平面按其与投影面的相对位置不同有三种：投影面平行面、投影面垂直面、一般位置平面。前两种称为特殊位置平面。

（1）投影面平行面

平行于一个投影面的平面，称为投影面平行面。投影面平行面有三种情况：平行于 H 面称为水平面，平行于 V 面称为正平面，平行于 W 面称为侧平面。

在表 2-3 中分别列出水平面、正平面和侧平面的投影及投影特性。

表 2-3　投影面平行面

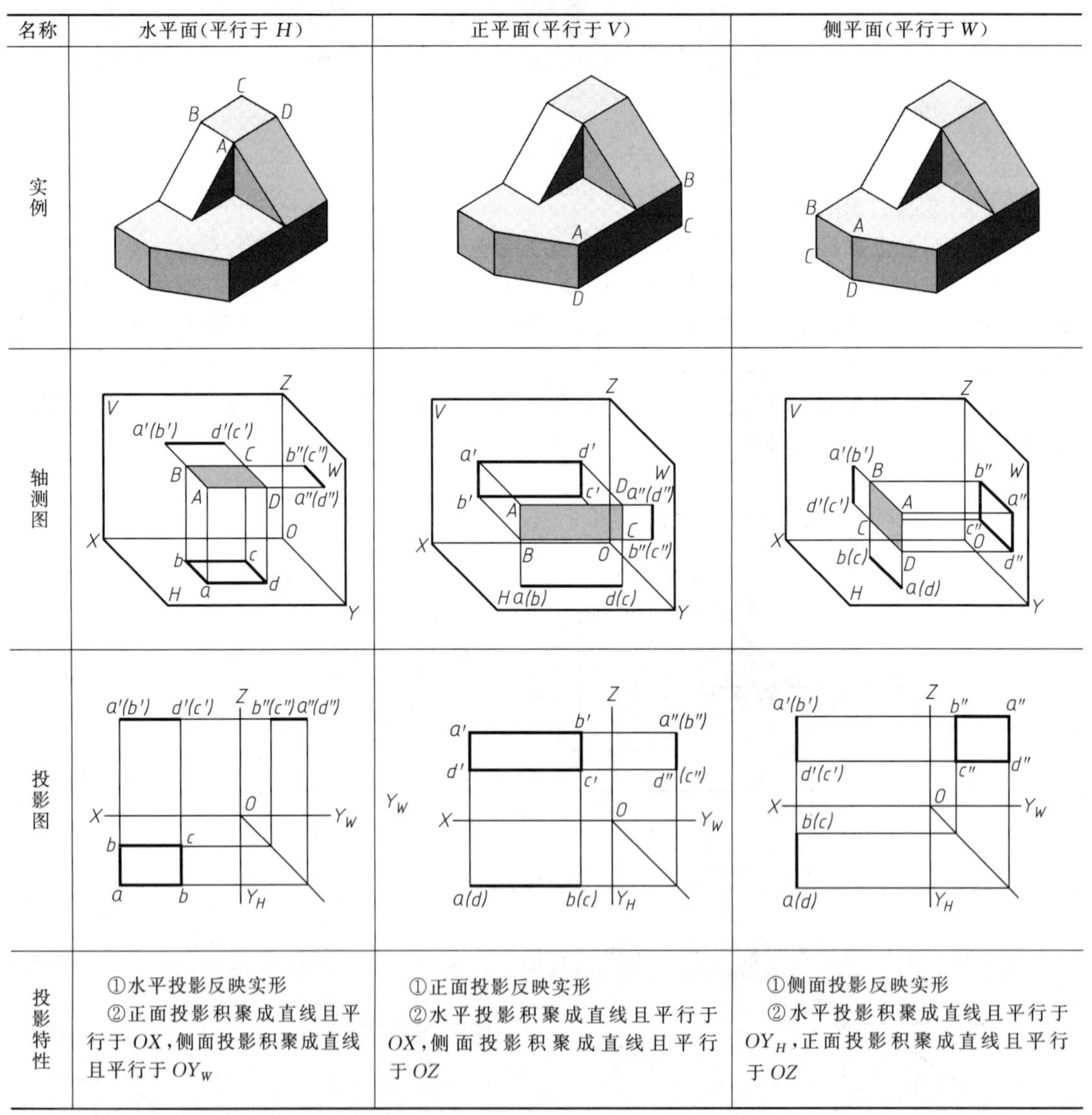

名称	水平面（平行于 H）	正平面（平行于 V）	侧平面（平行于 W）
实例			
轴测图			
投影图			
投影特性	①水平投影反映实形 ②正面投影积聚成直线且平行于 OX，侧面投影积聚成直线且平行于 OY_W	①正面投影反映实形 ②水平投影积聚成直线且平行于 OX，侧面投影积聚成直线且平行于 OZ	①侧面投影反映实形 ②水平投影积聚成直线且平行于 OY_H，正面投影积聚成直线且平行于 OZ

（2）投影面垂直面

垂直于一个投影面而与其他两个投影面倾斜的平面，称为投影面垂直面。投影面垂直面有三种情况：垂直于 H 面，与 V、W 面倾斜的平面，称为铅垂面；垂直于 V 面，与 H、W 面倾斜的平面，称为正垂面；垂直于 W 面，与 H、V 面倾斜的平面，称为侧垂面。

在表 2-4 中分别列出铅垂面、正垂面和侧垂面的投影及投影特性。

表 2-4　投影面垂直面

名称	铅垂面（垂直于 H）	正垂面（垂直于 V）	侧垂面（垂直于 W）
实例	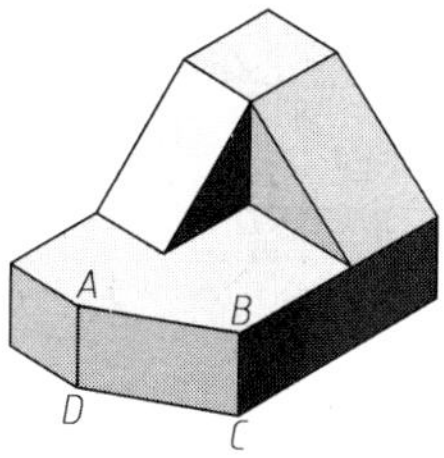	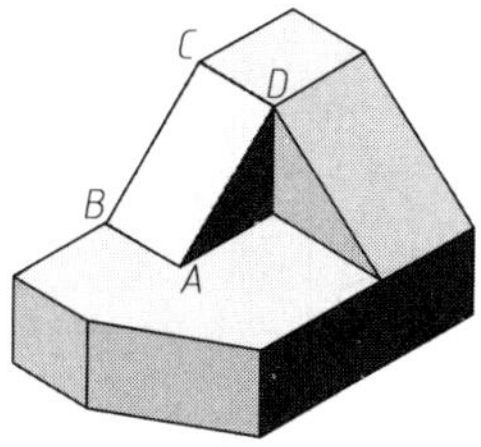	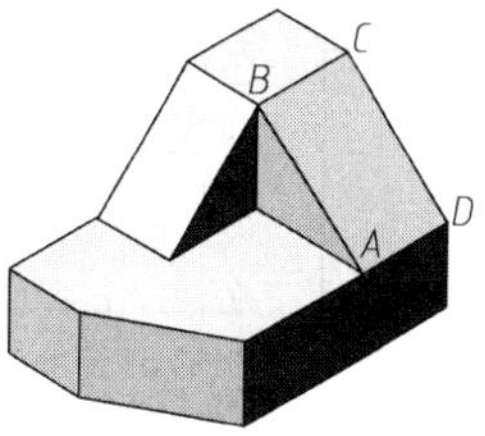
轴测图	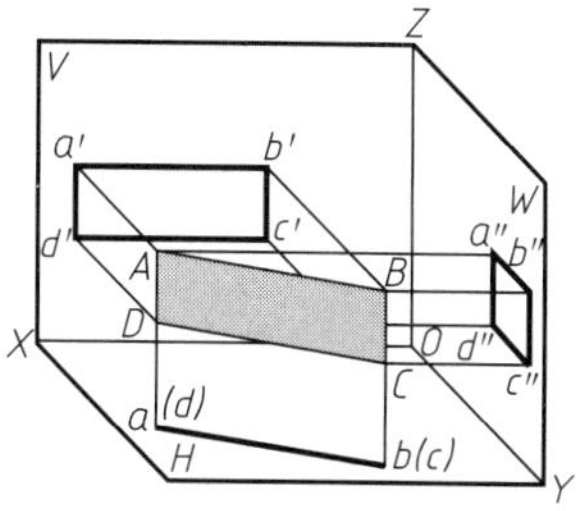	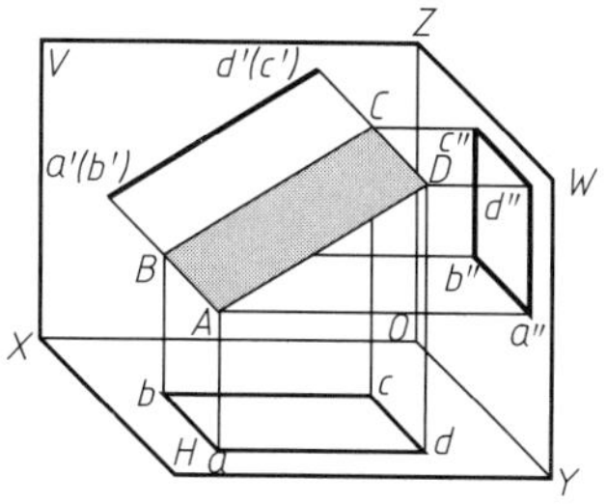	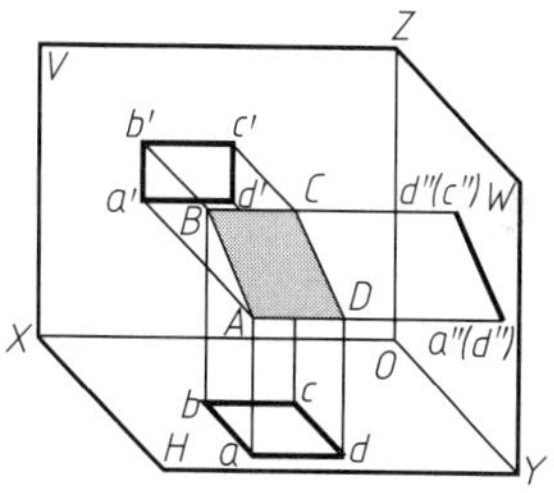
投影图	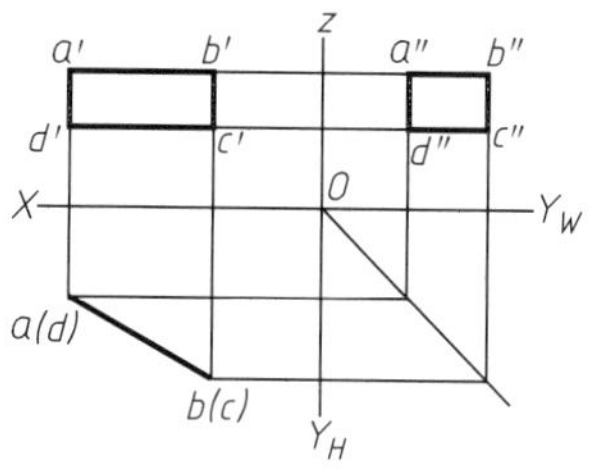	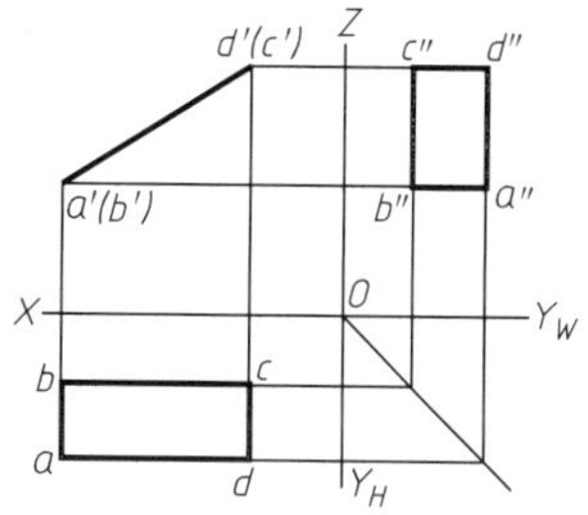	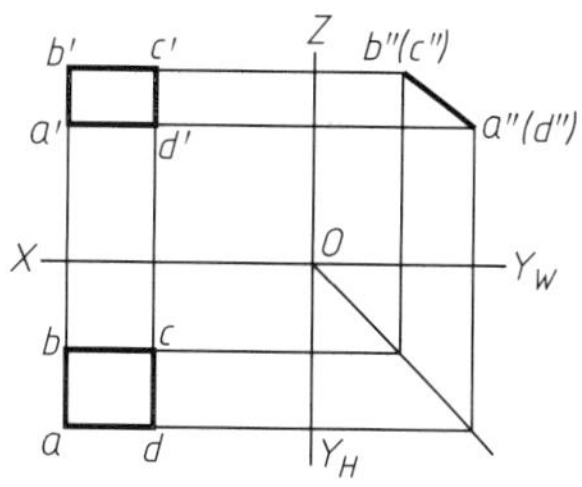
投影特性	①水平投影积聚成直线 ②正面投影和侧面投影为原形的类似形	①正面投影积聚成直线 ②水平投影和侧面投影为原形的类似形	①侧面投影积聚成直线 ②水平投影和正面投影为原形的类似形

（3）一般位置平面

与三个投影面都倾斜的平面，称为一般位置平面。

如图 2-29 所示，$\triangle ABC$ 与 V、H、W 面都倾斜，所以在三个投影面上的投影都不反映平面实形，均为缩小的类似形。

2.5.3　平面上的直线和点

（1）平面上的直线

直线在平面上的几何条件是：一直线通过平面上的两点，则此直线必在该平面上；或者一直线通过平面上的一点，且平行于平面上的任一直线，则此直线必在该平面上。

如图 2-30 所示，相交两直线 AB 与 AC 决定一平面 P，在两直线上各取一点 M 和 N，则过此两点的直线 MN 必在该平面上；过 C 点作一直线 CD 平行于 AB，则 CD 也必在该平面上。

【例 2-6】 已知平面由两相交直线 AB、AC 给定，试在平面上任作一直线，如图 2-31 所示。

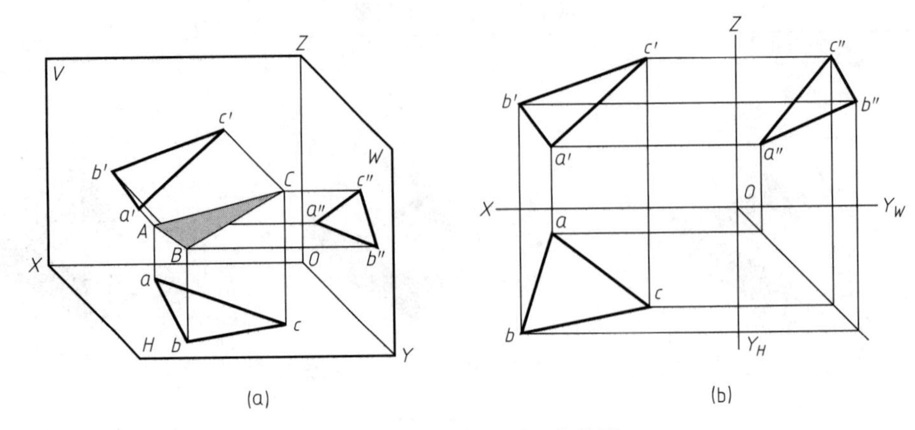

图 2-29 一般位置平面的投影

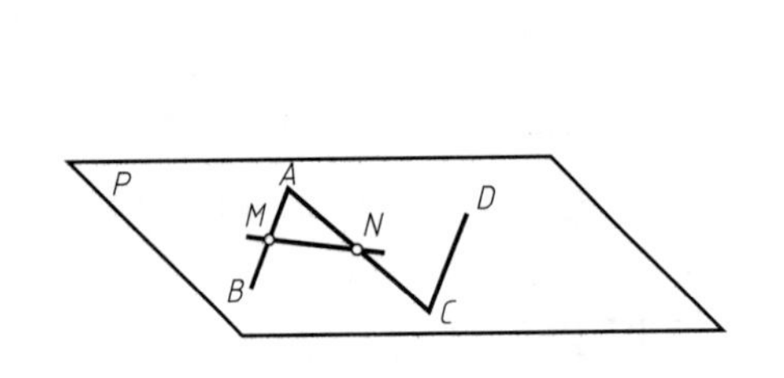

图 2-30 直线在平面上的条件

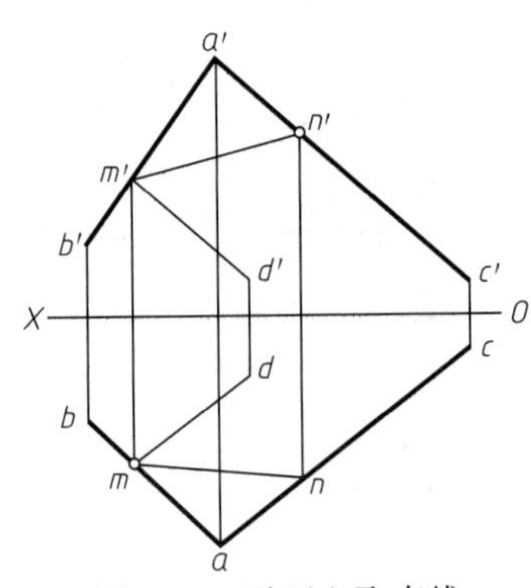

图 2-31 平面上取直线

分析：根据直线在平面上的几何条件作图。

作图：

方法 1——在直线 AB 上任取一点 M，它的投影分别为 m 和 m'；在直线 AC 上任取一点 N，它的投影分别为 n 和 n'；连接两点的同面投影，便得所求直线的两个投影。

方法 2——过点 M 作直线 MD（md，$m'd'$）平行于已知直线 AC（ac，$a'c'$），则 MD（md，m′d′）即为所求直线，如图 2-31 所示。

（2）平面上的点

点在平面上的几何条件是：点在平面内的任一直线上，则该点必在此平面上。因此在平面上取点，必须先在平面上取直线。

【例 2-7】 已知△ABC 上点 K 的正面投影 k'和 D 点的水平投影 d，求作它们的另一面投影，如图 2-32（a）所示。

分析：因为点 K、D 在△ABC 上，过点 K、D 在平面上各作一条辅助线 AⅠ、AⅡ，则点 K、D 的投影必在直线 AⅠ、AⅡ的同面投影上。

作图：

① 连 a'、k'并延长，交 $b'c'$于点 1′，由 1′求得 1；连 a、d 交 bc 于点 2，由 2 求得 2′，如图 2-32（b）所示。

② 连接 a、1，由 k'求得 k；连接 a'、2′并延长，由 d 求得 d'，如图 2-32（c）所示。

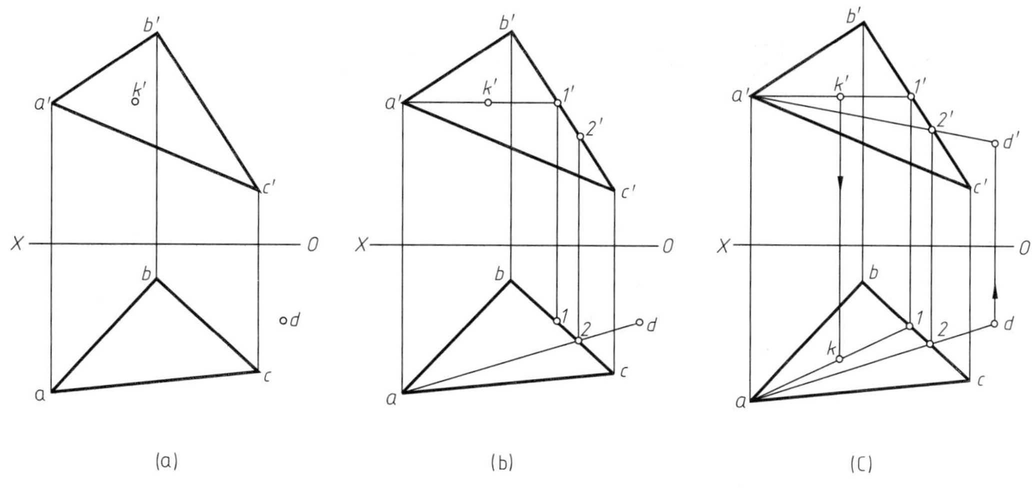

图 2-32　求平面上点的投影

（3）平面上的投影面平行线

既在平面上同时又平行于某一投影面的直线称为平面上的投影面平行线。

平面上的投影面平行线的投影，既有投影面平行线所具有的投影特性，又符合平面上的直线性质。同一平面上可以作无数条投影面平行线，而且都相互平行。如果规定必须通过平面内某一点，或离开某一个投影面的距离为一定，则在平面上只能作出一条投影面平行线。

【例 2-8】 在△ABC 上作一条正平线 MN，并使其到 V 面的距离为 15mm，如图 2-33（a）所示。

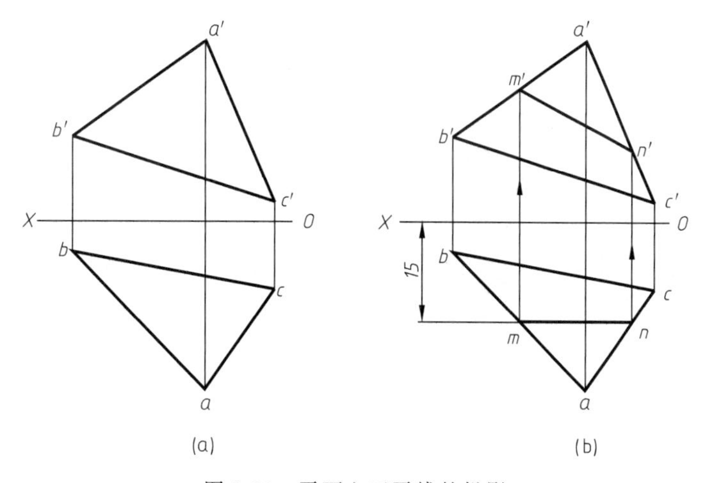

图 2-33　平面上正平线的投影

分析：所求的正平线的水平投影应平行于 OX 轴，且到 OX 轴的距离为 15mm。

作图：

① 在水平投影面上作一直线平行于 OX 轴，且到 OX 轴的距离为 15mm，与 ab、ac 分别交于 m、n。

② 过 m、n 分别作 OX 轴的垂线与 $a'b'$、$a'c'$交于 m'、n'，连接 m、n，m'、n'即为所求，如图 2-33（b）所示。

2.6 直线与平面、平面与平面的相对位置

2.6.1 平行问题

(1) 直线与平面相互平行

直线平行于平面上的某条直线，那么它必平行于这个平面。由此可知，若直线与平面平行，直线的各面投影必与平面上一直线的同面投影平行。换言之，如果投影图中直线的各面投影对应平行于定平面上一直线的同面投影，则直线与该平面平行，如图 2-34 所示。

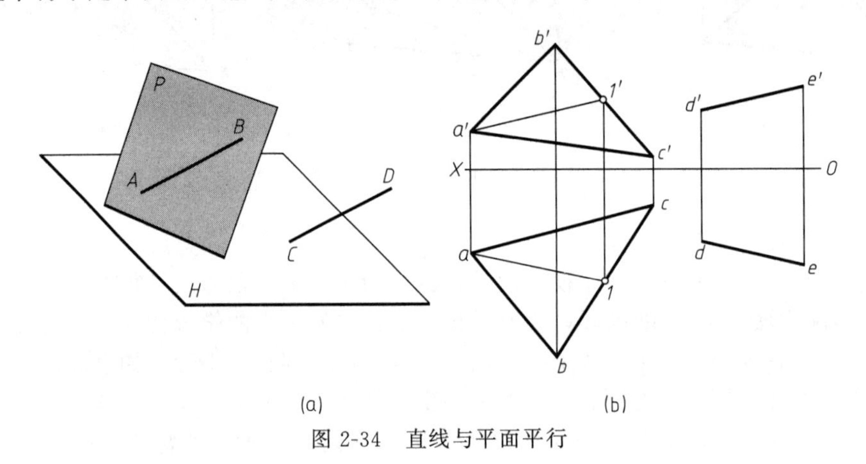

图 2-34 直线与平面平行

如果直线与某一投影面垂直面平行，则该直线必有一个投影与平面具有积聚性的那个投影平行，如图 2-35 所示。

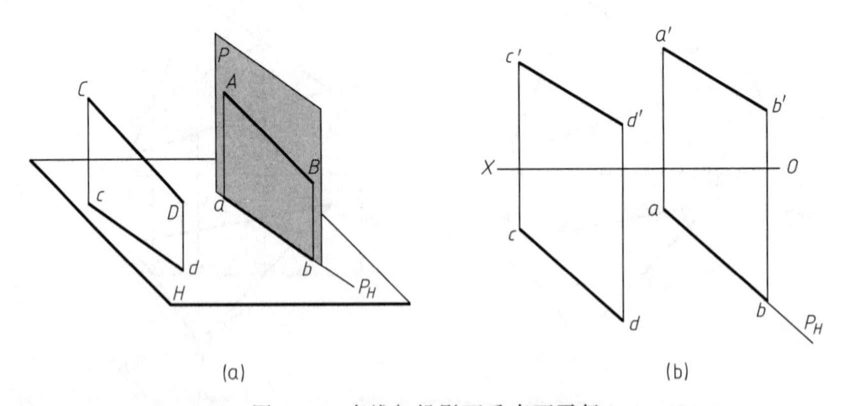

图 2-35 直线与投影面垂直面平行

【例 2-9】 试过已知点 K 作一正平线平行于$\triangle ABC$，如图 2-36 (a) 所示。

分析：所求的正平线平行于$\triangle ABC$ 内任一正平线，且水平投影应平行 OX 轴。

作图：

① 在$\triangle ABC$ 内任作一水平线 A Ⅰ ($a1$、$a'1'$)。

② 过 K 点作一直线 KM 与 A Ⅰ 平行 ($km /\!/ a1$，$k'm' /\!/ a'1'$)，则 KM 一定是正平线，且平行于$\triangle ABC$，如图 2-36 (b) 所示。

(2) 平面与平面平行

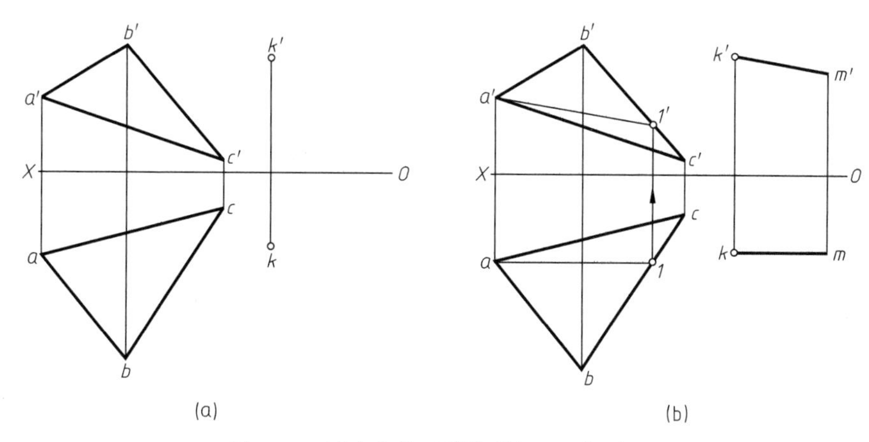

图 2-36　过定点作正平线平行于已知平面

如果一平面上两相交直线对应平行于另一平面上的两相交直线，则这两平面相互平行。由此可知若平面与平面平行，两平面上对应的相交直线的同面投影必平行。换言之，如果平面上相交两直线的各面投影对应地平行于另一平面上相交两直线的同面投影，则可判定两平面平行，如图 2-37 所示。

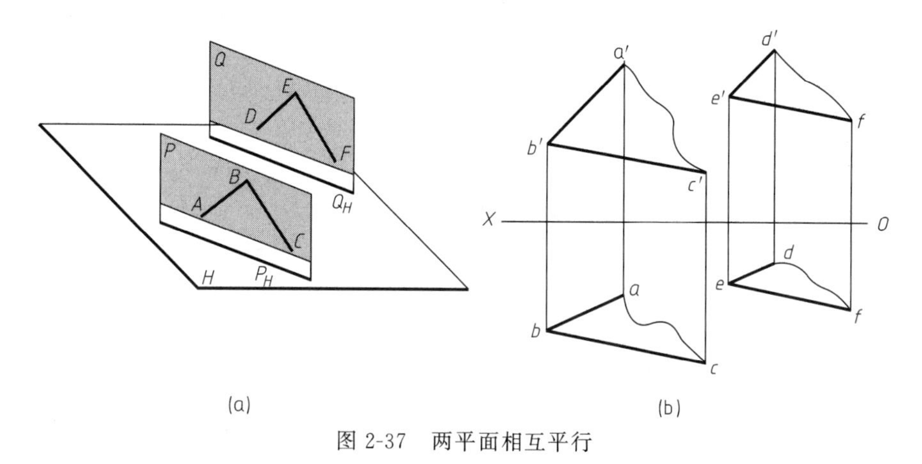

图 2-37　两平面相互平行

如果两投影面垂直面相互平行，则它们具有积聚性的那组投影必然相互平行，如图 2-38 所示。

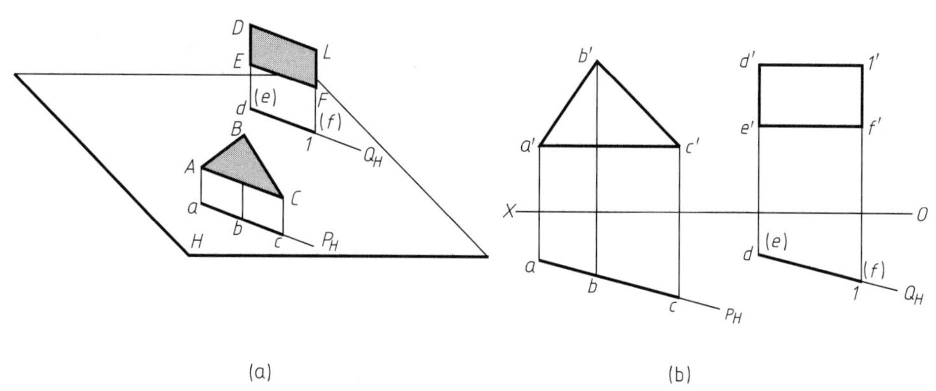

图 2-38　两投影面垂直面相互平行

【例 2-10】 过点 K 作一平面平行于已知△ABC，如图 2-39（a）所示。

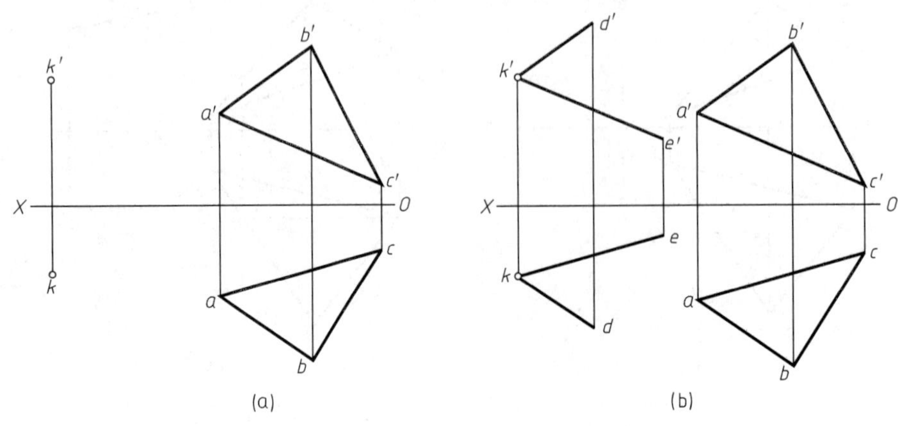

图 2-39 过点作平面与已知平面平行

分析：如果一平面上两相交直线对应平行于另一平面上的两相交直线，则这两平面相互平行。

作图：过点 K 作一对相交直线 KD 和 KE，使之与△ABC 内任意两相交直线如 AB 和 AC 平行（$kd/\!/ab$，$k'd'/\!/a'b'$；$ke/\!/ac$，$k'e'/\!/a'c'$），则 KD 和 KE 两相交直线所决定的平面即为所求。

2.6.2 相交问题

（1）直线与平面相交

直线与平面相交，只有一个交点，这个交点称为穿点，它是直线与平面的共有点。作图时，除了要求出交点的投影外，还要判别直线投影的可见性。

① 利用积聚性求交点：图 2-40 所示为一般位置直线 AB 与铅垂面△CDE 相交，由于△CDE 的水平投影有积聚性，因此，直线 AB 与△CDE 的水平投影的交点 k 就是空间交点 K 的水平投影。根据这一投影特点，在投影图中首先得到交点的水平投影 k，由 k 可求得正面投影 k'，如图 2-40（b）所示。

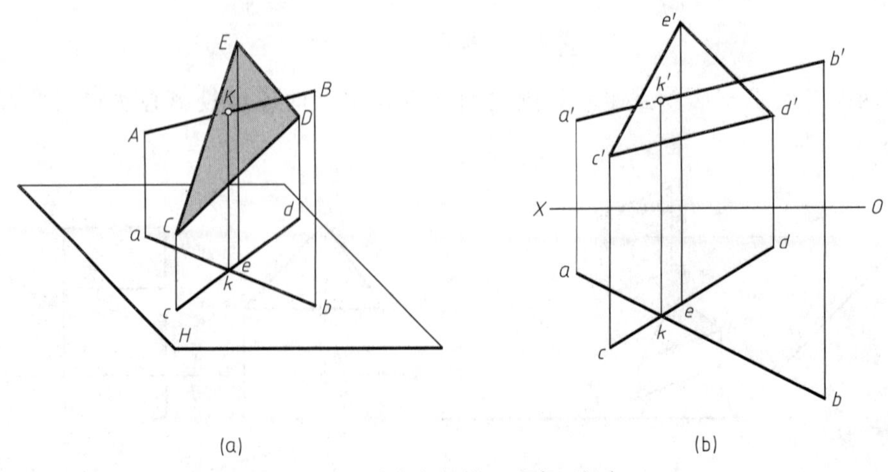

图 2-40 直线与投影面垂直面相交

关于可见性，图中的水平投影不需要判别，正面投影可见性可以很容易从水平投影看出并想象清楚，当从前向后投射时，$k'b'$段可见，$a'k'$段被遮部分不可见，k'是可见和不可见的分界点。$a'k'$超出平面投影范围后，未被遮住部分可见，如图 2-40（b）所示。

图 2-41 所示为铅垂线 DE 与一般位置平面△ABC 相交，由于直线 DE 的水平投影积聚成一点 d（e），所以它与△ABC 的交点 K 的水平投影 k 必然与 DE 的水平投影重合。又因 K 点在△ABC 平面内，故其正面投影 k'可利用辅助线求得，如图 2-41（b）所示。

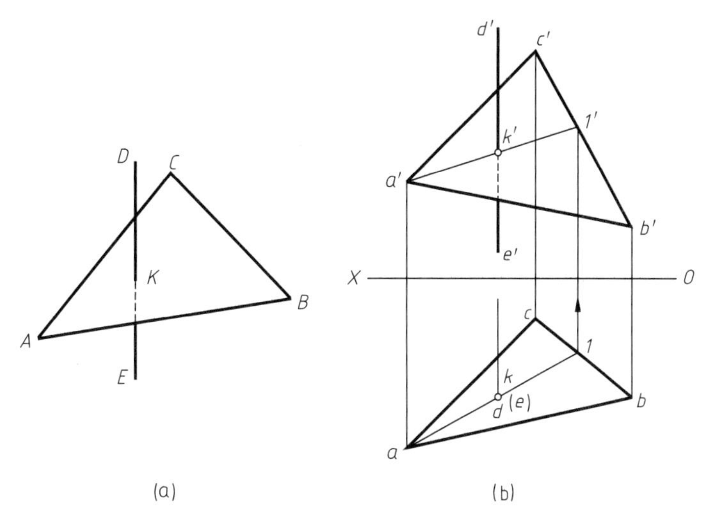

图 2-41　平面与投影面垂直线相交

在图 2-41 中，水平投影的可见性不需要判别，正面投影的可见性从直观想象可得出结果。

② 利用辅助平面法求交点：当平面和直线都处于一般位置时，只能应用作辅助平面的方法来求交点。在图 2-42 中，假设包含直线 MN 作一辅助平面 P，则 P 面与平面 ABC 必有一交线 DE，它是两平面的共有线，因此 MN 与 DE 的交点就是 MN 与平面 ABC 的交点。根据以上分析，直线与平面求交点的步骤如下：

a. 包含已知直线作一辅助平面；

b. 求出辅助平面与已知平面的交线；

c. 求出此交线与已知直线的交点，即为所求直线与平面的交点。

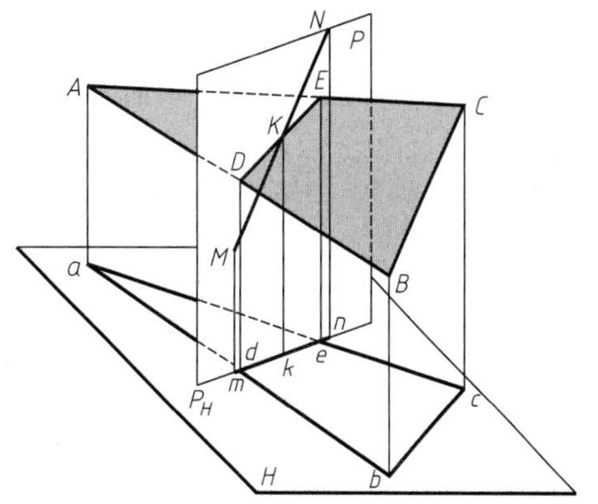

图 2-42　用辅助平面法求直线与平面的交点

为了作图方便，一般都选择投影面垂直面作为辅助平面。

【例 2-11】 求直线 MN 与△ABC 的交点 K，如图 2-43（a）所示。

分析：根据上述原理与方法求交点。

作图：

① 包含直线 MN 作一铅垂面 P 作为辅助平面。因为铅垂面的水平投影具有积聚性，所以 P_H 与 mn 重合。

② 作出 P 面与△ABC 的交线 DE，DE 的水平投影 de 与 P_H 重合，故可直接确定，再由 de 作出 $d'e'$。

③ 作出 DE 与 MN 的交点 K。在正面投影上，$d'e'$与 $m'n'$的交点 k'，即为所求交点 K

的正面投影。由 k' 可求出 k，如图 2-43（b）所示。

④ 判别可见性。可见性可利用交叉两直线重影点可见性的判别方法来判断。在正面投影上，AC 与 MN 具有重影点，假设Ⅰ点在 AC 上，Ⅱ点在 MN 上。从图中可以看出，由于 $y_{\mathrm{I}}>y_{\mathrm{II}}$，所以Ⅰ点可见，Ⅱ点为不可见，正面投影 k'（$2'$）应画成虚线。在水平投影上，用同样的方法可以判断 $3k$ 应画成实线，如图 2-43（c）所示。

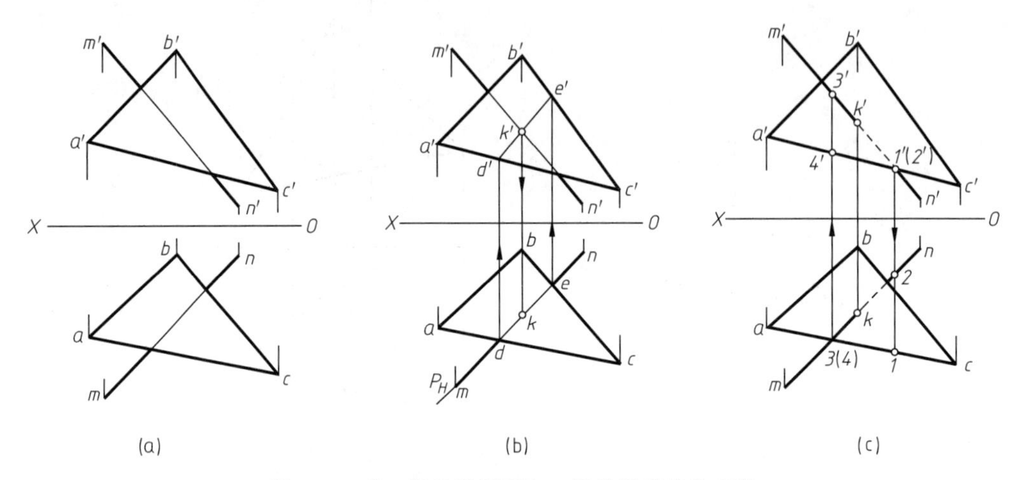

图 2-43　求一般位置平面与一般位置直线的交点

（2）平面与平面相交

如果两平面不平行，就一定相交。由于交线是两平面的共有线，并且是一条直线，所以只要设法求出两平面的两个共有点或一个共有点和交线的方向，则所求交线就完全确定了。

1）利用积聚性求交线

当两平面中有一个是投影面平行面或垂直面时，它们的交线可以利用积聚性简便地求出。

【例 2-12】 求一般位置平面△ABC 与正垂面 $DEFG$ 的交线 MN，如图 2-44 所示。

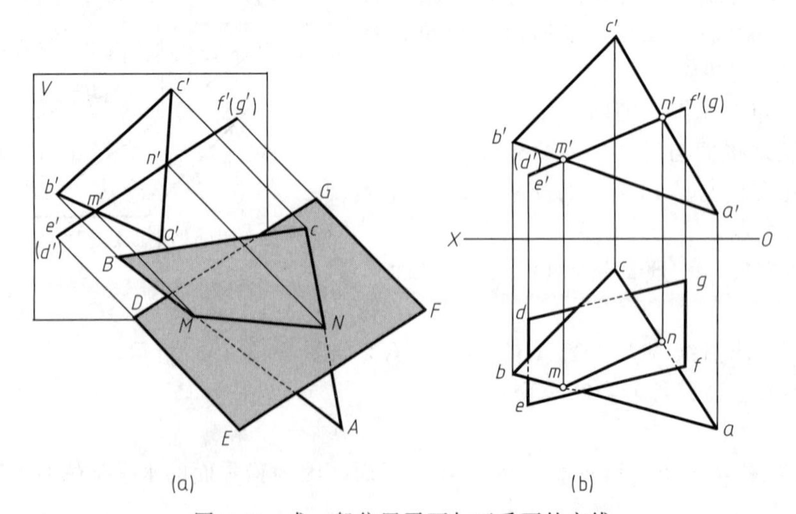

图 2-44　求一般位置平面与正垂面的交线

分析：因为正垂面 $DEFG$ 的正面投影具有积聚性，所以交线的正面投影必在（d'）$e'f'$（g'）上，根据交线也在△ABC 上的条件可作出交线的水平投影。

作图：从正面投影可直接看出三角形的两边 $a'b'$ 及 $a'c'$ 与（d'）$e'f'$（g'）的交点 m' 和 n'，就是这两平面的两个共有点的正面投影。找出它们的水平投影 m 和 n，并用直线连接起来，则 MN（mn，$m'n'$）即为所求，如图 2-44 所示。

两平面相交时，亦有可见性判断和表示问题，本例中△ABC 和平面 $DEFG$ 水平投影的可见性判断，请自行分析。

2）利用辅助平面求交线

当两平面都是一般位置平面时，它们的共有点不能直接得出，必须利用作辅助平面的方法来得到。

利用辅助平面求作两平面交线的基本原理是三面共点。如图 2-45 所示，为了求出两个一般位置平面 P 和 Q 的交线，可用一辅助平面 R 去截它们，平面 R 与两已知平面相交于直线ⅠⅡ和ⅢⅣ。因为ⅠⅡ在平面 P 上，ⅢⅣ在平面 Q 上，所以它们的交点 M 就是 P、Q 两平面的共有点。

用同样的方法，再以平面 S 作辅助面，可以求出第二个共有点 N。直线 MN 就是所求 P、Q 两平面的交线。

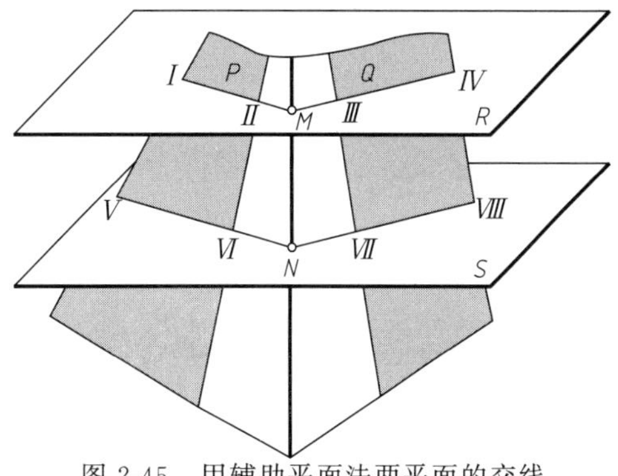

图 2-45　用辅助平面法两平面的交线

【例 2-13】 求由 AB、BC 两直线所定平面与 DE、FG 两直线所定平面的交线，如图 2-46（a）所示。

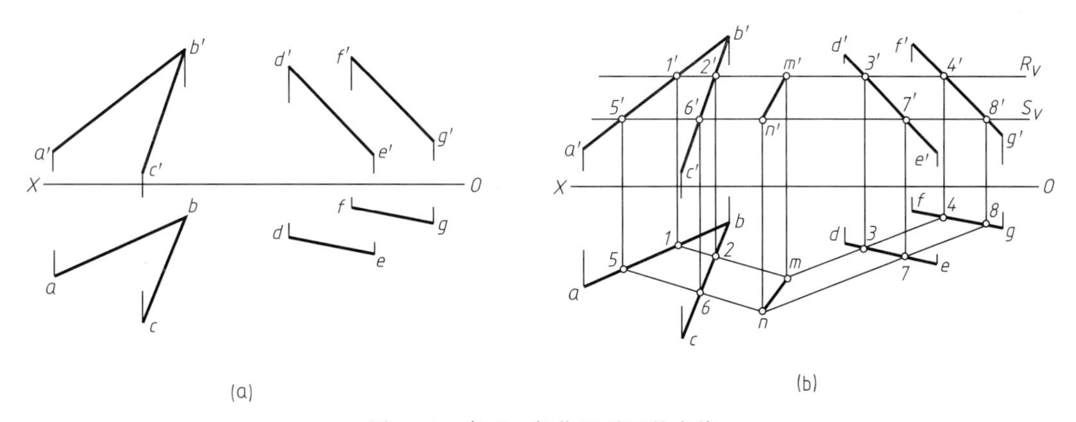

图 2-46　求两一般位置平面的交线

分析：根据三面共点的原理与方法求交线。

作图：

① 作一辅助水平面 R，利用 R 平面的正面迹线 R_V 与 AB、BC、DE、FG 的正面投影的交点 1′、2′、3′、4′，求出这些点对应的水平投影 1、2、3、4。

② 连接 1、2 和 3、4 就是平面 R 与两已知平面的交线的水平投影，它们的交点 m 就是所求的三面共点的水平投影，它的正面投影 m'应该积聚在迹线 R_V 上。

③ 用同样的方法，作一辅助水平面 S，可以作出第二个共有点 N（n、n'）。

④ 用直线将点 M 和 N 的同面投影连接起来，即为所求两一般位置平面交线的投影，如图 2-46（b）所示。

3）穿点法

当两平面都是一般位置平面时，可利用一个平面内的直线与另一个平面的穿点来求得两平面的共有点。

为求得两个共有点，可以用某一个面内的两条直线去穿另一个面，也可以在两平面中各取一直线去穿对方。在图 2-47 中是两一般位置平面相交的几种形式，作图时要进行分析才能求出共有点。

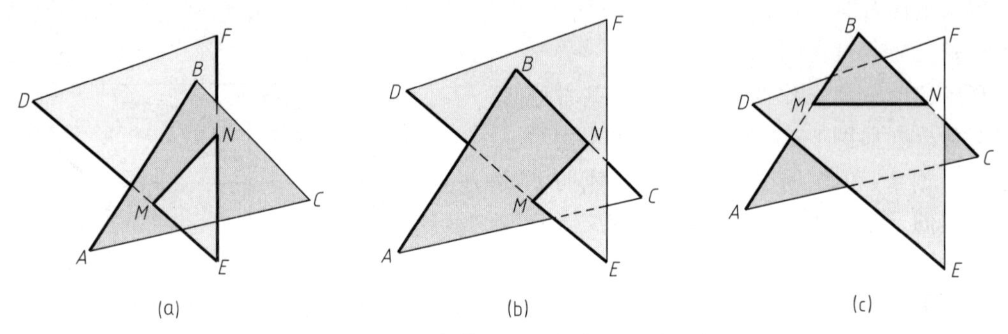

图 2-47　两一般位置平面相交的几种形式

【例 2-14】 求△ABC 与平行四边形 $DEFG$ 的交线 MN，如图 2-48（a）所示。

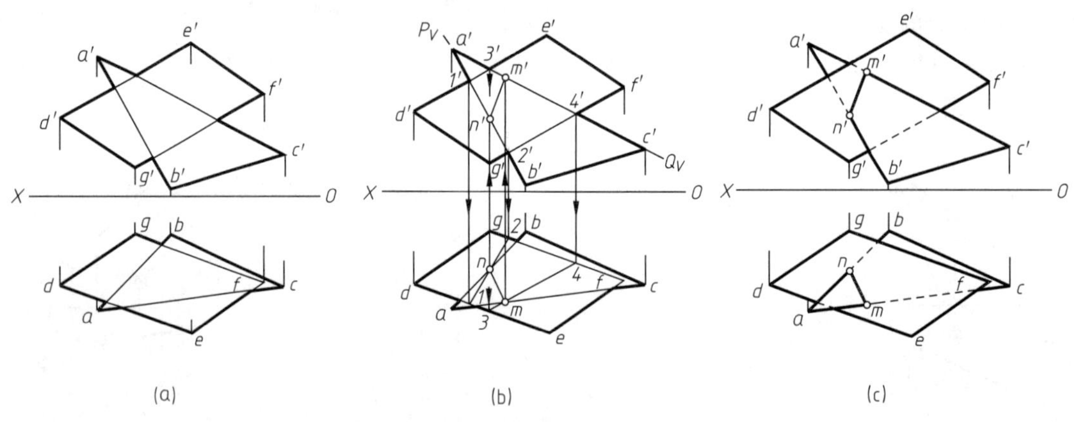

图 2-48　求两一般位置平面相交的交线

分析：根据穿点法求出两个共有点，然后把它们的同面投影连接起来即为所求。

作图：

① 选择包含直线 AC 的正垂面 Q 作为辅助平面，求出 AC 与 $DEFG$ 的穿点的水平投影 m，再确定 m'。

② 同样，再选择包含直线 AB 的正垂面 P 作为辅助平面，求出 AB 与 $DEFG$ 的穿点 N（n，n'），如图 2-48（b）所示。

③ 连接 m、n 和 m'、n'，即为所求交线 MN 的两个投影。

④ 判别可见性，完成作图，如图 2-48（c）所示。

2.6.3　垂直问题

（1）直线与平面相互垂直

如果一直线垂直于一平面，则此直线的水平投影一定垂直于该平面上水平线的水平投影；而此直线的正面投影一定垂直于该平面上正平线的正面投影。

如图2-49所示，直线 MK 垂直于平面△ABC，从立体几何中知道，若一直线垂直于一平面，则该直线必垂直于这平面上的一切直线。因为 AD 是平面上一条水平线，所以 MK 必垂直于 AD。根据前述的直角投影特性可知，垂线 MK 的水平投影 mk 必垂直于 AD 的水平投影 ad。

同理可知，垂线 MK 也垂直于平面上的正平线 CE，因此它的正面投影 $m'k'$ 必垂直于 CE 的正面投影 $c'd'$。

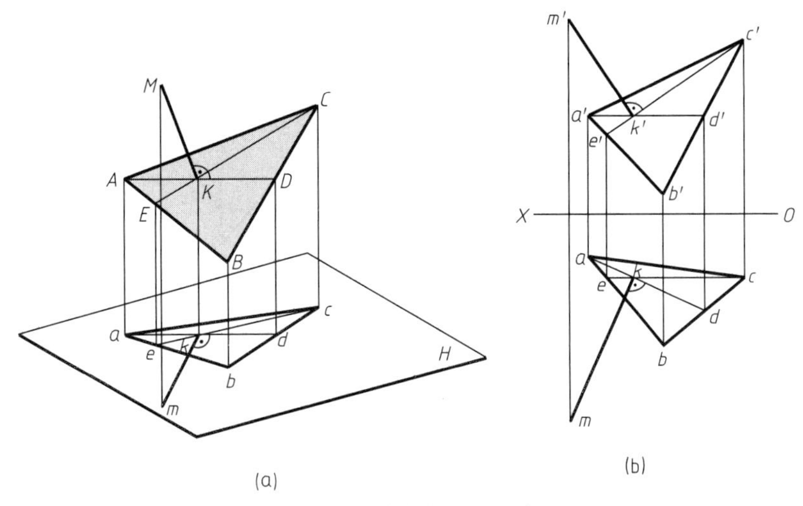

图2-49 直线与平面垂直

【例2-15】 过点 M 作直线垂直于△ABC 所确定的平面，如图2-50（a）所示。

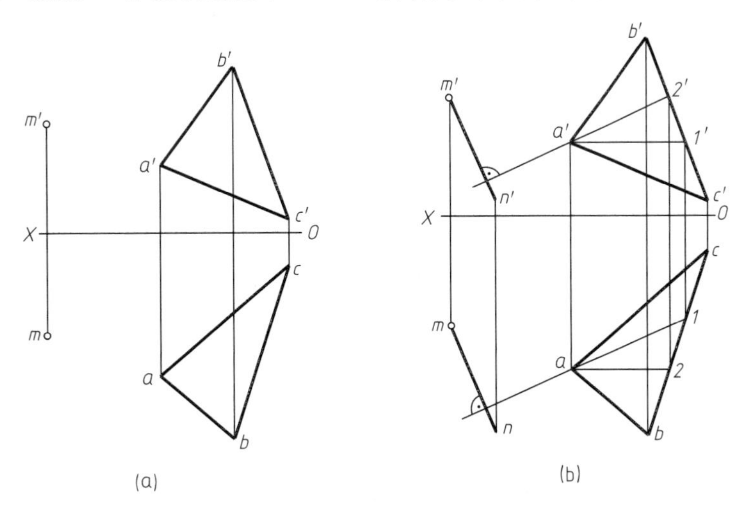

图2-50 过点作直线与平面垂直

分析：如果一直线垂直于一平面，则此直线的水平投影一定垂直于该平面上水平线的水平投影；而此直线的正面投影一定垂直于该平面上正平线的正面投影。

作图：

① 在△ABC 上任作一水平线 AⅠ和正平线 AⅡ，用以确定垂线的方向。

② 过 m 作 $mn \perp a1$，过 m' 作 $m'n' \perp a'2'$，则 MN（mn，$m'n'$）即为所求，如图2-50（b）所示。

应该注意：辅助直线 AⅠ和 AⅡ是在平面上任意引得的水平线和正平线，在一般情况下，它们与所作的垂线是不相交的。如果要求垂线 MN 与平面的交点（即垂足），还必须通过作图求出。

【例 2-16】 过点 A 作平面垂直于已知直线 MN，如图 2-51（a）所示。

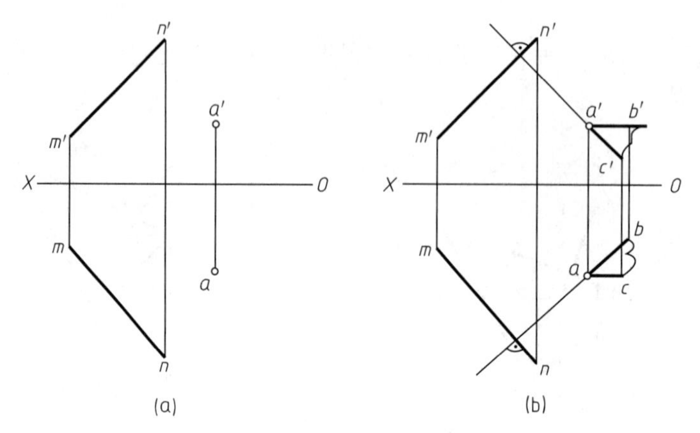

图 2-51 过点作平面与直线垂直

分析：这是一个与上题相反的问题。

作图：过点 A 作水平线 AB，使 $ab \perp mn$；再过点 A 作正平线 AC，使 $a'c' \perp m'n'$，则 AC 和 AB 两相交直线所确定的平面即为所求，如图 2-51（b）所示。

（2）直线与直线相互垂直

【例 2-17】 过点 A 作一直线 AK 与一般位置直线 BC 垂直相交，如图 2-52（a）所示。

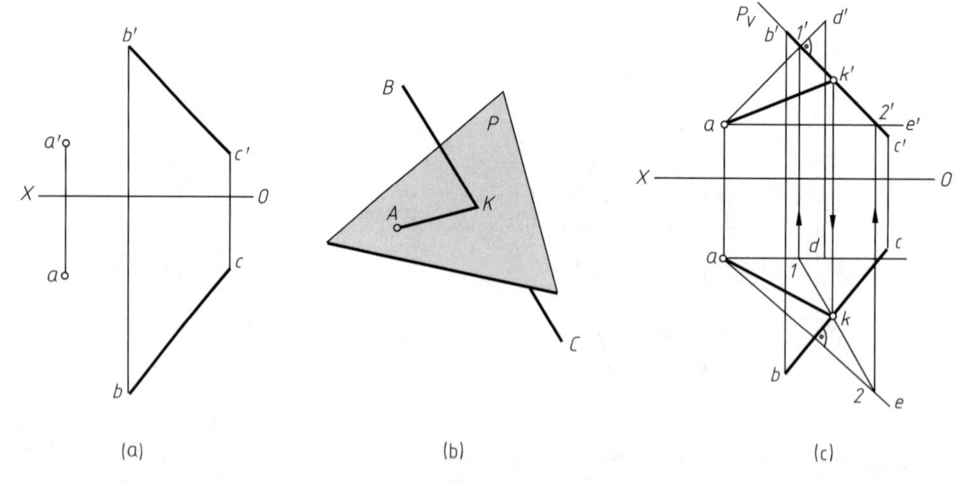

图 2-52 直线与直线相互垂直

分析：由立体几何知道，所求直线一定位于过点 A 且垂直于直线 BC 的平面 ADE 上，垂足 K 就是直线 BC 与平面 ADE 的交点，如图 2-52（b）所示。

作图：

① 过点 A 作一平面 ADE，并使平面 ADE 垂直于直线 BC，即用过点 A 的正平线 AD 的正面投影 $a'd' \perp b'c'$，水平线 AE 的水平投影 $ae \perp bc$。

② 求出直线 BC 与平面 ADE 的交点 K。

③ 连接点 A 和 K，AK（ak，$a'k'$）即为所求，如图 2-52（c）所示。

（3）平面与平面相互垂直

如果一平面通过另一平面的垂线，则此两平面相互垂直。

如图 2-53 所示，平面 Q 是通过垂直于平面 P 的直线 AB。平面 R 是垂直于平面 P 上的直线 CD。

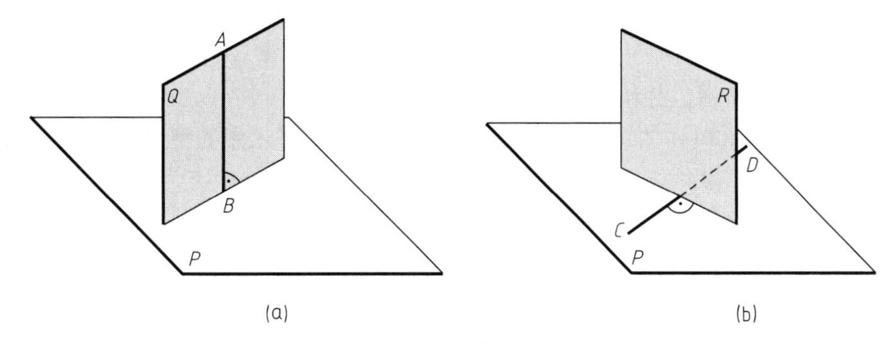

图 2-53　平面与平面相互垂直

【例 2-18】 过直线 DE 作一平面，使它垂直于△ABC 所确定的平面，如图 2-54（a）所示。

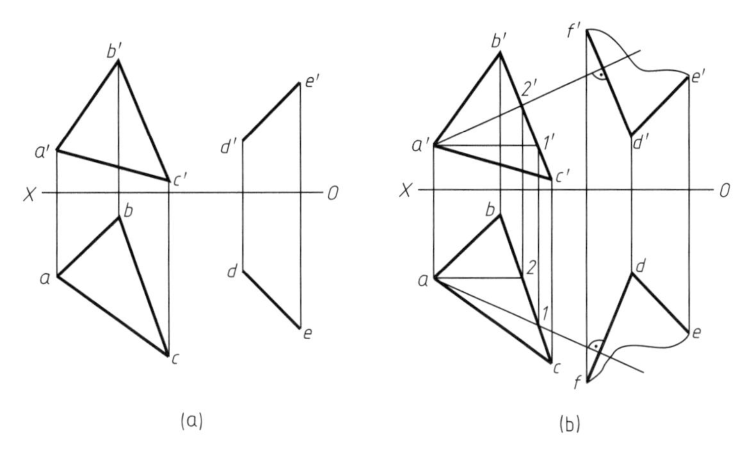

图 2-54　过直线作平面与平面相互垂直

分析：过直线 DE 上任意一点作一直线垂直于△ABC，则此两相交直线所确定的平面即为所求。

作图：

① 在△ABC 上任作一水平线 AⅠ（$a1$，$a'1'$）和正平线 AⅡ（$a2$，$a'2'$）。

② 过点 D 的水平投影和正面投影分别引 $df \perp a1$、$d'f' \perp a'2'$，则 DF（df，$d'f'$）必然垂直于△ABC。DE 与 DF 所决定的平面即为所求，如图 2-54（b）所示。

2.7　立体的投影

立体分为平面立体和曲面立体两类。表面都是由平面所组成的立体称为平面立体，如棱柱、棱锥；表面由曲面或平面和曲面组成的立体称为曲面立体，如圆柱、圆锥、圆球、圆环等。

2.7.1 平面立体的投影

组成平面立体的各个表面都是多边形。画平面立体的视图就是画平面立体表面上各多边形的投影，可归结为画多边形各边和各个顶点的投影。画图时，应首先分析立体各表面、各棱线、各顶点对投影面的相对位置，然后运用点、线、面的投影规律进行作图。

（1）棱柱

棱柱的棱线互相平行。常见的棱柱有三棱柱、四棱柱、五棱柱和六棱柱等。下面以图2-55所示的正六棱柱为例，分析其投影和作图方法。

① 投影分析：正六棱柱的顶面和底面平行于水平面，其水平投影重合并反映实形，正面和侧面投影分别积聚为两条平行于坐标轴的直线，两直线间的距离为六棱柱的高。前、后棱面为正平面，其他四个棱面为铅垂面。它们的水平投影积聚为直线，与顶面和底面的水平投影的六条边重合。前、后棱面的正面投影反映实形，侧面投影积聚为直线。四个棱面的正面和侧面投影都是类似形。

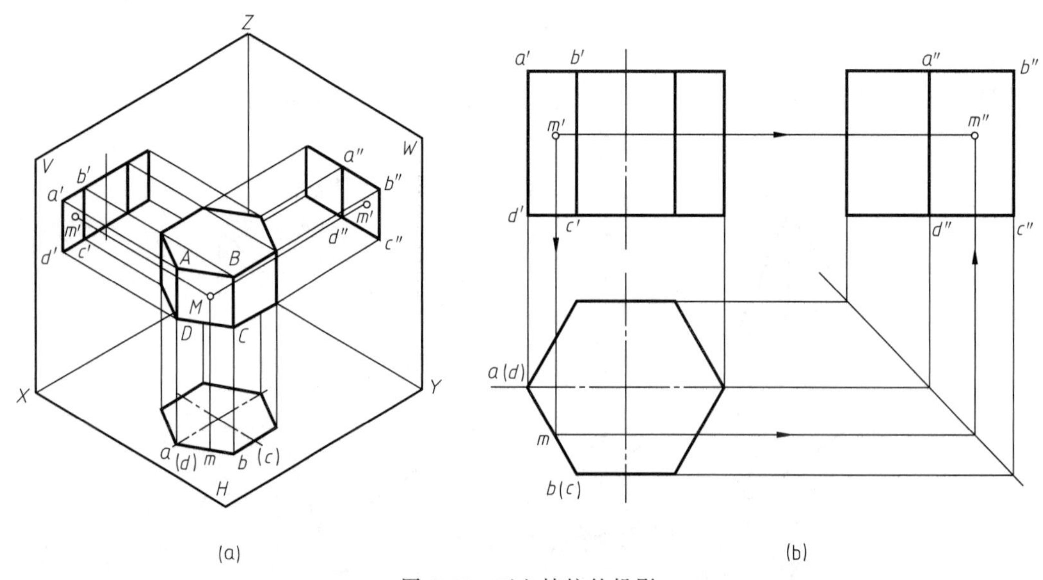

图 2-55　正六棱柱的投影

② 棱柱表面上点的投影：在平面立体表面上取点、取线的方法与在平面上取点、取线方法一样，但在立体表面上取点时，首先必须判别该点是在平面立体的哪一个表面上。

如图2-55（b）所示，已知六棱柱棱面 $ABCD$ 上点 M 的正面投影 m'，求作 m 和 m''。由于点 M 所在棱面 $ABCD$ 是铅垂面，其水平投影积聚成直线，因此点 M 的水平投影必在该积聚性直线上，即可由 m' 直接作出 m，再由 m' 和 m 作出 m''。因为棱面 $ABCD$ 的侧面投影可见，所以 m'' 可见。

（2）棱锥

棱锥的棱线交于一点。常见的棱锥有三棱锥、四棱锥、五棱锥等。下面以图2-56所示的正三棱锥为例，分析其投影特性和作图方法。

① 投影分析：正三棱锥的底面为水平面，其水平投影反映实形，其正面投影和侧面投影分别积聚为一直线。棱面 SAC 为侧垂面，因此侧面投影积聚为一直线。其他两棱面均与三个投影面倾斜，它们的三面投影都为类似形。

② 棱锥表面上点的投影：由于组成棱锥的表面有特殊位置平面，也有一般位置平面。特殊位置平面上的点投影可利用平面投影的积聚性直接作图。一般位置平面上的点投影可利

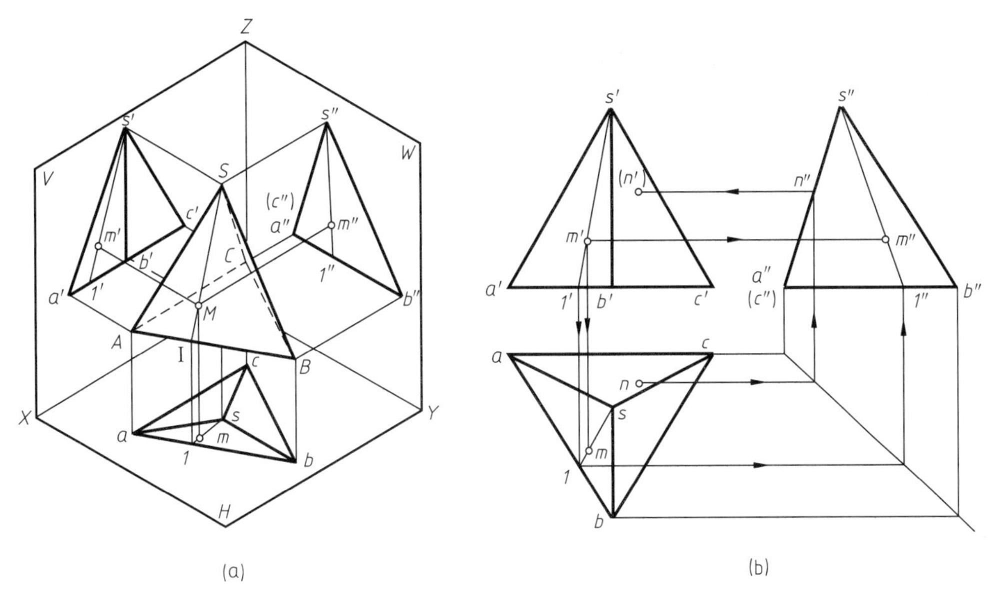

图 2-56　正三棱锥的投影

用平面上作辅助线的方法求得。

如图 2-56（b）所示，已知三棱锥棱面 SAB 上点 M 的正面投影 m' 和棱面 SAC 上 N 点的水平投影 n，求作 M 和 N 的其余投影。

棱面 SAB 是一般位置平面，可利用作辅助线的方法由 s' 过 m' 作辅助线 $s'1'$，再由 $s'1'$ 作出 $s1$，并在 $s1$ 上定出 m，根据 M 点的两面投影求出 m''。由于平面 SAB 的水平投影和侧面投影均可见，所以 m、m'' 可见。因为棱面 SAC 是侧垂面，它的侧面投影 $s''a''$（c''）具有积聚性，因此 n'' 必在 $s''a''$（c''）上，可直接由 n 作出 n''，再由 n'' 和 n 作出（n'）。

2.7.2　回转体的投影

（1）圆柱

圆柱体由圆柱面与上、下两底面围成。圆柱面可看成由一条直母线绕平行于它的轴线回转而成。母线在圆柱面上任一位置称为圆柱面的素线，如图 2-57（a）所示。

① 投影分析：如图 2-57（b）所示，圆柱轴线垂直于水平面，圆柱上、下底面的水平投

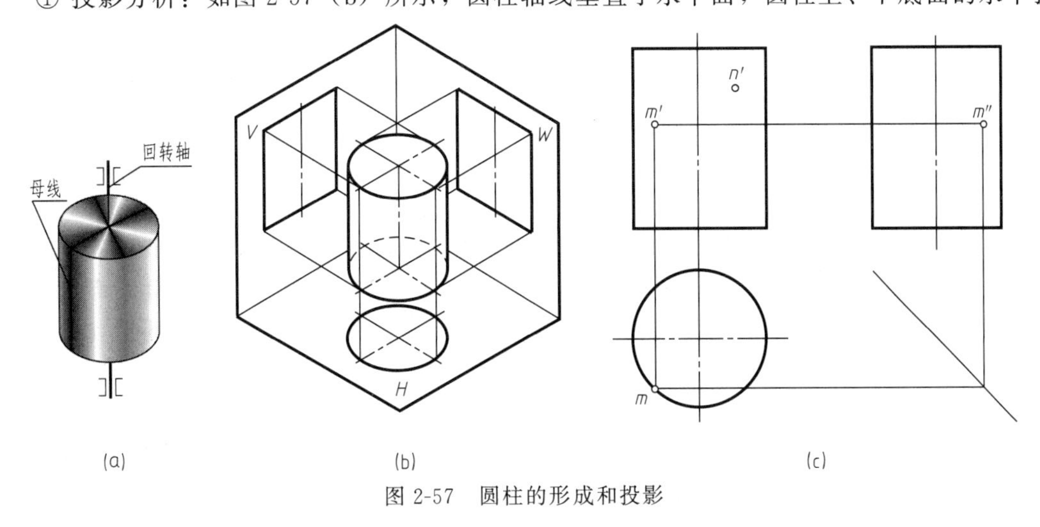

图 2-57　圆柱的形成和投影

影反映实形，正面和侧面投影积聚成直线。圆柱面的水平投影积聚为一圆周，与两底面的水平投影重合。在正面投影中，圆柱面的前半部分与后半部分的投影重合为一矩形，矩形的两条竖线分别是圆柱面最左、最右素线的投影，也是圆柱面前、后分界的转向轮廓线。在侧面投影中，圆柱面的左半部分与右半部分的投影也重合为一矩形，矩形的两条竖线分别是圆柱面最前、最后素线的投影，是圆柱面左、右分界的转向轮廓线。

② 圆柱体表面上点的投影：如图 2-57（c）所示，已知圆柱面上点 M 的正面投影 m'，求作 m 和 m''。根据圆柱面水平投影的积聚性可先作出 m，由于 m' 是可见的，则点 M 必在前半圆柱面上，m 必在水平投影圆的前半圆周上。再按投影关系作出 m''。由于 M 点在左半圆柱面上，所以 m'' 可见。

若已知圆柱面上点 N 的正面投影 n'，怎样求作 n 和 n'' 以及判别可见性，请读者自行分析。

（2）圆锥

圆锥由圆锥面和底面围成。圆锥面可看成由与轴线斜交的直母线绕轴线回转而成。母线在圆锥面上任意位置称为圆锥面的素线，如图 2-58（a）所示。

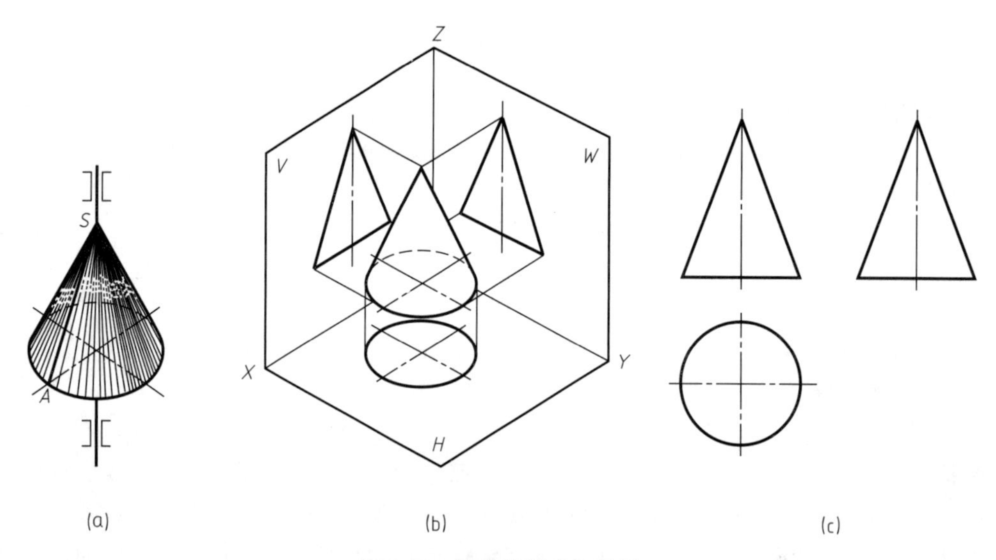

图 2-58　圆锥的形成和投影

① 投影分析：如图 2-58（b）所示，圆锥轴线垂直于水平面。锥底面平行于水平面，水平投影反映实形，正面和侧面投影积聚成直线。圆锥面的三个投影都没有积聚性，其水平投影与底面的水平投影重合。在正面投影中，圆锥面的前半部分与后半部分的投影重合为一等腰三角形，三角形的两腰分别是圆锥面最左、最右素线的投影，也是圆锥面前、后分界的转向轮廓线。在侧面投影中，圆锥面的左半部分与右半部分的投影也重合为一等腰三角形，三角形的两腰分别是圆锥最前、最后素线的投影，是圆锥面左、右分界的转向轮廓线。

② 圆锥表面上点的投影：如图 2-59 所示，已知圆锥表面上点 M 的正面投影 m'，求作 m 和 m''。根据 M 点的位置及可见性，可确定点 M 在左、前圆锥面上。因此，点 M 的三面投影均为可见。

a. 辅助线法。如图 2-59（a）所示，过锥顶 S 和点 M 作辅助线 SⅠ，即在图 2-59（b）中连接 s'、m'，并延长，与底面圆相交于 $1'$，作出 $s1$ 和 $s''1''$，再根据点在直线上的投影关系作出 m 和 m''。

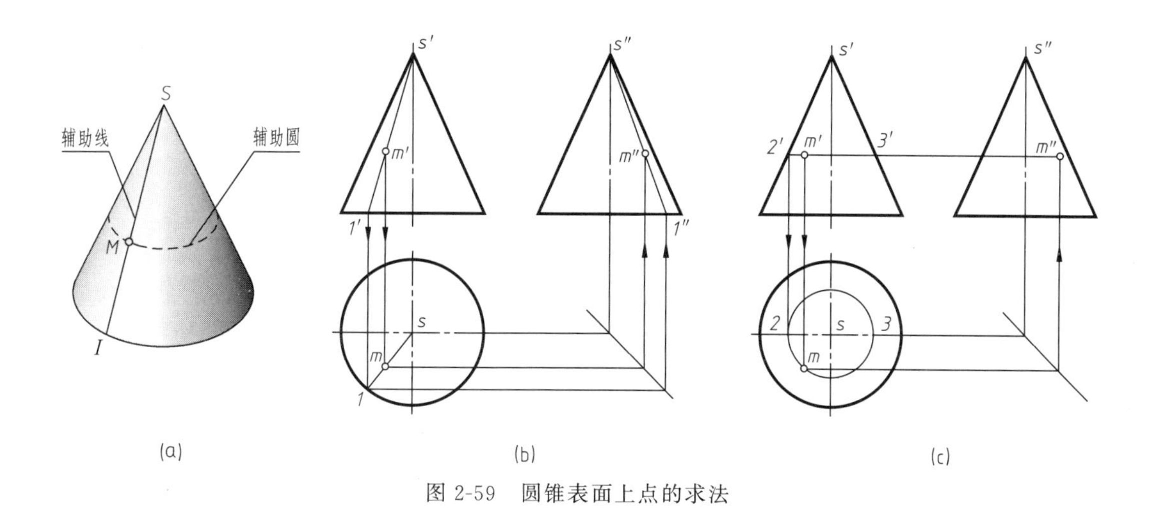

图 2-59　圆锥表面上点的求法

b. 辅助圆法。如图 2-59 (a) 所示，过点 M 在圆锥面上作垂直于圆锥轴线的水平辅助圆，点 M 的各投影必在该圆的同面投影上。如图 2-59 (c) 所示，过 m'所作的 $2'3'$的水平投影为一直径等于 $2'3'$的圆，圆心为 s。由 m'作 OX 轴的垂线，与辅助圆的交点即为 m。再由 m'和 m，求得 m''。

(3) 圆球

圆球的表面可看成由一条圆母线绕其直径回转而成，如图 2-60 (a) 所示。

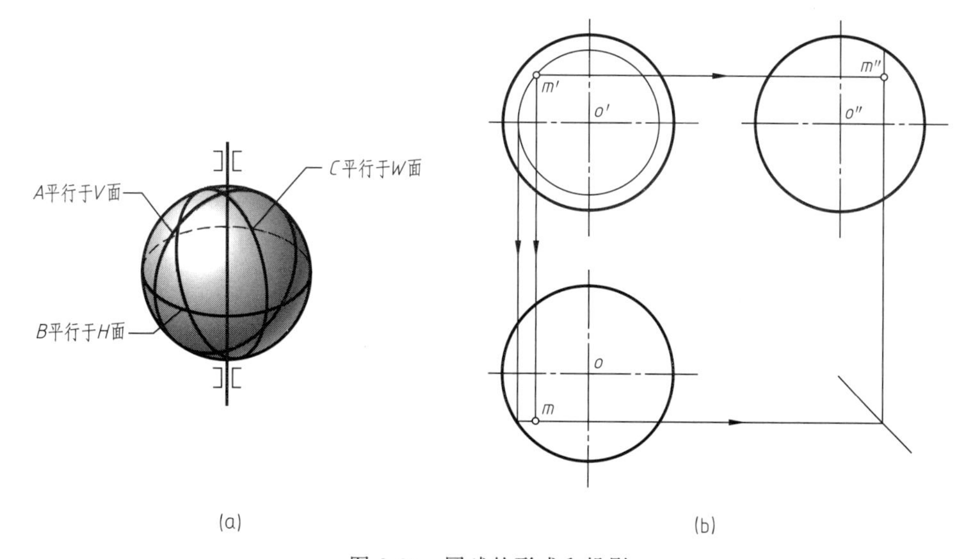

图 2-60　圆球的形成和投影

① 投影分析：如图 2-60 所示，圆球的三个投影是大小相等的三个圆，圆的直径与球的直径相等。但这三个圆是圆球上平行于相应投影面的三个不同位置的最大轮廓圆。正面投影的轮廓圆是前、后两半球面可见与不可见的分界线，是平行于 V 面的最大圆的投影；水平投影的轮廓圆是上、下两半球面可见与不可见的分界线，是平行于 H 面的最大圆的投影；侧面投影的轮廓圆是左、右半球面可见与不可见的分界线，是平行于 W 面的最大圆的投影。

② 圆球表面上点的投影：如图 2-60 (b) 所示，已知球面上点 M 的正面投影 m'，求 m 和 m''。根据 M 点的位置及可见性，可确定点 M 在前半球的左上部分。因此，点 M 的三面

投影均为可见。

由于球面的三面投影都没有积聚性，且在球面上作不出直线，因此必须利用辅助圆法求解。过 m'作一正平面圆的正面投影（以 o'为圆心，$o'm'$为半径画圆），再作出其水平投影。在该圆的水平投影上求得 m，再由 m'和 m 求得 m''。

（4）圆环

圆环面是以一圆为母线绕与圆在一平面内但位于圆周之外的轴线旋转而成的，如图 2-61（a）所示。在母线圆上任一点的运动轨迹称为纬线圆。

① 投影分析：如图 2-61（b）所示，当圆环的轴线为铅垂线时，圆环的水平投影为最大和最小两个纬线圆以及中心点画线圆的投影，两个纬线圆表示圆环面上、下部分可见与不可见的分界圆，点画线圆是母线圆心轨迹的投影。在正面和侧面投影中，两个圆分别表示母线圆旋转至平行于 V 面和 W 面时的投影，也就是最左、最右和最前、最后两素线圆的投影，近轴线的半个圆表示内环面半个素线圆，为不可见，画成虚线。两圆的切线为内、外环面分界处最上和最下两个纬线圆的投影。

② 圆环表面上点的投影：如图 2-61（b）所示，已知环面上 M 点的水平投影 m，可采用过 M 点作平行于水平面的辅助圆求出 m'和 m''。

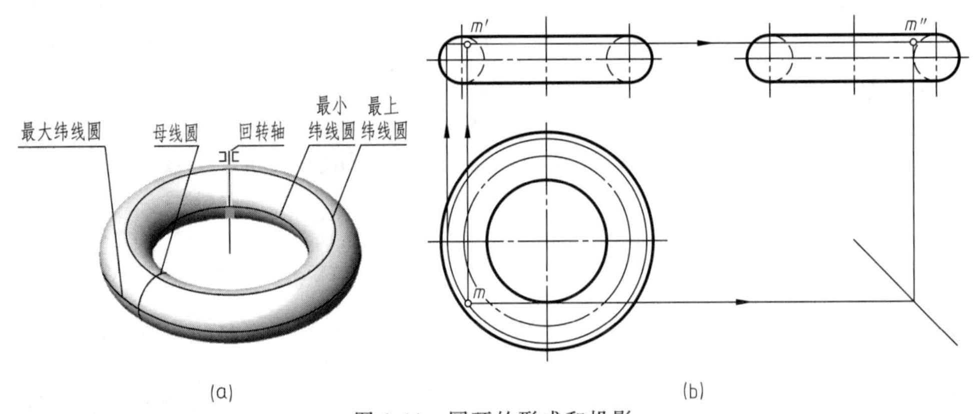

图 2-61 圆环的形成和投影

2.7.3 基本体的尺寸标注

任何机器零件都是依据图样中的尺寸进行加工的，因此，图样中必须正确地标注出尺寸。基本体的尺寸标注是各种复杂零件尺寸标注的基础。

（1）平面立体的尺寸注法

平面立体一般应标注长、宽、高三个方向的尺寸。

标注正方形尺寸时，可采用简化注法，即在正方形边长尺寸数字前加注“□”符号，如图 2-62 所示。

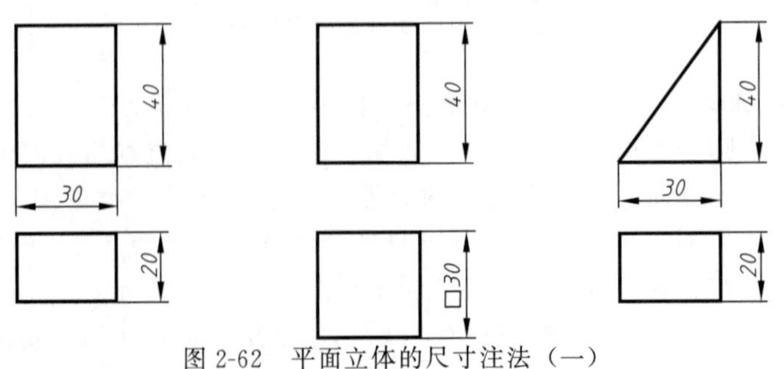

图 2-62 平面立体的尺寸注法（一）

正棱柱、正棱锥除标注高度尺寸外，一般应标注其底的外接圆直径，但也可根据需要注成其他形式，如图 2-63 所示。

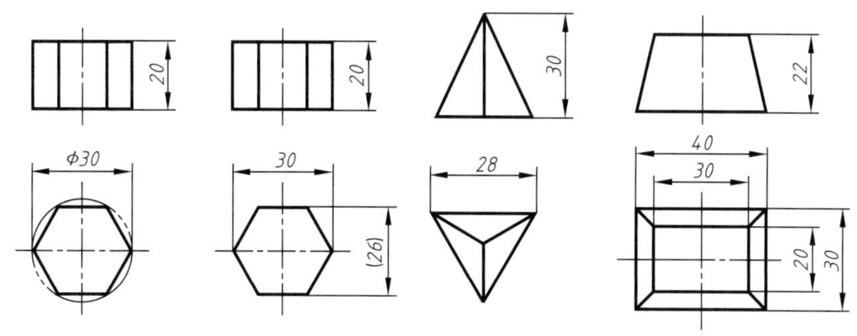

图 2-63　平面立体的尺寸注法（二）

（2）回转体的尺寸注法

圆柱、圆锥、圆台应标注底圆直径和高度尺寸。圆柱、圆锥、圆台的直径尺寸前加注“ϕ”，圆球在直径尺寸前加注“$S\phi$”，当把尺寸集中标注在非圆视图上时，只用一个视图即可表示清楚它们的形状和大小，如图 2-64 所示。

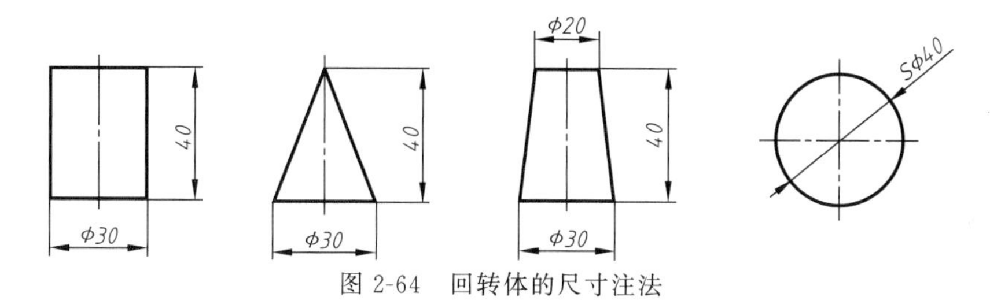

图 2-64　回转体的尺寸注法

第 3 章　立体的表面交线

在机器零件上常见到一些交线。在这些交线中，有的是平面与立体表面相交而产生的交线（截交线），如图 3-1 所示；有的是两立体表面相交产生的交线（相贯线），如图 3-2 所示。了解这些交线的性质并掌握交线的画法，将有助于正确地分析和表达机器的结构形状。

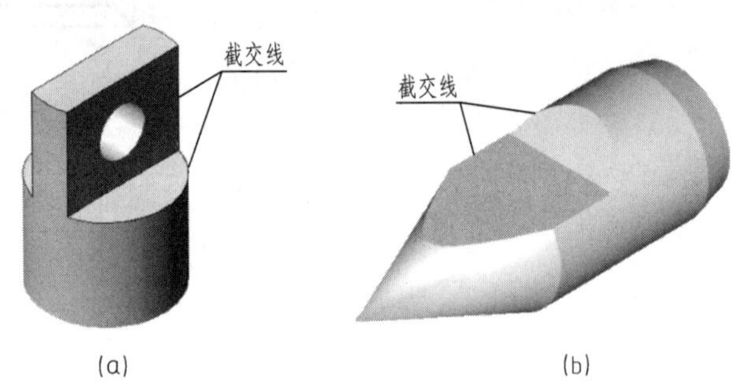

图 3-1　立体表面的截交线

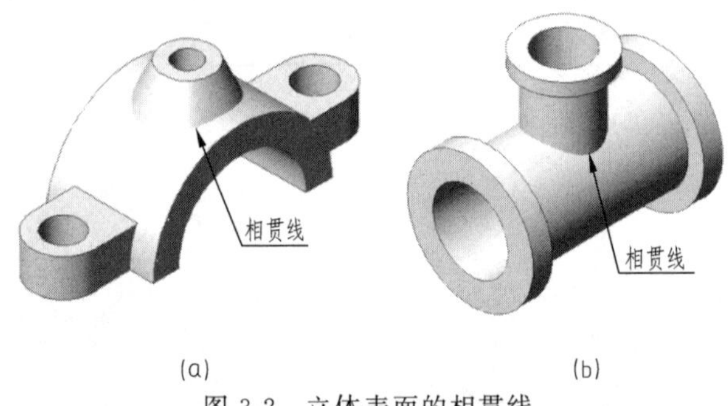

图 3-2　立体表面的相贯线

3.1　截交线

当立体被平面截断成两部分时，其中任何一部分均称为截断体，该平面则称为截平面，而截平面与立体表面的交线称为截交线。

截交线具有下列性质：

① 截交线既在截平面上，又在立体表面上，因此，截交线是截平面与立体表面的共有线，截交线上的点是截平面与立体表面的共有点；

② 由于立体表面是封闭的，因此截交线一般是封闭的平面图形；

③ 截交线的形状取决于立体表面的形状和截平面与立体表面的相对位置。

3.1.1　平面立体的截交线

截平面截切平面立体所形成的交线为封闭的平面多边形，该多边形的每一条边是截平面与立体棱面或顶、底面相交而形成的交线。根据截交线的性质，求截交线可归结为求截平面与立体表面共有点、共有线的问题。

【例 3-1】 求作斜截六棱柱的投影，如图 3-3 所示。

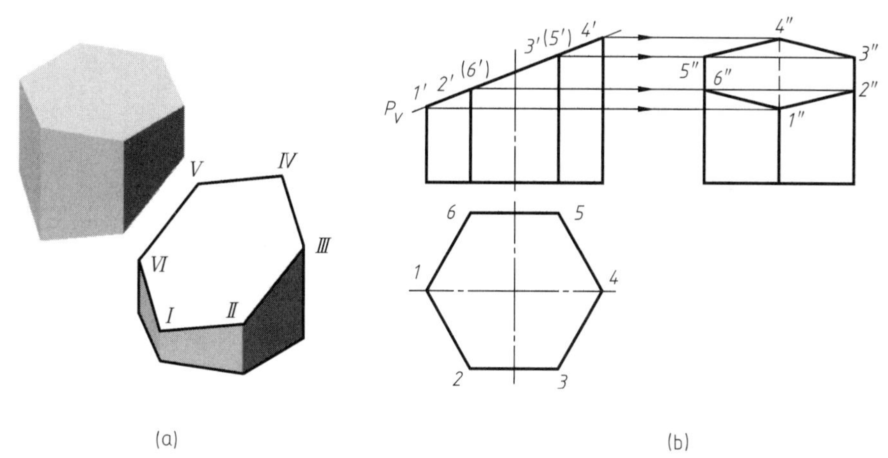

(a)　(b)

图 3-3　六棱柱的截交线

分析：如图 3-3（a）所示，六棱柱被正垂面斜切，所形成的截交线为六边形。六边形的六个顶点分别为六条棱线与截平面的交点。因此，只要求出截交线六个顶点的投影，然后依次连接各点的同面投影，即得截交线投影。因为六棱柱的各个棱面都平行或垂直于相应的投影面，所以这些平面的投影都具有积聚性，可直接利用积聚性作图。

作图：

① 在正面投影中找出 P_V 与六棱柱棱线的交点 1′、2′、3′、4′、5′、6′。

② 作出上述各点的侧面投影 1″、2″、3″、4″、5″、6″和水平投影 1、2、3、4、5、6。

③ 顺次连接各点的同面投影，即得截交线的三面投影。

④ 判断可见性，由于六棱柱最右棱线被截平面和最左棱线遮挡，其侧面投影不可见，在截平面侧面投影范围内应画成虚线，如图 3-3（b）所示。

【例 3-2】 求作四棱锥被两平面截切后的投影，如图 3-4 所示。

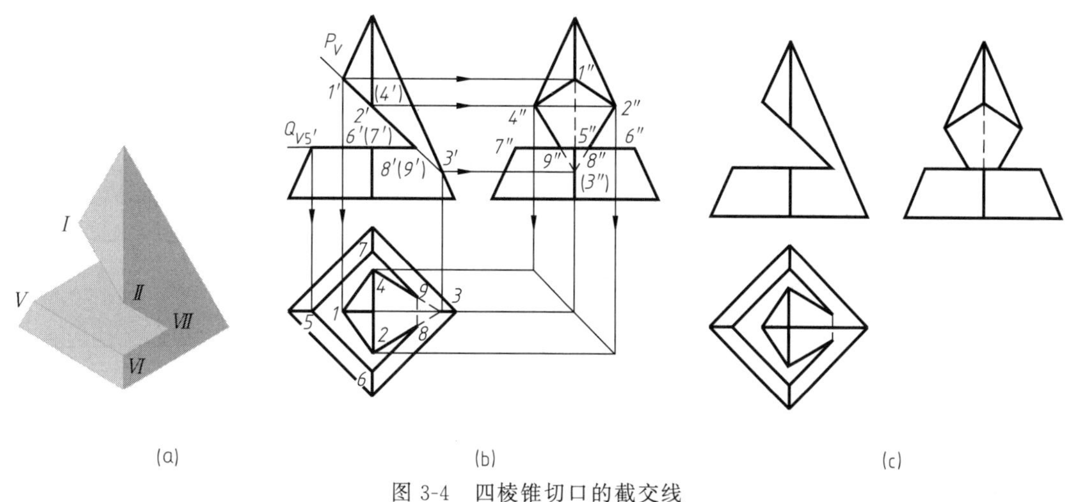

(a)　(b)　(c)

图 3-4　四棱锥切口的截交线

分析：如图 3-4（a）所示，四棱锥被两平面截切，截平面 P 为正垂面，所形成的截交线为四边形，四边形的四个顶点分别为四条棱线与截平面的交点。截平面 Q 为水平面，所形成的截交线应平行于四棱锥底面的对应边。P 面与 Q 面的交线为正垂线，且交线的两端点是棱锥表面上的点。求出这两个点及 P 面、Q 面与四棱锥各棱线的交点的投影，然后依次连接各点的同面投影，即得切口的投影。

作图：

① 根据 P_V 与四棱锥棱线的交点 1′、2′、3′、4′，可作出侧面投影 1″、2″、3″、4″和水平投影 1、2、3、4。

② Q 面与四棱锥底面平行，可由 5′求出 5 和 5″，由 5 作四边形与底面四边形对应平行可得 6、7 点，再根据点的投影规律求出 6″、7″。P 面与 Q 面的交线ⅧⅨ可由 8′、9′求得 8、9 和 8″、9″，如图 3-4（b）所示。

③ 顺次连接各点的同面投影，即得截交线的三面投影。

④ 判断可见性，由于Ⅷ Ⅸ水平投影不可见，应画成虚线。在侧面投影上棱线的投影虚线也不要漏画，如图 3-4（c）所示。

3.1.2 曲面立体的截交线

截平面截切曲面立体所形成的交线一般是由曲线或曲线与直线组成的封闭的平面图形。作图时，需先求出一系列共有点的投影，然后依次光滑连接起来，即得截交线的投影。

（1）圆柱体的截交线

圆柱被平面截切时，根据截平面与圆柱轴线的相对位置，其截交线有三种不同的形状，见表 3-1。

表 3-1 圆柱被平面截切的截交线

截平面位置	与轴线平行	与轴线垂直	与轴线倾斜
轴测图	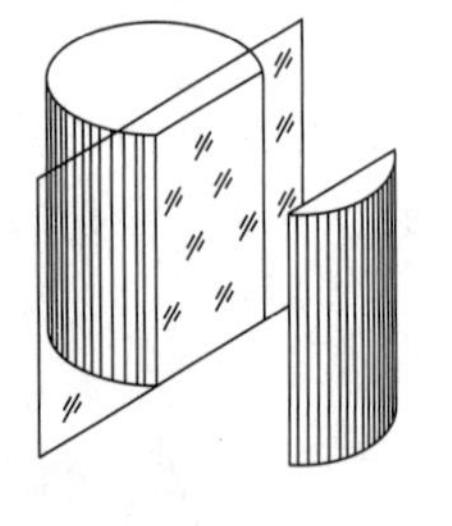	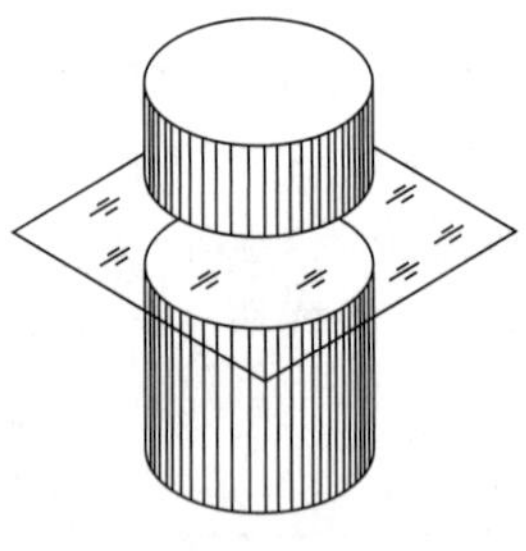	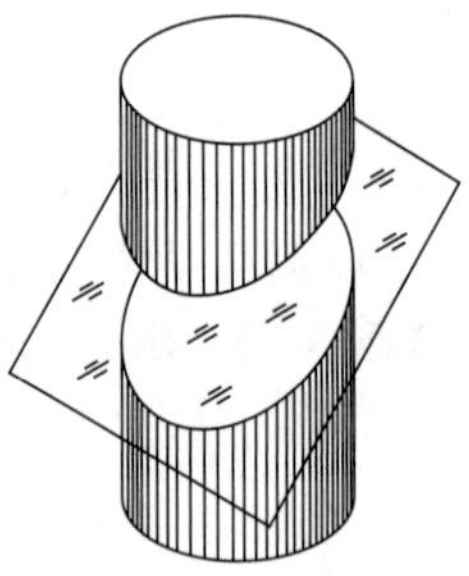
投影图	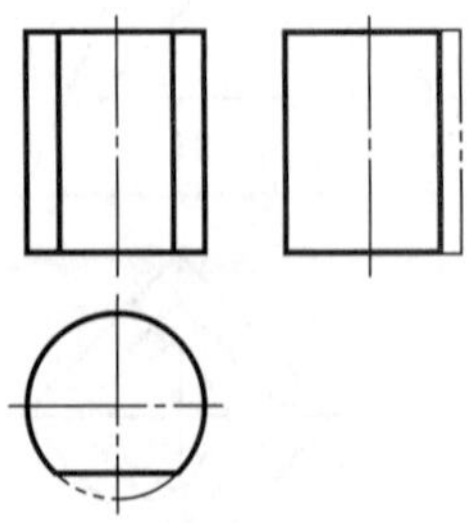	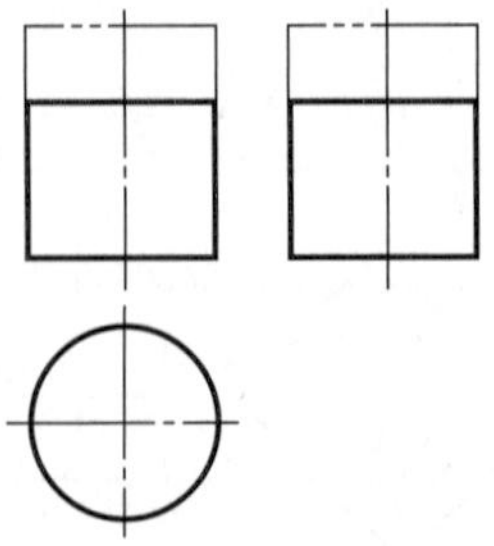	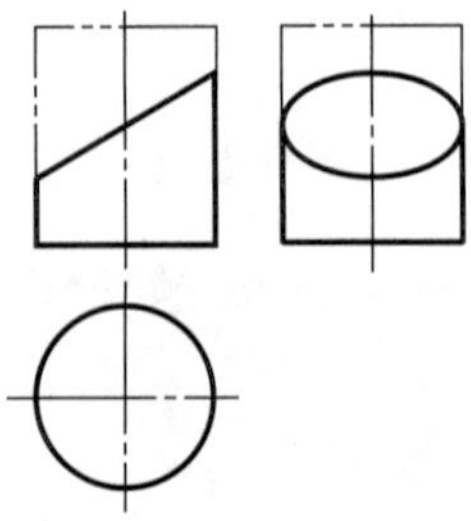
截交线的形状	矩形	圆	椭圆

【例 3-3】 求作斜切圆柱体的投影，如图 3-5 所示。

分析：如图 3-5（a）所示，圆柱被正垂面斜切，截交线为椭圆，因截平面为正垂面，故截交线的正面投影积聚为一直线，截交线的水平投影与圆柱的水平投影重合为一圆，截交线的侧面投影为椭圆，故只需求出截交线的侧面投影。

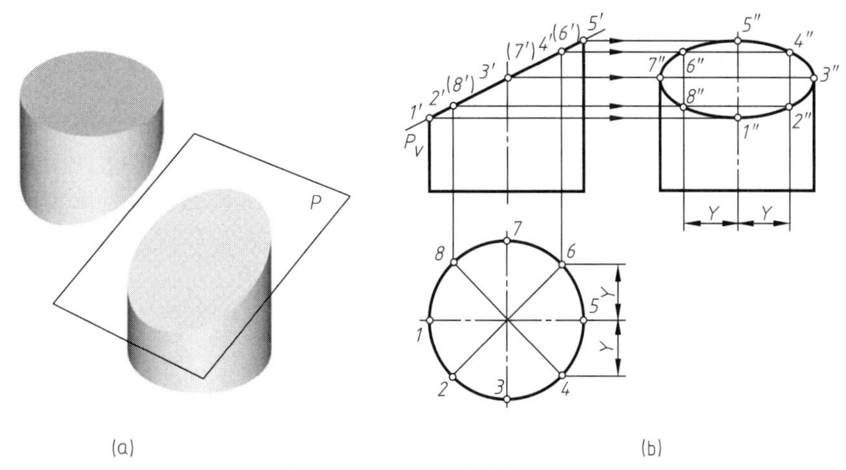

图 3-5 圆柱斜切的截交线

作图：

① 求特殊点：特殊点一般是指截交线上的最高、最低、最前、最后、最左、最右点。它们通常是截平面与回转体上的特殊位置素线的交点，先求出特殊点以确定截交线投影的大致范围，对作图是很有利的。从图中可知截交线上的最低点Ⅰ和最高点Ⅴ，分别是最左素线和最右素线与截平面的交点（也是截交线上最左和最右点）。截交线上的最前点Ⅲ和最后点Ⅶ分别是最前素线和最后素线与截平面的交点。由此作出Ⅰ、Ⅲ、Ⅴ、Ⅶ四点的正面投影 1′、3′、5′、7′和水平投影 1、3、5、7，根据投影关系求出其侧面投影 1″、3″、5″、7″，该四点也是椭圆长轴和短轴四个端点的投影。

② 求一般点：为了准确地画出椭圆，还必须在特殊点之间求出适量的一般点。如图 3-5（b）所示找Ⅱ、Ⅳ、Ⅵ、Ⅷ四个对称点，根据水平投影 2、4、6、8 和正面投影 2′、4′、（6′）、（8′）可求出侧面投影 2″、4″、6″、8″。一般点的多少可根据作图准确程度的要求而定。

③ 连线：将所求各点的同面投影依次光滑连接起来，即为所求截交线的投影（椭圆），如图 3-5（b）所示。

【例 3-4】 求作中间开槽圆柱体的投影，如图 3-6 所示。

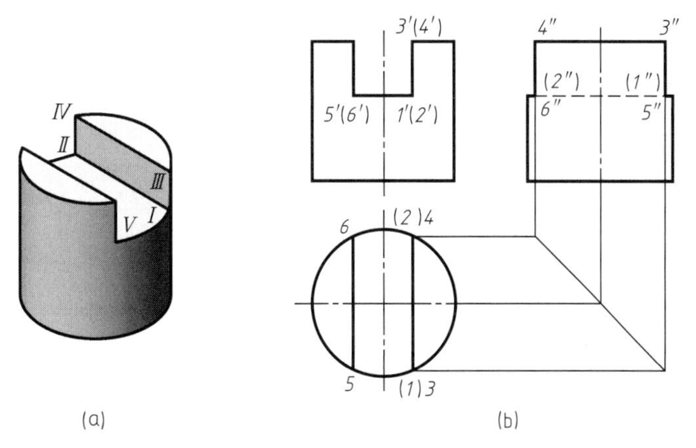

图 3-6 圆柱开槽的画法

分析：如图 3-6（a）所示，圆柱被一个水平面和两个侧平面组合切割，因此，可根据截断面投影具有积聚性和真实性作图。

作图时，应注意两点：

① 因圆柱最前、最后素线在开槽部位均被切去一段，故侧面投影的外形轮廓线在开槽部位向内“收缩”，其收缩程度与槽宽有关。

② 注意区分槽底侧面投影的可见性，槽底是由两段直线和两段圆弧构成的平面图形，其侧面投影积聚成的直线，中间部分（5″6″）是不可见的，应画成虚线，如图 3-6（b）所示。

圆筒开槽，不仅外表面出现表面交线，其内表面亦会出现表面交线。作图时，内表面的交线也应该求出，其作图方法、步骤与求外表面交线的方法、步骤完全相同，只是内表面的交线不可见，用虚线表示，如图 3-7 所示。

图 3-8 所示的是圆柱和圆筒的另一种截切形式，作图方法不再赘述。

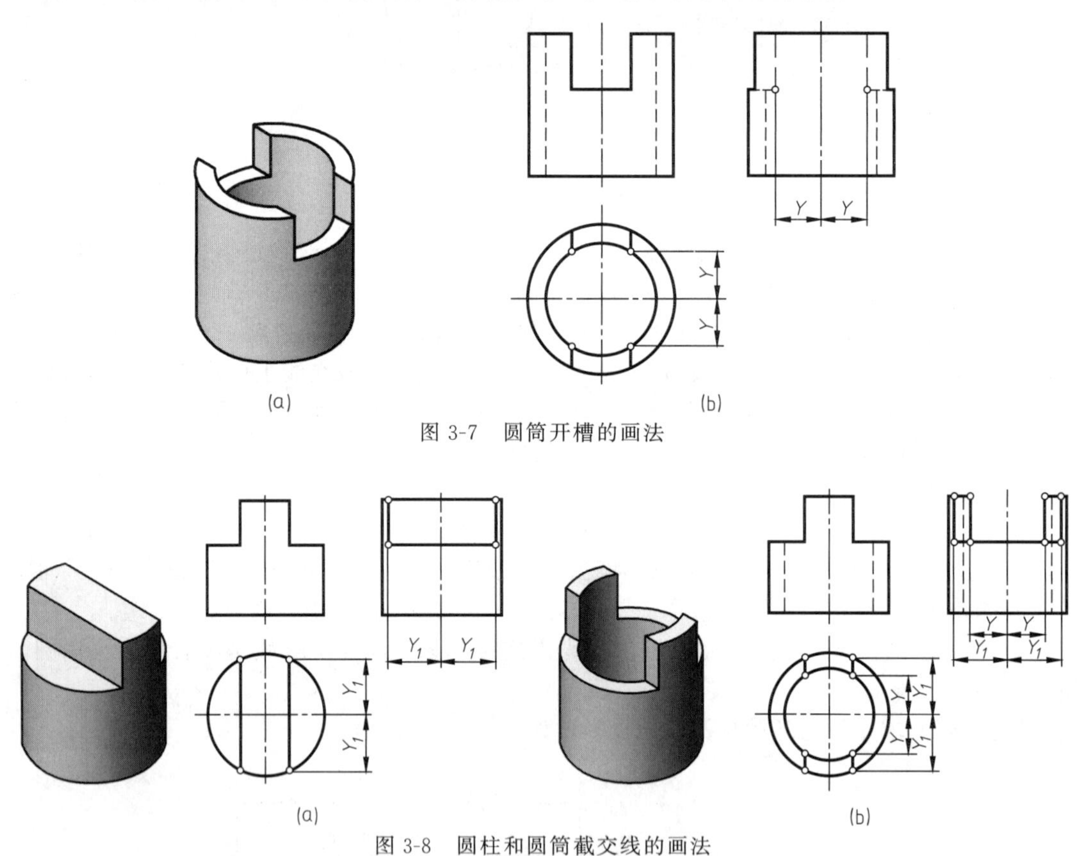

图 3-7　圆筒开槽的画法

图 3-8　圆柱和圆筒截交线的画法

（2）圆锥体的截交线

圆锥被平面截切时，根据截平面对圆锥轴线的相对位置不同，其截交线有五种不同的形状，见表 2-6。

表 3-2　圆锥的截交线

截平面的位置	与轴线垂直	过圆锥顶点	平行于任一素线	与轴线倾斜	与轴线平行
轴测图					

续表

截平面的位置	与轴线垂直	过圆锥顶点	平行于任一素线	与轴线倾斜	与轴线平行
投影图					
截交线的形状	圆	等腰三角形	抛物线	椭圆	双曲线

【例 3-5】 求作斜切圆锥体的投影，如图 3-9 所示。

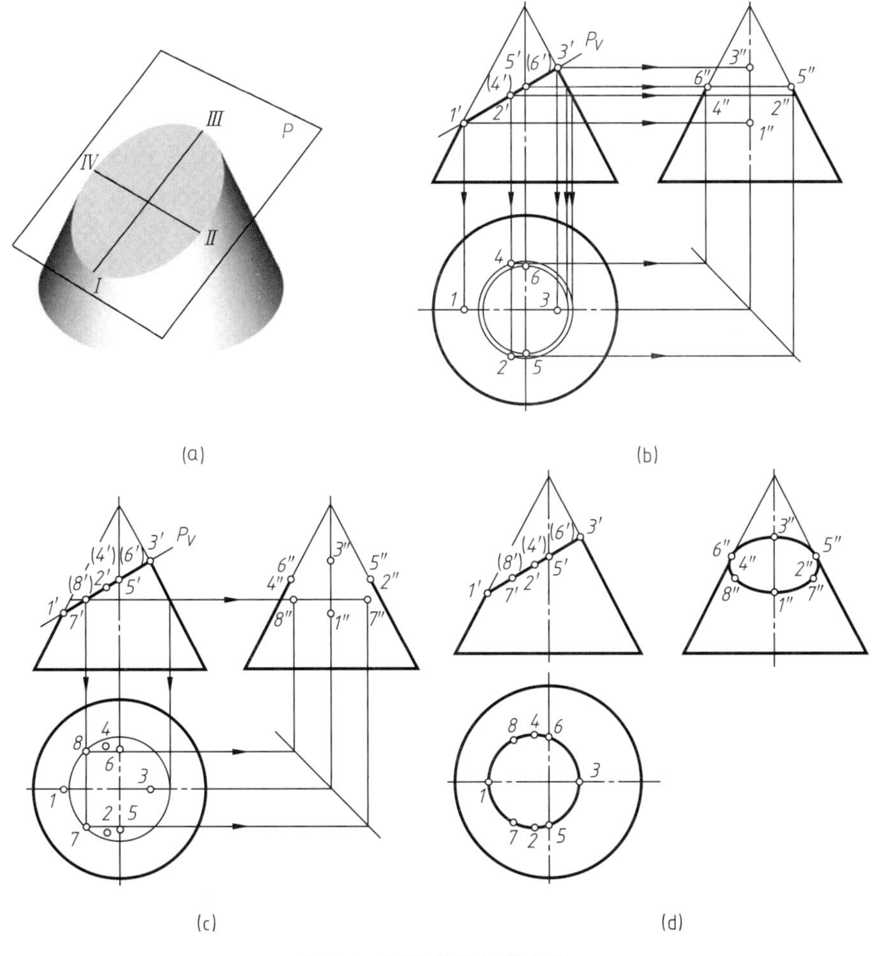

图 3-9　圆锥斜切的截交线

分析：如图 3-9（a）所示，圆锥被斜切，其截平面与圆锥轴线斜交，截交线为一椭圆。因截平面为正垂面，其正面投影有积聚性，所以截交线的正面投影具有积聚性，其水平投影和侧面投影仍为椭圆，需作图求出。

作图：

① 求特殊点：如图 3-9（b）所示，截交线的椭圆长轴Ⅰ Ⅲ平行于 V 面，短轴Ⅱ Ⅳ垂直于 V 面，Ⅰ、Ⅲ两点的正面投影 1′、3′位于圆锥的正面投影的外形轮廓线上，并由此可求出其水平投影 1、3 及侧面投影 1″、3″。Ⅱ、Ⅳ两点的正面投影位于 1′3′的中点处，并重影为一点 2′（4′）。为了作出Ⅱ、Ⅳ的其他投影，可在圆锥表面上过Ⅱ、Ⅳ两点作一平行于水平投影面的圆，并画出该圆的三面投影，则Ⅱ、Ⅳ的投影必在该圆的同面投影上，因此可求出 2、4 和 2″、4″。

正面投影中 1′3′与轴线的交点 5′（6′）即为截交线与圆锥最前、最后素线的交点Ⅴ、Ⅵ的正面投影，由 5′（6′）作水平线与圆锥侧面投影外形轮廓线相交得 5″、6″，进而可求得水平投影 5、6。

② 求一般点：一般点可用辅助圆法求出，如图 3-9（c）所示，在正面投影上 1′3′范围内，适当位置作一水平线与圆锥正面投影的外形轮廓线相交于两点，以该两点间的距离为直径，在水平投影上以圆锥底圆圆心为圆心作圆，然后自正面投影水平线与 P_V 的交点向下作垂线与所作的圆相交，其交点 7、8 即为截交线上的点Ⅶ、Ⅷ的水平投影，其正面投影 7′（8′）与 P_V 重合。根据 7′、7 与 8′、8 求得 7″、8″。

③ 连线：依次光滑地连接各点的同面投影，即可得到截交线的水平投影及侧面投影，如图 3-9（d）所示。

【例 3-6】 求作正平面截切圆锥的截交线的投影，如图 3-10 所示。

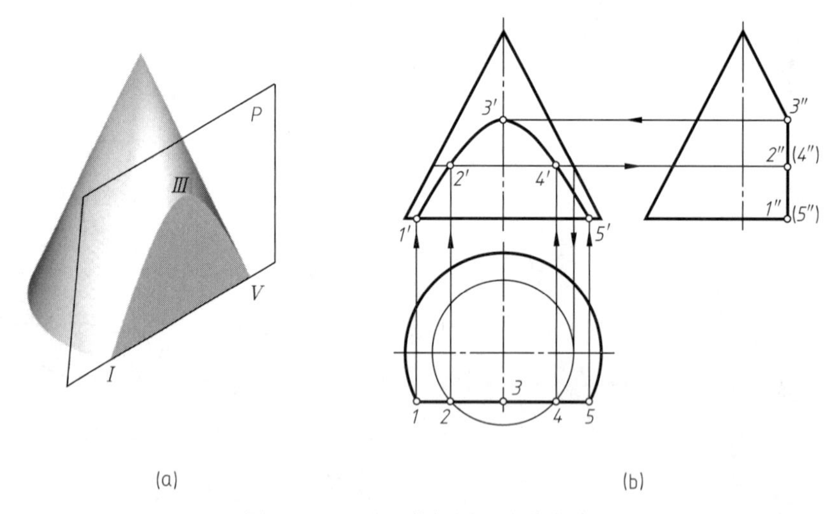

图 3-10 正平面截切圆锥的截交线

分析：如图 3-10（a）所示，因截平面 P 与圆锥轴线平行，所以截交线为双曲线。又因截平面为正平面，故双曲线的正面投影反映实形，其水平投影和侧面投影具有积聚性。

作图：

① 求特殊点：最低点Ⅰ、Ⅴ是截平面与圆锥底圆的交点，其水平投影 1、5 可直接求出，并由此可求得 1′、5′及 1″、5″。最高点Ⅲ在最前素线上，故根据 3″可直接求出 3 和 3′。

② 求一般点：可用辅助圆法求出，即在正面投影 3′和 1′、5′范围内，适当位置作一水平线与圆锥正面投影的外形轮廓线相交于两点，以该两点间的距离为直径，在水平投影上以圆锥底圆圆心为圆心作圆，它与截交线的积聚性投影（直线）相交于 2 和 4，据此求出 2′、4′及 2″、4″。

③ 连线：依次光滑连接各点的正面投影即为所求截交线的正面投影，如图 3-10（b）所示。

（3）圆球的截交线

平面截切圆球，不论截平面与圆球的相对位置如何，其截交线都是圆，而其投影则根据截平面对投影面的相对位置不同而不同。当截平面平行于某一投影面时，则截交线在该投影面上的投影为圆，在另外两个投影面上的投影积聚为直线；当截平面垂直于投影面时，截交线在该投影面上积聚为一直线，另外两个投影为椭圆；当截平面相对于投影面为一般位置时，则截交线的三个投影均为椭圆。

【例 3-7】 求作开槽半圆球的投影，如图 3-11 所示。

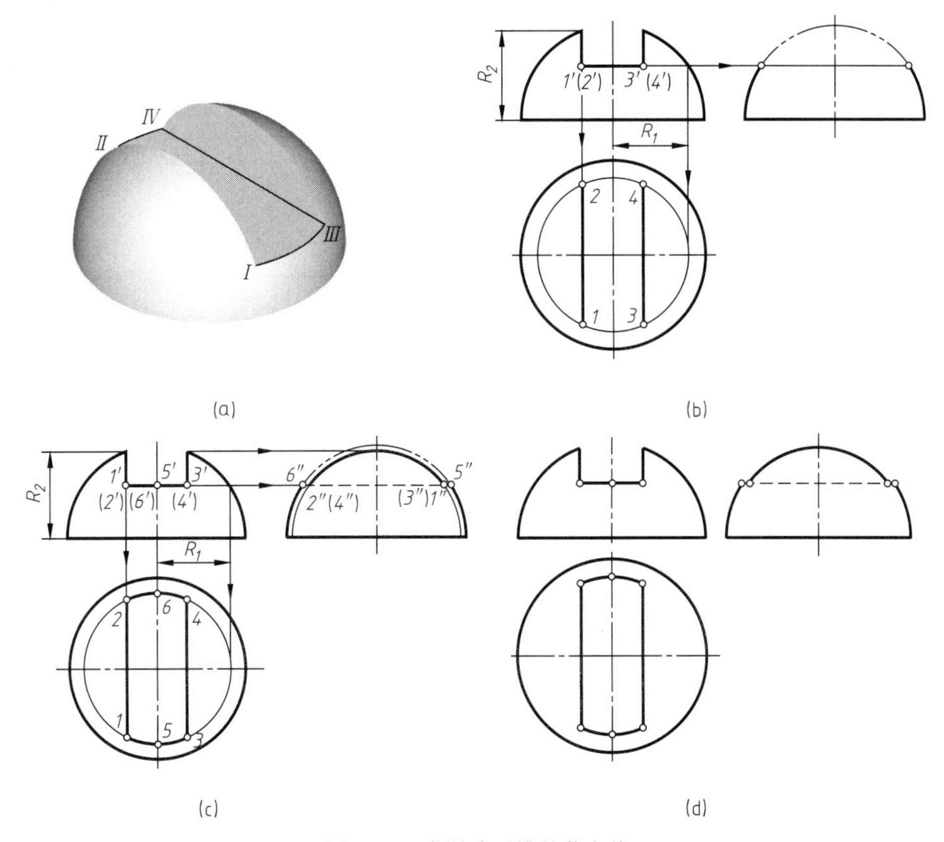

图 3-11　半圆球开槽的截交线

分析：如图 3-11（a）所示，由于半圆球被两个对称的侧平面和一个水平面截切，所以两个侧平面与球面的截交线各为一段平行于侧面的圆弧，而水平面与球面的截交线为两段水平的圆弧，两个侧平面与水平面之间的两条交线均为正垂线。

作图：首先画出完整半圆球的三面投影，再根据槽宽和槽深尺寸依次画出正面、水平和侧面投影。作图的关键在于确定圆弧半径 R_1 和 R_2，具体作法如图 3-11（b）、（c）所示。

作图时应注意以下两点：

① 因半圆球上平行于侧面的圆素线被切去一部分，所以因开槽而产生的轮廓线（弓形面的圆弧线）在侧面的投影向内“收缩”，其圆弧半径如图 3-11（c）所示。显然，槽越宽、半径 R_2 越小；槽越窄，半径 R_2 越大。

② 注意区分槽底侧面投影的可见性，因与圆柱槽底投影的分析方法相同，故不再赘述。

3.1.3 综合举例

实际机件常由几个回转体组合而成，求这类机件的截交线时，只要分清构成机件的各回转体的形状、截平面与被截切的各回转体的相对位置，就可弄清每个回转体上截交线的形状及各段截交线之间的关系。然后逐个求出截交线的投影，并将各段截交线连接起来，即可完成作图。

【例 3-8】 求作连杆头的投影，如图 3-12 所示。

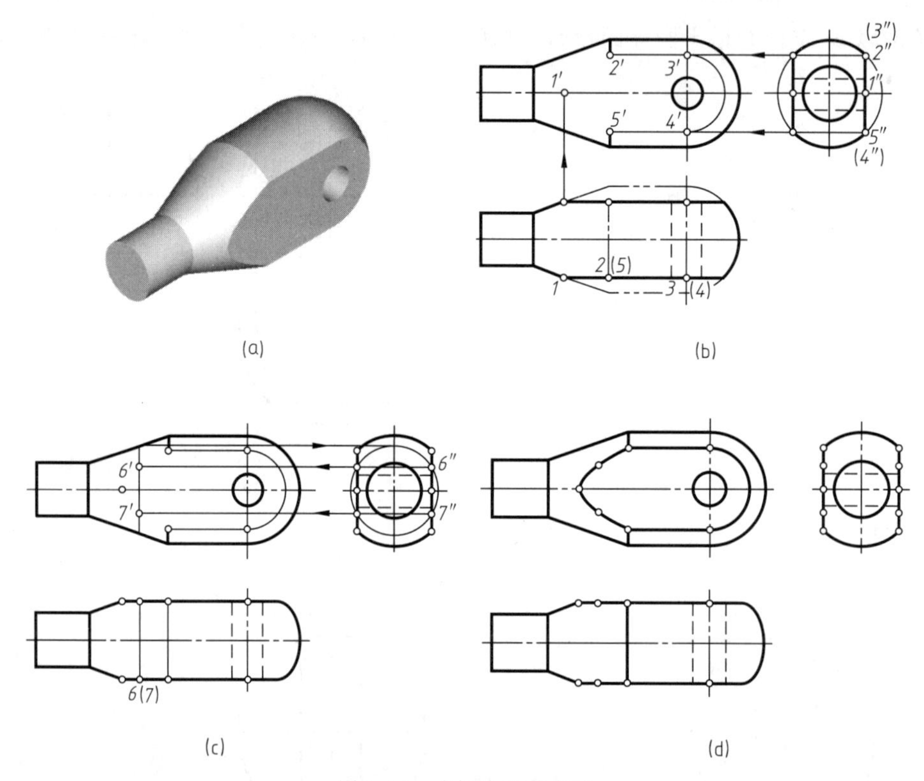

图 3-12 连杆头的截交线

分析：如图 3-12（a）所示，连杆头是由同轴的小圆柱、圆锥台、大圆柱及半球组成，并且前、后被两个与轴线对称的正平面截切，所产生的截交线是由双曲线（平面与圆锥台的截交线）、两条平行直线（平面与圆柱面的截交线）及半个圆（平面与圆球的截交线）组成的封闭平面图形。由于截平面是正平面，所以整个截交线的水平投影和侧面投影积聚为直线，因此只需求出截交线的正面投影即可。

作图：

① 求特殊点：根据水平投影和侧面投影，可求得截交线上Ⅰ、Ⅱ、Ⅲ、Ⅳ、Ⅴ五个特殊点的正面投影 1′、2′、3′、4′、5′。

② 求一般点：用辅助圆法求出一般点Ⅵ、Ⅶ的正面投影 6′、7′。

③ 连线：将各点的正面投影依次光滑地连接起来，即为所求截交线的正面投影，如图 3-12（d）所示。

3.1.4 切割体的尺寸标注

切割体除注出基本体的尺寸外，还应注出确定切口位置的尺寸；带凹槽的基本体除注出基本体的尺寸外，还应注出槽的定形尺寸和定位尺寸，如图 3-13 所示。

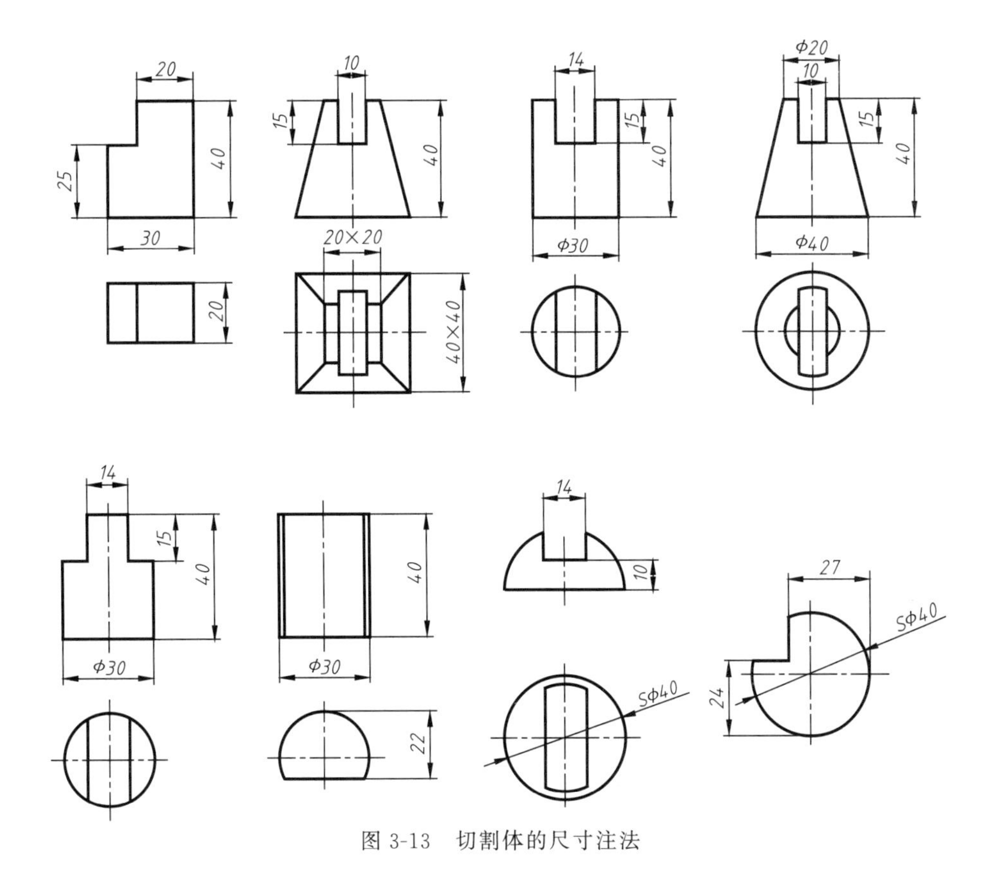

图 3-13　切割体的尺寸注法

3.2　相贯线

两立体相交，又称为相贯。两立体表面上产生的交线称为相贯线。本节着重讨论在实际零件上最为常见的两回转体相交的相贯线问题。

由于两回转体相交的形状、大小及相对位置不同，所以相贯线的形状也不相同，但所有相贯线都具有下列基本性质：

① 相贯线是两回转体表面的共有线，也是两回转体表面的分界线，所以相贯线上的点是两回转体表面的共有点。

② 相贯线一般为封闭的空间曲线，在特殊情况下可能是平面曲线或直线。

3.2.1　相贯线的画法

根据相贯线是两回转体表面共有线的性质，求相贯线的问题，实质上是求作相交两回转体表面上一系列共有点的问题。只要作出一系列共有点的投影，并依次将各点的同面投影连接成光滑曲线，即为所求的相贯线的投影。

（1）利用投影的积聚性求相贯线

两圆柱的轴线垂直相贯，当它们的轴线分别垂直于某一投影面时，相贯线的两面投影具有积聚性，此时可根据点的投影规律求出共有点的第三面投影，就是说，可利用投影的积聚性直接作图。

【例 3-9】 两圆柱正交，求作相贯线的投影，如图 3-14 所示。

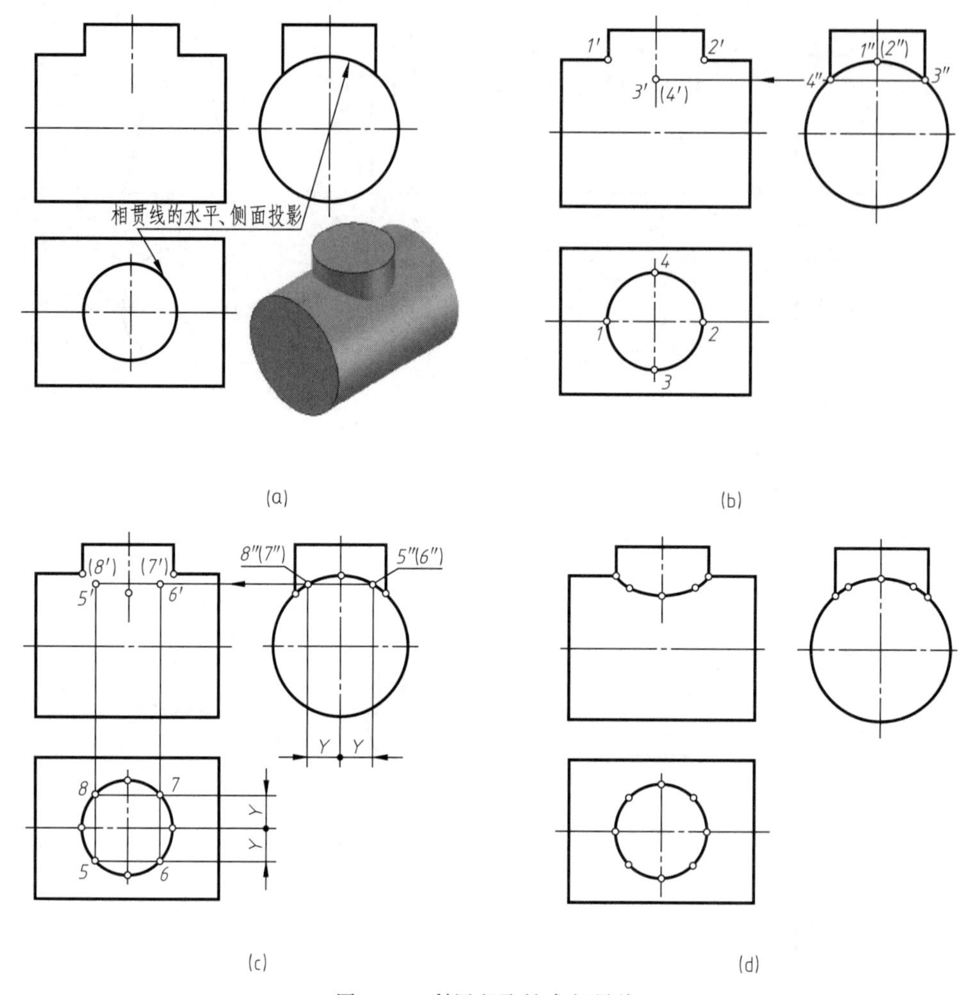

图 3-14　利用积聚性求相贯线

分析：如图 3-14（a）所示，小圆柱的轴线垂直于水平面，大圆柱的轴线垂直于侧面，两圆柱的相贯线为封闭的空间曲线。因为相贯线是两圆柱表面上的共有线，所以相贯线的水平投影必重影在小圆柱的水平投影圆上，相贯线的侧面投影必重影在大圆柱的侧面投影的一段圆弧上，因此，只需求出相贯线的正面投影。因相贯线前后、左右均对称，所以其正面投影为左右对称、前后重合的一段曲线。

作图：

① 求作特殊点：特殊点是决定相贯线的投影范围及其可见性的点，它们主要在外形轮廓线（特殊位置素线）上。如图 3-14（b）所示，相贯线的正面投影应有最左、最右及最高、最低点决定其范围。由水平投影可知，1、2 两点是最左、最右点Ⅰ、Ⅱ的投影，它们也是两圆柱正面投影外形轮廓线的交点，可由 1、2 对应求出 1″、(2″) 及 1′、2′，这两点也是最高点。由侧面投影可知，小圆柱的侧面投影外形轮廓线与大圆柱表面的交点 3″、4″是相贯上的最前、最后（也是最低）点Ⅲ、Ⅳ的投影，由 3″、4″对应求出 3、4 及 3′、(4′)。

② 求作一般点：一般点决定曲线的伸展趋势。在小圆柱的水平投影上任取对称点 5、6、7、8，求出其侧面投影 5″、(6″)、(7″)、8″，再求出正面投影 5′、6′、(7′)、(8′)，如图 3-14（c）所示。

③ 连线：依次光滑连接各点的正面投影，即得相贯线的正面投影，如图 3-14（d）所示。

连线时要在分析可见性、对称性的基础上，按照各点的相邻顺序连接。并要注意两圆柱原有轮廓素线在相贯后所产生的变化，如本例正面投影中大圆柱的最上素线在相贯范围内被“吃”掉了。

讨论：

① 两圆柱正交相贯，在实际零件上十分常见。除了两外表面相贯之外，还有两内表面相贯和外表面与内表面相贯等情况，其相贯线的形状和画法都是相同的，如图 3-15 所示。

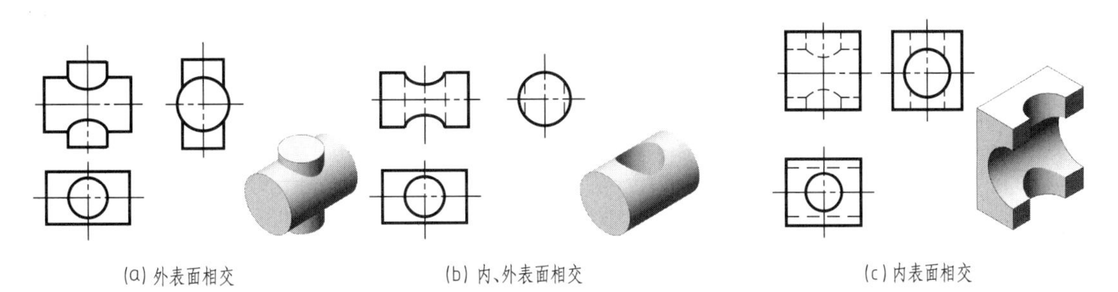

图 3-15　两圆柱相贯的几种情况

② 当正交相贯两圆柱的直径相对变化时，相贯线的形状和弯曲方向也随之变化。如图 3-16 所示，相贯线总是弯向相对直径较大圆柱的轴线。

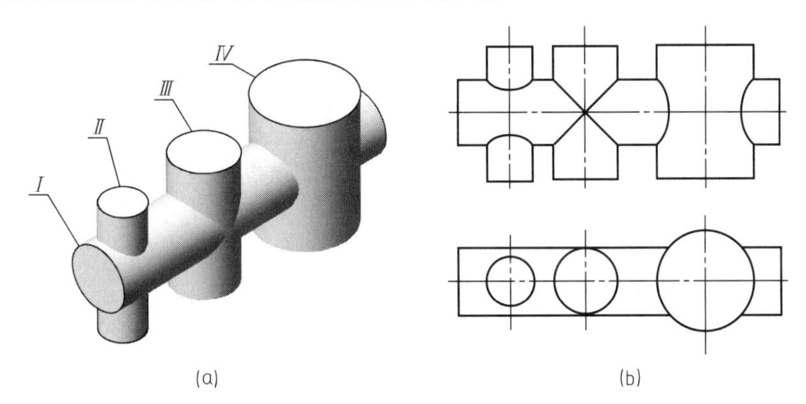

图 3-16　相贯线的弯曲趋势

(2) 用辅助平面法求相贯线

当两回转体的相贯线不能（或不便于）利用积聚性直接求出时，可用辅助平面法求解。辅助平面法是求相贯线的常用方法。

① 作图原理：用辅助平面法求两回转体表面的相贯线，其原理是三面共点。

如图 3-17 所示，用一辅助平面同时截切两回转体，则辅助平面分别与两回转体相交得两组截交线，这两组截交线均位于辅助平面上，它们的交点即为相贯线上的点。

② 辅助平面的选择原则：用辅助平面求相贯线时，为了作图简便，应选择特殊位置平面作为辅助平面，并使辅助平面截切两回转体的截交线的为直线或圆。

③ 作图步骤：

a. 选取合适的辅助平面；

b. 分别求作辅助平面与两回转体表面的截交线；

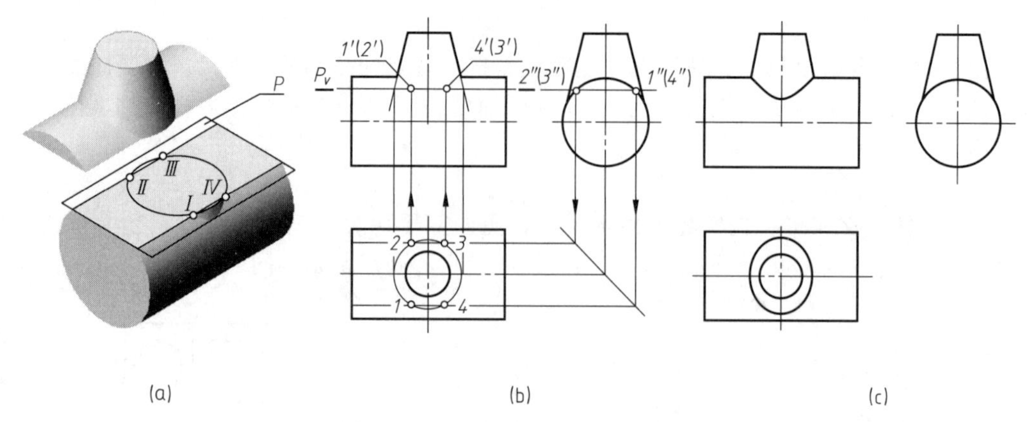

(a) (b) (c)

图 3-17 利用辅助平面法求相贯线

c. 求作两截交线的交点，并光滑连接。

【例 3-10】 圆柱与圆锥正交，求作相贯线的投影，如图 3-18 所示。

分析：如图 3-18（a）所示，圆柱与圆锥正交，其相贯线是前后对称的封闭空间曲线。圆柱的轴线垂直于侧立投影面，圆柱面的侧面投影积聚为圆，所以相贯线的侧面投影与该圆重合。正面投影和水平投影需要求作，正面投影中，相贯线的前半部分可见，后半部分不可见，前后重合为一开口曲线；水平投影中，相贯线的上半部分可见，下半部分不可见，共同构成一封闭曲线。由于圆锥的轴线垂直于水平投影面，因此应采用水平面作为辅助平面。其与圆锥面的截交线为圆，与圆柱面的截交线为两条平行的直线，它们在水平投影面上，圆与两平行直线的交点即为相贯线上点的投影，如图 3-18 所示。

作图：

① 求作特殊点：在侧面投影的圆周上，可直接得到最高、最低点Ⅰ、Ⅱ两点的投影 1″、2″；其正面投影 1′和 2′可直接求出，从而可求出两点的水平投影 1、2。还可在侧面投影上直接得到最前、最后点Ⅲ、Ⅳ的投影 3″、4″，并过Ⅲ、Ⅳ作一水平面 R 作为辅助平面，可求出 3、4 和 3′、(4′)，如图 3-18（b）所示。

② 求作一般点：在适当的位置再作辅助水平面 P、T，可求出点Ⅴ、Ⅵ、Ⅶ、Ⅷ的水平投影 5、6、(7)、(8) 及正面投影 5′、(6′)、7′、(8′)，如图 3-18（c）所示。

③ 判别可见性，光滑连接各点的同面投影：由于相贯线前后对称，正面投影中 1′、2′是可见与不可见的分界点，所以前后两半的正面投影重合在一起，相贯线的正面投影画实线。而在水平投影中，3、4 是可见与不可见的分界点，圆柱面的上半部分和圆锥面都是可见的（被圆柱遮住的部分圆锥面不可见）。因此，相贯线的水平投影以 3、4 点为界，圆柱下面部分不可见画虚线，其余画实线。还要注意，水平投影中圆柱的最前素线和最后素线应分别画到 3、4 点处与相贯线相接，如图 3-18（d）所示。

（3）相贯线的简化画法

为了简化作图，国家标准规定了相贯线的简化画法。

① 用圆弧代替非圆曲线：不等径两圆柱正交，其相贯线的投影可以用较大圆柱半径为半径画一段圆弧来代替，如图 3-19 所示。当两圆柱的直径相等或非常接近时，不能采用这种方法。

② 用直线代替非圆曲线：在不致引起误解时，可用直线代替曲线，以简化作图，如图 3-20 所示。

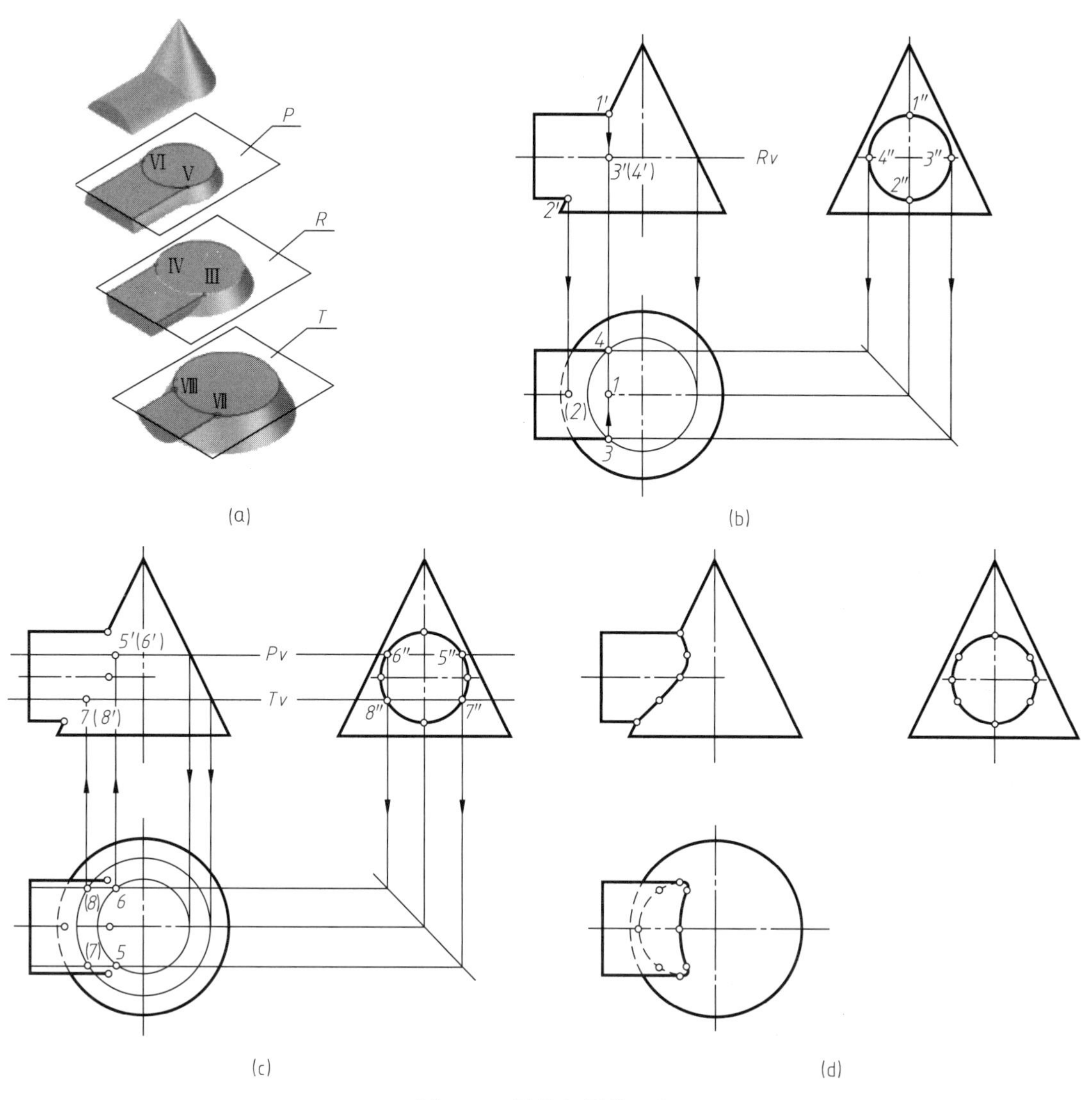

图 3-18　圆柱与圆锥正交

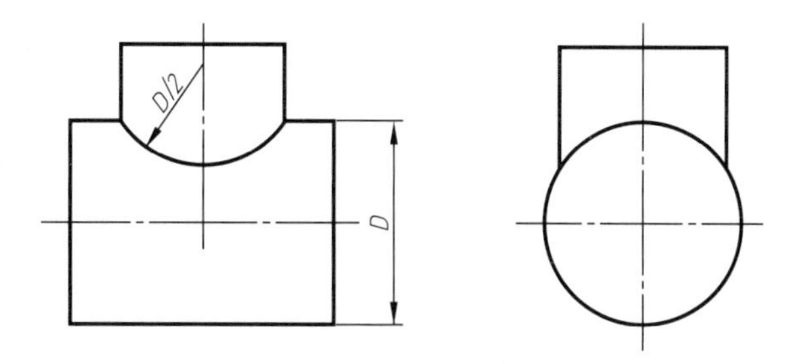

图 3-19　相贯线的近似画法

3.2.2　相贯线的特殊情况

两回转体相贯，在一般情况下其相贯线为封闭的空间曲线，但在特殊情况下，也可能是平面曲线或直线。

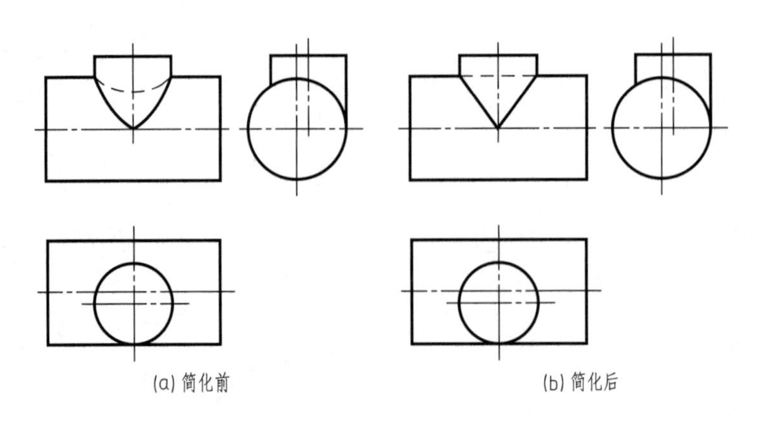

图 3-20 用直线代替非圆曲线的示例

① 相贯线为椭圆：当轴线相交的两圆柱或圆柱与圆锥公切于一个球面时，相贯线是椭圆。椭圆所在的平面垂直于两条轴线所决定的平面，如图 3-21 所示。

② 相贯线为圆和直线：当两个相交的回转体具有公共轴线时，其相贯线为圆，如图 3-22（a）、（b）所示。当两圆柱轴线平行相交时，相贯线为两条直线段，如图 3-22（c）所示。

3.2.3 组合相贯线

当某一个立体同时与两个立体相贯时，将产生两段相贯线，其作图方法是：分别按立体两两相贯时的方法求出各段相贯线的投影，但其形状与两相贯体的形状、大小、位置有关。在作图的过程中注意以下几点：

① 两个立体、两个立体地分析并求作交线，注意各交线之间的连接点（三面共点）的投影。

② 每两个立体表面相交常为立体的局部表面相交。此时可采用完整相贯的方法进行分析，求作相贯线并取其局部交线。

③ 确定交线之间的连接点。

【例 3-11】 水平两圆柱与铅垂圆柱正交相贯，求作相贯线的投影，如图 3-23 所示。

分析：如图 3-23（a）所示，水平两圆柱为端面相接，不产生交线。铅垂圆柱与水平两圆柱的表面均相交，其交线都是空间曲线。这两条局部交线的水平投影和侧面投影分别积聚在铅垂圆柱的水平投影和两水平圆柱的侧面投影上。此外，水平大圆柱的左端面与铅垂圆柱的表面也相交，其交线为两条铅垂线，它们的水平投影积聚在铅垂圆柱的水平投影上，因此，只需求出相贯线的正面投影。因相贯线前后均对称，所以其正面投影为前后重合的一段曲线。

作图：

① 求作铅垂圆柱与左端水平小圆柱的交线。作图的难点是确定交线上连接点Ⅴ、Ⅷ的投影。Ⅴ、Ⅷ的水平投影 5、8 在铅垂圆柱的水平投影（圆）上可直接求出，由点 5、8 在水平小圆柱的侧面投影求出 $5''$、$8''$，再作出 $5'$、$(8')$。

② 求作铅垂圆柱与右端水平大圆柱的交线。确定交线上连接点Ⅳ、Ⅶ的方法与上述相同，读者可自行分析。

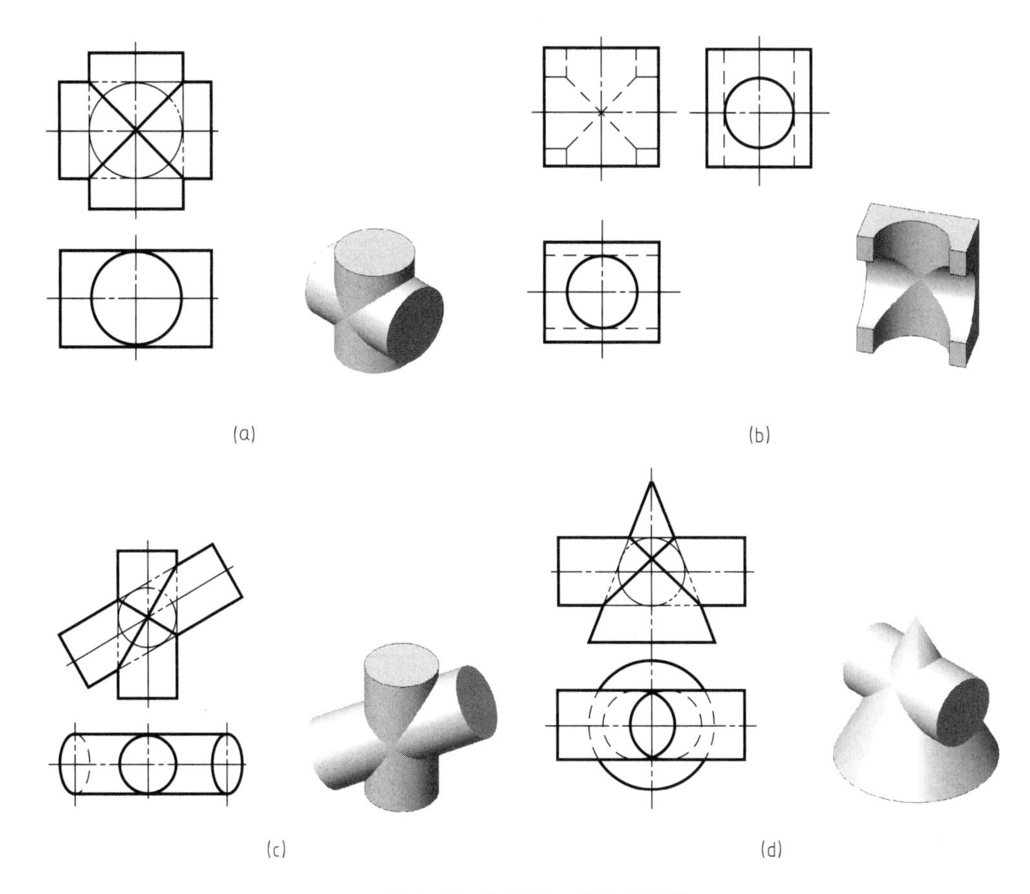

图 3-21　公切于一球的相贯线

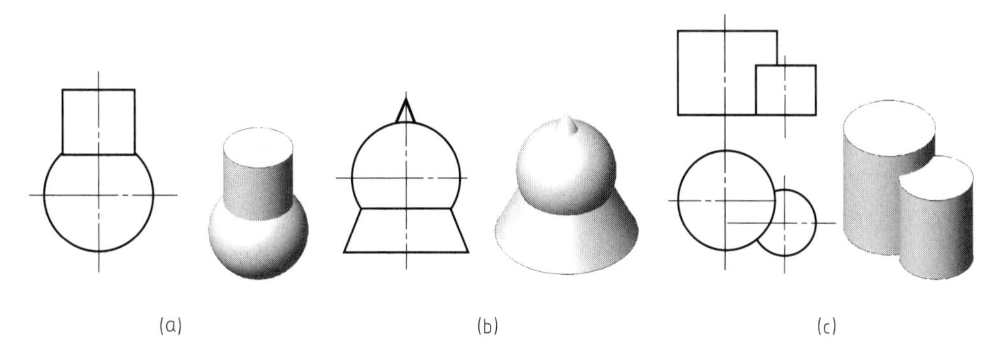

图 3-22　相贯线为圆和直线的情况

③ 求作铅垂圆柱与水平大圆柱左端面的交线。如前所述，所得的交线为两条铅垂线。其正面投影（4′）（5′）、7′ 8′重影在水平大圆柱左端面上，水平投影 45、78 积聚在铅垂圆柱的水平投影（圆）上，侧面投影（4″）（5″）、（7″）（8″）为不可见。

④ 判别可见性，光滑连接各点的同面投影，如图 3-23（b）所示。

⑤ 检查是否有漏画的交线，若图中漏画了交线，则交线在空间就不成封闭了。

图 3-24 所示的是组合相贯线的另几种形式，作图方法不再赘述。

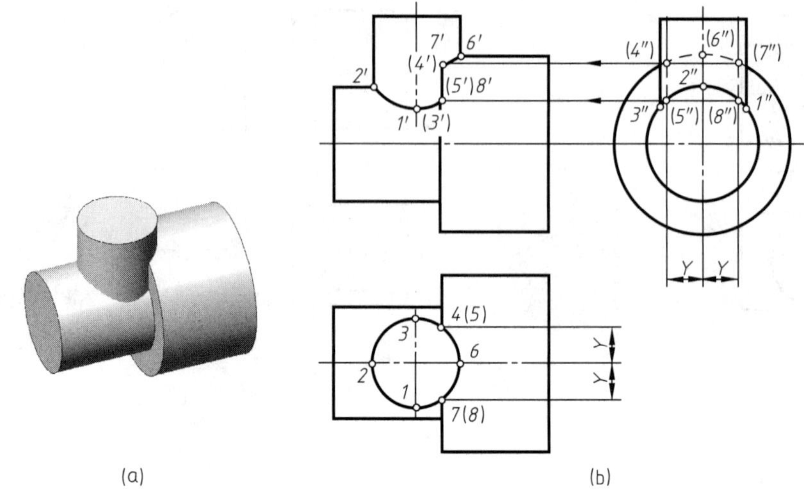

图 3-23　水平两圆柱与铅垂圆柱正交的相贯线

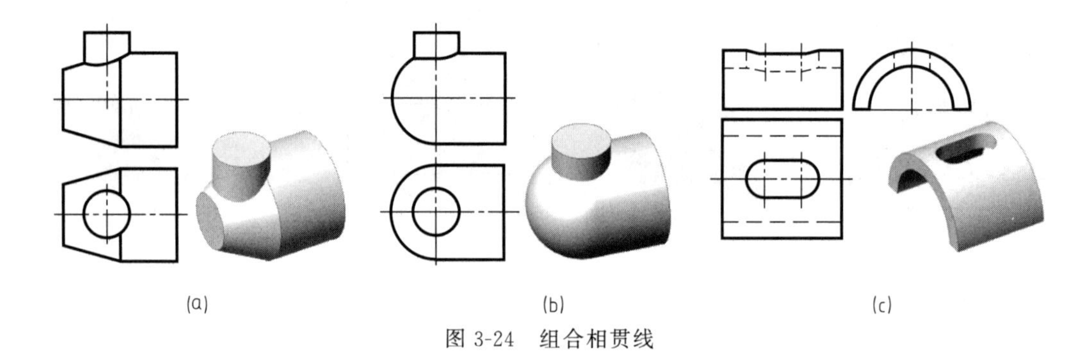

图 3-24　组合相贯线

第4章 组 合 体

由两个或两个以上的基本形体经过组合而得到的物体，称为组合体。本章着重讨论组合体的分析方法、绘图方法、尺寸注法和读图方法。

4.1 组合体的形体分析

4.1.1 形体分析法

物体无论多么复杂，仔细分析都可以看成是由若干个基本形体经过组合而成的。如图4-1（a）所示支承座，可看成是由空心圆柱、支承板、肋板和底板四部分组成的，如图4-1（b）所示。画图时，可将组合体分解成若干个基本形体，然后按其相对位置和组合形式逐个画出各基本形体的投影，最后综合起来就得到整个组合体的三视图。这样就把一个复杂的问题分解成几个简单的问题来解决，即“先分后合”。这种将物体分解成若干基本体或简单形体，并搞清它们之间组合形式、相对位置和表面连接关系的方法，称为形体分析法。

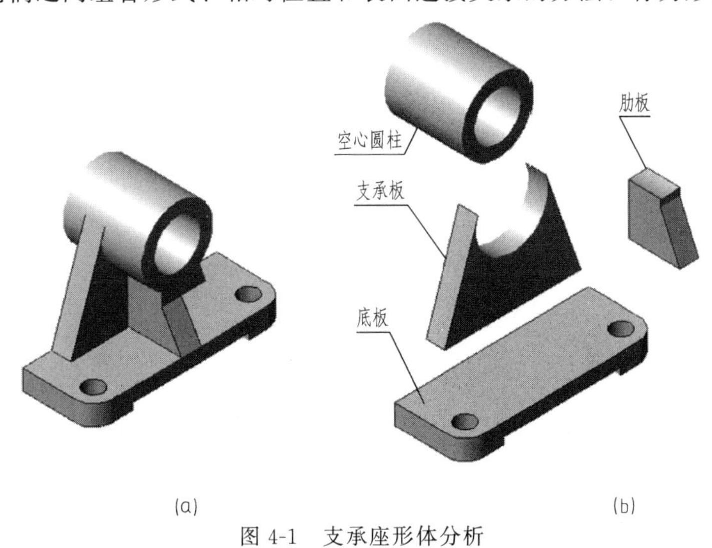

图4-1 支承座形体分析

形体分析法是绘制和读图组合体视图并进行尺寸标注的基本方法。

对组合体的形体分析，一方面要搞清组合体由哪几部分组成，另一方面还要搞清各形体之间的组合形式、相对位置以及相邻两形体间的表面连接关系。

4.1.2 组合体的组合形式

组合体包括叠加和切割两种形式，因此，组合体可分为叠加型、切割型和既有叠加又有切割的综合型。

（1）叠加型

叠加型组合体由简单形体叠加而成。画叠加型组合体时，应按照形体的主次和相对位置，逐个地画出每一部分形体的三视图，叠加起来就可得整个组合体的三视图，如图4-2所示。

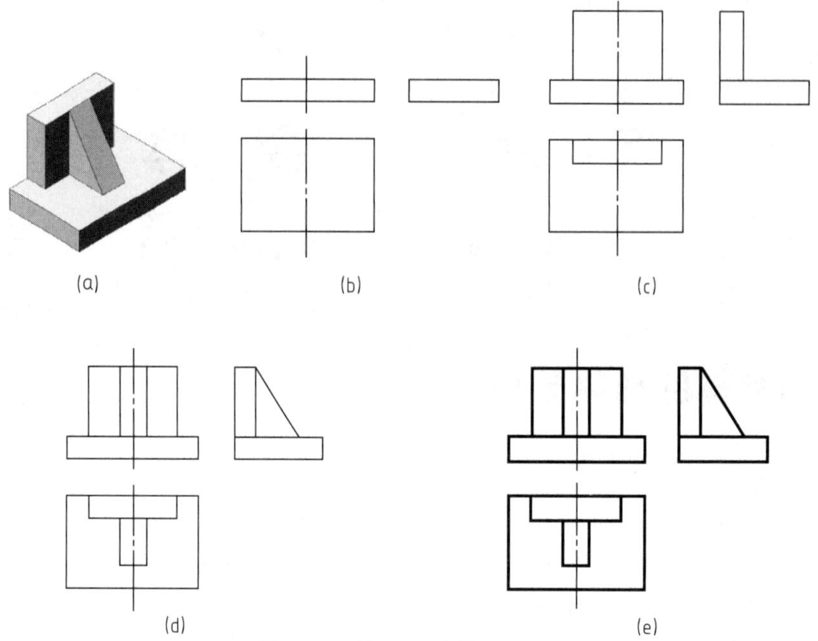

图 4-2 叠加型组合体的画法

(2) 切割型

切割型组合体由一个基本形体经切割而成。画切割型的组合体时，先画出切割前的基本形体，然后逐一分析并画出切割部分。由于基本形体被平面或曲面切割时，表面会产生各种形状的交线，所以画图的关键是正确画出切割后形体表面产生的交线。

如图 4-3 (a) 所示形体，可看成是长方体经切割而形成的，如图 4-3 (b) 所示。画图时，可先画完整长方体的三视图，然后逐个画出被切割部分的投影，如图 4-3 (c)～(e) 所示。

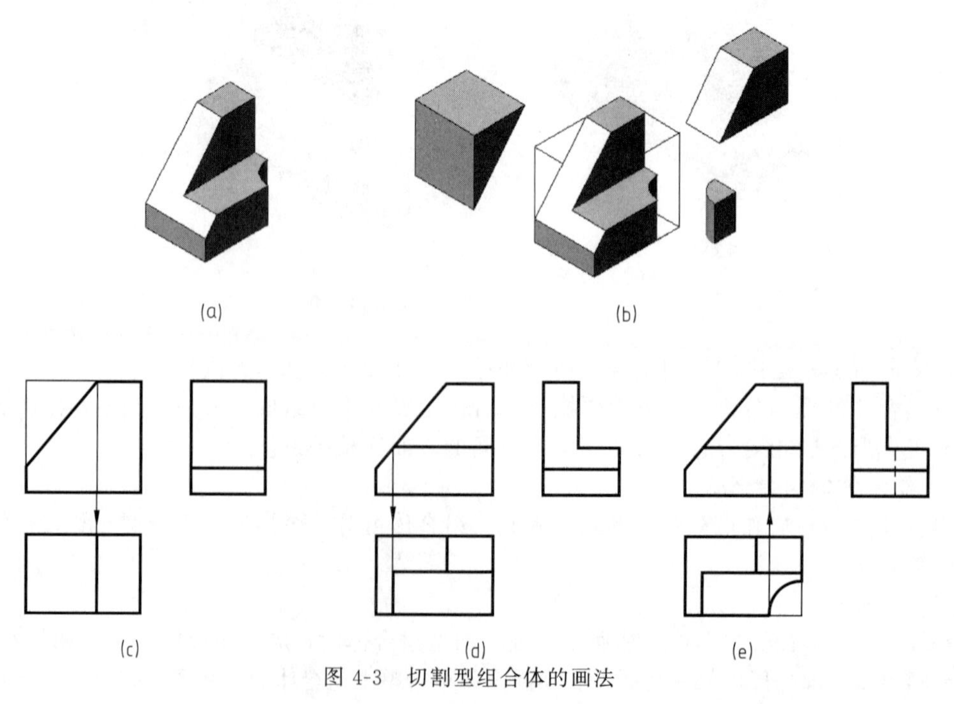

图 4-3 切割型组合体的画法

(3) 综合型

多数组合体由若干形体叠加而成，而这些形体又是在基本形体的基础上切割而成的，其组合形式既有叠加又有切割，属综合型。画这类组合体时，一般先按叠加型组合体画出各基本形体的投影，然后再按切割型组合体的画法对各基本形体进行切割，如图 4-4 所示。

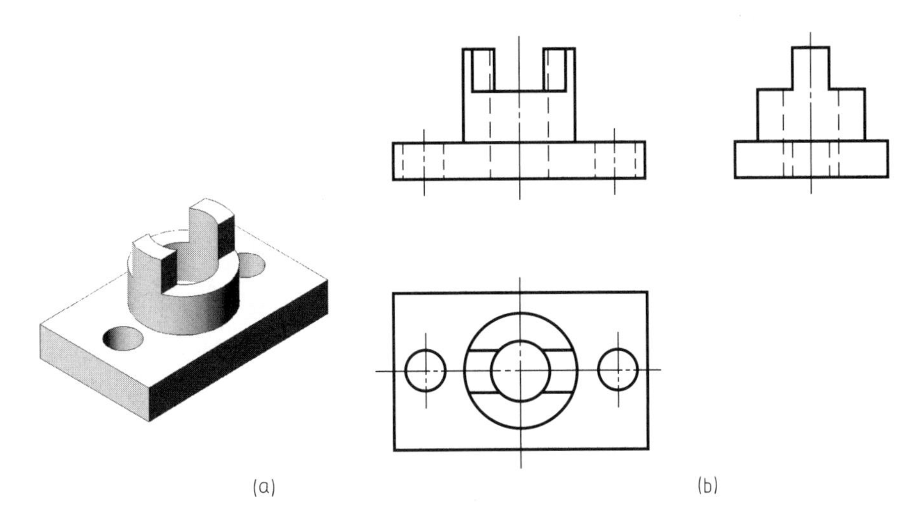

图 4-4　综合型组合体的画法

4.1.3　形体表面的连接关系

分析组合体的组合关系，要搞清相邻两形体间表面的连接关系，这样有利于分析并正确画出连接处两形体分界线的投影，做到不多线、不漏线。形体之间的表面连接关系可分为共面、不共面、相切和相交等。

① 共面：当两形体的表面共面时，两形体之间不应该画线，如图 4-5 所示。

必须注意，用形体分析法画组合体三视图时，对组合体进行的分解是假想的，画图时一定要从整体出发，分解出来的各形体的结合面在很多情况下实际上是不存在的。

② 不共面：当两基本形体的表面不共面时，两形体之间应有线隔开，如图 4-6 所示。

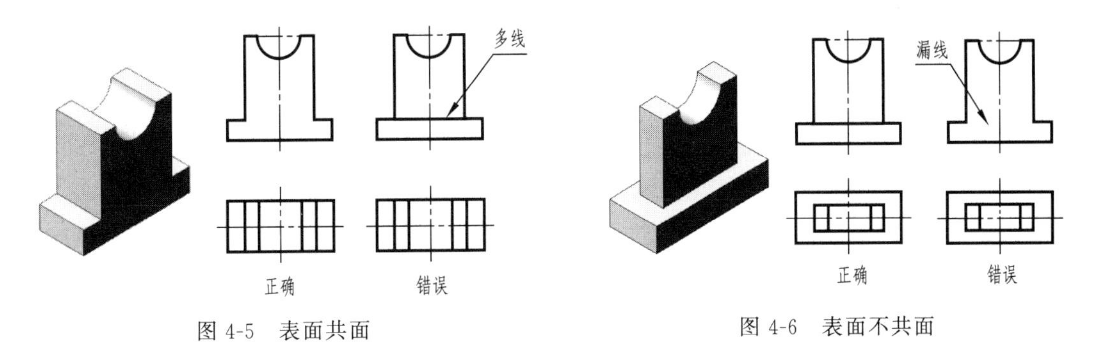

图 4-5　表面共面　　图 4-6　表面不共面

③ 相切：两形体的表面相切时，在相切处两面光滑过渡，不存在分界轮廓线，如图 4-7 和图 4-8 所示。

④ 相交：两形体的表面相交时，相交处必产生交线，此交线必须画出。

图 4-9 (a) 所示为平面与曲面相交，交线的画法如图 4-9 (b) 所示。

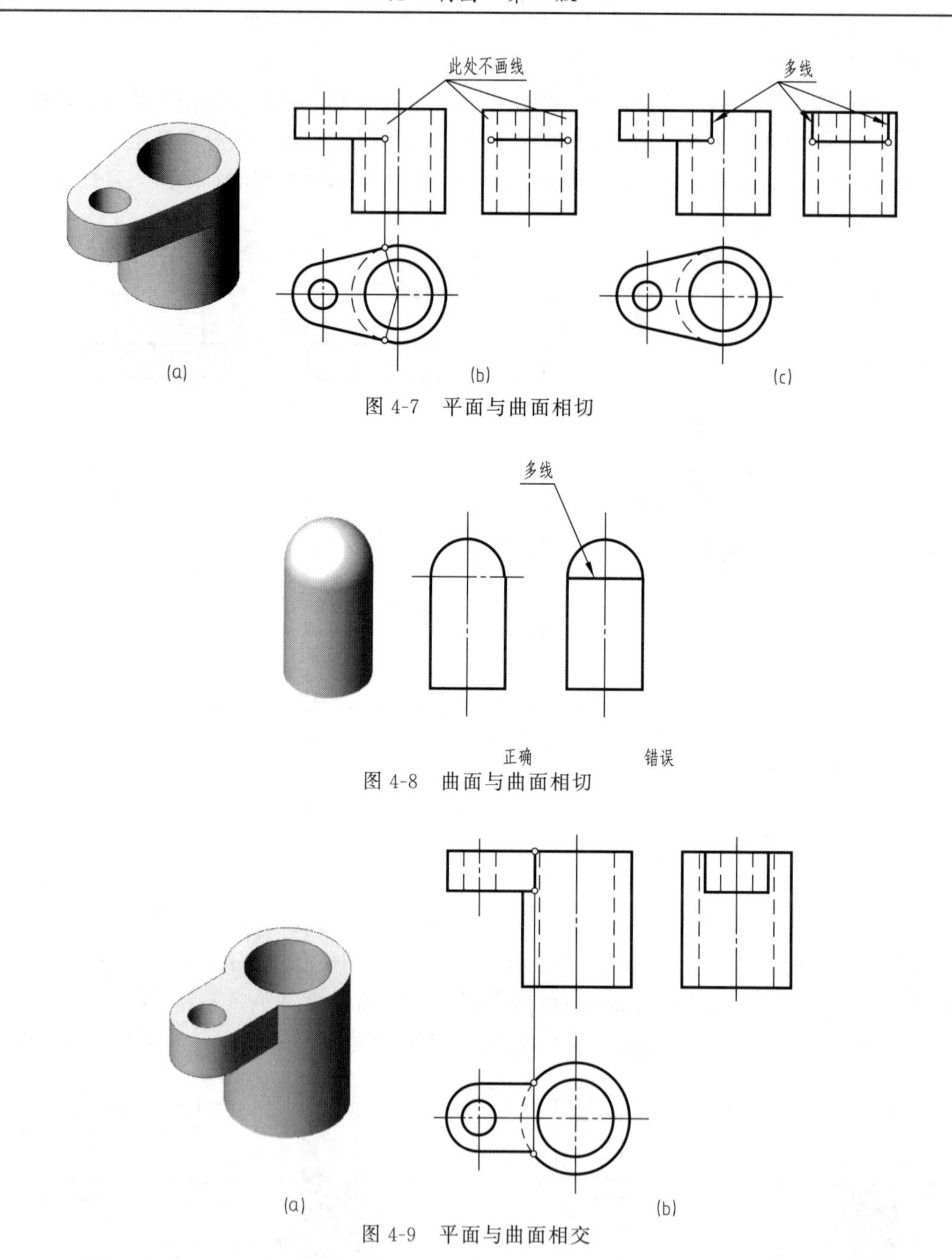

图 4-7 平面与曲面相切

图 4-8 曲面与曲面相切

图 4-9 平面与曲面相交

4.2 组合体三视图的画法

组合体的三视图一般可按下面的方法和步骤进行绘制。

4.2.1 形体分析

首先应对组合体进行形体分析，了解组合体由哪些基本体组成，它之间的相对位置、组合形式以及表面间连接关系怎样，为画三视图做好准备。

如图 4-10（a）所示的支架，属既有叠加又有切割的综合型组合体。总的来说可看成是直立空心圆柱、底板、肋板和水平空心圆柱四个部分的叠加，如图 4-10（b）所示。每一部分又是在基本形体的基础上切割而成的。底板与直立空心圆柱相切，肋板叠加在底板之上与直立空心圆柱相交，水平空心圆柱与直立空心圆柱相贯，且两孔也贯通。

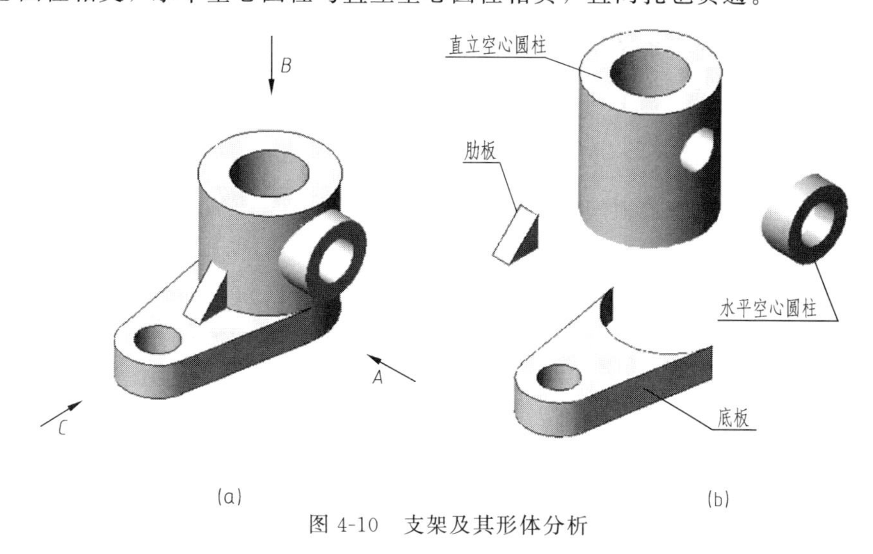

图 4-10 支架及其形体分析

4.2.2 选择主视图

在三视图中，主视图是最主要的一个视图，因此应选取最能反映形体特征的视图作为主视图，也就是把最能反映组合体形状和位置特征的那个方向，作为主视图的投射方向。同时应将组合体放正，以使主要和多数面、线的投影具有真实性或积聚性。此外，还要兼顾使其他两个视图尽量避免虚线及便于图面布局。

如图 4-10（a）所示的支架，显然，选取 A 方向作为主视图的投射方向最佳，因为组成该支架的各基本形体及它们间的相对位置在此方向上表达最为清晰。

4.2.3 确定比例，选定图幅

根据物体的大小和复杂程度，按标准规定选择适当的比例和图幅。一般比例优先选择 1∶1，图幅则要根据视图所占空间并留足标注尺寸和画标题栏的位置来确定。

4.2.4 画基准线，布置视图

首先确定物体在长、宽、高三个方向上的作图基准，画出三个方向上的基准分别在三个视图上的投影，视图在图面上的位置也就随之确定了。一般地，在某一方向上形体对称时，以对称面为基准，不对称时选一较大平面或回转体轴线为基准，如图 4-11（a）所示。

布图时，应将视图匀称地布置在幅面上，视图间的空当应保证能注全所需的尺寸。

4.2.5 绘制底稿

运用形体分析法，按照组合形式和相对位置，逐一地画出组合体各部分的投影，并正确处理相邻两形体间的表面连接关系，如图 4-11（b）～（e）所示。

画底稿时，应注意以下几点：

① 为了保证视图间的“三等”关系并提高绘图速度，一般应逐一画出各个基本形体，而不是画完一个视图再画另一个视图。画每一部分时也最好三个视图配合着画，即主、俯视图上“长对正”的线和主、左视图上“高平齐”的线同时画出，而形体的宽度尺寸同时在俯视图和左视图上量出。

② 画图的先后顺序，应先画大的、主要的部分，后画小的、次要的部分。画某一部分时，先定位，后定形；先画基本轮廓，后画细部结构和表面交线；并应从反映该部分形状特

征明显的视图入手，不一定都先画主视图。如图 4-11 所示支架中，直立圆柱和底板应从俯视图画起，水平圆柱和肋板应从主视图画起。

③ 要特别注意相邻形体间的表面连接关系。两形体间无论是叠加还是切割，在它们的结合处，各自的原有轮廓大多发生变化，如被切割掉或叠加后被“吃”掉，有时还有新的交线产生。对于两形体间的表面交线，必须深入分析并正确画出。总之要做到不漏画、不多画、不画错。这是画组合体三视图的重点和难点所在，也是初学者容易出错的地方。图 4-11 所示支架中，底板与直立空心圆柱相切，主视图上在底板的高度范围内，圆柱的最左素线被“吃”掉；而底板的上表面在主视图和左视图中所积聚成的直线应画到切点处，但与圆柱面之间没有分界线。

4.2.6 检查描深

完成底稿后，必须经过仔细检查，修改错误并擦去多余图线，然后按规定的线型描深，如图 4-11（f）所示。

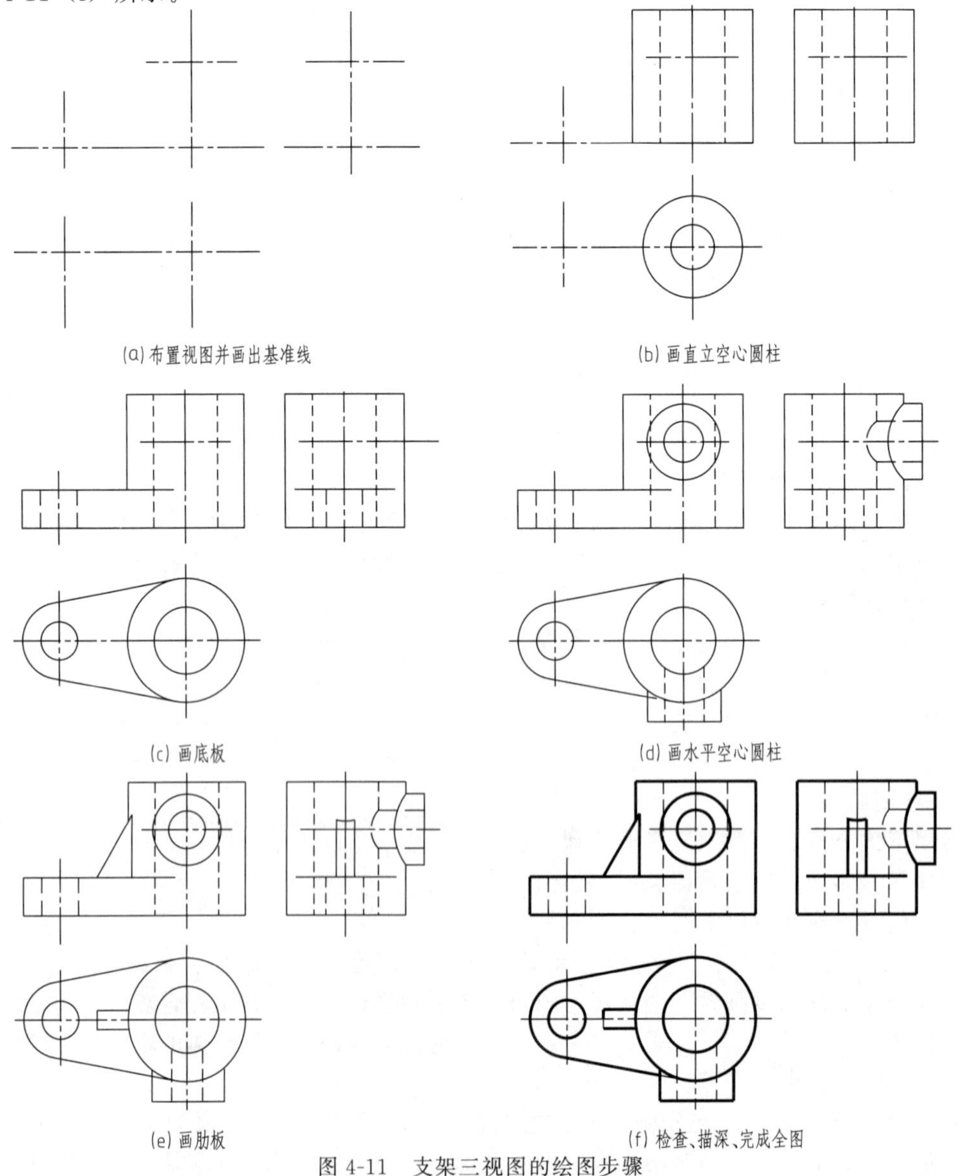

图 4-11 支架三视图的绘图步骤

4.3 组合体的尺寸标注

组合体的三视图，只能表达形体的结构和形状，其真实大小和各组成部分的相对位置，要通过图样上的尺寸标注来表达。标注组合体尺寸的基本要求是：正确、完整、清晰。

① 正确：标注尺寸必须符合技术制图国家标准的规定。

② 完整：应把组成组合体各形体的大小及相对位置的尺寸，不遗漏、不重复地标注在视图上。

③ 清晰：尺寸布置整齐清晰，便于读图。

4.3.1 组合体的尺寸种类

① 定形尺寸：确定组合体各组成部分形状大小的尺寸。如图 4-12（a）所示，确定直立空心圆柱的大小，应标注外径“ϕ72”，孔径“ϕ40”和高度“80”三个尺寸。底板、肋板和水平空心圆柱的定形尺寸如图 4-12（b）所示。

② 定位尺寸：确定组合体各组成部分之间相对位置的尺寸。如图 4-12（d）所示，直立空心圆柱与底板、肋板之间在左右方向的定位尺寸应标注“80”和“56”，水平空心圆柱在上下方向的定位尺寸“28”以及前后方向的定位尺寸“48”。

③ 总体尺寸：确定组合体外形总长、总宽、总高的尺寸。

一般情况下，总体尺寸应直接注出，但当组合体的端部为回转体时，一般不直接注出该方向的总体尺寸，而是由确定回转体轴线的定位尺寸加上回转面的半径尺寸来间接体现。图 4-12（d）中，支架的总高尺寸直接注出，而总长和总宽尺寸没有直接注出。

4.3.2 尺寸基准

尺寸基准，就是标注尺寸的起点。由于组合体有长、宽、高三个方向的尺寸，所以每一个方向都应选择尺寸基准。一般选择组合体的对称平面、底面、重要的端面以及回转体的轴线等作为尺寸基准，如图 4-12（c）所示，支架的尺寸基准是：以直立空心圆柱的轴线为长度方向的基准；以前后对称面为宽度方向的基准；以底板、直立空心圆柱的底面为高度方向的基准。

确定了尺寸基准后，各方向上的主要定位尺寸应从相应的尺寸基准出发进行标注。但并非所有定位尺寸都必须以同一基准进行标注，为了使标注更清晰，可以另选其他基准。如图 4-12（d）所示，在高度方向上水平空心圆柱是以直立空心圆柱的顶面为基准标注的，这时通常称底面为主要基准，而称直立空心圆柱的顶面为辅助基准。

4.3.3 标注组合体尺寸应注意的问题

为了保证所标注的尺寸清晰，除严格按照机械制图国家标准的规定外还需注意以下几个方面。

① 尺寸应尽量标注在反映各形体形状特征明显、位置特征清楚的视图上；同一形体的定形尺寸和定位尺寸应尽量集中标注，以便读图，如图 4-12（d）中，底板的多数尺寸集中注写在俯视图上，而水平空心圆柱的多数尺寸集中注写在左视图上。

② 尺寸应尽量标注在视图的外面，个别较小的尺寸宜注在视图内部。与两个视图有关的尺寸，应尽量标注在两视图之间。

③ 同轴回转体的直径尺寸，特别是多个同圆心的直径尺寸，一般应标注在非圆视图上。但圆弧半径尺寸必须标注在投影为圆弧的视图上。

④ 尽量避免在虚线上标注尺寸。

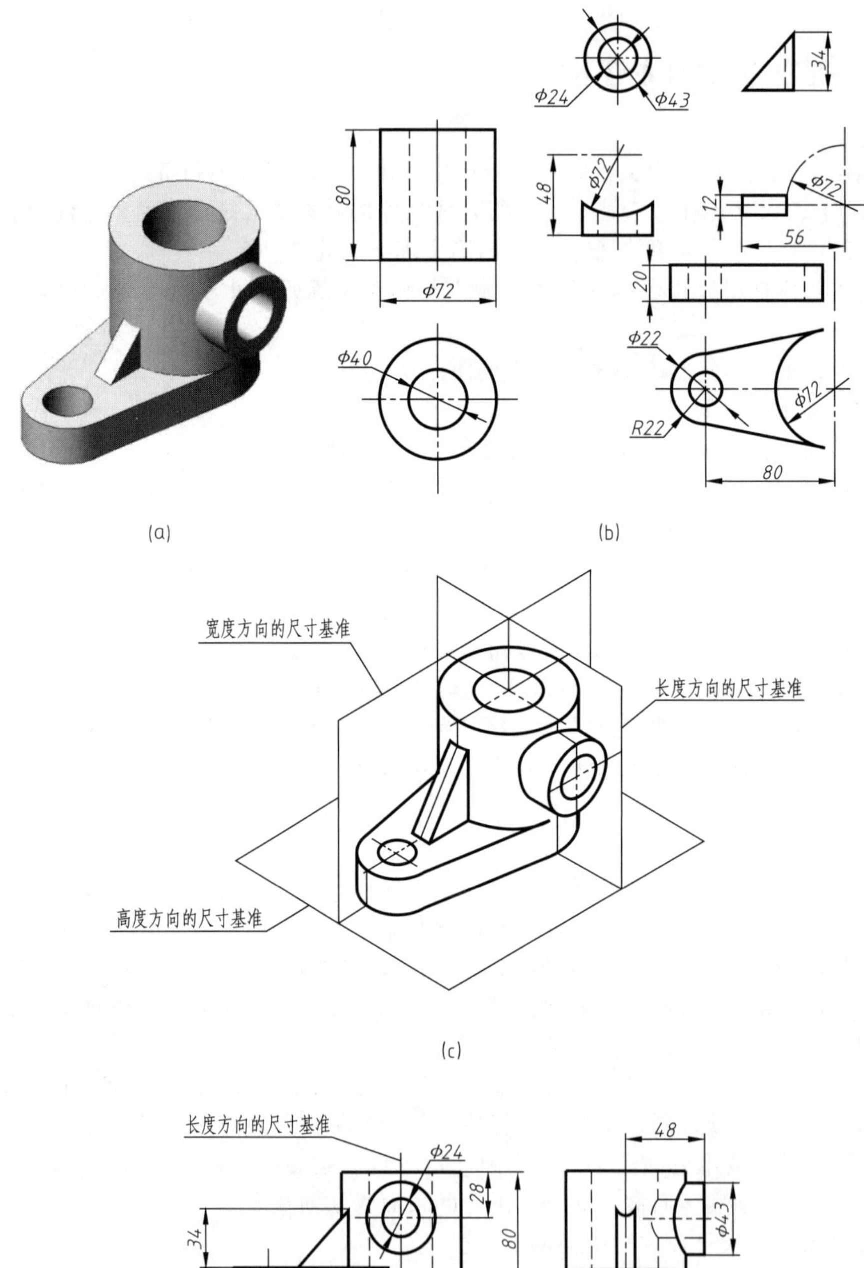

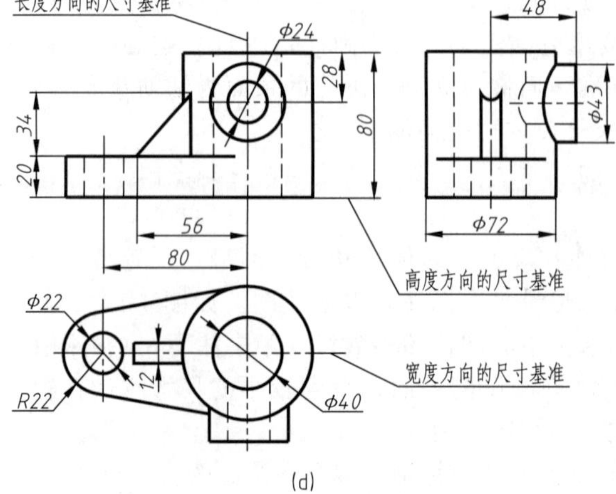

(d)

图 4-12　支架的尺寸分析

⑤ 尺寸线与尺寸界线，尺寸线或尺寸界线与轮廓线都应避免相交。相互平行的尺寸应按“小尺寸在内，大尺寸在外”的原则排列。

在标注尺寸时，有时会出现不能兼顾以上各点的情况，这时必须在保证尺寸标注正确、完整的前提下，灵活掌握，力求清晰。

4.3.4　标注组合体尺寸的方法和步骤

标注组合体尺寸的基本方法是形体分析法。标注尺寸时，首先运用形体分析法确定每一形体应注出的定形尺寸、定位尺寸，选择好尺寸基准，然后逐一注出各形体的定形尺寸和定位尺寸，最后标注总体尺寸，并对已注的尺寸进行必要的调整。具体方法和步骤参见表 4-1 轴承座尺寸标注示例。

表 4-1　轴承座尺寸标注示例

图例	$\phi14$　24　$\phi22$　$\phi22$　26　42　2　6　36　60　$\phi22$　26　10　8　6　16　16　22　R6　48　$2\times\phi6$	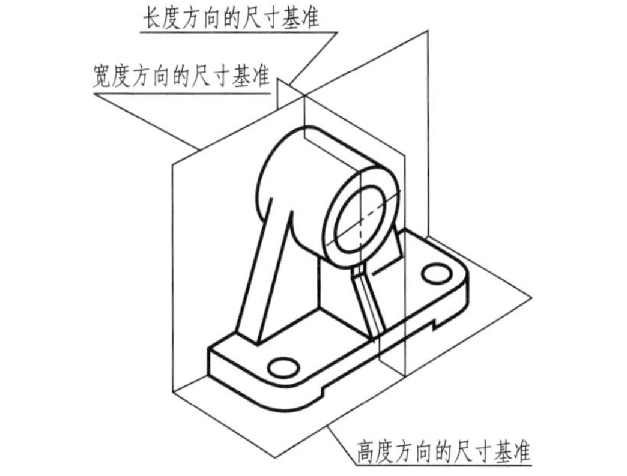 长度方向的尺寸基准　宽度方向的尺寸基准　高度方向的尺寸基准
说明	轴承座分为底板、支承板、空心圆柱和肋板四个部分，标注其定形尺寸	选择尺寸基准：根据轴承座结构特征，长度方向以对称面为基准，高度方向以底面为基准，宽度方向以背面为基准
图例	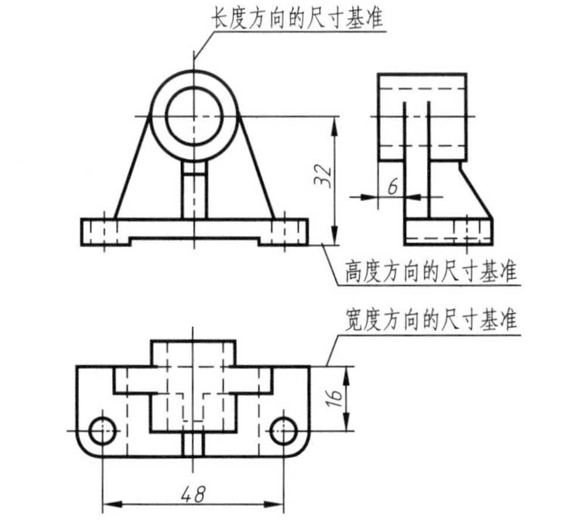 长度方向的尺寸基准　32　6　高度方向的尺寸基准　宽度方向的尺寸基准　16　48	24　$\phi14$　$\phi22$　10　32　6　6　6　2　6　8　36　60　42　16　22　R6　48　$2\times\phi6$
说明	从基准出发，标注四个部分的定位尺寸	标注总体尺寸，但此例的总长、总宽、总高尺寸均与定形尺寸或定位尺寸重合

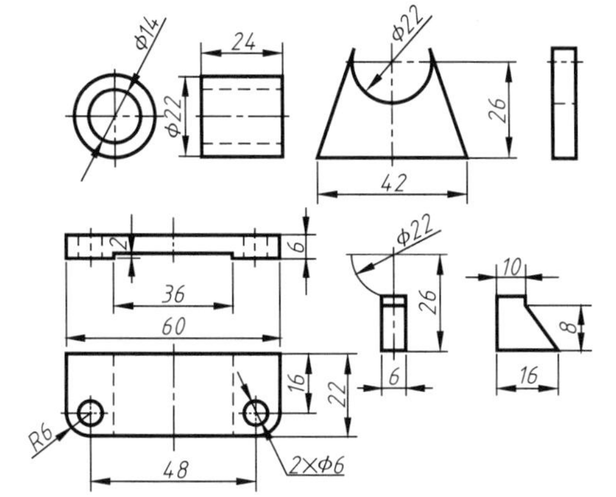

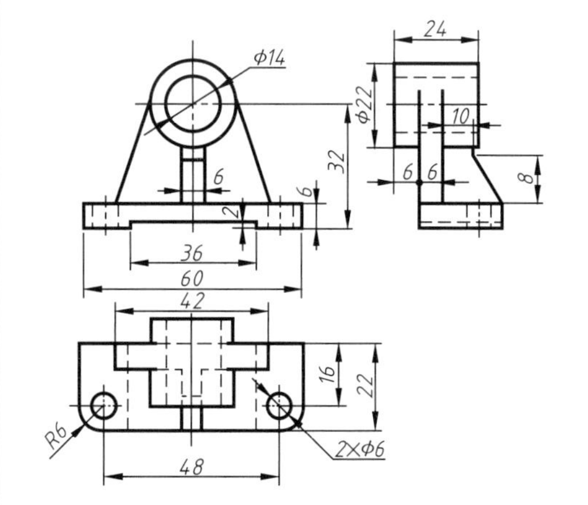

4.4　组合体视图的识读

画图是将空间物体用正投影法画成视图来表达物体形状的过程（从空间到平面），如图

4-13（a）所示；而读图则是运用正投影原理，通过对各视图进行空间想象，使所表达的物体准确、完整地再现出来的过程（从平面回到空间），如图 4-13（b）所示。看图时，要运用与画图相反的思维方法，在头脑中形成投射的原始空间状态。这就需要培养空间想象能力和形体构思能力，同时还必须掌握读图的基本要领和基本方法，并通过实践逐步提高读图能力。

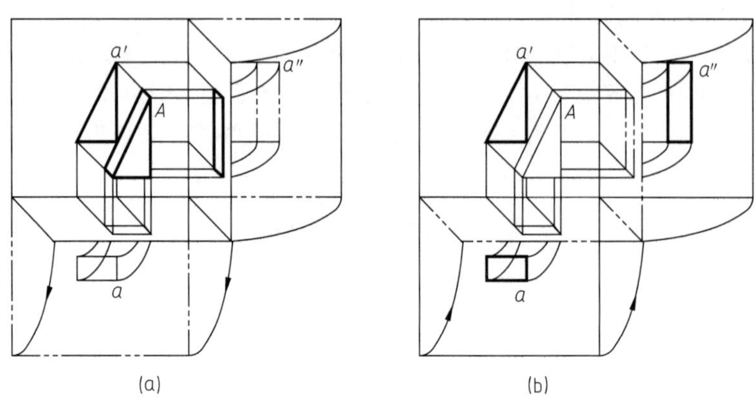

图 4-13 画图与读图过程分析

4.4.1 读图的基本要领

（1）视图中点、线、线框的空间含义

（1 视图中的一个点

① 可表示形体上的某一点，如图 4-14 中 p'、m'等点。

② 可表示形体上的某一直线。这条直线是线段处于垂直于投影面位置时的积聚投影，如图 4-14 中 a（c）、a''（b''）、m（n）等点。

（2 视图中的一条线（粗实线或虚线）

① 可表示形体上面与面的交线，如图 4-14 中 $m'l'$。

② 可表示曲面的外轮廓素线。如图 4-14 中 $p'm'$为圆锥面最左素线，$m'n'$为圆柱面最左素线。

③ 可表示形体上某一表面。如图 4-14 中俯视图的四边形（线框 6）的各条边线表示四棱柱的四个侧面；圆与直线相切的线框 5 表示底板的上表面，在主视图中积聚为一条直线。

（3 视图中的一个封闭线框（由可见或不可见轮廓线围成）

① 表示形体上的平面，如图 4-14 中 1′和 6 等线框。

② 表示形体上的曲面，如图 4-14 中线框 2′和 7 分别表示圆锥台曲面的 V 面投影和 H 面投影。

③ 表示柱体或通孔各侧面的积聚投影，如图 4-14 中线框 5 和 6。

④ 表示形体上曲面与曲面或曲面与平面相切的一个表面，如图 4-14 中主视图中的 3′和 4′组成的线框。

（4 相邻的封闭线框

表示形体上位置不同的两个面（相交或错开），两个线框的公共边可能是两个面的交线，也可能是另外第三个面的积聚性投影。如图 4-14 中线框 2′和 3′的公共边表示圆台面和圆柱面相交的交线；而线框 1′和 2′是相互错开的两个面，其公共边是另一个平面的积聚性投影。

（5 大线框内包围的小线框

表示在一个面上向外叠加而凸出或向内挖切而凹下的结构。如图 4-14 中俯视图中包围在线框 8 中的线框 6 为向上凸起的柱体。

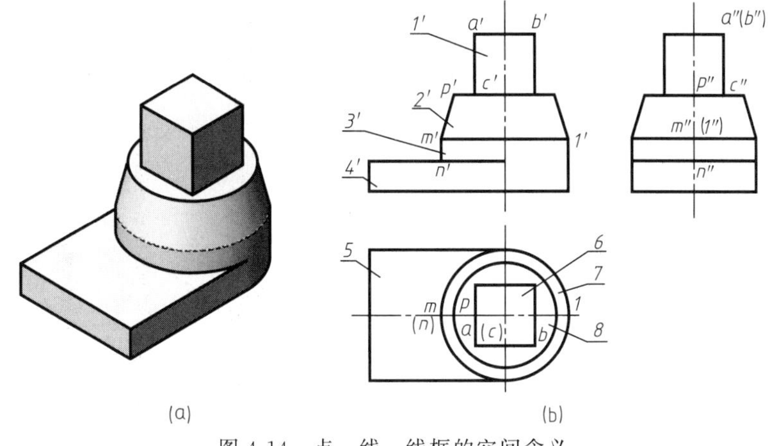

图4-14　点、线、线框的空间含义

（2）要把几个视图联系起来进行分析

在不标注尺寸的情况下，一个视图不能确切表示物体的空间形状，读图时，要根据投影规律，将各视图联系起来看，而不要孤立地看一个视图。如图4-15所示，同一个主视图，可以理解为形状不同的许多形体。

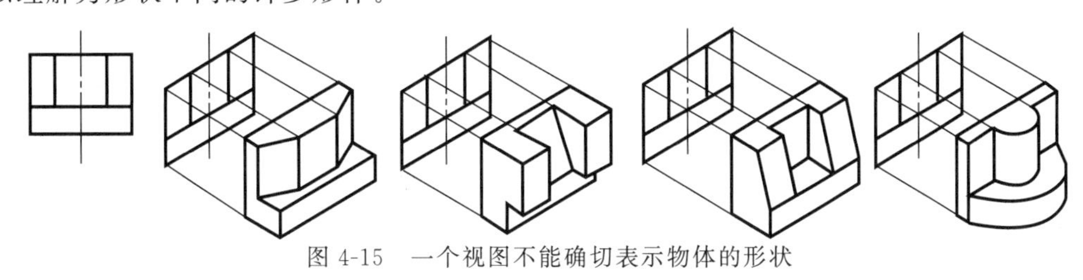

图4-15　一个视图不能确切表示物体的形状

又如图4-16所示的两个三视图中，主、左视图完全相同，但它们却是不同物体的投影。因此，看图时必须把几个视图联系起来进行分析，才能正确地想象出该形体的形状。

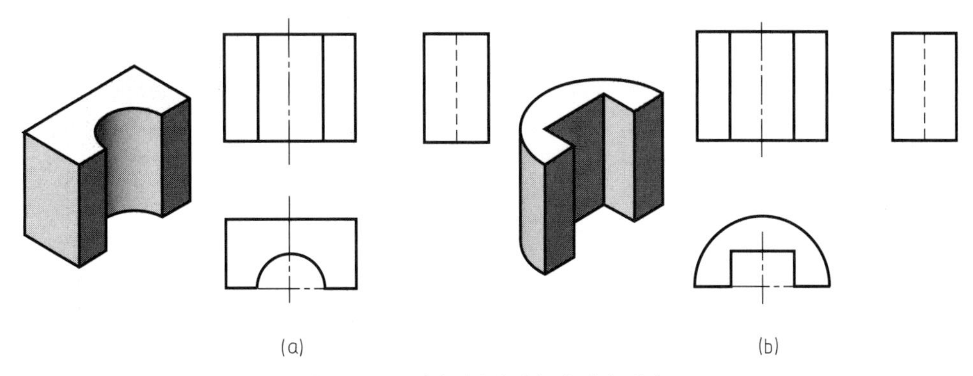

图4-16　几个视图联系起来进行分析

（3）要善于寻找特征视图

特征视图是指反映形体的形状特征、位置特征最充分的视图。读图时，只要抓住特征视图，再配合其他视图，就能较快地将物体的形状想象出来。如图4-16所示，从图中可以看出俯视图是反映形状特征最充分的视图。

图4-16中形体的俯视图反映形状特征，而主、左视图的高度方向均为平行线，这类形体称为柱状（或板状）形体。想象这类形体的形状时，可假想将特征视图拉出一定的厚度，

称为“外拉法”。

组合体每一组成部分的特征，并非总是集中在一个视图上。因此对每一部分，读图时要分别抓住反映其形状特征的投影想象其形状。如图 4-17 所示，物体是由四个形体叠加而成，主视图反映形体Ⅰ、Ⅱ的特征，俯视图反映形体Ⅲ的特征，左视图反映形体Ⅳ的特征。

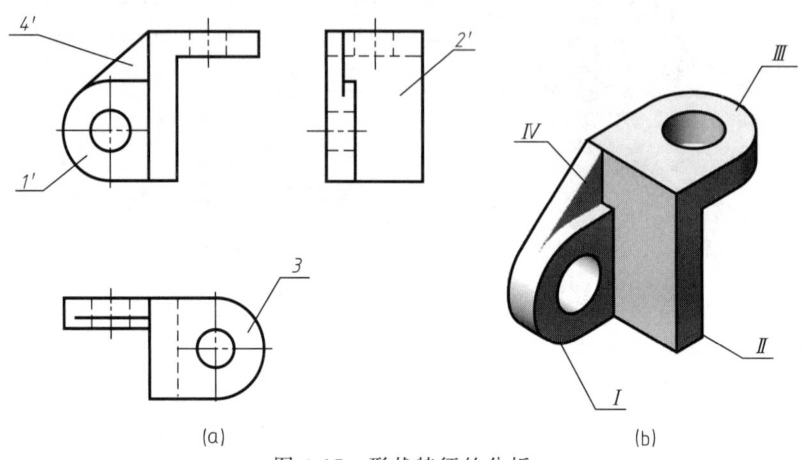

图 4-17 形状特征的分析

形体特征又分为形状特征和位置特征。分析组成组合体的每一部分的形状时，要以反映该部分形状特征最明显的特征视图为主。而分析组合体各部分之间的相对位置和组合关系时，则要从反映各形体间的位置特征最明显的视图来分析。如图 4-18 所示，主视图中线框 1′和 2′反映了形体Ⅰ和Ⅱ的形状特征。这两个在同一个大线框中包围的小线框表示的结构，可能向前叠加而凸起，也可能向后挖切而凹进。显然，左视图反映其位置特征。

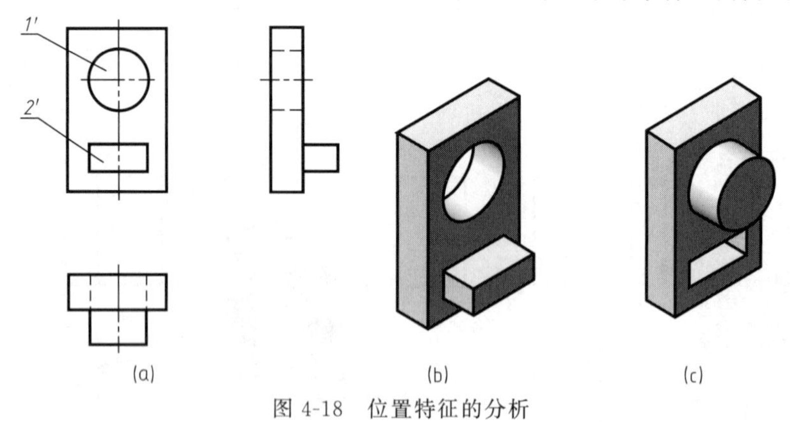

图 4-18 位置特征的分析

(4) 要注意分析可见性

读图时，遇到组合体视图中有虚线时，要注意形体之间表面连接关系，抓住“三等”规律，仔细分析，判别其可见性。

图 4-19 (a) 的主视图中，三角肋板与底板及侧立板的连接是虚线，说明它们的前面平齐，因此，依据俯视图和左视图，可以肯定三角肋板前后各有一块。图 4-19 (b) 的主视图中，三角肋板与底板及侧立板的连接是实线，说明它们的前面不平齐，因此，三角肋板是在底板的中间。

4.4.2 读图的基本方法

读组合体视图的方法有形体分析法和线面分析法，而形体分析法是最常用的和主要的

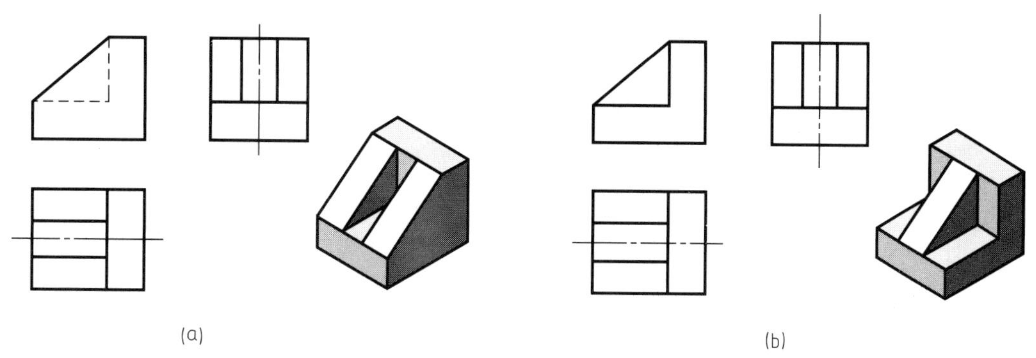

图 4-19　可见性分析

方法。

（1）形体分析法

用形体分析法读图，一般从反映组合体形状特征、位置特征最多的主视图入手，对照其他视图，初步分析出该组合体是由哪些形体以及通过什么连接关系形成的。然后按投影特性逐个找出各形体在其他视图中的投影，以确定各形体的形状和它们之间的相对位置，最后综合起来想象出组合体的整体形状。

下面以图 4-20（a）所示三视图为例，具体说明用形体分析法读图的方法和步骤。

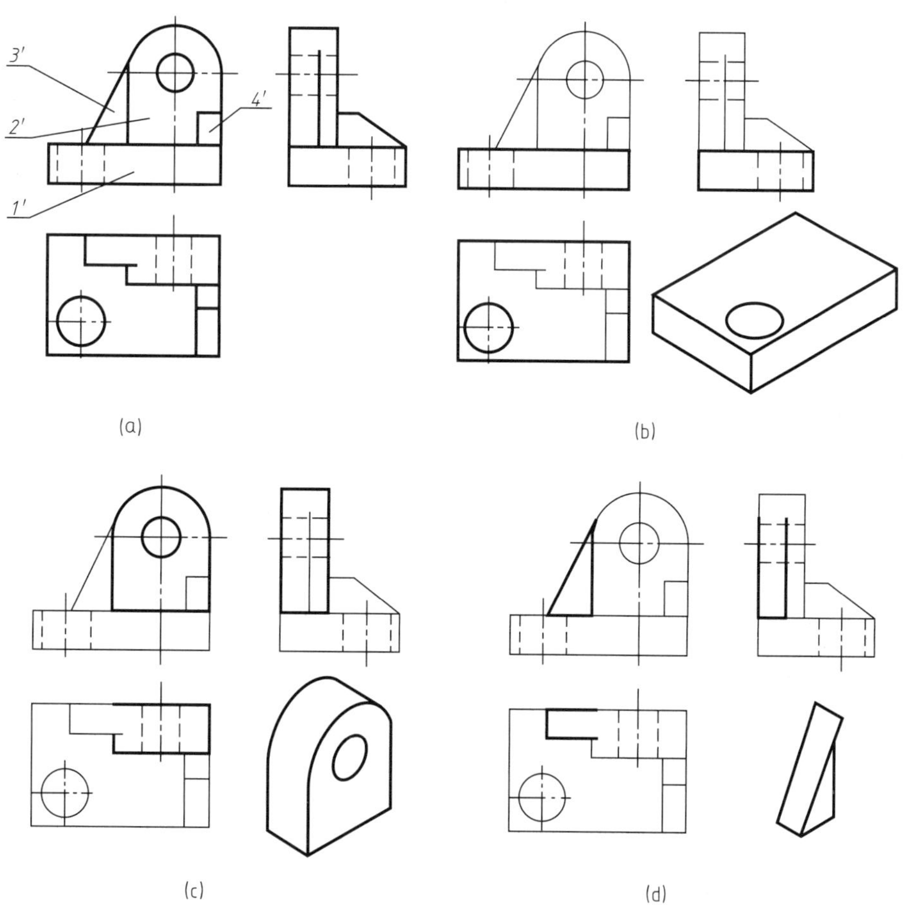

图 4-20

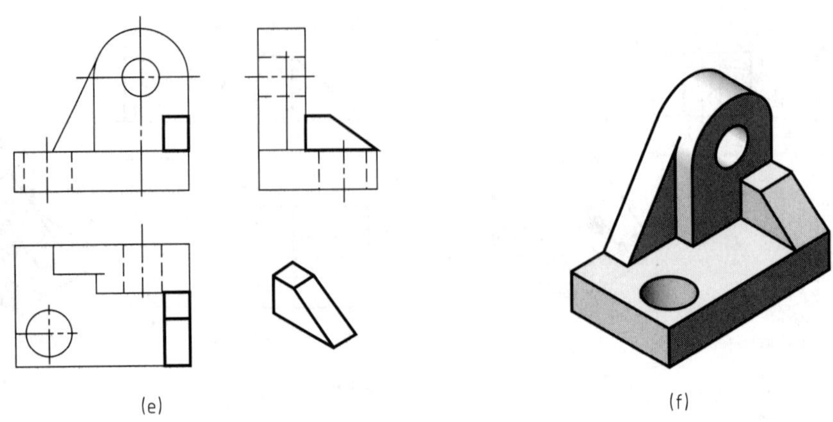

图 4-20 机座的读图方法

① 看视图，分线框：首先粗略浏览组合体的三个视图，大致了解形体的基本特点。然后从反映形体特征，特别是反映各组成部分位置特征较明显的视图（一般是主视图）入手，将组合体分解为几个简单形体。

如图 4-20（a）所示，从主视图上大致将组合体分为Ⅰ、Ⅱ、Ⅲ、Ⅳ四个线框，每一线框各代表一个简单形体。

② 对投影，想形体：对分解开来的每一线框，一般按照先主后次、先大后小、先易后难的次序，逐一地根据“三等”对应关系，分别找出它们在其他两视图上所对应的投影，然后结合各自的特征视图，运用“外拉法”逐一构思它们的形状，如图 4-20（b）～(e) 所示。

③ 分析相对位置和组合关系，综合想象其整体形状：分析出各组成部分的形状后，再根据三视图分析它们之间的相对位置和组合形式，最后综合想象出该物体的整体形状。

本例中，底板Ⅰ在下；形体Ⅱ叠加在它的上面，并且后、右端面平齐；形体Ⅲ叠加在Ⅰ的上面、Ⅱ的左面，后端面同时与Ⅰ、Ⅱ平齐，其上表面与Ⅱ上部圆柱面相切；形体Ⅳ叠加在Ⅰ之上、Ⅱ之前，右端面同时与Ⅰ、Ⅱ平齐。综合四部分的形状和相对位置，从而想象出物体的整体形状，如图 4-20（f）所示。

（2）线面分析法

用线面分析法读图，就是运用投影规律，通过分析形体上的线、面等几何要素的形状和空间位置，最终想象出物体的形状。对于以切割型为主的组合体，读图时主要采用线面分析法。

下面以图 4-21（a）所示三视图为例，说明用线面分析法读图的方法和步骤。

① 粗看视图，确定物体的基本形状：虽然压块的三视图图线较多，但它们的外轮廓基本上都是矩形（只缺掉几个角），所以可以认为它是在长方体的基础上经多个面切割而成的。

② 分析各表面及交线的空间位置：在一般情况下，视图中的一个封闭线框代表形体上一个面的投影，不同线框代表不同的面。根据这一规律，可从压块的三个视图上的每一个线框入手，按“三等”关系找出其对应的另外两个投影，从而分析每一表面的空间位置。必要时还可进一步分析面与面的交线的空间位置。

如图 4-21（b）所示，从俯视图的梯形框 1 看起，在主视图中找它的对应投影。由于在主视图上没有类似的梯形线框，所以它的正面投影只能对应斜线 1′。因此，Ⅰ面是垂直于正面的梯形平面。平面Ⅰ对侧面和水平面都处于倾斜位置，所以其侧面投影 1″和水平投影 1 是类似图形，不反映Ⅰ面的实形。

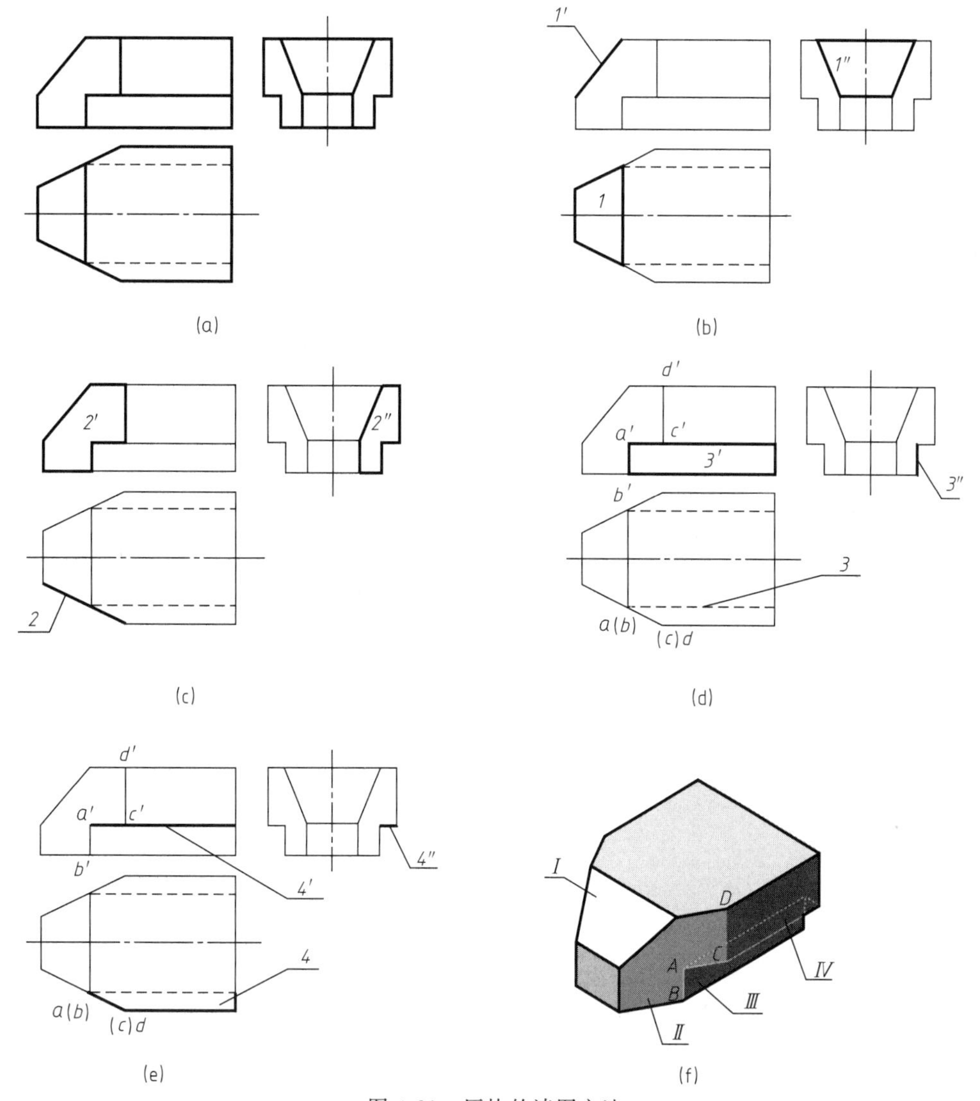

图 4-21　压块的读图方法

如图 4-21（c）所示，从主视图的七边形框 2′看起。在俯视图中没有类似的七边形线框，所以它的水平投影只能对应斜线 2。因此，Ⅱ面是垂直于水平面的平面。长方体的左端就是由这样两个平面切割而成的。平面Ⅱ对正面和侧面都处于倾斜位置，因而侧面投影 2″也是一个类似的七边形。

如图 4-21（d）所示，从主视图的长方形框 3′看起，结合左视图，它在俯视图中的对应投影不可能是虚线和实线围成的梯形，如果这样，c 点在主视图上就没有对应投影；也不可能是两条虚线之间的矩形，因为左视图上没有和它们“长对正、高平齐”的斜线或类似形。所以长方形 3′对应的水平投影只能是虚线 3。由此可知Ⅲ面平行于正面，它的侧面投影积聚为直线 3″。线段 $a'b'$ 是Ⅱ面和Ⅲ面的交线的正面投影。

如图 4-21（e）所示，从俯视图由虚线和实线围成的直角梯形框 4 看起，在主视图和左视图中找出与它对应的投影，均积聚为水平直线，可知Ⅳ面是水平面。

③ 综合想象出整体形状：在搞清了压块各表面的空间位置和形状后，也就搞清了压块是如何在长方体的基础上切割来的。在长方体的基础上用正垂面切去左上角；再用两个铅垂

面切去左端的前、后两角；又在下方用正平面和水平面切去前、后两块。从而可综合想象出压块的整体形状，如图 4-21（f）所示。

在一般情况下，用形体分析法读图就能解决问题。但有些组合体视图中某些局部的复杂投影较难看懂，这时就需要运用线面分析法分析。因此，对较复杂的组合体，读图时常以形体分析法为主，线面分析法为辅。

4.4.3　补漏线、补第三视图

补漏线和补第三视图将读图与画图结合起来，是培养和检验读图能力的一种有效方法，一般可分两步进行：第一步应根据已知视图运用形体分析法或线面分析法大致分析出组合体的形状；第二步根据想象的形状结合“三等”关系进行作图，同时进一步完善对组合体形状的想象。

【例 4-1】 读图 4-22（a）所示组合体的三视图，补画视图中所缺的图线。

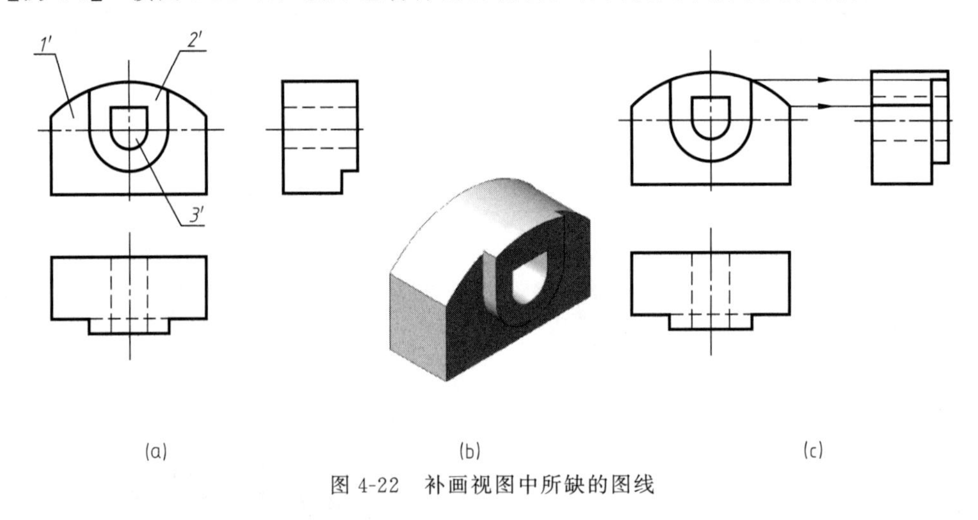

图 4-22　补画视图中所缺的图线

该形体是叠加与切割相接结合的组合体。通过分析可知，主视图上Ⅰ、Ⅱ、Ⅲ三个线框表示三个形体，都是在主视图上反映形状特征的柱状形体。Ⅰ在后，Ⅱ在前，两部分叠加而成，它们的上表面平齐，为同一圆柱面，左、右及下表面不平齐。Ⅲ则是在Ⅰ、Ⅱ两部分的中间从前向后挖切的一个上方下圆的通孔，如图 4-22（b）所示。对照各组成部分在三视图中的投影，发现在左视图中Ⅰ、Ⅱ两部分的结合处有缺漏图线，这两部分顶部的圆柱面与两个不同位置的侧平面产生的交线也未画出。将漏线补上后如图 4-22（c）所示。

【例 4-2】 如图 4-23（a）所示，已知组合体的主视图和俯视图，补画其左视图。

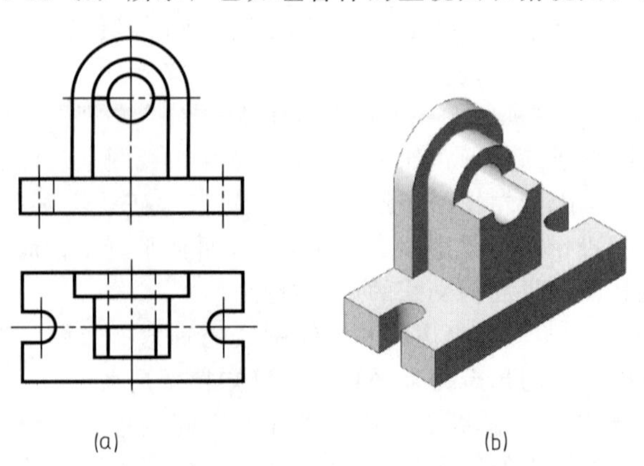

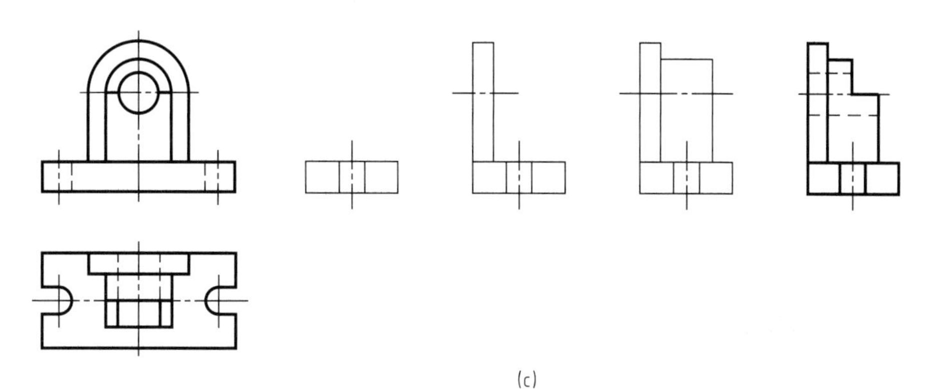

(c)

图 4-23　由已知两视图补画第三视图

运用形体分析法分析主、俯视图，可知该组合体大致由底板和两块立板叠加而成，底板和两立板又各有切割，如图 4-23（b）所示。

补画左视图时也应按照形体分析法，逐一画出每一部分，最后检查描深，如图 4-23（c）所示。

第5章 轴 测 图

5.1 轴测图的基本知识

正投影法绘制的三视图，能准确、完整地表达了物体的真实形状，且作图简单，度量性好，但缺乏立体感。而轴测图由于立体感比较强，因此，在工程上常用来表达机器外观、内部结构或工作原理。

5.1.1 轴测图的形成

将物体连同其直角坐标系，沿不平行于任一坐标面的方向，用平行投影法将其投射在单一投影面上所得到的图形，称为轴测图。投射方向与投影面垂直所得到的轴测图称为正轴测图，如图 5-1（a）所示；投射方向与投影面倾斜所得到的轴测图称为斜轴测图，如图 5-1（b）所示。单一投影面 P 称为轴测投影面。

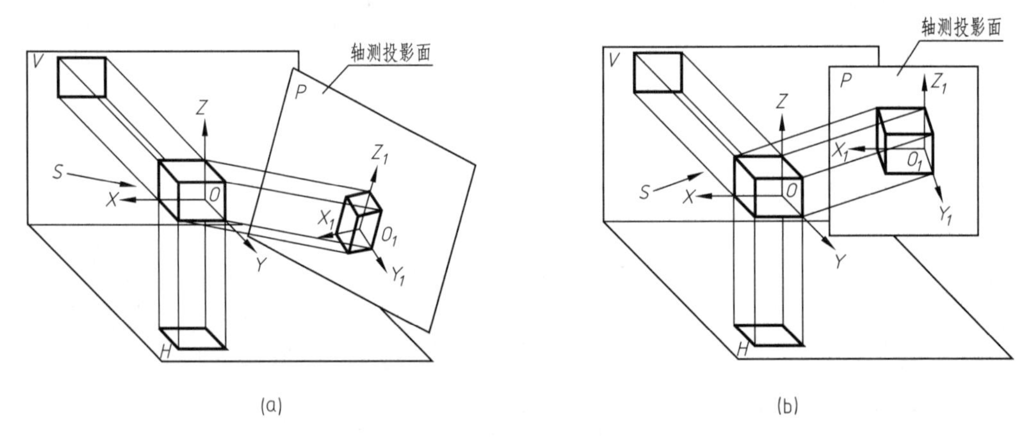

图 5-1 轴测图的形成

5.1.2 术语

① 轴测轴：空间直角坐标系中的三根直角坐标轴 OX、OY、OZ 在轴测投影面上的投影 O_1X_1、O_1Y_1、O_1Z_1，称为轴测轴。

② 轴间角：两轴测轴之间的夹角，$\angle X_1O_1Y_1$、$\angle X_1O_1Z_1$ 和$\angle Y_1O_1Z_1$。

③ 轴向伸缩系数：轴测轴上的单位长度与相应直角坐标轴上的单位长度的比值称为轴向伸缩系数。其中，用 p 表示 O_1X_1 轴上的轴向伸缩系数，用 q 表示 O_1Y_1 轴上的轴向伸缩系数，用 r 表示 O_1Z_1 轴上的轴向伸缩系数。它可以控制轴测投影的大小变化。

5.1.3 轴测图的投影特性

由于轴测图是用平行投影法形成的，所以具有平行投影的特性：

① 物体上与坐标轴平行的线段，它的轴测投影必与相应的轴测轴平行；物体上相互平行的线段，它们的轴测投影也相互平行。

② 平行两线段长度之比，或同一直线上两线段之比在轴测图上保持不变。

5.1.4 轴测投影的分类

如前所述，按投射方法不同，轴测图可分为正轴测图和斜轴测图两类。而按其轴向伸缩系数的不同，轴测图又可分为以下三种：

① 正（或斜）等轴测图，$p=q=r$；

② 正（或斜）二轴测图，$p=q\neq r$ 或 $p=r\neq q$ 或 $p\neq q=r$；

③ 正（或斜）三轴测投影，$p\neq q\neq r$。

在工程上常采用正等轴测图、正二轴测图（$p=r=2q$）、斜二轴测图（$p=r=2q$）三种轴测图。本章仅介绍正等轴测图和斜二轴测图的画法。

5.2 正等轴测图

将物体连同它的三根坐标轴放置成与轴测投影面具有相同的夹角，然后用正投影法向轴测投影面投射，得到的轴测图称为正等轴测图，简称正等测。

5.2.1 轴间角和轴向伸缩系数

（1）轴间角

在正等测图中，空间直角坐标系的三根投影轴与轴测投影面的倾角相等（35°16′），投射以后所成的三个轴间角相等，即$\angle X_1O_1Y_1=\angle X_1O_1Z_1=\angle Y_1O_1Z_1=120°$。

（2）轴向伸缩系数

正等测图中 $p=q=r$，经数学推证，$p=q=r\approx 0.82$。用 0.82 倍的轴向伸缩系数所画出物体的轴测图，称为理论正等轴测图。

画正等测轴测轴时，通常将 O_1Z_1 轴画成竖直位置，使 O_1X_1、O_1Y_1 轴画成与水平线成 30°，如图 5-2（a）、（b）所示。

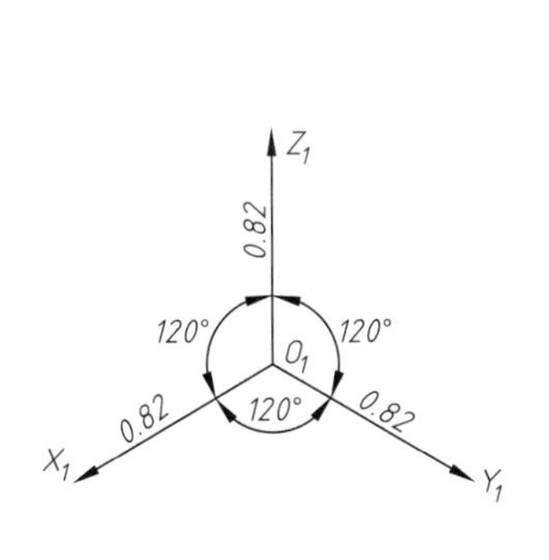

(a) 正等测轴间角、轴向伸缩系数

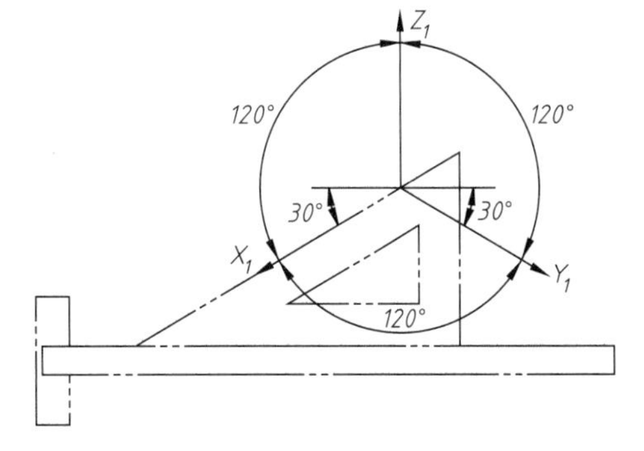

(b) 正等测轴间角、轴测轴画法

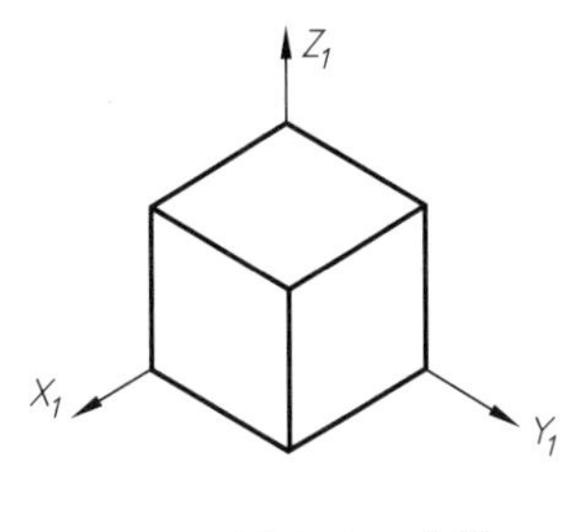

(c) $p=q=r=0.82$

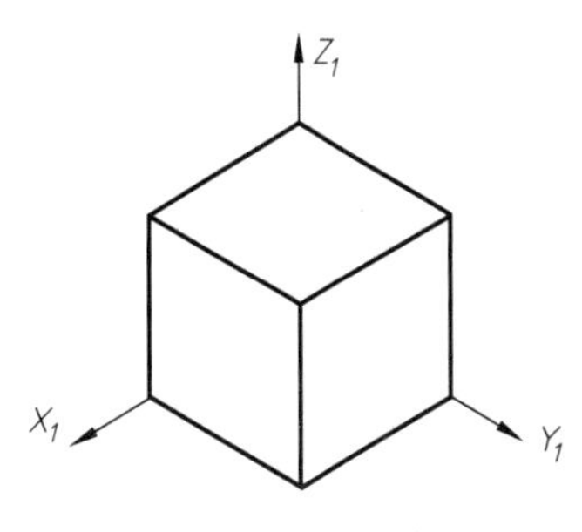

(d) $p=q=r=1$

图 5-2　正等测图的投影特性

为作图方便，常取简化的轴向伸缩系数，即 $p=q=r=1$。作图时，凡平行于坐标轴的线段，可按线段的实际长度量取。采用简化的轴向伸缩系数画成的正等轴测图称为实用正等轴测图。这样画出的正等测图比实际投影的尺寸放大了 1/0.82≈1.22 倍，但形状没有改变，如图 5-2（c)、(d) 所示。

5.2.2 正等测图画法

正等轴测图的画法有坐标法、切割法和组合法，其中坐标法是基本方法。这些方法也同样适用于其他种类的轴测图。

(1) 平面立体的正等轴测图

① 坐标法：作图时，先将坐标轴建立在物体合适的位置并画出对应的轴测轴，然后找出立体表面各个顶点的坐标，再按立体表面上各点的坐标画出轴测投影，最后分别连线完成轴测图。

② 切割法：对不完整的形体，可先按完整的形体画出轴测图，然后用逐步切割的方法画出其不完整的结构。

③ 叠加法：对一些较复杂的物体，可用形体分析法将物体分成几个基本体，然后把这些基本体的轴测图按照相对位置关系组合起来，即得到整个物体的轴测图。

【例 5-1】 求作正六棱柱的正等测图，如图 5-3 所示。

分析：由于正六棱柱的前后、左右对称，可将坐标原点建立在上表面正六边形的中心，这样便于根据各点坐标画出正六边形的轴测投影。

作图：

① 在视图中定坐标原点 O 及坐标轴 OX、OY、OZ，如图 5-3（a）所示。

② 作出轴测轴 O_1X_1、O_1Y_1、O_1Z_1，利用坐标法及平行性，作出上底面正六边形各顶点的轴测投影，连接各顶点得六边形的轴测图 $\text{I}_1A_1B_1\text{II}_1C_1D_1$，如图 5-3（b）所示。

③ 由 $\text{I}_1A_1B_1\text{II}_1C_1D_1$ 各点分别沿 O_1Z_1 轴方向量取高度，得下表面六边形各点的轴测图，如图 5-3（c）所示。

④ 用粗实线依次连接各可见点，擦去多余图线，完成全图，如图 5-3（d）所示。

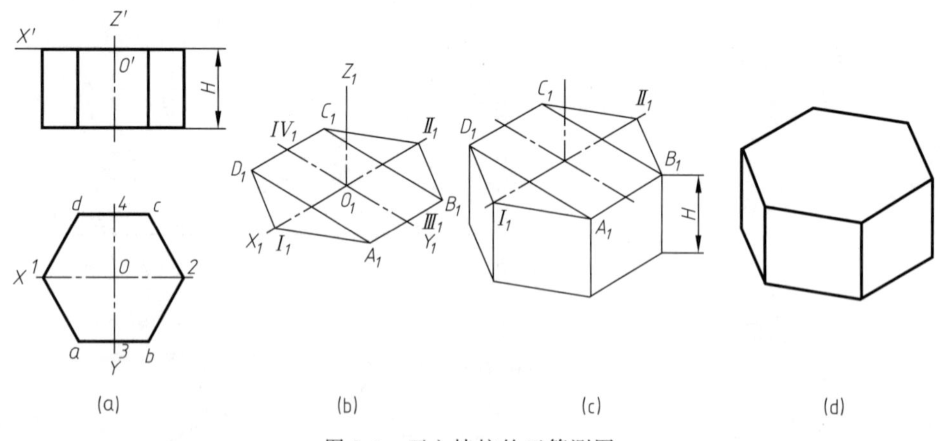

图 5-3 正六棱柱的正等测图

【例 5-2】 求作垫块的正等轴测图，如图 5-4 所示。

分析：该形体可看成是由一个长方体经正垂面在左上角切割后，再由两个对称的铅垂面切去左前角和左后角而成。

作图过程如图 5-4（b)～(e) 所示，不另赘述。

【例 5-3】 根据三视图，画出物体的正等轴测图，如图 5-5 所示。

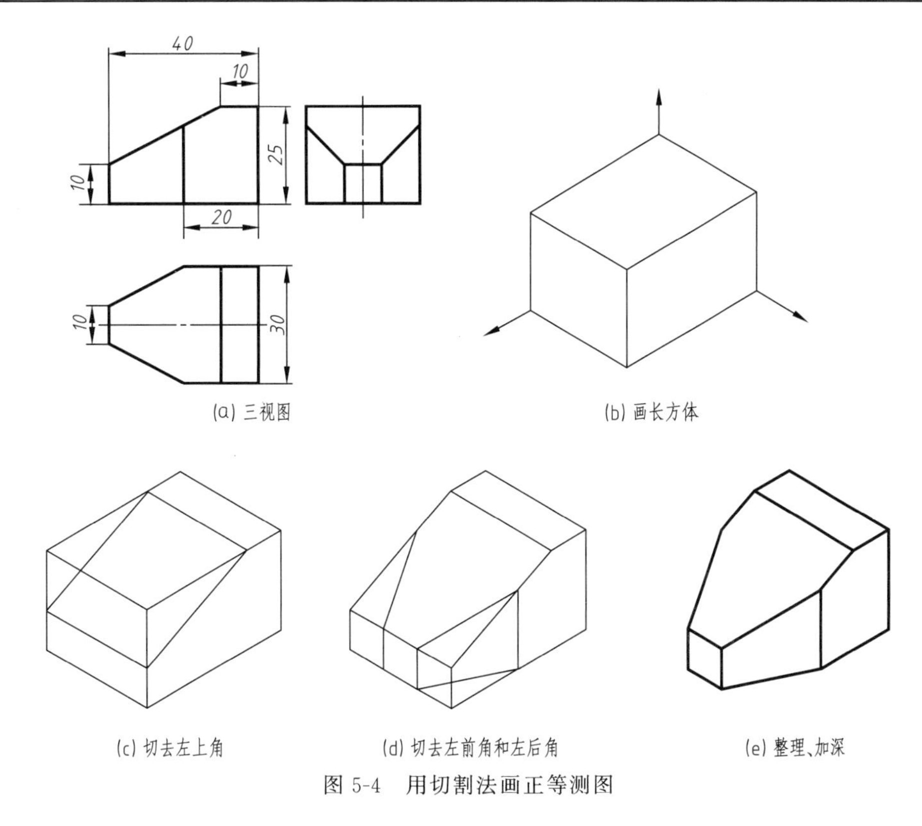

(a) 三视图　(b) 画长方体

(c) 切去左上角　(d) 切去左前角和左后角　(e) 整理、加深

图 5-4　用切割法画正等测图

分析：用形体分析法可将该物体看成由底板、竖板、三角肋板三部分叠加而成。根据物体的特点，可采用叠加法作图。

作图步骤如图 5-5 所示。

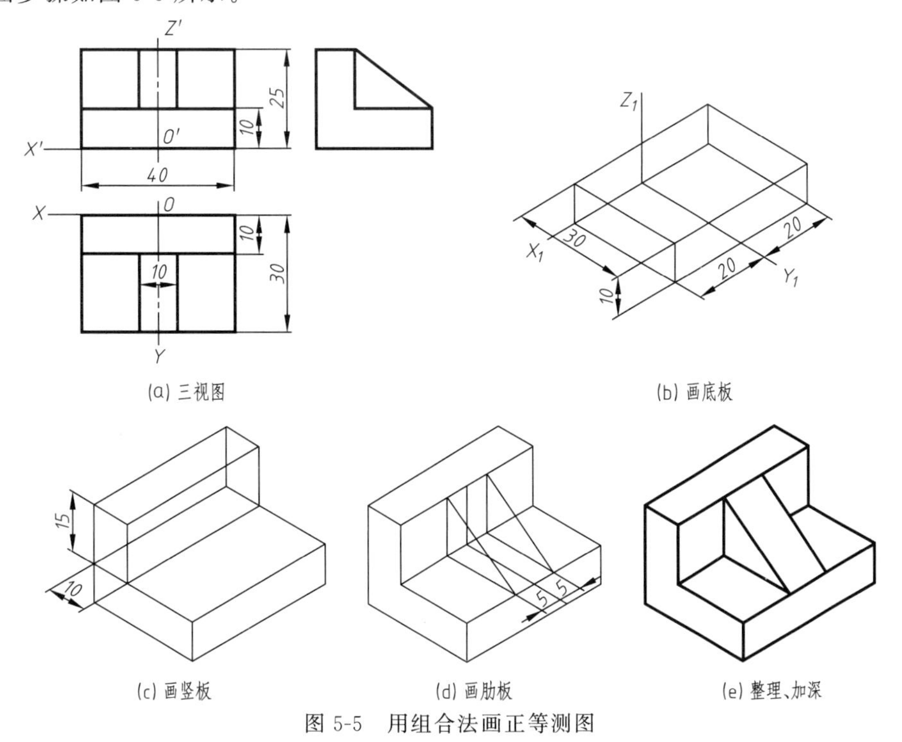

(a) 三视图　(b) 画底板

(c) 画竖板　(d) 画肋板　(e) 整理、加深

图 5-5　用组合法画正等测图

（2）回转体的正等轴测图

① 圆的正等轴测图画法：位于或平行于坐标面的圆的正等轴测图都是椭圆。该椭圆的长轴是圆内与轴测投影面平行的某条直径的投影；短轴则是圆内与轴测投影面倾斜角度最大的某条直径的投影。根据直角投影定理，与坐标平面垂直的轴测轴必然与长轴垂直，并与短轴平行。图 5-6 所示为位于或平行于坐标面上圆的正等轴测图。

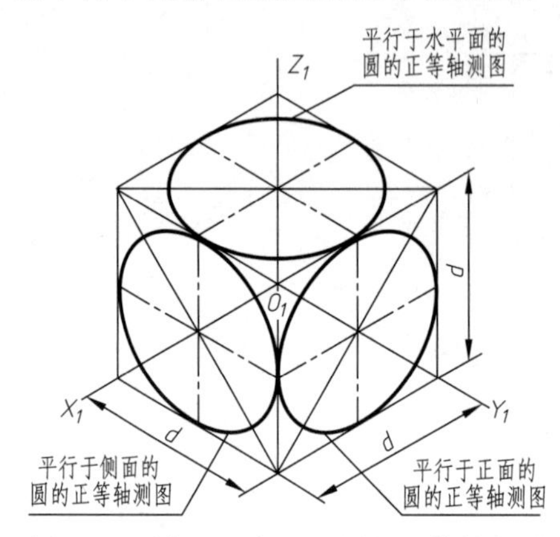

图 5-6　平行于坐标面上圆的正等轴测图

② 圆的正等轴测图（椭圆）的近似画法：图 5-7 以水平圆为例，介绍圆的正等轴测图的近似画法，其作图步骤如下：

a. 过圆心 O 作坐标轴 OX、OY，画出圆的外切正方形，切点为 a、b、c、d，如图 5-7（a）所示 。

b. 作轴测轴 O_1X_1、O_1Y_1，并作出点 A_1、B_1、C_1、D_1，过这四点作轴测轴的平行线，得到菱形 1234，如图 5-7（b）所示。

c. 连 1、A_1 和 3、D_1 得交点 5，连 1、B_1 和 3、C_1 得交点 6，如图 5-7（c）所示 。

d. 分别以 1、3 为圆心，以 $1A_1$ 为半径画圆弧，再以 5、6 为圆心，以 $5A_1$ 为半径画圆弧，得到近似椭圆，如图 5-7（d）所示。

以上四段圆弧组成的近似椭圆，即为所求水平圆的近似正等轴测图。其中椭圆的长轴比实际长轴长 1.22 倍，短轴比实际短轴长 0.7 倍。与 XOZ 面平行和与 YOZ 面平行圆的正等轴测图的作图方法与之相同，只是椭圆长短轴方向不同而已。

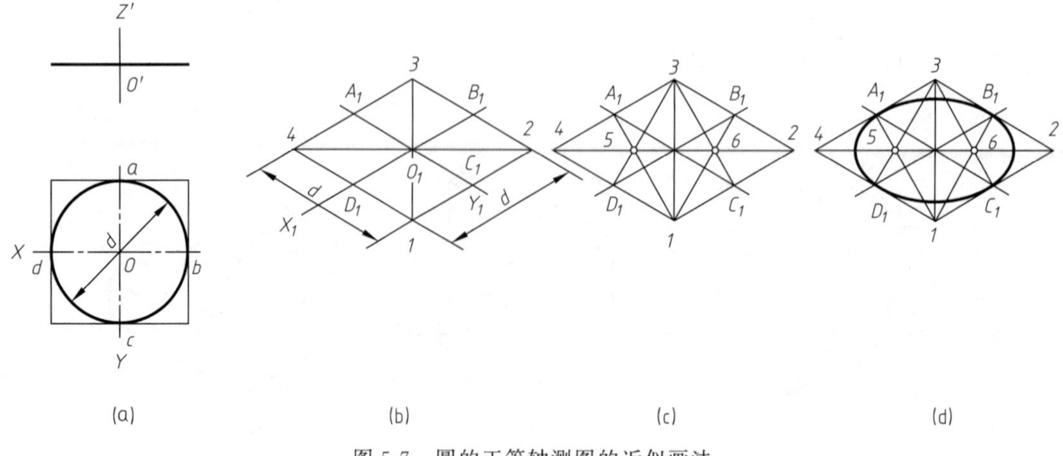

图 5-7　圆的正等轴测图的近似画法

③ 曲面立体的正等轴测图。

【例 5-4】 求作圆柱的正等轴测图，如图 5-8 所示。

分析：图中圆柱体的轴线垂直于 H 面，上底面和下底面都是水平面。圆的正等轴测图是两个大小相等的椭圆。两椭圆的中心距即柱高，作出两椭圆的公切线即为圆柱的正等轴测图。

作图步骤如图 5-8 所示。

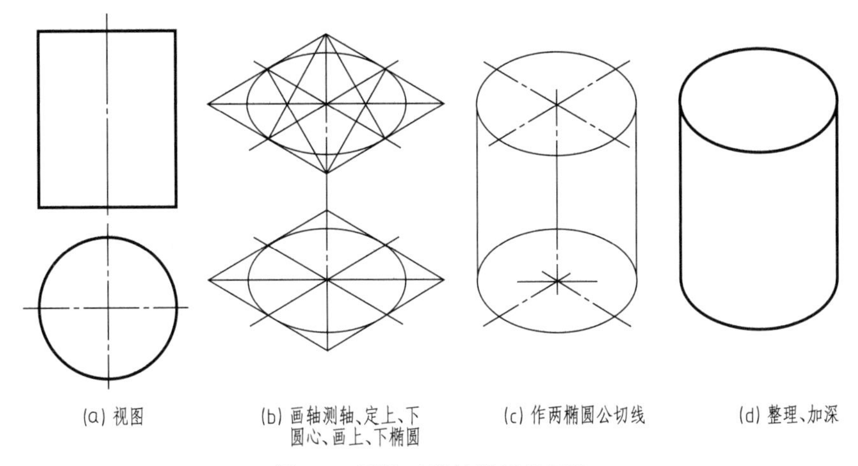

图 5-8　圆柱正等轴测图的画法

【例 5-5】 求作平板圆角的正等轴测图，如图 5-9 所示。

分析：该圆角可看成是平行于坐标面的圆的四分之一，其正等轴测图恰好是图 5-7 中所作椭圆的四段圆弧中的一段，通常采用简化画法。

作图：

① 作出不带圆角的平板的正等轴测图。

② 根据圆角的半径 R，在平板的上表面相应棱线上作出切点 A_1、B_1、C_1、D_1，过切点分别作相应边的垂线，得交点 O_1、O_2。

③ 以 O_1 为圆心，O_1A_1 为半径画圆弧 A_1B_1；以 O_2 为圆心，O_2C_1 为半径画圆弧 C_1D_1，即为平板上表面两圆角的轴测图。

④ 将圆心 O_1、O_2 下移平板的高度，得平板下表面圆角的圆心，再以画上表面两圆弧相同的半径画圆弧，得平板下表面两圆角的轴测图。

⑤ 在平板右端作上、下表面两圆弧的公切线，即得到圆角的正等轴测图。

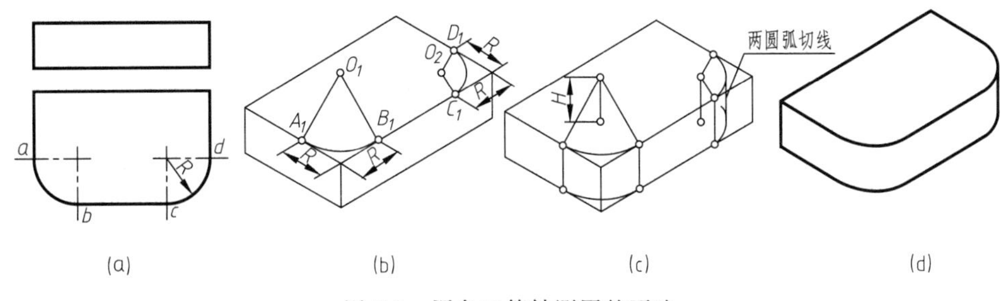

图 5-9　圆角正等轴测图的画法

(3) 组合体正等轴测图的画法

读组合体视图时，借助于轴测图，可对读图起到帮助和检验作用。

对于切割型的组合体，先画出切割前的基本形体的轴测图，然后用前面所讲的切割法，按其形成方式逐一地挖、切掉多余的部分，最终就得到组合体的轴测图。

对于叠加型组合体，则按形体分析法先将组合体分解成若干部分，然后按其相对位置逐一地画出每一部分的轴测投影，最终得到组合体的轴测图。画每一部分时要特别注意两个问题，一是定位，即与已画部分的相对位置；二是对已画出部分的影响，原有很多轮廓线将被遮挡或被“吃”掉。

【例 5-6】 已知支座的三视图，如图 5-10（a）所示，画出它的正等轴测图。

分析：从视图中可知，该支座左右对称，属叠加型组合体。作图时可先画出支座的底板，再加画立板和肋板即完成轴测图。

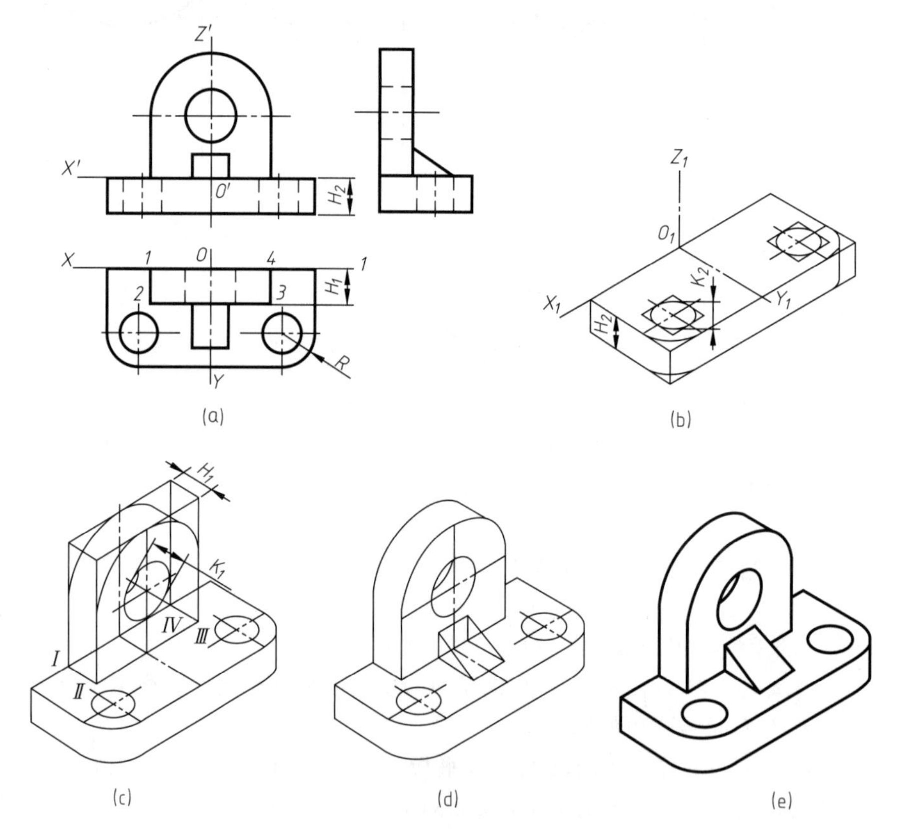

图 5-10 支座正等轴测图的画法

作图：

① 定坐标轴，画出底板。按两圆孔的位置，画出两圆孔及圆角，如图 5-10（b）所示。

② 画出立板上部两条椭圆弧和圆孔的轴测图。在底板上作出立板与底板的交点 1、2、3、4，分别过 1、2、3 向椭圆弧作切线，如图 5-10（c）所示。

③ 画出肋板的轴测图，如图 5-10（d）所示。

④ 擦去多余的图线，加深图线，即为支座的正等轴测图，如图 5-10（e）所示。

对于立板圆孔后及底板上圆孔下表面的底圆是否可见，将取决于孔径与孔深之间的关系。如立板上的孔深（即板厚）小于椭圆短轴，即 $H_1<K_1$，则立板后面的圆部分可见；而底板上的圆孔，由于板厚大于椭圆短轴，即 $H_2>K_2$，所以底圆为不可见。

5.3　斜二轴测图

将物体放置成使它的一个坐标面平行于轴测投影面，然后用斜投影法向轴测投影面投射，得到的轴测图称为斜二轴测图，简称斜二测。

5.3.1　斜二轴测图的轴间角、轴向伸缩系数

斜二轴测图的轴间角$\angle X_1O_1Z_1=90°$，$\angle X_1O_1Y_1=\angle Y_1O_1Z_1=135°$，轴向伸缩系数$p=r=1$，$q=0.5$，如图 5-11 所示。斜二轴测图的特点如图 5-12 所示。

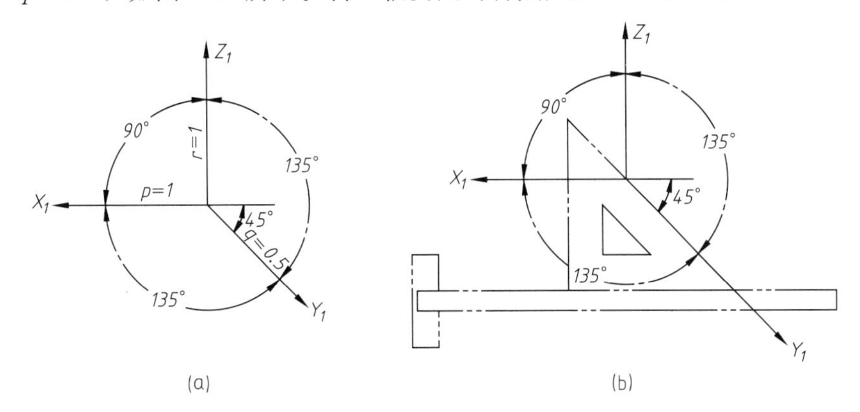

图 5-11　斜二轴测图轴间角、轴向伸缩系数及轴测轴画法

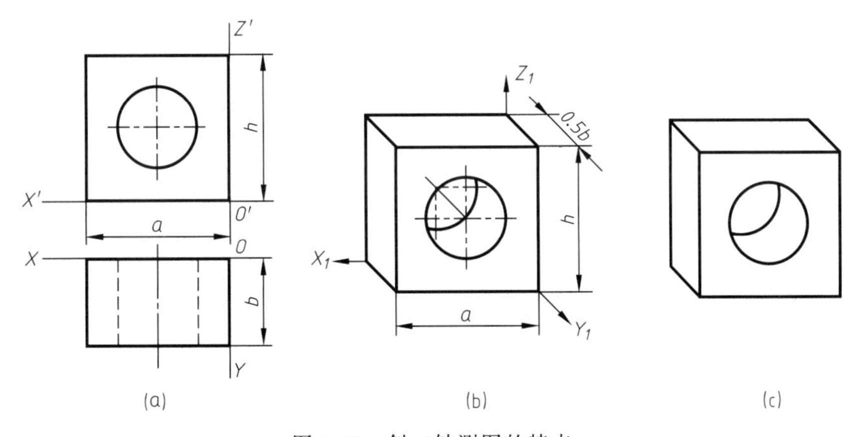

图 5-12　斜二轴测图的特点

5.3.2　斜二轴测图的画法

在斜二测图中，由于 X、Z 轴的轴向伸缩系数为 1，因此，物体上凡平行于 XOZ 坐标面的线段和图形均反映实长和实形，所以当物体上有较多的圆或圆弧平行于 XOZ 坐标面时，采用斜二测作图比较简单方便。

【例 5-7】 求作端盖的斜二轴测图，如图 5-13 所示。

分析：端盖的前、后、中间端面有很多圆，图形复杂，而在其他方向上图形比较简单，因此采用斜二测作图简单方便。

作图：

① 确定坐标原点 O 在中间端面圆心位置，圆的中心线即为 OX、OZ 轴，如图 5-13（a）

所示。

② 作出轴测轴，并画出中间端面几个圆的实形，如图 5-13（b）所示。

③ 将圆心 O_1 沿 O_1Y_1 轴的方向后移 $y_1/2$ 得 O_2，画出后端面几个圆的实形，作出两圆弧的公切线，如图 5-13（c）所示。

④ 将圆心 O_1 沿 O_1Y_1 轴的方向前移 $y_2/2$ 得 O_3，以 O_3 为圆心画出前端面两个圆的实形，作出两圆弧的公切线，如图 5-13（d）所示。

⑤ 检查全图，擦去多余线条，描深图线，即为端盖的斜二轴测图，如图 5-13（e）所示。

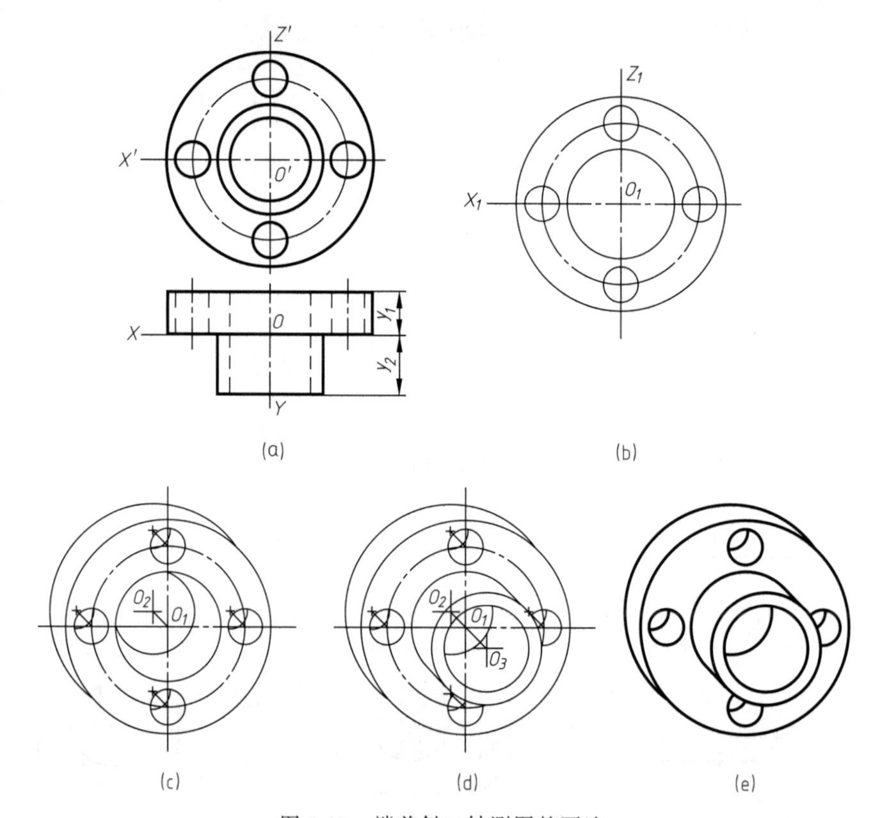

图 5-13　端盖斜二轴测图的画法

5.4　轴测剖视图

在轴测图中，为了表达物体不可见内部的结构形状，也常用剖切的画法，这种剖切后的轴测图称为轴测剖视图。

5.4.1　轴测图的剖切方法

在轴测图中剖切，为了不影响物体的完整形状，一般用两个相互垂直的轴测坐标面（或其平行）剖切，剖切后的图形尽量能完整地反映其零件的内、外形状，如图 5-14 所示。

图 5-14　轴测图的剖切方法

轴测图中剖面线的方向如图 5-15 所示。

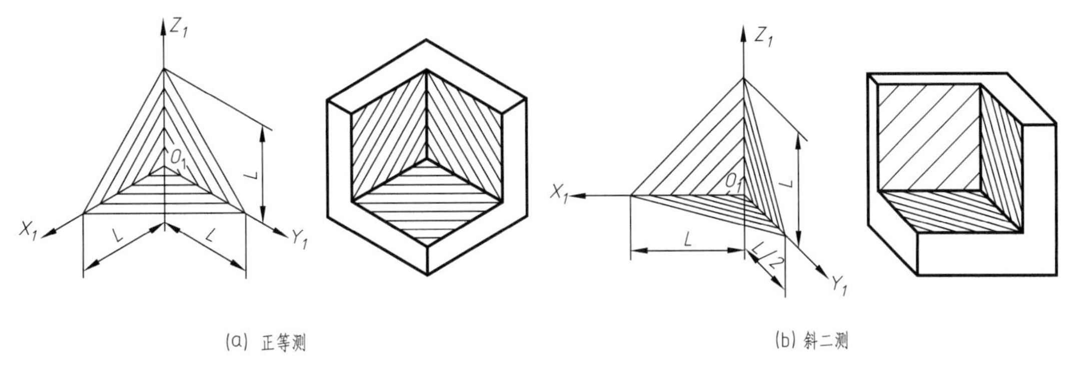

(a) 正等测　　(b) 斜二测

图 5-15　轴测图中剖面线方向的画法

5.4.2 轴测剖视图的画法

在轴测图上作剖视时，一般有两种方法：

① 先把物体完整的轴测图画出，然后沿轴测轴方向用剖切平面切开，再将剖切后可见的内部形状画出，擦去被剖切部分，画出剖面线，加深，如图 5-16 所示。这种方法初学时较容易掌握。

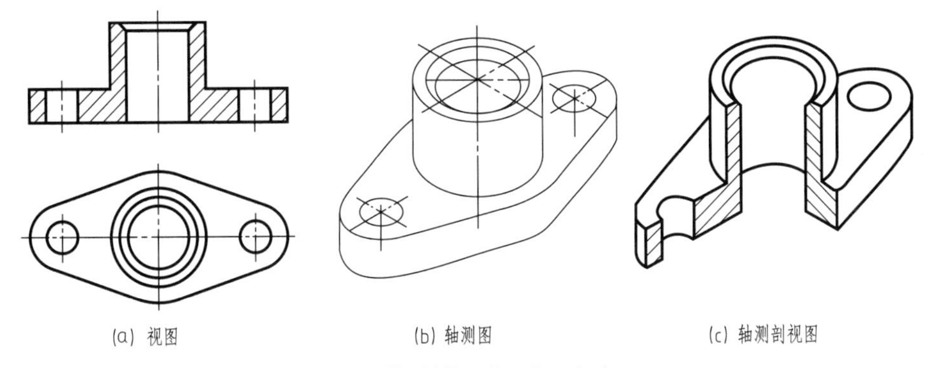

(a) 视图　　(b) 轴测图　　(c) 轴测剖视图

图 5-16　轴测剖视图画法（方法一）

② 先画出剖面的轴测图，然后画出看得见的轮廓线，这样可减少不必要的作图线，使作图更为迅速。这种方法对内、外结构较复杂的物体更为合适，如图 5-17 所示。

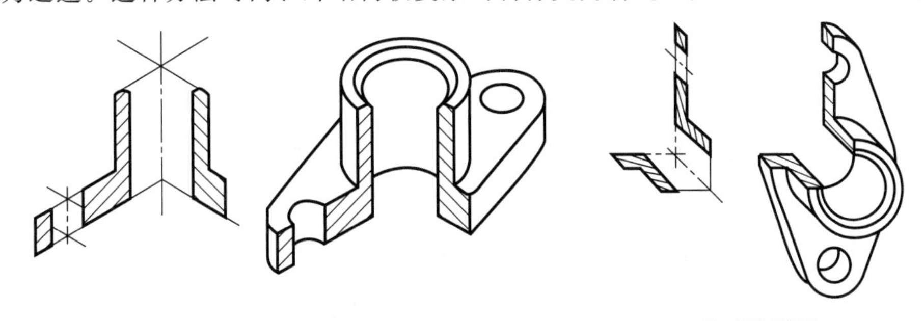

(a) 正等轴测剖视图　　(b) 斜二轴测剖视图

图 5-17　轴测剖视图画法（方法二）

第6章　机件的表达方法

在生产实际中，对于有些结构复杂的机件，仅用前面学过的三视图很难表达清楚。为使机件的内外结构形状表达正确、完整，图形清楚、简洁，而且制图简便，国家标准《技术制图》、《机械制图》中规定了绘制机械图样的基本方法。本章将重点介绍视图、剖视图、断面图及局部放大图等各种表达方法。

6.1　视图

用正投影法绘制出物体的图形，称为视图。视图主要用来表达机件的外部结构形状，一般用粗实线画出机件的可见部分，其不可见部分必要时用虚线表示。国家标准《技术制图》（GB/T 17451—1998）和国家标准《机械制图》（GB/T 4458.1—2002）规定的视图分为基本视图、向视图、局部视图和斜视图。

6.1.1　基本视图

机件向基本投影面投射所得到视图称为基本视图。

国家标准规定，采用正六面体的六个面作为基本投影面，如图6-1所示。六个基本视图的名称及投射方向规定如下：

主视图——由前向后投射；

俯视图——由上向下投射；

左视图——由左向右投射；

右视图——由右向左投射；

仰视图——由下向上投射；

后视图——由后向前投射。

各基本投影面展开方法如图6-1（a）所示。

六个基本视图若画在一张图样内，按图6-1（b）所示位置配置时，可不标注视图名称。

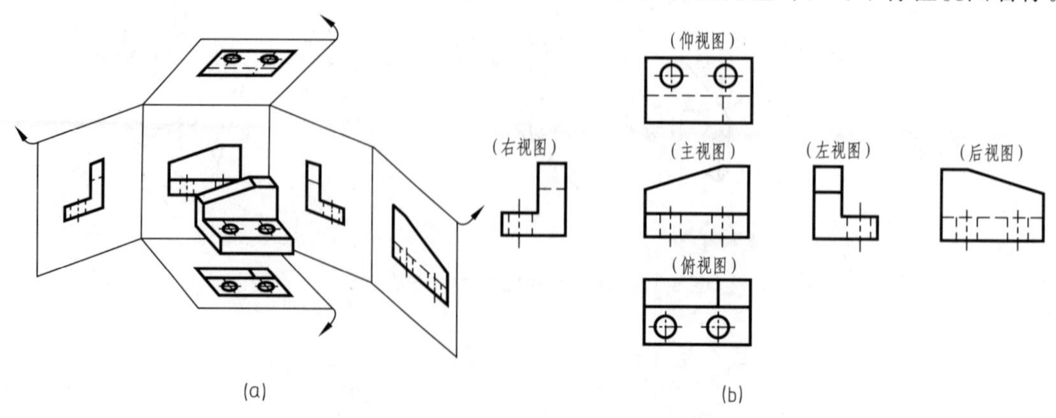

图6-1　六个基本视图的形成与配置

六个基本视图之间仍保持“长对正、高平齐、宽相等”的投影规律。除后视图外，其他视图远离主视图的一侧，均表示机件的前面；靠近主视图的一侧，均表示机件的后面。

国家标准中规定了六个基本视图，并不是说任何机件都需用六个基本视图来表达，而是要根据机件形状和结构特点，在看图方便，又能完整、清晰地表达机件的前提下，力求使视图的数量减少。画图时，应优先选用主视图、俯视图和左视图。

6.1.2　向视图

在实际设计绘图中，基本视图按规定位置配置时，有时会给布置图面带来不便，因此，国家标准规定了一种可以自由配置的视图，称为向视图。

为了便于识读向视图，必须进行标注，即在向视图的上方用大写的拉丁字母标出视图的名称，在相应的视图附近用箭头表示投射方向，并在箭头的附近注上相同的字母，所有字母均水平书写，如图 6-2 所示。

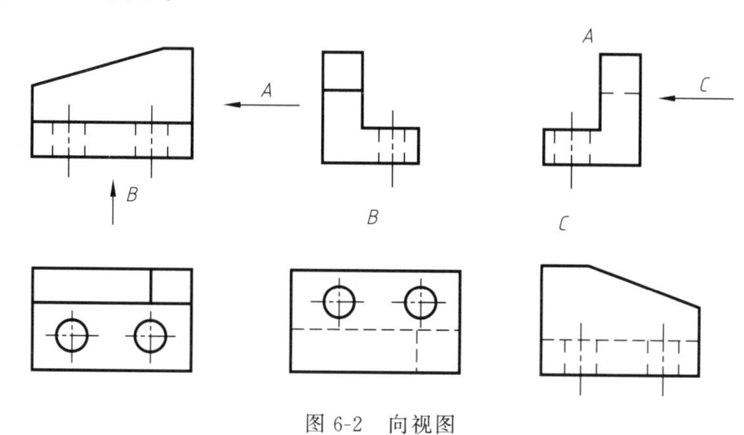

图 6-2　向视图

6.1.3　局部视图

将物体的某一部分向基本投影面投射所得的视图，称为局部视图。

图 6-3 所示的机件，左边的凸台和右边的 U 形口，均采用局部视图来表示，这样不但省略了复杂的左视图和右视图，简化了作图，而且表达清楚、重点突出、简单明了。

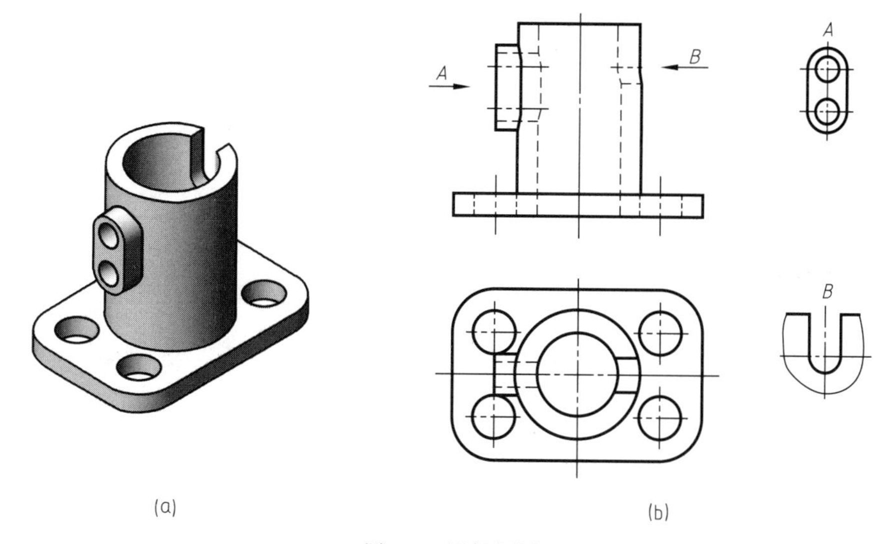

图 6-3　局部视图

画局部视图时应注意：

① 局部视图的断裂边界应以波浪线或双折线表示，如图 6-3（b）中的 B 向局部视图。当所表示的局部结构是完整的，且外形轮廓线成封闭时，波浪线可以省略不画，如图 6-3（b）中的 A 向局部视图。

② 局部视图按基本视图的配置形式配置，中间没有其他图形隔开时，可省略标注，如图 6-3 中的位于左视图处的 A 向局部视图；局部视图按向视图的配置形式配置时，必须标注，如图 6-3 中的 B 向局部视图。

6.1.4　斜视图

将机件向不平行于任何基本投影面的平面投射所得的视图，称为斜视图。

当机件上有倾斜结构时，由于这部分结构在基本视图上不能反映实形，给画图和读图带来困难。这时，可以选择一个新的辅助投影面，使其与机件上的倾斜结构平行（且垂直某一个基本投影面）。然后，将机件上的倾斜结构向新的投影面投射，即可得到反映该部分实形的斜视图，如图 6-4 所示。

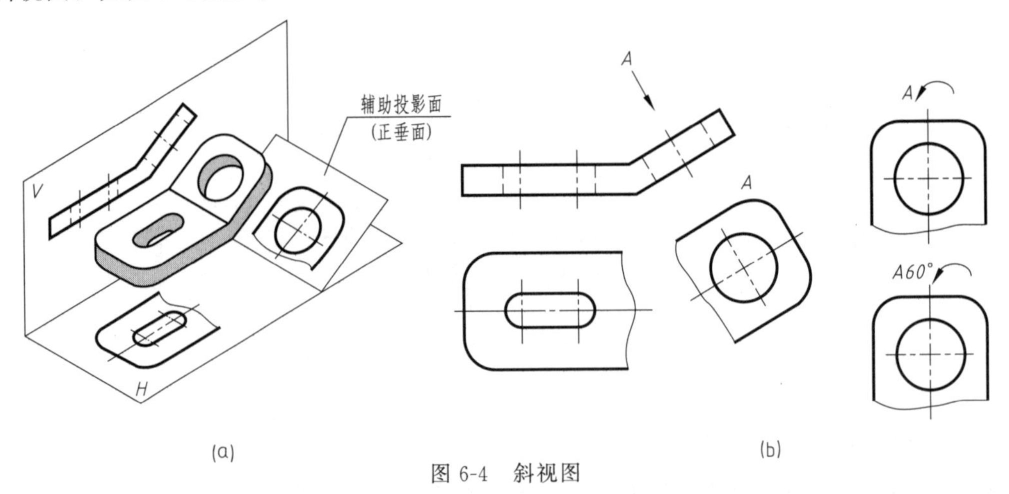

图 6-4　斜视图

采用斜视图时应注意：

① 斜视图只用于表达机件上倾斜部分的实形，其余部分不必画出，其断裂边界应用波浪线表示，如图 6-4 中的 A 视图。

② 斜视图通常按向视图的配置形式配置并标注，必要时，也允许将斜视图旋转配置，此时应在斜视图上方标注的视图名称前加注旋转符号。旋转符号为半径等于字体高度的半圆形，表示视图名称的字母应标注在旋转符号的箭头端。当需要标注图形的旋转角度时，应将旋转角度标注在字母之后，如图 6-4（b）所示。

6.2　剖视图

当机件的内部结构比较复杂时，在视图中就会出现较多的虚线，这就会使图形表达不清楚，既不便于画图、读图，又不利于尺寸标注。为了解决这一问题，国家标准规定了剖视图的表达方法。

6.2.1　剖视图的基本概念和画法

（1）剖视图的形成

假想用剖切面剖开机件，将处在观察者和剖切面之间的部分移去，而将其余部分向投影面投射所得的图形，称为剖视图，简称剖视，如图 6-5 所示。

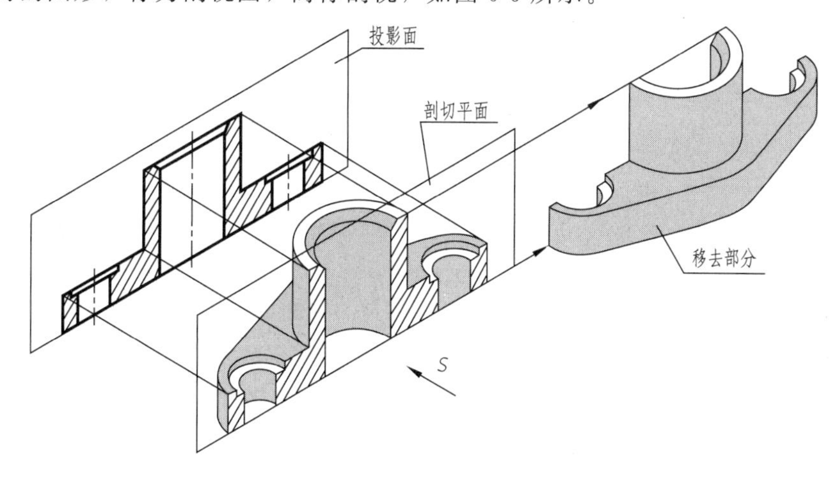

图 6-5　剖视图的形成

将图 6-6 中视图与剖视图相比较，由于图 6-6（b）中主视图采用剖视图后，视图中不可见的结构变成了可见，原有的虚线变成了实线，加上剖面线的作用，使图形更加清晰。

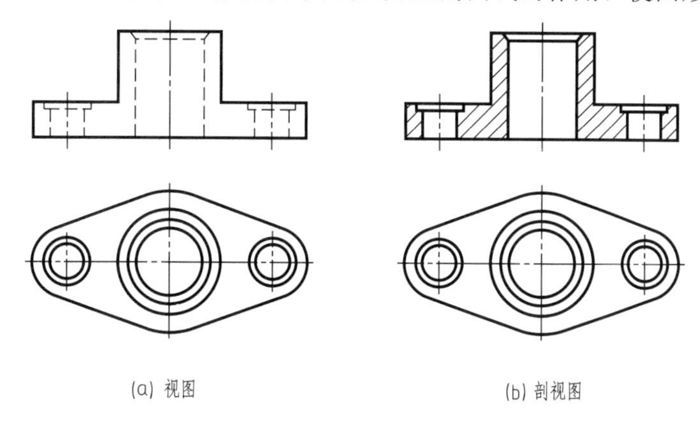

图 6-6　视图与剖视图的区别

（2）剖视图的画法

① 确定剖切平面的位置：为了使被剖切部分反映真实形状，剖切平面应尽量通过机件的对称面或对称中心线。

② 在作图时应考虑剖切后的情况：哪些部分剖切到了？哪些部分移去了？哪些部分留下了？剖切平面切到的截面形状是什么样的？

若是由视图改画成剖视图，则先将剖到的内部轮廓线和剖切面后面可见的轮廓线画成粗实线，再擦去多余的外形线；若是由机件直接画剖视图，则先画出在剖切面上的内孔形状和外形轮廓，再画出剖切面后面的可见线。

③ 在绘制剖视图时，通常在机件的剖面区域画上剖面符号以区别剖面区域和非剖面区域。表 6-1 列出了国家标准规定的常用材料的剖面符号。

国家标准规定表示金属的剖面区域，采用通用剖面线，即以适当角度的细实线绘制，最好与主要轮廓线或剖面区域的对称线成 45°，如图 6-7 所示。

应注意：同一物体的各个剖面区域，其剖面线的画法应一致——间隔相等、方向相同。

表 6-1 剖面符号（GB/T 4457.5—1984）

材料	剖面符号	材料	剖面符号
金属材料(已有规定剖面符号者除外)		型砂、填砂、粉末冶金、陶瓷刀片、硬质合金刀片等	
线圈绕组元件		玻璃及供观察用的其他透明材料	
非金属材料(已有规定剖面符号者除外)		胶合板(不分层数)	
转子、变压器等的叠钢片		格网(筛网、过滤网等)	
木材 纵剖面		液体	
木材 横剖面			

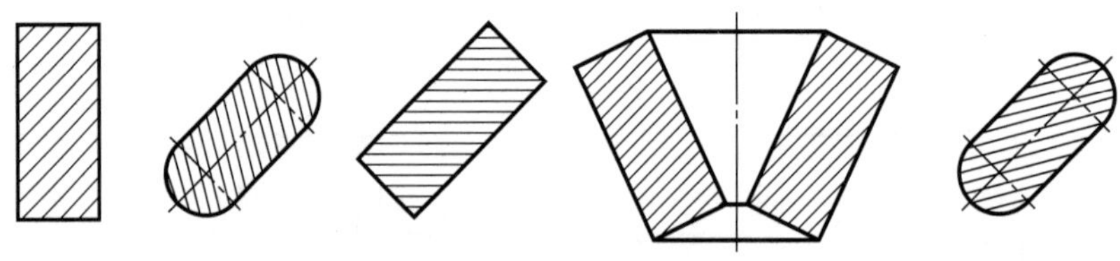

图 6-7 剖面线的方向

当图形的主要轮廓与水平成 45°时，该图形的剖面线也可与水平成 30°或 60°，其倾斜方向仍与其他图形的剖面线一致，如图 6-8 所示。

(3) 剖视图的标注

为便于读图，在画剖视图时，应将剖切位置、投射方向和剖视图的名称标注在相应的视图上。如图 6-8 所示，标注内容如下：

① 剖切符号：在剖切面的起始、转折、终止处画出粗短线表示剖切位置。粗短线实际上是剖切平面的迹线，剖切符号不应与轮廓线相交或重合。

② 箭头：在剖切符号的两端画出箭头表示投射方向，画在剖切面起、止的粗短线外侧。

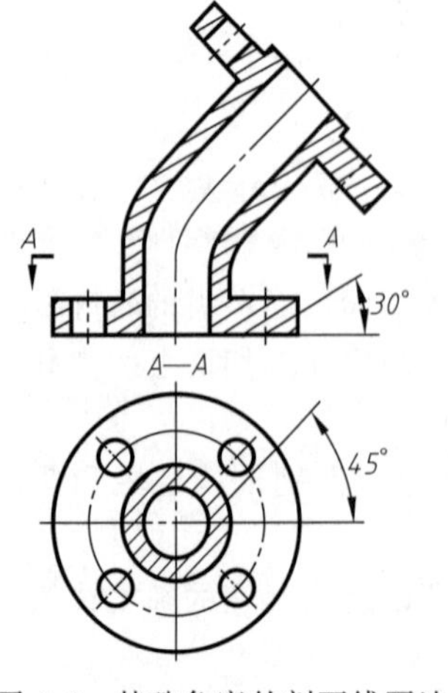

图 6-8 特殊角度的剖面线画法

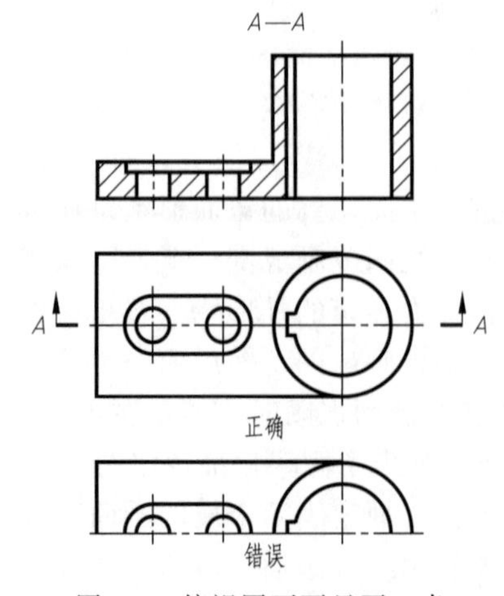

图 6-9 俯视图不可只画一半

③ 字母：在剖视图的上方注写大写的拉丁字母“×—×”表示剖视图的名称，并在箭头的外侧和表示转折的粗短线附近水平注写相同的字母“×”。如果在同一张图样上同时有几个剖视图，则其名称应按字母顺序排列。

在下列情况下，剖视图的标注内容可以简化或省略：当单一剖切面通过机件的对称平面或基本对称平面，且剖视图按投影关系配置，中间没有其他图形隔开时，可省略标注，如图 6-6（b）所示；

当剖视图按投影关系配置，中间没有其他图形隔开时，可省略箭头。

（4）画剖视图的注意事项

① 因为剖视图剖切是假想的，并不是真正地把机件切开并移去一部分，因此一个视图画成剖视图，其他视图不受影响，仍应完整画出，如图 6-9 所示。

② 凡是剖切面后面的可见部分均应全部画出，不能出现漏线和多线，如图 6-10 所示。

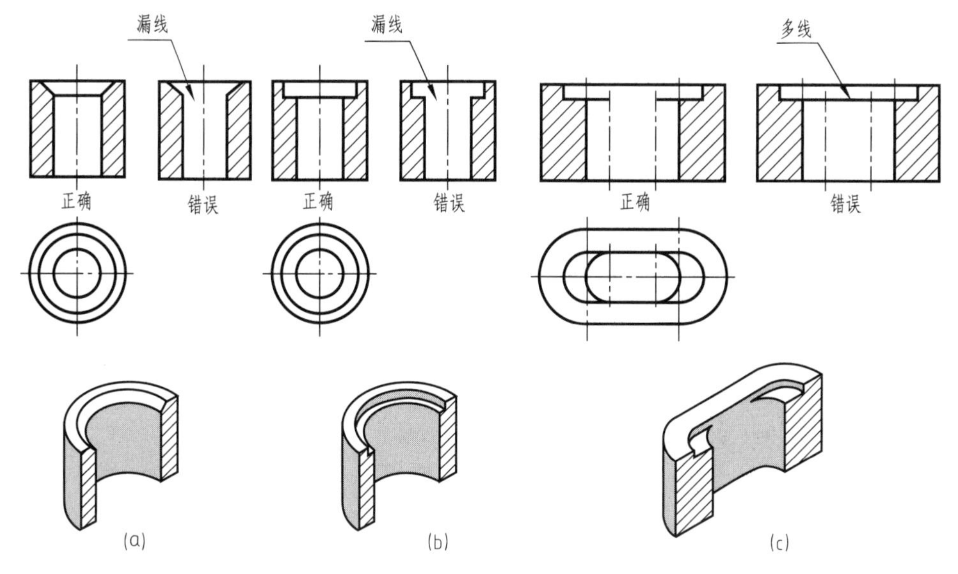

图 6-10　剖切面后面的可见部分不应漏线和多线

③ 剖视图中看不见的结构，若在其他视图中已表达清楚，则虚线应省略不画，如图 6-9 所示。但对于尚没有表达清楚的结构形状，若画出少量的虚线能减少视图的数量，可画出必要的虚线，如图 6-11 所示。

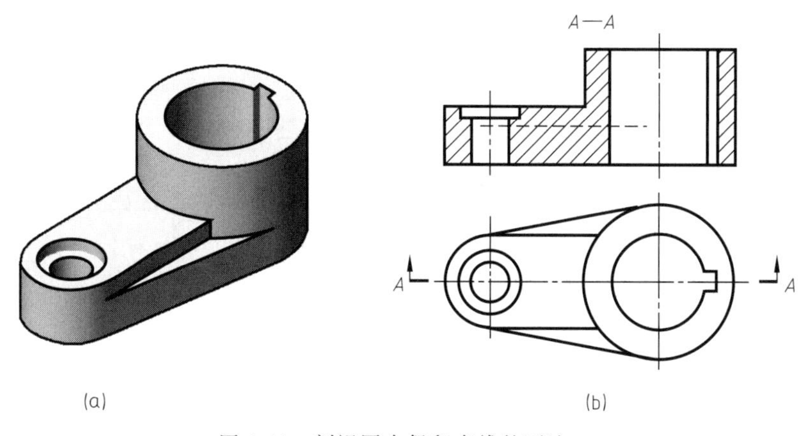

图 6-11　剖视图中保留虚线的画法

6.2.2 剖视图的种类

剖视图可分为全剖视图、半剖视图和局部剖视图三种。

(1) 全剖视图

用剖切面完全地剖开机件所得的剖视图，称为全剖视图，如图 6-8、图 6-9、图 6-11 所示。

全剖视图适用于表达外形比较简单，而内部结构比较复杂的机件。

(2) 半剖视图

当机件具有对称平面时，向垂直于对称平面的投影面上投射所得的图形，可以对称中心线为界，一半画成剖视图，另一半画成视图，这种组合的图形称为半剖视图，如图 6-12 所示。

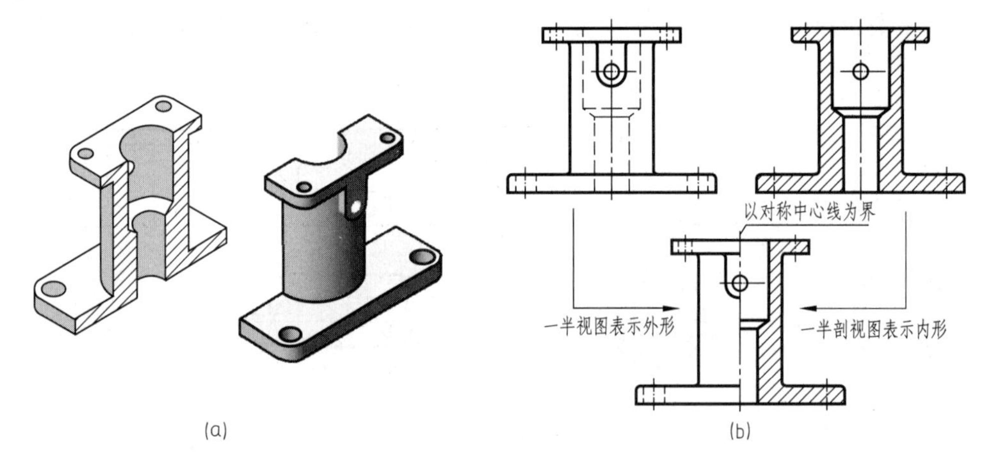

图 6-12 半剖视图的形成

半剖视图主要用于表达内、外结构都比较复杂的对称机件，如图 6-13 所示。当机件的形状接近对称，且不对称部分已有图形表达清楚时，也可画成半剖视图，如图 6-14 所示。

画半剖视图时应注意：

① 半个视图与半个剖视图应以细点画线为界。

② 机件的内部对称结构已在剖视图中表达清楚，则在视图中不再画出虚线。

③ 半剖视图的标注与全剖视图的标注相同，如图 6-13 所示。

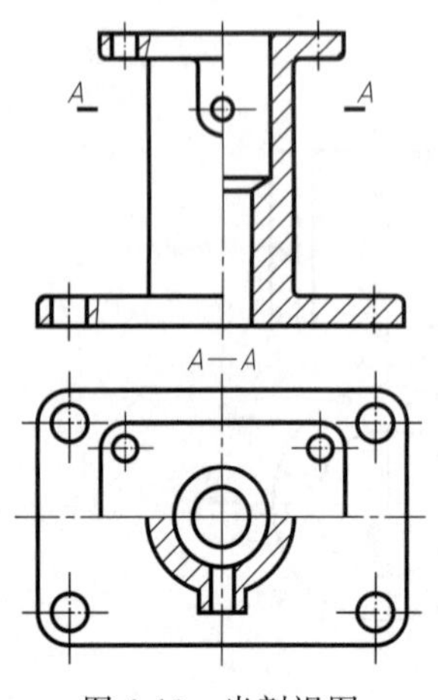

图 6-13 半剖视图

(3) 局部剖视图

用剖切面局部地剖开机件所得的剖视图，称为局部剖视图，如图 6-15 所示。

局部剖视图不受机件是否对称条件的限制，剖切位置和剖切范围可根据需要而定，是一种比较灵活的表达方法，常用于下列情况：

① 内、外结构都需表达的不对称机件，如图 6-15 所示。

② 当轴、手柄、连杆等实心件上有较小的孔、槽等结构，不宜采用全剖视图表达时，应采用局部剖视图，如图 6-16 所示。

③ 机件虽然对称，但对称中心线上有轮廓线，不宜采用半剖视图表达时，应采用局部剖视图，如图 6-17 所示。

画局部剖视图时应注意：

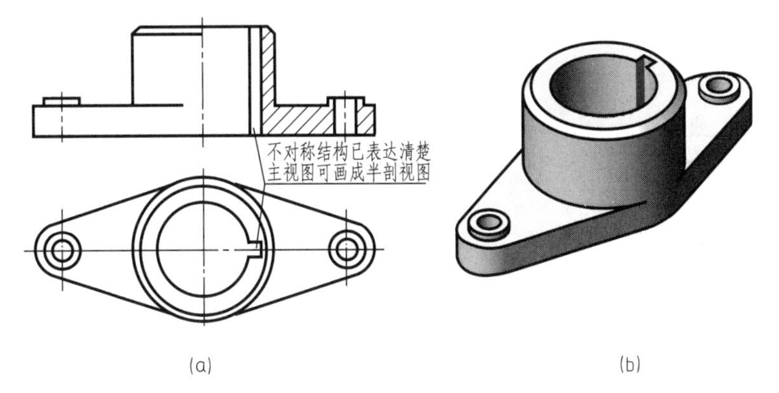

图 6-14　基本对称机件的半剖视图

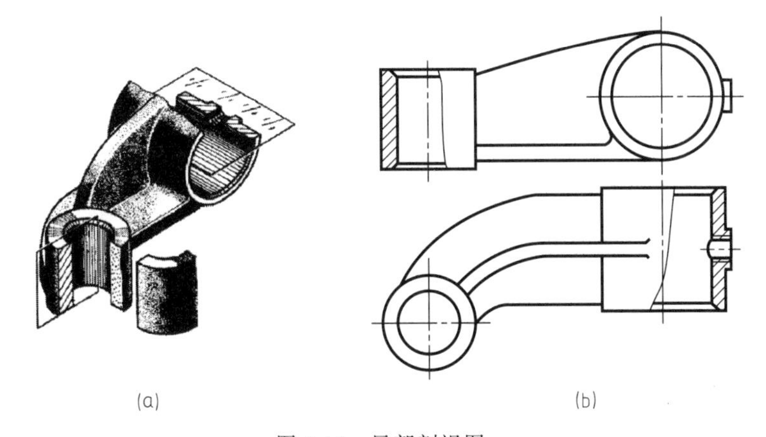

图 6-15　局部剖视图

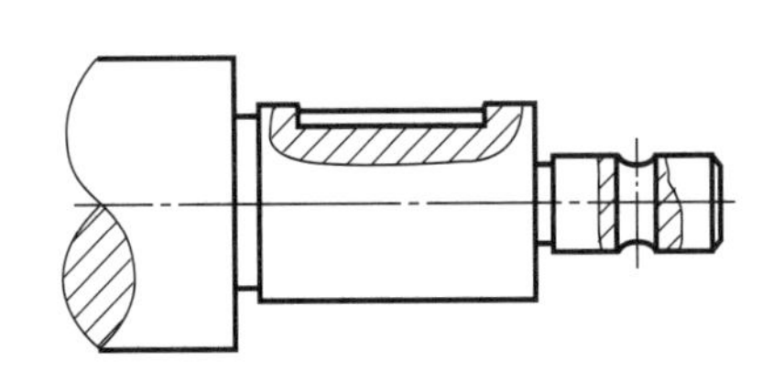

图 6-16　实心件上孔、槽的局部剖视图画法

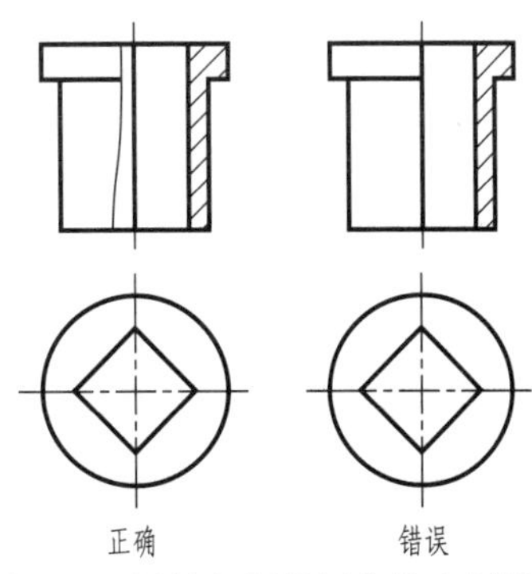

图 6-17　用局部剖视图代替半剖视图

① 局部剖视图与视图的分界线用波浪线表示，波浪线应画在机件的实体部分，不应与其他轮廓线重合，不应超出视图的轮廓线，不能画在其他图线的延长线上，也不能穿空而过，如图 6-18 所示。

② 当被剖的局部结构为回转体时，允许将该结构的中心线作为局部剖视图与视图的分界线，如图 6-19 所示。

③ 当单一剖切平面的剖切位置明显时，局部剖视图可省略标注。

局部剖视图比较灵活，剖切范围的大小可根据机件的结构确定，恰当地运用局部剖视图可使图形清晰、减少视图数量，但同一视图中局部剖视图的数量不宜过多，以免造成支离破

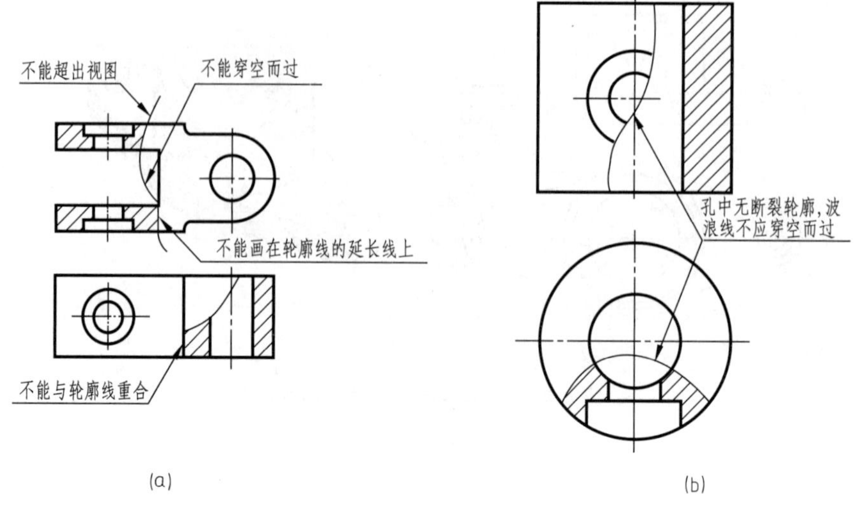

图 6-18 波浪线的错误画法

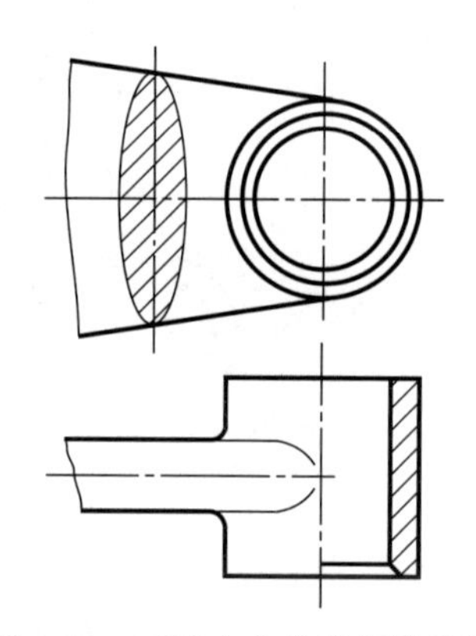

图 6-19 可用中心线代替波浪线

碎的感觉，给读图带来不便。

6.2.3 剖切面的种类

剖视图能否清楚地表达机件的内部形状，剖切面的选择是很关键的。国家标准规定，剖切面有单一剖切面、几个平行的剖切面和几个相交的剖切面，画图时可根据机件的结构特点选用。

(1) 单一剖切面

单一剖切面有单一剖切平面和单一剖切柱面两种。单一剖切平面又分为平行基本投影面和不平行基本投影面两种。

① 单一剖切平面：前面介绍过的全剖视图、半剖视图、局部剖视图都是采用平行于基本投影面的单一剖切平面剖切而得到的剖视图。

如图 6-20 所示，采用不平行于任何基本投影面的平面剖切机件，这种剖切方法称为斜剖。画斜剖时，通常按投影关系配置并标注。必要时，允许将图形旋转，但必须加注旋转符号。

② 单一剖切柱面：为了准确表达处于圆周上分布的某些结构，有时采用柱面剖切。画这种剖视图时，一般采用展开画法，剖切平面后面的有关结构省略不画，在剖视图的上方标注“×—×○➘”(×为大写拉丁字母，○➘符号为展开)，如图 6-21 所示。

(2) 几个平行的剖切平面

用几个平行的剖切平面剖开机件，这种剖切方法称为阶梯剖，如图 6-22 所示。

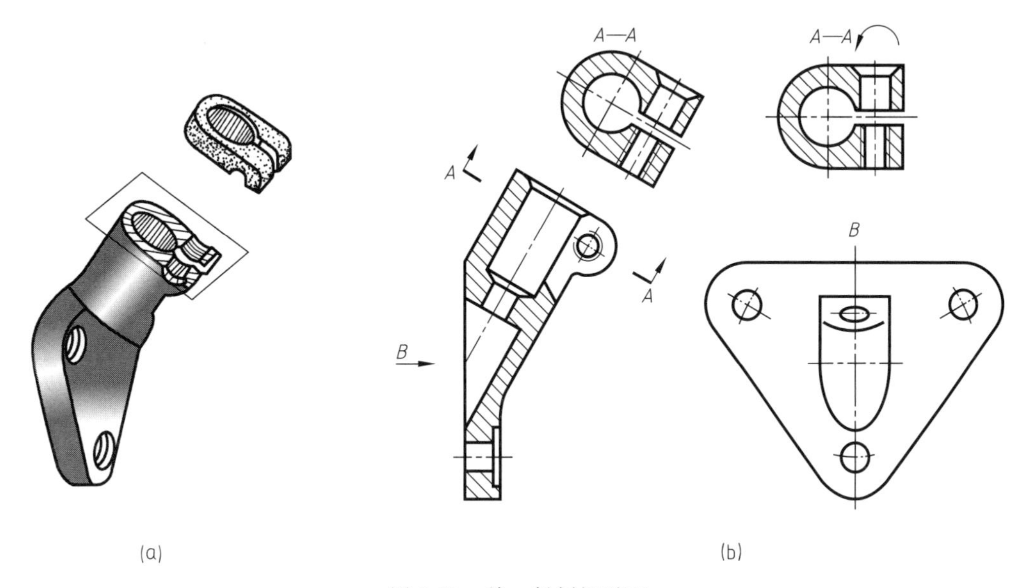

图 6-20　单一斜剖切平面

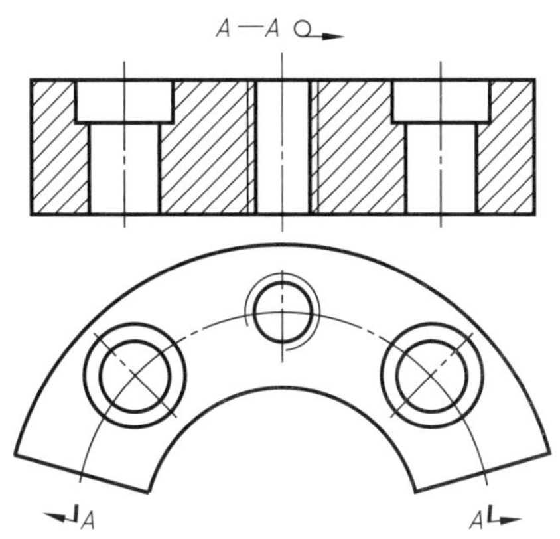

图 6-21　单一剖切柱面

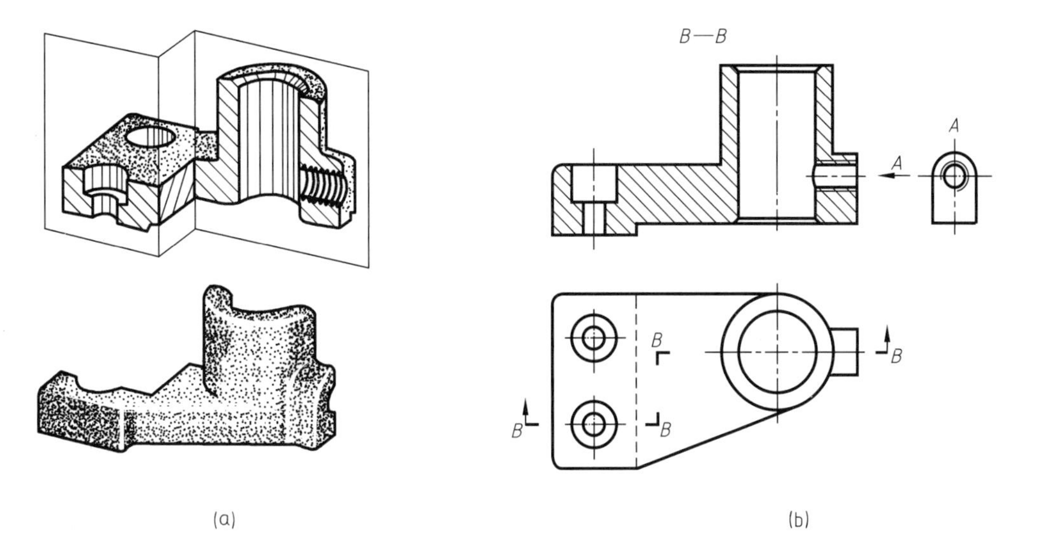

图 6-22　阶梯剖——两个平行的剖切平面

采用这种剖切方法画剖视图时，应注意以下几点：

① 各剖切平面的转折处必须是直角。

② 因为剖切是假想的，所以在剖视图上不应画出剖切平面各转折面的投影，如图 6-23（a）所示。

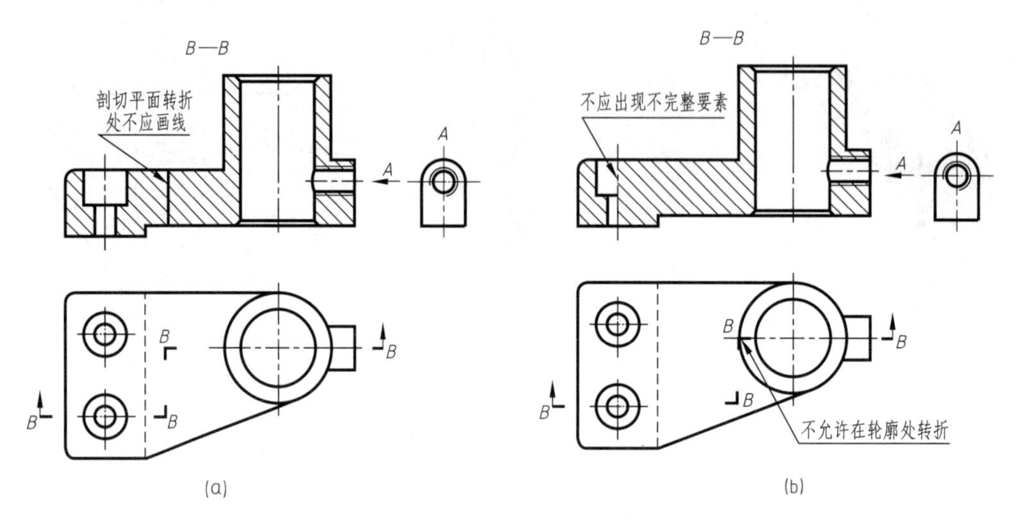

图 6-23 阶梯剖的错误画法

③ 剖切平面转折处不应与图形中的轮廓线重合，如图 6-23（b）所示。

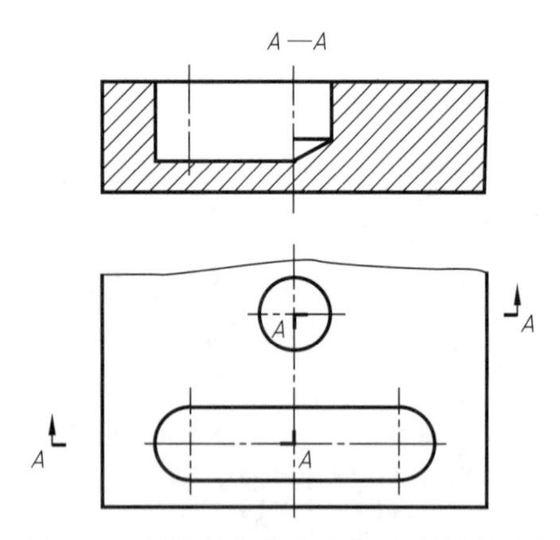

图 6-24 结构具有公共对称面时的剖视图

④ 在剖视图中不应出现不完整要素，如图 6-23（b）所示。当两个要素在图形上具有公共对称面时，可以以对称中心线或轴线为界，各画一半，如图 6-24 所示。

画这种剖视图时，必须在剖切面的起止和转折处标注剖切符号和相同的字母，如图 6-22 所示。

（3）几个相交的剖切面

如图 6-25 所示的 A—A 剖视图是用两个相交的平面剖切机件，这种方法称为旋转剖。两剖切平面的交线必须垂直于某一投影面。采用这种方法剖切时，被倾斜剖切平面剖到的结构及其有关部分应绕两剖切平面的交线旋转到与选定的投影面平行再进行投射。

如图 6-26 所示的剖视图是用几个剖切面组合剖切机件，这种方法称为复合剖。

采用几个相交的剖切面画剖视图时，应注意：

① 几个相交的剖切面的交线必须垂直于某一投影面。

② 旋转剖画剖视图是先假想按剖切位置剖开机件，然后将倾斜剖切平面剖开的结构及有关部分旋转到与选定投影面平行后再进行投射，即先剖切，后旋转，再投射。

③ 剖切平面后面的其他结构一般仍按原来的位置投射，如图 6-25 中的油孔。

④ 当剖切后产生不完整要素时，应将该部分按不剖画出，如图 6-27 所示。

采用几个相交的剖切面剖切时，必须标注剖视图的名称，并在剖切面起始、终止处画剖切符号，注上相同字母，画上箭头，但当转折处空间有限又不致引起误解时，允许只画转折符号而省略字母，如图 6-25 所示。

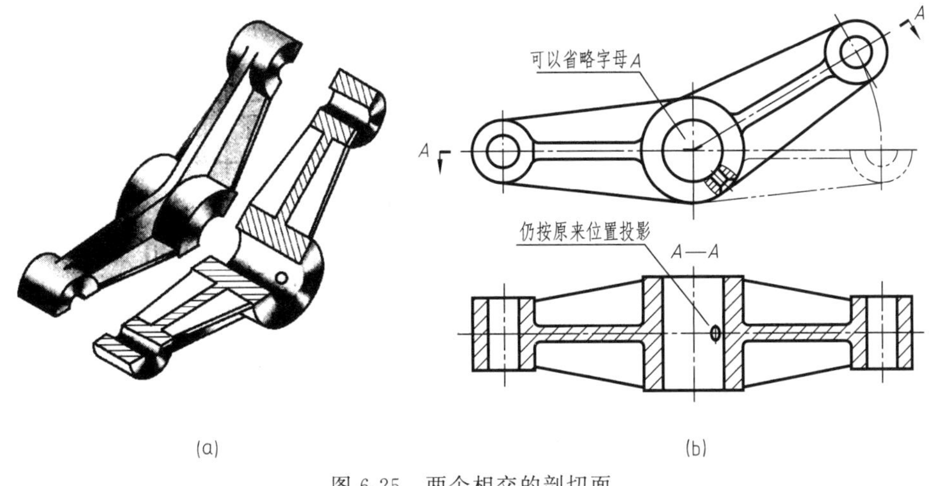

图 6-25　两个相交的剖切面

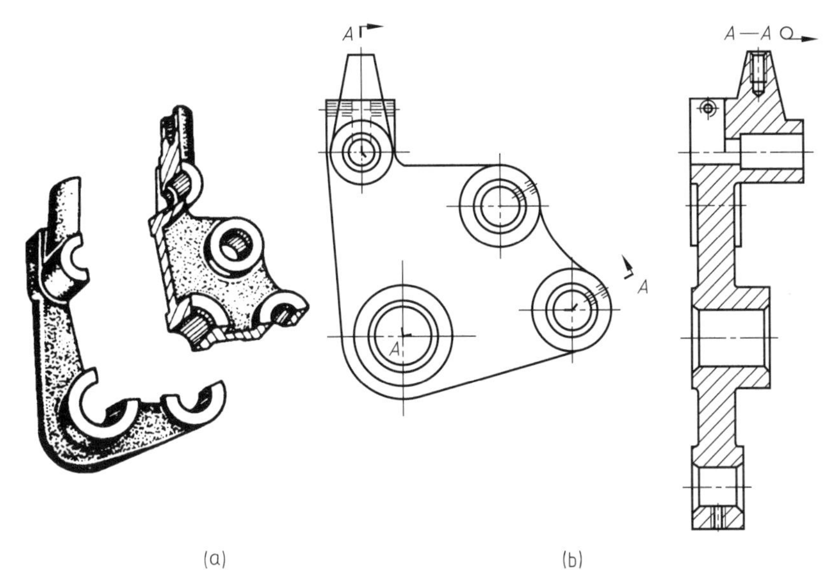

图 6-26　复合剖——几个剖切面组合剖切

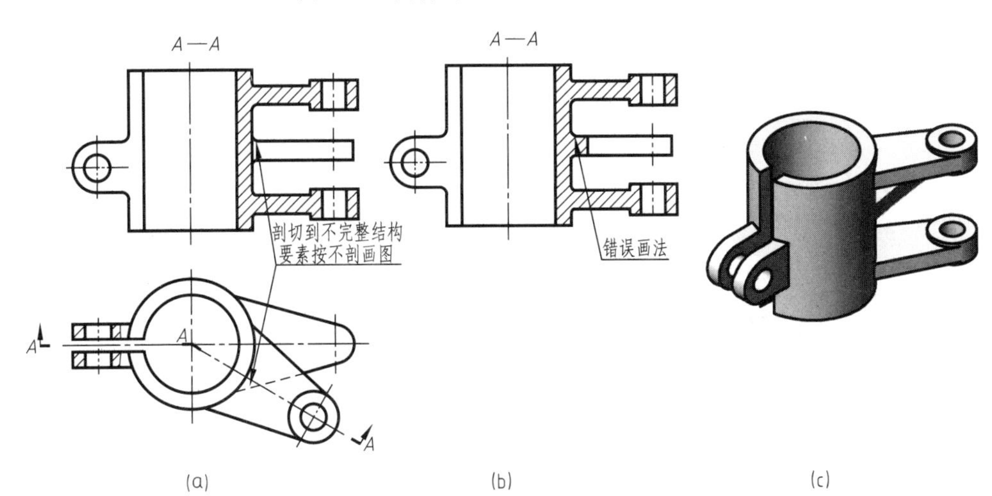

图 6-27　剖切到不完整要素的规定画法

复合剖画的剖视图，可以用展开画法绘制，对于展开绘制的剖视图，应在剖视图的上方标注“×—×○➘”，如图 6-26 所示。

6.3 断面图

6.3.1 断面图的概念

假想用剖切面将机件的某处切断，仅画出该剖切面与机件接触部分的图形，称为断面图，简称断面，如图 6-28（b）所示。

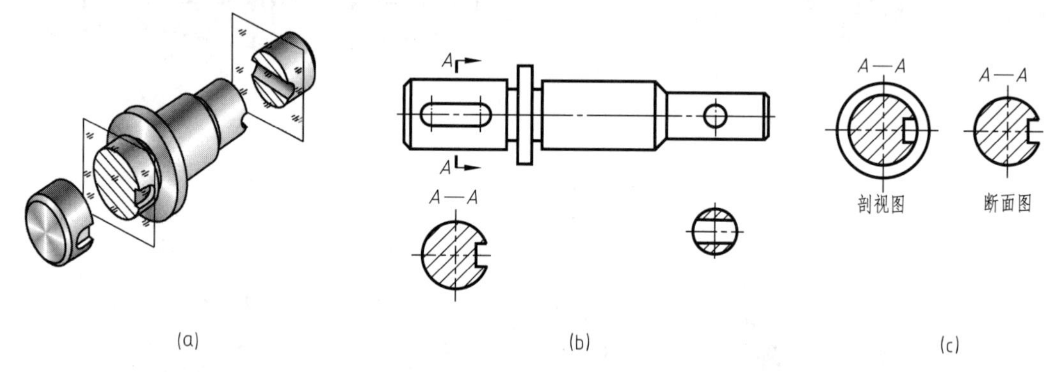

图 6-28　断面图的概念

断面图主要用来表示机件上某一局部的断面形状，如肋、轮辐、键槽、小孔及各种杆件和型材等。它与剖视图的区别是只画机件被剖切后的断面形状，而剖视图除了画出断面形状外，还要画出剖切平面后面的所有可见轮廓，如图 6-28（c）所示。

6.3.2 断面图的种类

根据断面图在绘制时所配置的位置不同，可分为移出断面图和重合断面图两种。

（1）移出断面图

画在视图外面的断面图称为移出断面图。

① 移出断面图的画法。

a. 移出断面图的轮廓线用粗实线绘制，并配置在剖切线的延长线上或其他适当位置，如图 6-29 所示。

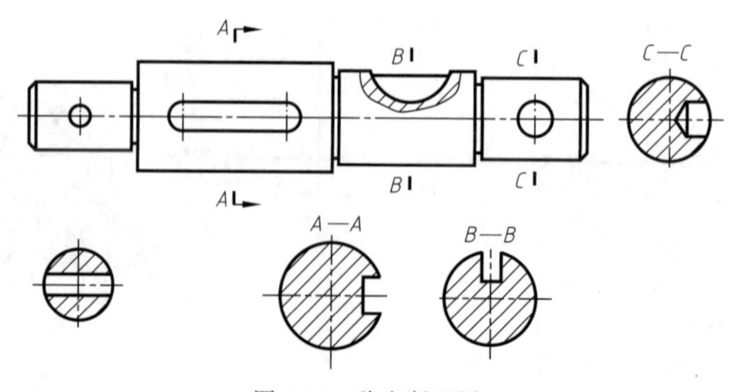

图 6-29　移出断面图

b. 当剖切平面通过由回转面所形成的孔或凹坑的轴线时，这些结构应按剖视绘制，如图 6-30 所示。

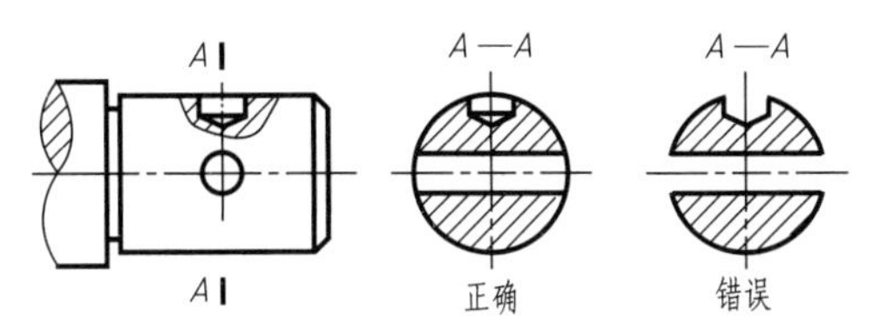

图 6-30　带有孔或凹坑移出断面的画法

c. 当剖切平面通过非圆孔，会导致出现完全分离的两个断面时，这些结构应按剖视绘制，如图 6-31 所示。

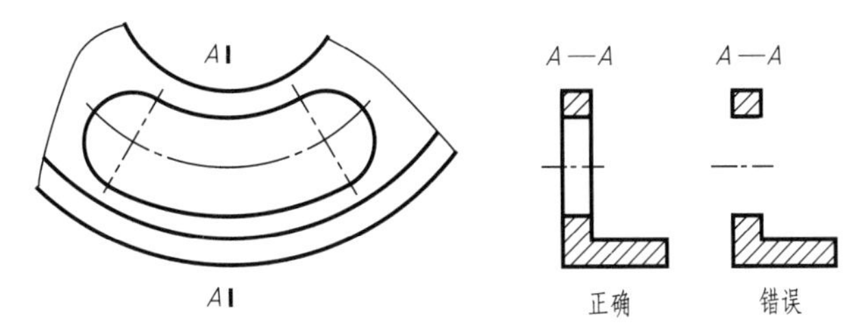

图 6-31　剖切面通过非圆孔移出断面的画法

d. 由两个或多个相交的剖切平面剖切所得到的移出断面图，中间应断开，如图 6-32 所示。

e. 当断面图形对称时，移出断面图可配置在视图的中断处，如图 6-33 所示。

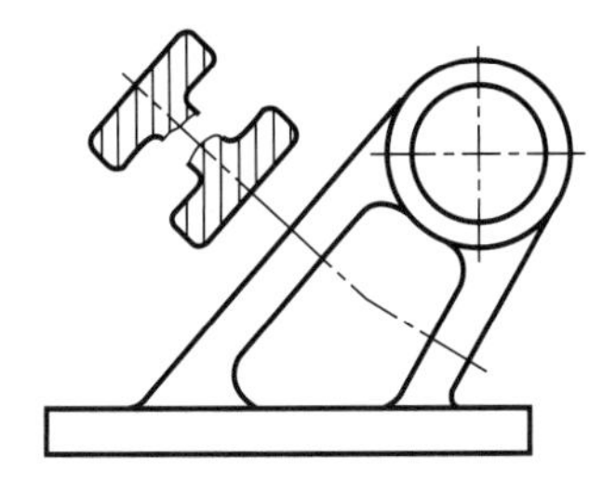

图 6-32　相交剖切平面的移出断面中间应断开

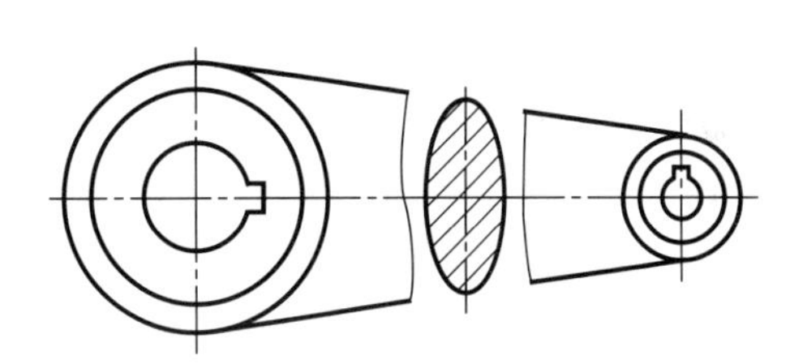

图 6-33　视图中断处移出断面的画法

② 移出断面图的标注：移出断面图一般应在断面图的上方标注相应的名称“×—×”（×为大写拉丁字母），用剖切符号表示剖切位置，用箭头表示投射方向，并标注相同的字母，如图 6-28（b）所示。

a. 配置在剖切线延长线上的不对称移出断面，可省略字母，如图 6-34 所示。

b. 配置在剖切线延长线上的对称移出断面和配置在视图中断处的对称移出断面，可不标注，如图 6-29、图 6-33 所示。

c. 配置在其他适当位置，若移出断面对称以及按投影关系配置的移出断面，可省略箭头，如图 6-29 所示。

(2) 重合断面图

画在视图内部的断面图，称为重合断面图，如图 6-35 所示。

① 重合断面图的画法。

a. 重合断面图的轮廓线用细实线绘制。

b. 当视图中的轮廓线与重合断面图的图形重叠时，视图中的轮廓线仍应连续画出，不可间断，如图 6-36 所示。

② 重合断面图的标注：对称的重合断面图不必标注，如图

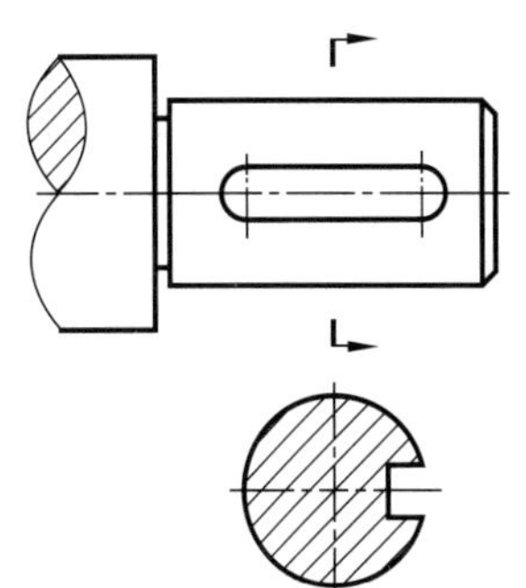

图 6-34　移出断面的省略标注

6-35 所示；不对称的重合断面图，用箭头表示投射方向，不必标注字母，如图 6-36 所示。在不致引起误解时可省略箭头。

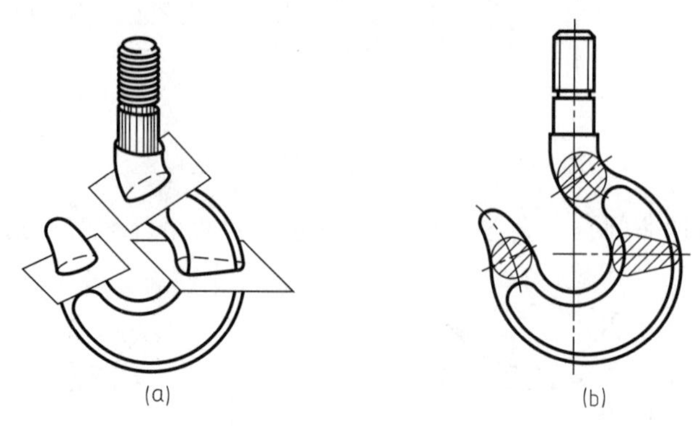

图 6-35　吊钩的重合断面图

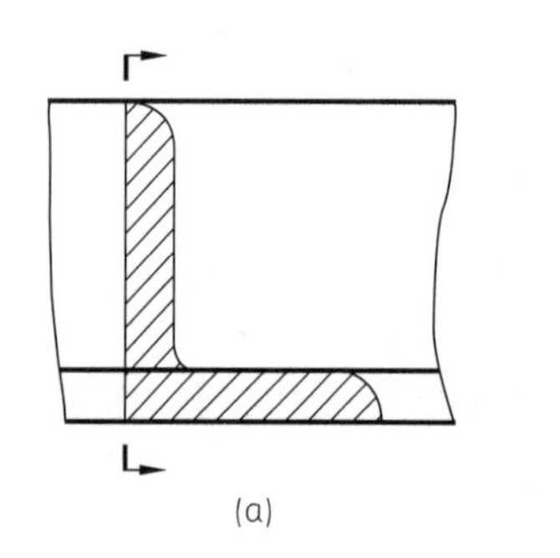
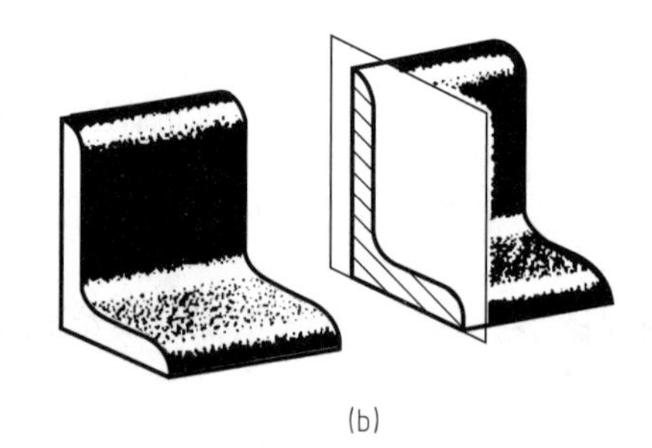

(a)　　(b)

图 6-36　角钢的重合断面图

6.4　其他表达方法

为使图形清晰和画图简便，国家标准还规定了局部放大图、规定画法和简化画法，供绘图时选用。

6.4.1　局部放大图

将机件的部分结构，用大于原图形所采用的比例画出的图形，称为局部放大图，如图 6-37 所示。

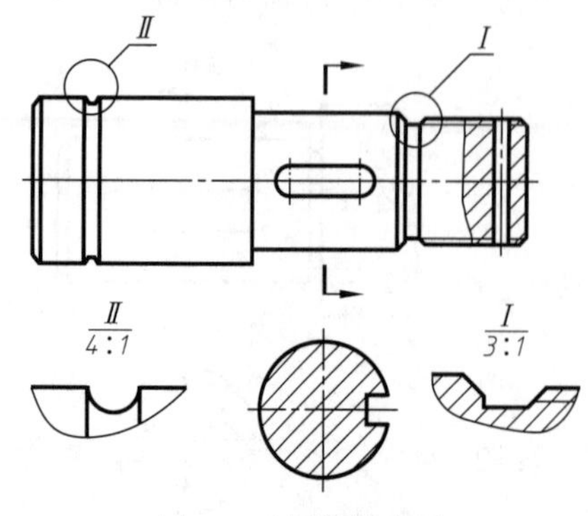

图 6-37　局部放大图

局部放大图可以画成视图、剖视图、断面图的形式，与被放大部分的表达方法无关。局部放大图应尽量配置在被放大部分的附近。

局部放大图的标注方法：当机件上仅有一处被放大时，可用细实线圆圈出被放大的部位，在局部放大图的上方注出所采用的比例；当同一机件上有几处被放大时，必须用罗马数字依次标明被放大的部位，并在局部放大图上方用分数形式标注相应的罗马数字和采用的比例，如图 6-37 所示。必要时可用几个图形来表达同一个被放大部位的结构，如图 6-38 所示。

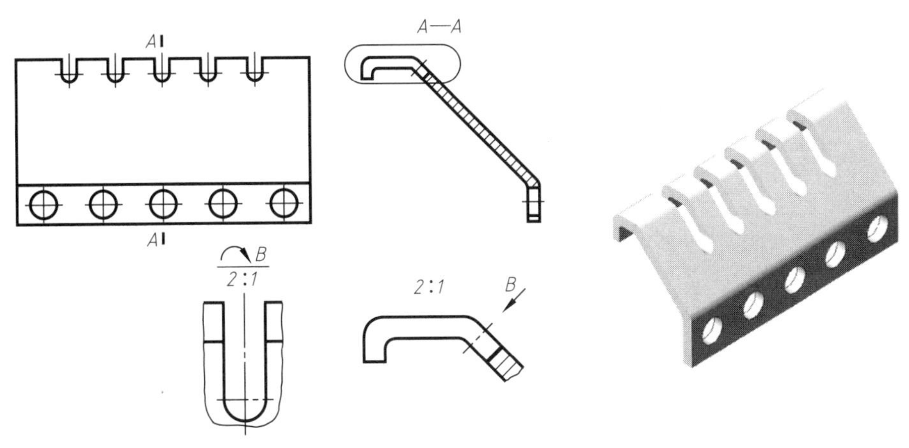

图 6-38　用几个图形表达一个被放大部位的局部放大图

6.4.2　简化画法

① 当机件上的肋、轮辐、薄壁等结构按纵向剖切时，这些结构都不画剖面符号，而用粗实线将其与邻接部分分开，如图 6-39 左视图中的前后两块肋板和图 6-40 主视图中的轮辐，剖切后均没有画剖切符号。若按其他方向剖切肋板和轮辐时仍应画剖切符号，如图 6-39 所示的俯视图和图 6-40 所示的左视图上轮辐的重合断面。

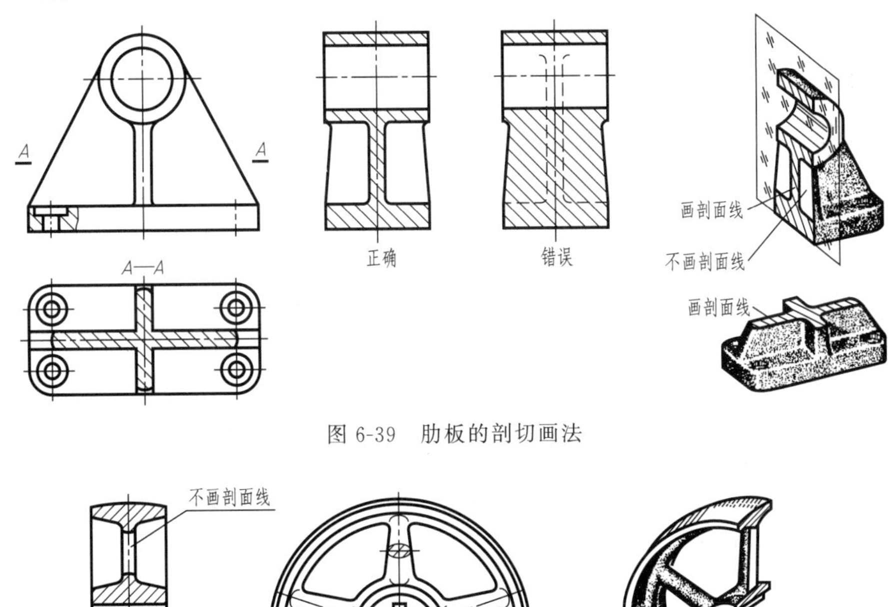

图 6-39　肋板的剖切画法

图 6-40　轮辐的剖切画法

② 当机件回转体上均匀分布的肋、轮辐、孔等结构不处于剖切平面上时，可将这些结构旋转到剖切平面上画出，如图 6-40、图 6-41 所示。

③ 当机件上具有若干相同结构（如齿、槽、孔），并按一定规律分布时，允许只画出其

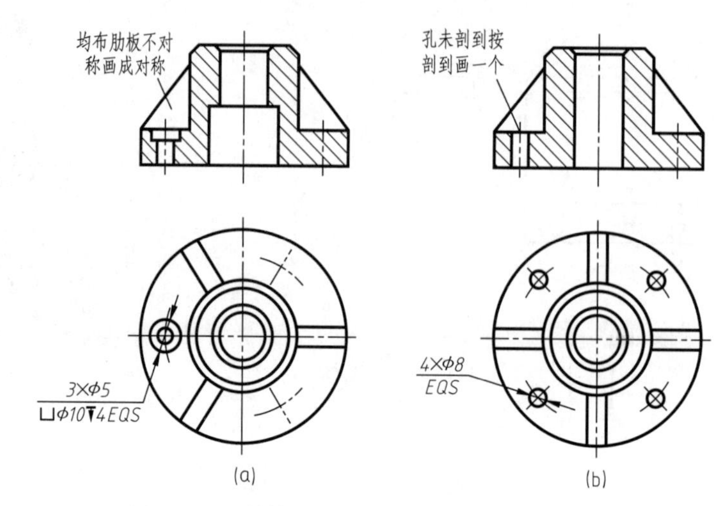

图 6-41 回转体机件上均匀分布的肋、孔的画法

中一个或几个完整的结构，其余用细实线连接或用点画线标明它们的中心位置，但在图上应注明该结构的总数，如图 6-42 所示。

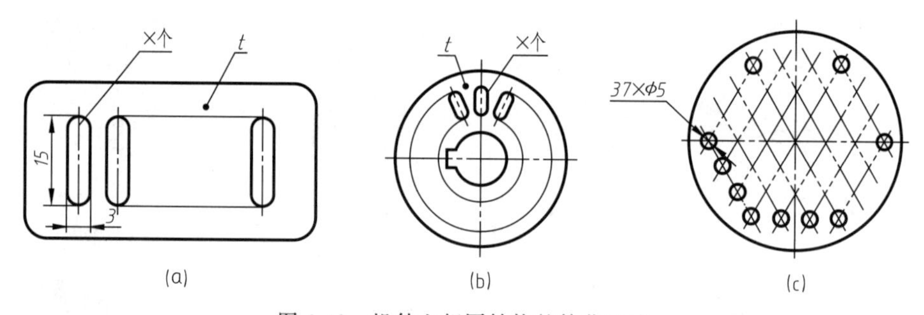

图 6-42 机件上相同结构的简化画法

④ 当回转体机件上的平面在图形中不能充分表达时，可用平面符号（两条相交的细实线）表示，如图 6-43 所示。

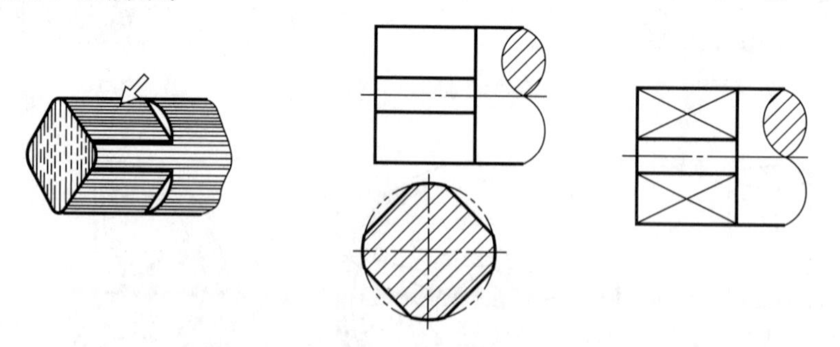

图 6-43 回转体机件上平面的简化画法

⑤ 在不致引起误解时，对于对称机件的视图可只画一半或四分之一，并在对称中心线的两端画出两条与其垂直的平行细实线，如图 6-44 所示。

⑥ 较长的机件（轴、杆、型材等）沿长度方向的形状一致或按一定规律变化时，可断开后缩短绘制，但必须标注实际的长度尺寸，如图 6-45 所示。

⑦ 对机件上的较小结构，如已在一个图形中表达清楚时，其他图形可简化或省略，如图 6-46 所示。

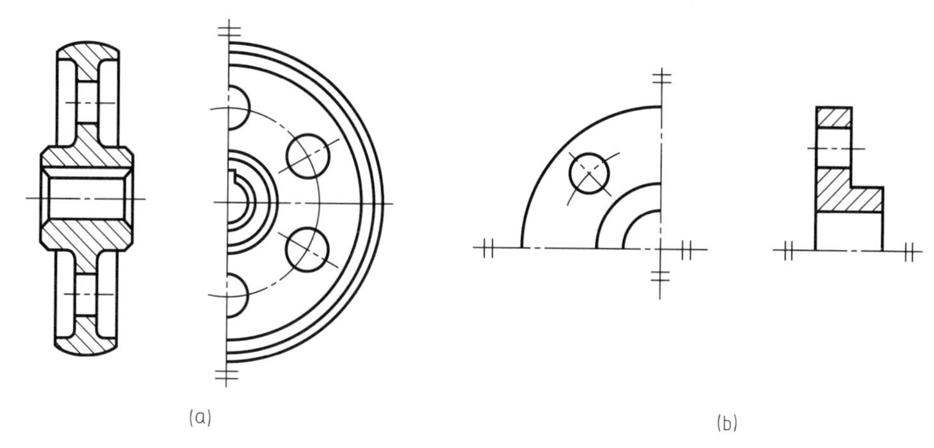

图 6-44　对称机件的简化画法

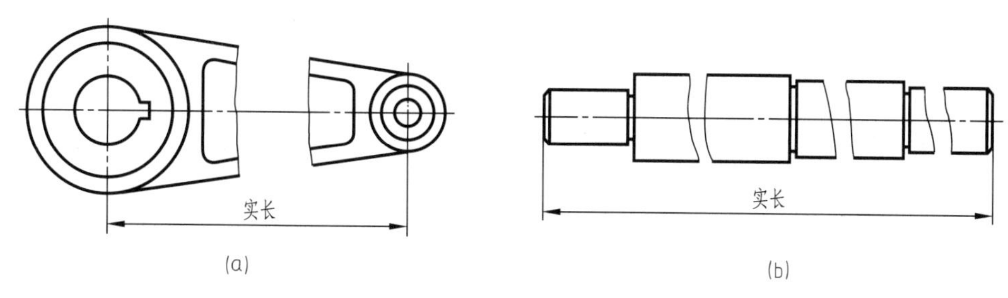

图 6-45　较长的机件的简化画法

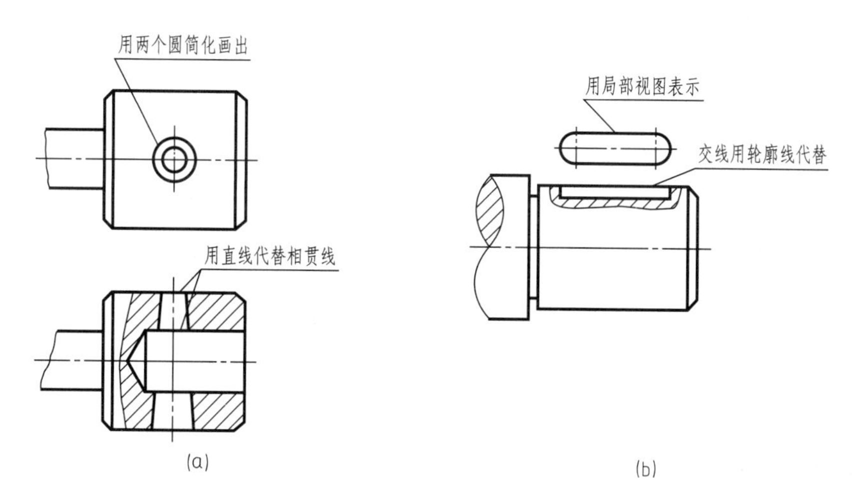

图 6-46　机件上的较小结构的简化画法

⑧ 与投影面倾斜角度小于或等于 30°的斜面上的圆或圆弧，其投影可用圆或圆弧代替，如图 6-47 所示。

⑨ 在不致引起误解时，机件图中的小圆角、锐边的小倒角或 45°小倒角，允许省略不画，但必须注明尺寸或在技术要求中加以说明，如图 6-48 所示。

⑩ 机件上斜度不大的结构，如在一个图形中已表达清楚时，其他图形可按小端画出，如图 6-49 所示。

⑪ 网状物、编织物或机件上的滚花部分，可在轮廓线附近用粗实线示意画出，如图 6-50 所示。

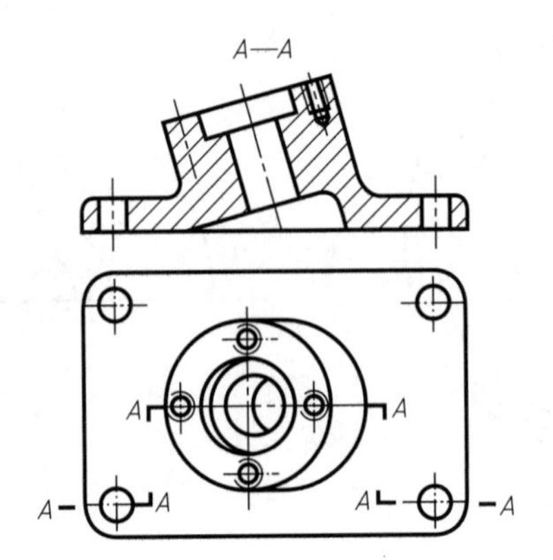

图 6-47 倾斜圆或圆弧的简化画法

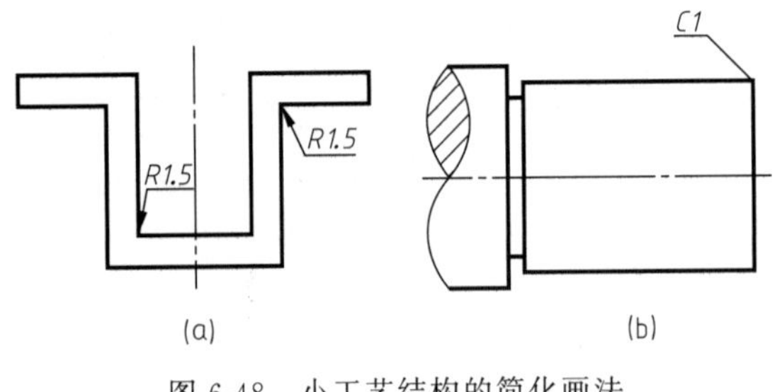

图 6-48 小工艺结构的简化画法

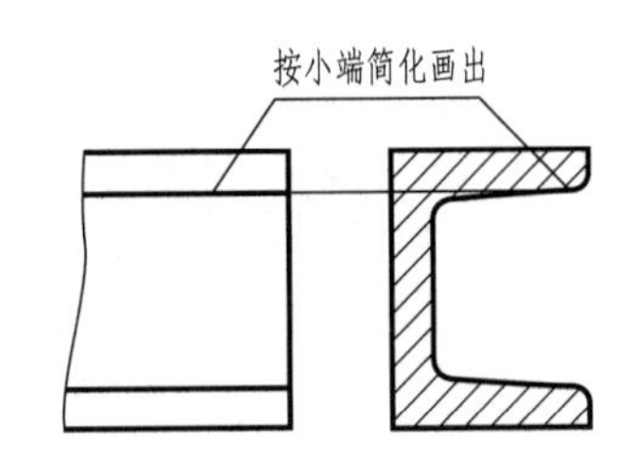

图 6-49 小斜度结构的简化画法

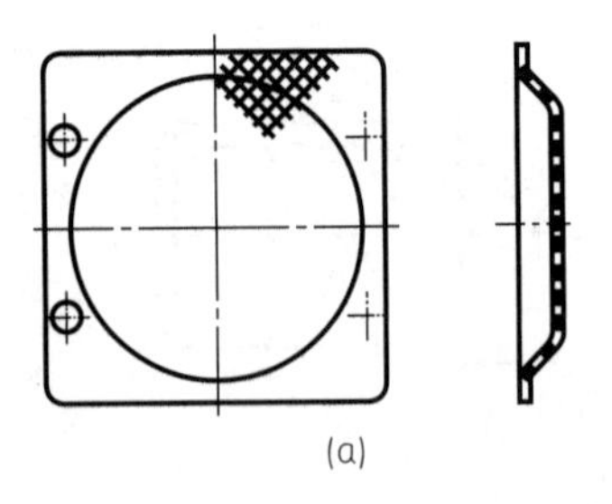

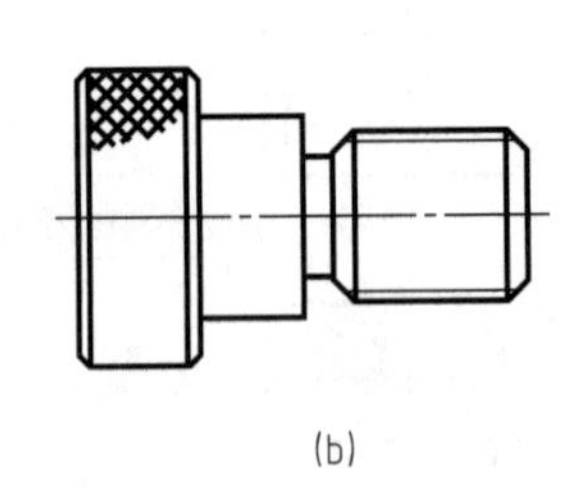

图 6-50 滚花及网状物的示意画法

⑫ 圆柱形法兰及其类似机件上均匀分布的孔，可按图 6-51 所示的方式表示。

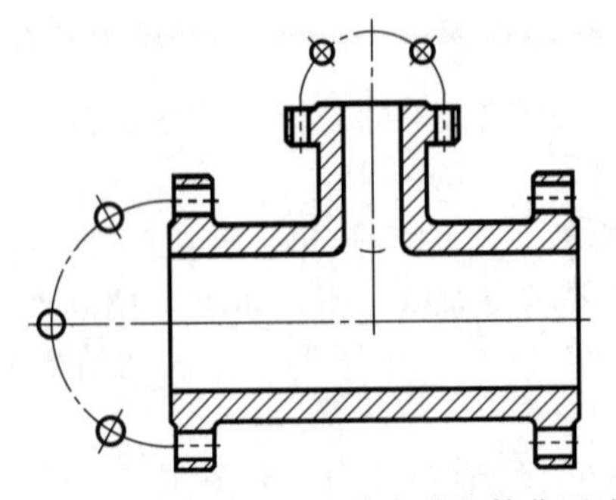

图 6-51 圆柱形法兰上均布孔的简化画法

6.5　第三角画法简介

6.5.1　第三角投影中的三面视图

随着国际间技术交流的日益增长，在工作中可能会遇到某些国家采用第三角画法绘制的工程图样。因此，为适应国际间技术交流的需要，这里简单介绍第三角画法。

如图 6-52 所示，*H*、*V*、*W* 三个互相垂直相交的投影面将空间分为八个分角，按顺序分别称为第一分角、第二分角、第三分角、……、第八分角。

将物体放在第一分角中，按“观察者—物体—投影面”的相对位置关系用正投影法在投影面上所得到的视图，称为第一角投影法或第一角画法。

如图 6-53（a）所示，若将物体放在第三分角中，使投影面处于观察者和物体之间，即保持“观察者—投影面—物体”的位置关系，此时应假设投影面是透明的，然后用正投影法在投影面上所得到视图，称为第三角投影法或第三角画法。投影面展开后得到的三视图如图 6-53（b）所示。

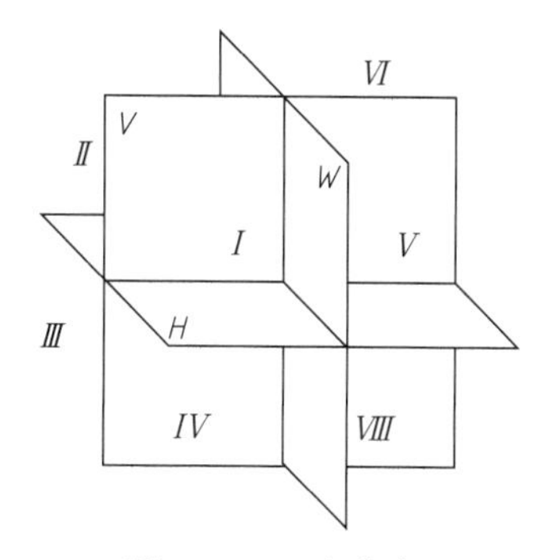

图 6-52　八个分角

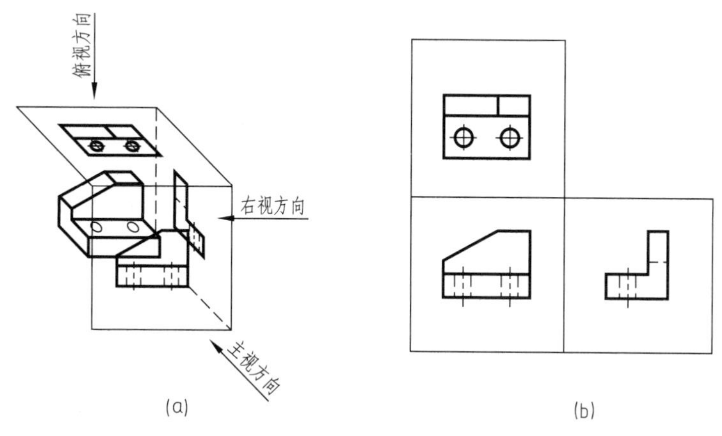

图 6-53　第三角画法

6.5.2　六面视图的配置

第三角画法与第一角画法一样，也有六个基本视图，视图之间仍保持“长对正、高平齐、宽相等”的投影规律。但是第三角画法投影面的展开方向与第一角画法不同，各视图的配置关系和第一角画法也不一样，所以第三角画法的俯视图、仰视图、左视图和右视图围绕主视图的一边均表示物体的前面，远离主视图的一边均表示物体的后面。第一角画法和第三角画法的基本视图配置关系如图 6-54 所示。

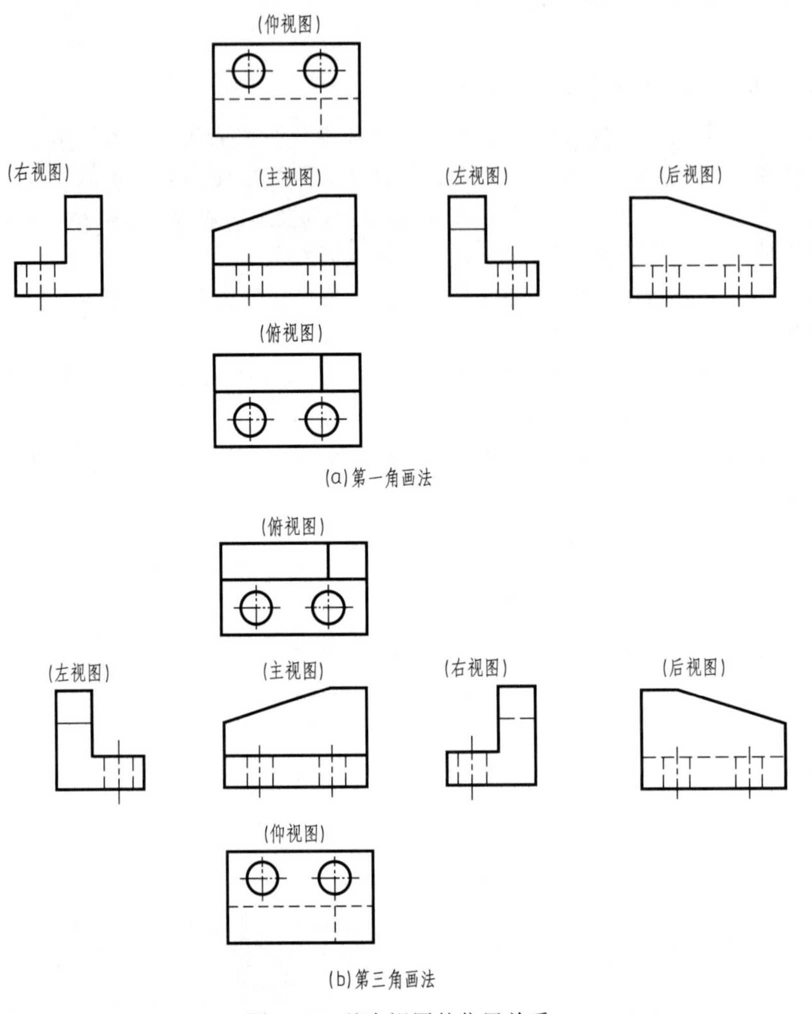

图 6-54 基本视图的位置关系

6.5.3 第三角画法和第一角画法的识别符号

为了避免混淆，国家标准规定了第一角画法和第三角画法的识别符号，称为投影符号，如图 6-55 所示。当采用第一角画法时，不需要专门说明。当采用第三角画法时，必须在图样中画出第三角画法的识别符号。

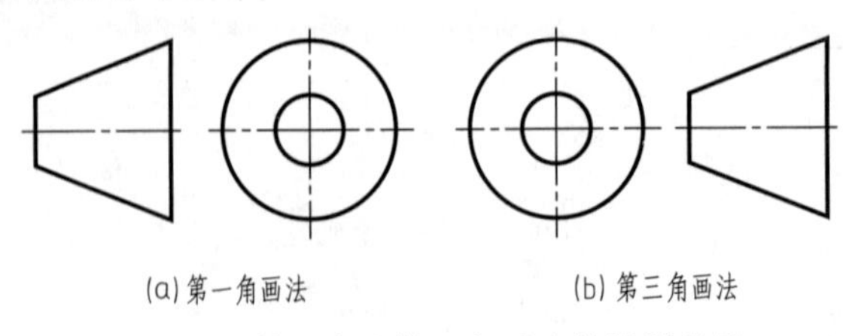

(a)第一角画法 (b)第三角画法

图 6-55 第一角和第三角画法的识别符号

第 7 章　标准件和常用件

工业标准化程度反映了一个国家工业生产的发展水平。工业标准化涉及的范围较广，包括材料、尺寸、检验以及标准结构要素、标准零件和部件等。机器或部件在装配过程中，零件间的连接所大量使用的螺纹连接件、键、销等零件属于标准零件；而用来支承旋转轴的滚动轴承则属于标准部件。这些零部件由于使用广泛，生产批量很大，国家标准对它们的结构要素、图示表达、尺寸数据、代号或标记等都做出了相应的规定，绘图时只要按照国家标准规定的画法绘制，并注明其代号或标记即可。有关标准件结构的具体尺寸，可根据图形上的标注查阅国家标准或机械设计手册的相关内容。

在机械设备中广泛使用的螺栓、螺母、螺钉、垫圈、键、销、滚动轴承等，其结构和尺寸都已全部标准化，这样的零部件称为标准件；而齿轮、弹簧等部分结构和尺寸标准化的零部件称为常用件。本章主要介绍标准件和常用件的规定画法、代号（参数）标记和标注。

7.1　螺纹

7.1.1　螺纹的形成

一个平面图形（如三角形、矩形、梯形）绕圆柱（或圆锥）面做螺旋运动，形成具有相同轴向断面的连续凸起和沟槽的圆柱（或圆锥）螺旋体，称为螺纹。螺纹有内、外之分，加工在圆柱或圆锥外表面上的螺纹称为外螺纹；加工在圆柱或圆锥孔上的螺纹称为内螺纹。

在零件上加工形成螺纹的方法有许多种，常见的有车床车削和丝锥攻螺纹两种。

图 7-1 为在车床上车削内、外螺纹的示意图。在车削螺纹时，工件做等速旋转，螺纹车刀切入工件并做匀速直线运动，这样便在工件上加工出螺纹。车刀切削部分的形状应与螺纹

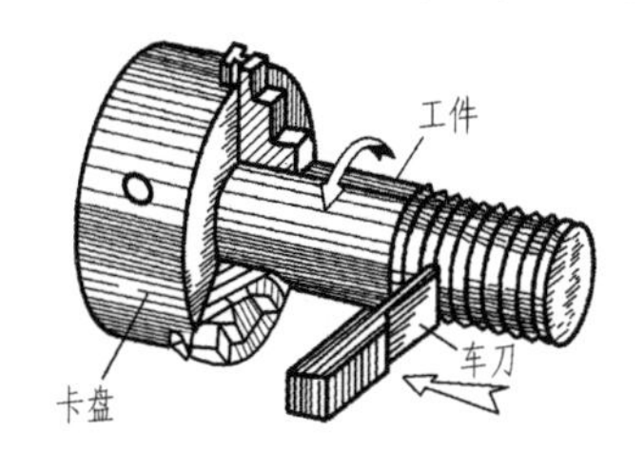

(a) 车外螺纹

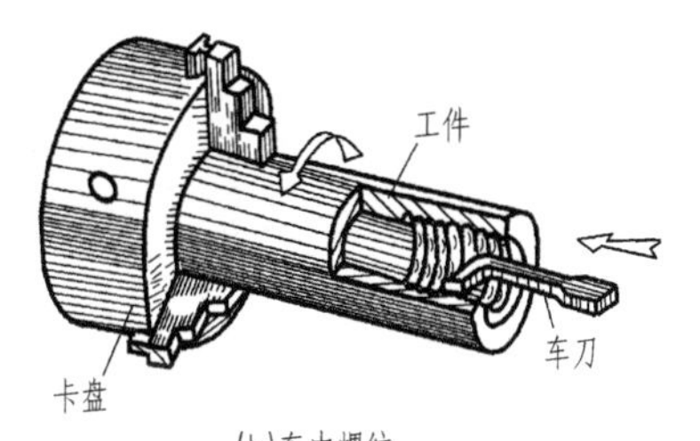

(b) 车内螺纹

图 7-1　车削螺纹

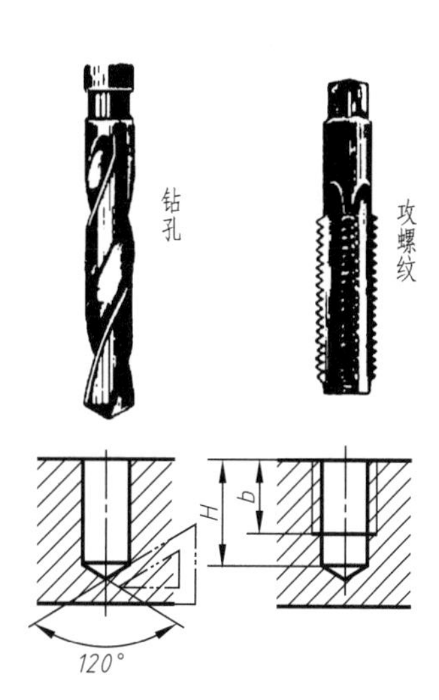

图 7-2　丝锥攻内螺纹

断面形状相吻合（如三角形、梯形、锯齿形等）。

图 7-2 为加工小直径内螺纹的示意图，其顺序是先钻孔后攻螺纹，由于钻头头部为圆锥形（锥顶角为 118°），故在孔的底部锥面的顶角简化为 120°。

7.1.2　螺纹的基本要素

螺纹的基本要素包括牙型、公称直径、线数、螺距、导程、旋向等。

（1）牙型

在通过螺纹轴线的断面上，螺纹的轮廓形状称为螺纹牙型。螺纹凸起的顶端称为螺纹的牙顶，而沟槽的底部称为螺纹的牙底，牙顶和牙底之间的垂直距离称为牙型高度，如图 7-3 所示。常见的螺纹牙型有三角形、梯形和锯齿形等。不同牙型有不同用途，三角形螺纹用于连接，梯形和锯齿形螺纹用于传动。常用标准螺纹的牙型、螺纹代号及示例见表 7-1。

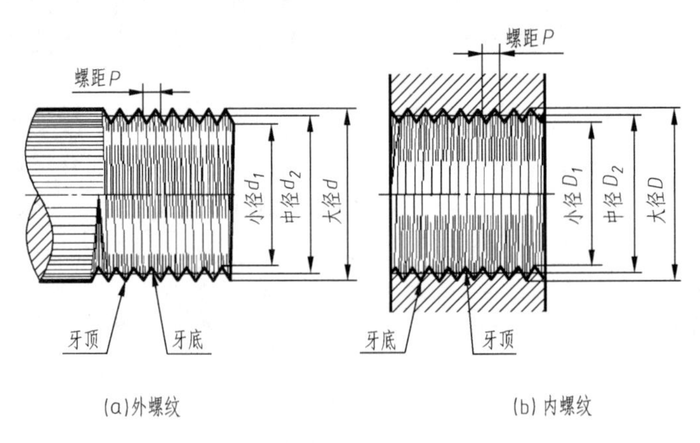

图 7-3　螺纹的结构名称及基本要素

（2）公称直径

螺纹直径有大径、中径和小径之分，如图 7-3 所示。

① 大径是指与外螺纹牙顶或内螺纹牙底相切的假想圆柱或圆锥的直径。外螺纹大径用 d 表示，内螺纹的大径用 D 表示，螺纹的大径称为公称直径。

② 小径是指与外螺纹牙底或内螺纹牙顶相切的假想圆柱或圆锥的直径。外螺纹小径用 d_1 表示，内螺纹小径用 D_1 表示。

③ 中径是指一个假想圆柱或圆锥的直径，该圆柱或圆锥的母线通过牙型上沟槽和凸起宽度相等的地方。外螺纹的中径用 d_2 表示，内螺纹中径用 D_2 表示。

（3）线数（n）

形成螺纹的螺旋线条数称为线数。螺纹有单线和多线之分，沿一条螺旋线形成的螺纹为单线螺纹，如图 7-4（a）所示；沿两条或两条以上且在轴向等距分布的螺旋线形成的螺纹为多线螺纹，如图 7-4（b）所示。

（4）螺距与导程

螺纹上相邻两牙在中径线上对应两点间的轴向距离称为螺距，用 P 表示；同一条螺纹上相邻两牙在中径上对应两点间的轴向距离称为导程，用 P_h 表示，如图 7-4 所示，则导程与螺距、线数三者有如下关系：

$$P=P_h/n$$

（5）旋向

螺纹分左旋和右旋两种。如图 7-5 所示，当内、外螺纹旋合时，顺时针方向旋入的螺纹为右旋，逆时针方向旋入的螺纹为左旋。工程上应用较多的是右旋螺纹。

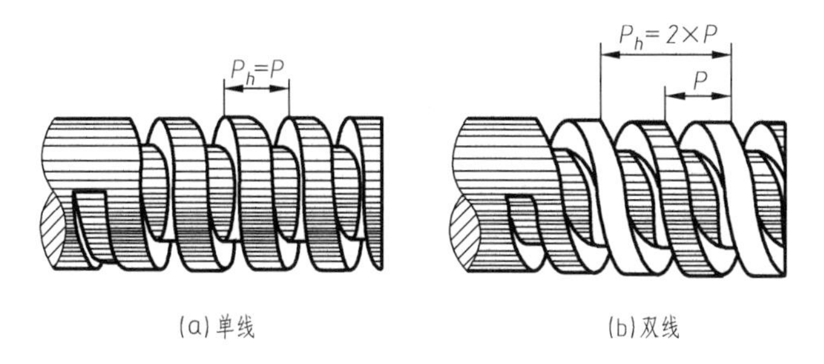

图 7-4　螺纹线数、导程和螺距

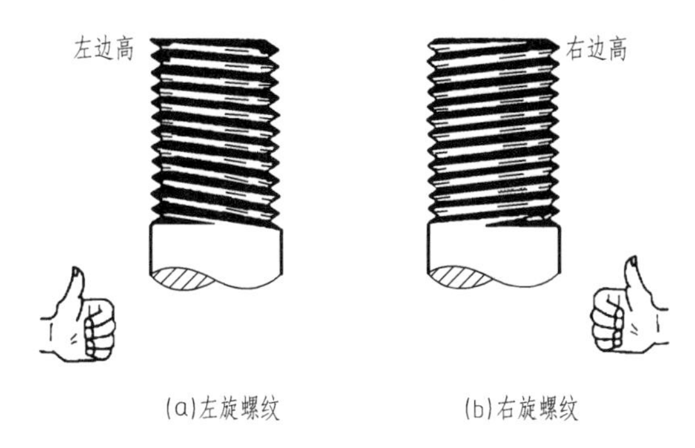

图 7-5　螺纹的旋向

内、外螺纹必须成对配合使用，只有牙型、大径、螺距、线数和旋向都相同的内、外螺纹才能旋合在一起。

在螺纹的诸要素中，牙型、大径和螺距是决定螺纹结构的最基本的要素，称为螺纹三要素。凡螺纹三要素符合国家标准的，称为标准螺纹；仅牙型符合国家标准的，称为特殊螺纹；连牙型也不符合国家标准的，称为非标准螺纹。

7.1.3　螺纹的规定画法

绘制螺纹的真实投影比较烦琐，并且在实际生产中也没有必要这样做。国家标准规定了螺纹的画法。

(1) 外螺纹的画法

螺纹牙顶圆所在的轮廓线（大径）用粗实线表示；牙底圆所在的轮廓线（小径）用细实线表示，在螺杆的倒角或倒圆部分也应画出；有效螺纹的终止界线（简称螺纹终止线）用粗实线表示。当剖开表达外螺纹时，剖面线一定要画在大径的粗实线处，如图 7-6 所示。

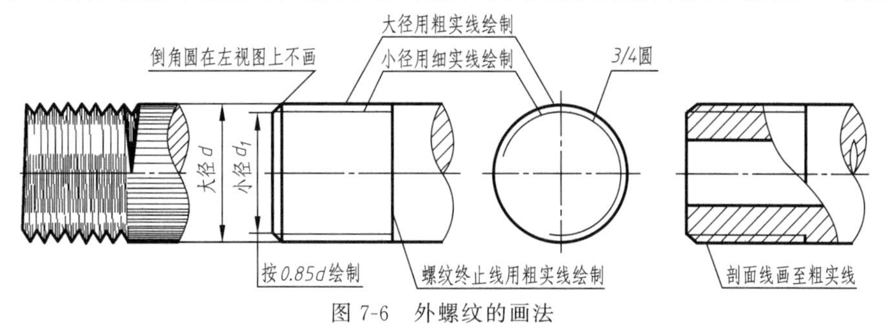

图 7-6　外螺纹的画法

在垂直于螺纹轴线的投影面的视图中，螺纹牙顶圆（大径）画完整的粗实线圆，螺纹牙底圆（小径）只画出 3/4 圈的细实线圆，此时，螺杆或螺孔倒角的投影不应画出。

(2) 内螺纹的规定画法

如图 7-7 所示，在剖视图和断面图中，内螺纹牙顶圆所在的轮廓线（小径）用粗实线表示，牙底圆所在的轮廓线（大径）用细实线表示，螺纹终止线用粗实线表示。剖面线要画到表示小径的粗实线处。

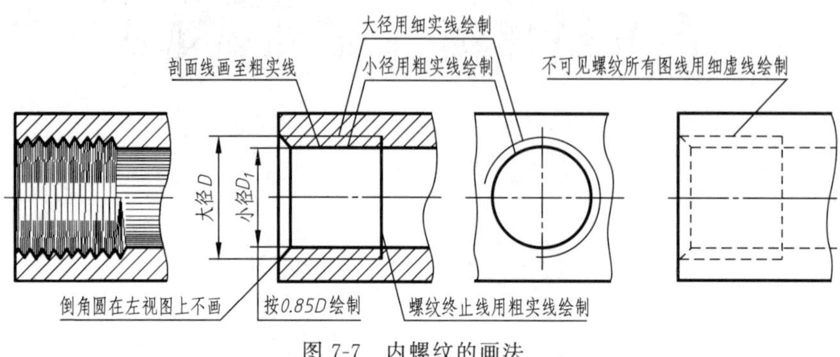

图 7-7 内螺纹的画法

在垂直于螺纹轴线的投影面的视图中，螺纹牙顶圆（小径）画完整的粗实线圆，螺纹牙底圆（大径）只画出 3/4 圈的细实线圆。在反映螺纹轴线的视图上，螺纹的大径、小径和螺纹界线均用虚线表示。

(3) 内、外螺纹连接的画法

内、外螺纹旋合时，旋合部分按外螺纹的规定画法画出，未旋合部分按各自的规定画法画出。国家标准规定，当沿外螺纹的轴线剖开时，螺杆（外螺纹）作为实心杆件按不剖绘制（画外形）；表示螺纹大、小径的粗、细实线必须分别对齐，与倒角无关。当垂直于螺纹轴线剖切时，螺杆处应画剖面线，如图 7-8 所示。

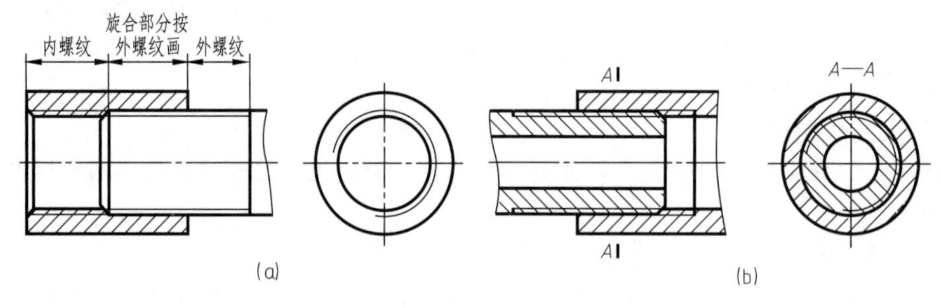

图 7-8 内、外螺纹旋合的画法

(4) 螺孔相贯的画法

螺孔相贯，国家标准规定只画螺纹小径的相贯线，如图 7-9 所示。

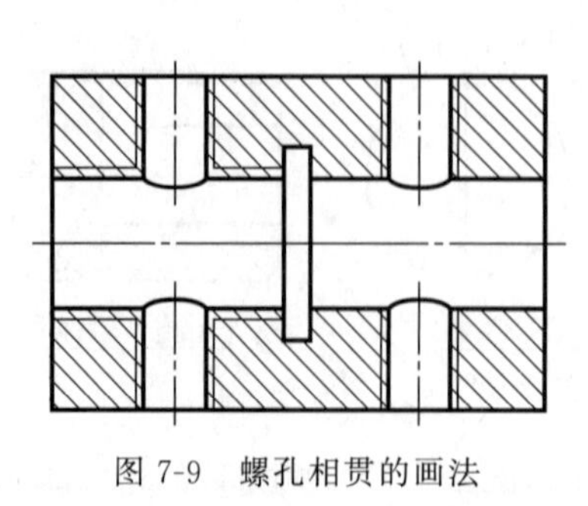

图 7-9 螺孔相贯的画法

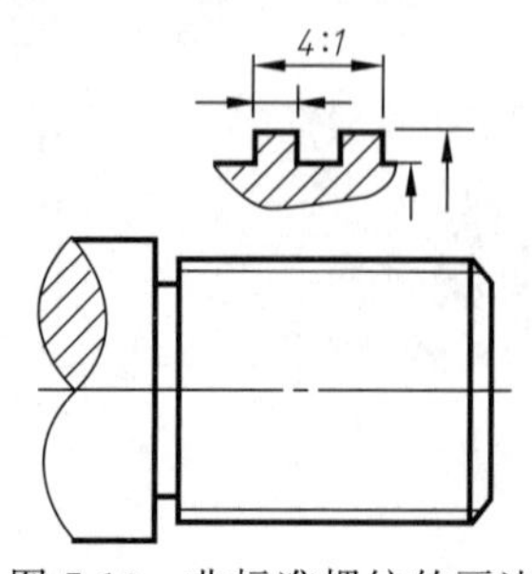

图 7-10 非标准螺纹的画法

（5）非标准螺纹的画法

画非标准螺纹时，应画出螺纹牙型，并标注出所需的尺寸及有关要求，如图 7-10 所示。

（6）圆锥螺纹的画法

画圆锥螺纹时，投影为圆的视图中，凡不可见的大端圆或小端圆不必画出，其余画法与圆柱螺纹相同，如图 7-11 所示。

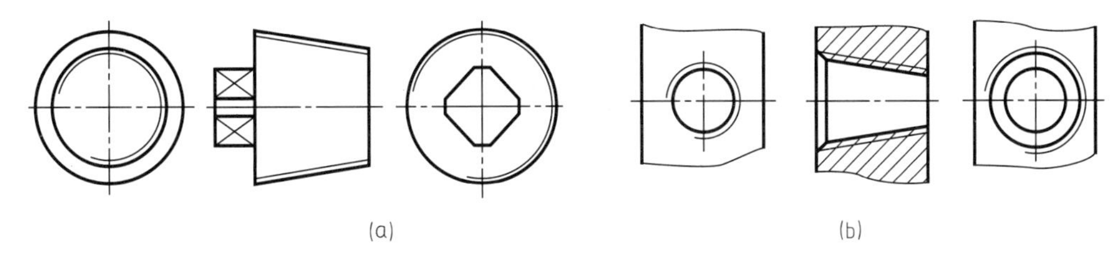

图 7-11　圆锥螺纹的画法

7.1.4　螺纹的种类

从螺纹的结构要素来分：按牙型可分为三角形螺纹、梯形螺纹、锯齿形螺纹和方牙螺纹；按线数来分有单线螺纹和多线螺纹；按旋向来分有左旋螺纹和右旋螺纹。

从螺纹的使用功能，可把螺纹分为连接螺纹和传动螺纹。连接螺纹用于两零件间的可拆连接，牙型一般为三角形，尺寸相对较小；传动螺纹用于传递运动或动力，牙型多用梯形、锯齿形和方形，尺寸相对较大。常用的标准螺纹见表 7-1～表 7-3。

表 7-1　普通连接螺纹的标注

螺纹种类	特征代号	牙型示意图	图例	标记说明
粗牙 普通螺纹	*M*	60°	M10—5g6g—S	M10—5g6g—S 短旋合 中径和顶径的公差代号 公称直径 特征代号
细牙 普通螺纹			M12×2LH—6H	M12×2LH—6H 中径和顶径的公差代号 左旋 螺距 公称直径 特征代号

表 7-2　管连接螺纹的标注

螺纹种类		特征代号	牙型示意图	图例	标记说明
非密封管螺纹		*G*	55°	G1A	G1A 公差等级代号 尺寸代号(单位为in) 特征代号
密封管螺纹	圆锥外螺纹	*R*		Rp1/2—LH	Rp1/2—LH 左旋 尺寸代号(单位为in) 特征代号
	圆锥内螺纹	*Rc*			
	圆柱内螺纹	*Rp*			

表 7-3　传动螺纹的标注

螺纹种类	特征代号	牙型示意图	图例	标记说明
梯形螺纹	*Tr*	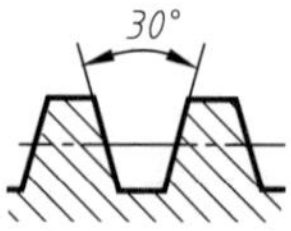 30°	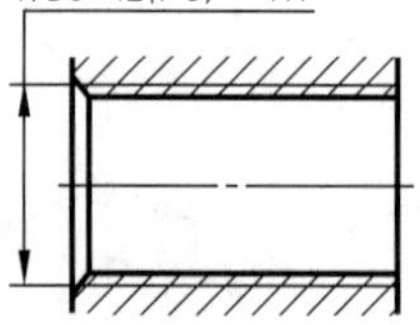 Tr36×12(P6)—7H	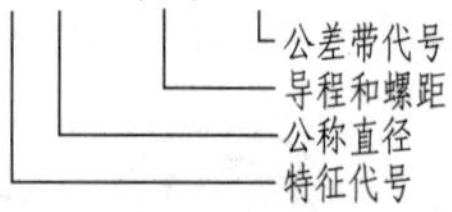 Tr36×12(P6)—7H 公差带代号 导程和螺距 公称直径 特征代号
锯齿形螺纹	*B*	 3° 30°	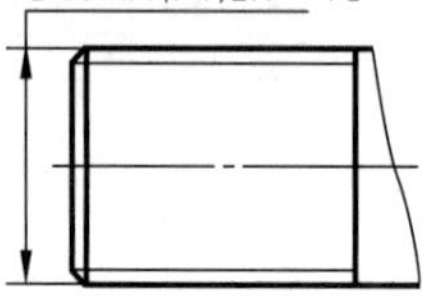 B40×14(P7)LH—7e	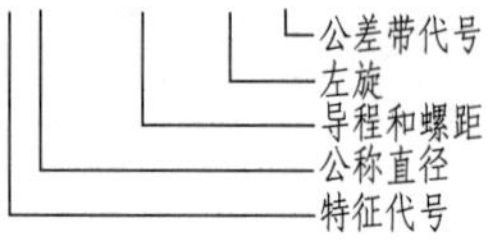 B40×14(P7)LH—7e 公差带代号 左旋 导程和螺距 公称直径 特征代号

7.1.5　螺纹的标注

（1）螺纹的标记

由于螺纹采用了国家标准规定的简化画法，没有表达出螺纹的基本要素和种类，因此需要用螺纹的标记来区分，国家标准规定了螺纹的标记和标注方法。

一个完整的螺纹标记由三部分组成，其格式为：

[螺纹代号]—[公差带代号]—[旋合长度代号]

① 螺纹代号：螺纹代号的内容及格式为：

[特征代号]　[尺寸代号]　[旋向]

a. 特征代号。各种标准螺纹的特征代号见表 7-1～表 7-3。

b. 尺寸代号。应反映出螺纹的公称直径、螺距、线数和导程。

单线螺纹的尺寸代号为：

[公称直径]×[螺距]

但粗牙普通螺纹和管螺纹不标注螺距，因为它们的螺距与公称直径是一一对应的。

多线螺纹的尺寸代号为：

[公称直径]×[导程(*P* 螺距)]

米制螺纹以螺纹大径为公称直径；管螺纹的公称直径不是管螺纹的大径而是近似等于管子的内径，且以英寸（in）为单位，但标记和标注时不需注明。

c. 旋向。左旋螺纹用代号“LH”表示，因右旋螺纹应用最多，不标旋向代号。

② 公差带代号：由公差等级和基本偏差组成。表示基本偏差的字母，内螺纹为大写，如 6H；外螺纹为小写，如 5g、6g；管螺纹只有一种公差带，故不注公差带代号。

③ 旋合长度代号：旋合长度有长、中、短三种规格，分别用代号 L、N、S 表示，中等旋合长度应用最多，在标记中可省略 N。

（2）螺纹的标注

① 标注米制螺纹时，不论是内螺纹还是外螺纹，尺寸界线均应从大径引出。

② 标注管螺纹时，应先从管螺纹的大径线、尺寸线或尺寸界线处画引出线，然后将螺纹的标记注写在引出线的水平线上。

标准螺纹的种类与标注见表 7-1～表 7-3。

7.2 螺纹紧固件及其连接

7.2.1 螺纹紧固件的画法和标记

螺纹紧固件用于两个零件间的可拆连接，常用的螺纹紧固件有螺栓、螺钉、螺柱（也称双头螺柱）、螺母和垫圈等，如图 7-12 所示。这些零件属于标准件，其结构和尺寸可根据标记，在有关标准手册中查出。在产品设计过程中，凡涉及这些标准件时，只需根据规定的图示方法进行表达，并写出其规定标记。几种常见螺纹紧固件的图例及标记示例见表 7-4。

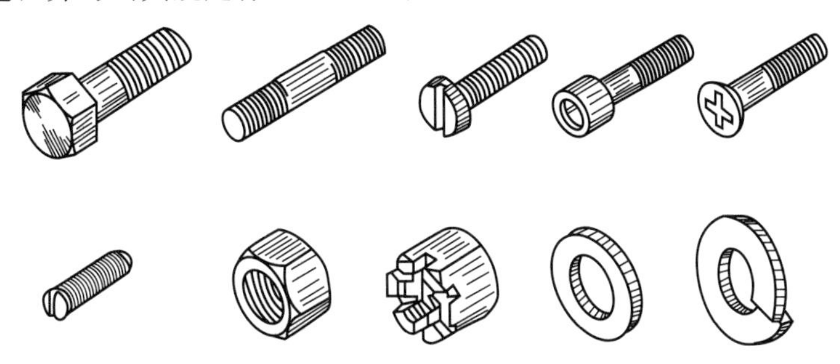

图 7-12　常见的螺纹紧固件

表 7-4　常见螺纹紧固件图例及标记示例

名称	图　例	标记示例
六角头螺栓	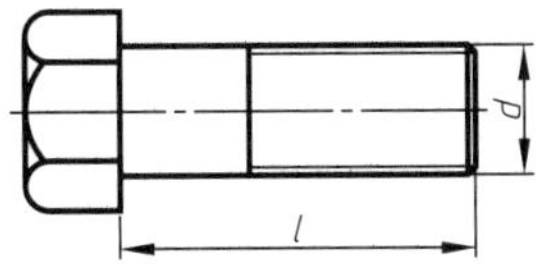	标记： 螺栓　GB/T 5780—2000　M10×50 说明：螺纹规格 $d=10$mm，公称长度 $l=50$mm，性能等级为 4.8 级，不经表面处理，产品等级为 C 级的六角头螺栓
双头螺柱	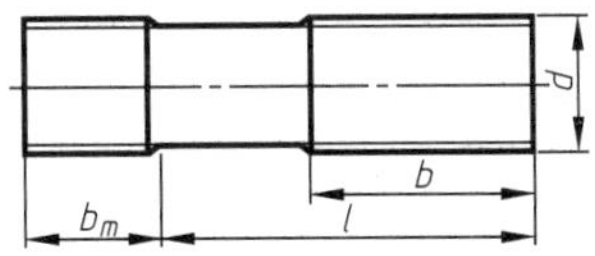	标记： 螺柱　GB/T 899—1988　M12×50 说明：两端均为粗牙普通螺纹，$d=12$mm，$l=50$mm，性能等级 4.8 级，B 型（“B”省略不标），$b_m=d$ 的双头螺柱
螺钉	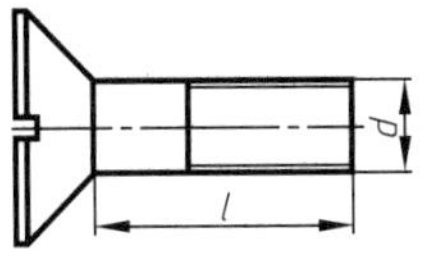	标记： 螺钉　GB/T 67—2000　M10×50 说明：螺纹规格 $d=10$mm，公称长度 $l=50$mm，性能等级为 4.8 级，不经表面处理的开槽盘头螺钉
螺母	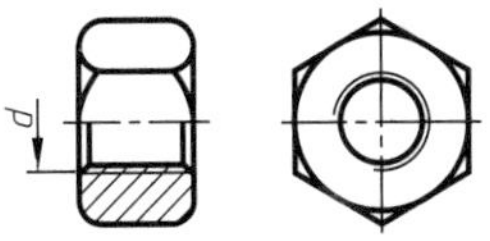	标记： 螺母　GB/T 41—2000　M12 说明：螺纹规格 $d=12$mm，性能等级为 5 级，不经表面处理的 C 级六角螺母
平垫圈	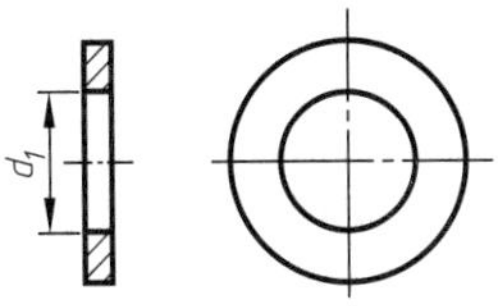	标记： 垫圈　GB/T 95—2002　10～100HV 说明：标准系列、公称尺寸 $d=10$mm（螺纹大径），性能等级为 100HV 级，不经表面处理的平垫圈

已经标准化的螺纹紧固件，虽然一般不要求单独画出它们的零件图，但是在装配图中要画出，螺纹紧固件的画法有查表画法和比例画法。查表画法是根据螺纹紧固件的标记，在相

应的标准中查得各有关尺寸后作图；比例画法是根据螺纹公称直径（D、d），按与其近似的比例关系，计算出各部分尺寸后作图，图 7-13 为螺纹紧固件的比例画法。

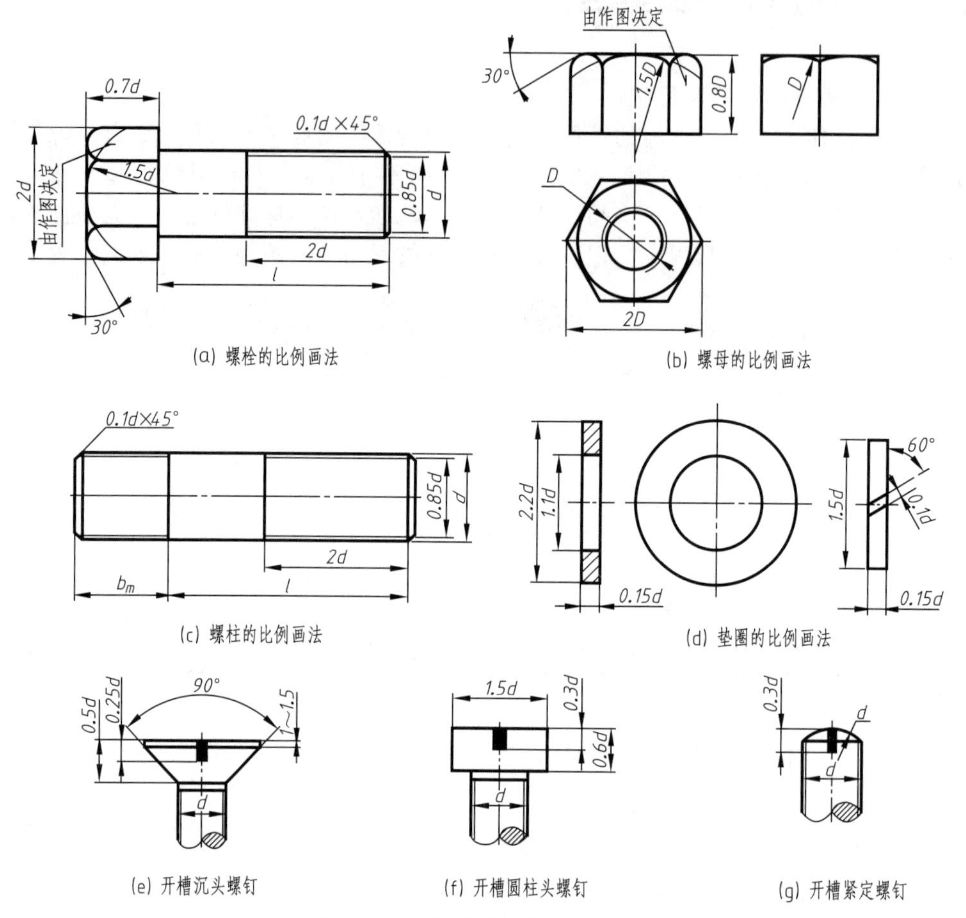

图 7-13 螺纹紧固件的比例画法

7.2.2 螺栓连接

螺栓连接是将螺栓穿入两个被连接零件的光孔中，套上垫圈，旋紧螺母。垫圈的作用是防止零件表面受损。这种连接方式适合于连接两个不太厚并允许钻成通孔的零件，如图 7-14 所示。

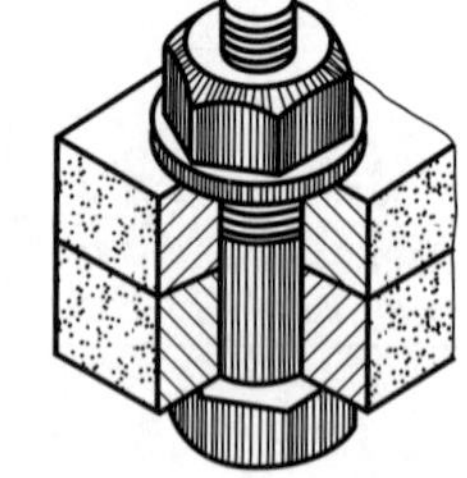

图 7-14 螺栓连接

螺栓公称长度（l）可根据被连接零件的厚度（δ_1、δ_2）、螺母的高度（m）、垫圈的厚度（h）以及螺栓的末端应伸出螺母端部的长度[一般为（0.3～0.5）d]，按下式进行计算并取标准值。

$$l=\delta_1+\delta_2+m+h+(0.3\sim0.5)d$$

如图 7-15（a）所示，画螺栓连接图时，必须遵守装配图的画法规定：

① 两零件的接触表面画一条线，不接触表面画两条线，间隔太小无法清楚表达时，可夸大画出。如被连接件的光孔（直径 d_0）与螺杆之间为非接触面，应画出间隙（可取 $d_0=1.1d$）。

② 在剖视图中，两零件邻接时，不同零件的剖面线方向应该相反，或者方向相同、间隔不等。

③ 对于紧固件和实心零件（螺栓、螺钉、螺柱、螺母、垫圈、键、销、轴及球等），若剖切平面通过它们的回转轴线时，这些零件均按不剖绘制，只画出外形，需要时可采用局部剖视。

为了简化作图，装配图中倒角可省略不画，图 7-15（b）为螺栓连接装配图的简化画法。

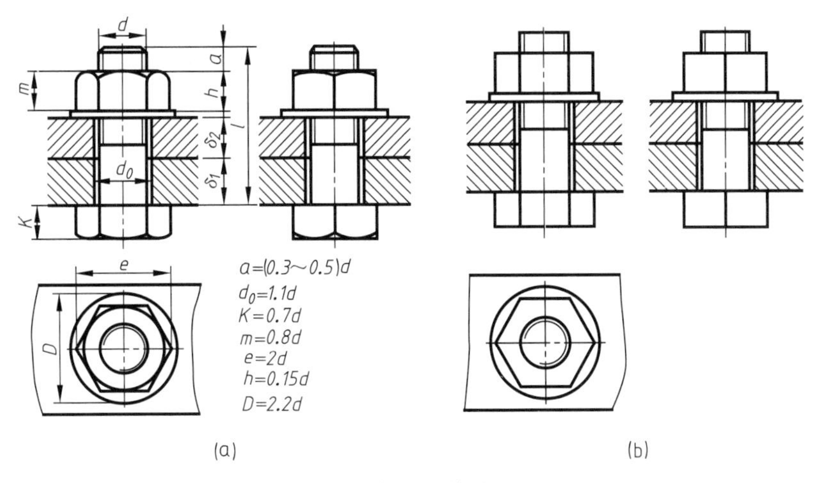

图 7-15　螺栓连接的画法

7.2.3　螺柱连接

双头螺柱连接主要用于被连接件之一较厚，或不允许钻成通孔而难于采用螺栓连接的场合。连接时螺柱的一端（旋入端）旋入一厚度较大零件的螺孔中，另一端穿过一厚度不大零件的光孔，套上垫圈，旋紧螺母，如图 7-16 所示。

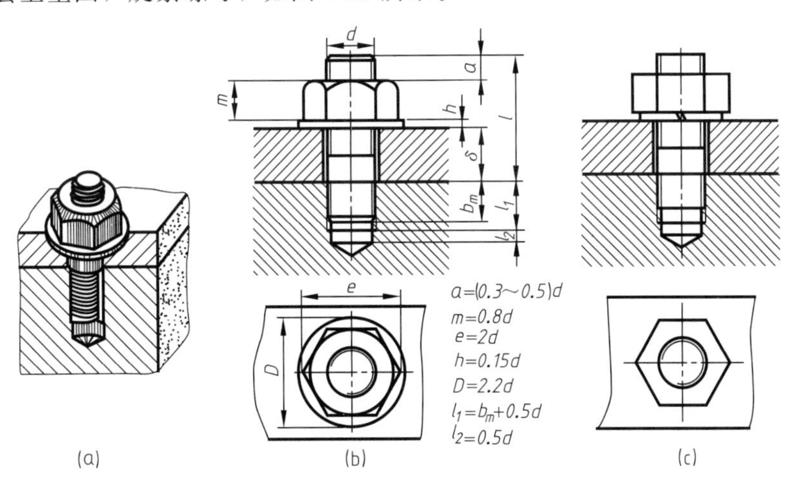

图 7-16　螺柱连接的画法

图 7-16（b）、（c）为螺柱连接的比例画法和简化画法，画图时应注意以下几点：

① 螺柱的旋入端长度 b_m 按被连接件的材料选取（钢取 $b_m=d$；铸铁或铜取 $b_m=1.25d\sim1.5d$；铝等轻金属取 $b_m=2d$）。螺柱其他部分的比例关系，可参照螺栓的螺纹部分选取。

② 图 7-16（c）中的垫圈为弹簧垫圈，有防松的作用。画弹簧垫圈时，开口采用粗线，从左上方向右下方绘制，与水平成 60°角。比例关系为：$h=0.1d$，$D=1.3d$。

③ 旋入端的螺纹终止线应与两零件的接触面平齐，在图中画成一条线，表示旋入端的螺纹全部旋入螺孔中。

④ 公称长度按下式计算并取标准值。

$$l=\delta+m+h+(0.3\sim0.5)d$$

7.2.4　螺钉连接

螺钉连接主要用于受力不大且不经常拆卸的两零件间的连接。连接时将螺钉穿过一厚度不大零件的光孔，并旋入另一个零件的螺孔中，将两个零件固定在一起。

螺钉按用途可分连接螺钉和紧定螺钉两类，前者多用于很少拆卸，而且被连接件之一常常无法加工通孔的情况；后者则用于固定两个零件的相对位置。

(1) 连接螺钉

连接螺钉的公称长度按下式计算并取标准值。

$$l=\delta+b_m$$

式中，δ 为通孔零件厚度，b_m 为螺纹旋入深度，可根据被旋入零件的材料确定（同双头螺柱）。

画装配图时应注意以下几点：

① 螺钉上的螺纹终止线应高于两零件的接触面，以保证两个被连接的零件能够被旋紧。

② 螺钉头部的开槽用粗线（宽约 $2d$，d 为粗实线线宽）表示，在垂直于螺钉轴线的视图中一律按向右倾斜 45°画出。

③ 被连接件上螺孔部分的画法与螺柱相同。

螺钉根据头部形状不同有许多类型，几种常用螺钉装配图的比例画法如图 7-17 所示。

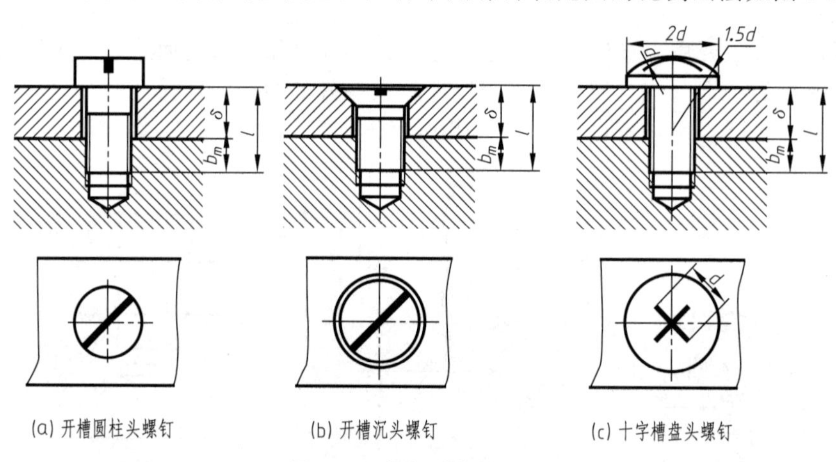

图 7-17　螺钉连接的画法

(2) 紧定螺钉

图 7-18 所示为用紧定螺钉连接轴和轮毂的装配图绘制方法，一个开槽锥端紧定螺钉旋

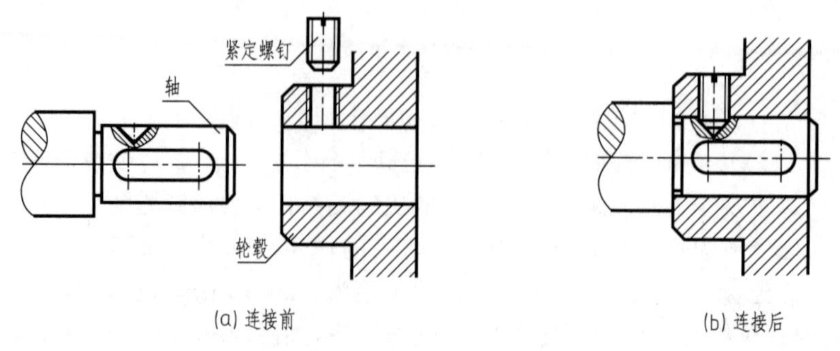

图 7-18　紧定螺钉的画法

入轮毂的螺孔中，使螺钉头部的 90°（120°）锥顶角与轴上的 90°（120°）锥坑压紧，从而达到固定轴和轮毂相对位置的目的。紧定螺钉用于定位，其装配图画法如图 7-18（b）所示。

7.3　键、销连接

7.3.1　键

（1）键的功用及种类

键主要是实现轴和轴上零件（齿轮、带轮、链轮等）的周向固定，使其不产生相对转动，并传递运动和转矩；其次，键也可用于轴向固定连接和轴向移动连接，如图 7-19 所示。

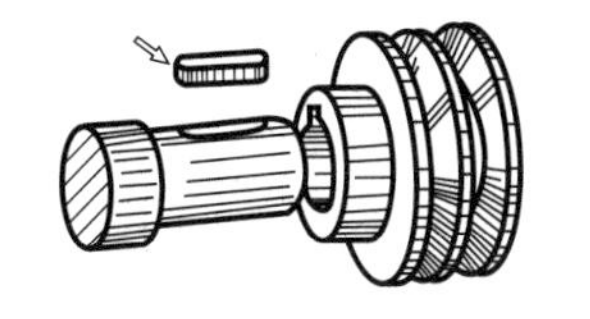

(a) 普通平键连接

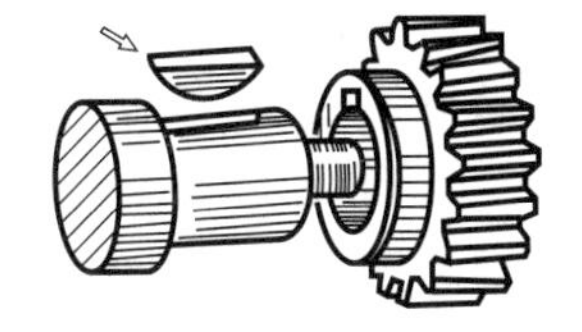

(b) 半圆键连接

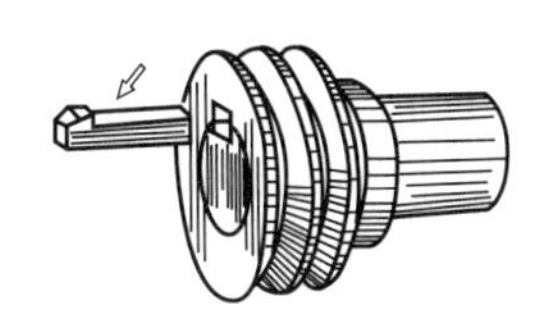

(c) 钩头楔键连接

图 7-19　键连接

键是标准件，常用的键有普通平键、半圆键、钩头楔键三种，如图 7-20 所示。最常用的是普通平键，普通平键按形状分为 A 型（两端为圆头）、B 型（两端为平头）和 C 型（一端为圆头、另一端为平头）三种。半圆键由于具有自动调位的功能，主要用于锥形轴，其连接与普通平键类似。钩头楔键因连接后易产生偏心而应用相对较少。

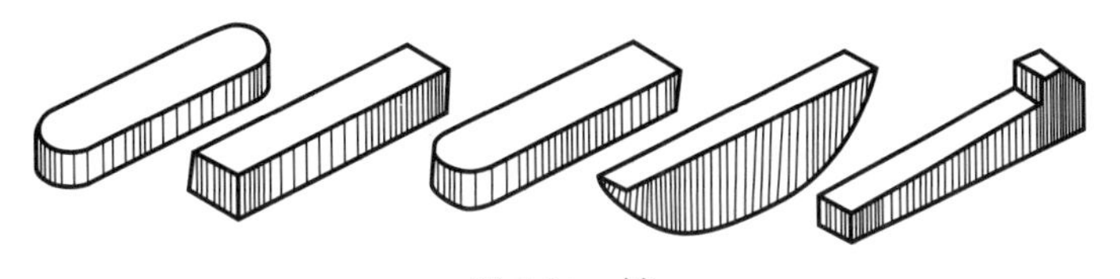

图 7-20　键

（2）键的画法与标记

普通平键、半圆键和钩头楔键的画法及标记示例见表 7-5。

表 7-5　常用键的图例及标记示例

名称	图　例	标记示例
普通平键	C h 0.5b b L	宽度 $b=8$mm，高度 $h=7$mm，键长 $L=25$mm 的圆头普通平键（A 型）的标记为： GB/T 1096—2003　键　8×7×25 注：A 型普通平键不注“A”
半圆键	b d_1 h C	宽度 $b=6$mm，高度 $h=10$mm，轴径 $d_1=25$mm 的半圆键的标记为： GB/T 1099.1—2003　键　6×10×25

续表

名称	图　例	标记示例
钩头楔键	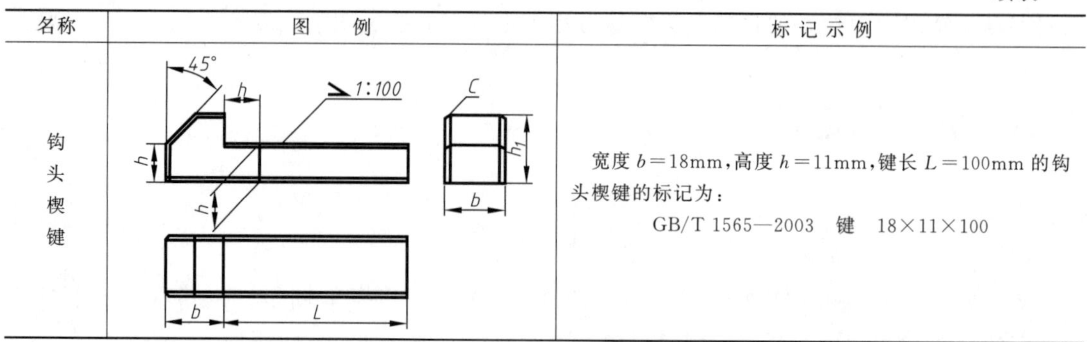	宽度 $b=18$mm，高度 $h=11$mm，键长 $L=100$mm 的钩头楔键的标记为： GB/T 1565—2003　键　18×11×100

普通平键和半圆键的两个侧面是工作面，在装配图中，键与键槽侧面之间应不留间隙。而键的顶面是非工作面，它与轮毂的键槽顶面之间应留有间隙，如图 7-21 和图 7-22 所示。

钩头楔键的上表面有 1∶100 的斜度，装配时需要将键沿轴向打入键槽内，故键的上下面均是工作面，在装配图中，键与键槽上下面之间应不留间隙。而键的两侧面是非工作面，与键槽的两侧面之间应留有间隙，如图 7-23 所示。

键和键槽的尺寸是根据被连接的轴或孔的直径确定的，可通过有关手册查得。

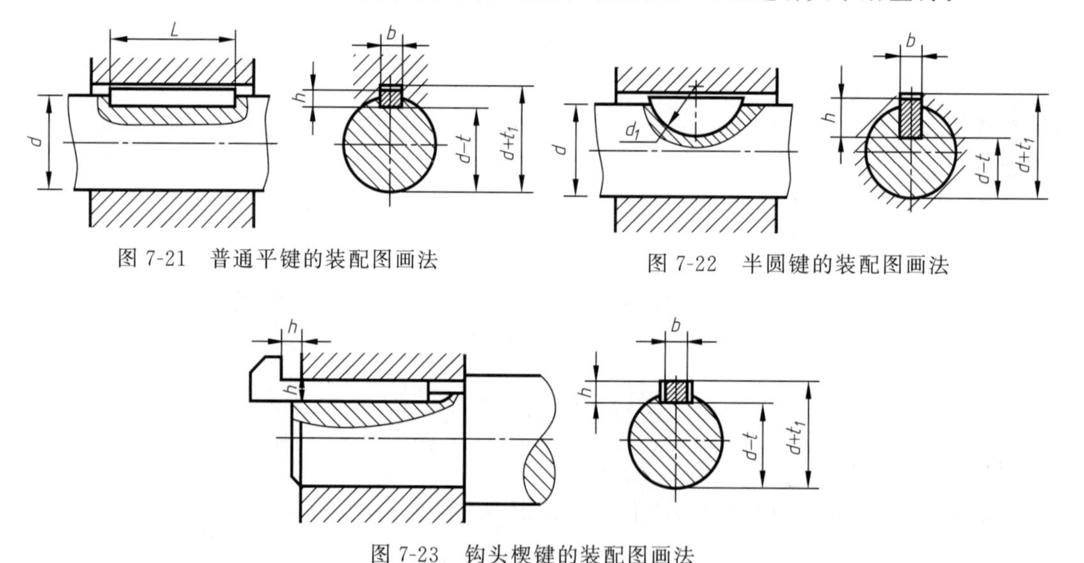

图 7-21　普通平键的装配图画法

图 7-22　半圆键的装配图画法

图 7-23　钩头楔键的装配图画法

7.3.2　销

(1) 销的功用及种类

销主要用于零件间的连接或定位，也用于安全装置中的过载保护元件。销属于标准件，常用的有圆柱销、圆锥销和开口销，如图 7-24 所示。

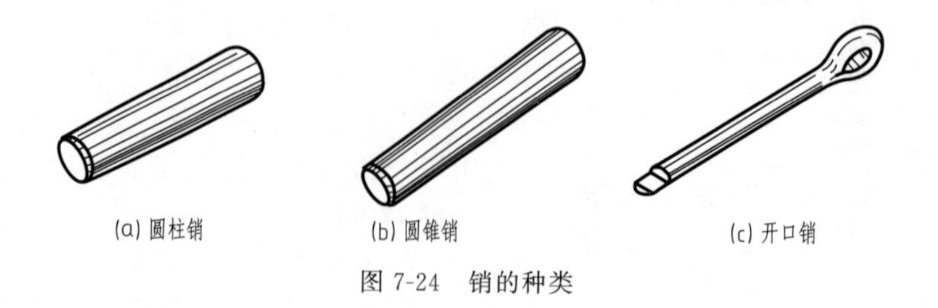

(a) 圆柱销　(b) 圆锥销　(c) 开口销

图 7-24　销的种类

圆柱销用于定位和连接，工件需要配作铰孔，可传递的载荷较小。圆锥销用于定位和连接，圆锥销制成 1∶50 的锥度，安装、拆卸方便，定位精度高。开口销与槽形螺母配合使用，用于锁定其他零件，拆卸方便、工作可靠。

（2）销的画法和标记

销及销连接的画法和标记示例见表 7-6。

表 7-6　销及销连接的画法和标记示例

名称	图例	连接画法	标记示例
圆柱销			公称直径为 $d=8$mm，公称长度 $L=32$mm，材料为 35 钢，热处理硬度为 28～38HRC、表面氧化处理的 A 型圆柱销标记为： 销　GB/T 119—2000　A8×32
圆锥销			公称直径为 $d=5$mm，公称长度 $L=32$mm，材料为 35 钢，热处理硬度为 28～38HRC，表面氧化处理的 A 型圆锥销的标记为： 销　GB/T 117—2000　5×32
开口销			公称规格为 $d=5$mm，公称长度 $L=50$mm，材料为 Q215，不经表面处理的开口销标记为： 销　GB/T 91—2000　5×50

用销连接或定位的两个零件上的销孔是在装配时一起加工的，在零件图上应当注明，如图 7-25 所示。圆锥销的尺寸应引出标注。

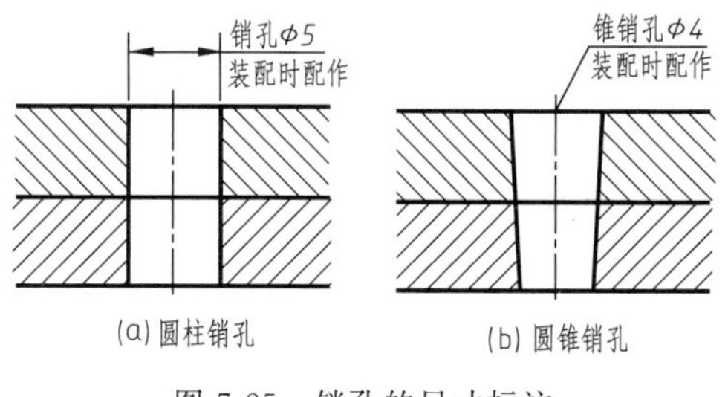

图 7-25　销孔的尺寸标注

7.4　齿轮

在机械传动装置中，齿轮是应用广泛的传动件之一。通过齿轮啮合，可以传动动力、改变转速及方向。齿轮用于两轴间传递运动或动力，属于常用件，只有部分结构和参数进行了标准化。齿轮的种类很多，根据其传动情况可分为三类：

① 圆柱齿轮：用于平行两轴间的传动，如图 7-26（a）所示。

② 圆锥齿轮：用于相交两轴间的传动，如图 7-26（b）所示。

③ 蜗轮蜗杆：用于交叉两轴间的传动，如图 7-26（c）所示。

(a) 圆柱齿轮传动 (b) 圆锥齿轮传动 (c) 蜗轮蜗杆传动

图 7-26 齿轮传动

7.4.1 圆柱齿轮

圆柱齿轮的外形为圆柱，有直齿、斜齿和人字齿三种，如图 7-27 所示。齿廓曲线有渐开线、摆线和圆弧，一般为渐开线。下面主要介绍直齿圆柱齿轮的基本知识和规定画法。

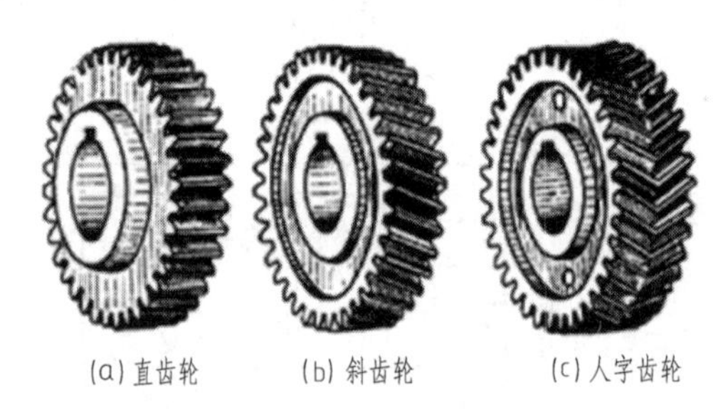

(a) 直齿轮 (b) 斜齿轮 (c) 人字齿轮

图 7-27 圆柱齿轮

（1）直齿圆柱齿轮的轮齿结构和主要参数

直齿圆柱齿轮的各部分名称及代号如图 7-28 所示。

① 齿顶圆：通过齿轮轮齿顶部的圆称为齿顶圆，直径用 d_a 表示。

② 齿根圆：通过齿轮轮齿根部的圆称为齿根圆，直径用 d_f 表示。

③ 分度圆：标准齿轮的齿厚与齿间相等时所在位置的圆称分度圆，直径用 d 表示。加工齿轮时，分度圆作为轮齿分度使用。

④ 齿高：轮齿齿顶圆与齿根圆之间的径向距离称为齿高，用 h 表示。其中，齿顶圆与分度圆之间的径向距离称为齿顶高，用 h_a 表示。分度圆与齿根圆之间的径向距离称为齿根高，用 h_f 表示。齿高是齿顶高与齿根高之和，即

$$h=h_a+h_f$$

⑤ 齿距：分度圆上相邻两齿对应点之间的弧长称为齿距，用 p 表示。其中，在分度圆上每一齿的两侧对应齿廓之间的弧长称为齿厚，用 s 表示。一个齿槽的两侧对应齿廓之间的弧长称为槽宽，用 e 表示。$p=s+e$，在标准齿轮中，$s=e=p/2$。

⑥ 模数：以 z 表示齿轮的齿数，则分度圆周长为：$\pi d=pz$，所以 $d=z(p/\pi)$，令比值 $p/\pi=m$，即

$$d=mz$$

m 称为齿轮的模数，其单位是 mm，为齿轮的标准参数，可见，在齿数一定的情况下，模数 m 值越大，齿轮的承载能力越大。为了便于设计和制造，减少加工齿轮的刀具数量，

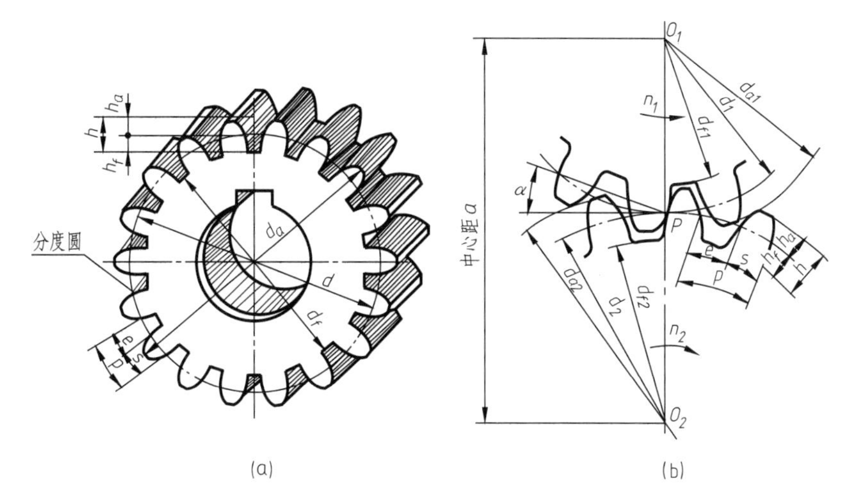

图 7-28　直齿圆柱齿轮的轮齿结构和主要参数

国家标准对齿轮模数作了统一的规定，见表 7-7。

表 7-7　标准模数（摘自 GB/T 1357—2008）　mm

第一系列	1,1.25,1.5,2,2.5,3,4,5,6,8,10,12,16,20,25,32,40,50
第二系列	1.125,1.375,1.75,2.25,2.75,3.5,4.5,5.5,(6.5),7,9,11,14,18,22,28,35,45

注：优先选用第一系列，其次是第二系列，括号内的模数尽可能不用。

⑦ 压力角：一对齿轮啮合时，齿廓在啮合点处的受力方向与该点瞬时速度方向所夹的锐角称为压力角，用 α 表示。如图 7-28（b）所示，我国规定标准齿轮的压力角 $\alpha=20°$。

一对相互啮合的标准直齿圆柱齿轮，模数和压力角必须相等。若已知它们的模数和齿数，则可以计算出轮齿的其他尺寸，计算公式见表 7-8。

表 7-8　标准直齿圆柱齿轮的尺寸计算公式

基本参数	名称	符号	计算公式
模数 m	齿顶圆直径	d_a	$d_a=m(z+2)$
	分度圆直径	d	$d=mz$
	齿根圆直径	d_f	$d_f=m(z-2.5)$
	齿顶高	h_a	$h_a=m$
齿数 z	齿根高	h_f	$h_f=1.25m$
	齿高	h	$h=h_a+h_f=2.25m$
	模数	m	$m=p/\pi$
	中心距	a	$a=(d_1+d_2)/2=m(z_1+z_2)/2$

（2）圆柱齿轮的规定画法

国家标准（GB/T 4459.2—2003）对齿轮的轮齿部分画法有以下规定：在投影为圆的视图中，分别用齿顶圆、分度圆和齿根圆表示，在非圆视图中，分别用齿顶线、分度线和齿根线表示。

① 单个齿轮的画法：在表示外形的两视图中，齿顶圆和齿顶线用粗实线绘制；分度圆和分度线用点画线绘制；齿根圆和齿根线用细实线绘制，也可以省略不画，如图 7-29（a）所示。在剖视图中，当剖切平面通过齿轮的轴线时，轮齿一律按不剖绘制。这时，齿根线用粗实线绘制，如图 7-29（b）所示。斜齿轮或人字齿轮则在非圆视图上用三条与齿形线方向一致的细实线表示轮齿的方向，如图 7-29（c）所示。

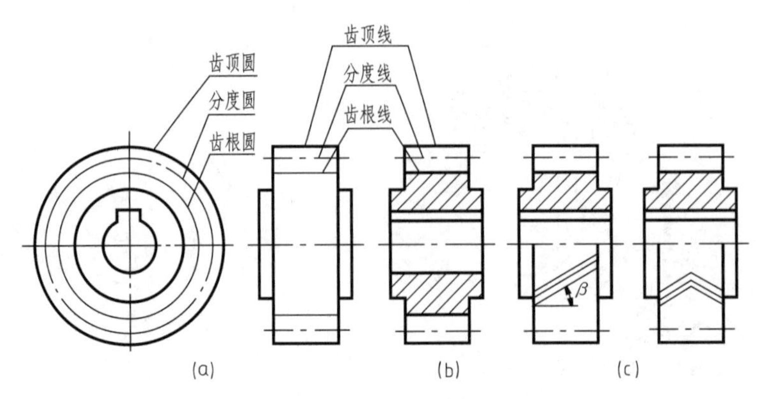

图 7-29 单个圆柱齿轮的画法

② 圆柱齿轮啮合的画法：两标准齿轮相互啮合时，它们的分度圆处于相切位置，其规定画法如下：

a. 在投影为圆的视图中，齿顶圆均用粗实线绘制，如图 7-30（a）所示。啮合区域内的齿顶圆也可以省略不画，如图 7-30（b）所示。用点画线画出相切的两分度圆；两齿根圆用细实线绘制，也可以省略不画，如图 7-30 所示。

b. 在非圆外形视图，啮合区内两齿轮的分度线重合，用粗实线绘制，其他处的分度线仍用点画线绘制，如图 7-30（c）所示。若非圆视图取剖视，啮合区域两齿轮分度线重合，用点画线绘制；两齿轮的齿根线用粗实线绘制；两条齿顶线中，一条画成粗实线，另一条用虚线绘制，如图 7-30（a）所示。此外，一个齿轮的齿顶线和另一个齿根线之间应有 0.25m 的间隙，如图 7-31 所示。

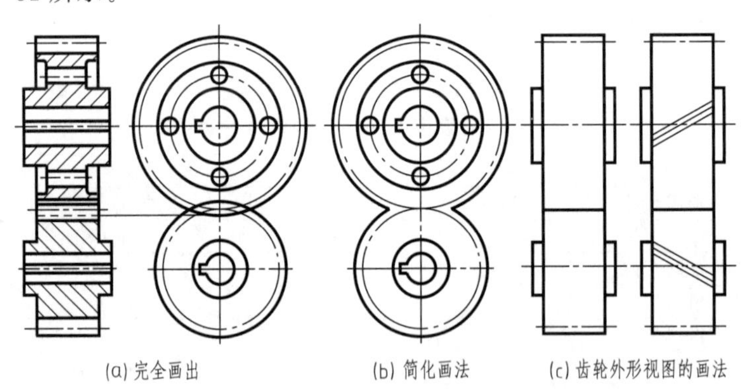

图 7-30 圆柱齿轮的啮合画法

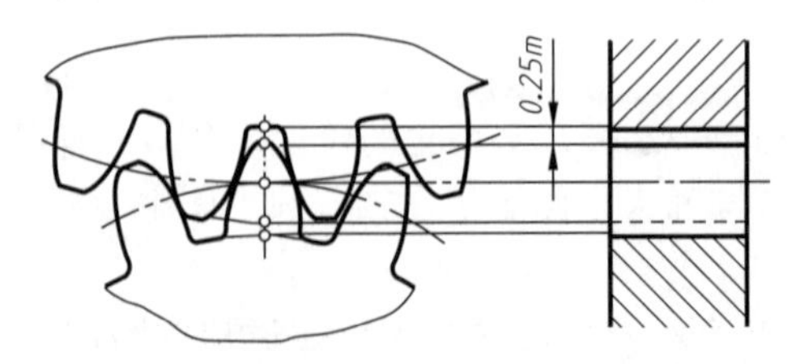

图 7-31 轮齿啮合区投影的表达方法

（3）圆柱齿轮的零件图

在齿轮零件图上，齿顶圆直径、分度圆直径及有关齿轮的基本尺寸必须直接注出，齿根圆直径规定不注，除此以外，在图样左上角的参数表中，注出模数、齿数、压力角、螺旋角

（斜齿轮）等基本参数，如图 7-32 所示。

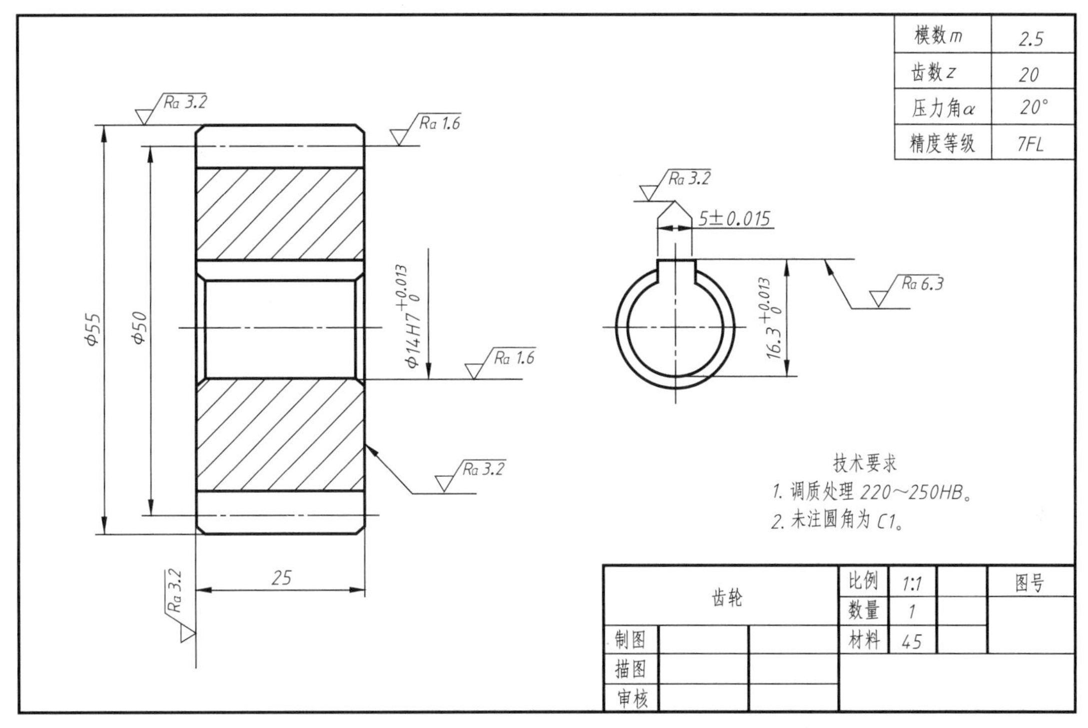

图 7-32　圆柱齿轮的零件图

7.4.2　圆锥齿轮

（1）直齿圆锥齿轮的各部分名称及尺寸关系

圆锥齿轮的轮齿分布在圆锥面上，因此它的轮齿一端大、一端小，齿厚和齿高的大小沿着圆锥素线方向而变化，如图 7-33 所示。圆锥齿轮轴线与分度锥素线间的夹角称为分度圆锥角，是圆锥齿轮的一个基本参数，当两圆锥轴线正交时 $\delta_1+\delta_2=90°$。为了设计和制造方便，国家标准规定以大端模数为标准来计算和决定其他各部分的基本尺寸，见表 7-9。

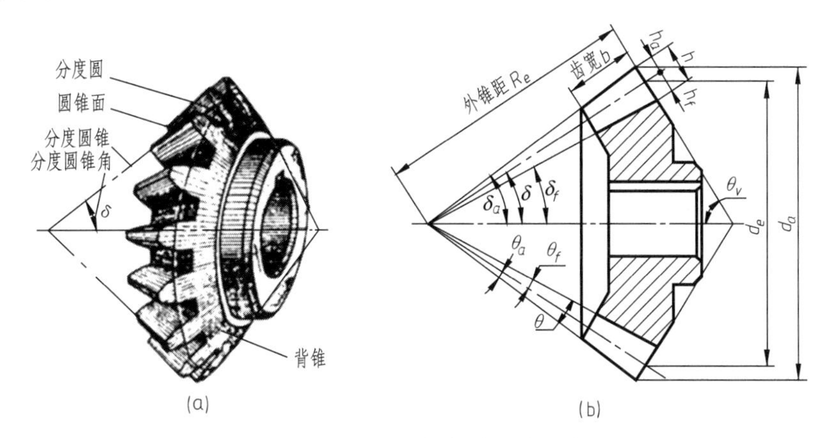

图 7-33　圆锥齿轮各部分名称及代号

（2）圆锥齿轮的规定画法

① 单个圆锥齿轮的画法：圆锥齿轮的画法与圆柱齿轮的画法基本相同。如图 7-34 所示，通常将投影为非圆的主视图画成剖视，轮齿部分仍按不剖绘制；在投影为圆的左视图

中，规定用点画线画出大端的分度圆，用粗实线画出大端和小端的齿顶圆，齿根圆一律不画。若齿轮为斜齿时，在非圆视图的外形上加画三条平行的细实线表示轮齿的方向，如图 7-34（d）所示。

表 7-9　直齿圆锥齿轮各基本尺寸的计算公式

基本参数：模数 m，齿数 z，压力角 α，分度圆锥角 δ		
名称	代号	计算公式
齿顶高	h_a	$h_a=m$
齿根高	h_f	$h_f=1.2m$
齿高	h	$h=h_a+h_f=2.2m$
分度圆直径	d	$d=mz$
齿顶圆直径	d_a	$d_a=m(z+2\cos\delta)$
齿根圆直径	d_f	$d_f=m(z-2.4\cos\delta)$
外齿距	R_e	$R_e=mz/(2\sin\delta)$
齿顶角	θ_a	$\tan\theta_a=2\sin\delta/z$
齿根角	θ_f	$\tan\theta_f=2.4\sin\delta/z$
分度圆锥角	δ	当 $\delta_1+\delta_2=90°$ 时，$\delta_1=90°-\delta_2$
顶锥角	δ_a	$\delta a=\delta+\theta_a$
根锥角	δ_f	$\delta_f=\delta-\theta_f$
背锥角	δ_v	$\delta_v=90°-\delta$
齿宽	b	$b\leqslant R_e/3$

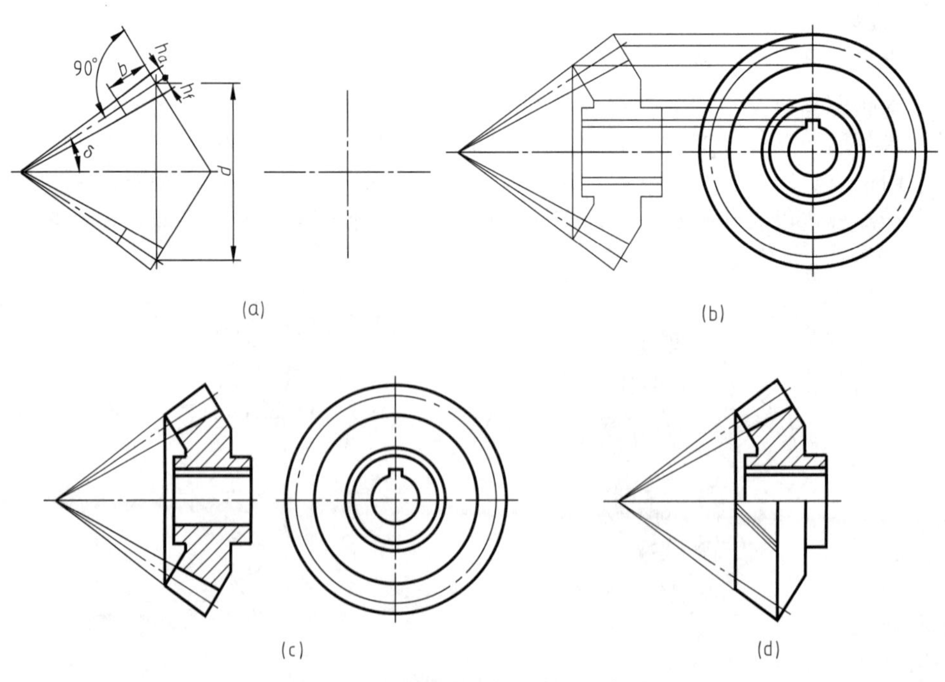

图 7-34　单个圆锥齿轮的画图步骤

② 圆锥齿轮啮合的画法：两标准圆锥齿轮啮合时，其模数、压力角相同，分度圆锥也一定相切，画图时主视图常取剖视，啮合部分与直齿圆柱齿轮画法相同，左视图画成外形图，其作图步骤如图 7-35 所示。

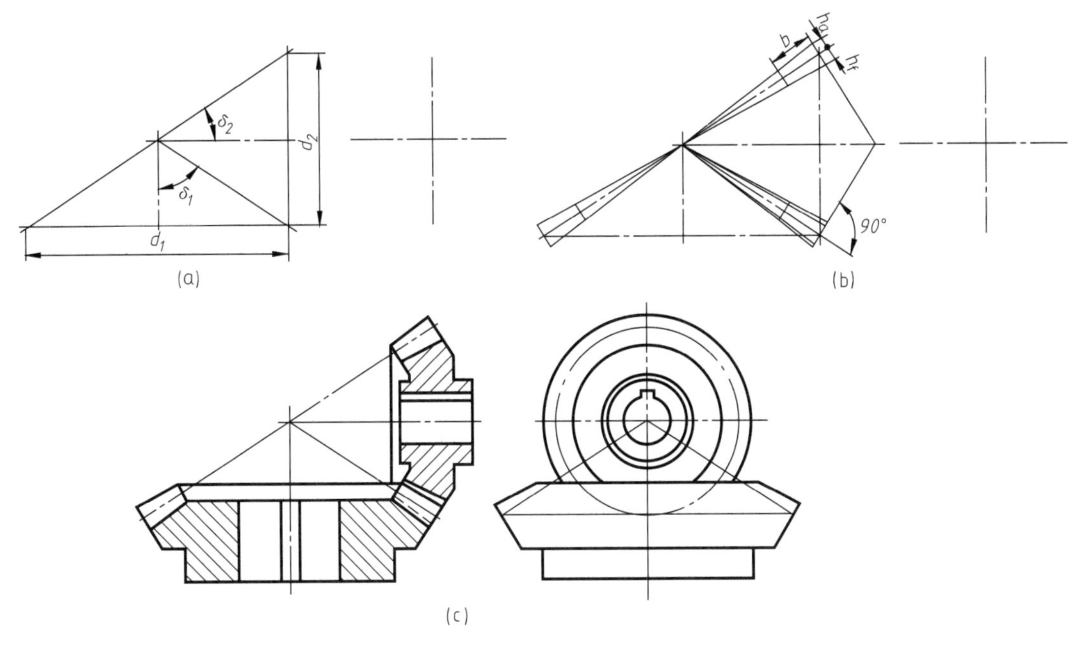

图 7-35　圆锥齿轮啮合的画图步骤

7.4.3　蜗轮蜗杆

蜗轮蜗杆是用来传递空间交叉两轴间的回转运动，两轴线的交叉角一般为 90°。如图 7-36 所示，蜗轮和蜗杆的齿向是螺旋形的，蜗轮的轮齿顶面通常制成环面。蜗杆是主动件，蜗轮是从动件。蜗杆轴向断面内的齿形为标准齿形，它类似齿条的轴向断面，蜗轮在最小齿顶断面内的齿形为渐开线齿形，因此，蜗轮蜗杆的传动可以理解为齿轮与齿条的传动。蜗杆的齿数 Z_1 又称为头数，相当于螺杆上螺纹的线数，蜗杆常用单头或双头，也就是蜗杆旋转一圈，蜗轮只转过一个齿或两个齿。因此，用蜗轮蜗杆传动可得到较大的速比（$i=Z_2/Z_1$，Z_2 为蜗轮的齿数）。

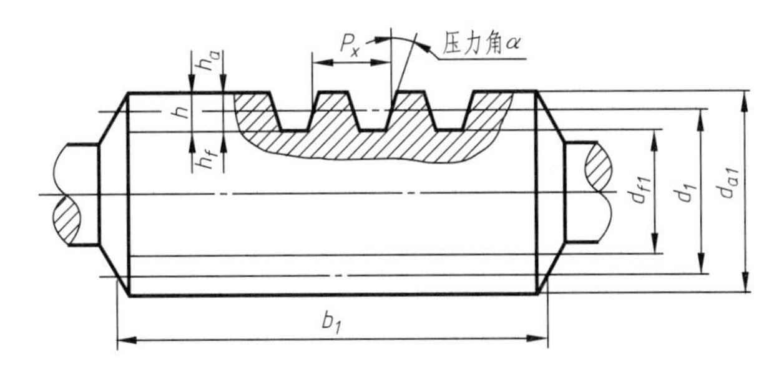

图 7-36　蜗杆画法及基本尺寸

(1) 蜗轮蜗杆各部分名称及尺寸计算

标准规定蜗杆的几何参数以轴向模数（轴向齿距 P_x 除以 π）m_x 为标准模数。一对啮合的蜗轮与蜗杆，除蜗杆的轴向模数等于蜗轮的端面模数 m_t 外，蜗轮的旋转角 β 与蜗杆的导程角 γ 也必须相等，方向相反。由于蜗轮的齿形主要取决于蜗杆的齿形，为了减少刀具的数量，便于标准化，还必须规定对应于每一个轴向模数 m_x 的蜗杆的分度圆直径 d_1。蜗杆的分度圆直径与轴向模数的比值（d_1/m_x）称为直径系数，用 q 表示，q 值随 m_x 而变，见表 7-10。蜗轮蜗杆的各部分名称和基本尺寸关系，见表 7-11、表 7-12。

表 7-10 标准模数和蜗杆的直径系列

模数 m_x	1,1.5	2	2.5,3,(3.5)	4,(4.5)	5	6,(7)	8,(9),10,12	14,16	18,20,25,(30)
直径系数 q	14	13	12	11	10,(12)	9,(11)	8,(11)	9	8

注：模数是指蜗杆的轴向模数，括号内的数值尽可能不选用。

表 7-11 标准蜗杆各基本尺寸的计算公式

基本参数：轴向模数 m_x，蜗杆头数 z_1，压力角 α，蜗杆直径系数 q

名　称	代　号	计算公式
齿顶高	h_{a1}	$h_{a1}=m_x$
齿根高	h_{f1}	$h_{f1}=1.2m_x$
齿高	h_1	$h_1=h_{a1}+h_{f1}=2.2m_x$
分度圆直径	d_1	$d_1=m_xq$
齿顶圆直径	d_{a1}	$d_{a1}=m_x(q+2)$
齿根圆直径	d_{f1}	$d_{f1}=m_x(q-2.4)$
轴向齿距	P_x	$P_x=\pi m_x$
导程角	γ	$\tan\gamma=z_1P_x/(\pi d_1)=z_1m_x/d_1=z_1/q$
蜗杆导程	P_z	$P_z=z_1P_x$
蜗杆齿宽	b_1	当 $z_1=1\sim2$ 时，$b_1=(13\sim16)m_x$ 当 $z_1=3\sim4$ 时，$b_1=(15\sim20)m_x$

表 7-12 标准蜗轮各基本尺寸的计算公式

基本参数：端面模数 m_t，蜗轮齿数 z_2，压力角 α（蜗杆与蜗轮啮合时模数 $m_x=m_t$）

名　称	代　号	计算公式
齿顶高	h_{a2}	$h_{a2}=m_t$
齿根高	h_{f2}	$h_{f2}=1.2m_t$
齿高	h_2	$h_2=h_{a2}+h_{f2}=2.2m_t$
分度圆直径	d_2	$d_2=m_tz_2$
齿顶圆直径	d_{a2}	$d_{a2}=m_t(z_2+2)$
齿根圆直径	d_{f2}	$d_{f2}=m_t(z_2-2.4)$
齿顶圆弧半径	R_a	$R_a=d_1/(2-m_t)$
齿根圆弧半径	R_f	$R_f=d_1/(2+1.2m_t)$
齿顶外圆直径	d_{e2}	当 $z_1=1$ 时，$d_{e2}\leqslant d_{a2}+2m_t$ 当 $z_1=2\sim3$ 时，$d_{e2}\leqslant d_{a2}+1.5m_t$ 当 $z_1=4$ 时，$d_{e2}\leqslant d_{a2}+m_t$
蜗轮宽度	b_2	当 $z_1\leqslant3$ 时，$b_2\leqslant0.75d_{a1}$ 当 $z_1=4$ 时，$b_2\leqslant0.67d_{a1}$
齿宽包角	θ	$2\theta=45°\sim130°$
中心距	a	$a=m_t(q+z_2)/2$

（2）蜗轮和蜗杆的规定画法

① 单个蜗轮与蜗杆的画法：蜗轮的规定画法如图 7-37 所示。在剖视图上，轮齿画法基本上与圆柱齿轮相同。在投影为圆的视图中，只画分度圆和齿顶外圆，而齿顶圆和齿根圆不必画出。

蜗杆的规定画法与圆柱齿轮的画法相同，如图 7-36 所示。齿形可用局部剖视图或放大图来表示。

② 蜗轮和蜗杆啮合的画法：如图 7-38 所示，在蜗杆投影为圆的视图中，啮合区域内蜗

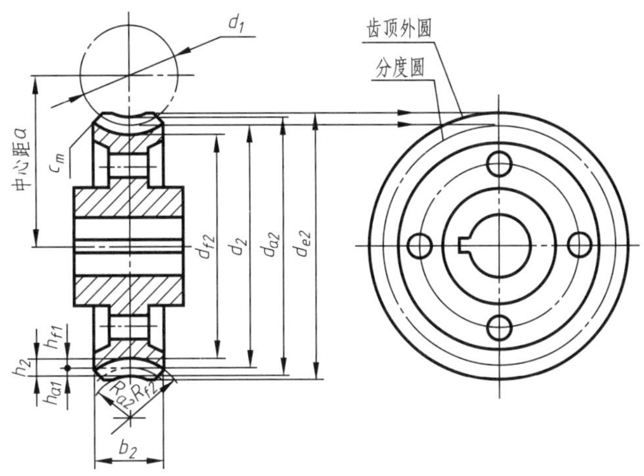

图 7-37　蜗轮的画法

轮被蜗杆遮挡的部分不必画出；在蜗轮投影为圆的视图中，啮合区域内蜗轮的节圆与蜗杆的节线相切。

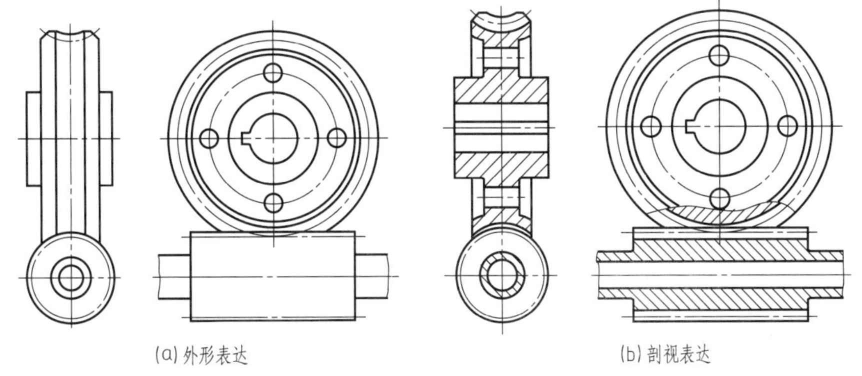

图 7-38　蜗轮和蜗杆啮合的画法

7.5　螺旋件

7.5.1　弹簧

弹簧的用途很广，它的作用是减振、测力、夹紧、储能等。弹簧的类型有螺旋弹簧、涡卷弹簧、板弹簧等，如图 7-39 所示。螺旋弹簧按承受载荷的不同分为压力弹簧、拉力弹簧

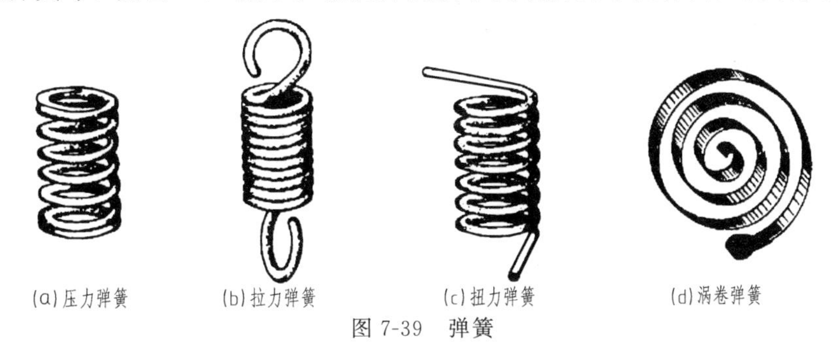

图 7-39　弹簧

和扭力弹簧。本节主要介绍圆柱螺旋压缩弹簧的各部分名称及规定画法。

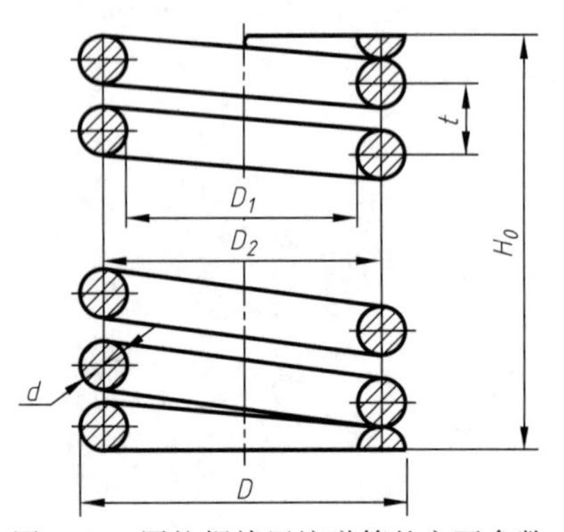

图 7-40 圆柱螺旋压缩弹簧的主要参数

（1）圆柱螺旋压缩弹簧的各部分名称和尺寸关系

圆柱螺旋压缩弹簧的主要参数如图 7-40 所示。

① 簧丝直径 d：制造弹簧所用钢丝的直径。

② 弹簧直径：

弹簧外径 D——弹簧的最大直径。

弹簧内径 D_1——弹簧的最小直径。

弹簧中径 D_2——过簧丝中心假想圆柱面的直径，$D_2=D-d$。

③ 节距 t：相邻两有效圈上对应点间的轴向距离。

④ 有效圈数 n、支承圈数 n_2 和总圈数 n_1：为使压缩弹簧端面受力均匀，弹簧两端应磨平并紧，磨平并紧部分的圈数称为支承圈数，它仅起支承作用，有 1.5 圈、2 圈及 2.5 圈三种。其中 2.5 圈用得最多。弹簧中间节距相同的圈数称为有效圈数，它是计算弹簧受力时的主要依据。有效圈数和支承圈数之和称为弹簧的总圈数

$$n_1=n+n_2$$

⑤ 自由高度 H_0：在弹簧不受力的情况，弹簧的高度

$$H_0=nt+(n_2-0.5)d$$

⑥ 弹簧展开长度 L：制造弹簧用的簧丝长度，可按螺旋线展开

$$L\approx n_1\sqrt{(\pi D_2)^2+t^2}$$

⑦ 旋向：分为左旋和右旋两种。

（2）弹簧的规定画法

圆柱螺旋压缩弹簧可画成视图、剖视图及示意图，其画法如图 7-41 所示。

① 在平行于弹簧轴线的视图中，各圈的螺旋轮廓线画成直线。

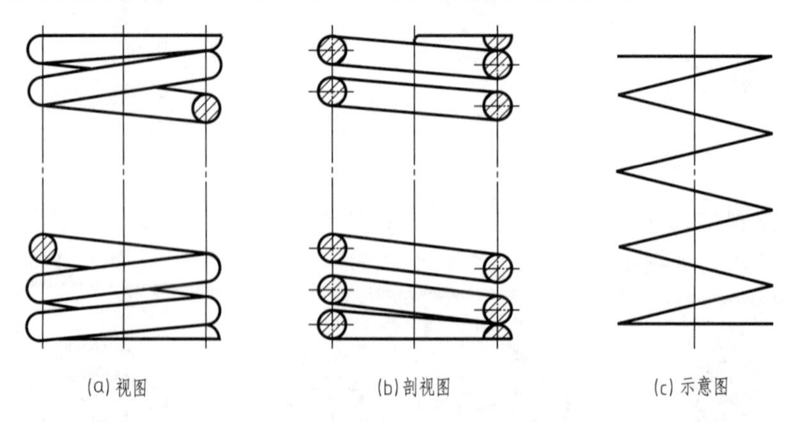

图 7-41 圆柱螺旋压缩弹簧的画法

② 无论左旋还是右旋，均可按右旋画出，但左旋螺旋弹簧要注写“LH”。

③ 有效圈数在四圈以上的螺旋弹簧，允许在两端仅画两圈（支承圈除外），中间断开省略不画。用通过中径的细点画线连接起来，两端只画 1～2 圈有效圈，中间部分省略后，可适当缩短图形的长度，但标注尺寸时仍按实际长度标注。

④ 无论螺旋压缩弹簧的支承圈数为多少，支承圈数按 2.5 圈、磨平圈数按 1.5 圈画出。

(3) 装配图中弹簧的画法

① 在装配图中，将弹簧看成一个实体，被弹簧挡住的结构不画出，如图 7-42 (a) 所示。

② 在剖视图中，若被剖切的弹簧簧丝断面直径在图中小于或等于 2mm 时，将断面涂黑表示，如图 7-42 (b) 所示。

③ 簧丝直径或厚度在图形上小于或等于 2mm 时，允许用单线（粗实线）示意画出，如图 7-42 (c) 所示。

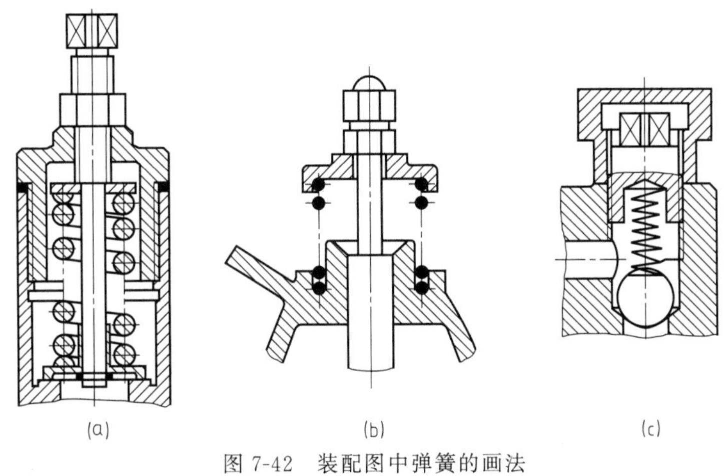

图 7-42　装配图中弹簧的画法

已知圆柱螺旋压缩弹簧的各参数 H_0、d、D_2、n_1、n_2，其作图步骤如图 7-43 所示。

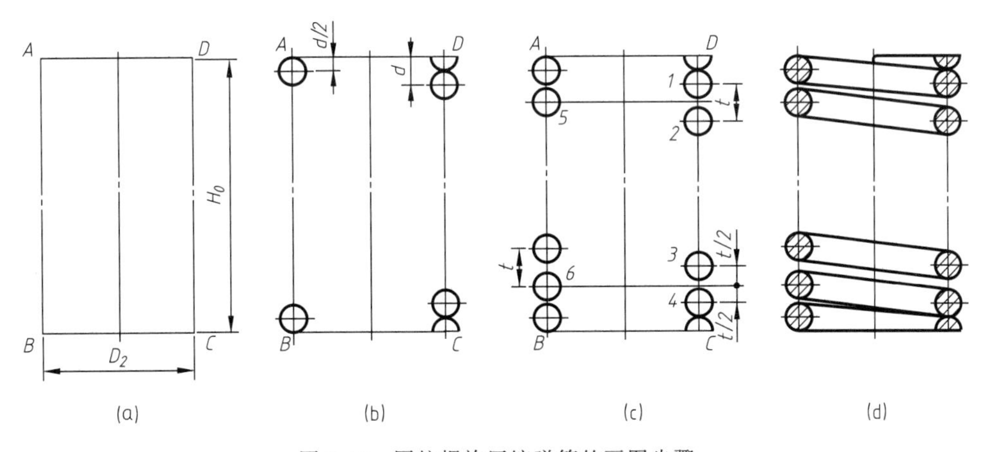

图 7-43　圆柱螺旋压缩弹簧的画图步骤

如图 7-44 所示，在绘制零件图时应注意：

a. 弹簧的参数应直接标注在图形上，若直接标注有困难时，可以在技术要求中说明。

b. 当需要表明弹簧的负荷与高度之间的变化关系时，必须用图解表示。

其中：P_1 为弹簧的预加负荷，P_2 为弹簧的最大负荷，P_3 为弹簧的允许极限负荷。

7.5.2　蛇管

蛇管是化工设备中一种常见的传热结构，一般都放置在设备内部，起加热或冷却作用，如图 7-45 所示。

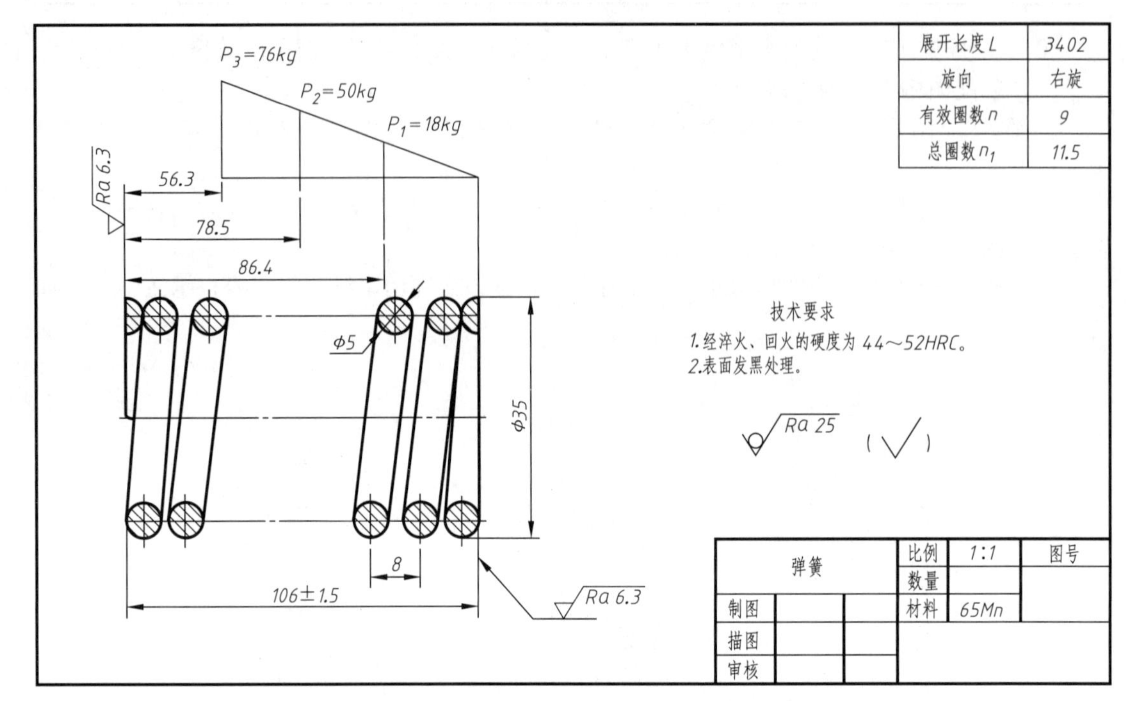

图 7-44 圆柱螺旋压缩弹簧的零件图

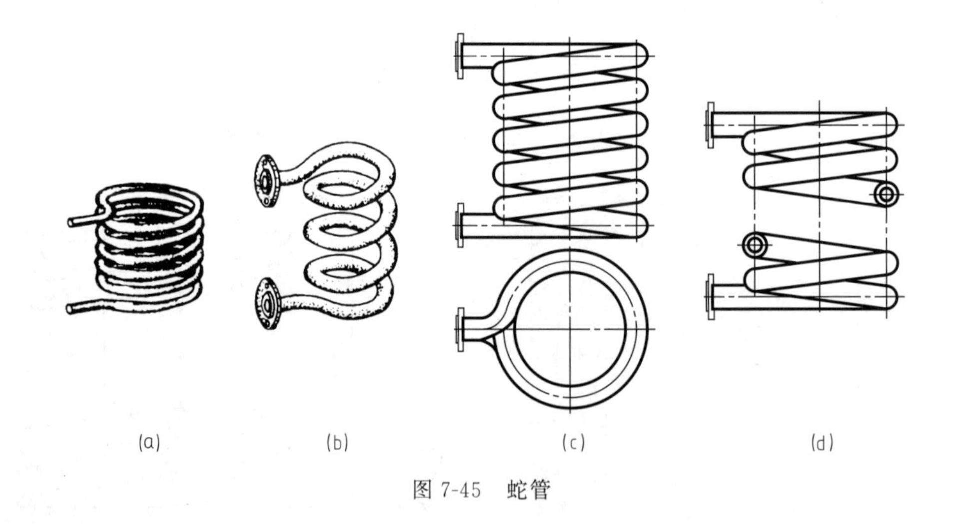

图 7-45 蛇管

(1) 蛇管的规定画法

① 在平行于蛇管轴线的视图中，各圈管子的中心线及轮廓线均画成直线。

② 蛇管两端的进出管线，可根据需要弯制成各种形状，分别由蛇管的主、俯视图表示两端弯曲圆弧的形状和大小，如图 7-45 (c) 所示。

③ 四圈以上的蛇管，中间各圈可省略，而只用中心线连接，并可适当缩短图形的高度，如图 7-45 (d) 所示。

(2) 蛇管的作图步骤

蛇管的画法与螺旋弹簧的画法基本相同，具体作图步骤如图 7-46 所示。在蛇管的外形图中，被遮挡的图线（虚线）可不画出，如图 7-46 (c) 所示。图 7-46 (d) 为蛇管的全剖视图画法，它表示了管子的壁厚及蛇管在剖切平面后各圈的轮廓线。

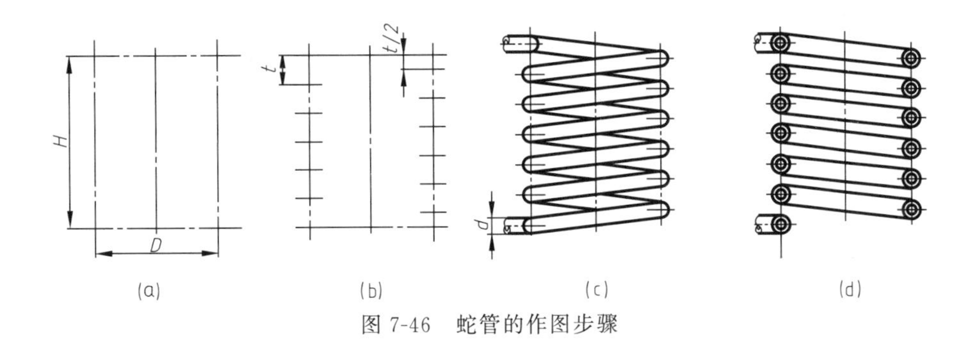

图 7-46　蛇管的作图步骤

7.6　滚动轴承

7.6.1　滚动轴承的结构及种类

滚动轴承是标准部件，由内圈、外圈、滚动体和保持架组成，在机器中用于支承轴旋转，轴承内圈套在轴上与轴一起转动，外圈装在机座孔中，如图 7-47 所示。

滚动轴承的种类很多，但结构大致相似，按其承受载荷的方向可分为三类：

① 向心轴承：主要承受径向载荷，如图 7-47（a）所示的深沟球轴承。

② 推力轴承：只能承受轴向载荷，如图 7-47（b）所示的推力球轴承。

③ 向心推力轴承：能同时承受径向和轴向载荷，如图 7-47（c）所示的圆柱滚子轴承。

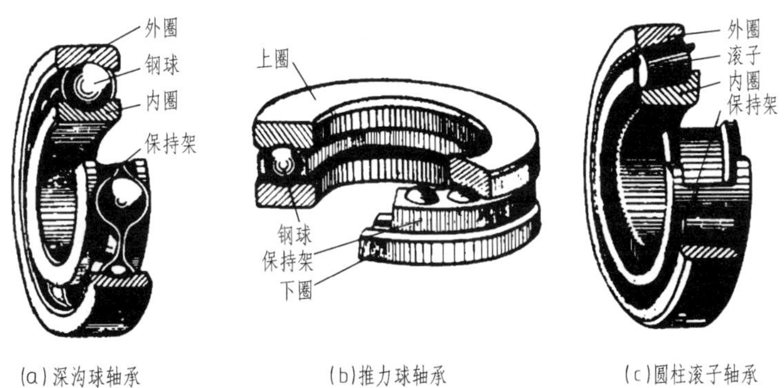

图 7-47　滚动轴承的结构

7.6.2　滚动轴承的代号

滚动轴承的代号由前置代号、基本代号和后置代号组成。

（1）基本代号

基本代号由轴承类型代号、尺寸系列代号和内径代号三部分自左向右顺序排列组成。

① 轴承的类型代号：用数字或字母表示，见表 7-13。

表 7-13　轴承类型代号（摘自 GB/T 272—2017）

代号	0	1	2	3	4	5	6	7	8	N	U	QJ	C
轴承类型	双列角接触球轴承	调心球轴承	调心滚子轴承和推力调心滚子轴承	圆锥滚子轴承	双列深沟球轴承	推力球轴承	深沟球轴承	角接触球轴承	推力圆柱滚子轴承	圆柱滚子轴承	外球面球轴承	四点接触球轴承	长弧面滚子轴承(圆环轴承)

② 尺寸系列代号：由轴承的宽（高）度系列和直径系列代号组合而成，用两位阿拉伯数字来表示。它的主要作用是区别内径相同而宽度和外径不同的轴承。具体代号需查阅相关标准。

③ 内径系列代号：表示轴承的公称内径，一般用两位阿拉伯数字表示：

代号数字为 00，01，02，03 时，分别表示轴承内径 d 为 10mm、12mm、15mm、17mm；

代号数字为 04～96 时，代号数字乘以 5，即得轴承内径；

轴承公称内径为 1～9mm、大于或等于 500mm 以及 22mm，28mm，32mm 时，用公称内径的毫米数直接表示，但与尺寸系列代号之间要用“/”隔开。

(2) 前置、后置代号

前置、后置代号是轴承在结构形状、尺寸、公差、技术要求等有改变时，在其基本代号前、后添加的补充代号。前置代号用字母表示，后置代号用字母（或字母加数字）表示。

轴承代号举例：

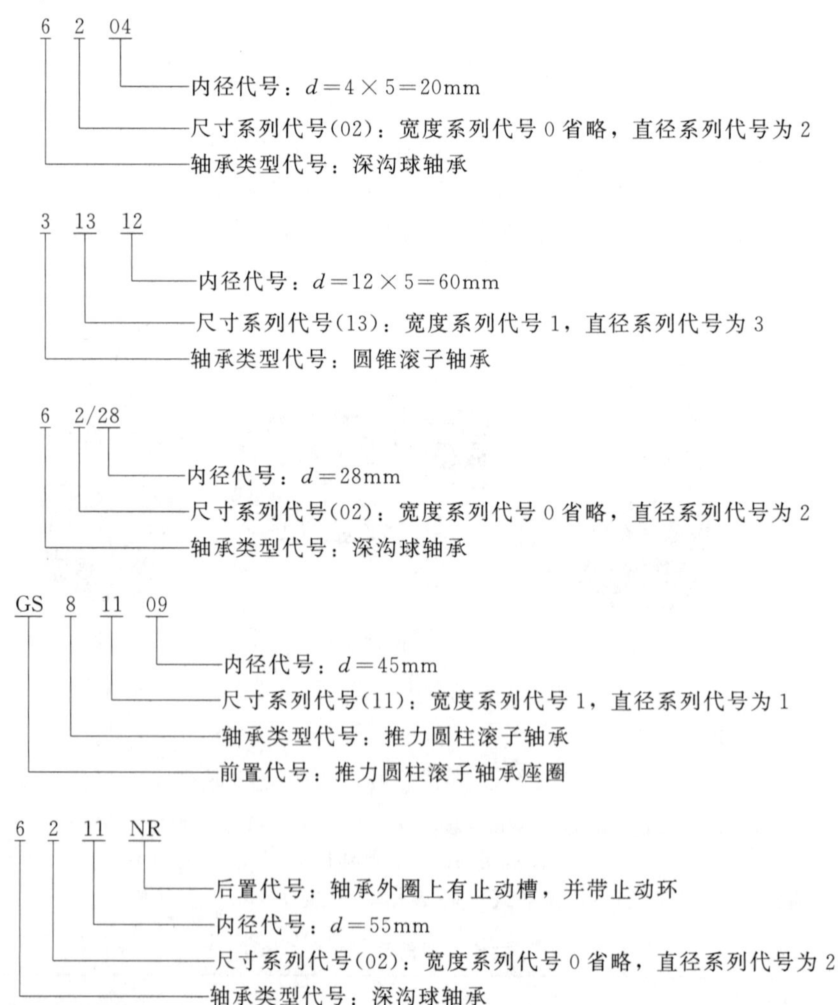

7.6.3 滚动轴承的规定画法

国家标准对滚动轴承的画法作了规定，分为简化画法和规定画法两种，其中简化画法又分为通用画法和特征画法，其画法见表 7-14。

表 7-14　滚动轴承的通用画法、特征画法、规定画法、装配画法

名称和标准号	查表主要数据	画法			装配画法
		简化画法		规定画法	
		通用画法	特征画法		
深沟球轴承 GB/T 276—2013	D d B		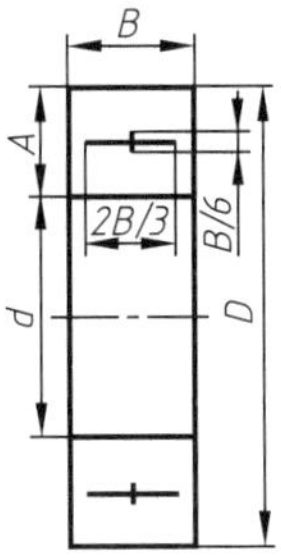	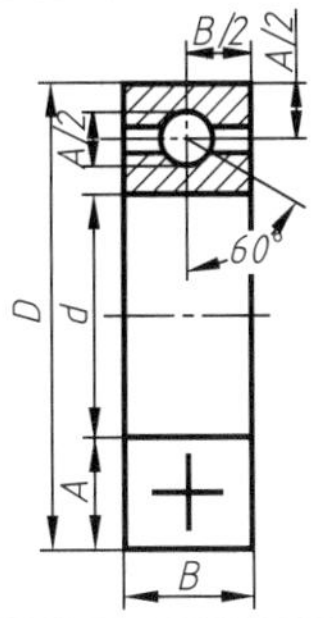	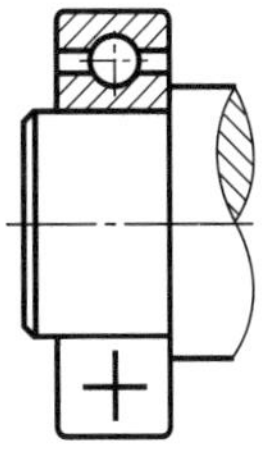
圆锥滚子轴承 GB/T 297—2015	D d B T C	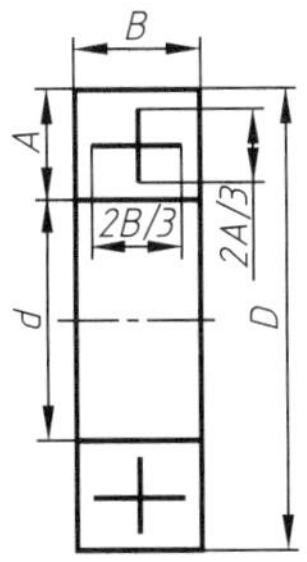	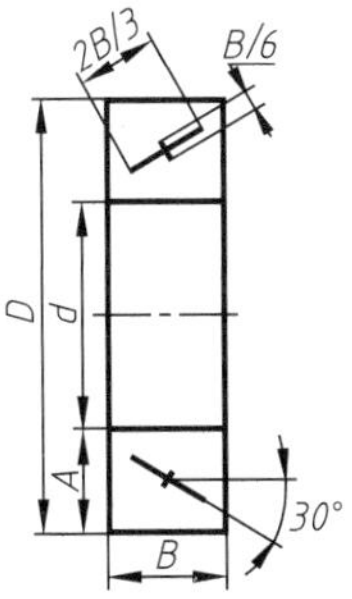	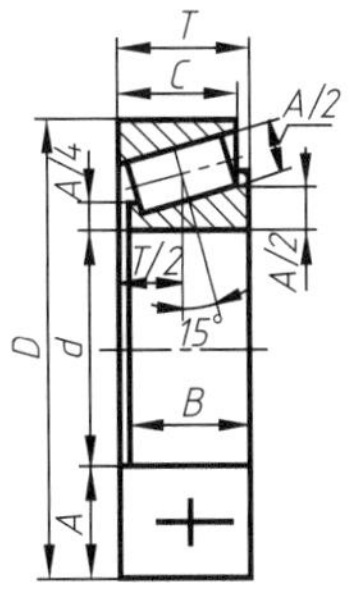	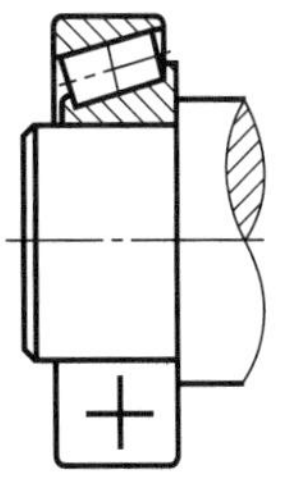
推力球轴承 GB/T 301—1995	D d T		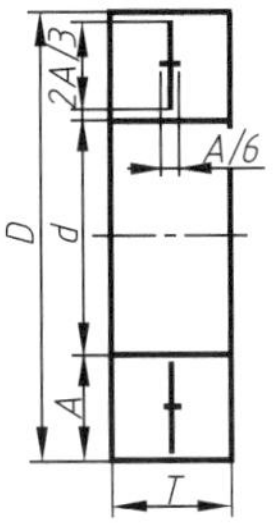	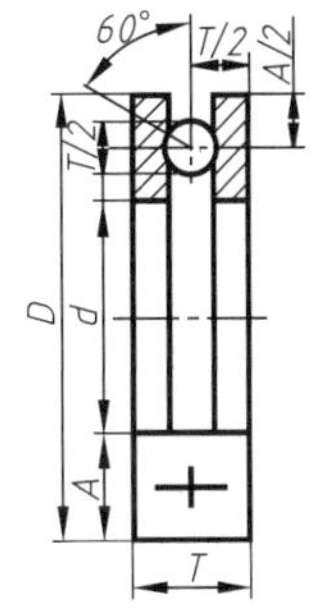	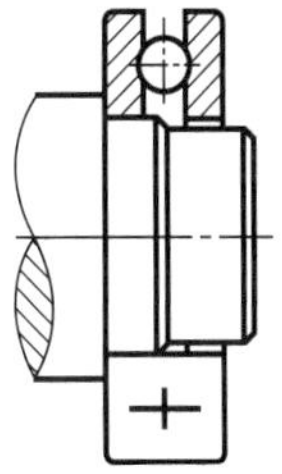

第8章 零 件 图

任何一台机器或一个部件都是由若干零件（标准件和专用件）按一定的装配关系和设计、使用要求装配而成的。表达机器、设备及其组成部分的形状、大小和结构的图样称为机械图样（是生产中的重要技术文件），包括零件图和装配图。表达机器或部件（统称装配体）的工作原理、运动方式、零件间的连接及其装配关系的图样，称为装配图。表达零件结构形状、大小及技术要求的工程图样称为零件图。

8.1 零件图概述

8.1.1 零件与装配体的关系

零件与装配体是局部与整体的关系。装配体的功能是由其组成零件来体现的，每一个零件在装配体中都担当一定的功用。设计时，一般先画出装配图，再根据装配图绘制非标准件的零件图；制造时，先根据零件图加工出成品零件，再根据装配图将各个零件装配成部件。

在识读或绘制机械图样时，要注意零件与装配体、零件图与装配图之间的密切联系，一般应注意以下几方面的问题。

① 要考虑零件在装配体中的作用，如支承、容纳、传动、配合、连接、安装、定位、密封、防松等，确定零件的基本结构和形状。

② 要考虑零件的材料、形状特点、不同部位的功用及相应的加工方法，完善零件的工艺结构，正确选择技术要求。

③ 要注意装配体中各相邻零件间形状、尺寸方面的协调关系，如配合、螺纹连接、对齐结构、间隙结构、与标准件连接的结构等，使零件的形状和尺寸正确体现装配要求。

如图 8-1 所示的齿轮泵，是由泵体、左端盖、右端盖、螺钉、螺栓、螺母、垫圈、销、键、齿轮等零件组合装配而成。设计齿轮泵时，需画出它的装配图和各零件图；制造时，根据零件图加工出零件，再按照装配图装配成齿轮泵。

8.1.2 零件图的作用与内容

零件图表达了设计思想，用于指导零件的加工制造和检验，是生产中的重要技术文件之一。零件按其获得方式可分为标准件和非标准件，标准件的结构、大小、材料等均已标准化，可通过外购方式获得；非标准件则需要自行设计、绘图和加工，如制造图 8-2 中的泵轴，应根据它在零件图上注明的材料、尺寸和数量等要求进行备料和加工，根据图样上所表示的各部分形状、大小和技术要求，制定出合理的加工工艺和检验手段。

从图 8-2 中可以看出，一张完整的零件图应包括如下内容。

（1）一组视图

用一组视图完整、清晰、简便地表达出零件的结构和形状。

（2）尺寸标注

正确、合理、完整、清晰地标注出零件在制造、检验中所需的全部尺寸。

（3）技术要求

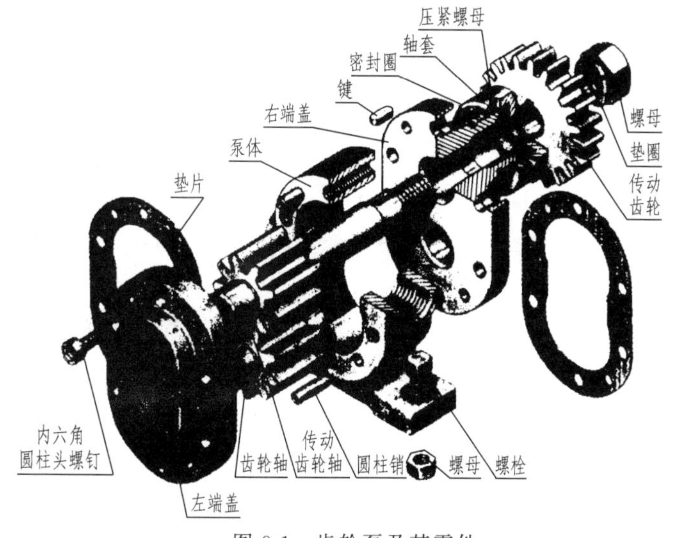

图8-1　齿轮泵及其零件

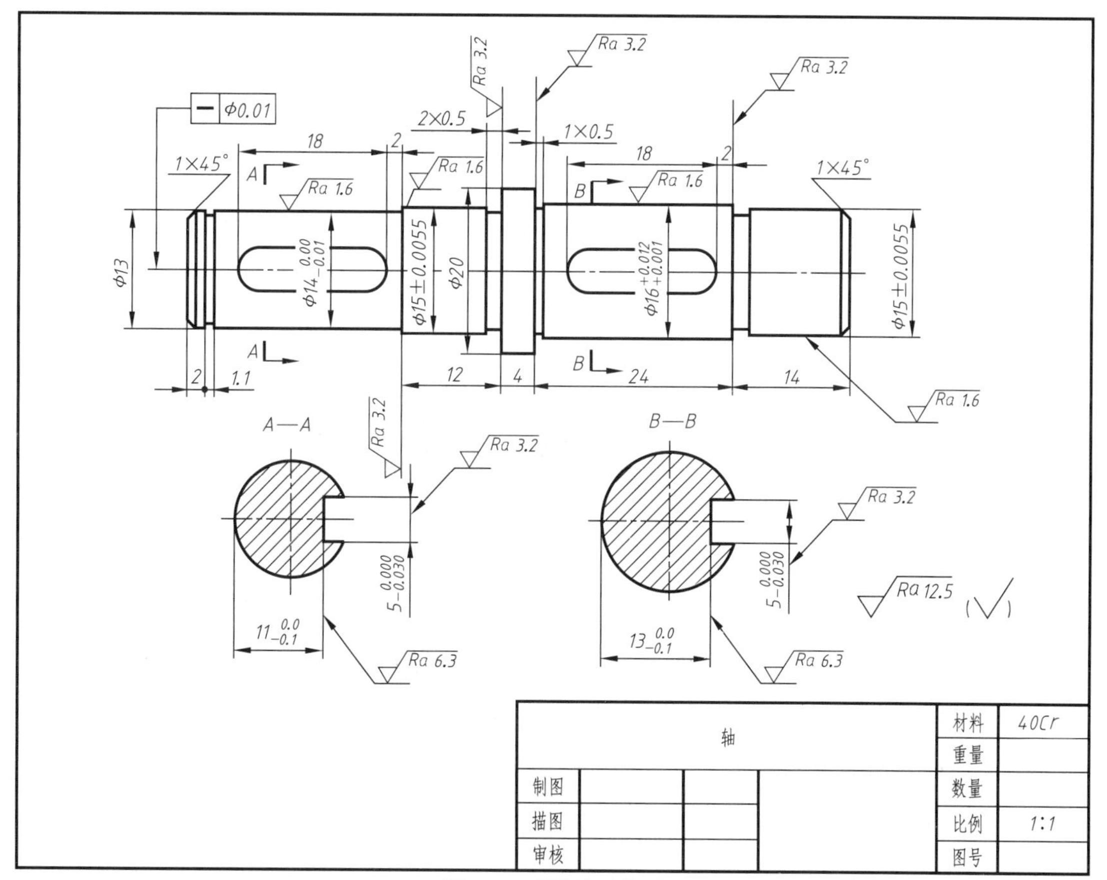

图8-2　泵轴的零件图

用规定的代号、数字、字母和文字注出制造、装配和检验零件时，在技术指标上应达到的要求，如表面粗糙度、尺寸公差、形状和位置公差、材料及热处理等。

（4）标题栏

填写零件名称、材料、数量、画图比例、设计、制图人员的签名及单位名称等项内容。

8.1.3 零件的分类及结构特征

根据零件的功能和结构形状的特点，大致可以分成轴套类、轮盘类、叉架类和壳体类4种类型，如图8-3所示。

(1) 轴套类零件

轴套类零件包括小轴、泵轴、衬套、柱塞套等。它们的结构特点一般是同轴线的回转体，且轴向尺寸大于径向尺寸。根据设计、加工、安装等要求，在轴上常有螺纹、键槽、销孔、退刀槽、中心孔、倒角等结构。该类零件一般都由棒料或锻件在车床、磨床上加工而成。

(2) 轮盘类零件

轮盘类零件包括齿轮、端盖、带轮、手轮、法兰盘、阀盖等。它们大多是由回转体构成，且轴向尺寸较小而径向尺寸较大。这类零件上常有键槽、凸台、退刀槽、均匀分布的小孔、肋和轮辐等结构，毛坯多为铸件，也有锻件，切削加工主要是车削。

(3) 叉架类零件

叉架类零件包括拨叉、连杆、摇臂、支架等。零件的形状较为复杂，一般具有肋、板、杆、筒、座、凸台、凹坑等结构。随着零件的作用及安装到机器上的位置不同而具有各种形式的结构。而且不像前两类零件那样有规则，但多数叉架类零件都具有工作部分、固定部分和连接部分。该类零件的毛坯多为铸件或锻件，其工作部分和固定部分需要切削加工，连接部分常不需要切削加工。

(4) 壳体类零件

壳体类零件包括泵体、阀体、减速箱箱体、液压缸体以及其他各种用途的箱体、机壳等。该类零件的结构形状比较复杂，一般内部有较大的空腔，四周是薄壁，壁上有孔、凸台或凹坑，以容纳和支持其他各种零件。另外，还有加强肋、油沟、底板、螺孔或螺栓通孔等结构，其毛坯多为铸件。

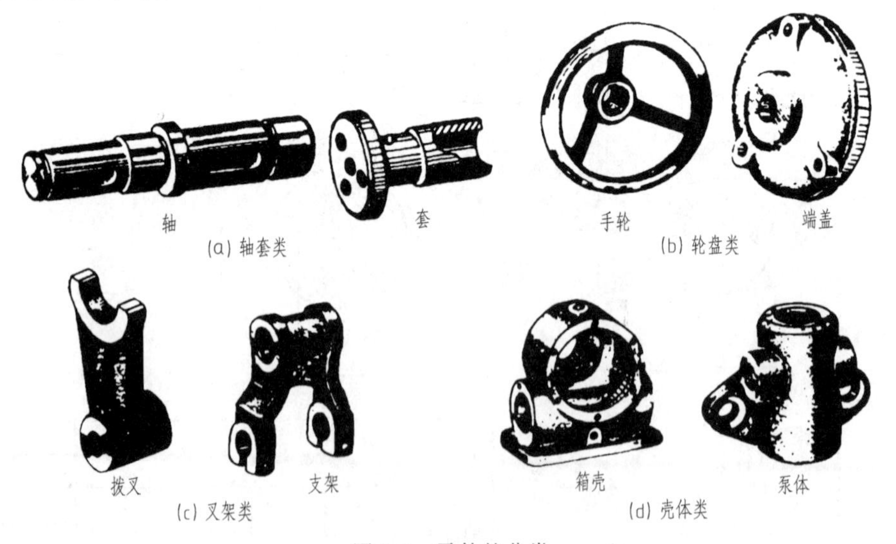

图8-3 零件的分类

8.2 零件图的视图选择

零件图要求把零件的结构形状正确、完整、清晰地表达出来。要满足这些要求，首先要对零件的结构形状特点进行分析，并尽可能了解该零件在机器或部件中的位置、作用和它的加工方法，然后灵活地选择出一组表达方案。解决这一问题的关键是合理地选择主视图和其他视图，确定一个较合理的表达方案。零件图的视图选择，应以能表达清楚零件的形状和结构，同时使视图数量最少、最简单为原则。

8.2.1　视图的选择原则

（1）主视图的选择

① 形状和结构特征原则：使选择的主视图投射方向，能明显地反映零件的形状和结构特征，以及各组成部分之间的相互关系。如图 8-4 所示，从图 8-4（b）可看出零件由三部分组成，结构特征明显，故应选图 8-4（b）作主视图。

② 加工位置原则：主视图的选择应尽量符合零件的主要加工位置（零件在主要工序中的装夹位置），以便于加工、测量时进行图物对照。如图 8-5 所示的轴，主要在卧式车床和磨床上加工完成，故选取主视图时应将轴线水平放置。表达回转类零件，主视图常按加工位置选取。

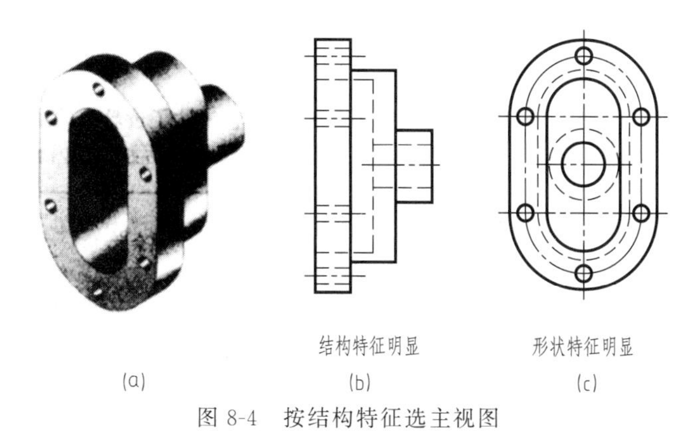

图 8-4　按结构特征选主视图

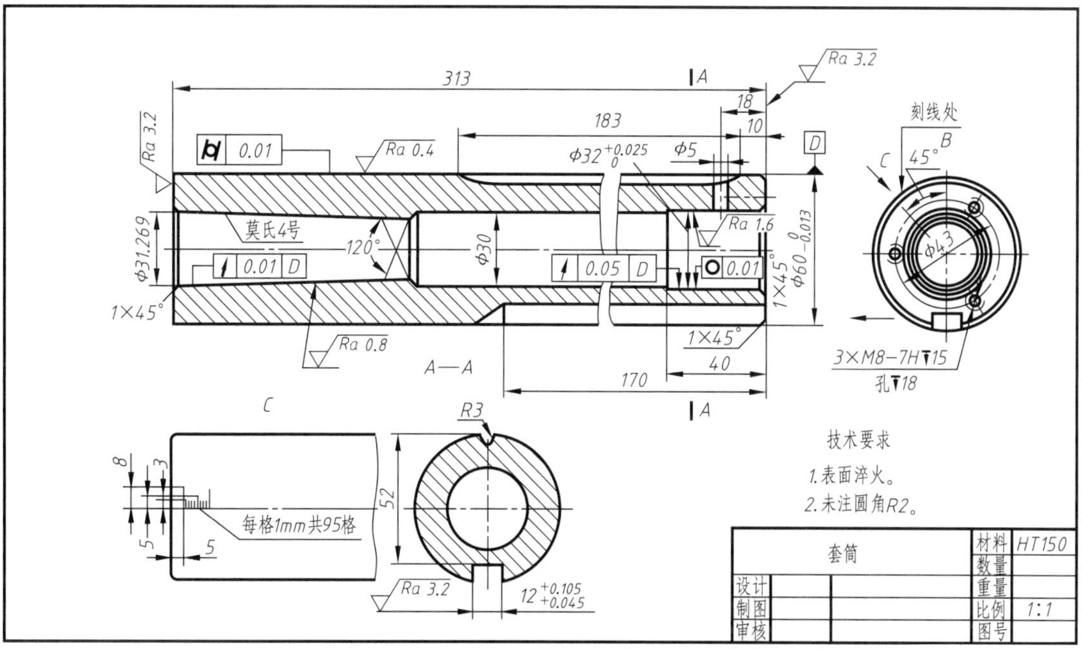

技术要求
1.表面淬火。
2.未注圆角R2。

套筒			材料	HT150
			数量	
设计			重量	
制图			比例	1:1
审核			图号	

图 8-5　按加工位置选主视图

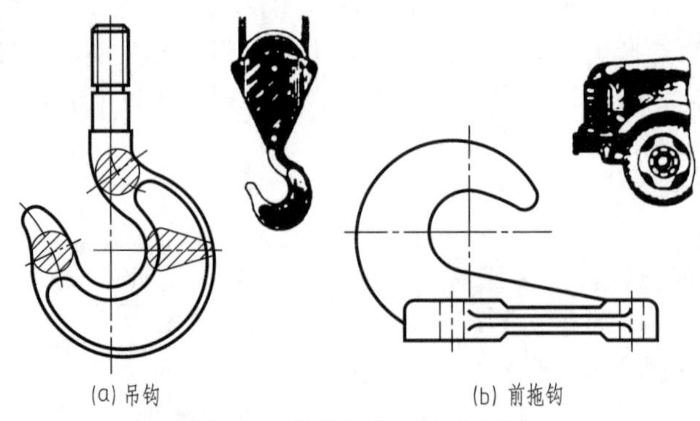

图 8-6 按安装位置选主视图

③ 安装位置原则（工作位置原则）：有些零件的加工工序较多，需要在多种机床上加工，这时，主视图的选择应尽量符合零件在机器上的安装位置。如图 8-6 所示的吊钩和前拖钩的主视图是按安装位置画出的。这样读图比较形象，便于安装。

（2）其他视图的选取

其他视图用于补充表达主视图尚未表达清楚的结构。选择时可以考虑以下几点：

① 根据零件结构的复杂程度，使所选的其他视图都有一个表达的重点。按便于画图和易于看图的原则采用适当的视图数量，完整、清楚地表达零件的内外结构形状。

② 优先考虑用基本视图以及在基本视图上作剖视图。采用局部视图或斜视图时应尽可能按投影关系配置，并配置在相关视图附近。

③ 合理地布置视图位置，既使图样清晰匀称，图幅充分利用，又便于看图。

如图 8-7 所示，按结构特征和工作位置选定主视图，大圆筒和底板的特征视图可选用俯视图。主、俯视图选择后，该零件的结构已基本表达清楚，仅剩下左边腰圆凸台的形状没有表达出来，因此需要再加上一个局部视图“A”。

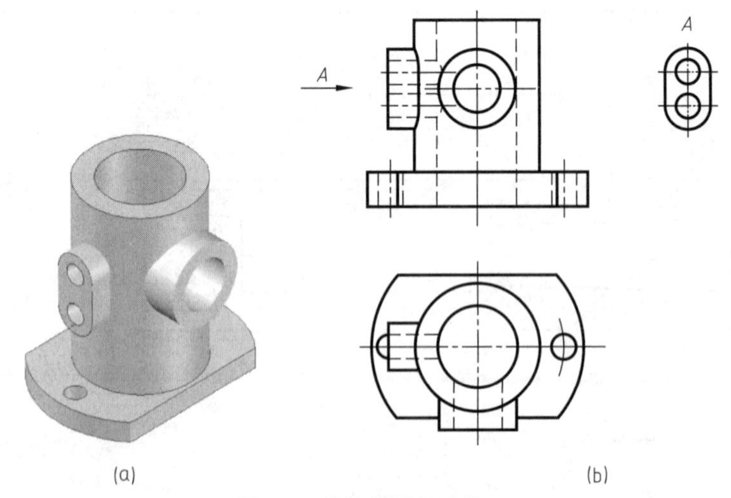

图 8-7 其他视图的选取

8.2.2 各类零件的视图表达

由于各类零件的结构形状不同，因此其视图的表达方法也有差异。

（1）轴套类零件

① 常用的表达方法：

a. 这类零件主要在车床上加工，选择主视图时，应按形状特征和加工位置原则，将轴线水平放置，键槽朝前作为主视图投射方向较好。

b. 常采用断面图、局部视图、局部剖视等来表达键槽、花键和其他槽、孔等的结构形状。

c. 常用局部放大图表达零件上细小结构的形状和尺寸。

② 实例分析：如图 8-2 所示，选用轴线水平放置与加工位置一致的主视图表达该轴整体形状，选用 A—A、B—B 移出断面图表达各键槽形状。

图 8-5 是空心套筒结构，外部形状比较简单，选择主视图时，轴线水平放置并进行全剖视，使内部形状一目了然。由于该件较长，采用了断开的画法。右端面形状较复杂，选用了 B 局部视图。A—A 断面图表达上、下两个槽的结构形状。C 局部视图表达了刻度线。

(2) 轮盘类零件

① 常用的表达方法：

a. 该类零件主要在车床上加工，选择主视图时按形状特征和加工位置原则将轴线水平放置。

b. 一般采用两个基本视图：主视图常用剖视图表达内部结构；另一视图表达零件的外形轮廓和各部分如凸缘、孔、肋、轮辐等的分布情况（图 8-8、图 8-9）。如果两端面都较复杂，还需增加另一端面的视图。

② 实例分析：如图 8-8 所示的手轮的零件图，选择主视图时使轴线水平放置，采用全剖视图表达出内、外轮毂、轮辐和轮缘的结构形状。在主视图上用一个重合断面表达轮辐横断面的形状。左视图则表达轮辐间相对位置及宽度、键槽形状等。

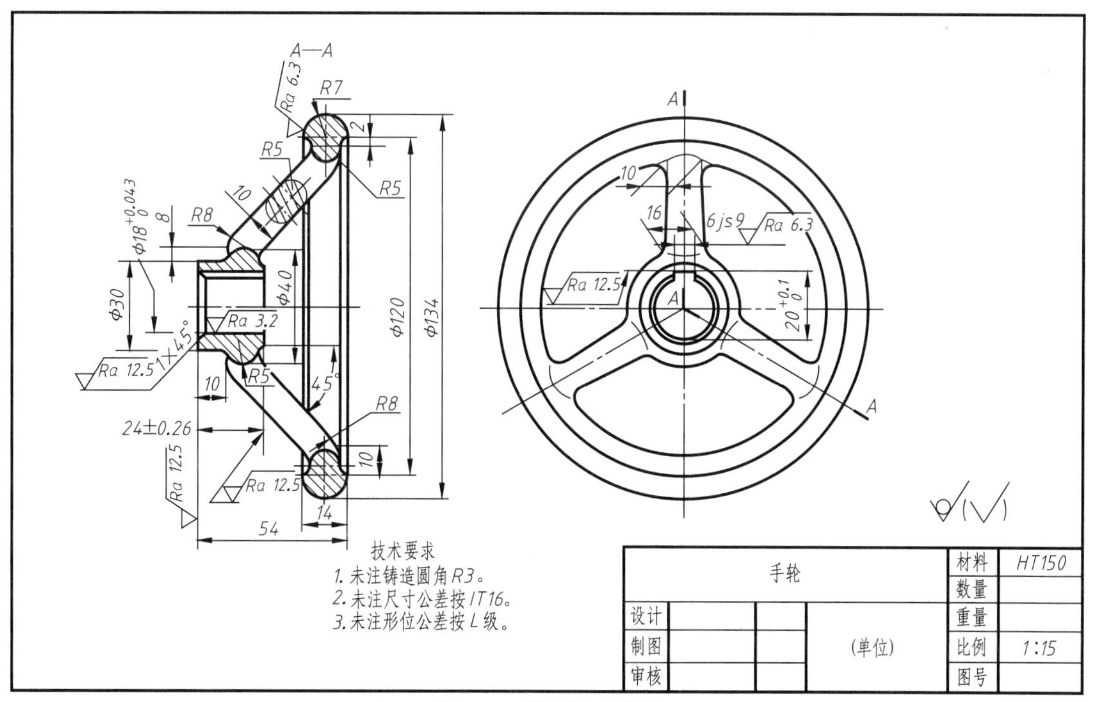

图 8-8　手轮的零件图

图 8-9 所示机床尾架上的一个端盖。主视图选择轴线水平放置，与工作位置一致，又与加工位置相适应。主视图采用组合的剖切平面将其内部结构全部表示出来。选用右视图，表达其端面轮廓形状及各孔的相对位置。

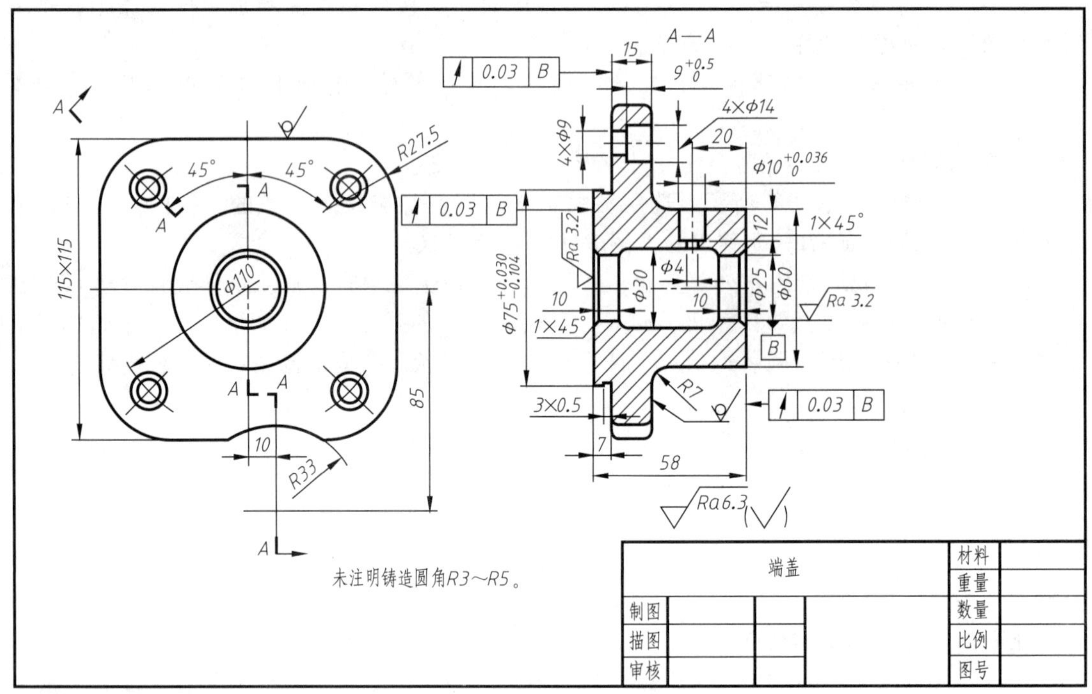

图 8-9 端盖的零件图

(3) 叉架类零件

① 常用的表达方法：

a. 根据叉架类零件的结构特点，其加工位置多变，选择主视图应以形状特征和工作位置原则。

b. 由于叉架类零件常带有倾斜或弯曲部分以及肋板等结构，所以除用主视图及其他基本视图外，还需用向视图，斜视图、局部视图、断面图等表达方法才能将零件表达清楚。

② 实例分析：图 8-10 所示的托架零件图，主视图以工作位置放置，表达了相互垂直的安装面、T 形肋、支承结构的孔以及夹紧用的螺孔等结构。左视图主要表达支架各部分前后的相对位置，安装板的形状和安装孔的位置等处，为了表明螺纹夹紧部分的外形结构，采用 A 局部视图。用移出断面表达 T 形肋的断面形状。

(4) 壳体类零件

壳体是组成机器或部件的主要零件之一，起支承和包容其他零件的作用，内部需安装各种零件，因此结构较复杂。一般是由一定厚度的四壁及类似外形的内腔构成的箱形体。为了安装轴、密封盖、轴承盖、油杯、油塞等零件，壳壁上常设计有凸台、凹坑、沟槽、螺孔等结构。壳体类零件多为铸件。

① 常用的表达方法：

a. 壳体类零件的结构较复杂，其加工位置多变，选择主视图时常根据壳体的安装工作位置及主要结构特征进行选择。

b. 由于壳体类零件的作用是包容和支承其他零件，故其各个侧面的结构都较复杂，因此除主视图外，一般还需用几个基本视图，且在基本视图上常采用局部剖视图或通过对称平面作剖视图以表达外形及其内部结构形状。

c. 壳体上的一些局部结构常采用局部视图、局部剖视图、斜视图、断面图等进行表达。

② 实例分析：如图 8-11 所示箱体，选择其安装位置作为主视图的投影方向。主视图和

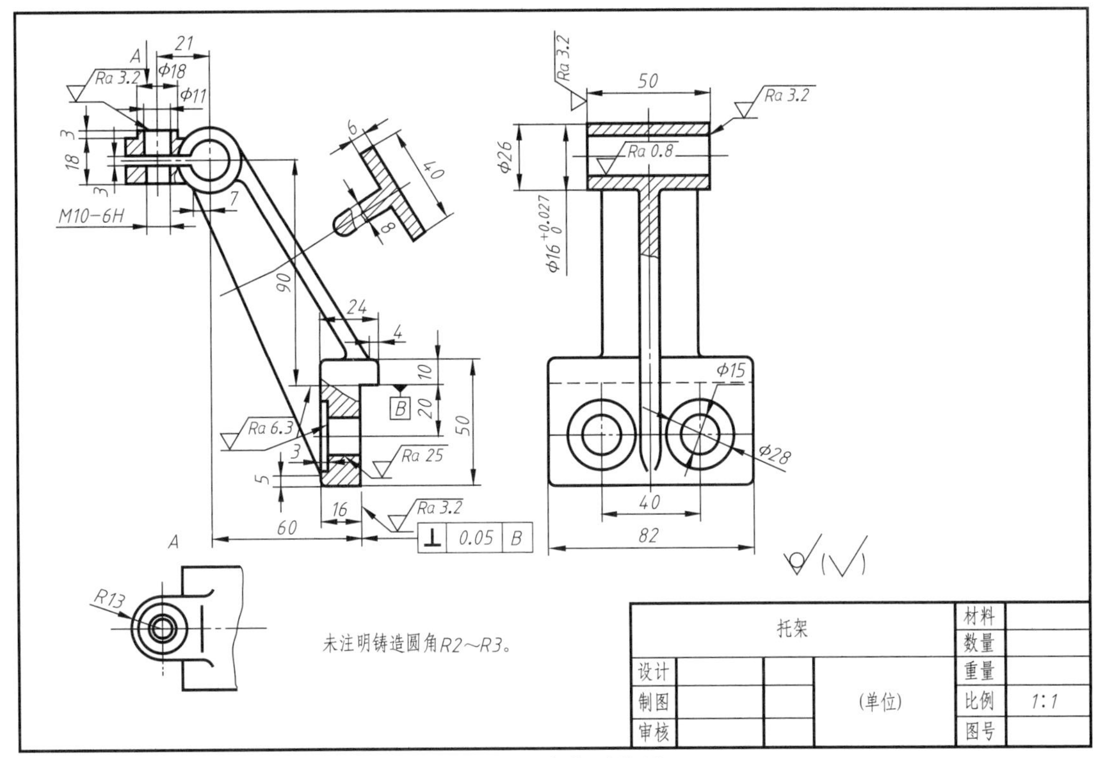

图 8-10　托架零件图

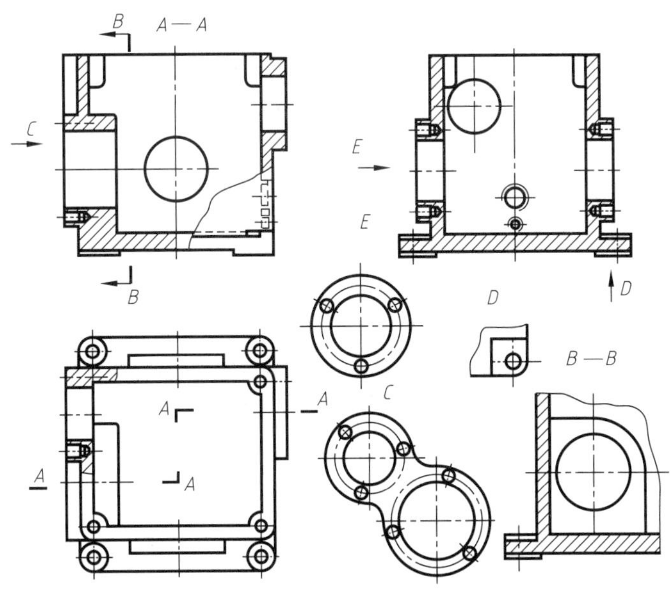

图 8-11　箱体的表达方法

左视图分别采用几个互相平行的剖切平面和单一剖切平面的全剖视图，表达三个轴孔的相对位置。主视图上虚线用来表示安装油标、螺塞的螺孔；俯视图主要表达顶部和底部的结构形状及各孔的相对位置；*B*—*B* 局部剖视图表达轴孔的内部凸台的形状；*C* 局部视图表达两孔左端面的形状和螺孔位置；*D* 局部视图表达底板安装孔处凸台形状；*E* 局部视图表达轴孔端面凸台形状和螺孔位置。选用这样一组视图，便可把箱体的全部形状表达清楚。

零件图的视图选择是一个灵活性较大的问题，对于以上介绍的各类零件的视图选择原则，实际运用时，还会遇到许多问题。在考虑表达方案时，应注意先考虑主要部分，以确定基本视图；再考虑次要部分，确定辅助视图；然后检查、分析每一部分的视图是否足够，它们的形状、相对位置和连接关系是否完全确定，以便作出适当的修改和调整。

另外，在其他视图的选择中提到“按便于画图和易于看图的原则，采用适当的视图数量，完整、清楚地表达零件的内、外结构形状”。如果视图数量少，则每个视图所表达的内容就多，使视图繁杂混乱，不便于画图和看图；若视图数量多，虽有利于画图和看图，但易使整体形状支离破碎。因此，应使每个视图所表达的内容安排合理，选择适当的视图数量，以完整、清楚地表达零件的内、外结构形状为目的。图 8-12 所示的汽车调温器箱座，若按图 8-12（a）的表达方案，每个视图的表达内容多，图形就不够清晰。主视图 $A—A$ 的虚线较多；右视图方孔处线条很密，层次不清，圆孔形状不完整；俯视图中的局部视图过于破碎，虚线也太多，这些都会给看图造成困难，不便于想出零件的完整形状。比较好的表达方案如图 8-12（b）所示。它的视图数量虽然多了，但却使看图者能比较容易地想出零件的结构形状。

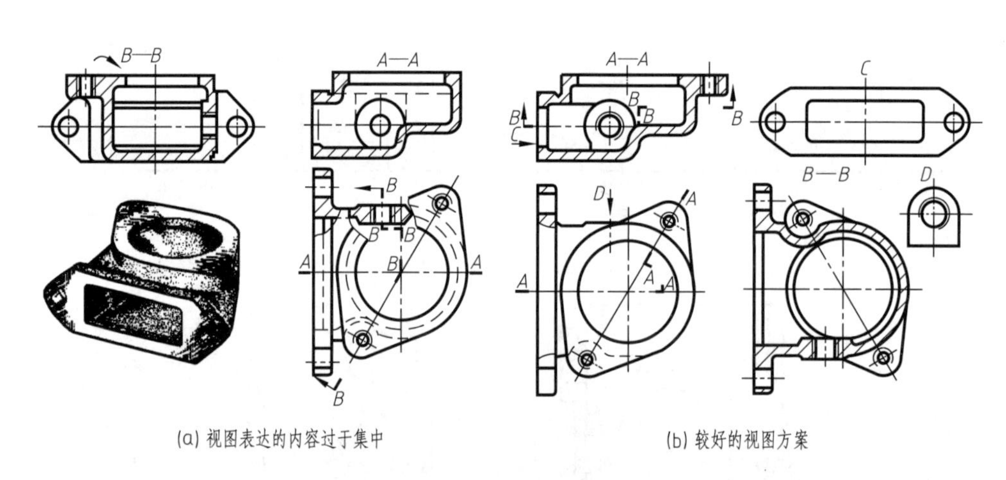

(a) 视图表达的内容过于集中　　(b) 较好的视图方案

图 8-12　汽车调温器箱座

8.3　零件上的常见工艺结构

零件的结构形状除满足设计要求外，还应考虑加工、装配和使用方便以及节省材料等问题。因此在设计零件时，必须注意零件的合理结构，以免给生产带来困难。下面简要介绍零件上常见的合理结构。

8.3.1　铸件上的合理结构

（1）拔模斜度和铸造圆角

造型时为了使木模从砂型中取出方便，铸件的内、外壁沿脱模方向设计出拔模斜度，如图 8-13（a）所示。拔模斜度的大小随造型工艺和模型的种类不同而有所差别，一般为 0.5°～3°，拔模斜度在视图中一般不画出，可在技术要求中说明。

为了使铸件不产生裂纹等缺陷和满足铸造工艺的需要，在铸件毛坯的两表面相交处应制

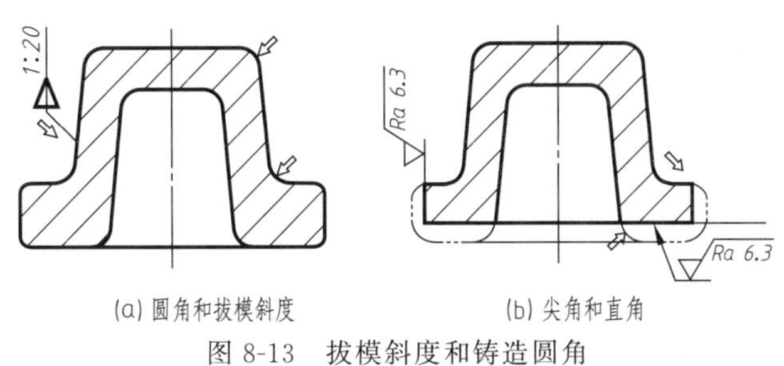

图 8-13　拔模斜度和铸造圆角

成圆角，如图 8-13（a）所示。但毛面被加工后，可成为尖角，如图 8-13（b）所示。由于铸造圆角的存在，铸件的表面交线不再明显。为区分不同表面，在图中仍画出理论上的交线，称为过渡线，过渡线的两端应与其他轮廓线断开，如图 8-14 所示。

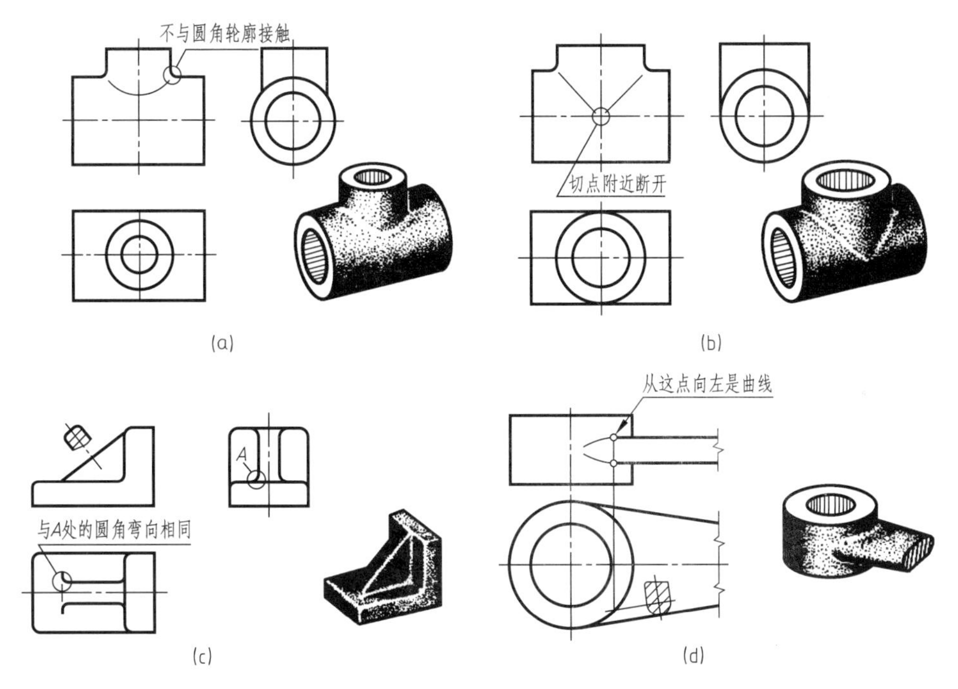

图 8-14　过渡线

（2）铸件壁厚要均匀

铸件壁厚要尽量保持均匀，不同壁厚之间要逐渐过渡，否则铸件在浇注时，由于各部分的冷却和收缩速度不同，容易在局部肥大或突然变厚的部位产生缩孔或裂纹，而影响铸件的质量，如图 8-15 所示。

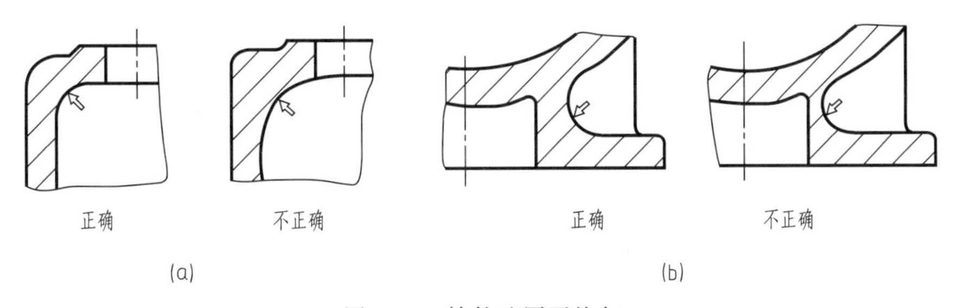

图 8-15　铸件壁厚要均匀

8.3.2 机械加工件上常见的合理结构

（1）倒角

为了装配方便和操作安全，在轴端、孔口和棱角处，常把机械加工时形成的尖角制成倒角。常见的是45°倒角，如图8-16所示。

(a) 外圆倒角　(b) 内孔倒角　(c) 壳体倒角

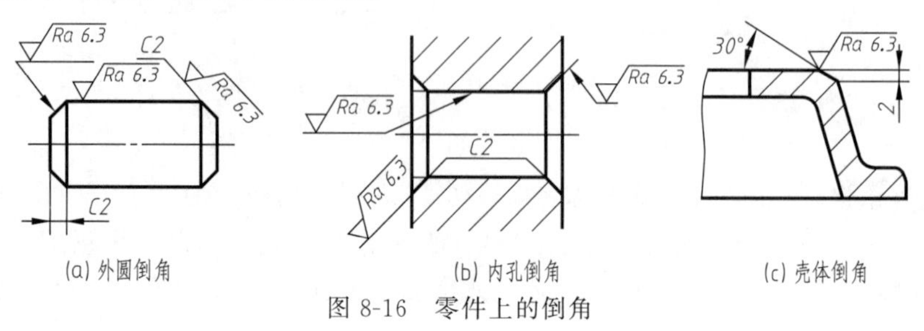

图8-16　零件上的倒角

（2）退刀槽和越程槽

在加工台阶孔、台阶轴或内、外螺纹时，为了不碰伤已加工表面、容易退刀、防止损坏刀具、在装配时使其与相关的零件易于靠紧，常在被加工面的末端预先制出退刀槽，如图8-17所示。砂轮越程槽如图8-18所示。

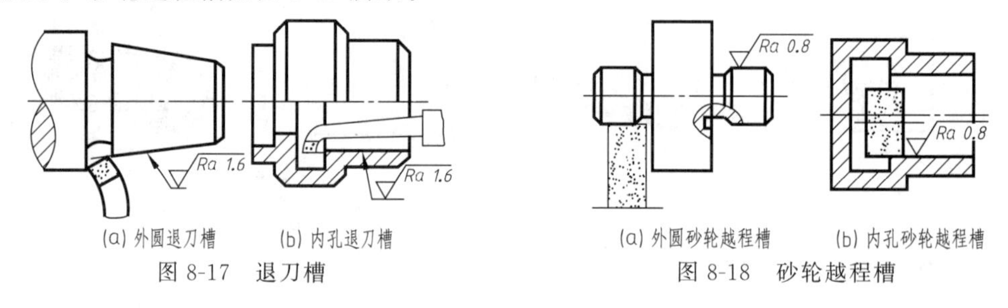

(a) 外圆退刀槽　(b) 内孔退刀槽

图8-17　退刀槽

(a) 外圆砂轮越程槽　(b) 内孔砂轮越程槽

图8-18　砂轮越程槽

（3）凸台和凹坑

零件上凡与其他零件接触的表面一般都要进行切削加工。为了减少加工表面或将粗糙度不同的表面分开，常在零件上设计出凸台、凹坑或台阶孔，如图8-19所示。

(a) 凸台　(b) 凹坑　(c) 台阶孔

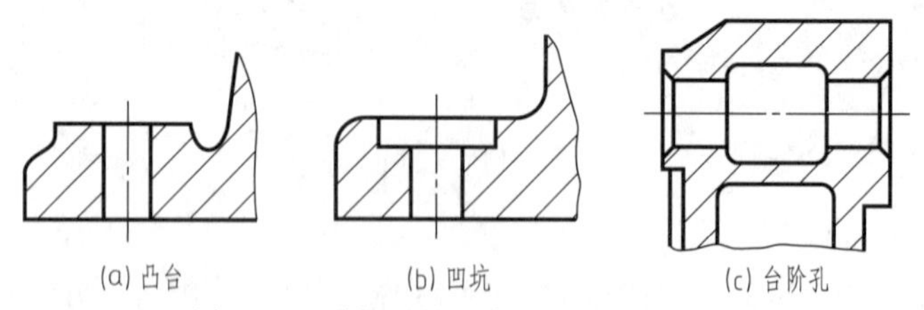

图8-19　零件上的凸台、凹坑和台阶孔

对零件的底面，也常采用减少加工面的结构，常见的形式如图8-20所示，这样既可节省材料，又能增加装配结合面的稳定性。

(a) 正确　(b) 正确　(c) 正确　(d) 可以　(e) 不好

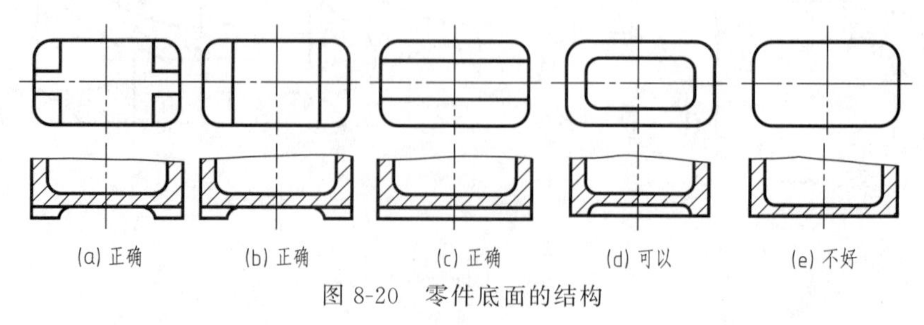

图8-20　零件底面的结构

(4) 孔的结构

用钻头钻孔时，应尽量使钻头垂直于零件表面，以保证钻孔准确和避免折断钻头。当需在斜面上钻孔时，应当在孔端预制出与钻头垂直的凸台面、凹坑面或小平面，如图 8-21 所示。

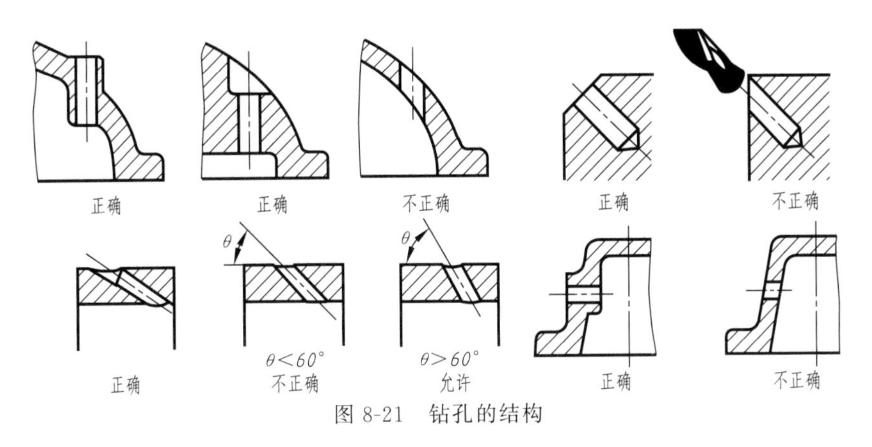

图 8-21　钻孔的结构

8.4　零件图的尺寸标注

零件图中的尺寸是加工和检验零件的依据，是零件图的重要内容之一。在零件图上标注尺寸不仅要求做到正确、完整、清晰，而且还要求标注合理。合理是指所标注的尺寸能满足设计和加工要求，既要符合零件在工作时的要求，又要便于加工、测量和检验。而尺寸的合理标注必须在掌握一定的专业知识和进行生产实践的基础上才能全面掌握，这里只介绍一些合理标注尺寸的初步知识。

8.4.1　正确选择尺寸基准

尺寸基准是标注和度量尺寸的起始点。根据零件结构的设计要求，确定零件在装配体中的理论位置，它反映了设计要求，从而保证了零件在装配体中的工作性能。

要使尺寸标注合理，选择的尺寸基准一定要恰当。尺寸基准的选择一般从以下几方面考虑。

① 零件上重要的加工平面：如安装底面、主要端面、零件与零件之间的结合面等。

② 零件的对称面：当零件的结构形状在某个方向对称时，常以它的对称面为基准，这样在制造时就容易保证各部分的对称关系。

③ 主要轴线作为尺寸基准：轴、套及轮盘等回转体零件的直径尺寸，都以轴线为基准。每个零件都有长、宽、高三个方向的尺寸基准，每个方向只设一个主要尺寸基准。为了便于加工和测量，还常常设有一些辅助基准。

如图 8-22 所示，轴承座的长、宽方向以对称面为基准。高方向必须以底板安装面为基准，因为轴承座用来支承轴，是成对使用的，两个轴承座的中心高差异太大，会使轴安装后弯曲，影响零件的使用寿命和工作性能。若以底面为基准直接标出中心高，加工时就可保证不同零件的中心高差异不大。图中螺孔深度 6mm，是以凸台顶面为基准进行测量的，这种在加工和测量时使用的基准，称为辅助基准。

图 8-23 所示为齿轮泵体的尺寸基准。泵体是齿轮泵的主体，其他零件都直接或间接地安装在它上面。它的主视图和俯视图是左右对称的。因此，长度方向的主要尺寸基准是齿轮

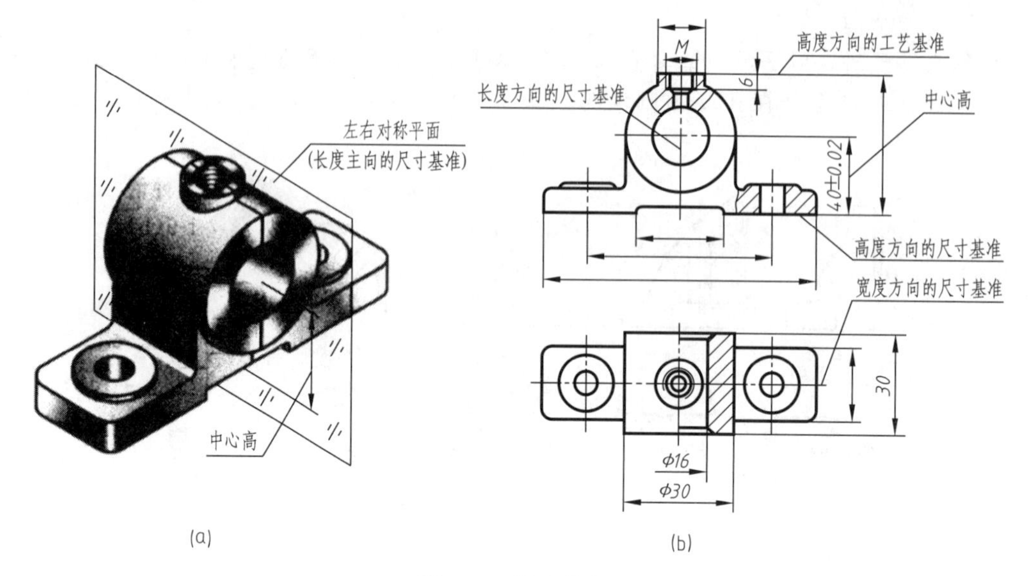

图 8-22 尺寸基准

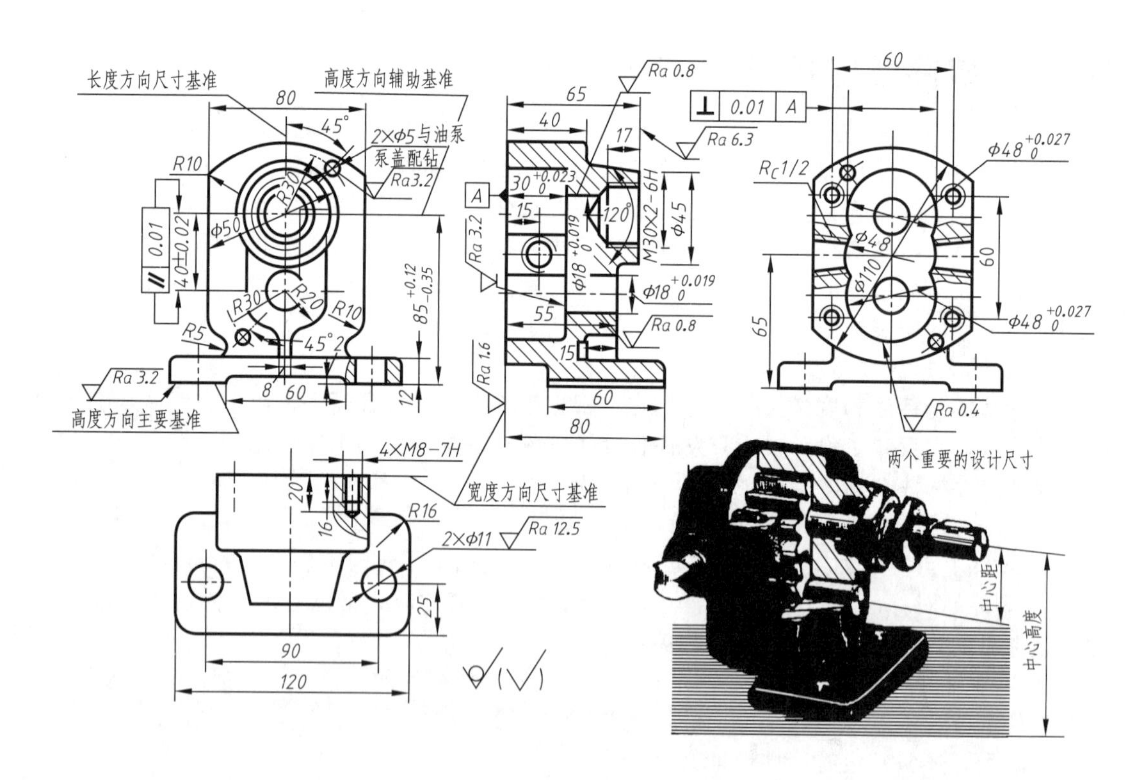

图 8-23 齿轮泵体的尺寸基准

泵的左右对称面，长度方向的尺寸“80”“60”“90”“120”等都是以该对称面为基准标注的。在铸造和切削加工这个零件时都要先定出这条基准线，如图 8-24（a）所示。然后再根据它确定其他各部分的尺寸。

齿轮泵的高度方向有两个主要的设计尺寸：“85”是主动轴的高度，它是齿轮泵的规格尺寸，该尺寸严格限制了从底面到主动轴的高度，所以应以底面作为高度方向的主要尺寸基

(a) 长度方向划线图

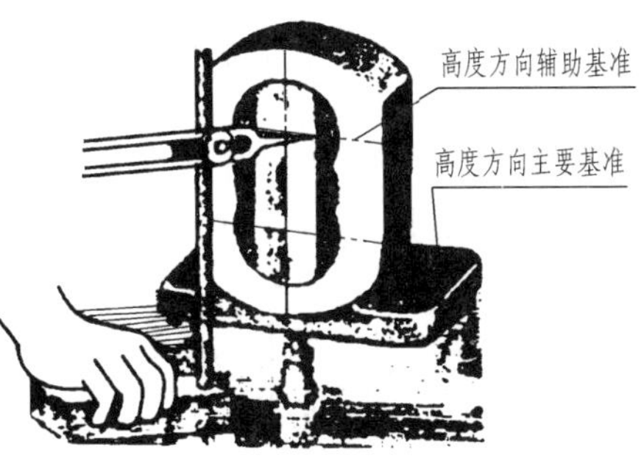

(b) 高度方向划线图

图 8-24　泵体划线示意图

准。“40”是两齿轮的中心距，它直接影响齿轮的传动精度，所以必须以上孔轴线为辅助基准注出。在加工时也是先画出这两条基准线，如图 8-24（b）所示。

8.4.2　用形体分析方法看尺寸

看图时，要按形体分析的方法，将零件拆分成不同部分，逐一分析各部分的定形尺寸和定位尺寸，检查尺寸标注是否齐全、是否合理。

如图 8-22 所示，大圆筒由“ϕ16”“ϕ30”和“30”确定大小，是定形尺寸；圆筒轴线到高基准的距离为“40±0.02”（中心高），是定位尺寸。圆筒轴线与长基准重合，宽方向对称面与宽基准重合，不需要标注定位尺寸。不难理解，定位尺寸实际上就是结构上特殊的平面或直线，在长、宽、高三个方向上相对于基准的距离。

8.4.3　标注尺寸的注意事项

（1）设计中的重要尺寸应从基准直接注出

凡属于设计中的重要尺寸，一定要单独注出来，如齿轮泵的上、下两个轴孔间的距离(图 8-22 中的尺寸“40±0.02”，是保证两个齿轮啮合的重要尺寸，在零件图中必须单独注出。设计中的重要尺寸一般是指下列尺寸：

① 影响机器传动精度的尺寸，如齿轮的轴间距。

② 直接影响机器性能的尺寸，如车床的主轴中心高。

③ 保证零件互换性的尺寸，如导轨的宽度尺寸，轴与孔的配合尺寸等。

④ 决定零件安装位置的尺寸，如螺栓孔的中心距和螺孔分布圆的圆周直径等。

图 8-25 中轴承孔的高度 a 是影响轴承座工作性能的主要尺寸，加工时必须保证其加工精度，所以应直接以底面为基准标注出来，如图 8-25（b）所示。该尺寸不能代之以 b 和 c。如果注写 b 和 c，两个尺寸加起来就会使误差积累，不能保证设计要求，如图 8-25（a）所示。同理轴承座底板上两螺栓孔的中心距应直接注出，而不应注 e。

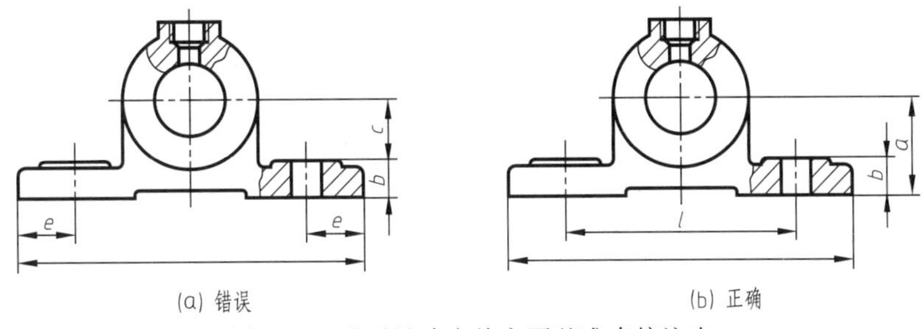

(a) 错误　　(b) 正确

图 8-25　重要尺寸应从主要基准直接注出

（2）避免将尺寸注成封闭的形式

图 8-26（a）所示阶梯轴，长度方向的尺寸 a、b、c、d 首尾相接，构成一个封闭的尺寸链，这种情况应避免。因为封闭尺寸链中的每一尺寸的尺寸精度，都将受链中其他各尺寸误差的影响，这样在加工时就很难保证总长尺寸的尺寸精度。此时，应当空出一个相对不重要的尺寸，使所有的尺寸误差都积累在此处的尺寸，图中 c 属于非主要尺寸，故断开不注。

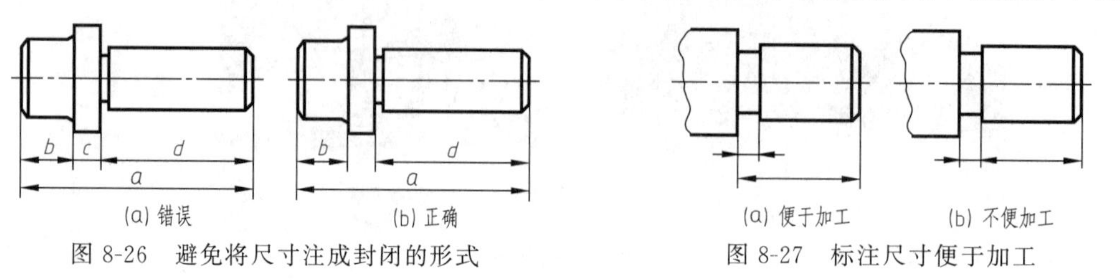

(a) 错误　(b) 正确

图 8-26　避免将尺寸注成封闭的形式

(a) 便于加工　(b) 不便加工

图 8-27　标注尺寸便于加工

（3）标注尺寸要考虑工艺要求

如果没有特殊要求，标注尺寸应考虑便于加工和测量，如图 8-27、图 8-28 所示。

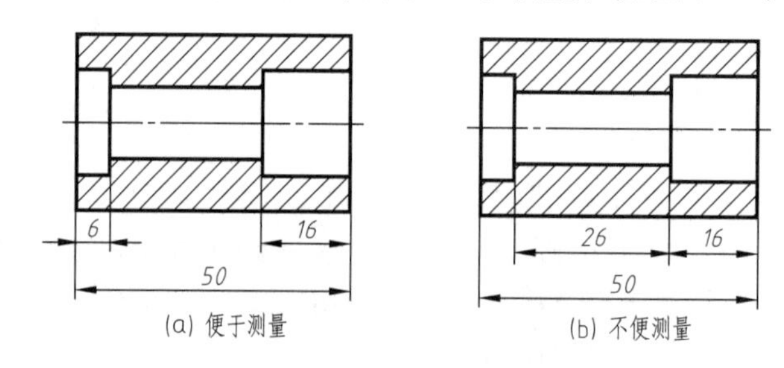

(a) 便于测量　(b) 不便测量

图 8-28　标注尺寸便于测量

8.4.4　零件上常见结构的尺寸标注

零件上常见结构的尺寸标注应符合设计、制造和检验等要求，以使所标注的尺寸符合合理的要求。

① 零件上常见的螺孔、光孔、锥销孔、沉孔的尺寸标注（GB/T 4458.4—2003）。各类孔常采用简化的旁注法标注其尺寸，如表 8-1 所示。标注时指引线从装配时的装入端或孔的圆形视图的中心引出，指引线的基准线上方应注写主孔尺寸，下方应注写辅助孔等内容，如沉孔尺寸等。

加工盲孔时，末端形成了与钻头顶角（118°）相同的一圆锥面（为方便顶角画为 120°），钻孔深度是指圆柱部分的深度，不包括锥坑，如图 8-29（a）所示。不同直径的钻头加工形成的阶梯孔，其过渡处存在锥角为 120°的圆台，画法和尺寸注法如图 8-29（b）所示。

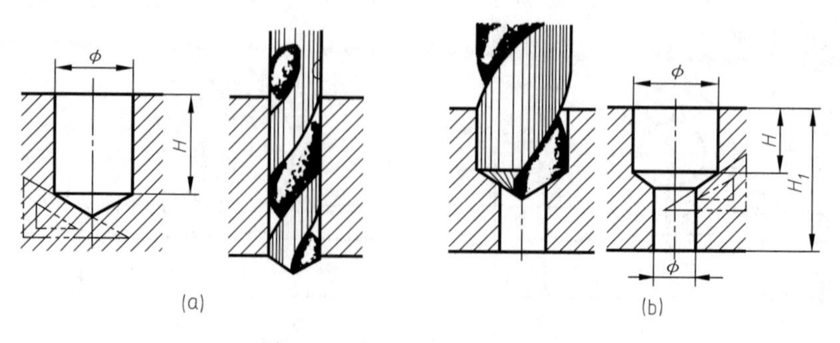

图 8-29　钻孔结构及尺寸注法

表 8-1　零件上常见结构的尺寸标注

类型	标注示例	类型	标注示例
不通光孔	4×Φ5↧10；4×Φ5↧10；4×Φ5，10	锥孔	锥销孔Φ5 装配时作；锥销孔Φ5 装配时作
锥形沉孔	6×Φ7 ∨Φ13×90°；6×Φ7 ∨Φ13×90°；90°，Φ13，6×Φ7	柱形沉孔	4×Φ6 ⌴Φ10↧3.5；4×Φ6 ⌴Φ10↧3.5；Φ10，3.5，4×Φ6
锪平	4×Φ7⌴Φ16；Φ7⌴Φ16；A—A Φ16锪平，4-Φ7	螺纹通孔	3×M6-6H；3×M6-6H；3×M6-6H
不通螺孔	3×M6-6H↧10 孔↧12；3×M6-6H↧10 孔↧12；3×M6-6H，10，12	倒角	C2；C2；C2；2，30°
退刀槽	2×Φ18；2×1；2×1.5	键槽	L，A，A；D−t，b

② 键槽、退刀槽和倒角等的尺寸注法：

a. 由于键是标准件，因此键槽的尺寸应与其装配在一起的键相对应，其尺寸注法见表 8-1。

b. 退刀槽的尺寸应单独标注，因为它的宽度一般是由切刀的宽度决定的，可按“槽宽×直径”或“槽宽×槽深”的形式注写，如表 8-1 所示。

c. 倒角及铸造圆角的尺寸标注，如表 8-1 所示。

③ 同一图中有几种尺寸相近而又重复的孔，可采用涂色或作标记的方式来区别不同尺寸的孔，如图 8-30 所示。

④ 仅用一个视图表示的片状零件，其厚度可用“t×”（×表示厚度数值）字样标注，如图 8-31 所示。

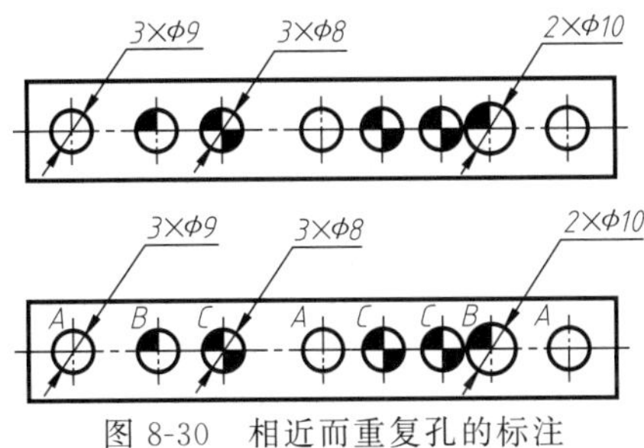

图 8-30　相近而重复孔的标注

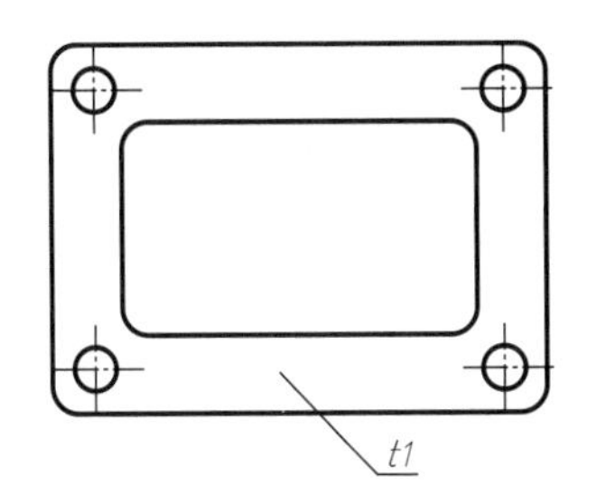

图 8-31　片状零件厚度的标注

8.5 表面结构的表示法

8.5.1 概述

(1) 表面结构

表面结构是在有限区域内的表面粗糙度、表面波纹度、纹理方向、表面几何形状及表面缺陷等表面特征的总称，它是出自几何表面的重复或偶然的偏差，这些偏差形成该表面的三维形貌。

(2) 表面结构偏差

零件表面是由一系列不同高度和间距的峰谷所组成的，各种类型的偏差不同程度地叠加在一起，就构成了表面结构偏差。

表面结构偏差分为三大类型：

① 宏观——形状偏差和表面缺陷：形状偏差主要是由加工机床的几何精度、工件安装误差、热处理变形等造成的；表面缺陷是在加工、储存或使用期间，由非故意或偶然生成的划伤、碰撞、腐蚀等原因造成的。

② 微观——表面粗糙度：表面粗糙度是指零件加工时，由于刀具在零件表面上留下的刀痕及切削分裂时表面金属的塑性变形等的影响，在零件表面形成的间距较小的轮廓峰谷的微观几何形状特性，如图 8-32 所示。

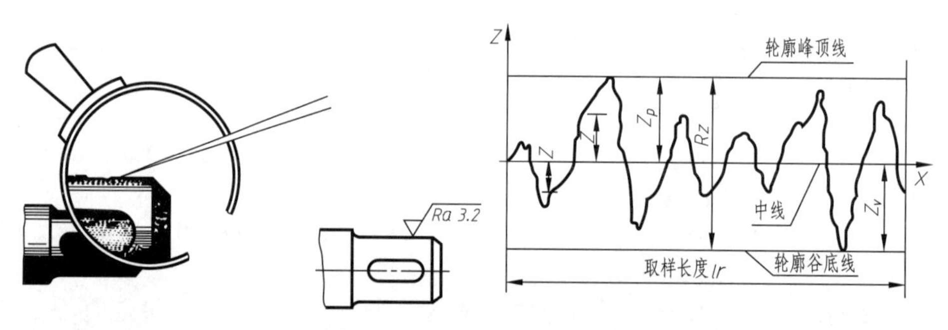

图 8-32 零件的实际表面结构

③ 宏观和微观之间——表面波纹度：表面波纹度指的是由于机床-工件-刀具系统的振动而在零件表面形成的具有一定周期性的高低起伏。

评定表面结构的轮廓有：粗糙度轮廓、波纹度轮廓和原始轮廓。

以下主要介绍常用的评定粗糙度轮廓（R 轮廓）的主要参数：轮廓算数平均偏差（Ra）和轮廓最大高度（Rz）。

8.5.2 表面结构的参数

(1) 轮廓算术平均偏差（Ra）

在一个取样长度 lr 内，纵坐标值 $Z(x)$ 绝对值的算术平均值。

$$Ra=\frac{1}{lr}\int_{0}^{lr}|Z(x)|\mathrm{d}x$$

(2) 轮廓最大高度（Rz）

在一个取样长度内，最大轮廓峰高 Z_p 和最大轮廓谷深 Z_v 之和的高度，如图 8-32 所示。

表 8-2 中列出了优先采用的第一系列 Ra 的数值及相应的加工方法。

表 8-2　Ra 的数值及相应的加工方法

加工方法	Ra 的数值(第一系列)/μm													
	0.012	0.025	0.05	0.10	0.20	0.40	0.80	1.60	3.2	6.3	12.5	25	50	100
砂模铸造														
压力铸造														
热轧														
刨削														
钻孔														
镗孔														
铰孔														
铰铣														
端铣														
车外圆														
车端面														
磨外圆														
磨端面														
研磨抛光														

8.5.3　表面结构的图形符号、代号及标注

国家标准《产品几何技术规范（GPS）技术产品文件中表面结构的表示法》（GB/T 131—2006）规定了表面结构的符号、代号及在图样上的标注方法。

（1）表面结构的图形符号

表面结构的图形符号及其意义见表 8-3。

表 8-3　表面结构的图形符号及意义

符　号	意义及说明
	基本图形符号，对表面结构有要求的图形符号，简称基本符号。仅使用于简化代号标注，没有补充说明时不能单独使用
	扩展图形符号，基本符号加一短横，表示指定表面是用去除材料的方法获得
	扩展图形符号，基本符号加一圆圈，表示指定表面是用不去除材料的方法获得
	完整图形符号，当要求标注表面结构特征的补充信息时，在图形符号的长边上加一横线
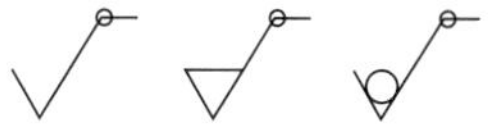	在某个视图上构成封闭轮廓的各表面有相同的表面结构要求时，应在完整图形符号上加一圆圈，标注在图样中工件的封闭轮廓线上

表面结构图形符号的画法及尺寸如图 8-33 所示。

（2）表面结构完整图形符号的组成

为了明确表面结构的要求，除了标注表面结构参数和数值外，必要时应标注补充要求，补充要求包括传输带、取样长度、加工工艺、表面纹理及方向、加工余量等。在完整符号中，对表面结构的单一要求和补充要求应注写在图 8-34 所示的指定位置。表面结构参数代号及其后的参数值应写在图形符号长边的横线下面，为了避免误解，在参数代号和极限值间应插入空格。图 8-34 中符号长边上的水平线的长度取决于其上下所标注内容的长度，图中在“a”“b”“d”和“e”区域中的所有字母高应该等于 h，区域“c”中的字体可以是大写字母、小写字母或汉字，这个区域的高度可以大于 h，以便可以写出小写字母的尾部。

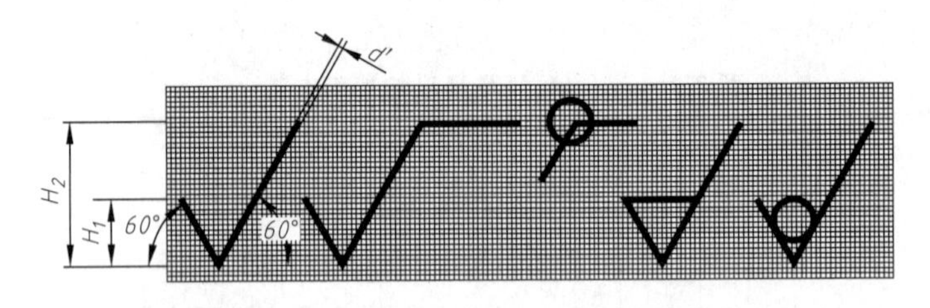

数字和字母高度h(见GB/T 14690)	2.5	3.5	5	7	10	14	20
符号线宽d' 字母线宽d	0.25	0.35	0.5	0.7	1	1.4	2
高度H_1	3.5	5	7	10	14	20	28
高度H_2(最小值)①	7.5	10.5	15	21	30	42	60

①H_2取决于标注内容。

图 8-33　表面结构图形符号的画法及尺寸

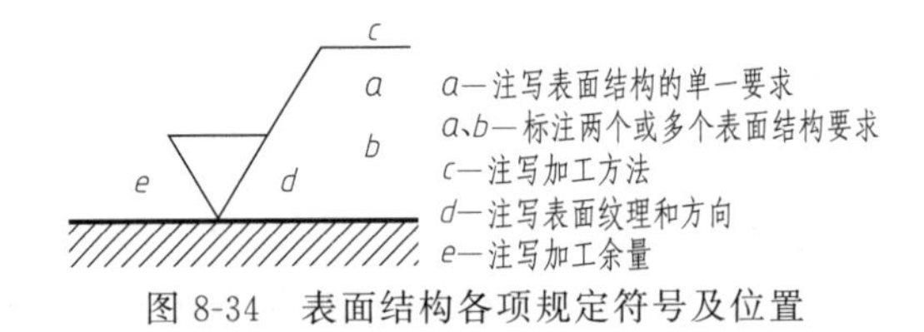

图 8-34　表面结构各项规定符号及位置

(3) 表面结构参数的标注

① 参数的单向极限：当只标注参数代号和一个参数值时，默认为参数的上限值。若为参数的单向下限值时，参数代号前应加注 L，如 L*Ra* 3.2。

② 参数的双向极限：在完整符号中表示双向极限时应标注极限代号。上限值在上方，参数代号前应加注 U，下限值在下方，参数代号前应加注 L。如果同一参数有双向极限要求，在不致引起歧义的情况下，可不加注 U、L。上、下极限值可采用不同的参数代号表达。表 8-4、表 8-5 是部分采用默认定义时的表面结构（粗糙度）代号及其意义。

表 8-4　表面粗糙度 *Ra* 的代号及意义

代号	意　义	代号	意　义
Ra 3.2	表示用任意加工方法获得，单向上限值，轮廓算数平均偏差 *Ra* 的值为 3.2μm	Ra 3.2	表示用不去除材料方法获得，单向上限值，轮廓算数平均偏差 *Ra* 的值为 3.2μm
Ra 3.2	表示用去除材料方法获得，单向上限值，轮廓算数平均偏差 *Ra* 的值为 3.2μm	U Ra 3.2 L Ra 1.6	表示用去除材料方法获得，双向极限值，轮廓算数平均偏差 *Ra* 的上限值为 3.2μm，下限值为 1.6μm

表 8-5　表面粗糙度 *Rz* 的代号及意义

代号	意　义	代号	意　义
Rz 3.2	表示用任意加工方法获得，单向上限值，轮廓最大高度 *Rz* 的值为 3.2μm	Rz 3.2	表示用不去除材料方法获得，单向上限值，轮廓最大高度 *Rz* 的值为 3.2μm
Ra 3.2 Rz 1.6	表示用去除材料方法获得，两个单向上限值，轮廓算数平均偏差 *Ra* 的上限值为 3.2μm，轮廓最大高度 *Rz* 的上限值为 1.6μm	Ra 3.2 Rz max6.3	表示用去除材料方法获得，两个单向上限值，轮廓算数平均偏差 *Ra* 的上限值为 3.2μm，轮廓最大高度 *Rz* 的最大值为 6.3μm

8.5.4　表面结构要求在图样中的标注

国家标准（GB/T 131—2006）规定了表面结构要求在图样中的注法，表面结构要求对每一表面一般只标注一次，并尽可能注在相应的尺寸及其公差的同一视图上。除非另有说明，所标注的表面结构要求是对完工零件表面的要求。

① 表面结构要求的注写和读取方向应与尺寸的注写和读取方向一致，如图 8-35 所示。

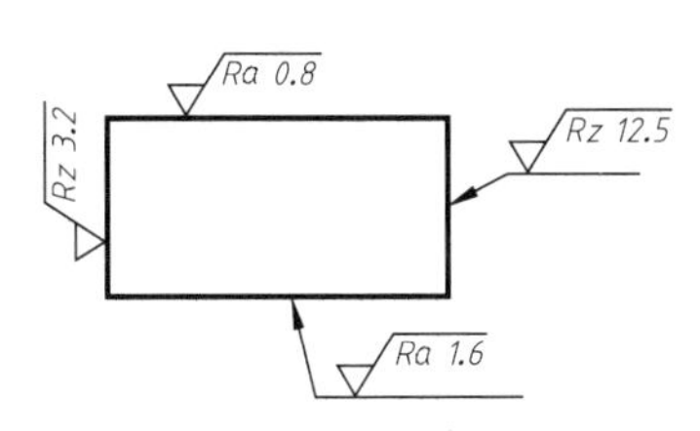

图 8-35　表面结构要求的注写方向

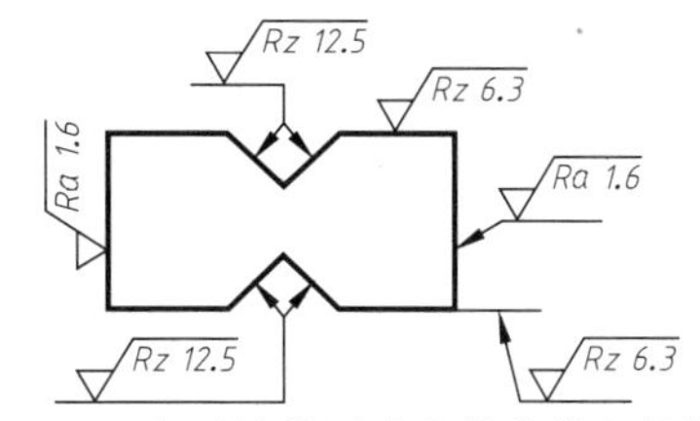

图 8-36　表面结构要求在轮廓线上的标注

② 表面结构要求可标注在轮廓线上，其符号应从材料外指向并接触表面。必要时，表面结构符号也可用带箭头或黑点的指引线引出标注，如图 8-36、图 8-37 所示。

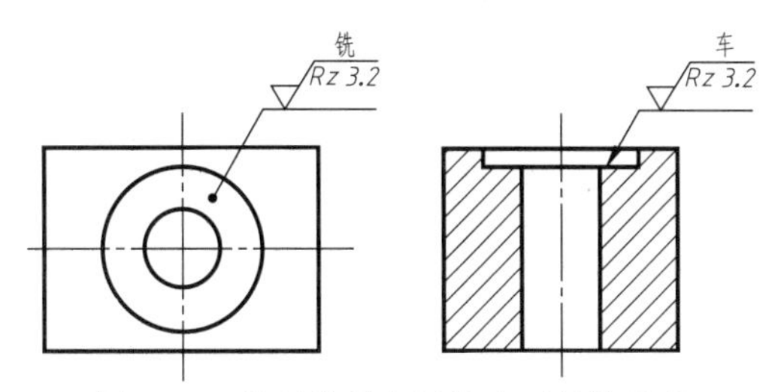

图 8-37　指引线引出标注表面结构要求

③ 表面结构要求可以直接标注在轮廓线的延长线上或尺寸界限上，如图 8-36、图 8-38 所示。

④ 圆柱和棱柱表面的表面结构要求只标注一次，如图 8-38 所示。如果每个棱柱表面有不同的表面结构要求，则应分别单独标注，如图 8-39 所示。

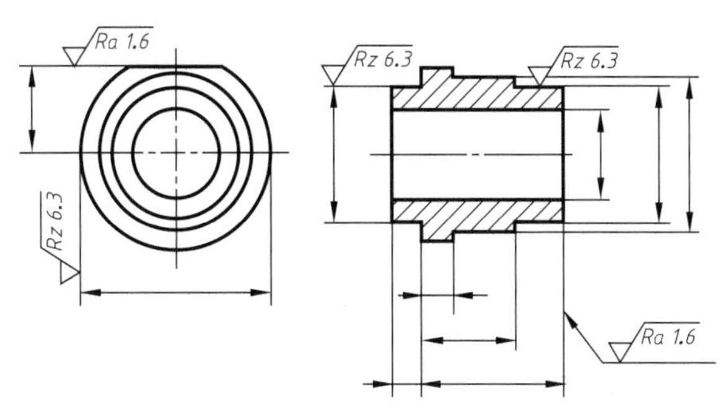

图 8-38　表面结构要求标注在圆柱特征的延长线上

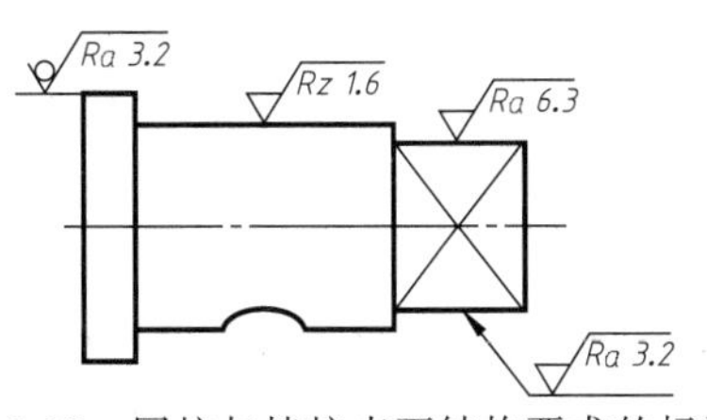

图 8-39　圆柱与棱柱表面结构要求的标注

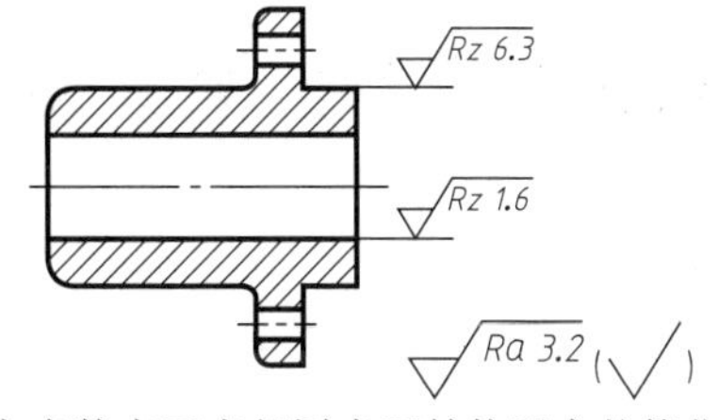

图 8-40　大多数表面有相同表面结构要求的简化注法（一）

⑤ 如果在工件的多数（包括全部）表面有相同的表面结构要求，则其表面结构要求可统一标注在图样的标题栏附近。此时（除全部表面有相同要求的情况外），表面结构要求的符号后面应在圆括号内给出无任何其他标注的基本符号，如图 8-40 所示；或在圆括号内给出不同的表面结构要求，如图 8-41 所示。

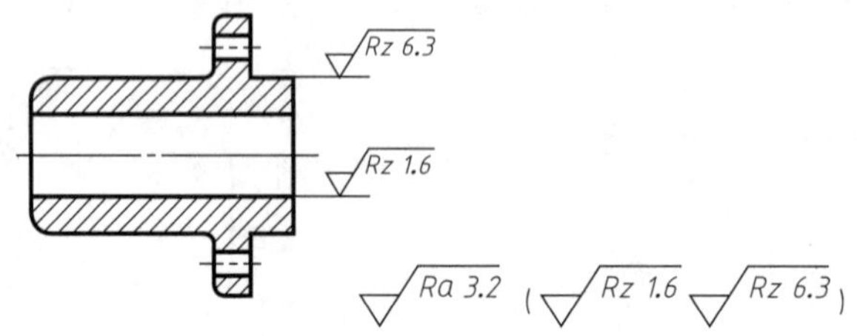

图 8-41　大多数表面有相同表面结构要求的简化注法（二）

⑥ 当多个表面具有相同的表面结构要求或图纸空间有限时，可以采用简化注法。可用带字母的完整符号，以等式的形式，在图形或标题栏附近，对有相同表面结构要求的表面进行简化标注，如图 8-42 所示。也可用基本图形符号、去除材料和不去除材料的扩展图形符号以等式的形式给出对多个表面共同的表面结构要求，如图 8-43 所示。

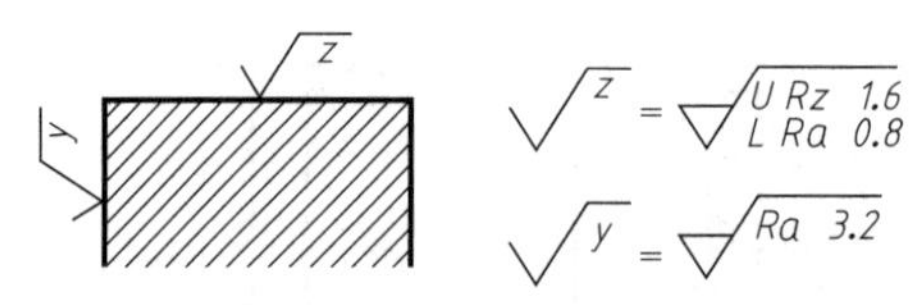

图 8-42　多个表面具有相同的表面结构要求或图纸空间有限时的简化注法

图 8-43　多个共同表面结构要求的简化标注

⑦ 由几种不同的工艺方法获得的同一表面，当需要明确每种工艺方法的表面要求时，可按图 8-44 进行标注。

⑧ 表面结构要求可标注在形位公差框格的上方，如图 8-45 所示。

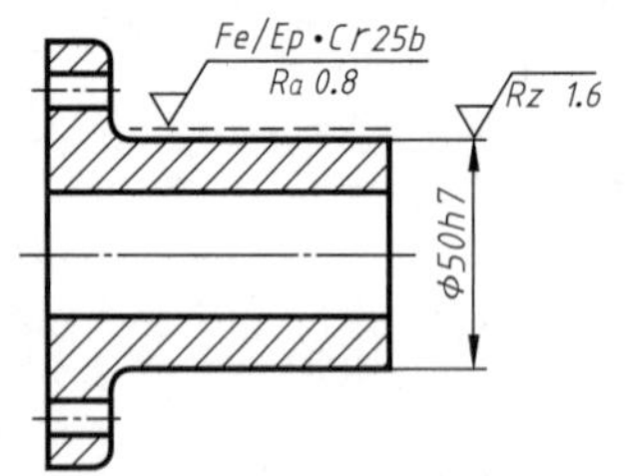

图 8-44　镀覆前后表面结构要求的标注

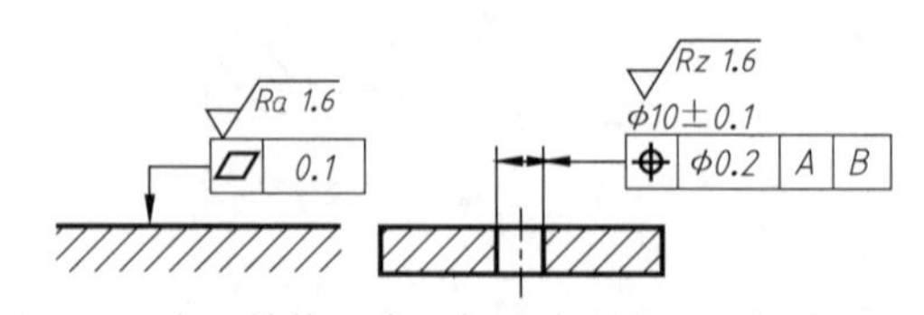

图 8-45　表面结构要求可标注在形位公差框格的上方

8.6　极限与配合的基本概念

8.6.1　互换性

在现代化的大量或成批生产中，要求互相装配的零件或部件都要符合互换性原则。互换性，就是指在制成的同一规格的一批零（部）件中，任取一件，不需要作任何挑选或修配，就能与有关零（部）件顺利地装配在一起，且能符合设计及使用要求，具有这种性质的零（部）件称为互换性零（部）件。例如，从一批规格为 $\phi 10$ 的油杯（图 8-46）中任取一个装入尾架端盖的油杯孔中，都能使油杯顺利装入，并能使它们紧密结合，就两者的顺利结合而言，油杯和端盖都具有互换性。

在机器制造业中，遵循互换性的原则，无论在设计、制造和维修等方面，都具有十分重要的技术和经济意义。在生产中由于机床精度、刀具磨损、测量误差、技术水平等因素的影响，即使同一个工人加工同一批零件，也难以要求都准确地制成相同的大小，尺寸之间总是存在着误差，为了保证互换性，就必须控制这种误差。也就是，在零件图上对某些重要尺寸给予一个允许的变动范围，就能保证加工后的零件具有互换性。这种允许尺寸的变动范围称为尺寸公差。

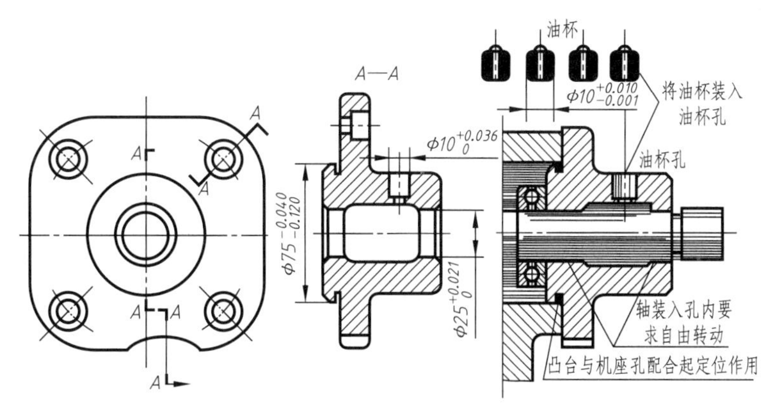

图 8-46 互换性基本概念图例

8.6.2 极限与配合的基本概念（GB/T 1800.1—2009）

（1）工件几何要素的基本术语和定义

① 要素：即几何要素，指点、线或面。

② 组成要素：组成要素是指面或面上的线，组成要素是实有定义的。

③ 导出要素：由一个或几个组成要素得到的中心点、中心线或中心面。

例如，球心是由球面得到的导出要素，该球面为组成要素；圆柱的中心线是由圆柱面得到的导出要素，该圆柱面为组成要素。

④ 尺寸要素：由一定大小的线性尺寸或角度尺寸确定的几何形状。尺寸要素可以是圆柱形、球形、两平行对应面、圆锥形或楔形。

⑤ 公称组成要素：由技术制图或其他方法确定的理论正确组成要素，如图 8-47（a）所示。

⑥ 公称导出要素：由一个或几个公称组成要素导出的中心点、轴线或中心平面，如图 8-47（a）所示。

⑦ 工件实际表面：实际存在并将整个工件与周围介质分隔的一组要素。

⑧ 实际（组成）要素：由接近实际（组成）要素所限定的工件实际表面的组成要素部分，没有实际导出要素，如图 8-47（b）所示。

⑨ 提取组成要素：按规定方法，由实际（组成）要素提取有限数目的点所形成的实际（组成）要素的近似替代。该替代（的方法）由要素所要求的功能确定。每个实际（组成）要素可以有几个这种替代，如图 8-47（c）所示。

⑩ 提取导出要素：由一个或几个提取组成要素得到的中心点、中心线或中心面，如图

8-47（c）所示。为方便起见，提取圆柱面的导出中心线称为提取中心线；两相对提取平面的导出中心面称为提取中心面。

⑪ 拟合组成要素：按规定的方法，由提取组成要素形成的并具有理想形状的组成要素，如图 8-47（d）所示。

⑫ 拟合导出要素：由一个或几个拟合组成要素导出的中心点、轴线或中心平面，如图 8-47（d）所示。

在上述定义中，术语“轴线”和“中心平面”用于具有理想形状的导出要素；术语“中心线”和“中心面”用于非理想形状的导出要素。

几何要素定义间的相互关系如图 8-47 所示。

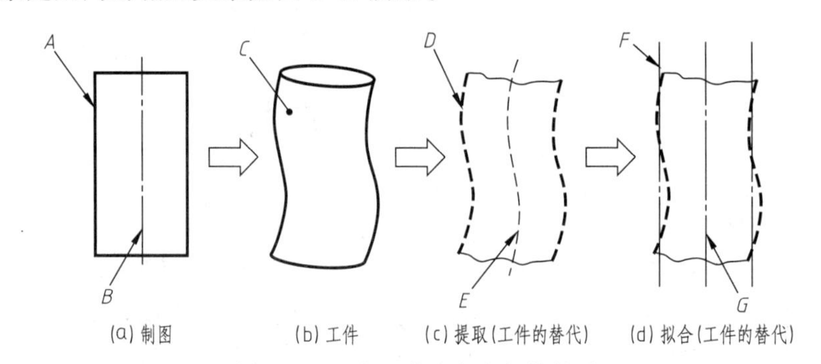

图 8-47 几何要素定义之间的关系

A—公称组成要素；*B*—公称导出要素；*C*—实际要素；*D*—提取组成要素；*E*—提取导出要素；*F*—拟合组成要素；*G*—拟合导出要素

（2）尺寸公差的有关术语和定义

① 公称尺寸：由图样规范确定的理想形状要素的尺寸，如图 8-46 中的“$\phi75$”“$\phi25$”等。公称尺寸可以是一个整数或一个小数值。

② 提取组成要素的局部尺寸：一切提取组成要素上两对应点之间距离的统称，为方便将其简称为提取要素的局部尺寸。

③ 提取圆柱面的局部尺寸：要素上两对应点之间的距离。其中，两对应点之间的连线通过拟合圆圆心；横截面垂直于由提取表面得到的拟合圆柱面的轴心。

④ 两平行提取表面的局部尺寸：两平行对应提取表面上两对应点之间的距离。其中，所有对应点的连线均垂直于拟合中心平面；拟合中心平面是由两平行提取表面得到的两拟合平行平面的中心平面（两拟合平行平面之间的距离可能与公称距离不同）。

⑤ 极限尺寸：尺寸要素允许的尺寸的两个极端。提取组成要素的局部尺寸应位于其中，也可达到极限尺寸。尺寸要素允许的最大尺寸，称为上极限尺寸；尺寸要素允许的最小尺寸，称为下极限尺寸，如图 8-48 所示。在图 8-46 中，凸台尺寸为“$\phi75_{-0.120}^{-0.040}$”，该尺寸的上极限尺寸是 $\phi74.96$mm；下极限尺寸是 $\phi74.88$mm。

⑥ 偏差、极限偏差：偏差是指某一尺寸减其公称尺寸所得的代数差。偏差可以为正、负或零值。上极限偏差和下极限偏差统称极限偏差，如图 8-48 所示。轴的上、下极限偏差代号用小写字母 es、ei 表示；孔的上、下极限偏差代号用大写字母 ES、EI 表示。

上极限偏差＝上极限尺寸－公称尺寸

下极限偏差＝下极限尺寸－公称尺寸

⑦ 尺寸公差（简称公差）：允许提取组成要素的局部尺寸的变动量。

尺寸公差＝上极限尺寸－下极限尺寸＝上极限偏差－下极限偏差

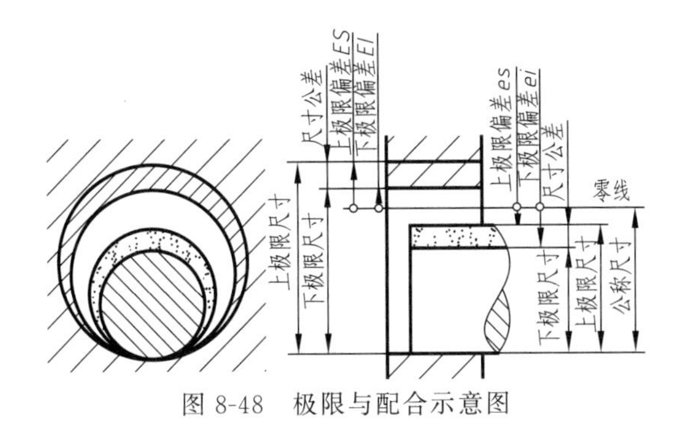

图 8-48　极限与配合示意图

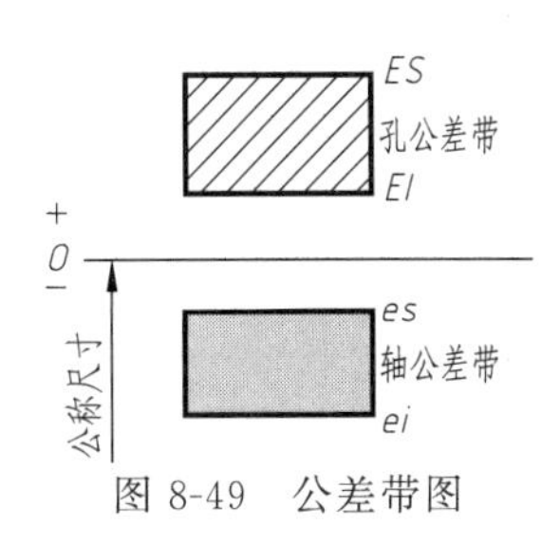

图 8-49　公差带图

尺寸公差是一个没有符号的绝对值，不能为零。例如，图 8-46 中凸台的尺寸为“$\phi75^{-0.040}_{-0.120}$”，其公差为 $|-0.040-(-0.120)|=0.08$。

(3) 公差带及公差带图

① 零线：在极限与配合图解中，表示公称尺寸的一条直线，以其为基准确定极限偏差和尺寸公差。通常，零线沿水平方向绘制，正偏差位于其上方，负偏差位于其下方，如图 8-49 所示。

② 公差带：在公差带图解中，由代表上极限偏差和下极限偏差或上极限尺寸和下极限尺寸的两条直线所限定的一个区域。它是由公差大小和其相对零线的位置如基本偏差来确定，如图 8-49 所示。

(4) 标准公差（IT）

标准公差是在国家标准极限与配合制中所规定的任一公差。

标准公差等级代号用符号 IT 和数字组成，例如：IT7。当其与代表基本偏差的字母一起组成公差带时，省略 IT 字母，如 h7。标准公差等级分 IT01、IT0、IT1～IT18 共 20 级，随公差等级数字的增大，尺寸的精确程度将依次降低，公差数值依次加大。极限与配合在公称尺寸至 500mm 内规定了 IT01、IT0、IT1～IT18 共 20 个标准公差等级；在公称尺寸大于 500～3150mm 内规定 IT1～IT18 共 18 个标准公差等级。公称尺寸至 3150mm 的标准公差等级 IT1～IT18 公差数值（GB/T 1800.1—2009）见表 8-6。同一公差等级（例如 IT7）对所有基本尺寸的一组公差被认为具有同等精确程度。

表 8-6　标准公差数值（GB/T 1800.1—2009）

公称尺寸/mm		标准公差等级																	
		IT1	IT2	IT3	IT4	IT5	IT6	IT7	IT8	IT9	IT10	IT11	IT12	IT13	IT14	IT15	IT16	IT17	IT18
大于	至	μm											mm						
—	3	0.8	1.2	2	3	4	6	10	14	25	40	60	0.1	0.14	0.25	0.4	0.6	1	1.4
3	6	1	1.5	2.5	4	5	8	12	18	30	48	75	0.12	0.18	0.3	0.48	0.75	1.2	1.8
6	10	1	1.5	2.5	4	6	9	15	22	36	58	90	0.15	0.22	0.36	0.58	0.9	1.5	2.2
10	18	1.2	2	3	5	8	11	18	27	43	70	110	0.18	0.27	0.43	0.7	1.1	1.8	2.7
18	30	1.5	2.5	4	6	9	13	21	33	52	84	130	0.21	0.33	0.52	0.84	1.3	2.1	3.3
30	50	1.5	2.5	4	7	11	16	25	39	62	100	160	0.25	0.39	0.62	1	1.6	2.5	3.9
50	80	2	3	5	8	13	19	30	46	74	120	190	0.3	0.46	0.74	1.2	1.9	3	4.6
80	120	2.5	4	6	10	15	22	35	54	87	140	220	0.35	0.54	0.87	1.4	2.2	3.5	5.4
120	180	3.5	5	8	12	18	25	40	63	100	160	250	0.4	0.63	1	1.6	2.5	4	6.3
180	250	4.5	7	10	14	20	29	46	72	115	185	290	0.46	0.72	1.15	1.85	2.9	4.6	7.2
250	315	6	8	12	16	23	32	52	81	130	210	320	0.52	0.81	1.3	2.1	3.2	5.2	8.1
315	400	7	9	13	18	25	36	57	89	140	230	360	0.57	0.89	1.4	2.3	3.6	5.7	8.9

续表

公称尺寸/mm		标准公差等级																	
		IT1	IT2	IT3	IT4	IT5	IT6	IT7	IT8	IT9	IT10	IT11	IT12	IT13	IT14	IT15	IT16	IT17	IT18
大于	至	μm											mm						
400	500	8	10	15	20	27	40	63	97	155	250	400	0.63	0.97	1.55	2.5	4	6.3	9.7
500	630	9	11	16	22	32	44	70	110	175	280	440	0.7	1.1	1.75	2.8	4.4	7	11
630	800	10	13	18	25	36	50	80	125	200	320	500	0.8	1.25	2	3.2	5	8	12.5
800	1000	11	15	21	28	40	56	90	140	230	360	560	0.9	1.4	2.3	3.6	5.6	9	14
1000	1250	13	18	24	33	47	66	105	165	260	420	660	1.05	1.65	2.6	4.2	6.6	10.5	16.5
1250	1600	15	21	29	39	55	78	125	195	310	500	780	1.25	1.95	3.1	5	7.8	12.5	19.5
1600	2000	18	25	35	46	65	92	150	230	370	600	920	1.5	2.3	3.7	6	9.2	15	23
2000	2500	22	30	41	55	78	110	175	280	440	700	1100	1.75	2.8	4.4	7	11	17.5	28
2500	3150	26	36	50	68	96	135	210	330	540	860	1350	2.1	3.3	5.4	8.6	13.5	21	33

注：1. 公称尺寸大于 500mm 的 IT1～IT5 的标准公差数值为试行的。
2. 公称尺寸小于或等于 1mm 时，无 IT14～IT18。

机器零件的尺寸精确程度越高，加工成本也就越高，因此在选用公差等级时，在满足要求的前提下，尽可能选较低的公差等级。

标准公差等级 IT01 和 IT0 在工业中很少用，为满足使用者需要，在表 8-7 中给出这些数值。

表 8-7 IT01 和 IT0 的标准公差数值（GB/T 1800.1—2009）

公称尺寸/mm		标准公差等级	
		IT01	IT0
大于	至	公差/μm	
—	3	0.3	0.5
3	6	0.4	0.6
6	10	0.4	0.6
10	18	0.5	0.8
18	30	0.6	1
30	50	0.6	1
50	80	0.8	1.2
80	120	1	1.5
120	180	1.2	2
180	250	2	3
250	315	2.5	4
315	400	3	5
400	500	4	6

（5）基本偏差

基本偏差是国家标准极限与配合制中，确定公差带相对零线位置的那个极限偏差。它可以是上极限偏差或下极限偏差，一般为靠近零线的那个极限偏差，如图 8-49 中，孔的基本偏差为下极限偏差，而轴的基本偏差为上极限偏差。

图 8-50 为基本偏差系列示意图，基本偏差代号：对孔用大写字母 A…ZC 表示，孔的基本偏差从 A～H 为下极限偏差，且为正值，其中 H 的下极限偏差为 0，孔的基本偏差从 K～ZC 为上极限偏差；对轴用小写字母 a…zc 表示，轴的基本偏差从 a～h 为上极限偏差，且为负值，其中 h 的上极限偏差为 0，轴的基本偏差从 k～zc 为下极限偏差，孔轴各 28 个。

其中，基本偏差 H 代表基准孔，h 代表基准轴。国家标准规定了不同公称尺寸的轴、孔的基本偏差数值。

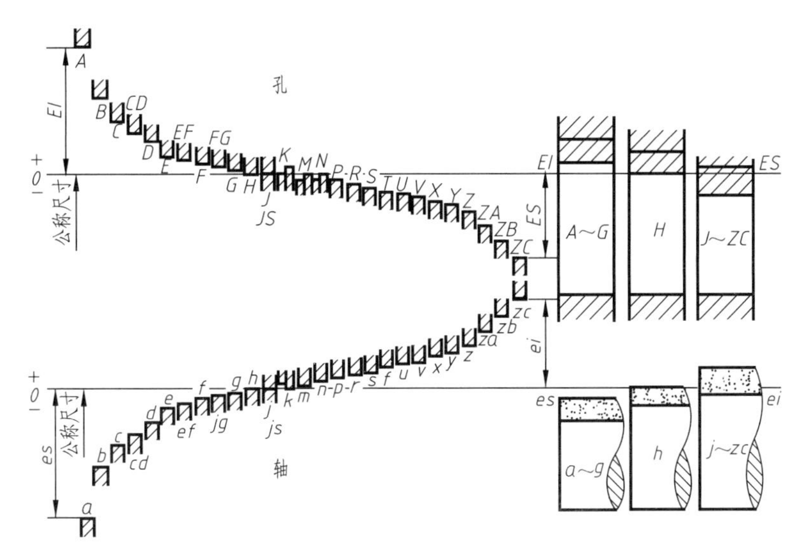

图 8-50　基本偏差系列示意图

（6）标准公差数值、基本偏差数值表应用

根据尺寸公差的定义，基本偏差和标准公差有以下的计算式：

对于孔，IT＝ES－EI，所以，ES＝El＋IT 或 El＝ES－IT

对于轴，IT＝es－ei，所以，ei＝es－IT 或 es＝ei＋IT

只要知道孔或轴的公称尺寸、基本偏差代号及公差等级，就可以从表中查得标准公差及基本偏差数值，从而计算出上、下极限偏差数值及极限尺寸。

【例 8-1】 已知某孔 ϕ40H7，确定其上、下偏差及极限尺寸。

从表 8-6 查得：标准公差 IT7 为 0.025mm，从附表 3-1 查得下极限偏差 EI 为 0，则上极限偏差 ES＝El＋IT＝＋0.025mm。

上极限尺寸＝40＋0.025＝40.025mm。

下极限尺寸＝40＋0＝40mm。

【例 8-2】 已知某轴 ϕ50f7，确定其上、下极限偏差及极限尺寸。

从表 8-6 查得：标准公差 IT7 为 0.025mm，从附表 3-2 查得上极限偏差 es 为－0.025mm，则下极限偏差 ei＝es－IT＝－0.050mm。

上极限尺寸＝50－0.025＝49.975mm。

下极限尺寸＝50－0.050＝49.950mm。

8.6.3　配合概念及配合种类

公称尺寸相同，相互结合的孔和轴公差带之间的关系，称为配合。配合的前提必须是公称尺寸相同，二者公差带之间的关系确定了孔、轴装配后的配合性质。

在机器中，由于零件的作用和工作情况不同，故相互结合两零件装配后的松紧程度要求也不一样，图 8-51 所示的三个滑动轴承：图 8-51（a）中轴直接装入孔座中，要求自由转动且不打晃；图 8-51（c）中衬套装在座孔中要紧固，不得松动；图 8-51（b）中衬套装在座孔中，虽也要紧固，但要求容易装入，且要求比图 8-51（c）的配合要松一些。国家标准根据零件配合松紧程度的不同要求，将配合分为以下三类。

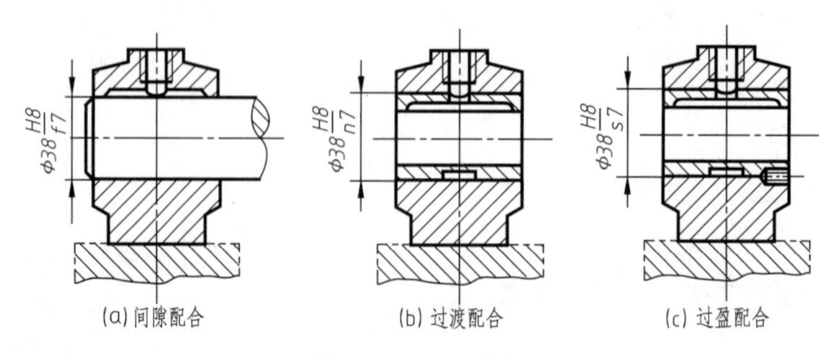

图 8-51 配合种类

(1) 间隙配合

间隙是指孔的尺寸减去相配合的轴的尺寸之差为正（即孔大于轴）。

间隙配合是指具有间隙（包括最小间隙等于零）的配合。此时，孔的公差带在轴的公差带之上，如图 8-52 所示。

① 最小间隙：在间隙配合中，孔的下极限尺寸与轴的上极限尺寸之差。

② 最大间隙：在间隙配合或过渡配合中，孔的上极限尺寸与轴的下极限尺寸之差。

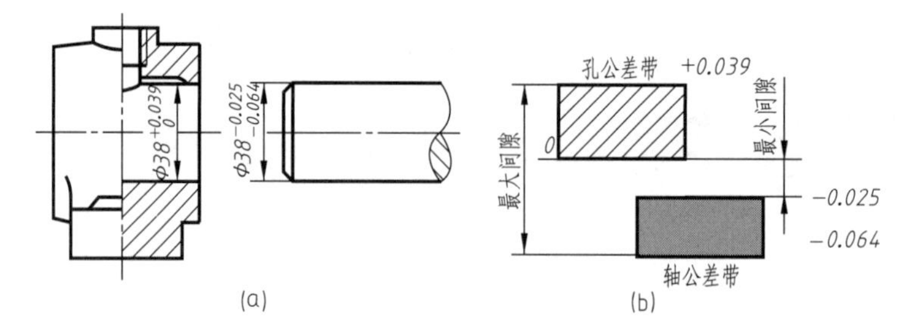

图 8-52 间隙配合

(2) 过盈配合

过盈是指孔的尺寸减去相配合的轴的尺寸之差为负（即轴大于孔）。

过盈配合是指具有过盈（包括最小过盈等于零）的配合。此时孔的公差带在轴的公差带之下，如图 8-53 所示。

① 最小过盈：在过盈配合中，孔的上极限尺寸与轴的下极限尺寸之差。

② 最大过盈：在过盈配合或过渡配合中，孔的下极限尺寸与轴的上极限尺寸之差。

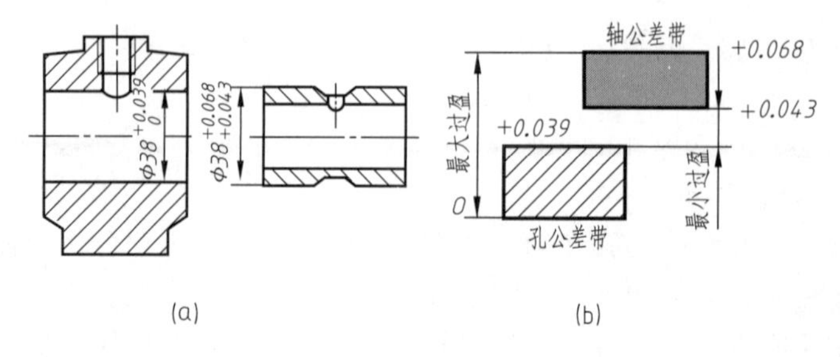

图 8-53 过盈配合

(3) 过渡配合

可能具有间隙或过盈的配合。此时，孔的公差带与轴的公差带相互交叠，如图 8-54 所示。

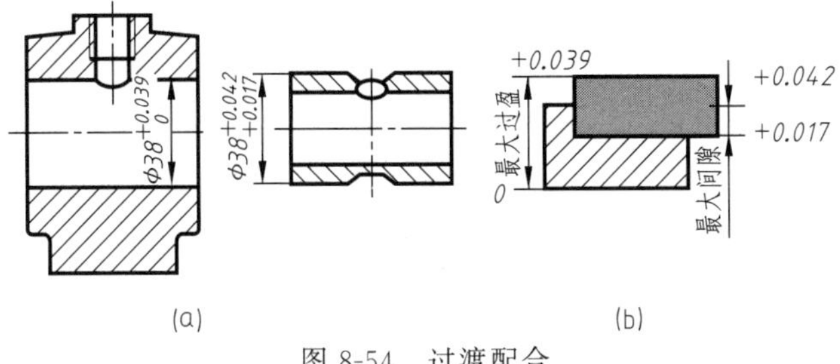

图 8-54　过渡配合

8.6.4　配合制度（GB/T 1180.1—2009）

公称尺寸相同的孔、轴组合起来，可以形成多种不同的配合，为了便于设计制造，实现配合标准化，国家标准对配合制度规定了两种形式：基孔制配合和基轴制配合。

（1）基孔制配合

基本偏差为一定的孔的公差带与不同基本偏差的轴的公差带形成各种配合的一种制度，称为基孔制。基孔制配合的孔为基准孔，代号为 H，国家标准规定基准孔的下极限偏差为零，上极限偏差为正值，如图 8-55 所示。在基孔制配合中：轴的基本偏差从 a 至 h 用于间隙配合；从 j 至 zc 用于过渡配合和过盈配合。

（2）基轴制配合

基本偏差为一定的轴的公差带与不同基本偏差的孔的公差带形成各种配合的一种制度，称为基轴制。基轴制配合的轴为基准轴，代号为 h，国家标准规定基准轴的上极限偏差为零，下极限偏差为负值，如图 8-56 所示。在基轴制配合中：孔的基本偏差从 A～H 用于间隙配合；从 J～ZC 用于过渡配合和过盈配合。

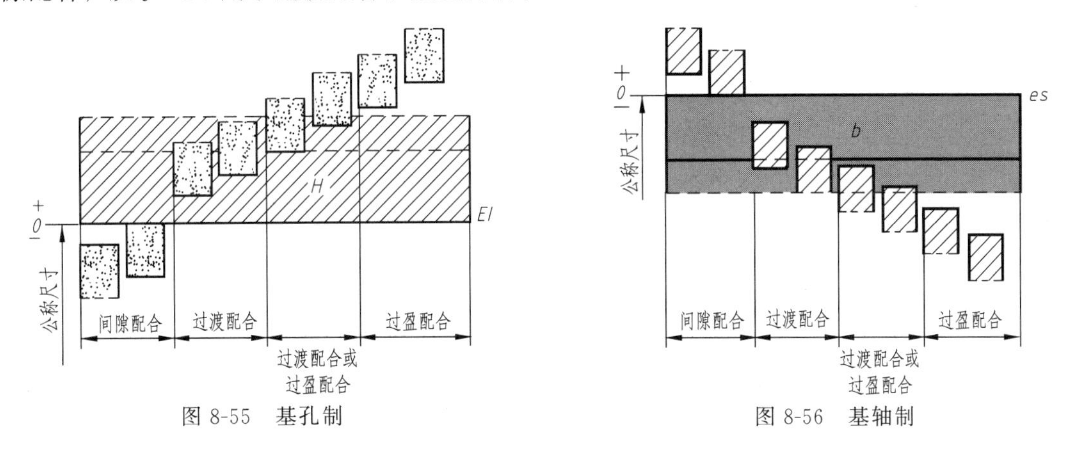

图 8-55　基孔制　　图 8-56　基轴制

一般情况下，优先选用基孔制配合。如有特殊要求，允许将任一孔、轴公差带组成配合。

（3）优先和常用配合

前已述及，标准公差有 20 个等级，基本偏差有 28 种，可以组成大量的配合。但过多的配合既不能发挥标准的作用，也不利于生产，为此国家标准规定了公称尺寸至 500mm 的基孔制和基轴制的优先和常用配合。基孔制的常用配合有 59 种，其中包括 13 种优先配合，见表 8-8；基轴制常用配合 47 种，包括优先配合 13 种，见表 8-9。

为了便于使用，国家标准规定了孔、轴公差带的极限偏差表。本书附录中列出了基本尺寸小于或等于 500mm 的优先配合和部分常用配合中孔、轴的极限偏差表，见附表 3-1 和附表 3-2。

表 8-8　尺寸至 500mm 的基孔制常用、优先配合

基准孔	a	b	c	d	e	f	g	h	js	k	m	n	p	r	s	t	u	v	x	y	z
	间隙配合								过渡配合			过盈配合									
H6						$\frac{H6}{f5}$	$\frac{H6}{g5}$	$\frac{H6}{h5}$	$\frac{H6}{js5}$	$\frac{H6}{k5}$	$\frac{H6}{m5}$	$\frac{H6}{n5}$	$\frac{H6}{p5}$	$\frac{H6}{r5}$	$\frac{H6}{s5}$	$\frac{H6}{t5}$					
H7						$\frac{H7}{f6}$	◤ $\frac{H7}{g6}$	◤ $\frac{H7}{h6}$	$\frac{H7}{js6}$	◤ $\frac{H7}{k6}$	$\frac{H7}{m6}$	◤ $\frac{H7}{n6}$	◤ $\frac{H7}{p6}$	$\frac{H7}{r6}$	◤ $\frac{H7}{s6}$	$\frac{H7}{t6}$	◤ $\frac{H7}{u6}$	$\frac{H7}{v6}$	$\frac{H7}{x6}$	$\frac{H7}{y6}$	$\frac{H7}{z6}$
H8					$\frac{H8}{e7}$	◤ $\frac{H8}{f7}$	$\frac{H8}{g7}$	◤ $\frac{H8}{h7}$	$\frac{H8}{js7}$	$\frac{H8}{k7}$	$\frac{H8}{m7}$	$\frac{H8}{n7}$	$\frac{H8}{p7}$	$\frac{H8}{r7}$	$\frac{H8}{s7}$	$\frac{H8}{t7}$	$\frac{H8}{u7}$				
				$\frac{H8}{d8}$	$\frac{H8}{e8}$	$\frac{H8}{f8}$		$\frac{H8}{h8}$													
H9			$\frac{H9}{c9}$	◤ $\frac{H9}{d9}$	$\frac{H9}{e9}$	$\frac{H9}{f9}$		◤ $\frac{H9}{h9}$													
H10			$\frac{H10}{c10}$	$\frac{H10}{d10}$				$\frac{H10}{h10}$													
H11	$\frac{H11}{a11}$	$\frac{H11}{b11}$	◤ $\frac{H11}{c11}$	$\frac{H11}{d11}$				◤ $\frac{H11}{h11}$													
H12		$\frac{H12}{b12}$						$\frac{H12}{h12}$													

注：1. $\frac{H6}{n5}$、$\frac{H7}{p6}$在公称尺寸小于或等于 3mm 和$\frac{H8}{r7}$在公称尺寸小于或等于 100mm 时为过渡配合。

2. 标注有◤的配合为优先选用的配合（表 8-9 与此相同）。

表 8-9　尺寸至 500mm 的基轴制常用、优先配合

基准轴	A	B	C	D	E	F	G	H	JS	K	M	N	P	R	S	T	U	V	X	Y	Z
	间隙配合								过渡配合			过盈配合									
h5						$\frac{F6}{h5}$	$\frac{G6}{h5}$	$\frac{H6}{h5}$	$\frac{JS6}{h5}$	$\frac{K6}{h5}$	$\frac{M6}{h5}$	$\frac{N6}{h5}$	$\frac{P6}{h5}$	$\frac{R6}{h5}$	$\frac{S6}{h5}$	$\frac{T6}{h5}$					
h6						$\frac{F7}{h6}$	◤ $\frac{G7}{h6}$	◤ $\frac{H7}{h6}$	$\frac{JS7}{h6}$	◤ $\frac{K7}{h6}$	$\frac{M7}{h6}$	◤ $\frac{N7}{h6}$	◤ $\frac{P7}{h6}$	$\frac{R7}{h6}$	◤ $\frac{S7}{h6}$	$\frac{T7}{h6}$	◤ $\frac{U7}{h6}$				
h7					$\frac{E8}{h7}$	◤ $\frac{F8}{h7}$		◤ $\frac{H8}{h7}$	$\frac{JS8}{h7}$	$\frac{K8}{h7}$	$\frac{M8}{h7}$	$\frac{N8}{h7}$									
h8				$\frac{D8}{h8}$	$\frac{E8}{h8}$	$\frac{F8}{h8}$		$\frac{H8}{h8}$													
h9				◤ $\frac{D9}{h9}$	$\frac{E9}{h9}$	$\frac{F9}{h9}$		◤ $\frac{H9}{h9}$													
h10				$\frac{D10}{h10}$				$\frac{H10}{h10}$													
h11	$\frac{A11}{h11}$	$\frac{B11}{h11}$	◤ $\frac{C11}{h11}$	$\frac{D11}{h11}$				◤ $\frac{H11}{h11}$													
h12		$\frac{B12}{h12}$						$\frac{H12}{h12}$													

8.6.5　尺寸公差与配合代号的标注

在机械图样中，尺寸公差与配合的标注应遵守国家标准（GB/T 1180.1—2009）规定，现摘要叙述。

（1）在零件图中的标注

在零件图中标注孔、轴的尺寸公差有下列三种形式：

① 在孔或轴的公称尺寸的右边注出公差带代号，如图 8-57 所示。孔、轴公差带代号由基本偏差代号与公差等级代号组成，如图 8-58 所示。

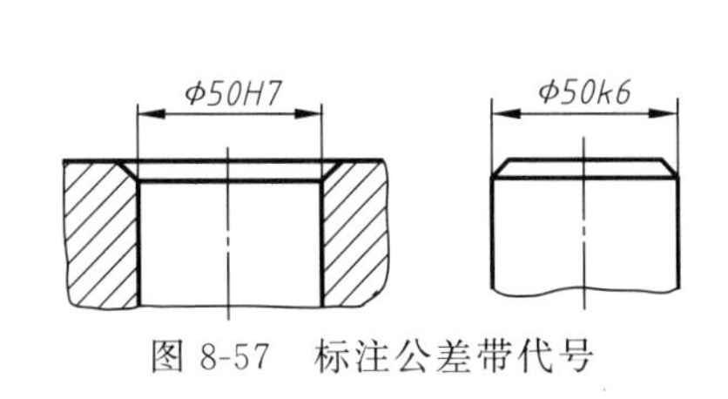

图 8-57　标注公差带代号

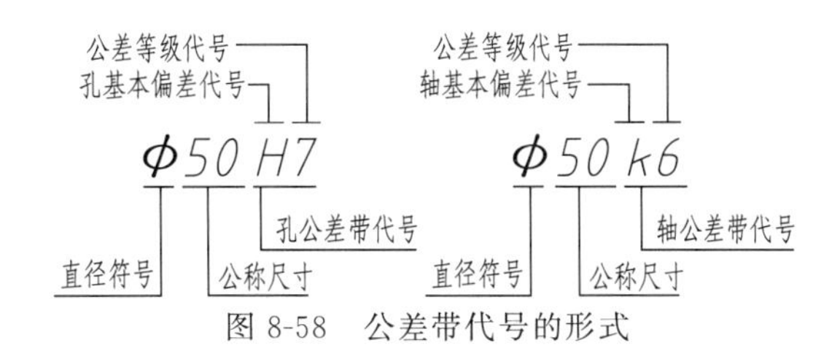

图 8-58　公差带代号的形式

② 在孔或轴的公称尺寸的右边注出该公差带的极限偏差数值，如图 8-59 所示。

图 8-59（a）中，上、下极限偏差的小数点必须对齐，小数点后的位数必须相同。若上、下极限偏差值相等，符号相反时，偏差数值只注写一次，并在偏差值与公称尺寸之间注写符号“±”，且两者数字高度相同，如图 8-59（b）所示。若上极限偏差或下极限偏差为零时，要注出数字“0”，并与另一个偏差值小数点前的一位数对齐，如图 8-59（c）所示。

③ 在孔或轴的公称尺寸的右边同时注出公差带代号和相应的极限偏差数值，此时偏差数值应加上圆括号，如图 8-60 所示。

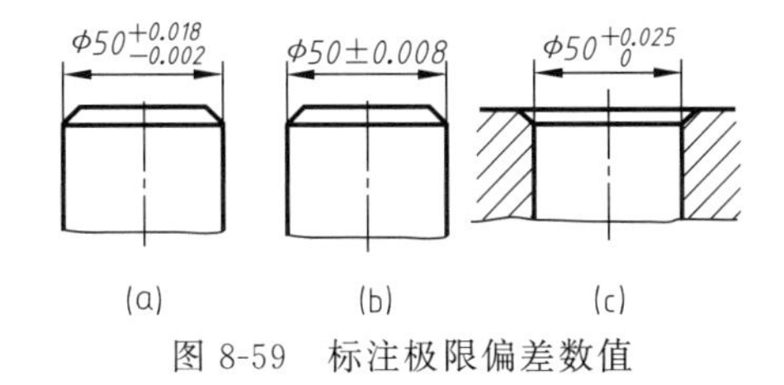

图 8-59　标注极限偏差数值

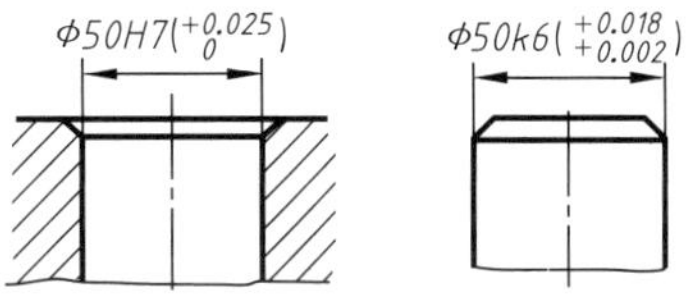

图 8-60　标注公差带代号和极限偏差数值

（2）装配图中的标注

装配图中一般标注配合代号，配合代号由两个相互结合的孔或轴的公差带代号组成，写成分数形式，分子为孔的公差带代号，分母为轴的公差带代号，如图 8-61 所示。

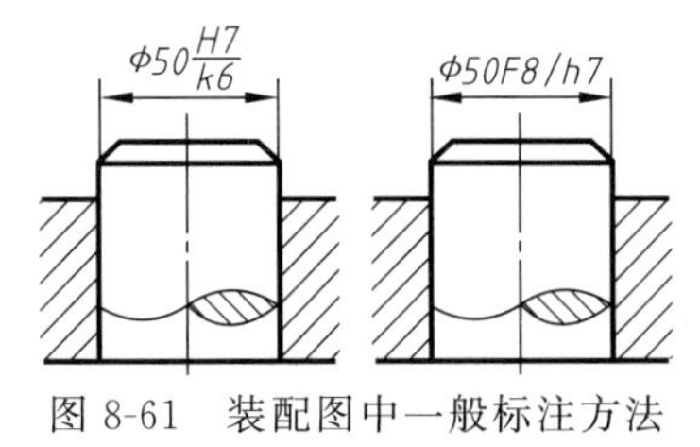

图 8-61　装配图中一般标注方法

图中“$\phi50\dfrac{\mathrm{H7}}{\mathrm{k6}}$”的含义为：公称尺寸 ϕ50mm，基孔制配合，基准孔的基本偏差为 H，公差等级为 7 级，与其配合的轴基本偏差为 k，公差等级为 6 级，两者为过渡配合。图 8-61 中“ϕ50F8/h7”的含义请读者自行分析。

8.7 几何公差——形状、方向、位置和跳动公差基本知识（GB/T 1182—2008）

8.7.1 基本概念

零件在加工时，不仅尺寸会产生误差，其构成要素的几何形状以及要素与要素之间的相对位置，也会产生误差。如图 8-62（a）所示，台阶轴加工后的各实际尺寸虽然都在尺寸公差范围内，但可能会出现鼓形、锥形、弯曲、正截面不圆等情状，这样，实际要素和理想要素之间就有一个变动量，即形状误差；轴加工后各段圆柱的轴线可能不在同一条轴线上，如图 8-62（b）所示，这样实际要素与理想要素在位置上也有一个变动量，即位置误差。

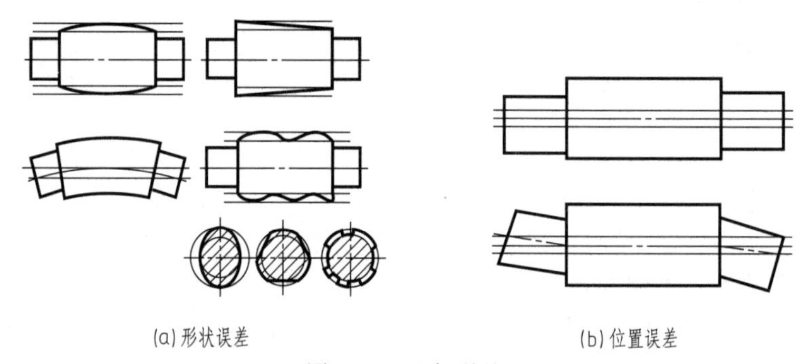

图 8-62 几何误差

在设计零件时，必须对零件的形状、方向、位置、跳动误差予以合理限制，执行国家标准规定的几何公差。

在技术文件中，几何公差采用框格形式标注，必要时允许在技术要求中用文字说明。

8.7.2 几何公差的几何特征、符号和公差框格形式

（1）形状、方向、位置和跳动公差特征符号（表 8-10）

表 8-10 几何特征符号（摘自 GB/T 1182—2008）

公差类型	几何特征	符号	有无基准
形状公差	直线度	—	无
	平面度	⏥	无
	圆度	○	无
	圆柱度	⌭	无
	线轮廓度	⌒	无
	面轮廓度	⌓	无
方向公差	平行度	//	有
	垂直度	⊥	有
	倾斜度	∠	有
	线轮廓度	⌒	有
	面轮廓度	⌓	有

公差类型	几何特征	符号	有无基准
位置公差	位置度	⌖	有或无
	同心度（用于中心点）	◎	有
	同轴度（用于轴线）	◎	有
	对称度	⌯	有
	线轮廓度	⌒	有
	面轮廓度	⌓	有
跳动公差	圆跳动	↗	有
	全跳动	⌰	有

(2) 公差框格

① 公差要求在矩形方框中给出，该方框由两格或多格组成。框格应水平或垂直画出，框格中的内容从左向右填写，第一格填写形位公差项目的符号；第二格填写形位公差数值和有关符号（如公差带是圆形或圆柱形的则在公差值前加注“ϕ”，如是球形的则加注“$S\phi$”）；第三格和以后各格用一个或多个字母表示基准要素或基准体系，如图 8-63 所示。

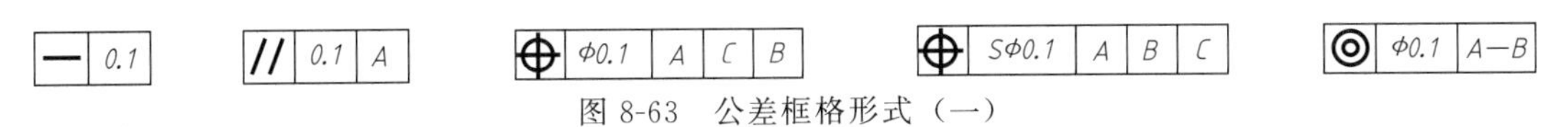

图 8-63　公差框格形式（一）

② 当某项公差应用于几个相同要素时，应在公差框格的上方被测要素的尺寸之前注明要素的个数，并在两者之间加上符号“×”，如图 8-64 所示。

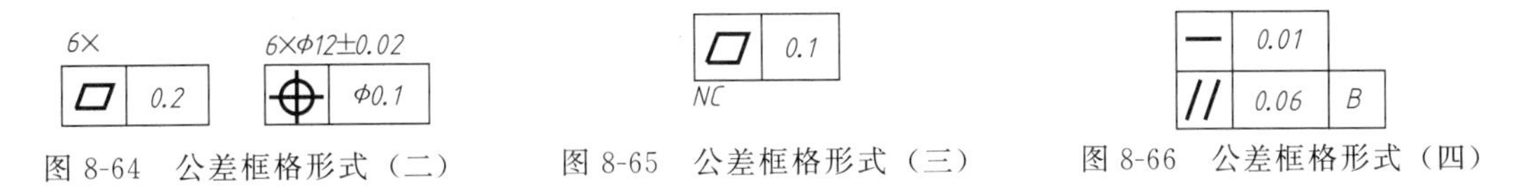

图 8-64　公差框格形式（二）　图 8-65　公差框格形式（三）　图 8-66　公差框格形式（四）

③ 如果需要限制被测要素在公差带内的形状，应在公差框格的下方注明，如图 8-65 所示。

④ 如果需要就某个要素给出几种几何特征的公差，为了方便，可将一个公差框格放在另一个的下面，如图 8-66 所示。

⑤ 公差框格绘制的比例

框格的推荐宽度是：第一格等于框格的高度；第二格应与标注内容的长度相适应；第三格及以后各格与有关字母的宽度相适应。

框格的竖划线与标注内容之间的距离不得小于 0.7mm。框格高度 H 为字体高度 h 的 2 倍，整体框格线用细实线画出，如图 8-67 所示。

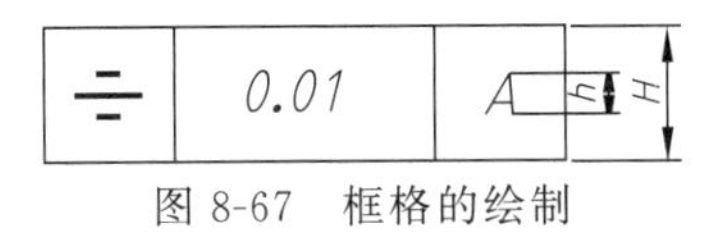

图 8-67　框格的绘制

8.7.3　被测要素和基准要素的标注

(1) 被测要素的标注

用带箭头的指引线将框格与被测要素相连。当被测要素为轮廓线或表面时，将箭头指向该要素的轮廓线或轮廓线的延长线上（但须与尺寸线明显分开），如图 8-68 所示。

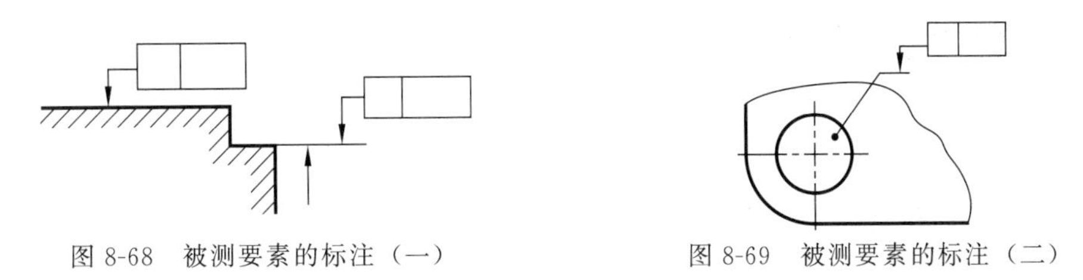
图 8-68　被测要素的标注（一）　图 8-69　被测要素的标注（二）

当被测要素为实际表面时，箭头可指向带点的参考线上，该点指在实际表面上，如图 8-69 所示。

当被测要素为轴线、中心平面时，则带箭头的指引线应与尺寸线的延长线重合，如图 8-70 所示。

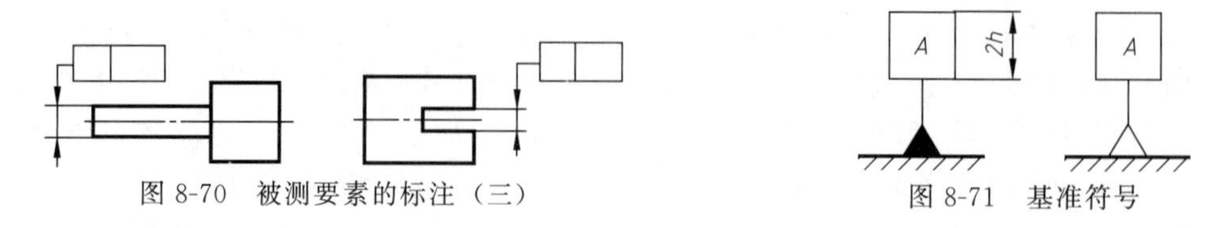

图 8-70 被测要素的标注（三）　　图 8-71 基准符号

（2）基准符号的标注

与被测要素相关的基准，用大写字母表示。大写字母标注在基准方框内，用细实线与涂黑的或空白的三角形相连组成基准符号，如图 8-71 所示。

当基准要素是轮廓线或表面时，基准三角形应置于要素的外轮廓上或在它的延长线上（但应与尺寸线明显错开），如图 8-72 所示。基准三角形还可置于用圆点从实际表面引出线的水平线上，如图 8-73 所示。

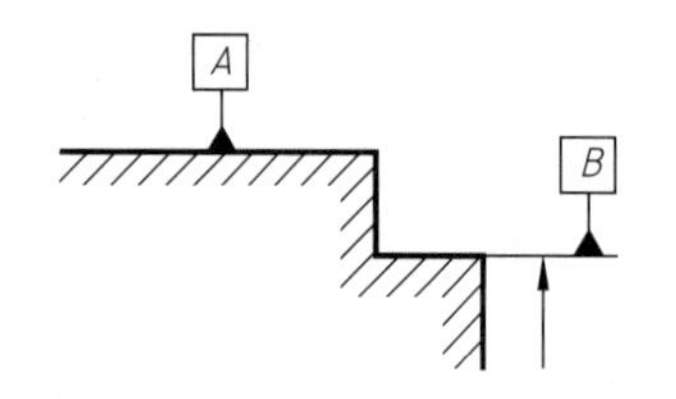

图 8-72 基准要素的标注（一）

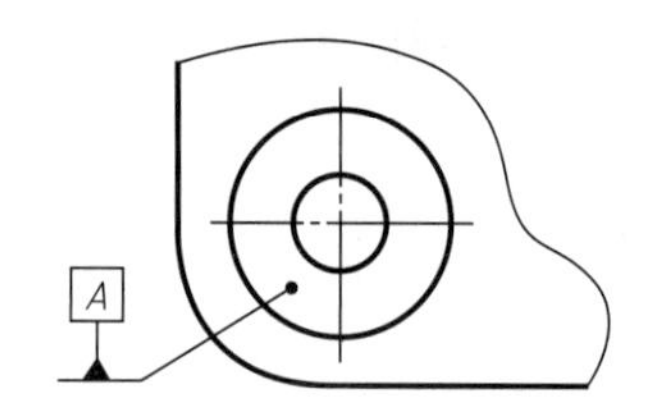

图 8-73 基准要素的标注（二）

当基准是尺寸要素确定的轴线、中心平面或中心点时，基准三角形放置在该尺寸的延长线上，如图 8-74 所示。如果尺寸线处安排不下两个箭头时，则其中一个箭头可用基准三角形代替。

如果只以要素的某一局部作基准，则应用点画线表示出此部分并加注尺寸，如图 8-75 所示。

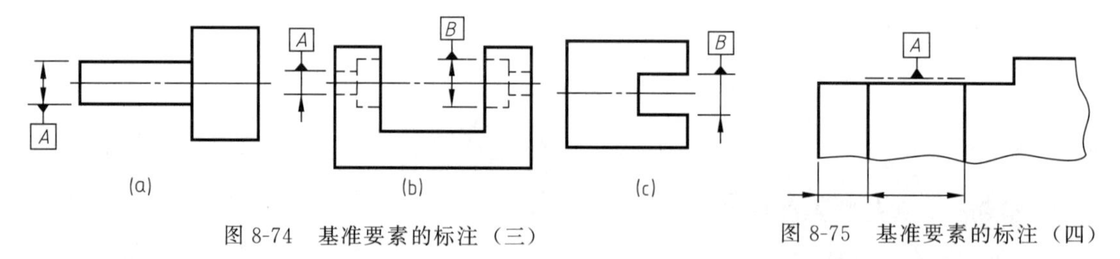

图 8-74 基准要素的标注（三）　　图 8-75 基准要素的标注（四）

几何公差的公差带的定义、标注和注释等详细内容参见国家标准 GB/T 1182—2008。

8.8 零件图的阅读

在设计、生产、安装、维修机器设备及进行技术交流时，经常要阅读零件图，因此，工程技术人员必须具备读零件图的能力。

看懂一张零件图，不仅要看懂零件的视图，想象出零件的形状，还要分析尺寸和技术要求等内容，然后才能确定加工方法、工序以及测量和检验方法。下面以蜗轮减速器箱体（图 8-76）为例，说明看零件图的一般方法。

8.8.1 了解零件在机器中的作用

（1）看标题栏

从标题栏中可知零件的名称、材料、比例等。该零件是减速器的外壳，蜗轮和蜗杆装在

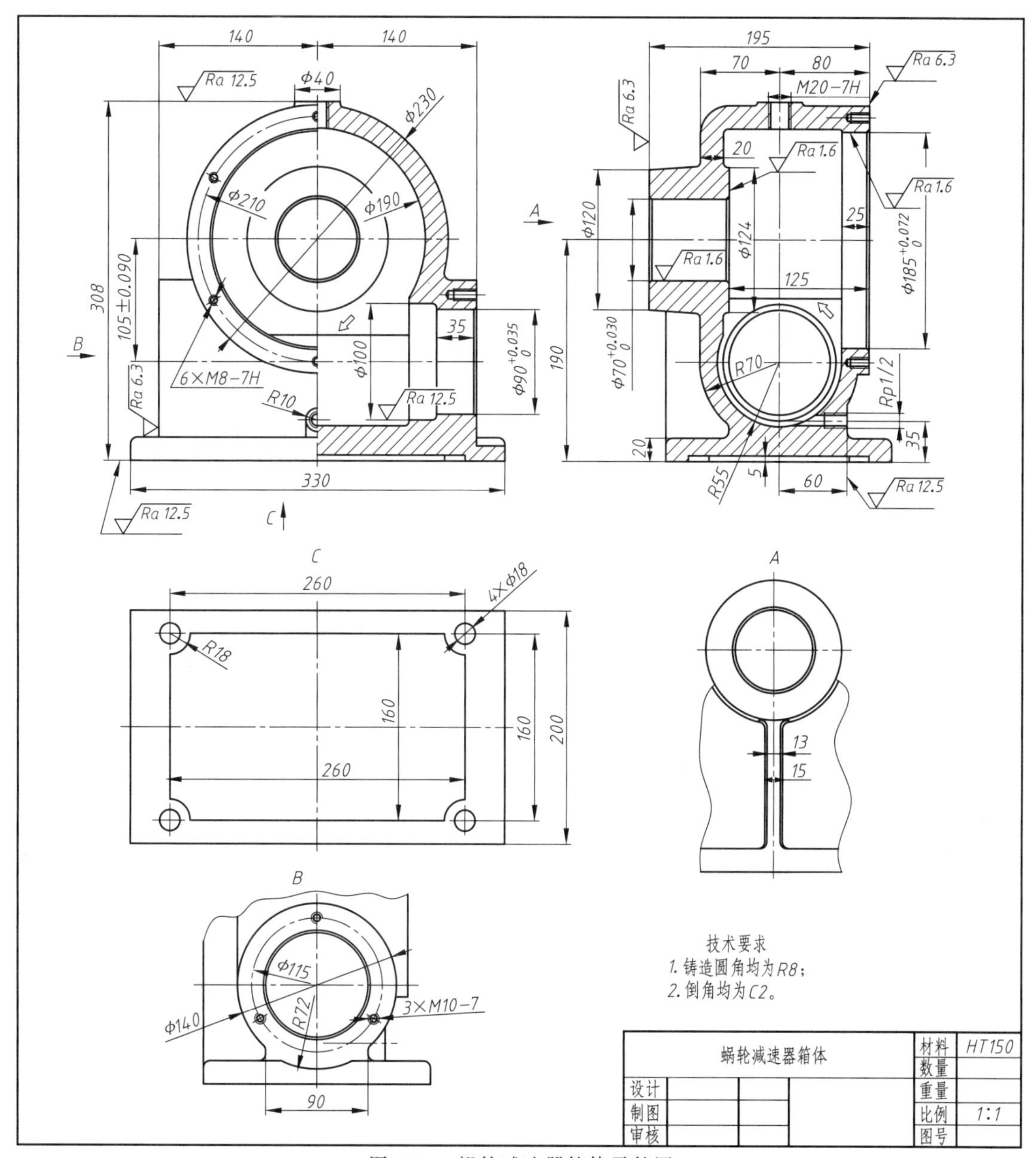

图 8-76　蜗轮减速器箱体零件图

箱体内靠它支承而运转，如图 8-77 所示。

（2）看其他资料

当零件复杂时，尽可能参看装配图及其相关的零件图等技术文件，进一步了解零件的功用及其与其他零件的关系。

8.8.2　分析视图，想象零件形状

分析视图以便确认零件结构形状，具体分析方法如下：

（1）形体分析

先看主视图，联系左视图及 A、B、C 视图，大体了解该箱体是由上、下轴线呈交叉垂直的两大圆柱体系和底板三部分组成。由左视图及 A 视图可知，上圆柱体系的后面又叠加一个“ϕ120”的圆柱。该圆柱靠肋板支承与底板相连。

（2）结构形状分析

从主、左视图来分析，由于上面的大圆柱系统是“包容”和支承蜗轮的，下面的小圆柱系统是“包容”和支承蜗杆的，所以两轴系内部都是空腔。从主、左及 B 视图中看出，大圆柱前端面和小圆柱左右两端面都有螺孔。从 C 视图看出，底板上有四个通孔，以使整个箱体与其他机体用螺栓连接固定在一起。底板上方中部有 $Rp1/2$ 螺孔（放油孔）。

（3）工艺分析

从主、左及 C 视图中看出，底板的底面中间凹进 5mm，主要是为了减少加工面，提高安装的稳定性。A 视图除了表达出肋板厚度外，还表示了拔模斜度。另外还有一些凸台、倒角、圆角等都是为满足加工和装配的工艺性而设计的结构。

（4）线面分析

难看懂的局部形状，特别是复杂的结构必须按照投影规则仔细分析。例如，图 8-76 中主视图及左视图上空心箭头所指的线，按投影的方法分析可知它们都是面与面的交线。通过上述全面分析，再综合起来想象，就能正确地认识零件的形状，如图 8-78 所示。

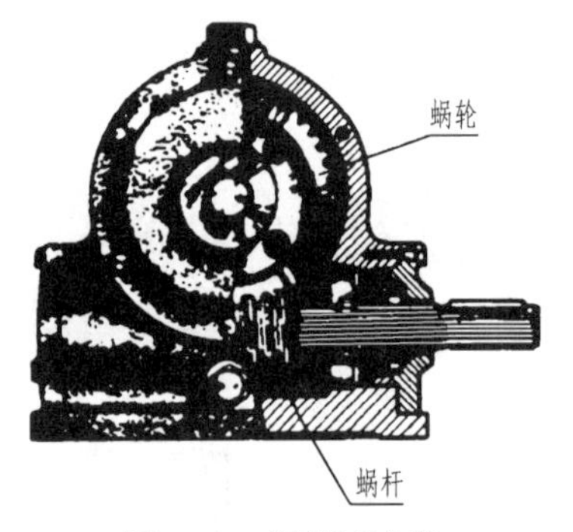

图 8-77　蜗轮减速器

图 8-78　蜗轮减速器箱体

8.8.3　分析零件的尺寸

（1）分析尺寸基准

由主视图可知，箱体是左、右对称的，所以长度方向尺寸的主要基准是零件的左、右对称平面；而高度方向尺寸的主要基准是箱体的底面；宽度方向尺寸的主要基准是“$\phi230$”前端面。

（2）分析重要的设计尺寸

为了保证蜗轮蜗杆准确地啮合传动，上、下轴孔中心距要求较严（105 ± 0.09），须单独标注。其他各轴孔（“$\phi70^{+0.030}_{0}$”“$\phi185^{+0.072}_{0}$”“$\phi90^{+0.035}_{0}$”）和上轴孔中心高都属于重要的设计尺寸，加工时应保证它们的精度。另外一些安装尺寸，如底板上的“260”“160”和大圆柱前端面“$\phi210$”等，其精度虽要求不高，但考虑到与其他零件装配时的对准性，所以也属重要尺寸。

8.8.4　分析技术要求

零件图上的技术要求是合格零件的质量指标，在生产过程中须严格遵守。看图时，一定要仔细分析零件的表面粗糙度、尺寸偏差、形位公差以及其他技术要求，才能制定出合理的加工方法。

8.9　零件测绘

根据已有的零件画出零件图的过程为测绘零件。测绘零件在生产中是经常遇到的，如在机器维修中，需要更换机器内的某一零件而无备件和图样时，就要求对零件进行测绘，画出零件图。技术人员在机器的设计、仿造、改装时也常会遇到零件的测绘问题。

8.9.1 零件测绘的方法与步骤

(1) 了解测绘对象

先了解被测绘零件的名称、在机器中的作用、结构特点、材料和制造方法等。如测绘图8-79所示的调压阀时，从有关的资料或现场中知道它是调压阀的一个主体零件，是一个铸件。其上端和左端与管道连接，右端装于底座。

(2) 分析结构形状、选择视图

对被测绘的零件进行形体分析，选择表达方案。如图8-80中阀体是由底板和几段中空的圆柱体组成，构成三通壳体。与管子连接部位有内管螺纹，底盘与圆柱的连接处有肋板结构。根据上述分析，选用主、左基本视图，并作剖视，即可把阀体的内外结构形状和各部分的相对位置完整、清晰地表示出来。

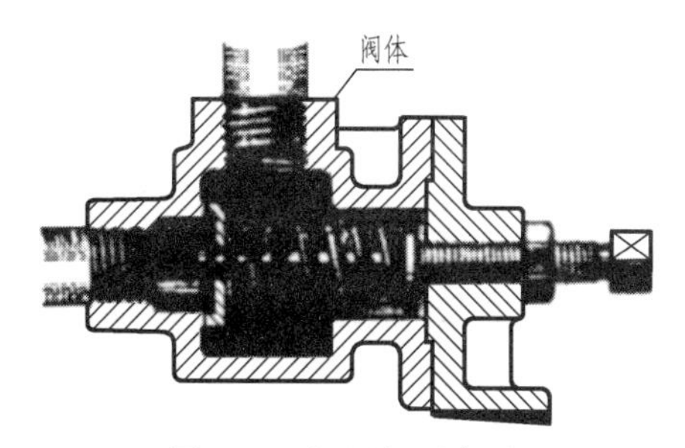

图8-79 调压阀示意图

图8-80 阀体

(3) 绘制草图

由于测绘工作之初一般是在机器所在的现场进行，所以往往采用目测的方法徒手绘制零件草图，如图8-81所示。

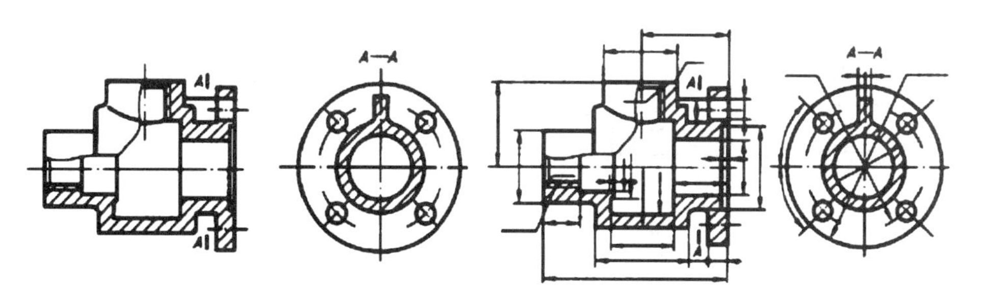

(a) 绘制草图 (b) 画出阀体的各部分尺寸线

图8-81 阀体的草图

画草图的步骤与零件图相同，不同之处就是目测零件各部分的比例关系，徒手画出各视图。为了便于徒手绘图和提高工效，草图可在方格纸上画出。阀体零件主视图画成局部剖视图，表示零件内外形状，左视图画成$A—A$全剖视图。

(4) 确定基准

确定尺寸基准及画出各类尺寸的尺寸界线和尺寸线，如图8-81 (b) 所示。

此零件的基本形体为共轴叠加圆柱体，其直径方向以轴线为基准，而长度方向尺寸以右端面为主要基准。

（5）测量并标注尺寸

测量各类尺寸，逐一填写在相应的尺寸线上。测量尺寸时应注意以下三点：

① 两零件的配合尺寸，一般只在一个零件上测量。例如有配合要求的孔与轴的直径及相互旋合的内、外螺纹的大径等。

② 一些重要尺寸，仅靠测量还不行，尚需通过计算来校验，如一对啮合齿轮的中心距等。有的尺寸应取标准上规定的数值。对于不重要的尺寸可取整数。

③ 零件上已标准化的结构尺寸，如倒角、圆角、键槽、退刀槽等结构和螺纹的大径等尺寸，需查阅有关标准来确定。零件上与标准零、部件（如挡圈、滚动轴承等）相配合的轴与孔的尺寸，可通过标准零、部件的型号查表确定，一般要便于测量。

（6）确定并标注有关技术要求

① 表面结构要求：根据零件各表面的作用和加工情况标注表面结构代号。

② 尺寸公差：根据设计要求和各尺寸的作用注写尺寸公差要求。

③ 几何公差：由使用要求决定，本例对几何公差无严格要求，故未注写。

（7）画零件图

画图之前应对零件草图进行复核，检查零件的表达是否完整，尺寸有无遗漏、重复，以及相关尺寸是否恰当、合理等，并对草图进行修改、调整和补充。然后确定最佳方案，选择适当的比例完成零件图的绘制，如图 8-82 所示。

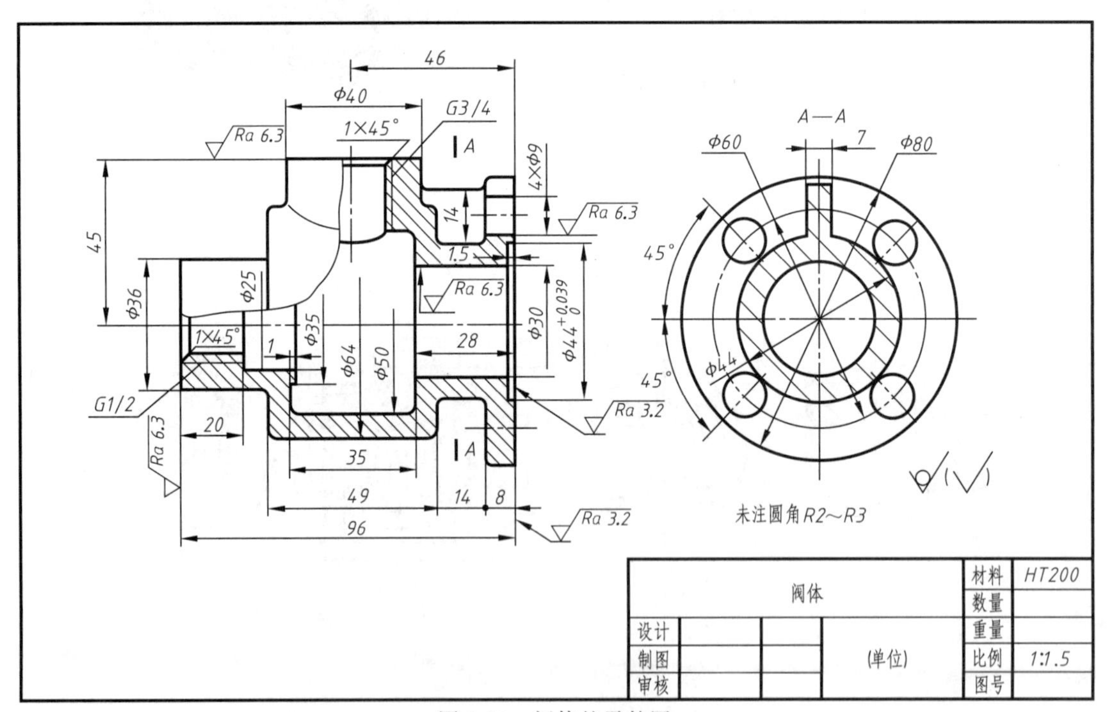

图 8-82　阀体的零件图

测绘时应注意零件上的缺陷和使用中造成的磨损，不应在图上画出来，对工艺上的结构要求则需要画出来。

8.9.2　零件的尺寸测量

（1）常用量具

图 8-83 所示为几种常用量具。对于精度要求不高的尺寸一般用钢直尺、外卡钳和内卡钳测量。测量较精确的尺寸，则用游标卡尺、千分尺或其他精密量具。

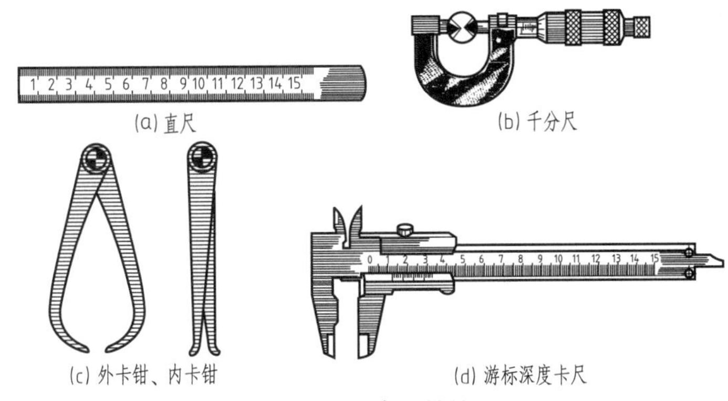

图 8-83　常用量具

(2) 一般测量方法

① 测量长度及内、外径一般使用钢直尺、内卡钳、外卡钳或游标卡尺、千分尺等，如图 8-84～图 8-86 所示。

② 测量壁厚、深度时，也常用钢直尺、内卡钳、外卡钳及游标卡尺、千分尺等，如图 8-87 所示。

③ 测量孔的中心距或孔的定位尺寸的方法，如图 8-88、图 8-89 所示。

④ 曲线轮廓和曲面轮廓的确定，可用铅丝法（图 8-90）、拓印法（图 8-91）和坐标法（图 8-92），要求比较准确时，就必须用专用的测量仪测量（如三坐标仪等）。

⑤ 测量时也常用一些专用量具，如圆角规、量角规和螺纹规等。图 8-93 所示的是用螺纹规测量螺纹。

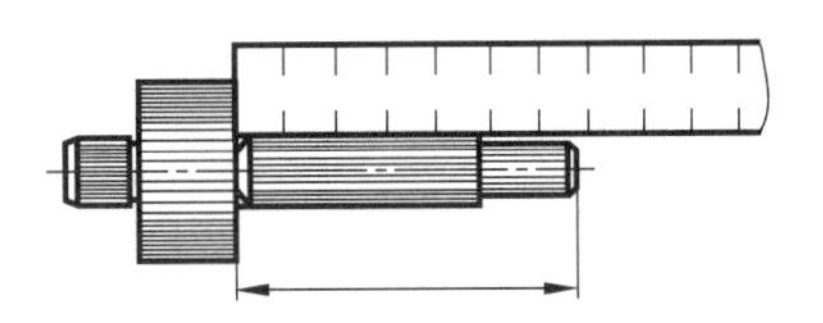
图 8-84　直尺测量长度

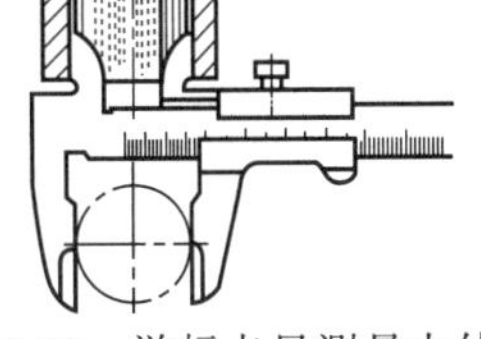
图 8-85　游标卡尺测量内外径

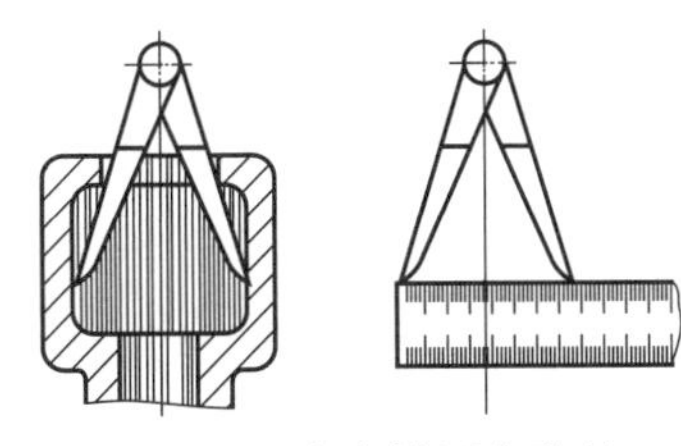
图 8-86　内卡钳测内孔径

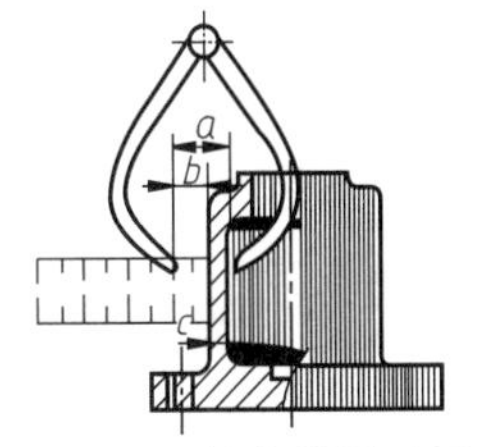

图 8-87　外卡钳测壁厚

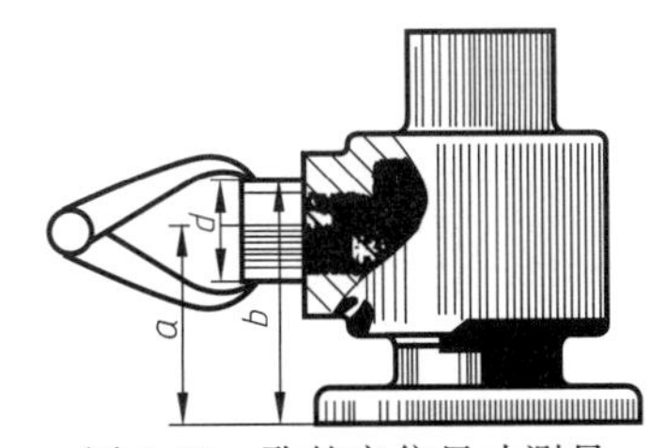

图 8-88　孔的定位尺寸测量

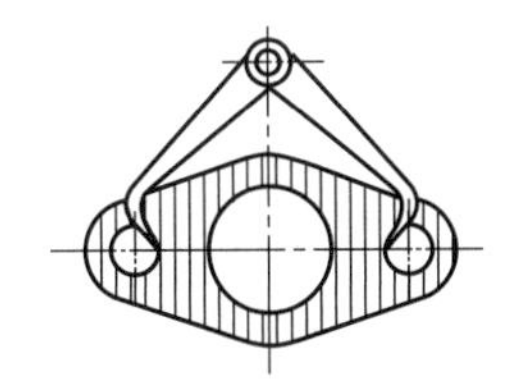
图 8-89　孔的中心距测量

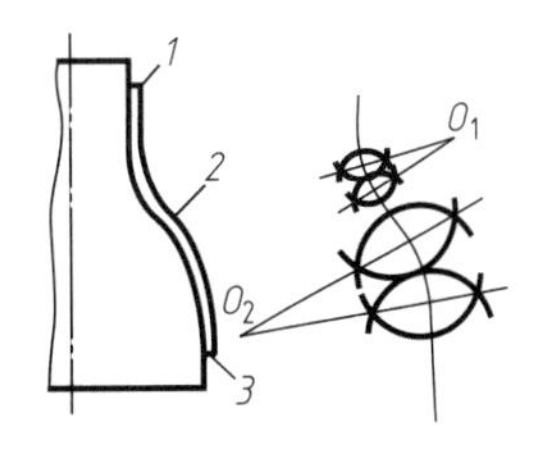

图 8-90　铅丝法
1～3—定位点

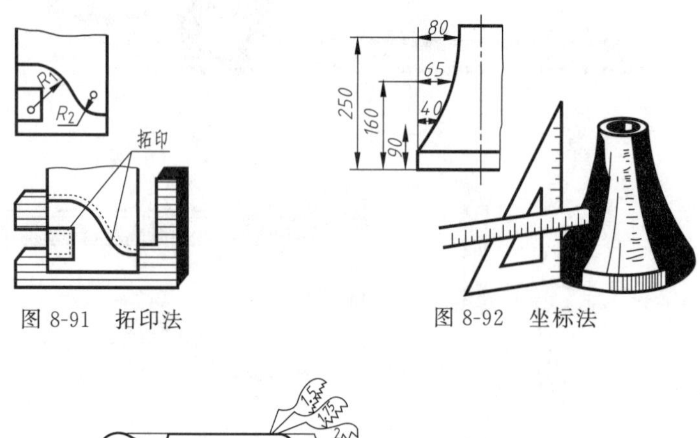

图 8-91 拓印法

图 8-92 坐标法

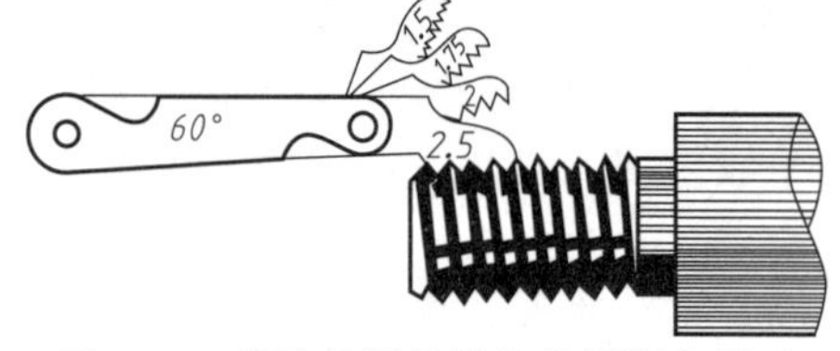

图 8-93 螺纹规测量螺纹的螺距和牙型

第9章 装 配 图

装配图是表达机器或部件的工作原理、运动方式、零件间的连接及其装配关系的图样，

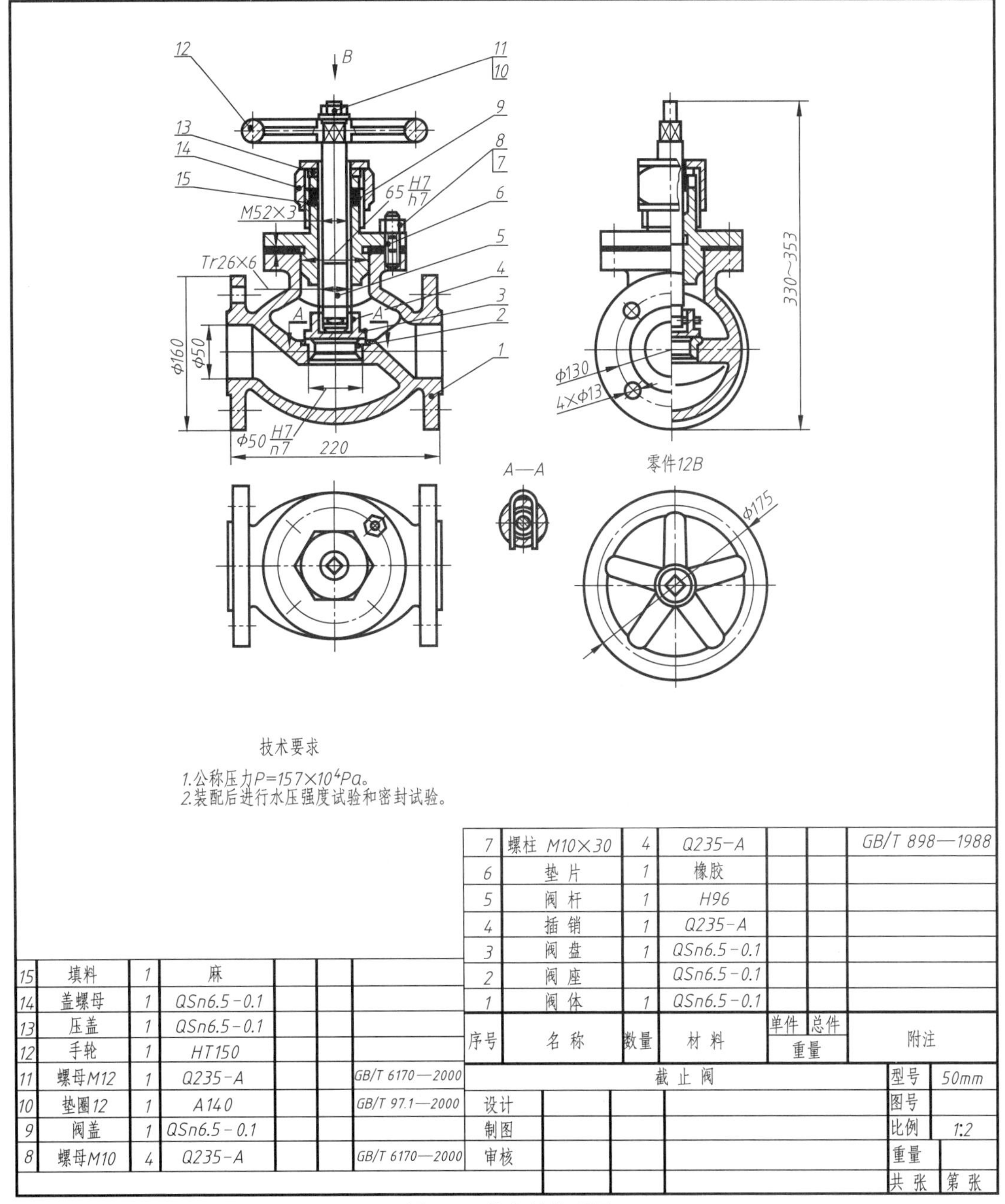

序号	名称	数量	材料	单件重量	总件重量	附注
15	填料	1	麻			
14	盖螺母	1	QSn6.5-0.1			
13	压盖	1	QSn6.5-0.1			
12	手轮	1	HT150			
11	螺母M12	1	Q235-A			GB/T 6170—2000
10	垫圈12	1	A140			GB/T 97.1—2000
9	阀盖	1	QSn6.5-0.1			
8	螺母M10	4	Q235-A			GB/T 6170—2000
7	螺柱 M10×30	4	Q235-A			GB/T 898—1988
6	垫片	1	橡胶			
5	阀杆	1	H96			
4	插销	1	Q235-A			
3	阀盘	1	QSn6.5-0.1			
2	阀座		QSn6.5-0.1			
1	阀体	1	QSn6.5-0.1			

图 9-1 截止阀装配图

是生产中的主要技术文件之一。

本章将着重介绍装配图的内容、表达方法、画图步骤、看装配图的方法与步骤，以及由装配图拆画零件图的方法等。

9.1 装配图概述

9.1.1 装配图的作用

在生产一部新机器或部件（以后通称装配体）的过程中，一般要先进行设计，画出装配图，再由装配图拆画出零件图，然后按零件图制造出零件，最后依据装配图把零件装配成机器或部件。

在对现有机器和部件的安装和检修工作中，装配图也是必不可少的技术资料。在技术革新、技术协作和商品市场中，也常用装配图体现设计思想，交流技术经验和传递产品信息。

9.1.2 装配图的内容

图 9-1 是截止阀的装配图。一张完整的装配图应具有下列内容：

① 一组视图　清晰地表示出装配体的装配关系、工作原理和各零件的主要结构形状等。

② 必要的尺寸　包括装配体的规格、性能、装配、检验和安装时所必要的一些尺寸。

③ 技术要求　用文字或符号表明装配体的性能、装配、调整要求、验收条件、试验和使用规则等。

④ 标题栏　填写机器或部件的名称、图号、绘图比例以及责任人签名和日期等。

⑤ 零件（或部件）编号和明细栏　在装配图上须对零件（或部件）编排序号，并将有关内容填写到标题栏和明细栏中。

9.2 装配图的表达方法

机器（或部件）同零件一样，都要表达出它们的内外结构。前面讲过的关于零件的各种表达方法和选用原则，在表达装配体时全都适用，这些方法在装配图中称为一般表达方法。针对装配图的特点，为了清晰简便地表达出装配体的结构，国家标准《机械制图》还对装配图制定了一些特殊表达方法、规定画法和简化画法。现分述如下。

9.2.1 一般表达方法

在零件图中所采用的基本视图、其他各种视图、剖视图、断面图及各种规定画法等，在装配图中同样适用，并且是最基本的表达方法，称为一般表达方法，如图 9-1 所示。

9.2.2 规定画法

为了明显区分每个零件，又要确切地表示出它们之间的装配关系，对装配图的画法又作了如下规定。

（1）接触面与配合面的画法

两相邻零件的接触面或配合面只画一条轮廓线（粗实线），如图 9-2 所示。两个零件的基本尺寸不相同而套装在一起时，即使它们之间的间隙很小，也必须画出有明显间隔的两条轮廓线。如图 9-2 中手轮的外圆柱面和钳体沉孔之间是非配合面，存有间隙。

（2）剖面符号的画法

① 同一金属零件的剖面符号在各剖视图、断面图中应保持方向一致、间隔相等。

② 相邻两个零件的剖面符号倾斜方向应相反。

③ 三个零件相邻时，除其中两个零件的剖面符号倾斜方向相反外，第三个零件应采用不同的剖面符号间隔，并与同方向的剖面符号错开。

④ 在装配图中，宽度小于或等于2mm的狭小面积的断面，可用涂黑代替剖面符号，如图9-3中的垫片。

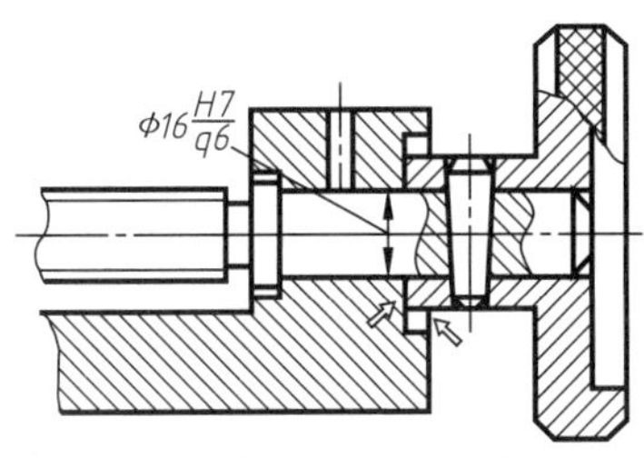

图9-2 接触面与配合面的画法

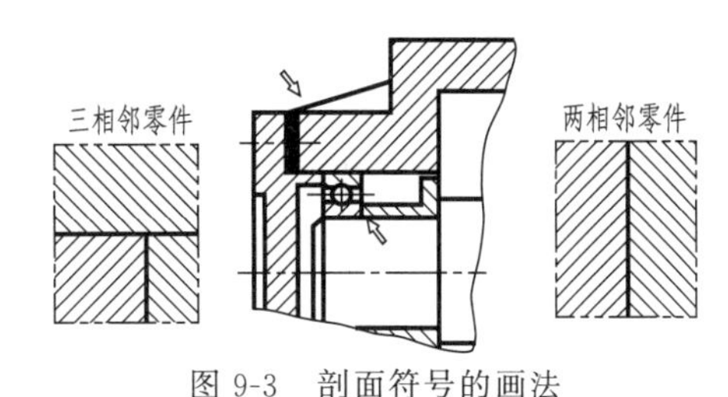

图9-3 剖面符号的画法

(3) 实心件和紧固件的画法

① 在装配图中，对于实心件（如轴、手柄、连杆、吊钩、球、键、销等）和紧固件（如螺栓、螺母、垫圈等），若按纵向剖开，且剖切平面通过其对称平面或轴线时，则这些零件均按不剖绘制。如图9-4中的轴、键、螺母和垫圈都按不剖绘制。但当剖切平面垂直于上述实心件和紧固件的轴线剖切时，则这些零件应按剖视绘制，画出剖面符号。如图9-1所示，*A*—*A* 剖视图中的轴断面画上了剖面符号。

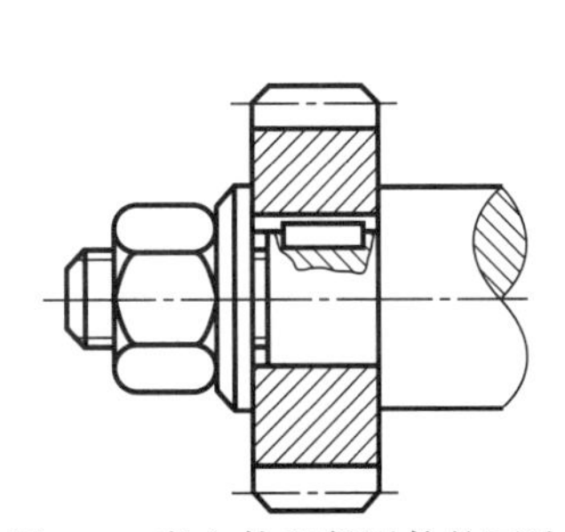

图9-4 实心件和紧固件的画法

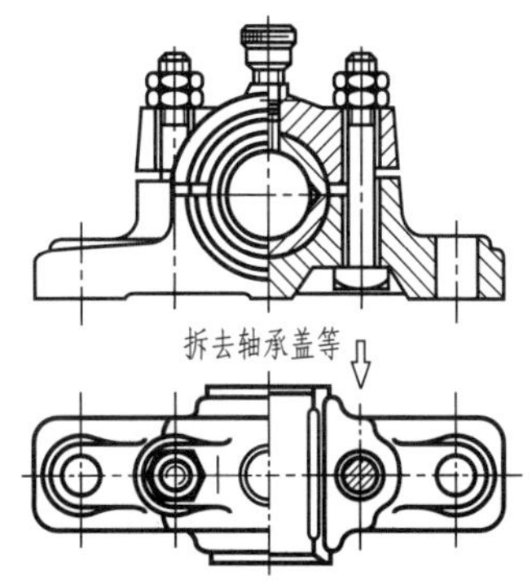

图9-5 沿结合面剖切的画法

② 如果实心件上有些结构形状和装配关系需要表明时，可采用局部剖视。如图9-4中的局部剖视表示齿轮和轴通过平键进行连接；图9-2中用局部剖视表示手轮与轴通过圆锥销进行连接。

9.2.3 特殊表达方法

由于机器（或部件）是由若干零件装配而成，在表达时会出现一些新问题，如有些零件遮住了其他零件，有些零件需要表示出它在机器中的运动范围等。针对这些问题，国家标准《机械制图》又规定了一些特殊的表达方法。

(1) 拆卸画法

当某个（或某些）零件在装配图的某一视图上遮住了需要表达的结构，并且它们在其他视图中已表示清楚时，可假想拆去这个（或这些）零件，把其余部分的视图画出来。若需要说明时可标注“拆××”。如图9-1中的俯视图和左视图拆去了手轮。

(2) 沿零件结合面剖切的画法

在装配图中，当某个零件遮住其他需要表达的部分时，可假想用剖切平面沿某些零件的结合面剖开，然后将剖切平面与观察者之间的零件拿走，画出剖视图。例如，图 9-5 所示滑动轴承装配图中俯视图就是按这种方法画出的。图中结合面上不画剖面符号。

(3) 假想投影画法

① 在机器（或部件）中，有些零件做往复运动、转动或摆动。为了表示运动零件的极限位置或中间位置，常把它画在一个极限位置上，再用双点画线画出其余位置的假想投影，以表示零件的另一极限位置，并注上尺寸，如图 9-6 所示。

② 为了表示装配体与其他零（部）件的安装或装配关系，常把与该装配体相邻而又不属于该装配体的有关零（部）件的轮廓线用双点画线画出。如图 9-6 中，箱体安装在双点画线表示的底座零件上；如图 9-7 中，操作手柄安装在双点画线表示的床头箱上。

(4) 单独表示某个零件的画法

在装配图中，当某个零件的形状没有表达清楚时，可以单独画出它的某个视图，在所画视图的上方注出该零件的视图名称，在相应视图的附近用箭头指明投射方向，并注上同样的字母。如图 9-1 中的“零件 12B”视图。

(5) 夸大画法

在装配体中常遇到一些很薄的垫片、细丝的弹簧以及零件间很小的间隙和锥度较小的锥销、锥孔等，若按它们的实际尺寸画出来就很不明显，因此在装配图中允许将它们夸大画出。如图 9-8 (a) 中，轴承压盖和箱体间的调整垫片采用的是夸大画法；图 9-8 (b) 中，带密封槽的轴承盖与轴之间的间隙也是放大后画出的。

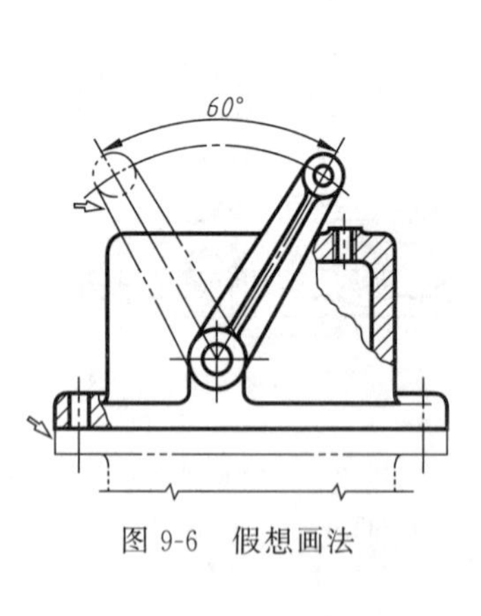

图 9-6　假想画法

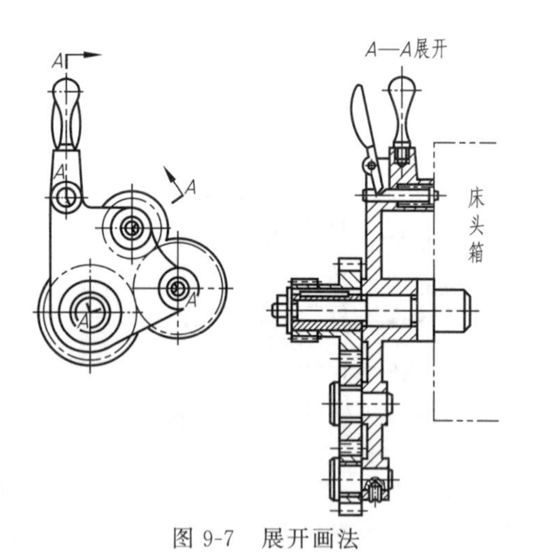

图 9-7　展开画法

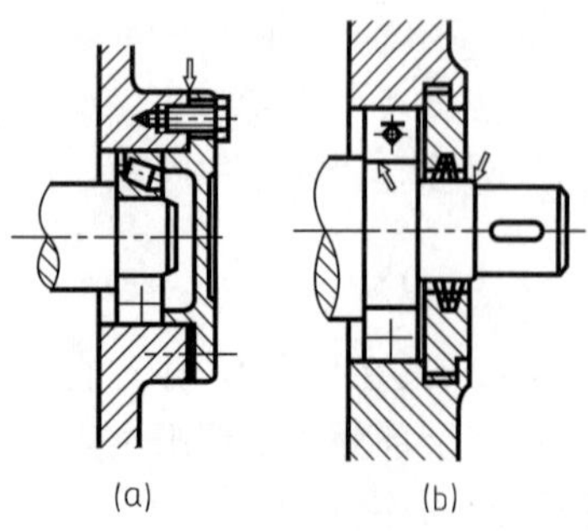

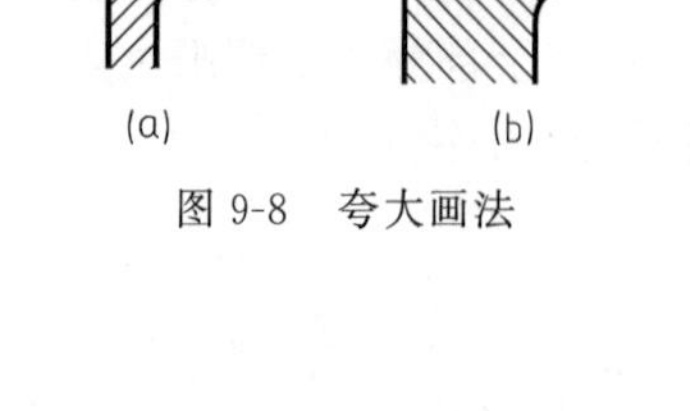

图 9-8　夸大画法

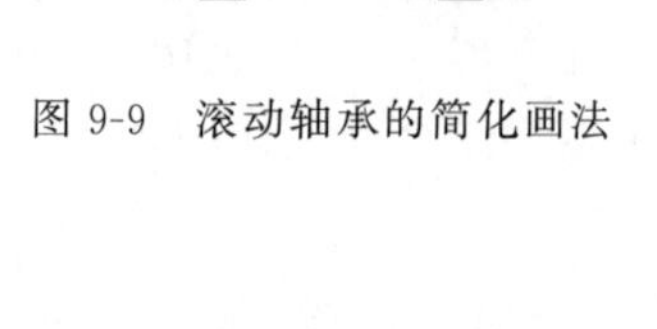

图 9-9　滚动轴承的简化画法

（6）展开画法

为了表示部件传动机构的传动路线及各轴之间的装配关系，可按传动顺序沿轴线剖开，并将其展开画出。在展开剖视图的上方应注上“×—×展开”，如图 9-8 所示的挂轮架装配图。

9.2.4　简化、省略画法

① 对装配图中若干相同的零件组（如螺栓连接等），可仅详细地画出一组或几组，其余只需用点画线表示出装配位置。如图 9-1 中，俯视图中只画出了一组螺柱连接。

② 在装配图上，零件的工艺结构，如圆角、倒角、退刀槽等允许不画。

③ 在装配图中，滚动轴承允许采用简化画法（图 9-9），也可采用特征画法［图 9-8（b）］。

④ 在装配图中，当剖切平面通过的部件为标准产品或该部件已由其他图形表示清楚时，可按不剖绘制，如图 9-5 中，主视图上方的油杯就是按不剖绘制的。

9.3　装配图的画法步骤

设计或测绘装配体都要画装配图。画装配图时，一般先画装配底图，修改确定后再画出正式装配图。现以图 9-1 所示的截止阀为例，介绍画装配图的方法与步骤。

9.3.1　了解和分析装配体

画装配图前，必须先对所画装配体的性能、用途、工作原理、结构特征、零件之间的装配和连接方式等进行分析和了解。

广泛应用于自来水管路和蒸汽管路中的截止阀，其内部结构如图 9-10 所示。图中表示出各种零件的相互连接与配合的情况。截止阀的工作原理也可从该图中看出：阀体左右两端都有通孔，在工作情况下流体由左孔流进，从右孔流出。阀盘靠插销与阀杆相连，阀杆的上端装着手轮，转动手轮便带动阀杆转动，阀杆又带动阀盘一起上下移动，以控制流体的流量和开启、关闭管路。为了防止流体泄漏，在阀盖与阀体的结合处装有防漏垫片，在阀杆与阀盖之间装有填料，并靠盖螺母及压盖压紧。

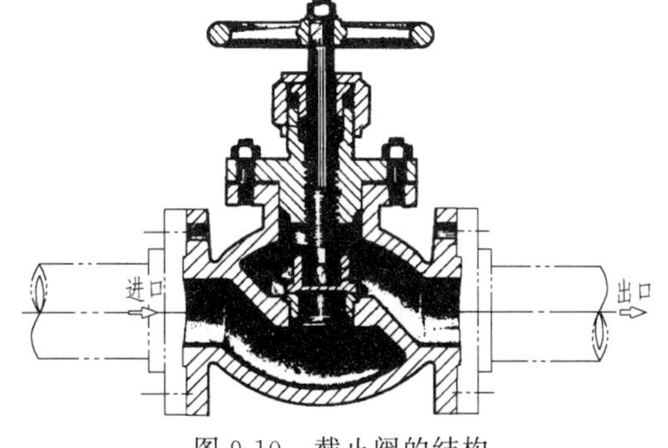

图 9-10　截止阀的结构

9.3.2　选择装配体的表达方案

在对装配体有了充分了解，对主要装配关系和零件的主要结构完全明确后，就可运用前面介绍过的各种表达方法，选择装配体的表达方案。装配图的视图选择原则与零件图有共同之处，但由于表达内容不同，也有差异。

（1）主视图的选择

要选好装配图的主视图，应注意以下问题：

① 一般将机器或部件按工作位置或习惯位置放置。

② 应选择最能反映装配体的主要装配关系和外形特征的那个视图作为主视图。

（2）其他视图的选择

主视图选定以后，对其他视图的选择应考虑以下几点：

① 分析哪些装配关系、工作原理及零件的主要结构形状还没有表达清楚，从而选择适当的视图以及相应的表达方法。

② 尽量用基本视图和在基本视图上作剖视（包括拆卸画法、沿零件结合面剖切的画法等）来表达有关内容。

③ 要注意合理地布置视图位置，使图形清晰、布局匀称，以方便看图。

图 9-1 所示截止阀装配图中，主视图是按工作位置（也可认为是按习惯位置）选取的，采用全剖视图把截止阀的主要装配关系和外形特征基本表达出来了。俯视图是拆去了手轮 12 等画出的，表示出阀体 1 和阀盖 9 四组螺柱的连接情况，也表示了阀体和阀盖在该方向的形状。左视图基本采用了半剖视图的形式，进一步表达阀体的内外结构形状。左视图拆去了手轮，是为了避免重复作图。

除以上三个基本视图外，还采用了 $A—A$ 断面图，以表示阀盘 3 和阀杆 5 用插销 4 连接；并单独画出手轮的 B 视图表示其外形。

9.3.3 画装配图的步骤

表达方案确定后，即可着手画装配图。画装配图的步骤如下。

(1) 定比例、选图幅、画出作图基准线

根据装配体外形尺寸的大小和所选视图的数量，确定画图比例，选用标准图幅。在估算各视图所占位置时，应考虑留出注尺寸、编写序号、画标题栏和明细栏以及书写技术要求所需要的位置。然后布置视图，画出作图基准线。作图基准线一般是装配体的主要装配干线、主要零件的中心线、轴线、对称中心线。图 9-11 画出了截止阀的作图基准线。

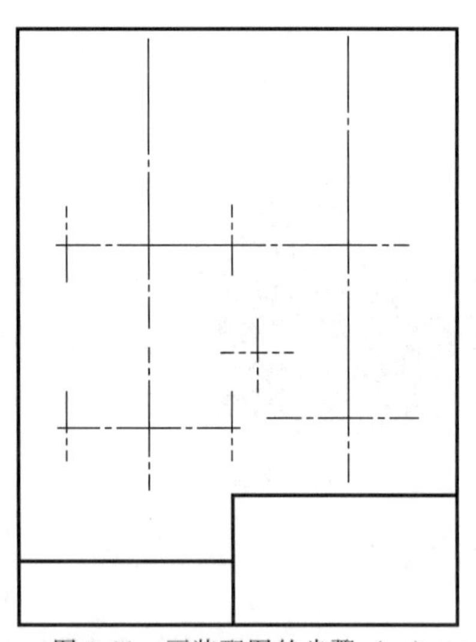

图 9-11 画装配图的步骤（一）

(2) 在基本视图中画出各零件的主要结构部分

如图 9-12 所示，在画图中要根据以下原则处理：

① 画图时从主视图画起，几个视图配合进行绘制。

② 在各基本视图上，一般首先画出壳体或较大的主要零件的外形轮廓，如图 9-12 中，先画出阀体的三个视图，可先简单绘出大体形状，然后再完善细节结构。凡是被其他零件挡住的地方可先不画。

③ 依次画出各装配干线上的各零件，要保证各零件之间的正确装配关系。例如，画完阀体后，应再画出装在阀体上的阀座，然后画出与阀座紧密接触的阀盘，再按装配顺序依次画出各零件。

④ 画剖视图时，要尽量从主要轴线围绕装配干线逐个零件由里向外画，这样画可避免将遮住的不可见零件的轮廓线画上去。如在画主视图时，定好位后，先画阀座，这样阀体上的座孔被挡住部分就不用画了。

(3) 在各视图中画出装配体的细节部分

如图 9-13 所示，画出 $A—A$ 断面图，手轮的 B 视图和螺柱、螺母等细节部分。

(4) 完成全图

将每个零件都画完之后，完善整个底图，底图经过检查、校对无误后，开始加深图线、画剖面符号、注写尺寸和技术要求、编写零件序号、填写标题栏和明细栏等，最后校核完成全图（图 9-1）。

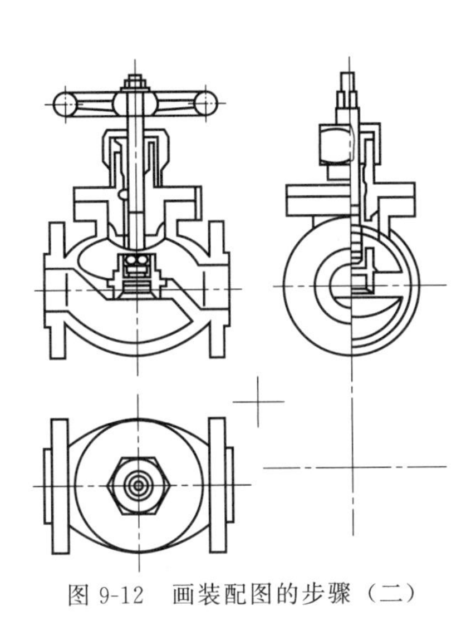

图 9-12 画装配图的步骤（二）

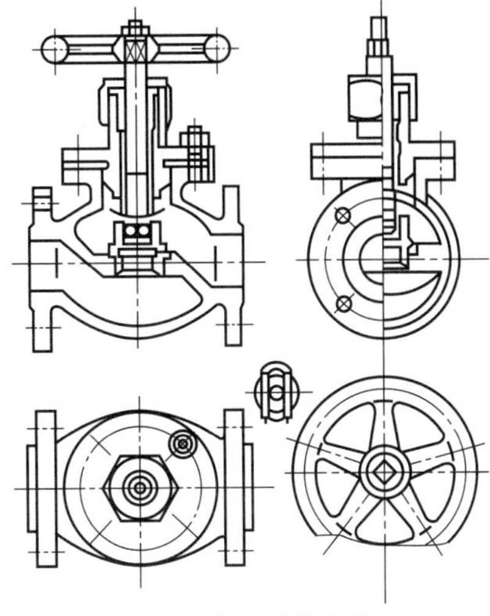

图 9-13 画装配图的步骤（三）

9.4 装配图的标注

在装配图上标注的内容包括：尺寸、零部件序号、标题栏和明细栏。

9.4.1 装配图的尺寸标注

在装配图上标注尺寸与零件图上标注尺寸有所不同。它不需要注出全部零件的所有尺寸，而只注出以下五种必要的尺寸。

(1) 特征尺寸

表示装配体的性能或规格的尺寸叫特征尺寸。这类尺寸是在该装配体设计前就已确定，是设计和使用机器的依据。如图 9-1 截止阀的通孔直径“ϕ50”等。

(2) 装配尺寸

装配尺寸是与装配体的装配质量有关的尺寸，它包括：

① 配合尺寸：它是表示两个零件之间配合性质的尺寸，一般用配合代号注出。如图 9-1 中的“ϕ50H7/n7”和“ϕ65H8/f7”。

② 相对位置尺寸：它是相关联的零件或部件之间较重要的相对位置尺寸，包括：主要平行轴线之间的距离，如图 9-25 中“40±0.02”；主要轴线到基准面的距离，如图 9-25 中的“$85_{-0.35}^{-0.12}$”。

(3) 安装尺寸

将装配体安装到其他机件或地基上去时，与安装有关的尺寸称为安装尺寸。如图 9-1 中阀体与其他机件安装时的安装尺寸“ϕ130”“ϕ13”“ϕ160”等。

(4) 外形尺寸

表示装配体的总长、总宽和总高的尺寸称为外形尺寸。这些尺寸是机器的包装、运输、安装、厂房设计等不可缺少的数据。如图 9-1 所示，截止阀的总高为“330～353”，总长为“220”，总宽为手轮的最大直径“ϕ175”。

(5) 其他重要尺寸

① 对实现装配体的功能有重要意义的零件结构尺寸。如图 9-1 中阀杆 5 上面的螺纹

“Tr26×6”及“M52×3”等。

② 运动件运动范围的极限尺寸。如图 9-6 中摇杆摆动范围的极限尺寸为 0°～60°。

上述五种尺寸在一张装配图上不一定同时都有，有时一个尺寸也可能具有几种含义。应根据装配体的具体情况和装配图的作用具体分析，从而合理地标注出装配图的尺寸。

9.4.2 装配图中的零（部）件序号编注

为了便于看图，便于图样管理，对装配图中所有零部件都必须编写序号。

(1) 序号编注的形式

序号的形式由圆点、指引线、水平短横或圆及数字组成，如图 9-14 所示。

指引线、编号端水平短横或圆用细实线画出，在水平短横上或圆内注写序号数字，字高要比该装配图中所注尺寸字高大一号［图 9-14 (a)］或大两号［图 9-14 (b)］。编号端也可不画水平短横或圆，而只在指引线附近注写序号，序号字高要大两号，如图 9-14 (c) 所示。但同一装配图中编注序号的形式应一致。

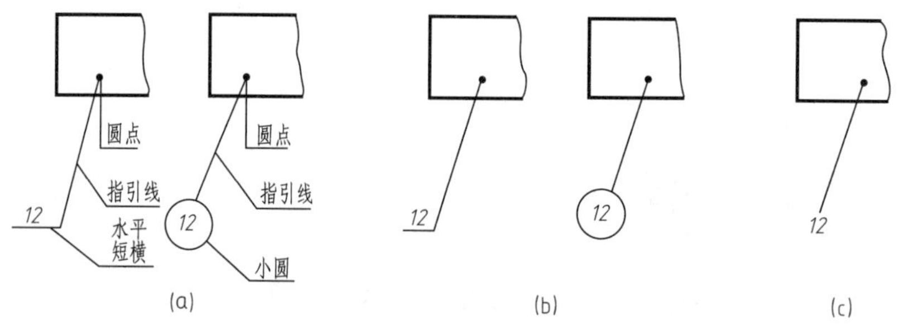

图 9-14 序号的形式

(2) 指引线

指引线应从所指零件的可见轮廓线内引出，并在末端画一圆点（图 9-15）。若所指部分为很薄的零件或涂黑的断面而不便画圆点时，可在指引线末端画出箭头，指向该部分的轮廓，如图 9-15 (a) 所示。

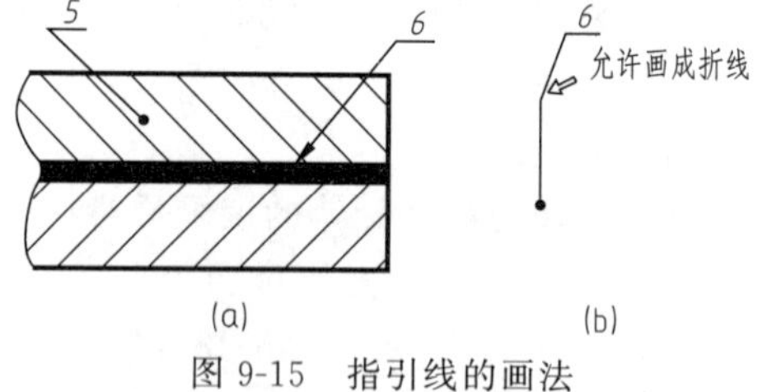

图 9-15 指引线的画法

指引线应尽量分布均匀，彼此不能相交，当通过有剖面线的区域时，应尽量不与剖面线平行。必要时，指引线可以画成折线，但只可曲折一次，如图 9-15 (b) 所示。

螺纹紧固件及装配关系明确的零件组，采用公共指引线，如图 9-16 所示。

(3) 序号编注的要求

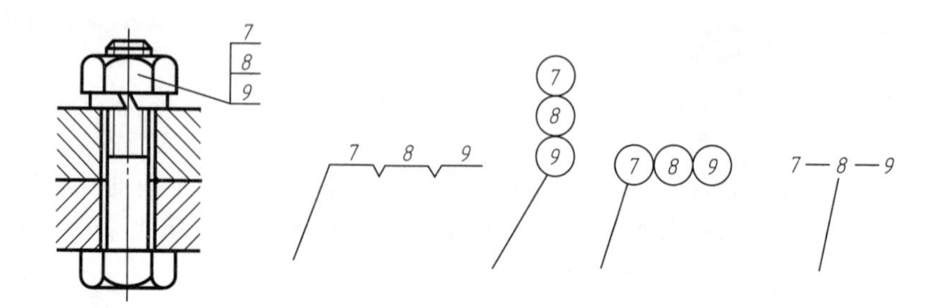

图 9-16 公共指引线的画法

① 同一张装配图中的序号要求：应按水平或垂直方向排列整齐，并按顺时针或逆时针方向依次排列（图 9-1 是按逆时针方向排列的）。若在整个图上无法连续时，可只在每个水平或垂直方向上顺次排列。

② 要求装配图中所有零（部）件都必须编写序号：同一张装配图中相同零件（指结构形状、尺寸和材料都相同）或部件应编写同样的序号，一般只标注一次。零（部）件的数量等内容在明细栏的相应栏目里填写。如图 9-1 中的螺柱（7、8）连接，数量有四个，但序号只编写了一次。

③ 装配图上的标准化部件：如油杯、滚动轴承、电动机等标准件，在图中是被当成一个件，只编写一个序号。

9.4.3　标题栏和明细栏

在装配图上不仅要对所有零件或部件编上序号，而且要在标题栏的上方设置明细栏或在图样之外另编制一份明细表。这一切都是为产品的装配管理、图样管理、编制购货订单和有效地组织生产等事项服务的。

标题栏与零件图标题栏的格式是一样的。明细栏是说明图中各零件的名称、数量、材料、重量等内容的清单。

明细栏内零件序号自下而上按顺序填写。如向上位置不够时，明细栏的一部分可以放在标题栏的左边，如图 9-1 所示。所填零件序号应和图中所编零件的序号一致。特殊情况下，装配图中也可以不画明细栏，而单独编写在另外一张图纸上，一般称为明细表。

填写标准件时，应在“名称”栏内写出规定代号及公称尺寸，并在“备注”栏内写出国家标准代号，如图 9-1 所示。

“备注”栏内可填写常用件的重要参数，如齿轮的模数、齿形角及齿数；弹簧内外直径、弹簧丝直径、工作圈数和自由高度等。

9.5　装配工艺结构

零件的结构除了根据设计要求外，还必须考虑装配工艺的要求，后者要求的结构形式称为装配工艺结构。装配工艺结构的设计即要保证零、部件的使用性能，又要考虑零件的加工方便和装配的可能性。装配工艺结构不合理，不仅会给装配工作带来困难，影响装配质量，而且可能使零件的加工工艺及维修复杂化，从而造成生产上的浪费。下面用一些简单的图例对比，介绍画装配图应考虑的几种常见装配结构。

9.5.1　相配零件的接触面

(1) 零件接触面的数量

装配时，两个零件在同一方向，应该只有一对表面接触，如图 9-17 (a) 所示，即 $a_1 > a_2$。若 $a_1 = a_2$，就必然提高两对接触面处的尺寸精度，增加成本。图 9-17 (b) 表示套筒沿轴线方向不应有两个平面接触，因为 a_1 和 a_2 不可能做得绝对相等。图 9-17 (c) 是轴孔配合，由于 ϕB 已组成所需要的配合，因此 ϕA 的配合就没有必要，加工也很难保证。对锥面配合，只要求两锥面接触，而锥体顶端和锥孔底部之间应留有调整空隙，如图 9-17 (d) 所示。

(2) 零件接触面拐角处的结构

当两个零件有两个互相垂直的表面要求同时接触时，在接触面拐角处，不能都加工成尖角或相同的圆角，见图 9-18 (a)，而应加工成图 9-18 (b) 所示的结构，以保证两垂直表面

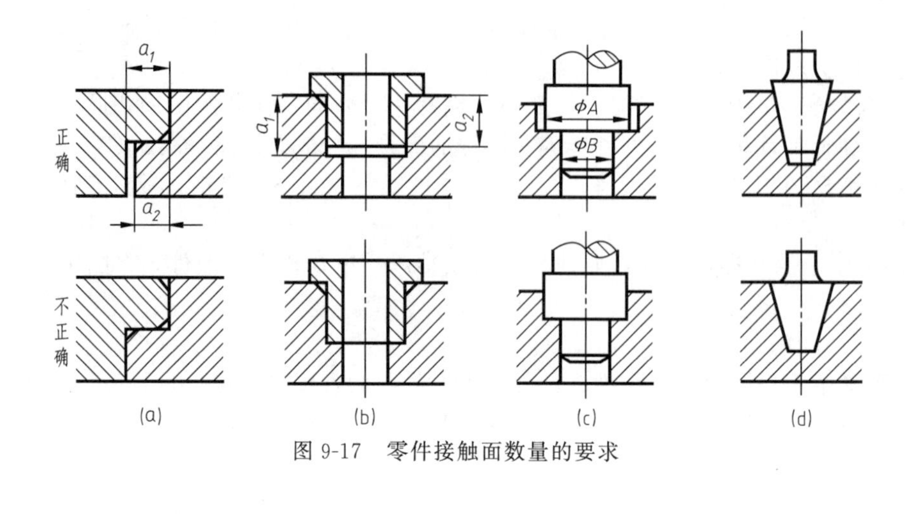

图 9-17 零件接触面数量的要求

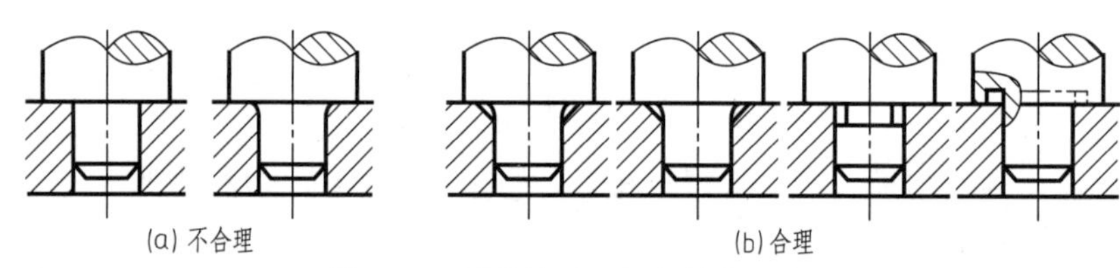

图 9-18 零件接触面拐角处的要求

都接触良好。

(3) 合理减少接触面积

零件加工时面积越大，其直线度或平面度的误差也越大，装配时接触的不平稳性也越大。为了使两零件接触稳定可靠，设计时应尽量减少接触面积。这不仅可保证接触平稳，还可降低加工成本，提高生产效率。图 9-19 所示滑动轴承座孔与下轴衬的装配就是一例。

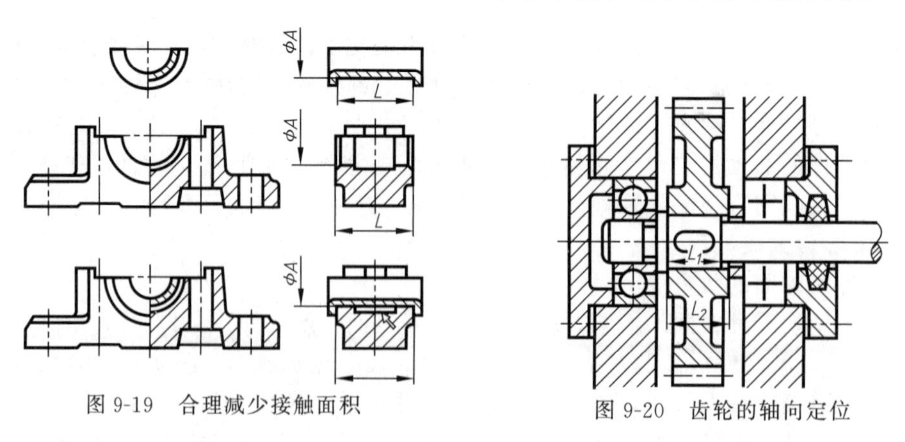

图 9-19 合理减少接触面积

图 9-20 齿轮的轴向定位

9.5.2 轴定位结构

轮系传动件（如齿轮、带轮和滚动轴承）装在轴上均要求定位，以保证不发生轴向窜动。因此，轴肩与传动件的接触处结构要合理，如图 9-20 所示。为了使齿轮、轴承紧紧靠在轴肩上，在轴径或轴头根部必须有退刀槽或小圆角（圆角应小于齿轮或轴承的圆角）。另外轴头的长度 L_1 一定要略小于齿轮轮毂长度 L_2。

图 9-21 的轴是以紧固件作轴向定位的，轴肩处也应有一定的结构要求。图 9-21（a）是合理的（$N_1<N_2$），图 9-21（b）是不合理的。

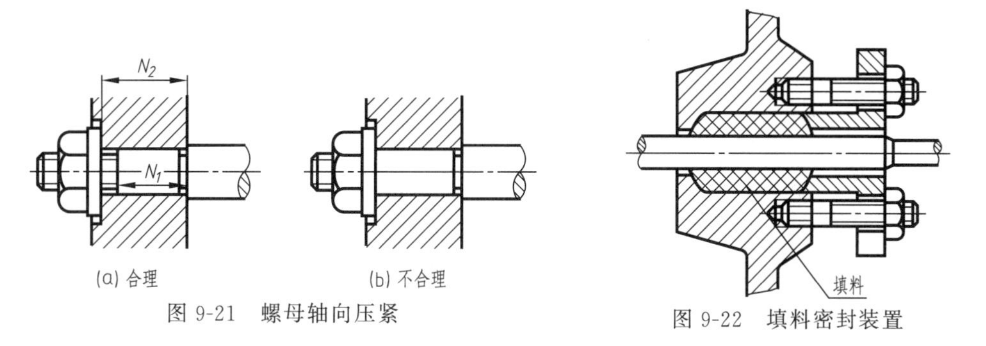

图 9-21　螺母轴向压紧

图 9-22　填料密封装置

9.5.3　防漏密封结构

一般对于伸出机器壳体之外的旋转轴、滑动杆，其上都必须有合理的密封装置，以防止工作介质（液体或气体）沿轴、杆泄漏或外界灰尘等杂质侵入机器内部。密封的结构形式很多，最常见的是在旋转轴（或滑动杆）伸出处的机体或压盖上做出填料槽，如图 9-20 所示，在槽内填入毛毡圈。图 9-22 是常用在阀（泵）中滑动杆的填料密封装置，它是通过压盖使填料紧粘住杆（轴）与壳体，以达到密封的作用。画装配图时，填料压盖的位置应使填料处于压紧之初的工作状态，同时还要保证有继续调整的余地。

9.5.4　装拆方便的结构

滚动轴承及衬套是机器上常用的零件，维修机器时，常需要装、拆或更换。因此，在设计轴肩和座孔时应考虑轴承内环、外环和衬套安装、拆卸方便。图 9-23（b）所示为滚动轴承便于拆卸的合理结构。

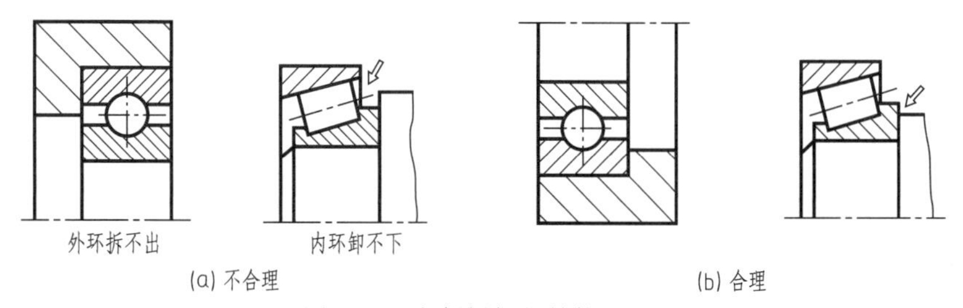

图 9-23　方便拆卸的结构（一）

为了保证两零件在装拆前后不至于降低装配精度，通常用圆柱销或圆锥销定位，如图 9-24 所示。为了加工和装拆方便，在可能的条件下，最好将销孔加工成通孔，如图 9-24（b）所示。

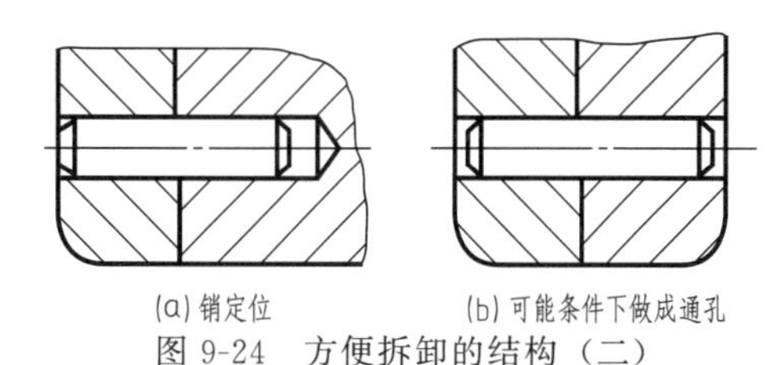

图 9-24　方便拆卸的结构（二）

9.6　读装配图

设计机器、装配产品、合理使用和维修机器设备及学习先进技术都会遇到看装配图的问题。看装配图应达到下列三点基本要求：

① 了解装配体的功能、性能和工作原理；

② 明确各零件的作用和它们之间的相对位置、装配关系以及各零件的拆装顺序；

③ 看懂零件（特别是几个主要零件）的结构形状；

现以齿轮油泵装配图（图 9-25）为例，说明看装配图的一般方法与步骤。

9.6.1 了解装配体概况，分析视图关系

拿到一张装配图，应先看标题栏、明细栏，从中得知装配体的名称和组成该装配体的各零件的名称、数量等，并尽可能通过其他资料，了解它的功用、性能和规格等，从图 9-25 的标题栏中知道，这个部件的名称叫齿轮油泵，是机械上润滑系统的供油泵。从明细栏中可知齿轮油泵有 15 种零件，其中有 3 种标准件。其结构并不复杂。

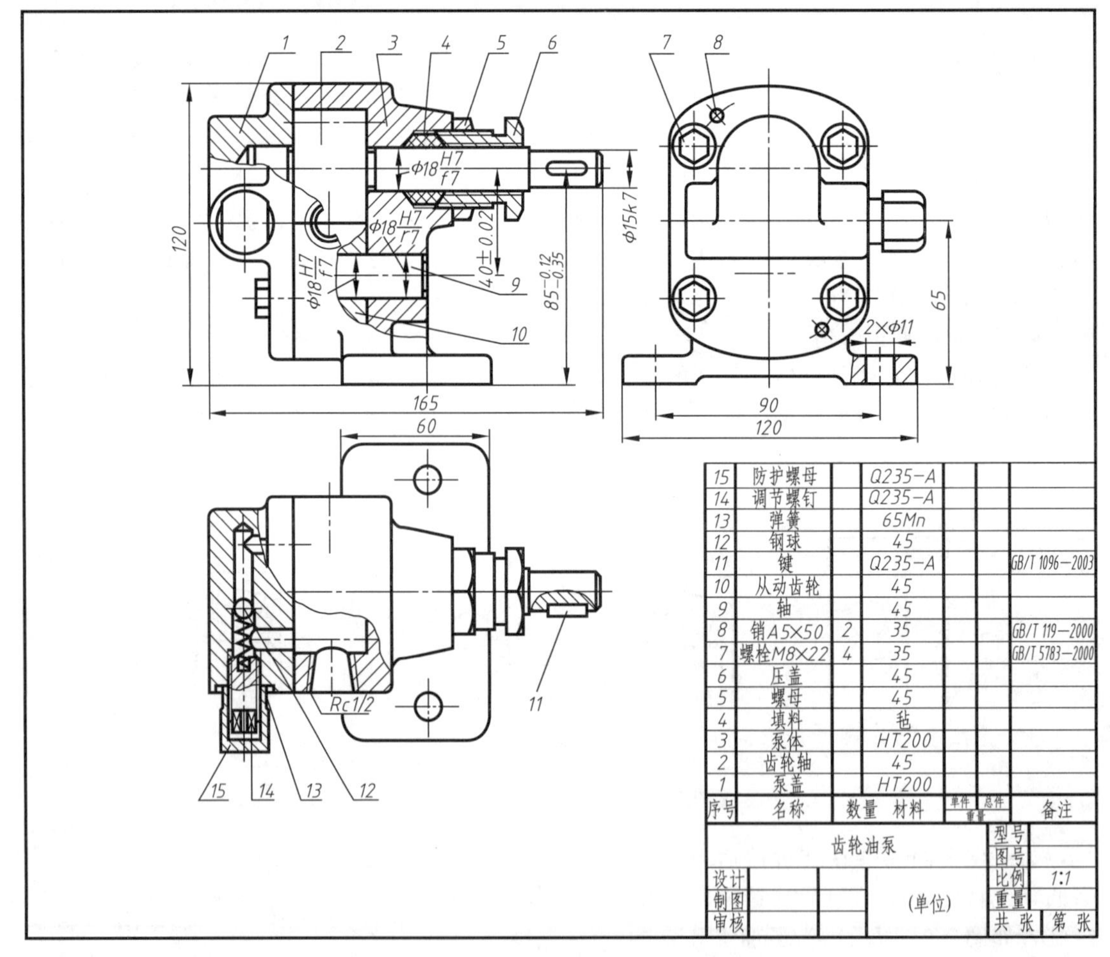

图 9-25 齿轮油泵装配图

分析视图：找出哪个是主视图，还有哪些其他视图，它们的投影关系怎样，剖视图、断面图的剖切位置在什么地方，有哪些特殊表达方法及各视图表示的主要内容是什么。图 9-25 中的齿轮油泵装配图共有三个视图：主视图是通过齿轮油泵对称平面剖切的局部剖视图，表达了油泵的外形及两齿轮轴系的装配关系；俯视图除表达齿轮油泵的外形外，还用局部剖视图表达泵盖上的安全装置和泵体两侧的圆锥管螺纹通孔（$Rc1/2$）；左视图主要表达齿轮油泵的外形，同时还表达了泵体与泵盖由 2 个圆柱销 8 定位，用 4 个螺栓组 7 连接在一起。

9.6.2　弄清装配关系，了解工作原理

这是看装配图的关键阶段。先以反映装配关系比较明显的视图为主，配合其他视图，分析主要装配干线，沿着装配干线分析互相有关的各零件用什么方法连接，有没有配合关系，哪些零件是静止的，哪些零件是运动的等。

从图9-25看出，齿轮油泵有两条装配干线。一条主要的装配干线可从主视图中看出，齿轮轴2的右端伸出泵体外，通过键11与传动件相接。齿轮轴在泵体孔中，其配合是“ϕ18H7/f7”，为间隙配合，故齿轮轴可在孔中转动。为防止漏油，采用填料密封装置，用压盖6压紧填料4完成。下边的从动齿轮10装在轴9上，其配合是“ϕ18H7/f7”，为间隙配合，故齿轮可在轴9上转动。轴9装在泵体轴孔中，配合是“ϕ18H7/r7”，为过盈配合，轴9与泵体轴孔之间没有相对运动。从俯视图的局部剖视中看出，第二条装配干线是安装在泵盖上的安全装置，它是由钢球12、弹簧13、调节螺钉14和防护螺母15组成，该装配干线中的运动件是钢球12和弹簧13。

通过以上装配关系的分析，可以描绘出齿轮油泵及其工作原理，如图9-26、图9-27所示。在泵体内装有一对啮合的直齿圆柱齿轮，上边是齿轮轴，轴端伸出泵体外，以连接动力。下边是从动齿轮，滑装在轴9上。泵体两侧各有一个带锥螺纹的通孔，一边为进油孔，一边为出油孔。当齿轮轴带动从动齿轮转动时齿轮右边形成真空，油在大气压力的作用下进入油管，填满齿槽，然后被带到出油孔处，把油压入出油管。

泵盖上的装配干线是一套安全装置。当出油孔处油压过高时，油就沿着油道进入泵盖，顶开钢球，再沿通向进油孔的油道回到进油孔处，从而保持油路中油压稳定。油压的高低可以通过弹簧的调节螺钉进行调节。

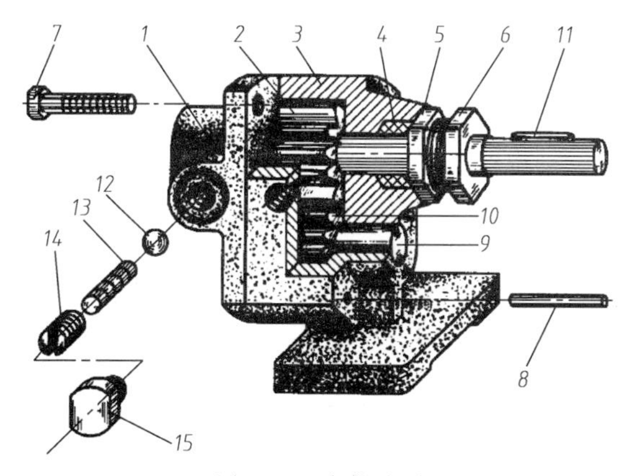

图9-26　齿轮油泵
（图中序号同图9-25）

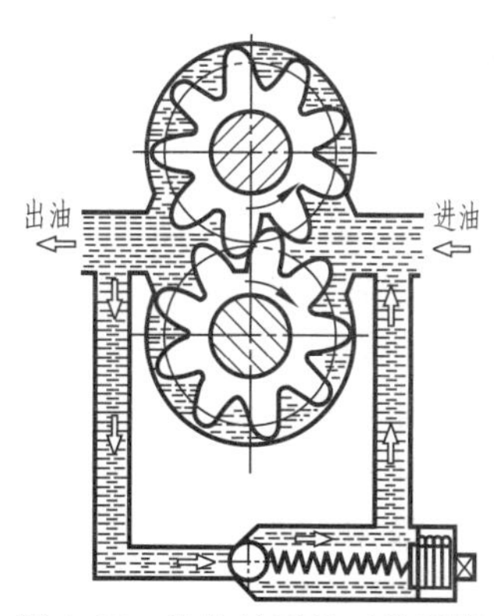

图9-27　齿轮油泵的工作原理

9.6.3　分析零件作用，看懂零件形状

看零件一般先从主要零件开始，再看次要零件。要看懂零件的结构形状和了解零件的作用。看零件的结构形状，要先分离零件，即把该零件从各视图的投影轮廓中分离出来。其方法是利用各视图之间的投影关系和根据剖视图、断面图中各零件的剖面符号的方向及间隔不同进行分离。若主要零件的某一部分的形状一时看不懂，可通过看与其相邻的其他零件的形状，再反过来想象该零件的形状。明细栏里的零件名称、材料和数量等对了解零件的作用、看懂零件形状有很大的帮助。当某些零件在装配图上表达不完整时可查阅该装配图所附的零件图。

例如，分析零件3，由明细栏查得此零件叫泵体，从三个视图大体可看出，泵体是齿轮

油泵的主体，对组成该油泵的其他零件起一种包容和支承的作用。通过投影关系和分辨剖面符号异同等方法，就可以把它从装配图中分离出来。图9-28是分离出的泵体三视图，从图中可看出泵体包括壳体和底板两部分。壳体左视图的外形由与它相连接的泵盖形状确定，左端面上有4个螺孔和2个销孔，规格尺寸可从明细栏中查出。壳体内腔的形状在装配图中未表示清楚，但该形状是由它包容的两个齿轮形状确定。右边有支承两齿轮的上、下两孔。从主、俯视图中还可以看出壳体前面的进油锥形螺孔、底板的形状及其上面的通孔和通槽。在装配图中只能看出泵体结构的大致形状。

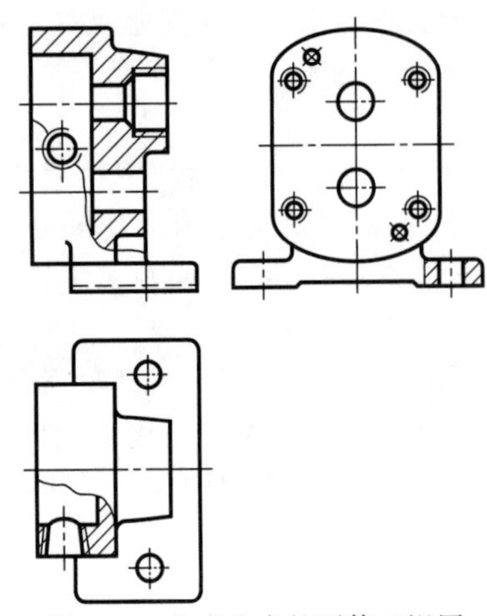

图9-28 分离出来的泵体三视图

9.6.4 综合各部分结构，想象总体形状

当基本看懂每个零件的结构形状和装配关系，了解了每条装配干线后，还要对全部尺寸和技术要求进行分析研究。最后对装配体的运动情况、工作原理、装配关系、拆装顺序等综合归纳，想象总体形状，进一步了解整体和各部分的设计意图。

上述步骤并非一成不变，而是重叠交错、互相渗透。对复杂的装配图，还要依靠完整的零件图和技术资料反复分析才能看懂。

9.7 由装配图拆画零件图

根据装配图拆画零件图（简称拆图），是产品设计过程中的一项重要工作。拆图前，要全面深入了解该装配体的设计意图，弄清装配关系、技术要求和每个零件的结构形状。现将拆图时应注意的几个问题简述如下。

9.7.1 零件分类

根据需要，把零件分成以下几类：

① 标准件：标准件一般属于外购件，不画零件图。按明细栏中标准件的规定标记代号列出标准件汇总表即可。

② 借用零件：借用零件是借用定型产品上的零件，这类零件可用定型产品的已有图样，不必另画零件图。

③ 重要零件：重要零件在设计说明书中给出这类零件的图样或重要数据，对这类零件，应按给出的图样或数据绘制零件图，如汽轮机的叶片、喷嘴等。

④ 一般零件：这类零件是按照装配图所体现的形状、大小和有关技术要求画图，是拆画零件的主要对象。

上述四类零件在一个装配体中不一定同时都存在。图9-25所示齿轮泵中，除螺栓7、销8和键11为标准件外，其余均为一般零件。

9.7.2 零件结构形状的处理

（1）补充设计装配图上未确定的结构形状

在装配图中，对一般零件上的某些结构的细节往往未完全确定。如分离出来的泵体3（图9-28），其内腔的形状、右端面凸台形状、壳体后边的出油锥形螺孔、右下方肋板的厚度、左端面上螺孔的深度都没有确定。对这些结构，要根据零件该部分的作用、工作情况和工艺要求进行合理的补充设计。图 9-29 是通过补充设计后的三视图。

(2) 补充设计装配图上省略的零件工艺结构

在装配图上，允许省略零件上的细小工艺结构，如倒角、退刀槽、圆角、拔模斜度，但在拆画零件图时都必须完整清晰地画出来。

9.7.3 零件的视图处理

由于装配图的视图选择是从装配体的整体出发，并以表达装配关系为主来考虑的，所以不可能考虑每个零件的结构特征来选择主视图。拆图时，各零件的主视图应根据其选择原则重新考虑。其他视图的数量也不能简单照抄装配图上的表达方法，而应以完整、清晰地表达零件各组成部分的形状和相对位置为原则。

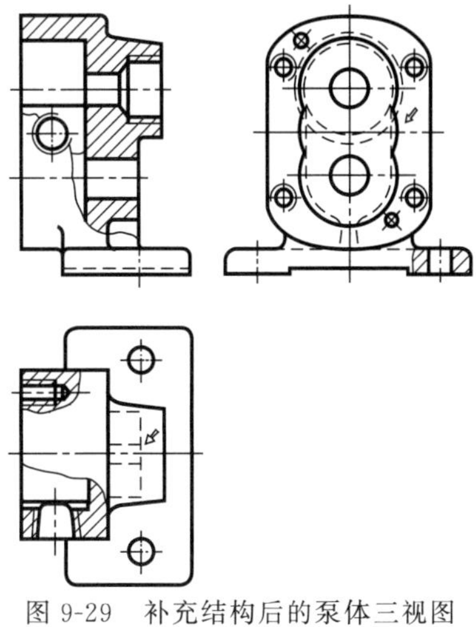

图 9-29 补充结构后的泵体三视图

图 9-29 所示泵体三视图是按泵体在装配图中相应的视图画出来的，作为零件的表达不够理想，因为左视图虚线过多，影响图面清晰，销孔表达也不清楚。因此改成图 9-30 所示的表达方法。该图中对原来视图的位置作了一些调整，又增加了一个视图，螺孔用局部剖视图表示。这就把泵体各组成部分的形状及相对位置完整、清晰地表达出来了。

图 9-31 是从图 9-25 中拆画出来的泵盖 1 的零件图，它在结构形状上是否有补充？在视图表达上又是怎样处理的？读者可自行分析。

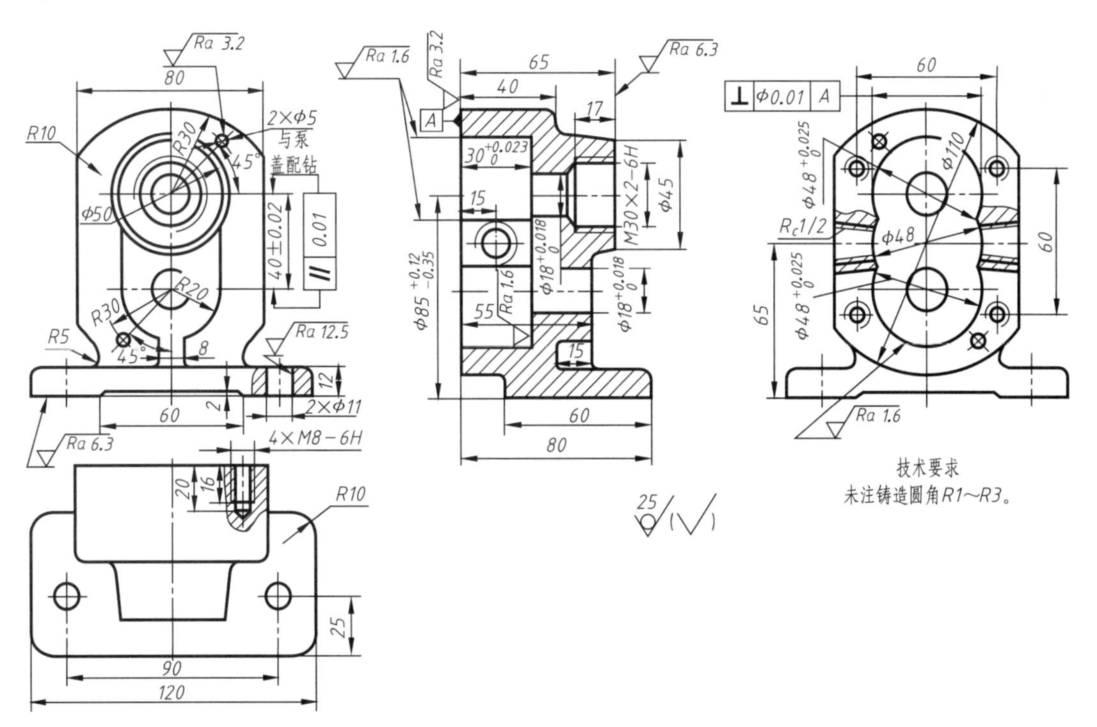

图 9-30 重新布局的泵体零件图

9.7.4 零件尺寸的处理

在装配图上已注出的尺寸中，凡属零件的尺寸应直接注到零件图上，不得随意改变。注有配合代号的尺寸，应查表在零件图上注出极限偏差值。如图 9-31 中的“$\phi18^{+0.018}_{0}$”是根据图 9-25 中的“ϕ18H7”查表得出的。而两轴孔的中心距“40±0.02”完全是照抄的。

零件上已标准化和规格化的结构，如螺纹、键槽、倒角、退刀槽等尺寸，应从有关标准手册中查出数值。

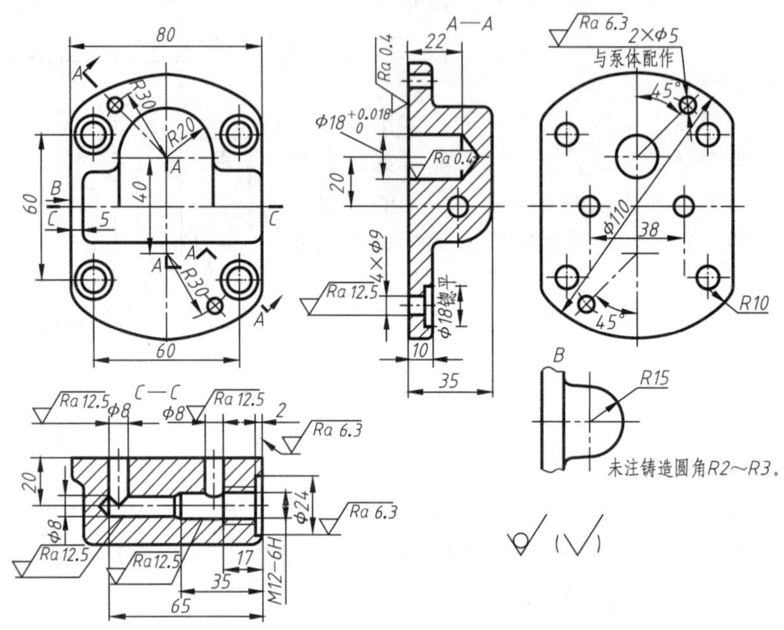

图 9-31　泵盖零件图

有些尺寸应通过计算确定，如齿轮的分度圆直径，应根据已知的模数、齿数等有关数值计算确定后标注。

装配图上没有标注出来的零件上的一般结构尺寸，可以按装配图的画图比例直接从图中量取，量不出的则自行确定，数值一般取为整数或相近的标准数值（标准直径、标准长度等）。

对有装配关系的零件，应特别注意使其有关尺寸和基准协调一致，以保证它们之间的正确装配。如图 9-30、图 9-31 都是从图 9-25 拆画出的泵体和泵盖零件图，它们结合面的定形尺寸“80”“ϕ110”和用四个螺栓连接的定位尺寸“60”两图必须相同。

9.7.5　技术要求和材料的确定

对于零件图上的表面粗糙度、形状和位置公差、热处理条件和其他技术要求，可根据零件的作用、工作条件、加工方法、检验和装配要求等，查阅有关手册或参考同类图样、资料确定。零件的材料可从装配图的明细栏中查出。

第 10 章　化工设备图

在化工产品的生产过程中，有许多相同的基本操作单元，如蒸发、冷凝、精馏、吸收、干燥、混合、反应等，使用着大量相同的化工机器与化工设备。表示化工设备的形状、大小、结构、性能和制造、安装等技术要求的图样称为化工设备图。化工设备图也是按“正投影法”绘制的。由于化工生产过程的特殊要求，除了采用国家标准《技术制图》《机械制图》外，又采用了一些适合化工生产的习惯画法、特殊画法、规定画法、简化画法，成为化工专业图样，用以满足化工工程制图的需要。

化工专业图样主要有化工机器图、化工设备图和化工工艺图三大类。

(1) 化工机器（动设备）图

化工机器图表达的是如电动机、压缩机、机泵、过滤机等设备的图样。这种图样着重考虑防腐、防漏、防噪声等化工企业的特殊要求，它的画法与机械图完全一样。

(2) 化工设备（静设备）图

化工设备图包括化工设备总图、装配图、部件图、零件图、管口方位图、表格图、焊接图（包括焊接零件图、焊接装配图、焊接零件装配图、节点图)、国家标准图样、企业部门通用图样，它的画法规定本章将着重介绍。

(3) 化工工艺（生产过程）图

化工工艺图包括方案流程图、物料流程图、工艺管道及仪表流程图、设备布置图（设备安装详图)、管道布置图（管架图、管件图)、管道轴测图（管段图、空视图)。

10.1　概述

10.1.1　化工设备的类型及结构特点

(1) 化工设备的基本类型

化工设备的种类很多，且应用很广，较典型的化工设备有以下几种。

① 容器：主要用来储存原料、中间产品和成品等。按安装方式分为立式和卧式两类；按形状分有圆柱形、球形等，圆柱形容器应用最广，图 10-1 (a) 为一圆柱形卧式容器，它由筒体、封头、人孔、管法兰、支座、液面计、加强圈等组成。

② 换热器：换热器主要用来使两种不同温度的物料进行热量交换，以达到加热或冷却的目的。常见换热器种类有列管式、套管式、螺旋板式等，其中列管式换热器最为常用。列管式换热器又分为多种类型，如固定管板式、浮头式、填料函式、U 形管式和滑动管板式等，但它们的基本结构和工作原理有不少共同之处。

图 10-1 (b) 为一固定管板式换热器，其主要结构除筒体、封头、支座等外，有密集的换热管束按一定的排列方式固定在两端的管板上，管板两端用法兰与封头和管箱连接。管束与两端封头连通，形成管程，筒体与管束围成的管外空间称为壳程。换热器工作时，一种物料走管程，另一种物料经由折流板走壳程，从而进行热量交换。

③ 反应器：主要用来使物料在其间进行化学反应，生成新的物质，或者使物料进行搅

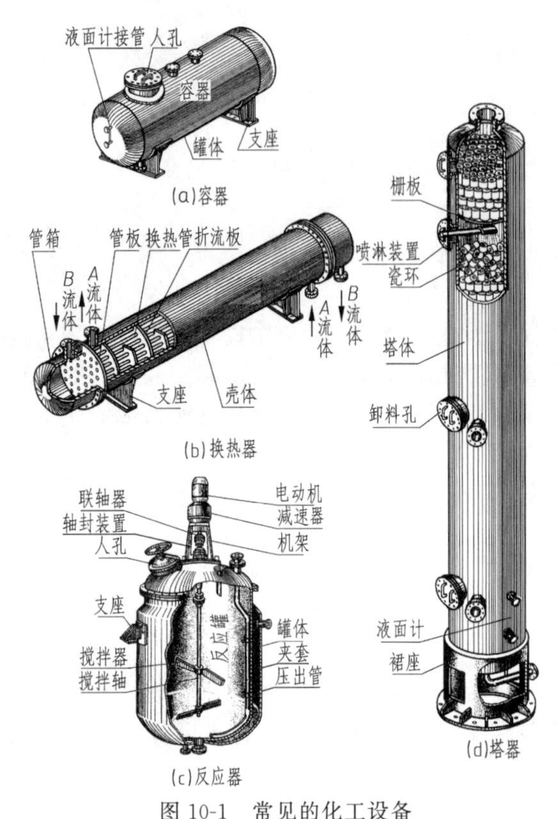

图 10-1　常见的化工设备

拌、沉降等单元操作。反应器形式很多，也称为反应罐或反应釜，有的还安装有搅拌装置。图 10-1（c）即为一个带搅拌的反应器，反应器的主要结构通常由如下几部分组成：

a. 壳体。由筒体及上、下两个封头焊接而成，它提供了物料的反应空间。上封头也常采用法兰结构与筒体组成可拆式连接。

b. 传热装置。通过直接或间接的加热或冷却方式，以提供反应所需要的或带走反应产生的热量。常见的传热装置有蛇管式和夹套式。图 10-1（c）所示为间接式夹套传热装置，夹套由筒体和封头焊成。

c. 搅拌装置。由搅拌轴和搅拌器组成。

d. 传动装置。由电动机和减速器（带联轴器）组成。

e. 轴封装置。指转轴部分的密封结构，一般有填料箱密封和机械（端面）密封两种。

f. 其他装置。设备上必要的支座、人（手）孔、各种管口等通用零部件。

④ 塔器：用于吸收、洗涤、精馏、萃取等化工单元操作。塔器多为立式设备，其断面一般为圆形。塔器的高度和直径一般相差较大。其基本形状如图 10-1（d）所示。

（2）化工设备的结构特点

① 多为薄壁钢板卷制的回转壳体：形状多为圆柱、圆球、圆锥、圆环，如图 10-2 所示。

② 尺寸相差悬殊：设备的总体尺寸与某些局部结构（如壁厚、管口等）的尺寸往往相差很悬殊。如图 10-2 中换热器的总高为“9700”，直径为“700”，但筒体壁厚只有“6”。

③ 开孔多、管口多：由于化工工艺的需要，壳体上有较多的开孔和接管口，用以安装各种零部件和连接各种管道。如物料进出孔、人孔、手孔、放空口、清理口、观察孔，以及采样、仪表（温度、压力）、取样等检测口。如图 10-2 所示的换热器，其最上部是一个蒸汽出口（管口 C），最下部是硝镁液进口（管口 B），有 5 个接管口（件 2、9、17、21、26）。

④ 大量采用焊接结构：这是化工设备的突出特点，如筒体、法兰、支座、封头、人孔、接管等，都采用焊接结构。

⑤ 广泛采用了标准化、系列化的通用零部件：化工设备上常用的零部件，大多数已经标准化、通用化、系列化，如封头、支座、机泵等。如图 10-2 中的管法兰（件 1、件 8 等）、支座（件 13）等，都是标准化的零部件。

⑥ 材料特殊：根据原料介质的性质，要求设备耐酸、碱腐蚀；耐高温、高压、高真空；因而除采用专用钢材外，还采用有色金属、非金属（玻璃、石墨、尼龙、塑料、陶瓷、皮革等）。

⑦ 有较高的密封要求：除动设备的机械端面密封和盘根箱轴向密封（或环向），还要考虑静设备的介质密封，避免易燃、易爆、有毒介质的跑、冒、滴、漏。例如，在需防泄漏的设备中通常采用螺柱连接（而不使用螺栓）。

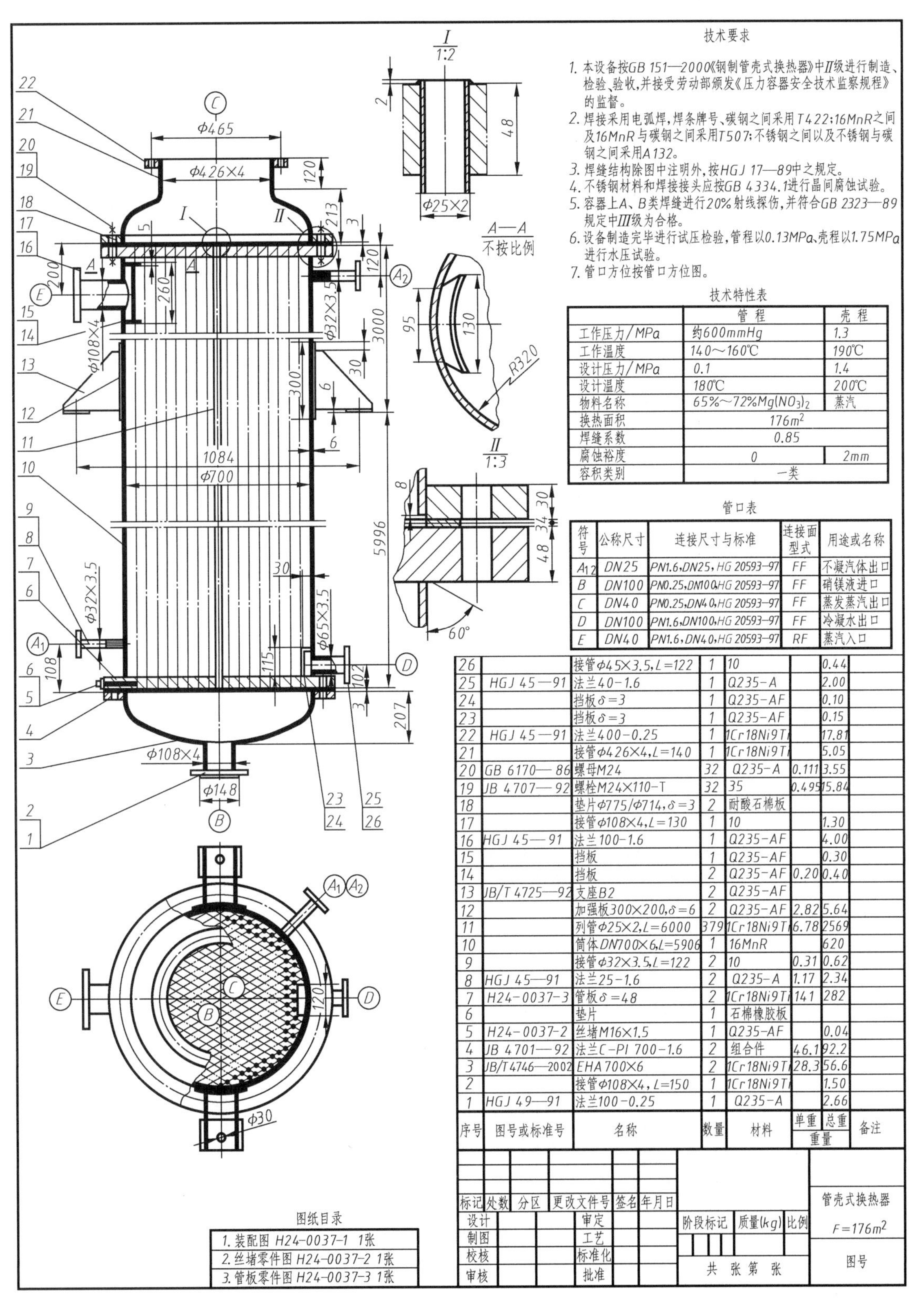
技术要求
1. 本设备按GB 151—2000《钢制管壳式换热器》中Ⅱ级进行制造、检验、验收,并接受劳动部颁发《压力容器安全技术监察规程》的监督。
2. 焊接采用电弧焊,焊条牌号、碳钢之间采用T422;16MnR之间及16MnR与碳钢之间采用T507;不锈钢之间以及不锈钢与碳钢之间采用A132。
3. 焊缝结构除图中注明外,按HGJ 17—89中之规定。
4. 不锈钢材料和焊接接头应按GB 4334.1进行晶间腐蚀试验。
5. 容器上A、B类焊缝进行20%射线探伤,并符合GB 2323—89规定中Ⅲ级为合格。
6. 设备制造完毕进行试压检验,管程以0.13MPa、壳程以1.75MPa进行水压试验。
7. 管口方位按管口方位图。

技术特性表

	管程	壳程
工作压力/MPa	约600mmHg	1.3
工作温度	140～160℃	190℃
设计压力/MPa	0.1	1.4
设计温度	180℃	200℃
物料名称	65%～72%$Mg(NO_3)_2$	蒸汽
换热面积	$176m^2$	
焊缝系数	0.85	
腐蚀裕度	0	2mm
容积类别	一类	

管口表

符号	公称尺寸	连接尺寸与标准	连接面型式	用途或名称
A_{12}	DN25	PN1.6,DN25,HG 20593—97	FF	不凝汽体出口
B	DN100	PN0.25,DN100,HG 20593—97	FF	硝镁液进口
C	DN40	PN0.25,DN40,HG 20593—97	FF	蒸发蒸汽出口
D	DN100	PN1.6,DN100,HG 20593—97	FF	冷凝水出口
E	DN40	PN1.6,DN40,HG 20593—97	RF	蒸汽入口

序号	图号或标准号	名称	数量	材料	单重	总重	备注
26		接管φ45×3.5,L=122	1	10		0.44	
25	HGJ 45—91	法兰40-1.6	1	Q235-A		2.00	
24		挡板δ=3	1	Q235-AF		0.10	
23		挡板δ=3	1	Q235-AF		0.15	
22	HGJ 45—91	法兰400-0.25	1	1Cr18Ni9Ti		17.81	
21		接管φ426×4,L=140	1	1Cr18Ni9Ti		5.05	
20	GB 6170—86	螺母M24	32	Q235-A	0.111	3.55	
19	JB 4707—92	螺栓M24×110-T	32	35	0.495	15.84	
18		垫片φ775/φ714,δ=3	2	耐酸石棉板			
17		接管φ108×4,L=130	1	10		1.30	
16	HGJ 45—91	法兰100-1.6	1	Q235-AF		4.00	
15		挡板	1	Q235-AF		0.30	
14		挡板	2	Q235-AF	0.20	0.40	
13	JB/T 4725—92	支座B2	2	Q235-AF			
12		加强板300×200,δ=6	2	Q235-AF	2.82	5.64	
11		列管φ25×2,L=6000	379	1Cr18Ni9Ti	6.78	2569	
10		筒体DN700×6,L=5906	1	16MnR		620	
9		接管φ32×3.5,L=122	2	10	0.31	0.62	
8	HGJ 45—91	法兰25-1.6	2	Q235-A	1.17	2.34	
7	H24-0037-3	管板δ=48	2	1Cr18Ni9Ti	141	282	
6		垫片	1	石棉橡胶板			
5	H24-0037-2	丝堵M16×1.5	1	Q235-AF		0.04	
4	JB 4701—92	法兰C-PI 700-1.6	2	组合件	46.1	92.2	
3	JB/T4746—2002	EHA700×6	2	1Cr18Ni9Ti	28.3	56.6	
2		接管φ108×4,L=150	1	1Cr18Ni9Ti		1.50	
1	HGJ 49—91	法兰100-0.25	1	Q235-A		2.66	

标记 处数 分区 更改文件号 签名 年月日
设计 审定
制图 工艺
校核 标准化
审核 批准
阶段标记 质量(kg) 比例
共 张 第 张
管壳式换热器
$F=176m^2$
图号

图纸目录
1. 装配图 H24-0037-1 1张
2. 丝堵零件图 H24-0037-2 1张
3. 管板零件图 H24-0037-3 1张

I 1:2
II 1:3
A—A 不按比例
φ465
φ426×4
φ25×2
φ700
1084
5996
3000
φ108×4
φ148
φ32×3.5
φ65×3.5
φ30
R320
60°

图 10-2　管壳式换热器

10.1.2 化工设备图的作用和内容

(1) 化工设备图的作用

表示化工设备的图样，一般包括设备装配图、部件装配图和零件图。

化工设备图与上一章所学习的装配图有密切联系，但又有区别。从作用上来看，一般的机械制造依据零件图加工零件，装配图则主要用于装配和安装。但化工设备的制造工艺主要是用钢板卷制、开孔及焊接等，通常可以直接依据化工设备图进行制造。因此，化工设备图的作用是指导设备的制造、装配、安装、检验及使用和维修等。由于化工设备的结构和表达要求具有特殊性，化工设备图的内容和表达方法也就具有一些特殊性。

(2) 化工设备图的内容

化工设备图包括以下内容。

① 一组视图：用一组视图表示该设备的主要结构形状和零部之间的装配连接关系。视图用正投影方法，按国家标准《技术制图》《机械制图》及化工行业有关标准或规定绘制。

② 尺寸：图上注写必要的尺寸，以表示设备的总体大小、规格、装配和安装等尺寸数据，为制造、装配、安装、检验等提供依据。

③ 零部件编号及明细栏：对组成该设备的每一种零部件必须依次编号，并在明细栏中填写各零部件的名称、规格、材料、数量、重量以及有关图号或标准号等内容。

④ 管口符号和管口表：设备上所有的管口（物料进出管口、仪表管口等），均需注出符号（按拉丁字母顺序编号）。在管口表中列出各管口的有关数据和用途等内容。

⑤ 技术特性表：用表格列出设备的主要工艺特性（工作压力、工作温度、物料名称等）及其他特性（容器类别等）等。

⑥ 技术要求：用文字说明设备在制造、检验、安装、运输时应遵循的规范和规定以及对材料表面处理、涂饰、润滑、包装、保管和运输等的特殊要求。

⑦ 标题栏：用以填写设备的名称、主要规格、作图比例、设备单位、图样编号，以及设计、制图、校审人员签字等项内容。

⑧ 其他：如图纸目录、修改表、设备总量、特殊材料重量等。

10.2 化工设备常用零部件简介

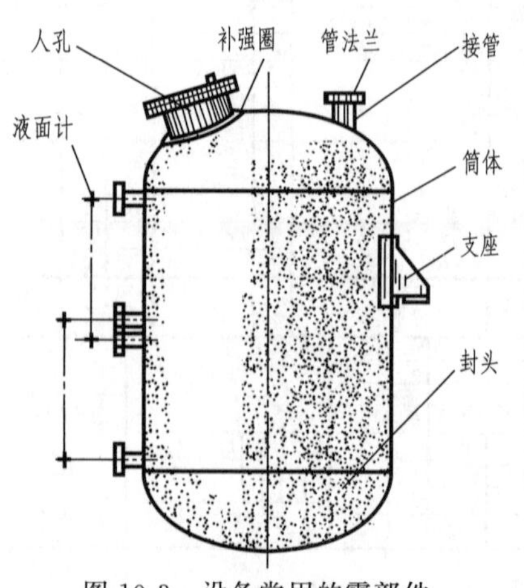

图 10-3 设备常用的零部件

各种化工设备虽然工艺要求不同，结构形状也各有差异，但是都有一些作用相同的零部件，如设备的支座、人孔、连接各种管口的法兰等。为了便于设计、制造和检修，把这些零部件的结构形状统一成若干种规格，称为通用零部件。经过多年的实践，有关内容经国家有关部、局批准后，作为相应各级的标准颁布。已经制定并颁布标准的零部件，称为标准化零部件。

化工设备上的通用零部件，大都已经标准化。如图 10-3 所示的容器，它是由筒体、封头、法兰、支座、人（手）孔、液面计、补强圈等零部件组成。这些零部件都已有相应的标准，并在各种化工设备上通用。标准分别规定了这些零部件在各种条件（如压力、大小、使用要求等）下的结构形状和尺寸。设计、制造、检验、使用这些零部件都以标准为依据。下面简要介绍几种通用零部件，读者若想更深入地了解，可参阅相应的标准和专业书籍。

10.2.1 筒体

筒体为化工设备的主体结构，以圆柱形筒体应用最广。筒体通常采用钢板卷焊制成，内径为公称直径。直径小于 500mm 的容器，可直接使用无缝钢管制成，钢管外径为公称直径。筒体较长时，可由多个筒节焊接组成，也可用设备法兰连接组装。筒体的主要尺寸是直径、高度（或长度）和壁厚，壁厚由强度计算确定，直径和高度（或长度）是由工艺要求确定的，而且筒体直径应在压力容器公称直径标准所规定的尺寸系列中选取，见表 10-1。

规定标记：

筒体名称及代号　公称直径　标准编号

例如，公称直径为 1200mm 的筒体，其厚度为 10mm，高度为 2000mm，标记为：

筒体　*DN*1200　GB/T 9019—2001

在明细栏中采用标记方法："筒体　*DN*1200×10，*H*（*L*）—2500" 表示筒体内径 1200mm、壁厚 10mm、高（或长）2000mm。

表 10-1　压力容器公称直径（GB/T 9019—2001）　mm

钢板卷制（内径）											
300	350	400	450	500	550	600	650	700	750	800	850
900	950	1000	1100	1200	1300	1400	1500	1600	1700	1800	1900
2000	2100	2200	2300	2400	2500	2600	2700	2800	2900	3000	3100
3200	3300	3400	3500	3600	3700	3800	3900	4000	4100	4200	4300
4400	4500	4600	4700	4800	4900	5000	5100	5200	5300	5400	5500
5600	5700	5800	5900	6000							

无缝钢管（外径）					
159	219	273	325	337	426

10.2.2 封头（JB/T 4746—2002）

筒体是设备的主体部分，一般由钢板卷焊而成，直径较小的（<500mm）或高压设备的筒体一般采用无缝钢管。

封头是设备的重要组成部分，它与筒体一起构成设备的壳体。常见的封头形式有：椭圆形（代号 EHA、EHB）、碟形（代号 DHA、DHB）、锥形（代号 CHA、CHB、CHC）及球冠形（代号 PHS）等，椭圆形封头最为常见，如图 10-4（a）所示。封头和筒体可以直接焊接，形成不可拆卸的连接，也可以分别焊上法兰，通过螺纹连接构成可拆卸的连接。当筒体由钢板卷制时，筒体及其所对应的封头公称直径 *DN* 等于内径 D_i（代号 EHA），如图

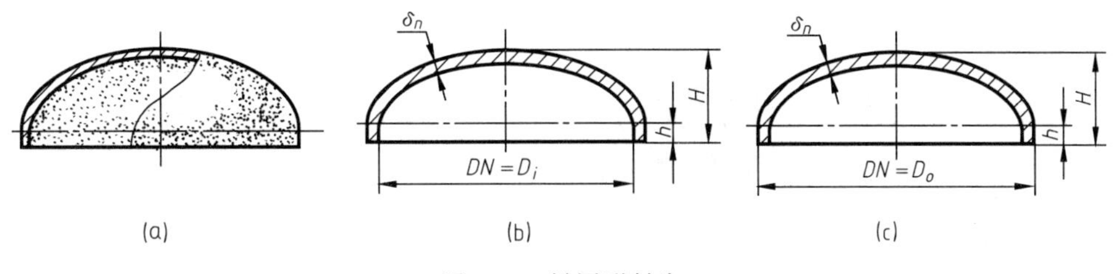

图 10-4　椭圆形封头

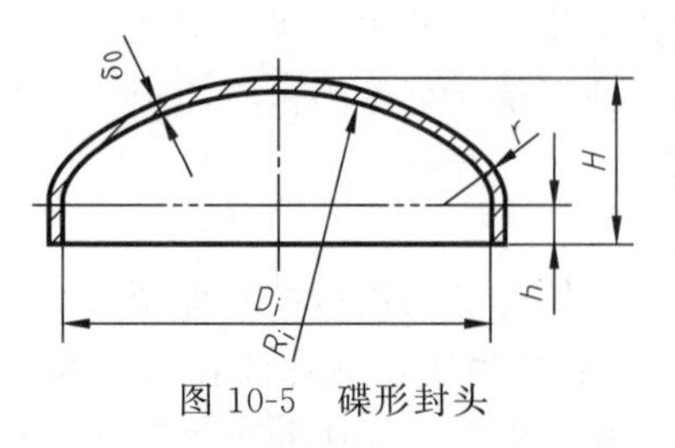

图 10-5 碟形封头

10-4（b）所示。当用无缝钢管作筒体时，则以外径 D_o 作为筒体及其所对应的封头的公称直径 DN（代号 EHB），其形式和尺寸如图 10-4（c）所示。图 10-5 所示为碟形封头。

规定标记：

封头类型代号 公称直径×封头名义厚度-封头材料牌号 标准号

例如，公称直径为 1600mm，名义厚度为 18mm，材质为 16MnR，以内径为基准（外径为基准的代号为 EHB）的椭圆形封头，其标记为：

EHA 1600×18-16MnR JB/T 4746—2002

又如，公称直径为 2000mm，名义厚度为 20mm，$R_i=1.0D_i$（$D_i=DN$），$r=0.15D_i$（$r=0.10D_i$ 时代号为 DHB），材质为 0Cr18Ni9 的碟形封头，标记为：

DHA 200×20-0Cr18Ni9 JB/T 4746—2002

10.2.3 法兰

法兰是连接（一般用焊接）在筒体、封头或管子一端的一圈圆盘，盘上均匀分布若干个螺栓孔。法兰是法兰连接中的主要零件。

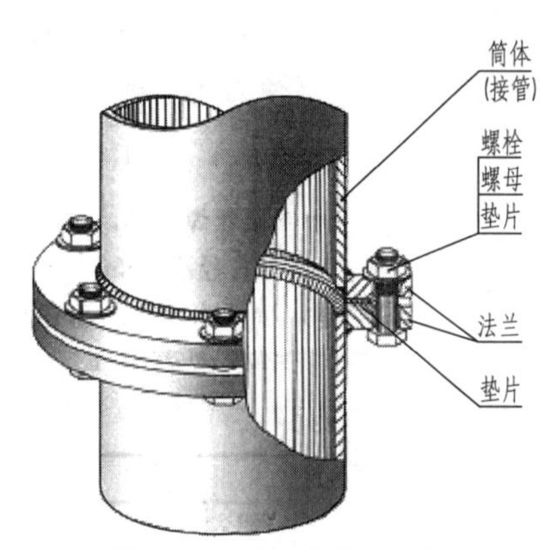

图 10-6 法兰连接示意图

两节筒体（或管子）或筒体与封头通过一对法兰用螺栓连接在一起，如图 10-6 所示。两个法兰的接触面之间放有垫片，以使连接处密封不漏。因此，法兰连接实际上由一对法兰、密封垫片和螺栓、螺母、垫圈等零件组成。化工设备用的标准法兰有两类：管法兰和压力容器法兰（又称设备法兰）。前者用于管子的连接，后者用于设备筒体（或封头）的连接。

（1）管法兰（HG/T 20592～20635—2009）

管法兰用于管道与管道之间的连接。管法兰按其与管子的连接方式分为：平焊法兰、对焊法兰、整体法兰、承插焊法兰、螺纹法兰、环松套法兰、法兰盖、衬里法兰盖等，如图 10-7 所示。

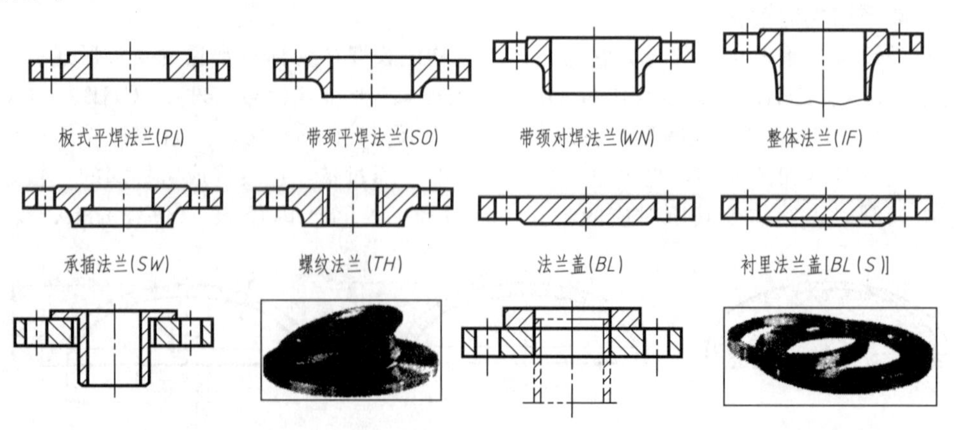

图 10-7 管法兰类型及其代号

管法兰密封面形式主要有突面（代号为 RF）、凹（FM）凸（M）面、榫（T）槽（G）面、全平面（FF）和环连接面（RJ）等，如图 10-8 所示。

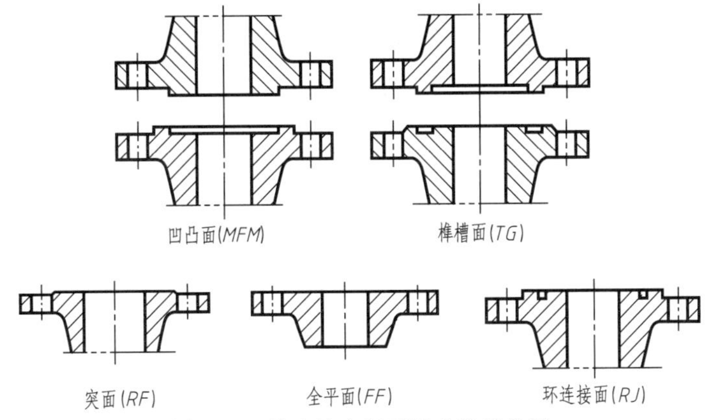

图 10-8　管法兰密封面形式及其代号

规定标记：

标准号　法兰（法兰盖）　法兰类型代号　公称尺寸 DN-公称压力 PN

密封面形式代号　钢管壁厚　材料牌号　其他

例如，公称尺寸 $DN800$、公称压力 $PN0.6$、配用公制管的全平面板式平焊钢制管法兰，材料为 Q235-A，其标记为：

HG/T 20592—2009　法兰　PL　800-0.6　FF　Q235-A

例如，公称尺寸 $DN100$、公称压力 $PN100$、配用公制管的凹面带颈对焊钢制管法兰，材料为 16Mn，钢管壁厚为 8mm，标记为：

HG/T 20592—2009　法兰　WN　100-100　FM　$S=8$mm　16Mn

例如，公称尺寸 $DN500$、公称压力 $PN16$、榫面整体钢制管法兰，材料为 WCB，密封面表面粗糙度 Ra 为 0.8～1.6μm，标记为：

HG/T 20592—2009　法兰　IF　500-16　T　WCB　Ra0.8～1.6

(2) 压力容器法兰（JB/T 4701～4703—2000）

压力容器法兰分为甲型平焊法兰、乙型平焊法兰和长颈对焊法兰三种，如图 10-9 所示。

压力容器法兰密封面形式有平面（RF）密封面、凹（FM）凸（M）密封面、榫（T）槽（G）密封面三种，如图 10-10 所示。

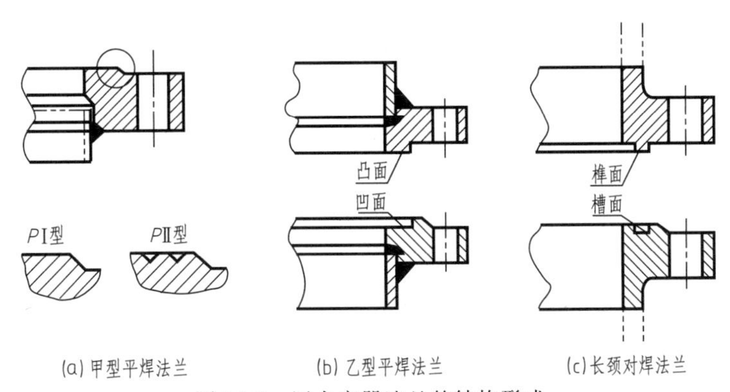

图 10-9　压力容器法兰的结构形式

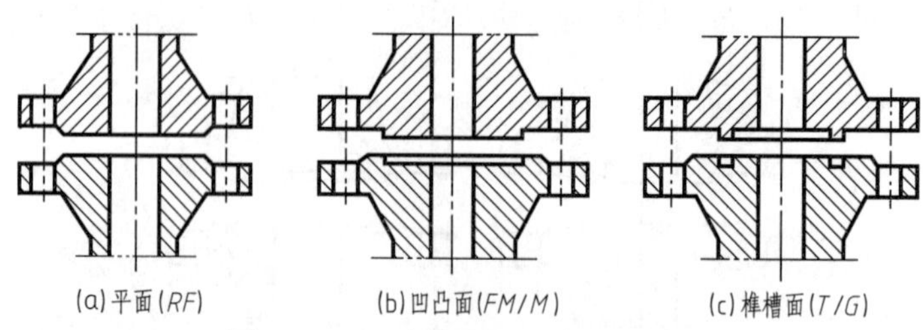

图 10-10 压力容器法兰密封面形式

压力容器法兰的公称直径指与法兰相匹配的筒体（或封头）的公称直径。筒体用钢板卷制时，容器的公称直径指筒体的内径；若以钢管作筒体时，容器的公称直径指钢管的外径。

规定标记：

法兰名称及代号-密封面形式代号 公称直径-公称压力/法兰厚度-法兰总高度 标准编号

法兰名称及代号按法兰类型不同进行标记，一般法兰标记为“法兰”；衬环法兰标记为“法兰 C”。

例如，公称压力 1.6MPa，公称直径 800mm 的榫槽密封面乙型平焊法兰的榫面法兰，其标记为：

法兰-T 800-1.6 JB/T 4702—2000

若上述法兰为带衬环型，其标记为：

法兰 C-T 800-1.6 JB/T 4702—2000

例如，公称压力 2.5MPa，公称直径 1000mm 的平面密封面长颈对焊法兰，其中法兰厚度改为 78mm，法兰总高度仍为 155mm，其标记为：

法兰-RF 1000-2.5/78-155 JB/T 4703—2000

10.2.4 人孔和手孔（HG/T 21514～21535—2005）

工程中为了便于设备安装制造或进行内部清理以及检查等，需开设人孔与手孔。人孔或手孔都是组合件，通常是在容器上接一短管并盖一盲板构成，其基本结构如图 10-11 所示。

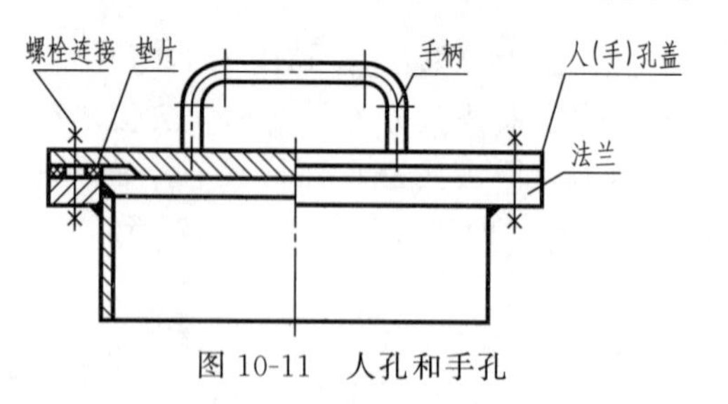

图 10-11 人孔和手孔

手孔直径大小应考虑操作人员握有工具的手能够顺利通过，标准中公称直径有 150mm、250mm 两种。当设备的直径超过 900mm 时，应开设人孔，人孔的大小，既要考虑施工人员能够安全进出，又要避免开孔过大而影响容器壁的强度。圆形人孔最小直径为 400mm，椭圆形人孔最小尺寸为 400mm×300mm。人、手孔结构形式的选择应根据孔盖的开启频繁程度、安装位置、密封性要求、盖的重量及开启时占用的空间等因素确定。

规定标记：

名称 密封面代号 材料类别代号 紧固螺栓（柱）代号（垫片或垫圈代号）不快开回转盖人孔和手孔盖轴耳形式代号 公称直径-公称压力 非标准高度 H_1 标准编号

其中，密封面形式有：突面（RF）、凹凸面（MFM）、榫槽面（TG）、环连接面（RJ）、槽平面（GF）、平面（FS）、全平面（FF）。

材料类别代号由Ⅰ～Ⅺ有 11 类。Ⅰ类材料为 Q235-B，Ⅱ类为 20R，Ⅲ类为 16MnR，Ⅳ类为 15CrMoR，Ⅴ类为 16MnDR，Ⅵ类为 09MnNiDR，Ⅶ类为 00Cr19Ni10，Ⅷ类为

0Cr18Ni9，Ⅸ类为 0Cr18Ni10Ti，Ⅹ类为 00Cr17Ni14Mo2，Ⅺ类材料为 0Cr17Ni12Mo2。

例如，公称直径 DN450、H_1＝160mm（标准尺寸）、采用石棉橡胶板垫片的常压人孔，标记为：

人孔（A-XB350） 450 HG/T 21515—2005

若 H_1＝190mm（非标准尺寸），则其标记为：

人孔（A-XB350） 450 H_1＝190 HG/T 21515—2005

例如，公称压力 PN0.6、公称直径 DN 250、H_1＝190mm（标准尺寸）、采用Ⅱ类材料，其中采用六角头螺栓、非金属平垫（不带内包边的 XB350 石棉橡胶板）的板式平焊法兰手孔，其标记为：

手孔 Ⅱ b-8.8（NM-XB350）250-0.6 HG/T 21529—2005

若 H_2＝220mm（非标准尺寸），则其标记为：

手孔 Ⅱ b-8.8（NM-XB350）250-0.6 H_1＝220 HG/T 21529—2005

10.2.5 支座

支座用来支承设备的重量和固定设备的位置，在某些场合下还要承受设备操作时的振动载荷、地震载荷、风载荷的作用，并使容器在操作中保持稳定。

支座一般分为立式支座、卧式支座、球形支座三大类。立式支座又分为悬挂式支座、支承式支座、支承式支脚、支承式支腿、裙式支座等；卧式支座分鞍式支座（鞍座）、圈座和支腿式支座等；球形支座分支柱式、裙式、半埋式和 V 形支承等。这里主要介绍常用的鞍式支座、耳式支座、支承式支座、裙式支座。

（1）鞍式支座（JB/T 4712.1—2007）

鞍座是卧式设备中应用最广泛的一种支座，其结构如图 10-12 所示。鞍式支座分为轻型（A 型）和重型（B 型）两种，重型支座按包角、制作方式及附带垫板情况分为 BⅠ～BⅤ五种型号。

卧式设备一般用两个鞍座支承，当设备过长超过两个支座允许支承的范围时，应增加支座数目。为了使设备在壁温发生变化时能够沿轴线方向自由伸缩，每种形式鞍座又分为固定式（代号 F）和滑动式（代号 S）两种，固定式鞍座的底板上开圆形螺栓孔，滑动式鞍座的底板上开长圆形螺栓孔，如图 10-12 所示。双鞍座支承的卧式设备必须是固定式鞍座与滑动式鞍座搭配使用，其目的是在设备因温差膨胀或收缩时，滑动式鞍座可以沿容器轴向滑动，而使容器不受附加应力。鞍式支座的主要性能参数为公称直径 DN（mm）、鞍座高度（mm）和结构形式。

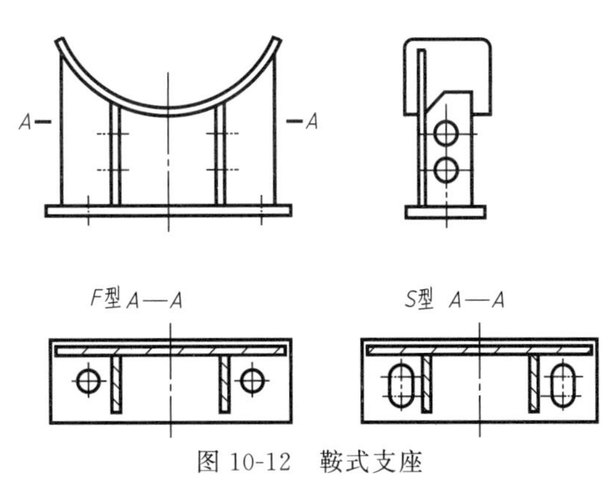

图 10-12 鞍式支座

规定标记：

JB/T 4712.1—2007，鞍座 × ×-×

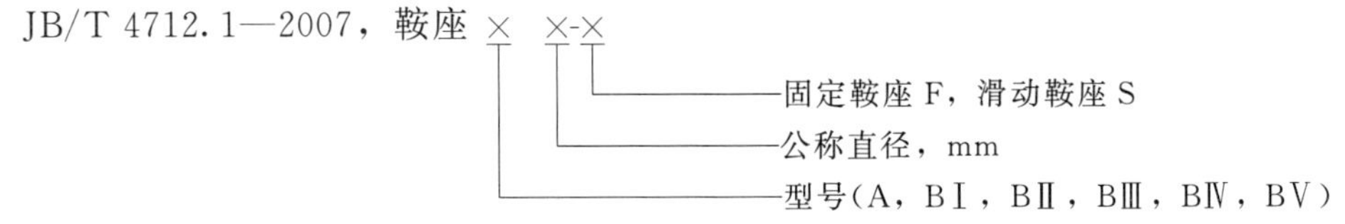

若鞍座高度 h ，垫板宽度 b_4，垫板厚度 δ_4，底板滑动长孔长度 l 与标准尺寸不同，则应在设备图样零件名称栏或备注栏注明。

鞍座材料应在设备图样的材料栏内填写，表示方法为“支座材料/垫板材料”。无垫板时只注支座材料。

例如，DN325，120°包角，重型不带垫板的标准尺寸的弯制固定式鞍座，鞍座材料为Q235-A，标记为：

JB/T 4712.1—2007，鞍座 BⅤ325-F

材料栏内注：Q235-A。

例如，DN1600，150°包角，重型滑动鞍座，鞍座材料为Q235-A，垫板材料为0Cr18Ni9，鞍座高度为400mm，垫板厚为12mm，滑动长孔长度60mm，标记为：

JB/T 4712.1—2007，鞍座 BⅢ1600-S，$h=400$，$\delta_4=12$，$l=60$

材料栏内注：Q235-A/0Cr18Ni9。

(2) 耳式支座（JB/T 4712.3—2007）

耳式支座广泛应用于支承在钢架、墙体或梁上的以及穿越楼板的中小型立式设备，它由底板（支脚板）、肋板、垫板和盖板组成，结构简单轻便，但对支座处的器壁产生较大局部应力。耳式支座用螺栓固定设备，按肋板长度的不同，耳式支座有短臂（A型）、长臂（B型）和加长臂（C型）之分，如图10-13所示。

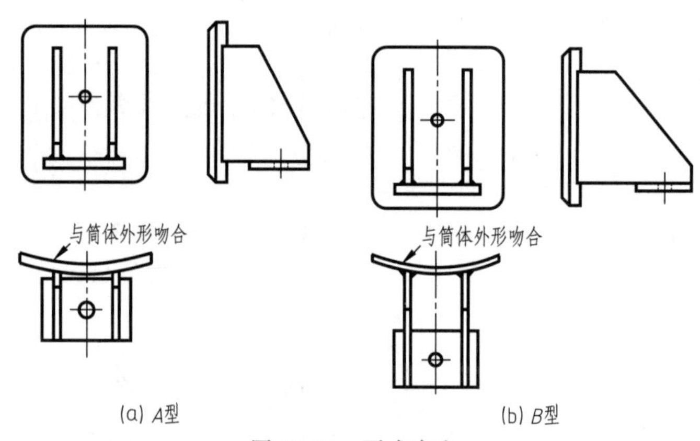

图10-13　耳式支座

规定标记：

JB/T 4712.3—2007，耳式支座 ×　×-×

- ×-× 末位：材料（Ⅰ，Ⅱ，Ⅲ，Ⅳ）
- 中间：支座号（1～8）
- 首位：型号（A，B，C）

若垫板厚度 δ_3 与标准尺寸不同，则在设备图样零件名称栏或备注栏注明。

支座及垫板的材料应在设备图样的材料栏内注写，表示方法为：“支座材料/垫板材料”。

材料由四个代号分别表示：Ⅰ表示Q235-A，Ⅱ表示16MnR，Ⅲ表示0Cr18Ni9，Ⅳ表示15CrMoR。

例如，A型，3号耳式支座，支座材料为Q235-A，垫板材料为Q235-A，标记为：

JB/T 4712.3—2007，耳式支座 A3-Ⅰ

材料：Q235-A。

例如，B型，3号耳式支座，支座材料为16MnR，垫板材料为0Cr18Ni9，垫板厚度12mm，标记为：

JB/T 4712.3—2007，耳式支座 B3-Ⅱ，$\delta_3=12$

材料：16MnR/0Cr18Ni9。

(3) 支承式支座（JB/T 4712.4—2007）

支承式支座多用于安装在距地坪或基准面较近的具有椭圆形封头的立式容器上。支承式支座由底板、肋板（或钢管）和垫板组成，如图 10-14 所示。根据结构分 A 型、B 型两种，A 型由钢板焊制，见图 10-14（a），B 型由钢管焊制，见图 10-14（b）。

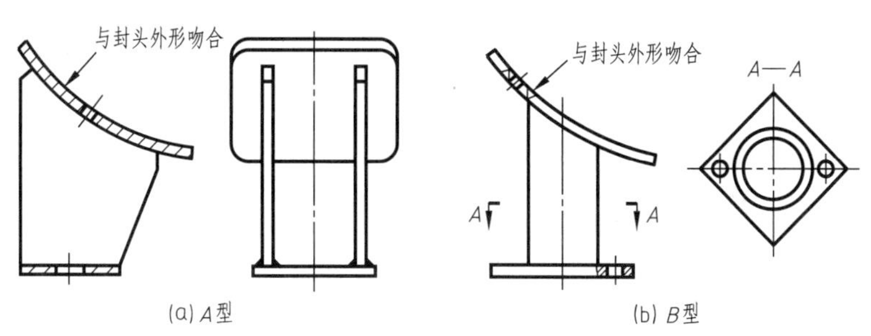

图 10-14　支承式支座

规定标记：

JB/T 4712.1—2007，支座 × ×
- 支座号 1 ～ 8
- 型号(A，B)

若支座高度 h，垫板厚度 δ_3 与标准尺寸不同，则应在设备图样零件名称栏或备注栏注明。

支座及垫板的材料应在设备图样的材料栏内标注，表示方法为："支座材料/垫板材料"。

例如，钢板焊制的 3 号支承式支座，支座材料为 Q235-A，垫板材料为 Q235-B，标记为：

JB/T 4712.4—2007，支座 A3

材料：Q235-A/Q235-B。

例如，钢管焊制的 4 号支承式支座，支座高度为 600mm，垫板厚度为 12mm。钢管材料为 10 钢，底板材料为 Q235-A，垫板材料为 0Cr18Ni9，其标记为：

JB/T 4712.4—2007，支座 B4，$h=600$，$\delta_3=12$

材料：10，Q235-A/0Cr18Ni9。

(4) 裙式支座

裙式支座简称裙座，由裙座筒体（也称座圈）、基础环、地脚螺栓座、人孔、引出管通道、排气口和排液孔组成，如图 10-15 所示。裙座筒体焊在基础环上，在基础环上面焊制地脚螺栓座，如图 10-15（a）所示，地脚螺栓座由两块肋板和一块压板（压板上可加一块垫板）组成。地脚螺栓通过地脚螺栓座将裙座固定在基础上。

目前裙座还没有标准，各部分尺寸均需通过计算或经验确定。裙式支座有两种形式：圆筒形和圆锥形。圆筒形裙座的内径与塔体封头内径相等，制造方便，应用极为广泛；圆锥形承载能力强、稳定性好，对于塔高与塔径之比较大的塔特别适用。

10.2.6 补强圈

补强圈是为了保证设备开孔后能安全运行而采用的一种补强结构，即在开孔接管周围的容器壁上焊一块圆环状金属板，使局部壁厚增加以进行补强，如图 10-16 所示。补强圈材料一般应与壳体材料相同，并且与壳体之间应很好地贴合，使其与设备壳体形成整体，共同承受载荷，可较好地起到补强作用。在补强圈上开设一个 M10 的螺纹孔以便焊后通入 0.4～

0.5MPa 压缩空气检验补强圈与壳体焊缝的质量。

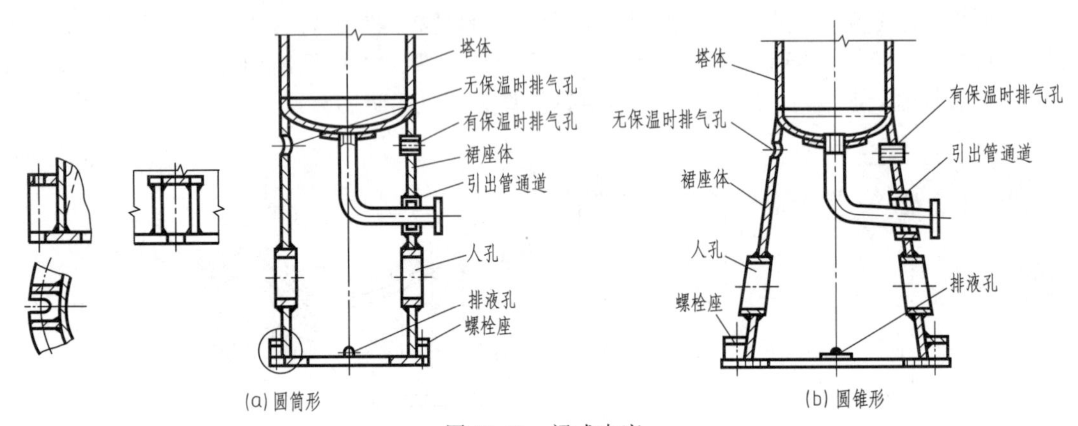

图 10-15 裙式支座

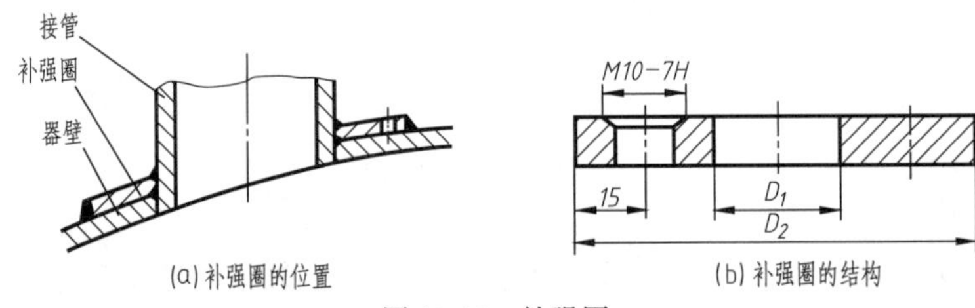

图 10-16 补强圈

补强圈现行标准为 JB/T 4736—2002，其主要性能参数是公称直径（即接管公称直径）、厚度和坡口形式。补强圈厚度随设备壁厚不同而异，由设计者决定，一般要求补强圈的厚度和材料均与设备壳体相同。按照补强圈焊接接头结构的要求，补强圈坡口形式有 A、B、C、D、E 五种，设计者也可根据结构要求自行设计坡口形式。

规定标记：

接管公称直径×补强圈厚度-坡口形式-补强圈材料 标准编号

例如，接管公称直径 *DN*100、补强圈厚度为 8mm，坡口形式为 D 型，材料为 Q235-B 的补强圈，其标记为：

*DN*100×8-D-Q235-B JB/T 4736—2002

化工设备中的其他标准件，如视镜、轴封装置、搅拌器、液面计等，可查阅相关标准手册。

10.2.7 管壳式换热器常用零部件简介

下面对管壳式换热器中的管板、折流板以及膨胀节作一简单介绍。

① 管板：管板是管壳式换热器的主要零件，绝大多数管板是圆形平板，如图 10-17（a）所示，板上开很多管孔，每个孔固定连接着换热管，管的周边与壳体的管箱相连。板上管孔的排列形式有正三角形、转角三角形、正方形、转角正方形四种排列形式，如图 10-17（b）所示。

换热管与管板的连接，应保证密封性能和足够的紧固强度，常采用胀接、焊接或胀焊结合等方法。管板与壳体的连接有可拆式和不可拆式两类。例如，固定管板式换热器的管板采用的是不可拆的焊接连接，浮头式、填料函式、U 形管式换热器的管板采用的是可拆连接。另外，管板上有四个螺纹孔，是拉杆的旋入孔，如图 10-18 所示。

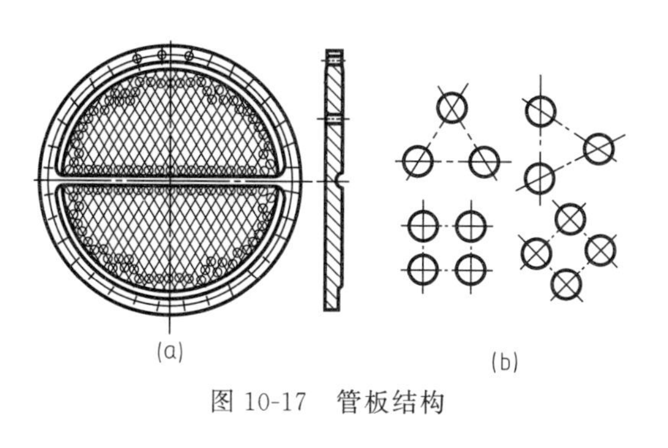

图 10-17　管板结构

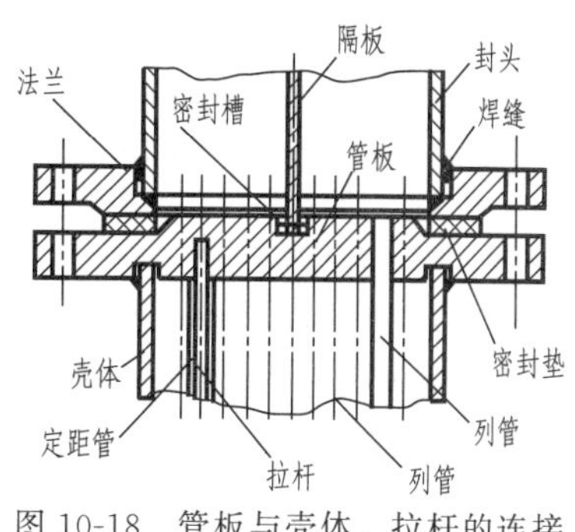

图 10-18　管板与壳体、拉杆的连接

② 折流板：折流板被设置在壳程，它既可以提高传热效果，还起到支承管束的作用。折流板有弓形和圆盘-圆环形两种，其折流情况如图 10-19 所示。

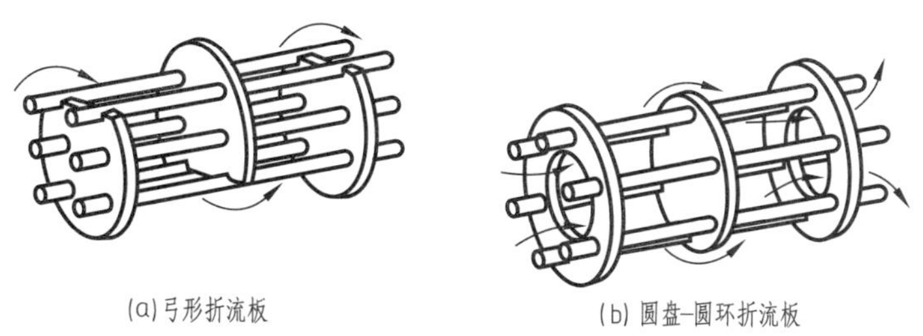

图 10-19　折流板的折流作用

③ 膨胀节：膨胀节是装在固定管板式换热器壳体上的挠性部件，用于补偿温差引起的变形。最常用的为波形膨胀节。波形膨胀节分为立式（L 型）和卧式（W 型）两类，若带内衬套又分别有 LⅠ和 WⅠ型。对于卧式波形膨胀节又有带堵丝（A 型）和不带堵丝（B 型）之分，堵丝用于排除残余介质，如图 10-20 所示。波形膨胀节的主要性能参数有公称压力、公称直径和结构形式等。

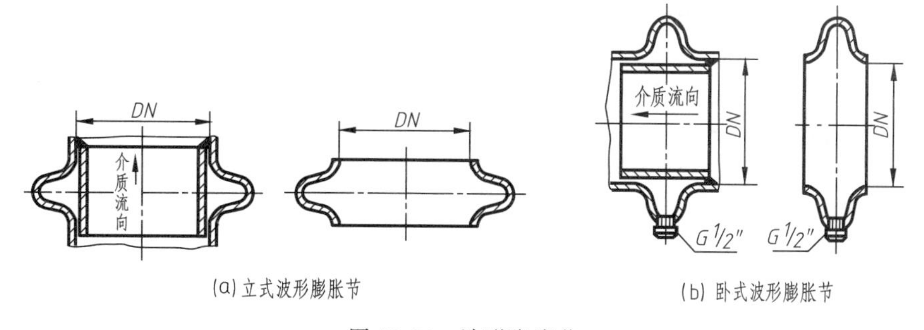

图 10-20　波形膨胀节

10.3　化工设备图的表达特点

10.3.1　视图配置灵活

由于化工设备的主体结构多为简单的回转体，基本视图通常采用两个视图即可表达设备主体结构。立式设备一般为主、俯视图，如图 10-2 所示；卧式设备一般为主、左视图。当设备较高或较长时，为了合理布置图幅，俯、左视图位置可放在图纸空白处，并标注视图的名称，也可以单独画在另外图纸上，并在图纸上注明视图关系。

在装配图上易于表达清楚的零件不单独画零件图，其零件图可以直接画在装配图适当的位置，注明“件号××的零件图”（图 10-58 中件 20）。在图幅允许的情况下，装配图中允许表达其他一些视图内容，如支座底板尺寸图、管口方位图、某零件的展开图、标尺图和气柜的配置图等。总之，化工设备的视图配置及表达非常灵活。

10.3.2　多次旋转与管口方位的表达方法

（1）多次旋转的表达方法

由于设备壳体四周分布有各种管口和零部件，为了在主视图上清楚地表达他们的形状和轴向位置，主视图可采用多次旋转的画法，即假想将设备上不同方位的管口和零部件，分别旋转到与主视图所在的投影面平行的位置，然后进行投影，以表示这些结构的形状、装配关系和轴向位置。如图 10-21 所示，人孔 b 是按逆时针方向（从俯视图看）假想旋转 45°后，在主视图上画出的。

为了避免混乱，在不同的视图中，同一接管或附件应用相同的拉丁字母编号。对于规格、用途相同的接管或附件可共用同一字母，并用阿拉伯数字作脚标，以示个数，如图 10-2 中不凝气体出口管用Ⓐ₁、Ⓐ₂表示。

采用多次旋转的表达方法时，一般不作标注。但这些结构的周向方位要以管口方位图（或俯、左视图）为准。

（2）管口方位的表达方法

化工设备上的接管口和附件较多，其方位在设备制造、安装和使用时都很重要，必须在图样中表达清楚。

由于化工设备图采用了旋转法表达管口，所以用管口方位图来表示管口在设备上的真实方位。

管口方位图中以中心线表明管口方位，用单线（粗实线）示意画出设备管口，如图 10-22 所示。同一管口，在主视图和方位图中应标注相同的拉丁字母，如图 10-21 所示。

当俯（左）视图必须画出，而管口方位在俯（左）视图上已表达清楚时，可不必画出管口方位图。

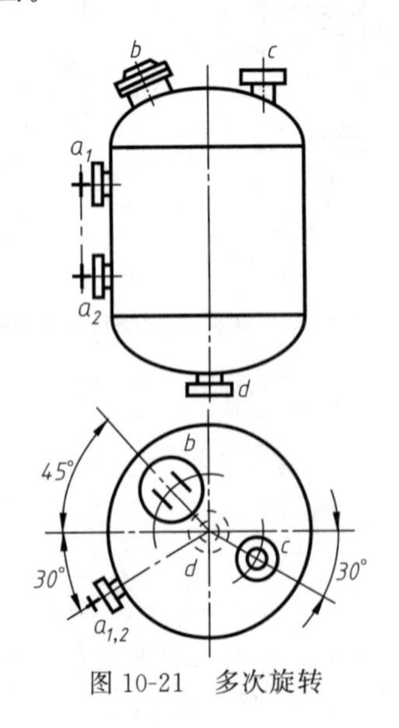

图 10-21　多次旋转

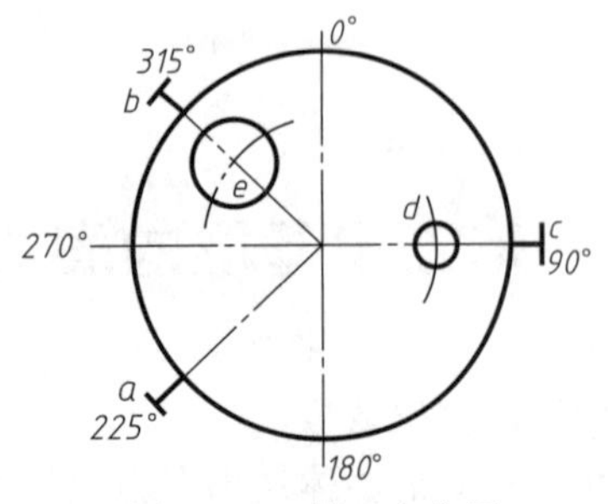

图 10-22　管口方位图

10.3.3　断开与分段（层）的表达方法

当设备总体尺寸很大，又有相当部分的结构形状相同（或按规律变化）时，可采用断开画法，如图 10-23（a）所示。

有些设备（如塔器）形体较长，又不适于用断开画法，为了合理地选用比例和充分利用图纸，可把整个设备分成若干段（层）画出，如图 10-23（b）所示。

若由于断开和分层画法造成设备总体形象表达不完整时，可以采用缩小比例、单线条画出设备的整体外形图或剖视图。在整体图上，应标注设备总高尺寸、各主要零部件的定位尺寸及各管口的标高尺寸，如图 10-24 所示。

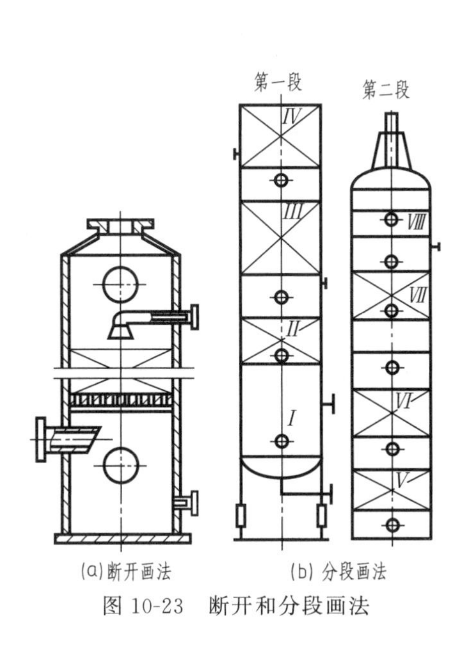

图 10-23　断开和分段画法

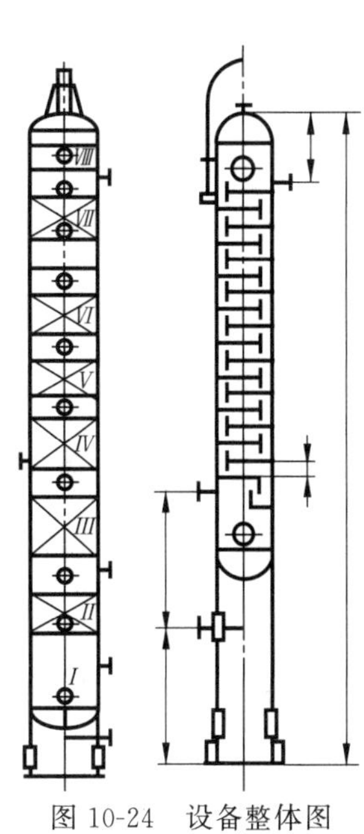

图 10-24　设备整体图

10.3.4　局部放大图（亦称“节点详图”）

对于设备上某些细小的结构，按总体尺寸所选定的绘图比例无法表达清楚时，可采用局部放大的画法，其画法和标注与机械图相同。可根据需要采用视图、剖视、断面等表达方法，必要时，还可采用几个视图表达同一细部结构。图 10-25 所示为裙座的局部放大图。焊接结构的局部放大图如图 10-26 所示。

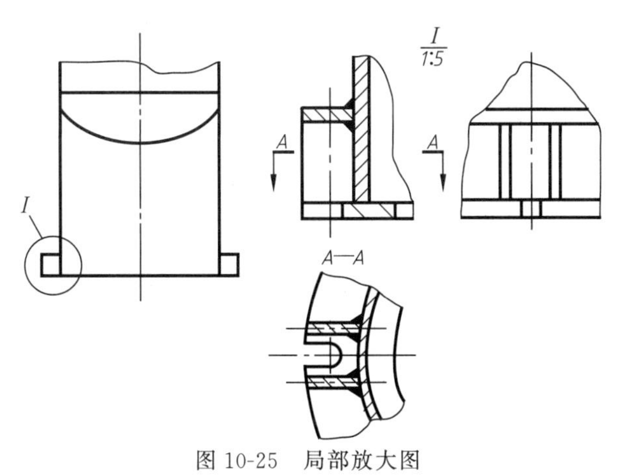

图 10-25　局部放大图

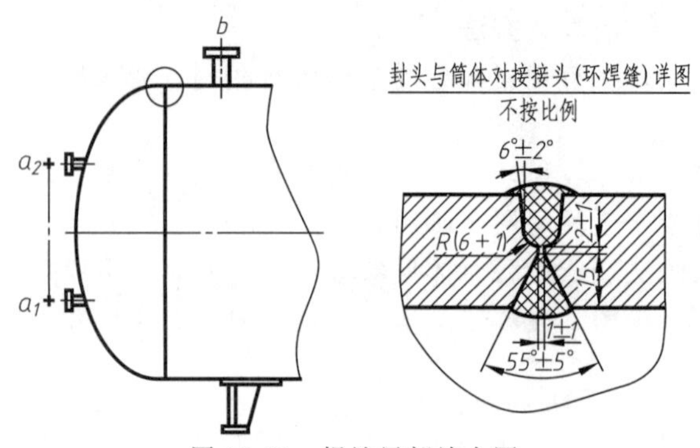

图 10-26　焊缝局部放大图

10.3.5　夸大画法

对于化工设备中的筒体壁厚、接管厚度、垫片、挡板、折流板的厚度，在总体比例缩小后，这些结构的厚度难以在图样中表达清楚，为了方便阅读，在不改变这些结构实际尺寸且不致引起误解的情况下，可以采用夸大画法，即不按比例，适当夸大地画出它们的厚度。其他细小结构或较小的零部件，也可采用夸大画法。如图 10-2 中的筒体壁厚，就是未按比例而夸大画出的。

10.3.6　镀涂层、衬里断面的画法

① 薄镀涂层：薄镀涂层（指搪瓷、涂漆、喷镀金属及喷镀塑料等）在图样中不编件号，如图 10-27（a）所示。仅在需镀涂层表面绘制与其平行、间距约 1～2mm 的粗点画线，用文字注明镀涂层内容。该镀涂层图样中不编件号，详细要求可以写入技术要求。

② 薄衬里：薄衬里是指衬橡胶、衬石棉板、衬聚氯乙烯薄膜、衬铅、衬金属板等。无论衬里是一层还是多层，在所需薄衬层表面绘制与其平行、间距约 1～2mm 的细实线表示，如图 10-27（b）所示。当衬里是多层且材料相同时，可只编一个件号，并在明细栏的备注栏内注明厚度和层数。当衬里是多层但材料不同时，应分别编号，并在明细栏的备注栏内注明衬里的材料、厚度和层数。必要时用局部放大图表示其衬层结构。

③ 厚涂层：厚涂层是指涂各种胶泥、混凝土等。在所需涂层表面绘制与其平行、间距为涂层厚度的粗实线，如图 10-27（c）所示，其间填画该涂层材料的剖面符号。该涂层应编件号，在明细栏的备注栏注明材料和涂层厚度。必要时用局部放大图来表示其结构和尺寸。

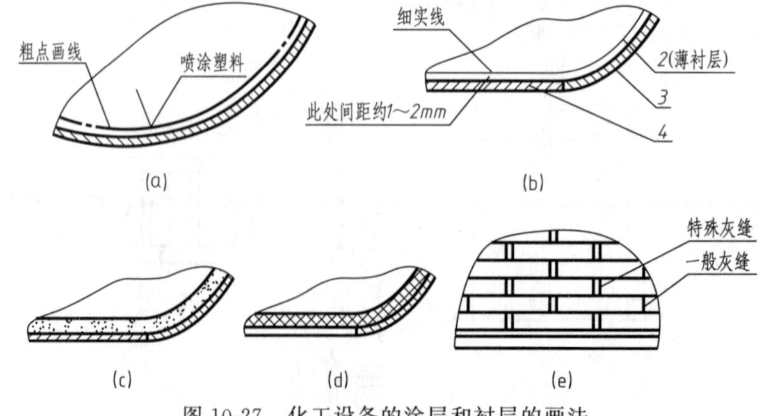

图 10-27　化工设备的涂层和衬层的画法

④ 厚衬里：厚衬里是指耐火砖、耐酸板和塑料板等。在所需衬里表面绘制与其平行、间距为衬里厚度的粗实线，如图 10-27（d）所示，其间填画该涂层材料的剖面符号。一般

用局部放大图来表示其结构和尺寸，如图 10-27（e）所示，厚衬里中一般结构的灰缝以单粗实线表示，特殊要求的灰缝用双粗实线表示。规格不同的砖、板应分别编号。

10.3.7　化工设备图中的简化画法

（1）标准件、外购件的简化画法

人（手）孔、填料箱、减速器及电动机等标准件、外购件，在化工设备图中只需按比例画出这些零部件的外形，如图 10-28 所示，但应在明细表中写明其名称，规格以及标准号等，外购件还应注写“外购”字样。

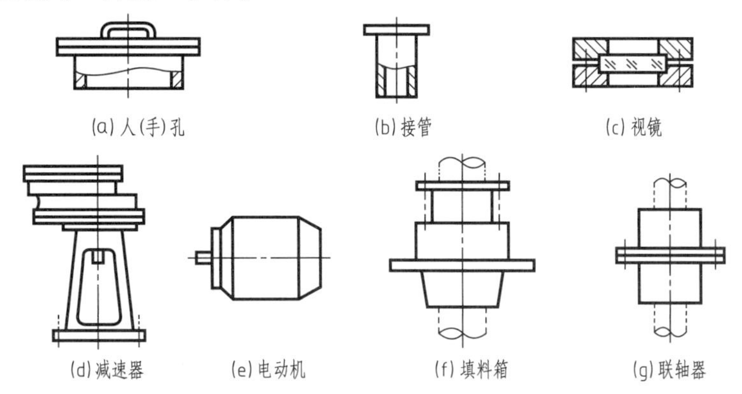

图 10-28　标准件、外购件的简化画法

（2）单线示意画法

设备上某些结构已有零部件图，或另外用剖视、断面、局部放大图等方法已表示清楚时，装配图上允许用单线（粗实线）表示。如图 10-29 所示的列管式换热器中的筒体、封头、接管、法兰、折流板、拉杆、定距管等都是用单线示意画法表达的。

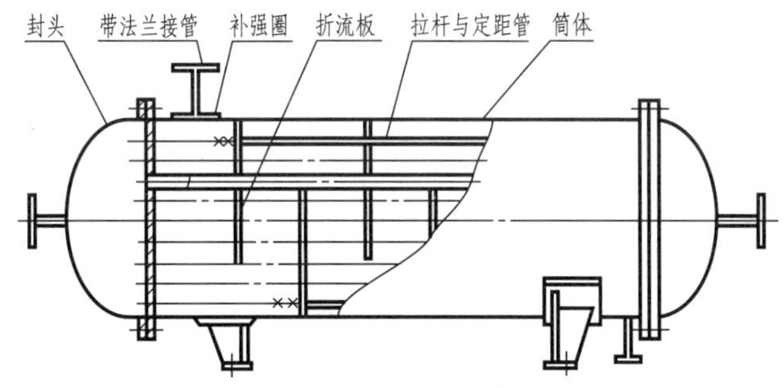

图 10-29　单线示意画法

（3）法兰的简化画法

法兰有容器法兰和管法兰两大类，化工设备图中，不论法兰的密封面是什么形式（平面、凹凸面、榫槽面），法兰的画法均可简化成图 10-30 所示的形式。其密封面形式和焊接形式应在明细栏和管口表中注明。

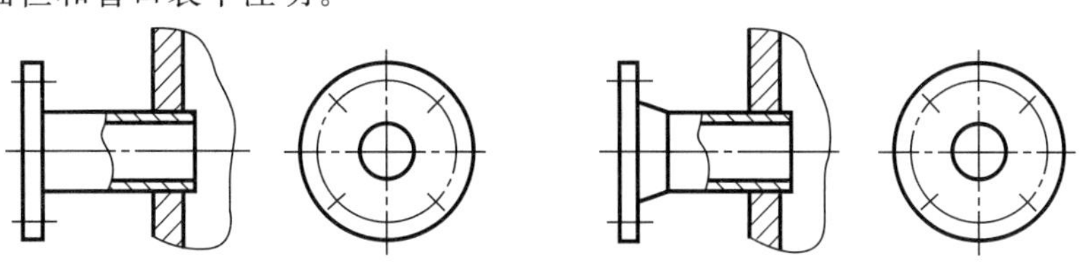

图 10-30　法兰的简化画法

设备上对外连接管口的法兰，均不必配对画出。需要指出的是，为安放垫片方便，增加密封的可靠性，采用凹凸面或榫槽面容器法兰时，立式容器法兰的槽面或凹面必须向上；卧式容器法兰的槽面或凹面应位于筒体上。对于管法兰，容器顶部和侧面的管口应配置凹面或槽面法兰，容器底部的管口应配置凸面或榫面法兰。

(4) 重复结构的简化画法

① 螺栓孔和螺栓连接的简化画法：螺栓孔可用中心线和轴线表示，而圆孔的投影则可省略不画，如图 10-31 (a) 所示。装配图中的螺栓连接可用符号“×”和“+”表示，若数量较多，且均匀分布时，可以只画出几个符号表示其分布方位，如图 10-31 (b) 所示。

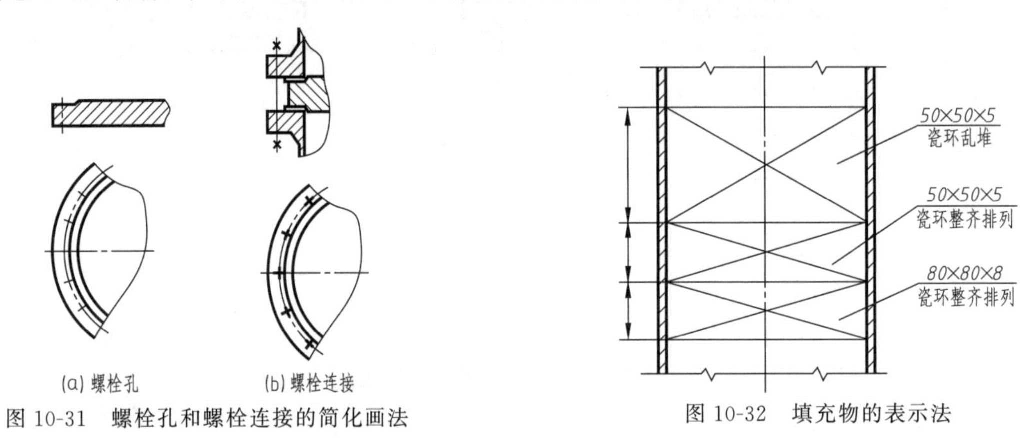

图 10-31　螺栓孔和螺栓连接的简化画法

图 10-32　填充物的表示法

② 填充物的表示法：当设备中装有同一规格的材料和同一堆放方法的填充物时，在剖视图中，可用交叉的细实线表示，同时注写规格和堆放方法；对装有不同规格的材料或不同堆放方法的填充物，必须分层表示，并分别注明填充物的规格和堆放方法，如图 10-32 所示。

③ 管束的表示法：当设备中有密集的管子，且按一定的规律排列或成管束时，在装配图中可只画出其中一根或几根管子，其余管子均用中心线表示，如图 10-2 所示列管的简化画法。

④ 规则排列的孔板：换热器管板上的孔通常按正三角形排列，此时可使用图 10-33 (a)

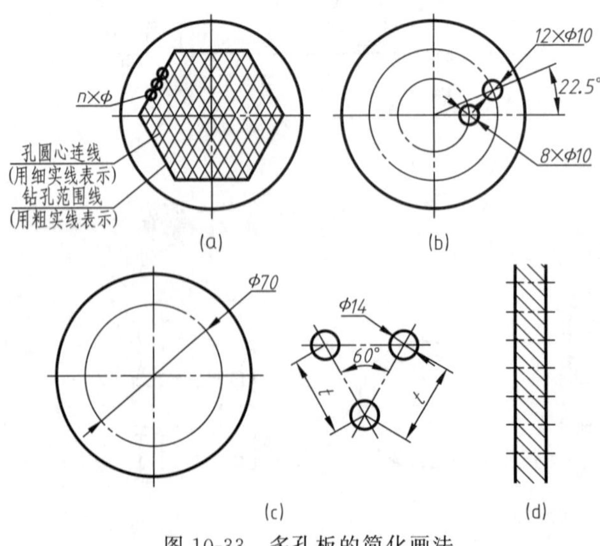

图 10-33　多孔板的简化画法

所示的方法，用细实线画出孔眼圆心的连线及孔眼范围线，也可画出几个孔，并标注孔径、孔数和孔间距。

如果孔板上的孔按同心圆排列，则可采用图 10-33（b）所示的简化画法。

对孔数不作要求时，只要画出钻孔范围，用局部放大图表达孔的分布情况，如图 10-33（c）所示，并标注孔径和孔间的定位尺寸。

多孔板采用剖视表达时，可仅画出孔的中心线，省略孔眼的投影，如图 10-33（d）所示。

（5）液面计的简化画法

装配图中带有两个接管的液面计（如玻璃管液面计、双面板式液面计、磁性液面计等）的画法，可简化成如图 10-34（a）的画法，符号“＋”用粗实线画出；两组或两组以上的液面计，可以按图 10-34（b）的画法，在俯视图上正确表示出液面计的安装方位。

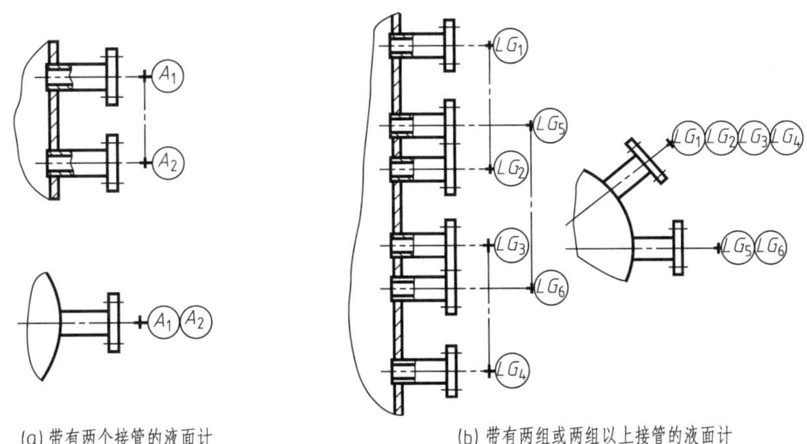

(a) 带有两个接管的液面计　　(b) 带有两组或两组以上接管的液面计

图 10-34　液面计的简化画法

10.4　化工设备图的标注

化工设备图中标注的内容较多，诸如尺寸、标题栏、明细栏、管口表、技术特性表、技术要求、修改表等，以下介绍相关内容。

10.4.1　尺寸标注

化工设备图上的尺寸，是制造、装配、安装和检验设备的重要依据，设备图上需要标注的尺寸如图 10-35 所示，一般包括以下几类。

（1）规格性能尺寸

反映化工设备的主要性能、规格、特征和生产能力的尺寸。这些尺寸是设备设计时确定的，是了解设备工作能力的重要依据。如图 10-35 中的筒体内径“ϕ2600”、筒体长度“4800”等。

（2）装配尺寸

表示零部件之间装配关系和相对位置的尺寸，是制造化工设备的重要依据。如图 10-35 中接管的定位尺寸，接管的伸出长度尺寸，罐体与支座的定位尺寸“3500”等。

（3）安装尺寸

表明化工设备安装在基础上或与其他设备及部件相连接时所需的尺寸。如图 10-35 中，裙座的地脚螺栓的孔径及孔间距等。

（4）外形（总体）尺寸

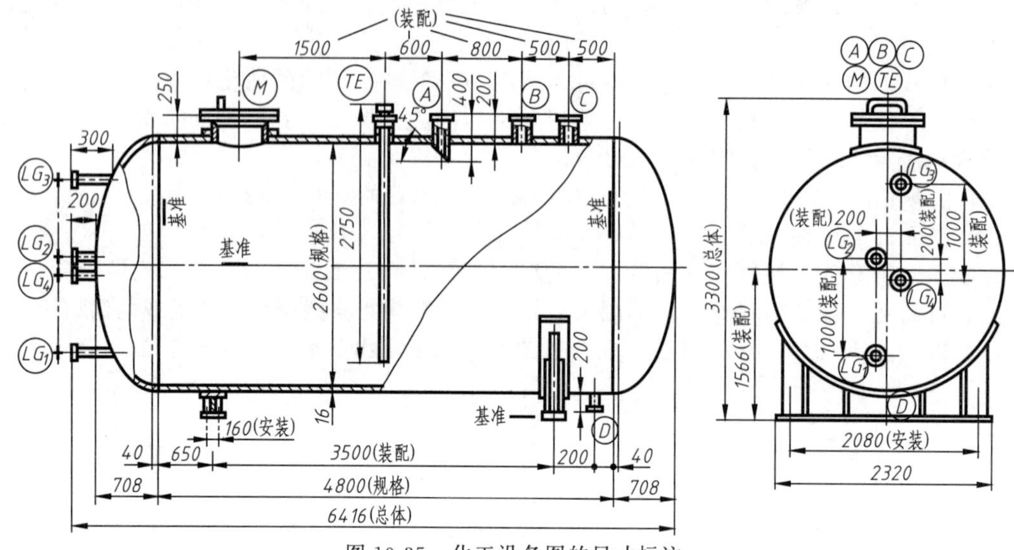

图 10-35 化工设备图的尺寸标注

表示设备总长、总高、总宽（或外径）的尺寸，以示出该设备所占的空间，为设备的包装、运输、安装以及厂房涉及提供数据。如容器的总长“6416”、总高“3300”、总宽“2632”。

(5) 其他尺寸

其他尺寸主要有以下几个。

① 零部件的规格尺寸，如接管尺寸应注写“外径×壁厚”，瓷环尺寸应注写“外径×高×壁厚”。

② 焊缝的结构形式尺寸，一些重要焊缝在其局部放大图中，应标注横截面的形状尺寸。

③ 设计计算确定的尺寸，如主体厚度、搅拌轴直径等。

④ 不另行绘制图样的零部件的结构尺寸或某些重要尺寸。

(6) 尺寸基准

化工设备图中的尺寸标注，既要保证设备在制造安装时达到设计要求，又要便于测量和检验，因此应正确选择尺寸基准。化工设备图中常用的尺寸基准有下列几种（图 10-36）。

① 设备筒体和封头的中心线；

② 设备筒体和封头焊接时的环焊缝；

③ 设备容器法兰的端面；

④ 设备支座的底面；

⑤ 管口的轴线与壳体表面的交点。

在化工设备图中，允许将同方向（轴向）的尺寸注成封闭形式，并将这些尺寸数字加注圆括号“（ ）”或在数字前加“约”，以示参考之意。

(7) 典型结构的尺寸标注

① 筒体的尺寸标注：对于钢板卷焊成的筒体，一般标注内径、厚度和高（长）度；而对于使用无缝钢管的筒体，一般标注外径、厚度和高（长）度。

② 封头的尺寸标注：椭圆形封头，应标注内直径 D_i、厚度 δ_n、总高 H、直边高度 h，如图 10-37 (a) 所示；碟形封头，应标注内直径 D_i、厚度 δ_n、总高 H、直边高度 h，如图 10-37 (b) 所示；大端折边锥形封头，应标注锥壳大端直径 D_i、厚度 δ_n、总高 H、直边高度 h、锥壳小端直径 D_{is}，如图 10-37 (c) 所示；球冠形封头，应标注内直径 D_i、厚度 δ_n、高度 H 等，如图 10-37 (d) 所示。

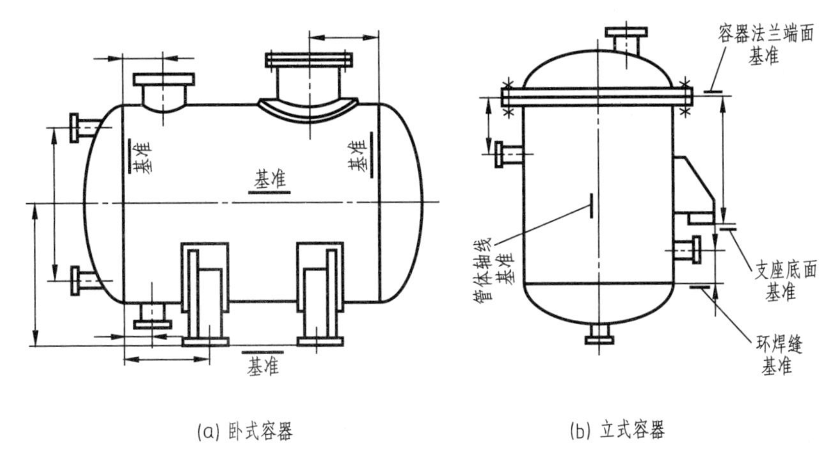

(a) 卧式容器　　(b) 立式容器

图 10-36　化工设备常用的尺寸基准

③ 接管：接管的尺寸，一般标注外径、壁厚和伸出长度。

④ 填料：化工设备中的填料，一般只注出总体尺寸，并注明堆放方法和填料规格尺寸。如图 10-32 所示，"50×50×5"表示瓷环的"直径×高度×壁厚"尺寸。

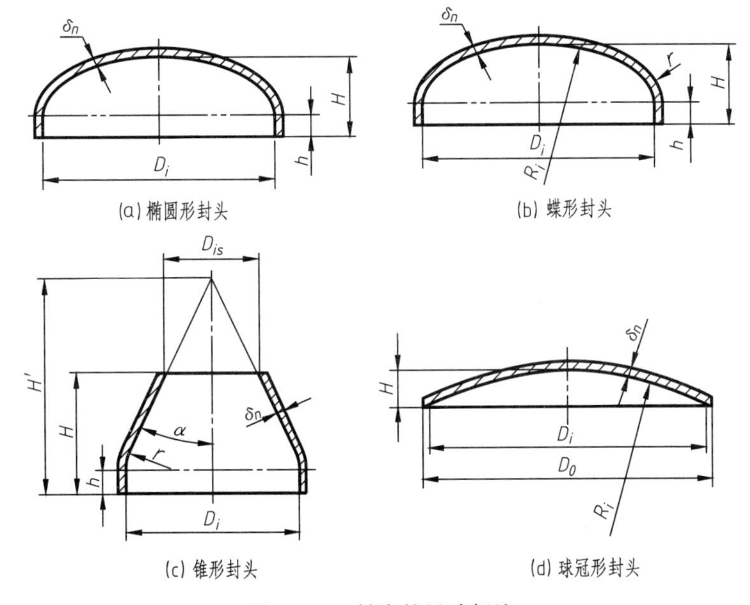

(a) 椭圆形封头　　(b) 蝶形封头

(c) 锥形封头　　(d) 球冠形封头

图 10-37　封头的尺寸标注

10.4.2　管口符号及管口表

化工设备上的管口数量较多，为了清晰地表达各管口的用途、位置、规格、连接面形式等，图中应编写管口符号，并在明细栏上方画出管口表。管口表的格式和尺寸如图 10-38 所示，管口表的边框为粗实线，其余为细实线。

(1) 管口符号的编写

① 编写管口符号时，一般应从主视图的左下方开始，按顺时针方向依次用大写（带圈）Ⓐ、Ⓑ、Ⓒ等或小写拉丁字母 a 、b 、c 等编号。

② 对用途、位置、规格、连接面形式完全相同的管口，应编写一个管口符号，并在管口符号的右下角加阿拉伯数字的注脚，以示区别，如图 10-2 中的"$Ⓐ_1$"、"$Ⓐ_2$"。

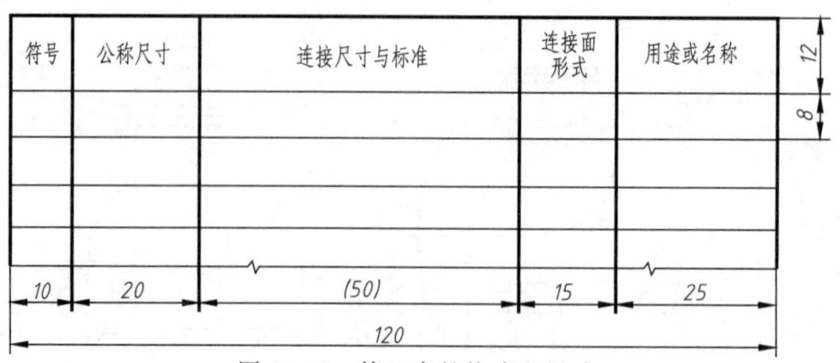

图 10-38 管口表的格式和尺寸

(2) 管口表内容的填写

① 管口表中的“符号”应与视图中各管口的符号一致，依 A、B、C（或 a、b、c）顺序，从上至下填写。当管口规格、连接标准、用途均相同时，可合并为一项填写，如 $A_{1\sim2}$。

②“公称尺寸”栏中应填写管口公称直径，公称直径单位为 mm。

对于带衬里的管口，公称直径按实际内径填写；对于带薄衬里的钢接管，按钢管的公称直径填写；对于无公称直径的管口，则按管口实际内径填写；其他按实形尺寸填写，例如，矩形孔填写“长×宽”、椭圆孔填写“长轴×短轴”。

③“连接尺寸与标准”栏中应填写对外连接管口的有关尺寸和标准，如果是螺纹连接管口应填写“M24”、“G1”等螺纹代号。

④“连接面形式”栏填写法兰的密封面形式，如“平面”、“凹面”、“槽面”或“FF”、“RF”等；螺纹连接填写“内螺纹”；不对外连接的管口，例如，人（手）孔、检查孔等，不填写此项，用从左下至右上的细斜线表示。

⑤“用途或名称”栏应填写标准名称、习惯用名称或简明的用途术语，如“进料口”、“液面计口”、“人孔”等。对于标准图或通用图中的对外连接管口，此栏中用从左下至右上的细实线表示。

10.4.3 技术特性表

技术特性表是表明设备的主要技术特性的一种表格，一般安排在管口表的上方。其内容包括：工作压力、工作温度、设计压力、设计温度、物料名称等。技术特性表的边框为粗实线，其余为细实线，其格式有两种，如图 10-39 所示，其中图 10-39（a）用于一般化工设备，图 10-39（b）用于带换热管的设备，如果是夹套换热设备，则“管程”和“壳程”分别改为“设备内”和“夹套内”。

技术特性表中的设计压力、工作压力为表压，如果是绝对压力应标注“绝对”字样。

工作压力/MPa		工作温度/℃	
设计压力/MPa		设计温度/℃	
物料名称		介质特性	
焊缝系数		腐蚀裕度/mm	
容器类别			
40	20	40	20

行高均为 8，总宽 120

(a)

	管程	壳程
工作压力/MPa		
工作温度/℃		
设计压力/MPa		
设计温度/℃		
物料名称		
换热面积/m^2		
焊缝系数		
腐蚀裕度/mm		
容器类别		
40	40	40

行高均为 8，总宽 120

(b)

图 10-39 技术特性表的格式

对于不同类型的设备，需增加相关内容。对容器类，应增加全容积（m^3）和操作容积；对热交换器，应增加换热面积（m^2），而且换热面积以换热管外径为基准计算；对塔器，应填写设计的地震烈度（级）、设计风压（N/m^2）等，对填料塔还需填写填料体积（m^3）、填料比表面积（m^2/m^3）、处理气量（m^3/h）和喷淋量（m^3/h）等内容。

10.4.4　技术要求

技术要求是用文字说明在图中不能（或没有）表示出来的内容。针对化工设备的特点，除了机械通用技术条件外，要着重提出设备在制造、验收时应遵循的标准、规范和规定，以及在其他方面的特殊要求，通常包括以下几个方面：

① 制造依据条件：这是设备加工、制造或施工的主要依据。包括国家、部级、行业、企业的标准、规定、规范、手册等。

② 验收标准及方法：包括材料检验、试验方法手段、热处理方式等。

③ 施工要求：尤其对焊接工艺的要求，如焊缝布置、接头形式、坡口要求、焊条规格等，也包括机械加工内容、装配条件、现场制作、预制吊装等过程的要求。

④ 质量检验：包括对焊缝质量的检验，如介质渗透、超声波探伤、射线探伤、磁粉探伤等，或者对设备的整体验收，如盛水试漏、气密性试验、水压试验等。

⑤ 保温防腐要求：涂、喷防腐剂、防锈漆，制作防腐层，介质标志色及安全变色漆，保温隔声的方法、材料、规格等。

⑥ 运输、安装要求：包装形式、运输标志、保管事项等。

10.4.5　标题栏

在化工设备图中常用的标题栏一般有两种：标题栏和简单标题栏，前者主要用于 A0、A1 和 A2 幅面的装配图，后者则用于零部件图纸。

（1）标题栏

标题栏通常都放在图纸的右下角，紧接图框线，用于说明设备的名称及设计等内容。化工设备图中的标题栏可以用国家标准（GB/T 10609.1—2009）推荐的格式。根据化工设备图特点，标题栏也可以采用图 10-40 所示的尺寸和格式。标题栏边框为粗实线，其余细实线。

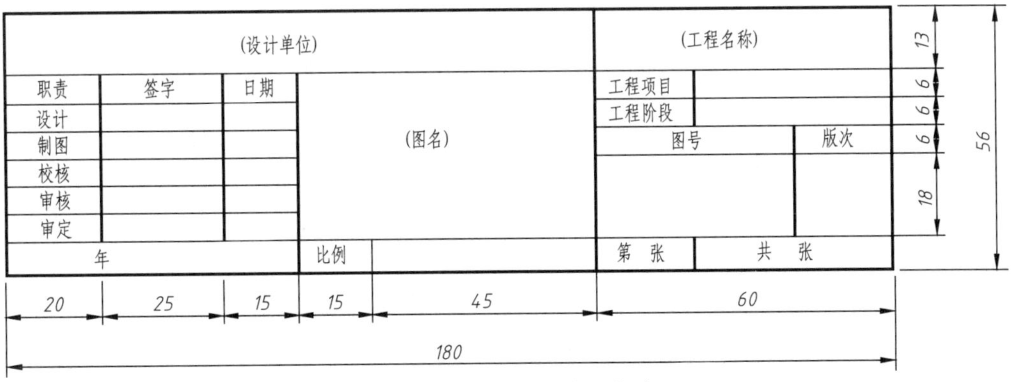

图 10-40　标题栏尺寸和格式

标题栏的填写要求如下。

①“设计单位”栏：填写设计单位名称，推荐采用 7 号字。

②“图名”栏：填写图样名称，推荐采用 5 号字。该栏一般分三行填写，第一行为设备名称，第二行为设备的主要规格尺寸，第三行为图样或技术文件的名称，如图 10-41 所示。

③“图号”栏：填写图样代号（图号），推荐采用 5 号字。图号编写的格式是“××-××××-××”。

MA 提纯塔冷凝器	××精馏塔	××反应罐
PN4.0，F=15m^2	PN4.0，DN600，H=6349	V=2m^3
装配图	装配图	装配图

图 10-41 “图名”栏填写示例

第一部分“××”是设备的分类代号，化工设备设计文件中，将化工设备及其他机械设备和专用设备分为 0～9 共 10 大类，常见的有 3 大类，每大类中又分为 0～9 种不同的规格，均有不同的代号，见表 10-2～表 10-4。

第二部分“××××”是设计文件的顺序号，即本单位同类设备文件的顺序号。

第三部分“××”是图纸的顺序号，可按“设备总图、装配图、部件图、零件图”的顺序编排，如：设备总图 01、装配图 02、部件图 03、零件图 04 等。如果只有一张图纸时，则不加尾号，只保留设计文件的顺序号即可。

例如，某不锈钢储罐，所在单位的顺序号为 19（即该设备本单位已经设计 18 台，图示设备为第 19 台），本装配图为全套储罐图纸中的第一张，则图号为“15-0019-01”。

表 10-2 1 类——容器（包括储槽、高位槽、计量槽、气瓶、液氨瓶）

代号	规格	代号	规格
10	压力<0.1MPa，公称体积≤50m^3	15	不锈钢（复合钢板）制作的容器
11	压力<0.1MPa，公称体积>50m^3	16	有色金属（铜、铝、钛等）制作的容器
12	压力为 0.1～1.6MPa	17	带衬里的容器
13	1.6MPa<压力<10MPa	18	非金属容器
14	铸铁铸钢容器及加热浓缩锅	19	其他特殊容器（如水封）

表 10-3 2 类——热交换器

代号	规格	代号	规格
20	列管式换热器、U 形管热交换器	25	不锈钢（复合钢板）制作的热交换器
21	套管式、淋洒式、蛇管式、浸流式热交换器	26	有色金属（铜、铝、钛等）制作的热交换器
22	螺旋式、板式、翅片式或其他热交换器	27	带衬里的热交换器
23	废热锅炉或载热体锅炉	28	非金属热交换器
24	蒸发器（包括蒸汽缓冲器和蒸馏器）	29	其他（如大气冷凝器、电加热器等）

表 10-4 3 类——塔设备

代号	规格	代号	规格
30	泡罩塔、浮阀塔	35	不锈钢（复合钢板）制作的塔
31	填充塔、乳化塔	36	有色金属（铜、铝、钛等）制作的塔
32	筛板、泡沫和膜式塔	37	带衬里的塔
33	空塔	38	非金属塔
34	铸铁塔	39	其他（如排气筒等）

④“工程名称”栏：一般可不填写，在绘制初步设计总图时应填写图示项目的工程名称。

⑤“工程项目”栏：一般可不填写，在绘制初步设计总图时应填写图示项目所在的车间名称或代号。

⑥“工程阶段”栏：填写完成该图纸所处的设计阶段，一般填写“初步设计图”或“施工图”。

⑦“版次”栏：一般填写图纸的修改标记，即填写修改次数的符号：第一次修改填“*a*”，第二次修改时可划去另填“*b*”，依此类推。

（2）简单标题栏

简单标题栏主要用于部件图或零件图中，说明图样的名称、比例、图号等内容。简单标题栏的格式和尺寸如图 10-42 所示，其线型：边框为粗实线，其余为细实线。

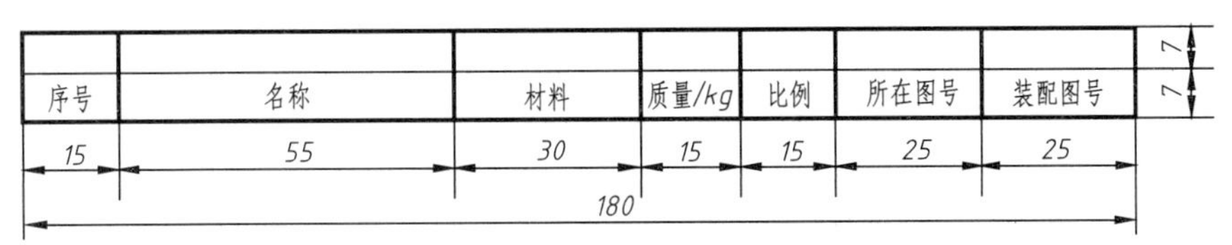

图 10-42　简单标题栏的格式和尺寸

简单标题栏项目的填写，应注意以下两点。

①“序号”“名称”“材料”“质量”各栏的填写均应与装配图的明细栏中相应零件或部件内容一致。如果直属零件和部件中的零件，或不同的部件中都用同一个零件图时，在标题栏的序号栏内应分别填写各零件的序号。

②“比例”栏中填写绘图比例。当不按比例绘制零件图时，在比例栏中画细斜线表示。

10.4.6　明细表和零、部件序号的编排

（1）明细表（GB/T 10609.2—2009）

明细表用于装配图或部件图中，说明设备上所有零部件的名称、材料、数量、重量等内容，它是工程技术人员看图及图样管理的重要依据。明细表的格式和尺寸如图 10-43 所示，线型为左、右、下边框粗实线，其余细实线。明细表位于标题栏的上方。下面介绍明细表的填写（图 10-2）。

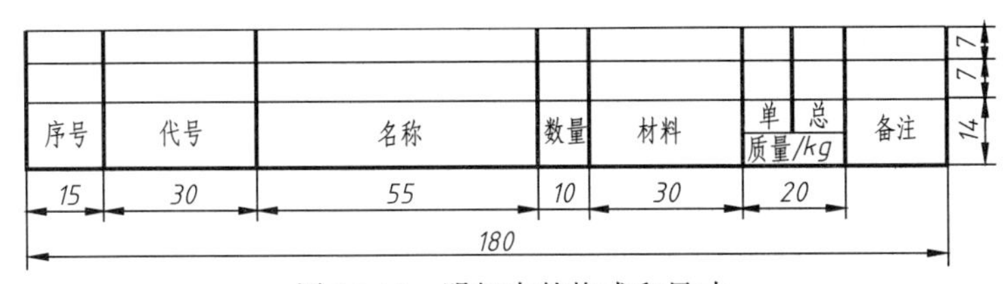

图 10-43　明细表的格式和尺寸

①“序号”栏：此栏填写图示设备相应组成部分的顺序号。在表中填写的序号应与图中件号完全一致，且应由下而上顺序填写。

②“代号”栏：此栏填写图样中相应组成部分的“图号或标准号”。凡已绘制了零部件图的零部件都必须填写相应的图号（没有绘制图样的零部件，此栏可不填）；若为标准件，则必须填写相应的标准号（材料不同于标准时，此栏可不填）；若为通用件，则必须填写相应通用图的图号。

③“名称”栏：本栏填写图样中相应组成部分的名称。必要时，也可写出其形式和尺寸。填写时零部件的名称应尽可能采用公认的称谓，并力求简单、明确。同时，还应附上该零部件的主要规格。如果是标准件，则必须按规定的标注方法填写，如“法兰 C-T：800-1.6”；如果是外购件，则需按商品的规格型号填写，如“减速器 BLC 125-5 Ⅰ”；如果是不另绘图的零件，在名称之后应给出相关尺寸数据，如“接管 $\phi 108\times4$，$L=150$”（L 也可在备注栏内说明）、“角钢 $50\times50\times5$，$L=500$”“筒体 $DN700\times6$，$H=5906$”等。

④“数量”栏：此栏填写图示设备上归属同一序号的零部件的全部件数。对于大量使用的填料、木材、耐火材料等可采用体积（m^3）计，而大面积的衬里、防腐、金属丝网等，则可采用面积（m^2）计，其采用的单位，在备注栏内加以说明。

⑤“材料”栏：本栏填写图样中相应组成部分的材料标记。材料标记必须按国家标准或部颁标准所规定的标记填写；无标准规定的材料，则应按工程习惯注写相应的名称；有系列标准的定型材料，应同时注写材料名称和相应的材料代号，并在备注栏内附加说明。如果该件号的部件由不同材料的零件构成，本栏可填写组合件；如果该件号的零部件为外购件，本栏可不填，或在本栏画一短细斜线表示。

⑥“质量”栏：该栏填写图样中相应组成部分的真实质量，以 kg 为单位。一般零部件准确到小数点后两位，贵重金属可适当增加小数点后的位数。非贵重金属，且质量小、数量少的零件也可不填，或在本栏画一短细斜线表示。

⑦“备注”栏：该栏仅对需要说明的零部件附加简单的说明，如对外购件可填写“外购”字样；采用了特殊的数量单位，可填写“单位 m^3”；对接管可填写接管长度“$L=120$”；对采用企业标准的零部件可填写“××企业标准”等字样。一般情况下，不予填写。

（2）编写零部件序号

零部件序号的编写规则如下（图 10-2）。

① 化工设备图中零部件序号可按《机械制图》中相关标准编写。化工设备的所有零件、部件（包括表格图中的各零件、薄衬层、厚衬层、厚涂层等）和外购件，无论有图或无图均需编独立的件号，不得省略。

② 序号应尽量编排在主视图上，并由左下方开始，按序号顺序顺时针整齐地沿垂直和水平方向依次编号，可布满四周，但应尽量编排在图形的左方和上方，并安排在外形尺寸的内侧。若有遗漏或增添的序号应在外圈编排补足，如图 10-44 所示。

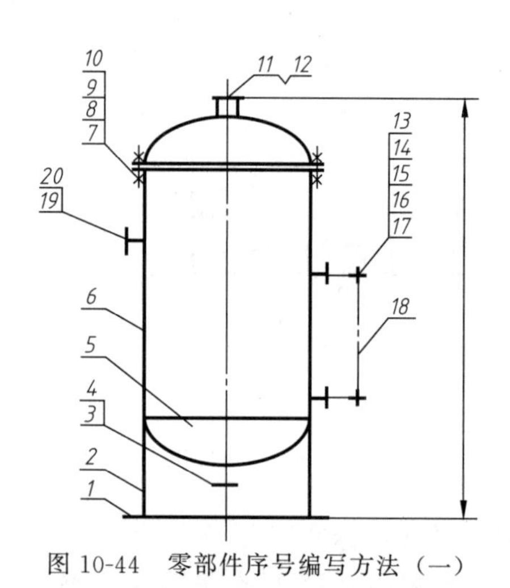

图 10-44　零部件序号编写方法（一）

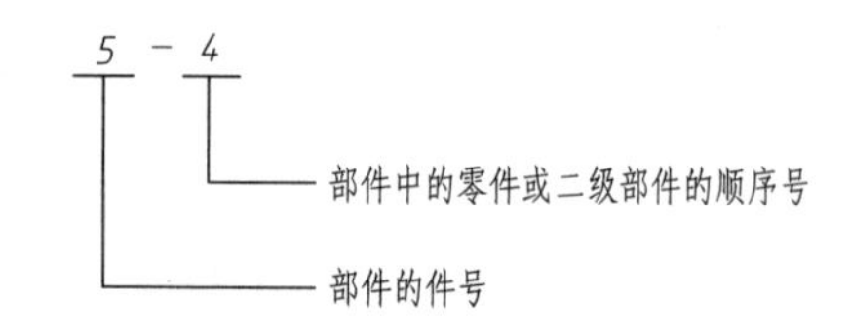

(a) 部件中零件或二级部件件号编写方法

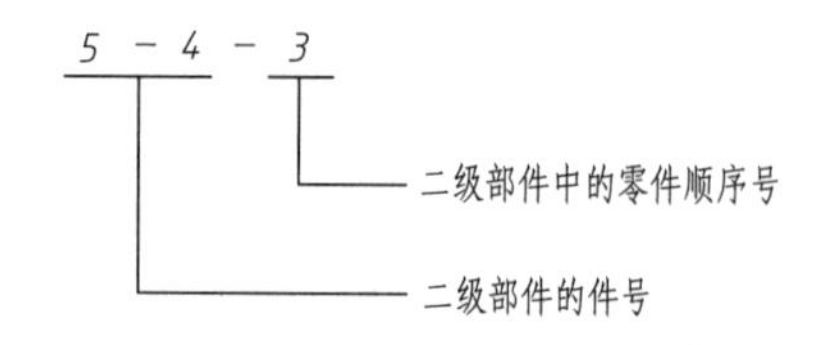

(b) 二级部件中的零件件号编写方法

图 10-45　零部件序号编写方法（二）

③ 在装配图中，直接组成设备的部件、直属零件和外购件以 1、2、3 的顺序表示。在部件图中，组成该部件的零件或二级部件的件号由两部分组成，如图 10-45（a）所示；组成二级部件的零件的件号由二级部件的件号及零件顺序号组成，如图 10-45（b）所示。

10.4.7　修改表、图纸目录、设备的净重

（1）修改表

化工设备图的图样修改，要求是非常严格的。不仅要求对图纸中所做的每一次修改在修改表中留下详细记录，而且规定了图中的修改及标示方法。

① 修改及标示方法：

a. 对图纸中需要修改的尺寸数字、文字或图线，修改时应先用细实线划掉（必须保证被划掉的部分仍可清晰地看出修改前的情况），然后在附近空白处重新标注修改后的尺寸数字、文字或者图线，如图 10-46 所示。

b. 在图纸中已进行修改的地方，必须标记修改的符号，在修改符号之外应加画一直径为 5mm 的细实线小圆圈，还要从小圆圈画一细实线的指引线指向被修改处。修改符号用小写的英文字母 a 、b 、c 等表示对该处所进行的第一次、第二次、第三次修改，如图 10-46 所示。

② 修改表及其内容填写：常用的修改表格式和尺寸如图 10-47 所示。

在“修改标记”栏需填写标记修改次数的符号；“修改说明”栏内应填写每次修改的原因和内容，对于因此而引起的相关修改则只需列出被修改的件号，其相应的尺寸、文字及图形的修改不必列出，如“件号 10 的尺寸 1000mm 修改为 950mm，件号 11 、12 进行相应的修改”；由于修改而取消图中某件号时，图中和明细表中的件号顺序号允许空号；对于修改某部位引起其他部位的修改及引起明细表和单标题栏中质量等的修改，均不注写修改符号；在“日期”栏应填写图纸修改的相应日期。

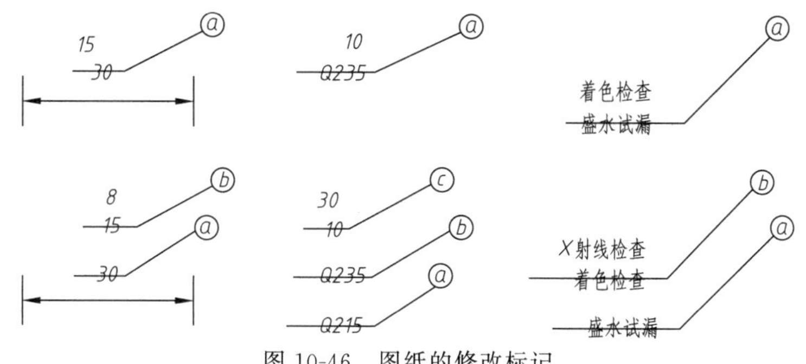

图 10-46　图纸的修改标记

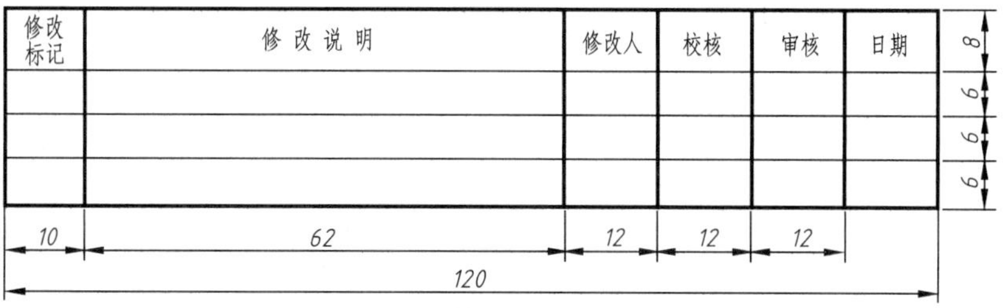

修改标记	修 改 说 明	修改人	校核	审核	日期

图 10-47　修改表格式和尺寸

(2) 图纸目录

图纸目录主要是供生产管理和施工、制造时使用，它是每种设备向外发送的设计文件清单。图纸目录的编写原则如下。

① 当图纸目录序号少于 10 时，图纸目录可列入图样，其位置在主标题栏的左方（图 10-2 ）。如果左边有明细栏（续），则注在明细栏（续）的上方。若图纸目录序号大于 10 ，应单独编写图纸目录，形成独立的技术文件。

② 图纸目录按图号的顺序号编写，包括管口方位图、焊接图等。

③ 国家标准、部颁标准的零、部件及外购件图样不列入图纸目录。

④ 通用图应列入图纸目录。

⑤ 技术文件以一个文件组为单位列入图纸目录。其排列顺序为技术条件（单独编写时）、说明书、计算书等。

⑥ 工程中统一发送的“通用技术条件”或通用图，应注明“统一发送”字样。

(3) 设备的净重

设备的净重注写在明细表的上方。一般情况设备净重取整数，且 100kg 以上的设备的末位数采用 1～4 进到 5、6～9 进到 10 的方法注写。对于贵重金属如实注写。对于标准零、部件的重量准确到小数点后 2 位数。

若设备中还有特殊或贵重金属材料，如不锈钢、填料等，则需分项依次列出，如下。

设备净重：××kg

其中：不锈钢××kg

　　　瓷环××kg

10.5 化工设备图中焊缝的表达（GB/T 324—2008）

焊接是通过加热或加压，或两者并用，并且用或不用填充材料，使焊件达到原子结合的一种加工方法。常用的焊接方法有熔焊、压焊、钎焊等。焊接是一种不可拆连接，因其工艺简单、连接强度高等，广泛应用于化工设备制造业中。

表 10-5 焊缝的基本符号

序号	名　称	示意图	符号	序号	名　称	示意图	符号
1	卷边焊缝（卷边完全融化）			11	塞焊缝或槽焊缝		
2	I 形焊缝			12	点焊缝	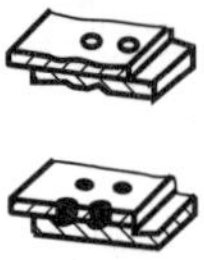	
3	V 形焊缝			13	缝焊缝	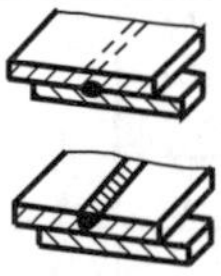	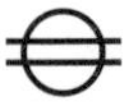
4	单边 V 形焊缝			14	陡边 V 形焊缝		
5	带钝边 V 形焊缝			15	陡边单 V 形焊缝		
6	带钝边单边 V 形焊缝			16	端焊缝		
7	带钝边 U 形焊缝			17	堆焊缝		
8	带钝边 J 形焊缝			18	平面连接（钎焊）	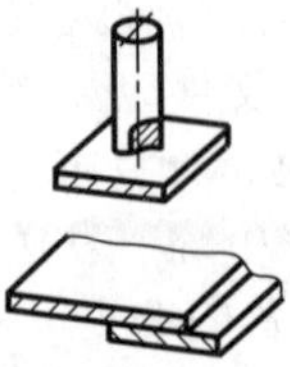	
9	封底焊缝			19	斜面连接（钎焊）	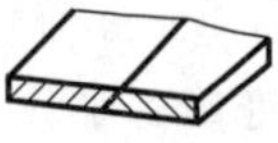	
10	角焊缝			20	折叠连接（钎焊）		

焊缝是指焊件经焊接后所形成的结合部分。

焊接图是指表示焊件的工程图样。

焊缝符号是指在焊接图上标注的焊接方法、焊缝形式及焊缝尺寸等的符号。

10.5.1　焊缝符号表示规则

在技术图样或文件上需要表示焊缝或接头时，采用焊缝符号。必要时，也可以采用一般的技术制图方法表示。

焊缝符号应清晰表述所要说明的信息。

完整的焊缝符号包括基本符号、指引线、补充符号、尺寸符号及数据等。为了简化，在图样上标注焊缝时通常只采用基本符号和指引线，其他内容一般在相关的文件中（如焊接工艺规程等）说明。

符号的比例、尺寸及标注位置参见 GB/T 12212—1990 的有关规定。

10.5.2　焊缝符号

① 基本符号：基本符号表示焊缝横截面的基本形式或特征，具体见表 10-5。

② 基本符号的组合：双面焊焊缝或接头时，基本符号可以组合使用，如表 10-6 所示。

表 10-6　焊缝基本符号的组合

序号	名　称	示　意　图	符　号
1	双面 V 形焊缝(X 形焊缝)		 X
2	双面单 V 形焊缝(K 形焊缝)		 K
3	带钝边双面 V 形焊缝		
4	带钝边双面单 V 形焊缝	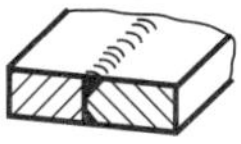	
5	双面 U 形焊缝	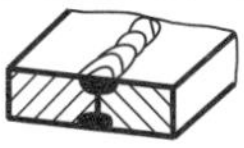	

表 10-7　焊缝补充符号

序　号	名　称	符　号	说　明
1	平面	—	焊缝表面通常经过加工后平整
2	凹面		焊缝表面凹陷
3	凸面		焊缝表面凸起
4	圆滑过渡		焊趾处过渡圆滑
5	永久衬垫	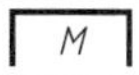 M	衬垫永久保留
6	临时衬垫	 MR	衬垫在焊接完成后拆除
7	三面焊缝		三面带有焊缝
8	周围焊缝	○	沿着工件周边施焊的焊缝 标注位置为基准线与箭头线的交点处
9	现场焊缝		在现场焊接的焊缝
10	尾部	 <	可以表示所需的信息

③ 补充符号：补充符号用来补充说明有关焊缝或接头的某些特征（如表面形状、衬垫、焊缝分布、施焊地点等），具体见表 10-7。

10.5.3　基本符号和指引线的位置规定

① 基本要素：在焊缝符号中，基本符号和指引线为基本要素，焊缝的准确位置通常由基本符号和指引线之间的相对位置决定。

② 指引线：指引线由箭头线、基准线（实线和虚线）组成，见图 10-48。

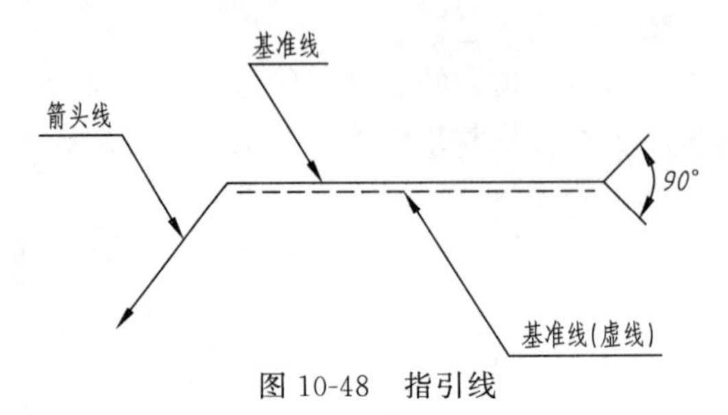

图 10-48　指引线

③ 接头的箭头侧与非箭头侧：箭头直接指向的接头侧为“接头的箭头侧”，与之相对的则为“接头的非箭头侧”，如图 10-49 所示。基准线一般应与图样的底边平行，必要时也可与底边垂直。实线和虚线的位置可以根据需要互换。

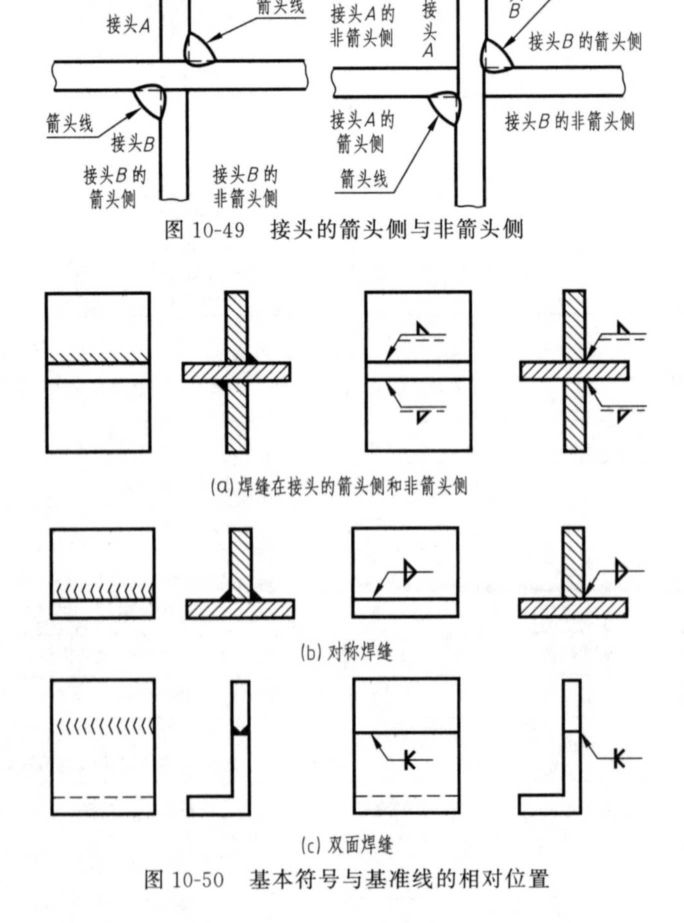

图 10-49　接头的箭头侧与非箭头侧

(a)焊缝在接头的箭头侧和非箭头侧

(b)对称焊缝

(c)双面焊缝

图 10-50　基本符号与基准线的相对位置

④ 基本符号与基准线的相对位置：基本符号在实线侧时，表示焊缝在接头的箭头侧；基本符号在虚线侧时，表示焊缝在接头的非箭头侧，见图 10-50（a）；对称焊缝允许省略虚线，见图 10-50（b）；在明确焊缝分布位置的情况下，有些双面焊缝也可省略虚线，见图 10-50（c）。

10.5.4　焊缝的尺寸及标注

（1）一般要求

必要时，可以在焊缝符号中标注尺寸。尺寸符号见表 10-8。

表 10-8　焊缝尺寸符号

符号	名　　称	示意图	符号	名　　称	示意图
δ	工件厚度	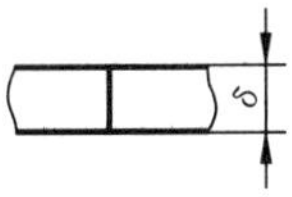	S	焊缝有效厚度	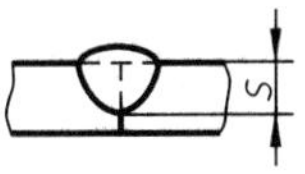
α	坡口角度	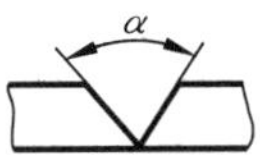	c	焊缝宽度	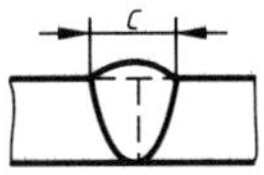
β	坡口面角度	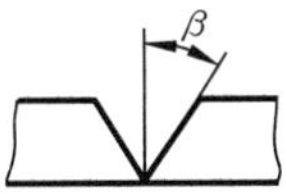	R	根部半径	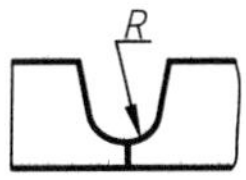
b	根部间隙	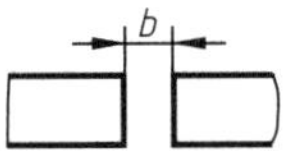	d	点焊：熔核直径 塞焊：孔径	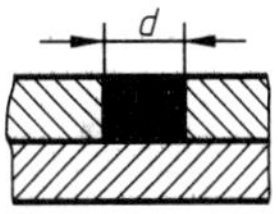
p	钝边	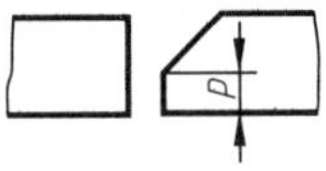	n	焊缝段数	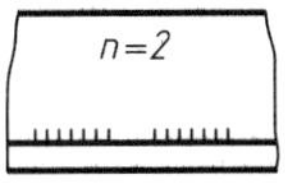 n=2
H	坡口深度	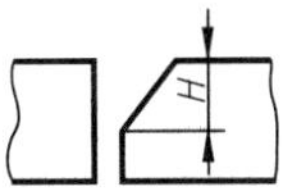	l	焊缝长度	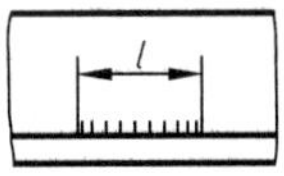
K	焊脚尺寸	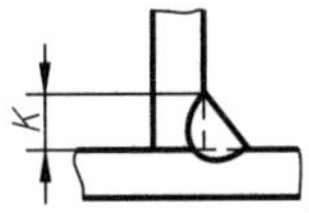	e	焊缝间隙	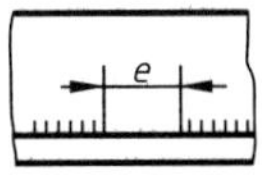
h	余高	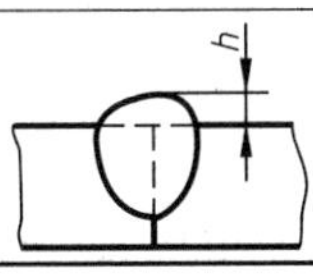	N	相同焊缝数量	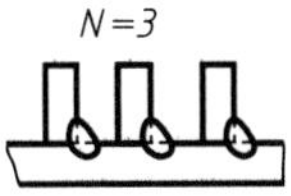 N=3

（2）标注规则

焊缝尺寸的标注方法见图 10-51。横向尺寸（P、H、K、h、S、R、c、d）标注在基本符号的左侧；纵向尺寸（n、l、e）标注在基本符号的右侧；坡口角度、坡口面角度、根部间隙（α、β、b）等尺寸注在基本符号的上侧或下侧；相同焊缝数量标注在尾部；当尺寸较多不易分辨时，可在尺寸数据前标注相应的尺寸符号；当箭头线方向改变时，上述规则不变。

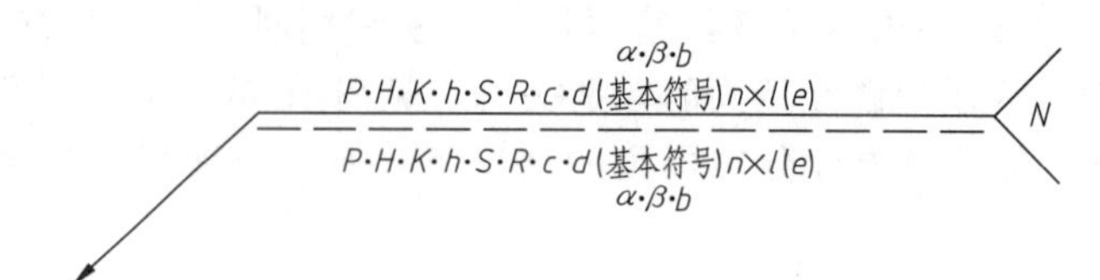

图 10-51 焊缝尺寸的标注方法

(3) 尺寸标注的其他规定

① 确定焊缝位置的尺寸不在焊缝符号中标注，应将其标注在图样上。

② 在基本符号的右侧无任何尺寸标注又无其他说明时，意味着焊缝在工件的整个长度方向上是连续的。

③ 在基本符号的左侧无任何尺寸标注又无其他说明时，意味着焊缝应完全焊透。

④ 塞焊缝、槽焊缝带有斜边时，应标注其底部的尺寸。

10.5.5 焊接方法及焊接接头的形式

① 焊接方法：焊接方法主要包括熔化焊、固相压力焊、钎焊三大类共几十种。

焊接方法可用文字在技术要求中注明，也可用数字代号直接注写在引线尾部。表 10-9 为部分焊接方法相应的数字代号。

表 10-9 焊接方法代号（摘自 GB/T 5185—2005）

代号	焊接方法	代号	焊接方法	代号	焊接方法	代号	焊接方法
111	焊条电弧焊	21	点焊	321	空气-乙炔焊(落后)	51	电子束焊
12	埋弧焊	22	缝焊	41	超声波焊	52	激光焊
131	熔化极惰性气体保护电弧焊(MIG)	291	高频电阻焊	42	摩擦焊	72	电渣焊
141	钨极惰性气体保护电弧焊(TIG)	311	氧-乙炔焊	441	爆炸焊	91	硬钎焊
15	等离子弧焊	312	氧-丙烷焊	45	扩散焊	916	感应硬钎焊
181	碳弧焊(落后)	313	氢-氧焊	47	气压焊	942	火焰软钎焊

② 焊接接头形式：根据金属构件连接部分相对位置的不同，焊接接头形式可分为对接接头、搭接接头、角接接头、T 形接头，如图 10-52 所示。

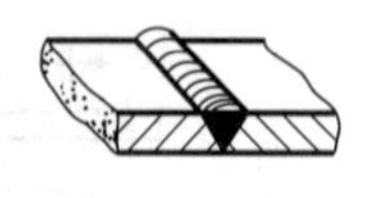
(a) 对接接头

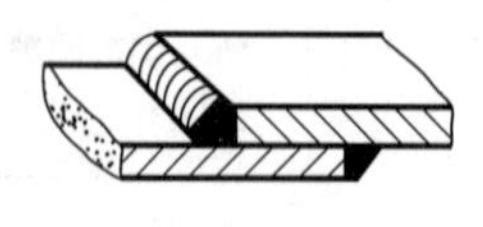
(b) 搭接接头

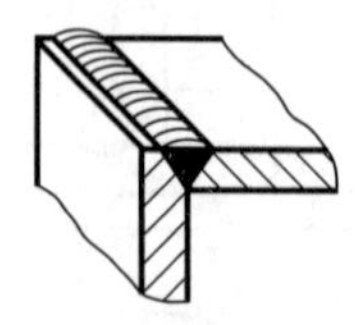
(c) 角接接头

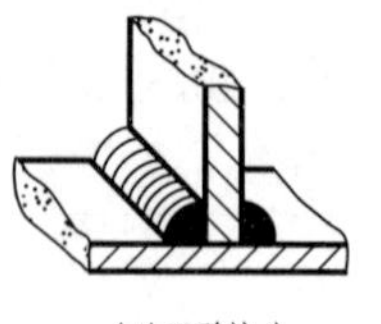
(d) T形接头

图 10-52 常见焊接接头形式

10.5.6 焊缝的规定画法

国家标准（GB/T 12212—1990）规定，在图样中一般用焊缝符号表示焊缝，但也可采用图示法表示焊缝。需在图样中简易地绘制焊缝时，可用视图、剖视图或断面图表示。在视图中，焊缝可见面用细波纹线（允许徒手绘制）来表示，也允许采用特粗线（2d～3d，d 为粗实线宽度）表示（同一图样中，只允许采用一种方法），不可见面用粗实线表示；在剖视图或断面图中，焊缝的金属熔焊区涂黑表示，如图 10-53 所示。

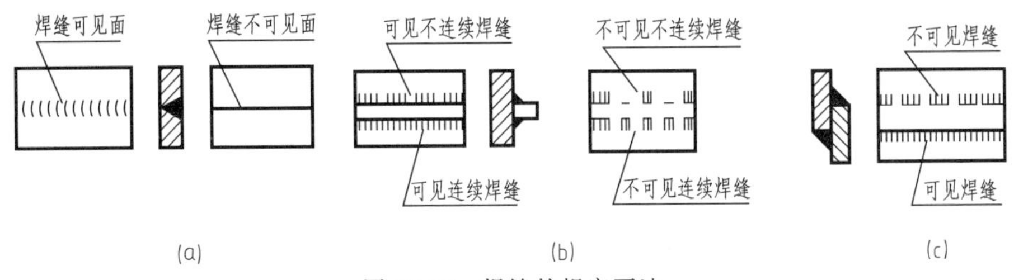

图 10-53　焊缝的规定画法

对于重要焊缝，须用局部放大图（亦称节点图）详细表示焊缝结构的形状和有关尺寸，如图 10-54 所示。

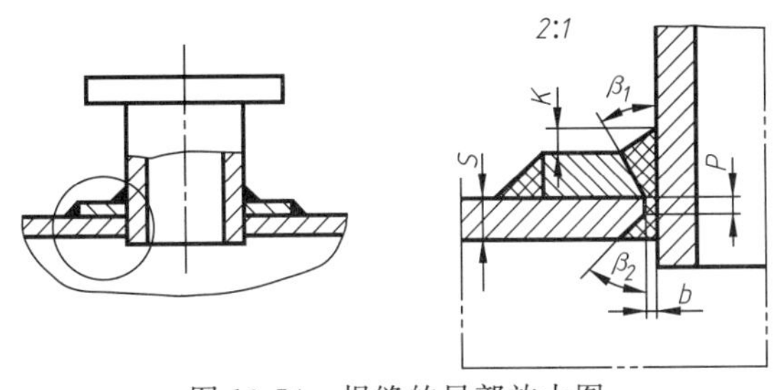

图 10-54　焊缝的局部放大图

10.5.7　焊缝的符号表示法

为简化图样，不使图样增加过多的注解，有关焊缝的要求通常用焊缝符号来表示，如图 10-55 所示。

焊缝符号一般由基本符号与指引线组成。必要时还可以加上辅助符号、补充符号和焊缝尺寸符号。具体规定可参见 GB/T 324—2008 及有关资料。

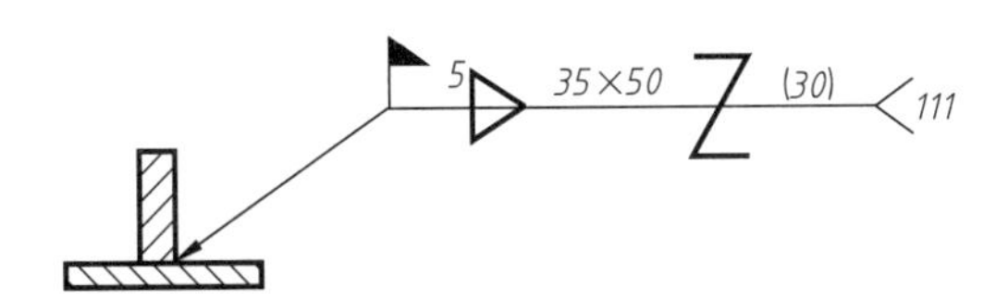

表示对称角焊缝，焊角高5mm，焊缝长度 50mm、焊缝段数35、间距30mm，交错断续焊缝，采用焊条电弧焊现场焊接

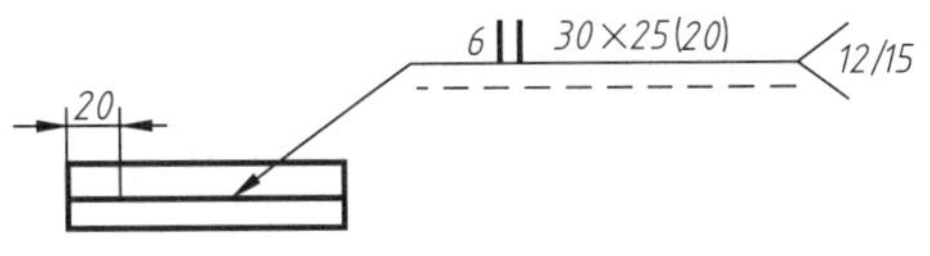

表示单面断续 I 形焊缝，焊缝有效厚度6mm，焊缝段数30、焊缝长度25mm、间距20mm，焊缝起始位置在靠左端20mm处，焊缝要求先用等离子焊打底，后用埋弧焊盖面

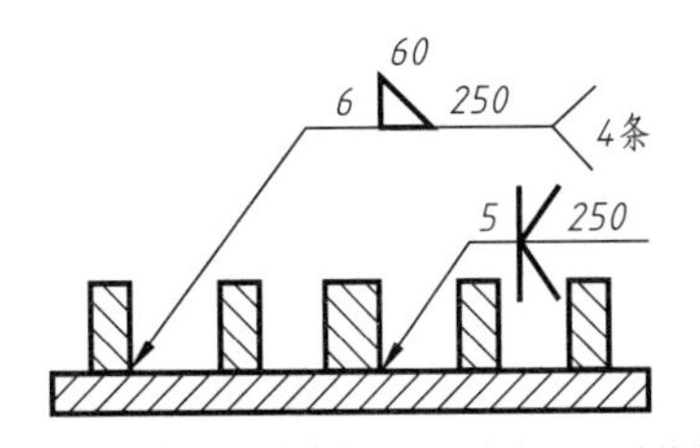

表示有4条焊缝均为单面角焊缝，焊角高6mm、连续焊缝长度250mm，坡口角度60°；另一条焊缝为K形焊缝，焊角高5mm，连续焊缝长度 250mm(焊接方法已集中标注)

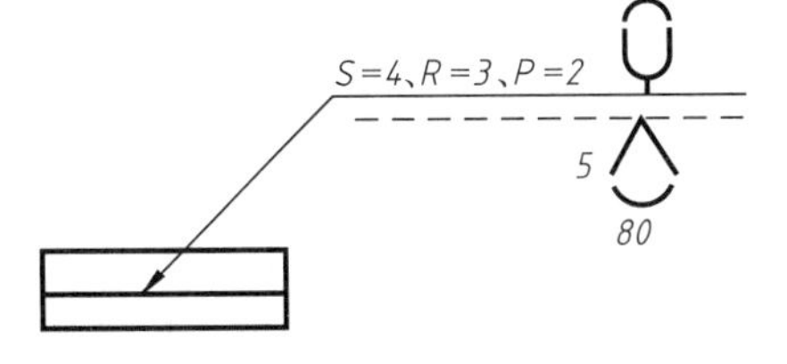

表示可见面为U形焊缝，根部半径3mm，钝边高度 2mm焊缝有效厚度4mm，凸面焊缝；不可见面为V形焊缝，焊缝有效厚度5mm，坡口角度80°，凸面焊缝。两侧均为连续焊缝

图 10-55　焊缝的符号标注

图 10-56 所示支架由 5 部分焊接而成，从主视图上看，有三处焊缝，一处是件 1 和件 2 之间，沿件 1 周围用角焊缝焊接；另两处是件 3 和件 4，角焊缝现场焊接。从 A 视图上看，有两处焊缝，用角焊缝三面焊接。

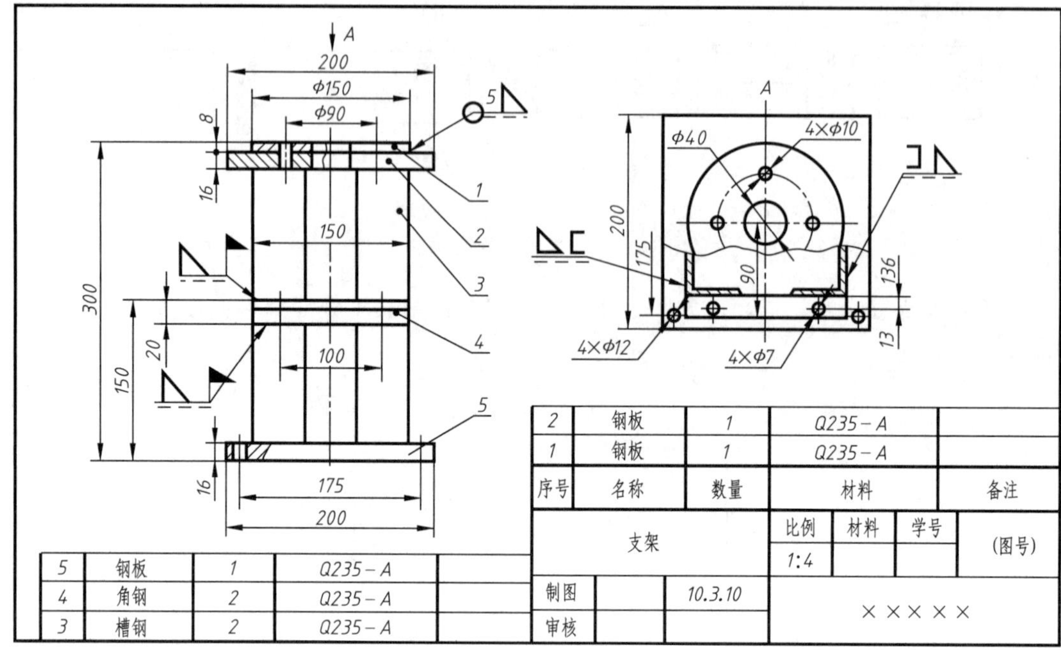

图 10-56　支架焊接图

10.6　化工设备图的绘制与阅读

10.6.1　化工设备图的绘制

化工设备图的绘制有两种方法：一是对已有设备进行测绘，这种方法主要应用于仿制已有设备或对现有设备进行革新改造；二是依据化工工艺人员提供的“设备设计条件单”进行设计和绘制。前一种方法与机械制图基本相同。这里介绍第二种方法绘制化工设备装配图（简称化工设备图）的步骤及有关要求。

在画化工设备图之前，首先应对照化工工艺所提供的资料如设备设计条件单，了解设备结构形式、尺寸、接管位置及方位等；熟悉设备工艺，如工作压力和温度、介质及其状态、材质、容积、传热面积、搅拌器形式、功率、转速、传动方式以及安装、保温等各项要求；进行资料复核，从设备结构设计的角度考虑能否满足化工工艺所提出的要求；然后对设备的机械强度进行验算，确定设备主体的壁厚和材质，并根据需要决定设备的具体结构和选择有关标准零部件。

（1）确定化工设备图表达方案

① 选择基本视图及表达方法：根据化工设备的结构特点，一般用两个基本视图来表达。主视图是表达化工设备最重要的视图，一般应按设备的工作位置，选用最能清楚表达各零部件间装配和连接关系、设备工作原理及设备结构形状的方向作为主视图投射方向。主视图一般采用全剖视的表达方法，并结合多次旋转的画法，将管口等零部件的轴向位置及其装配关系、连接方法等表达出来。主视图确定后，根据设备的结构特点，确定基本视图数量，选择其他基本视图，用以补充表达设备的主要装配关系、形状、结构等。由于化工设备主体多为回转体，一般立式设备增加俯视图，卧式设备增加左视图表达。俯（或左）视图可以按投影关系配置，也可配置在其他空白处，但需在视图上方写上图名。俯（或左）视图常用以表达

管口及有关零部件在设备上的周向方位。

② 选择辅助视图及表达方法：在化工设备图中，根据化工设备的结构特点，常采用局部放大图、局部视图等辅助视图以及剖视、断面等各种表达方法来补充基本视图的不足，将设备中的零部件的连接、管口和法兰的连接、焊缝结构以及其他由于尺寸过小无法在基本视图上表达清楚的装配关系和主要结构形状表达清楚。

(2) 选择图幅、绘图比例和图面

① 选择图幅：化工设备图样的图纸幅面应按国家标准《技术制图》(GB/T 14689—2008) 的规定选用。依据化工设备特点，必要时允许选用加长幅面。图纸幅面大小应根据设备总体尺寸结合绘图比例相互调整选定，并考虑视图数量、尺寸配置、明细栏大小、技术要求等各项内容所占的范围及其间隔等来确定，力求使全部内容在幅面上布置得均匀、合理。

② 绘图比例：根据图纸幅面尺寸及设备的总体尺寸选定绘制比例。绘图比例应按国家标准《技术制图　比例》(GB/T 14690—1993) 规定的比例选用。但根据化工设备的特点，可以选用其他比例，如 $1:2.5\times10^n$、$1:6\times10^n$ 等。若图形不按比例绘制时，则在标注比例的部位，注上“不按比例”字样。

③ 图面布置：按设备的总体尺寸确定绘图比例和图纸幅面，画好图框，接着就要进行图面布置。化工设备装配图的图面布置，除了要考虑视图以外，从右下角标题栏开始，还应考虑明细栏、管口表、技术特性表、技术要求等内容所占的位置。一般立式化工设备图布图可参考图 10-57 (a)，卧式设备布图参考图 10-57 (b)。

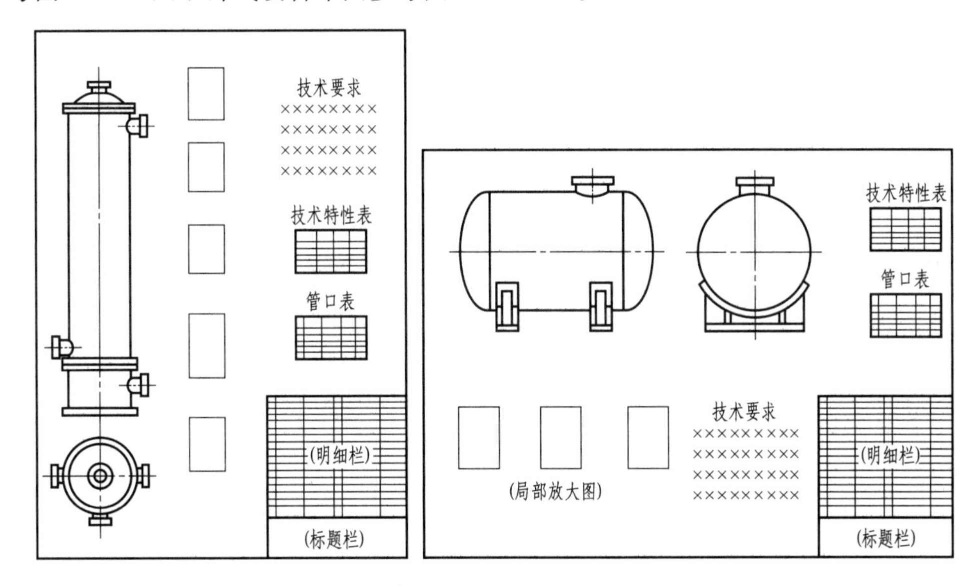

图 10-57　化工设备图的图面布置

(3) 绘制视图

根据确定的视图表达方案，先画出主要基准线（轴线、对称线、中心线）。

绘制视图应从主视图画起，俯（或左）视图配合一起画。一般是沿着装配干线，先定位，后画形状；先画主体零件（筒体、封头），后画其他零部件（接管等）；先画外件，后画内件。

基本视图完成后，再画局部放大图等辅助视图。

例如，图 10-2 所示的换热器就是先画主、俯视图的筒体，接着依序画出椭圆形封头、支座、和各接管，然后绘制其他局部放大图；再在有关视图上画好剖面符号、焊缝符号等。

各视图画好后，应按照“设备设计条件单”认真校核，确认无误后即完成视图的绘制工作。

（4）其他

标注尺寸、编写零部件序号和管口符号、填写管口表、明细表、技术特性表、技术要求和标题栏（相关内容参见10.4化工设备图的标注）。

10.6.2 化工设备图的阅读

化工设备图是化工设备设计、制造、使用和维修中的重要技术文件，是技术思想交流的工具，从事化工生产的工程技术人员必须具备阅读化工设备图的能力。

（1）读化工设备图的基本要求：

通过对化工设备图的阅读，应达到以下基本要求：

① 了解设备的用途、工作原理、结构特点和技术要求；

② 了解设备上各零部件之间的装配关系和有关尺寸；

③ 了解设备零部件的结构、形状、规格、材料及作用；

④ 了解设备上的管口数量及方位；

⑤ 了解设备在制造、检验和安装等方面的标准和技术要求。

（2）读化工设备图的方法和步骤

① 概括了解：看标题栏，了解设备名称、规格、绘图比例等内容；看明细栏了解设备各零部件的名称、数量等内容；看图面了解各部分内容的布置情况及视图数量；了解设备的管口、技术特性及技术要求等基本情况。

② 详细分析：

a. 视图分析。通过视图分析，可以看出设备图上共有多少个视图，哪些是基本视图，还有其他什么视图，各视图采用了哪些表达方法，分析采用各种表达方法的目的。

b. 装配连接关系分析。分析各部件之间的相对位置及装配连接关系。

c. 零部件结构分析。以主视图为主，结合其他视图，对照明细栏中的序号，将零部件逐一从视图中分离出来，分析其结构、形状、尺寸及其与主体或其他零件的装配关系。

对标准化零部件，应查阅有关标准，弄清楚其结构。有图样的零部件，则应查阅相关图纸，弄清楚其结构。

d. 了解技术要求。通过技术要求的阅读，了解设备在制造、检验、安装等方面所依据的技术标准，以及焊接方法、装配要求、质量检验等方面的具体要求。

③ 归结总结：通过详细分析后，将各部分内容加以综合归纳，从而得出设备完整的结构形状，进一步了解设备的结构特点、工作特性、物料的流向和操作原理等。

阅读化工设备图的方法步骤，常因读图者的工作性质、实践经验和习惯的不同而各有差异。一般地说，如能在阅读化工设备图的时候，适当了解该设备的相关设计资料，了解设备在工艺过程中的作用和地位，则将有助于对设备设计结构的理解。此外，如能熟悉各类化工单元设备典型结构的有关知识，熟悉化工设备常用零部件的结构和有关标准，熟悉化工设备的表达方法和图示特点，必将有助于提高读图的速度和深度。因此，对初学者来说，应该有意识地学习和熟悉上述各项内容，逐步提高阅读化工设备图的能力和效率。

（3）读图实例

实例1：读列管式固定管板换热器（图10-58）

1）概括了解

① 从标题栏、明细栏、技术特性表等可知，该设备的名称是“固定管板换热器”，用途

是使两种不同温度的物料进行热量交换，其规格为“$DN800\times3000$”（壳体内径×换热管长度），换热面积 $F=107.5\text{m}^2$，绘图比例 1∶10，由 28 种零部件所组成。

② 换热器管程内的介质是水，工作压力为 0.45MPa，工作温度为 40℃；壳程内介质是甲醇，工作压力为 0.5MPa，工作温度为 67℃，换热器共有 6 个接管，其用途、尺寸见管口表。

③ 该设备采用了主、左两个基本视图，4 个局部放大图，1 个零件图（放大图）。

2）详细分析

① 视图分析：图中主视图采用全剖视以表达换热器的主要结构及各管口和零部件在轴线方向的位置和装配情况。主视图还采用了断开画法，以省略中间重复结构，简化作图。换热器内部的管束也采用了简化画法，仅画出几根，其余均用中心线表示。

A—*A* 剖视图表示了各管口的周向方位和换热管的排列方式。

四个局部放大图均画成剖视图，其中Ⅰ表达管板（件 4）与管箱之间的装配连接关系，Ⅱ表示隔板槽的结构，Ⅲ表示拉杆（件 12）与管板（件 4）的连接方式，Ⅳ表达换热管（件 15）与管板（件 18）的连接方式。示意图用以表达折流板在设备轴向的排列情况。

② 装配连接关系分析：该设备筒体（件 24）和管板（件 4），封头（件 21）和容器法兰（件 18）的连接都采用焊接，具体结构见局部放大图Ⅰ。各接管与壳体的连接均采用焊接，封头与管板采用法兰连接。法兰与管板之间放有垫片（件 27）形成密封，防止泄漏。换热管（件 15）与管板的连接采用焊接，见局部放大图Ⅳ。

拉杆（件 12）左端螺纹旋入管板，拉杆上套入定距管用以固定折流板之间的距离，见局部放大图Ⅰ；折流板间距等装配位置的尺寸见折流板排列示意图；管口轴向位置与周向方位可由主视图和 *A*—*A* 剖视图读出。

③ 零部件结构形状分析：设备主体由筒体（件 24）、封头（件 21）组成。筒体内径为 800mm，壁厚为 10mm，材料为 16MnR，筒体两端与管板焊接成一体。管箱（件 1）、封头（件 21）通过法兰、螺栓与筒体连接。

换热管（件 15）共有 472 根，固定在左、右管板上。筒体内部有弓形折流板（件 13）14 块，折流板间距由定距管（件 10）控制。所有折流板用拉杆（件 12）连接，左端固定在管板上（见放大图Ⅲ），右端用螺母锁紧。折流板的结构形状需阅读折流板零件图。

鞍式支座和管法兰均为标准件，其结构、尺寸需查阅有关标准定。

其他零部件的结构形状读者自行分析。

④ 了解技术要求：从图中的技术要求可知：该设备按钢制压力容器的三个相关标准进行制造、试验和验收，采用电弧焊，制造完成后，进行水压试验。

3）归纳总结

通过上述分析可知：换热器的主体结构由圆柱形筒体和椭圆形封头构成，其内部有 472 根换热管和 6 块折流板。

设备工作时，冷却水自接管 f 进入换热管，流经管箱下半部分进入换热管到右端封头内，通过上半部的换热管进入管箱上部，经由接管 a 流出；温度高的物料从接管 b 经防冲板（件 20，其作用是防制工艺物料入口速度过高而对换热管产生剧烈冲击）进入壳体，经折流板迂回流动，与管程内的冷却水进行热量交换后，由接管 d 流出。

实例 2：读水解反应罐的装配图（图 10-59）

1）概括了解

① 从标题栏知道该图为水解反应罐的装配图，设备容积为 1m^3，绘图比例为 1∶20。

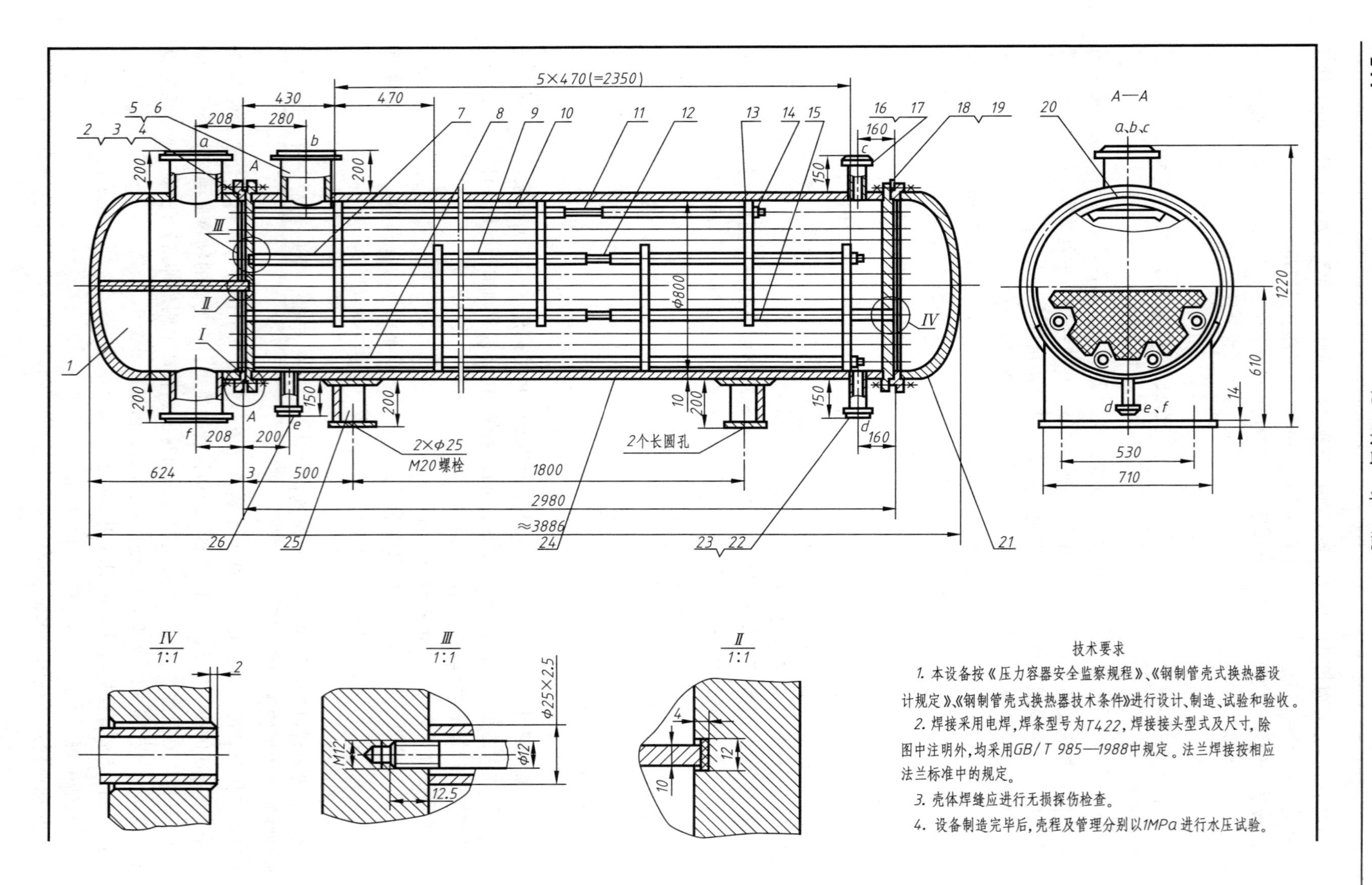
5×470(=2350)
430
470
208
280
200
150
160
A—A
a、b、c
d
e、f
1220
610
14
530
710
Φ800
10
2×Φ25
M20螺栓
2个长圆孔
624
3
500
1800
2980
≈3886
A
a
b
c
d
e
f
I
II
III
IV
1 2 3 4 5 6 7 8 9 10 11 12 13 14 15 16 17 18 19 20 21 22 23 24 25 26
IV
1:1
2
III
1:1
Φ25×2.5
Φ12
M12
12.5
II
1:1
4
12
10
技术要求
1. 本设备按《压力容器安全监察规程》、《钢制管壳式换热器设计规定》、《钢制管壳式换热器技术条件》进行设计、制造、试验和验收。
2. 焊接采用电焊，焊条型号为T422，焊接接头型式及尺寸，除图中注明外，均采用GB/T 985—1988中规定。法兰焊接按相应法兰标准中的规定。
3. 壳体焊缝应进行无损探伤检查。
4. 设备制造完毕后，壳程及管理分别以1MPa进行水压试验。

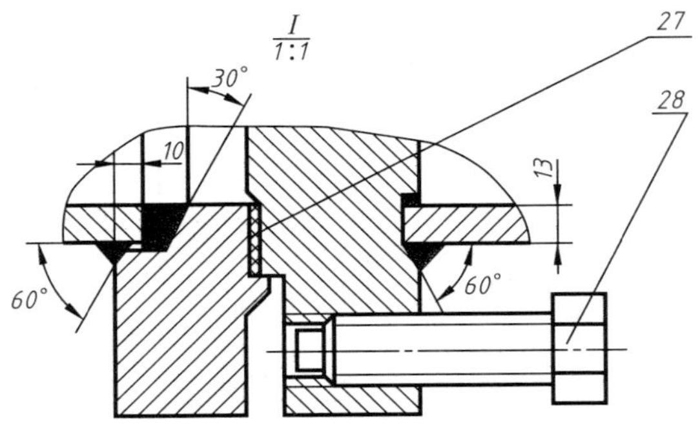

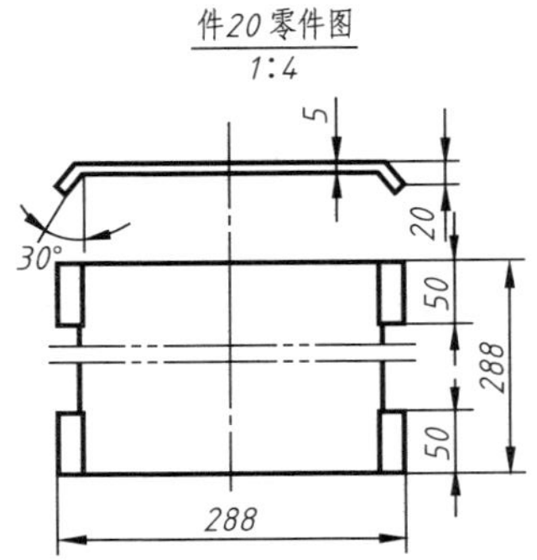

I
1:1

27

28

30°

10

13

60°

60°

件20零件图
1:4

5

20

30°

50

50

288

288

技术特性表

名称	管程	壳程
设计压力/MPa	0.6	0.6
工作压力/MPa	0.45	0.5
设计温度/℃	100	100
操作温度/℃	40	67
物料名称	循环水	甲醇
程数	Ⅱ	Ⅰ
腐蚀裕度/mm	1.5	2
焊缝系数Φ	0.85	0.85
容器类别	Ⅰ	
换热面积/m^2	107.5	

管口表

符号	公称尺寸	连接尺寸，标准	连接面形式	用途或名称
a	200	PN1 DN200JB/T81	平面	冷却水出口
b	200	PN1 DN200JB/T81	凹面	甲醇蒸气入口
c	20	PN1 DN20JB/T81	凹面	放气口
d	70	PN1 DN70JB/T81	凸面	甲醇物料出口
e	20	PN1 DN20JB/T81	凸面	排净口
f	200	PN1 DN200JB/T81	平面	冷却水入口

设备总质量:3540kg

序号	图号或标准号	名称	数量	材料	备注
28	S20-056-3	顶丝 M20	8	Q235-A	
27	JB/T 4704	垫片800—0.6	1	耐油橡胶石棉板	
26	JB/T 81	法兰 20—10	1	Q235-A	
25	JB/T 4712	鞍座BIB00—F•S	2	Q235-A•F	
24		筒体 Φ800	1	16MnR	t=2908
23	JB/T 81	法兰 70—10	1	Q235-A	
22		接管 Φ76×4	1	10	t=157
21	JB/T 4737	椭圆封头 DN800×10	1	Q235-A	
20	S20-056-1	防冲板	1	Q235-A	
19	JB/T 4704	垫片800—0.6	1	耐油橡胶石棉板	
18	S20-056-2	后管板	1	16MnR	
17	JB/T 81	法兰 20—10	1	Q235-A	
16		接管 Φ25×3	2	10	t=155
15		换热管 Φ25×2.5	472	10	t=3000
14	GB/T 41	螺母 M12	16		
13	S20-056-3	折流板	6	Q235-A	t=10
12	S20-056-3	拉杆 Φ12	6	10	t=2800
11	S20-056-3	拉杆 Φ12	2	10	t=2320
10		定距管 Φ25×2.5	8	10	t=930
9		定距管 Φ25×2.5	20	10	t=460
8		定距管 Φ25×2.5	2	10	t=856
7		定距管 Φ25×2.5	6	10	t=386
6	JB/T 81	法兰 200-10	1	Q235-A	
5		接管 Φ219×6	1	10	t=217
4	S20-056-2	前管板	1	16MnR	
3	GB/T 41	螺母 M20	48		
2	GB/T 5780	螺栓 M20×40	48		
1	S20-056-2	管箱	1		

(设计单位)			比例	材料
			1:10	
制图		固定管板换热器 Φ800×3000	质量	
设计			S20-056-1	
描图				
审核			共3张 第1张	

图 10-58　列管式固定管板换热器

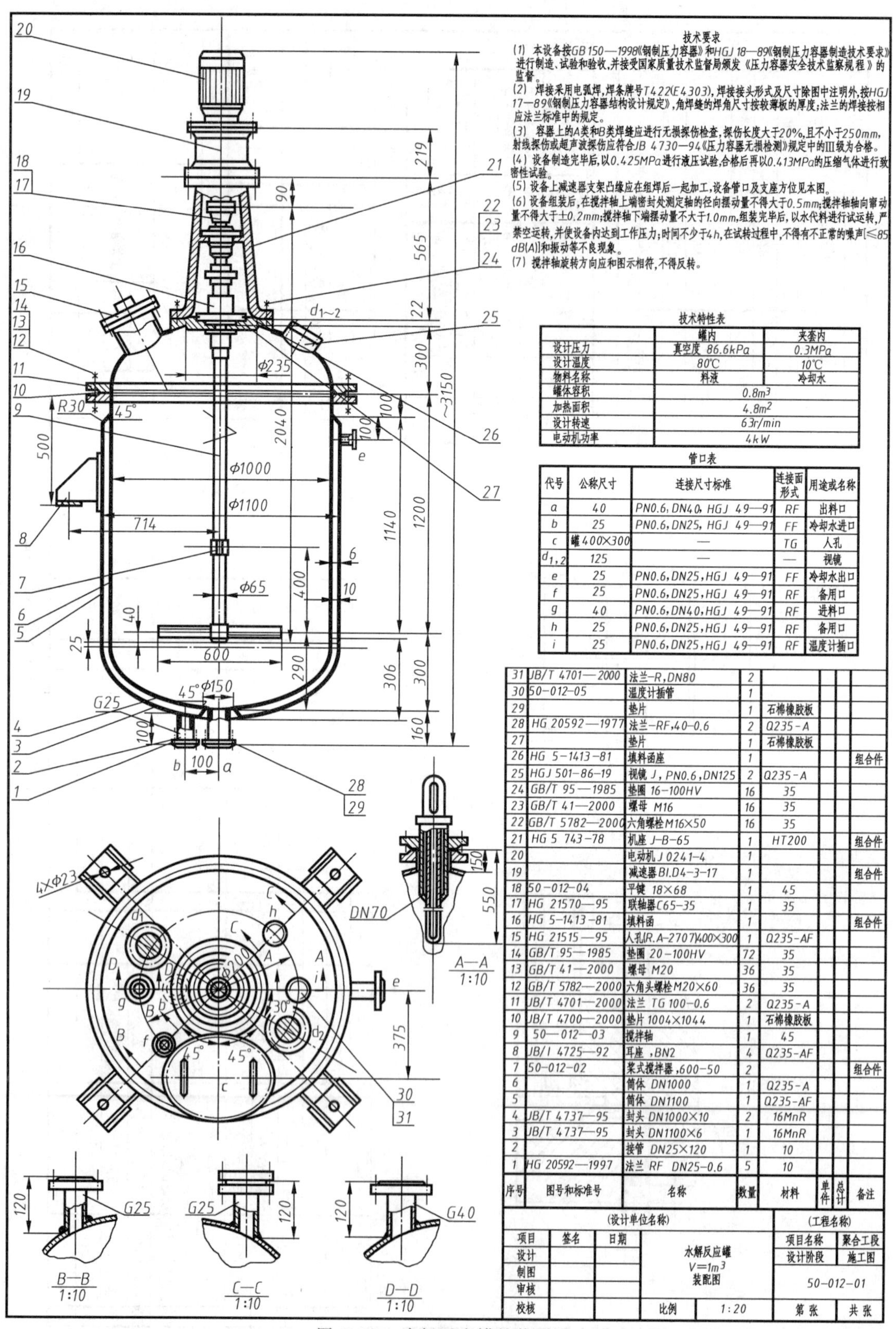

技术要求

(1) 本设备按GB 150—1998《钢制压力容器》和HGJ 18—89《钢制压力容器制造技术要求》进行制造、试验和验收，并接受国家质量技术监督局颁发《压力容器安全技术监察规程》的监督。

(2) 焊接采用电弧焊，焊条牌号T422(E4303)，焊接接头形式及尺寸除图中注明外，按HGJ 17—89《钢制压力容器结构设计规定》，角焊缝的焊角尺寸按较薄板的厚度；法兰的焊接按相应法兰标准中的规定。

(3) 容器上的A类和B类焊缝应进行无损探伤检查，探伤长度大于20%，且不小于250mm，射线探伤或超声波探伤应符合JB 4730—94《压力容器无损检测》规定中的Ⅲ级为合格。

(4) 设备制造完毕后，以0.425MPa进行液压试验，合格后再以0.413MPa的压缩气体进行致密性试验。

(5) 设备上减速器支架凸缘应在组焊后一起加工，设备管口及支座方位见本图。

(6) 设备组装后，在搅拌轴上端密封处测定轴的径向摆动量不得大于0.5mm；搅拌轴轴向窜动量不得大于±0.2mm；搅拌轴下端摆动量不大于1.0mm，组装完毕后，以水代料进行试运转，严禁空运转，并使设备内达到工作压力；时间不少于4h，在试转过程中，不得有不正常的噪声[≤85dB(A)]和振动等不良现象。

(7) 搅拌轴旋转方向应和图示相符，不得反转。

技术特性表

	罐内	夹套内
设计压力	真空度 86.6kPa	0.3MPa
设计温度	80℃	10℃
物料名称	料液	冷却水
罐体容积	$0.8m^3$	
加热面积	$4.8m^2$	
设计转速	63r/min	
电动机功率	4kW	

管口表

代号	公称尺寸	连接尺寸标准	连接面形式	用途或名称
a	40	PN0.6，DN40，HGJ 49—91	RF	出料口
b	25	PN0.6，DN25，HGJ 49—91	FF	冷却水进口
c	罐400×300	—	TG	人孔
$d_{1,2}$	125	—	—	视镜
e	25	PN0.6，DN25，HGJ 49—91	FF	冷却水出口
f	25	PN0.6，DN25，HGJ 49—91	RF	备用口
g	40	PN0.6，DN40，HGJ 49—91	RF	进料口
h	25	PN0.6，DN25，HGJ 49—91	RF	备用口
i	25	PN0.6，DN25，HGJ 49—91	RF	温度计插口

序号	图号和标准号	名称	数量	材料	单件	总计	备注
31	JB/T 4701—2000	法兰-R，DN80	2				
30	50-012-05	温度计插管	1				
29		垫片	1	石棉橡胶板			
28	HG 20592—1977	法兰-RF，40-0.6	2	Q235-A			
27		垫片	1	石棉橡胶板			
26	HG 5-1413-81	填料函座	1				组合件
25	HGJ 501-86-19	视镜 J，PN0.6，DN125	2	Q235-A			
24	GB/T 95—1985	垫圈 16-100HV	16	35			
23	GB/T 41—2000	螺母 M16	16	35			
22	GB/T 5782—2000	六角螺栓M16×50	16	35			
21	HG 5 743-78	机座 J-B-65	1	HT200			组合件
20		电动机J 0241-4	1				
19		减速器BI.D4-3-17	1				组合件
18	50-012-04	平键 18×68	1	45			
17	HG 21570—95	联轴器C65-35	1	35			
16	HG 5-1413-81	填料函	1				组合件
15	HG 21515—95	人孔(R.A-2707)400×300	1	Q235-AF			
14	GB/T 95—1985	垫圈 20-100HV	72	35			
13	GB/T 41—2000	螺母 M20	36	35			
12	GB/T 5782—2000	六角头螺栓M20×60	36	35			
11	JB/T 4701—2000	法兰 TG 100-0.6	2	Q235-A			
10	JB/T 4700—2000	垫片 1004×1044	1	石棉橡胶板			
9	50—012—03	搅拌轴	1	45			
8	JB/I 4725—92	耳座，BN2	4	Q235-AF			
7	50-012-02	桨式搅拌器，600-50	2				组合件
6		筒体 DN1000	1	Q235-A			
5		筒体 DN1100	1	Q235-AF			
4	JB/T 4737—95	封头 DN1000×10	2	16MnR			
3	JB/T 4737—95	封头 DN1100×6	1	16MnR			
2		接管 DN25×120	1	10			
1	HG 20592—1997	法兰 RF DN25-0.6	5	10			

(设计单位名称)				(工程名称)	
项目	签名	日期	水解反应罐 $V=1m^3$ 装配图	项目名称	聚合工段
设计				设计阶段	施工图
制图				50-012-01	
审核					
校核			比例 1:20	第 张	共 张

图 10-59 水解反应罐的装配图

② 由于是立式设备，所以采用了主、俯两个基本视图，另外有 4 个局部剖视图：“$A—A$”、“$B—B$”、“$C—C$” 和“$D—D$”。图纸在标题栏的上方有明细栏、技术特性表、管口表和技术要求等。

③ 该设备共编了 31 个零部件件号。从明细栏的“图号和标准号”项内，可知该设备除装配图外尚有 4 张非标零部件图（图号为 50-012-02～50-012-05）。

④ 从管口表知道该设备有 a、b、…、i 共 10 个管口符号，俯视图上表示了这些管口的真实方位。

⑤ 从技术特性表可了解该设备的操作压力、操作温度、操作物料、电动机功率、搅拌转速等技术特性数据。

2）详细分析

① 视图分析：图中主视图基本上采用了全剖视（电动机及传动部分未剖，管口采用了多次旋转剖视的画法），以表达水解反应罐的主要结构及各管口和零部件在轴线方向的位置和装配情况。俯视图表示了各管口及支座的方位。

另外还有四个局部放大剖视图，$A—A$ 剖视表示了测温管的详细结构；$B—B$、$C—C$ 和 $D—D$ 剖视表示了备用管和出料管 f、h、g 的伸出长度和结构形状。

② 装配连接关系分析：筒体（件 6）和顶、底两个椭圆形封头（件 4）组成了设备的整个罐体。上封头与筒体采用容器法兰的可拆连接方式，以便于搅拌器的安装与检修，下封头与筒体采用焊接连接；在筒体外焊有夹套用于换热，水作为冷却介质，水由 b 管加入，e 管引出；在夹套周围焊有 4 只耳式支座（件 8），用于支承设备及物料的所有重量；在上封头连接有搅拌器的传动装置（件 17、件 18），采用填料函（件 16）密封形式。

③ 零部件结构形状分析：搅拌轴（件 9）直径为 65mm，材料为 45 钢，用 4kW 的电动机（件 20），经蜗轮减速器（件 19）带动搅拌轴运转，其转速为 63r/min。搅拌轴与减速器输出轴之间用联轴器连接，搅拌轴与筒体之间采用填料函（件 16）密封。传动装置安装在机座（件 21）上，机座用双头螺栓和螺母等固定在顶封头和填料函座（件 26）上。搅拌轴下端装有两组桨式搅拌器（件 7），每组间距为 400mm。桨叶为斜桨，长 600mm。

该设备的人孔（件 15）采用椭圆形回转盖式，它的主要结构形状从主视图和俯视图上可以看出，其管口方位应以俯视图为准。

设备上 4 个支座的螺栓孔中心距为“714”，这是安装该设备需要预埋地脚螺栓所必需的安装尺寸。

从管口表知道，该设备共有 a、b…i 共 10 个管口，它们的规格、连接的形式、用途等均由接管表中可知。各管口与筒体、封头的连接结构，a、b、c、d_1、d_2、e 6 个管口的情况，可由主视图看到，而 f、g、h、i 4 个管口，则需要分别在 $A—A$、$B—B$、$C—C$、$D—D$ 剖视图中才能看清楚。

技术特性表提供了该设备的技术特性数据，例如，设备的设计压力和设计温度分别为：设备内 86.6kPa，80℃；夹套内为 0.3MPa、10℃。操作物料：设备内为反应物料，夹套内为冷却水等。

④ 了解技术要求：从图上所注的技术要求中可以了解到以下内容。

a. 该设备制造、试验、验收的技术依据是 GB 150—1998《钢制压力容器》、HGJ 18—89《钢制压力容器制造技术要求》和国家质量技术监督局颁发《压力容器安全技术监察规程》。

b. 焊接方法为电弧焊，焊条型号为 T422（E4303）。焊接结构形式遵照 HGJ 17—89《钢制压力容器结构设计规定》，角焊缝的焊角尺寸按较薄板的厚度；法兰的焊接按相应法兰标准中的规定。焊缝总长的20%以上要进行无损探伤检查。如果采用射线探伤或超声波探伤，应符合JB 4730—94《压力容器无损检测》规定中的Ⅲ级才为合格。

c. 设备除需以0.425MPa进行液压试验外，尚需再以0.413MPa的压缩空气进行致密性试验。

d. 在技术要求中还对设备电动机和搅拌轴的安装与调试提出了严格要求。

3）归纳总结

① 该设备应用于物料的反应过程，且过程在真空条件下进行，并需用冷却水降温至80℃条件下搅拌反应。

夹套内的冷却水温度仅为10℃，压力为0.3MPa，冷却水由管口b进入，管口e引出。

② 从这个图例的阅读可以看出：带搅拌反应罐的表达方案，一般是以主、俯两个基本视图为主，主视图一般采用全剖视以表达反应罐的主要结构，俯视图主要表示各接管口的周向方位。然后，采用若干局部剖视，以表示各管口和内件的不同结构。

③ 结合上述情况也可归纳出：对于一般的带搅拌反应罐，除了罐体形状（类同于容器的要求）及所附的通用零部件外，主要抓住传动装置、密封装置、搅拌器形式和传热装置四个方面，就能掌握一般反应罐的主要结构特点了。

第 11 章　化工工艺图

化工工艺图是表达化工生产过程与联系的图样，化工工艺图的设计绘制是化工工艺人员进行工艺设计的主要内容，也是进行工艺安装和指导生产的重要技术文件。化工工艺图主要包括工艺流程图、设备布置图和管道布置图。

11.1　工艺流程图

工艺流程图是用来表达化工生产工艺流程的设计文件。从原料开始到最终产品所经过的生产步骤，把各步骤所用的设备、机器、管道、阀门和仪表，按其相对位置及其相互关系衔接起来，这样一种表示整个生产过程全貌的图就称为化工生产工艺流程图，简称工艺流程图。工艺流程图包括方案流程图、物料流程图和带控制点工艺流程图（也称工艺管道及仪表流程图 PID）。方案流程图是在工艺路线选定后，进行概念性设计时完成的一种流程图，不编入设计文件；物料流程图是在初步设计阶段中，完成物料衡算时绘制的；带控制点工艺流程图是在方案流程图的基础上绘制的内容较为详细的一种工艺流程图。这几种图由于要求不同，其内容和表达的重点也不一致，但彼此之间却有着密切的联系。

11.1.1　方案流程图

方案流程图又称流程示意图，是在进行化工项目设计之初，针对某一工段或工序、车间或装置提出的一种示意性的工艺流程图，主要表达物料从原料到成品或半成品的工艺过程，及所使用的设备和主要管线的设置情况。方案流程图是设计开始时工艺方案的讨论，是一种示意性的展开图。

图 11-1 所示为某物料残液蒸馏处理系统的方案流程图。物料残液进入蒸馏釜 R0401 中，

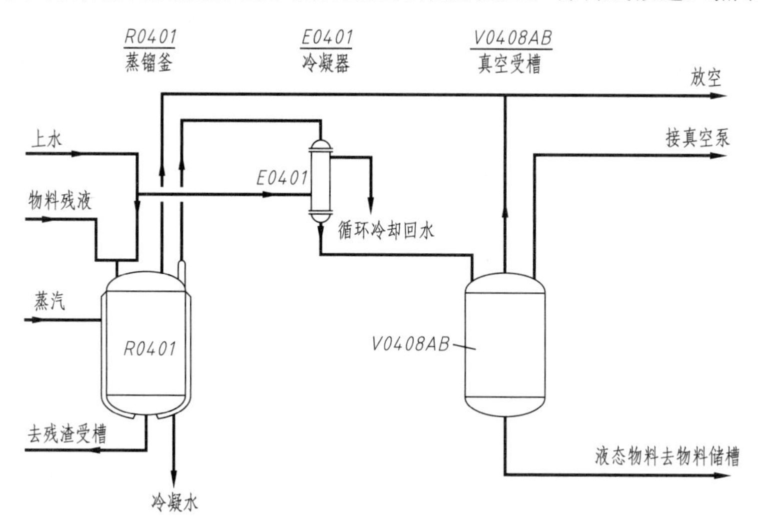

图 11-1　残液蒸馏处理系统的方案流程图

通过蒸汽加热后被蒸发汽化，汽化后的物料进入冷凝器 E0401 被冷凝为液态，该液态物料流经真空受槽 V0408 排出到物料储槽。

方案流程图是按照工艺流程的顺序，把设备和工艺流程线自左至右展开画在同一平面上，并加以必要的标注和说明。方案流程图的绘制主要涉及：设备的画法；设备位号及名称的注写；工艺流程线的画法。

(1) 设备的画法

在绘制方案流程图时，设备按流程顺序用细实线画出其大致轮廓或示意图，一般不按比例，但应保持它们的相对大小。常用设备图例见附表 6-1。

在同一工程项目中，同类设备的外形尺寸和比例一般应有一个定值或一规定范围。设备主体与其附属设备或内外附件要注意尺寸和比例的协调。对未规定的设备的图形可根据其实际外形和内部结构特征绘制。各设备的高低位置及设备上重要接管口的位置应基本符合实际情况，各设备之间应保留适当距离以布置流程线。

相同的设备可只画一套，备用设备可省略不画。

(2) 设备位号及名称的注写

在流程图的上方或下方靠近设备图形处列出设备的位号和名称，并在设备图形中注写其位号，如图 11-1 所示。

设备位号及名称的注写方法如图 11-2 所示，设备位号及名称分别书写在一条水平粗实线（设备位号线）的上、下方，设备位号由设备分类代号、车间或工段号、设备序号以及相同设备序号等组成。常用设备分类代号见表 11-1；车间或工段号由工程总负责人给定，采用两位数字，从 01 开始，最大为 99；设备序号按同类设备在工艺流程中流向的先后顺序编制，采用两位数字，从 01 开始，最大为 99；两台或两台以上相同设备并联时，它们的位号前三项完全相同，用不同的尾号予以区别，按数量和排列顺序依次以大写英文字母 A、B、C 等作为每台设备的尾号。

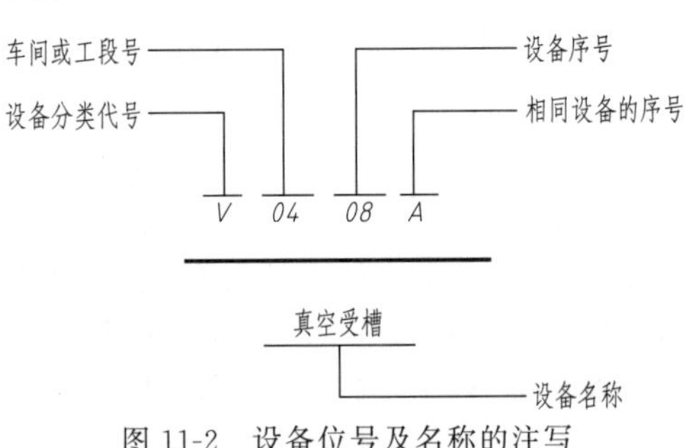

图 11-2 设备位号及名称的注写

表 11-1 设备分类代号（摘自 HG/T 20519.2—2009）

设备类别	塔	泵	容器	工业炉	换热器	反应器	压缩机	起重设备	火炬、烟囱	其他机械	其他设备	计量设备
代号	T	P	V	F	E	R	C	L	S	M	X	W

(3) 工艺流程线的画法

在方案流程图中，用粗实线来绘制主要物料的工艺流程线，用箭头标明物料的流向，并在流程线的起始和终了位置注明物料的名称、来源或去向。

在方案流程图中，一般只画出主要工艺流程线，其他辅助流程线则不必一一画出。如遇到流程线之间或流程线与设备之间发生交错或重叠而实际并不相连时，应将其中的一线断开或曲折绕过，如图 11-3 所示，断开处的间隙应为线宽的 5 倍左右。应尽量避免管道穿过设备。

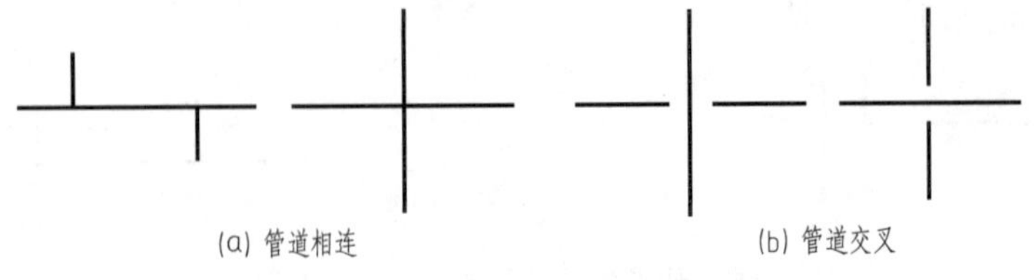

图 11-3 管道流程线的画法

方案流程图一般只保留在设计说明书中，施工时不使用，因此，方案流程图的图幅无统一规定，图框和标题栏也可以省略。

11.1.2 首页图

在工艺设计施工图中，将所采用的部分规定，以图表形式绘制成首页图，以便于识图和更好地使用各设计文件，首页图如图 11-4 所示，它包括如下内容。

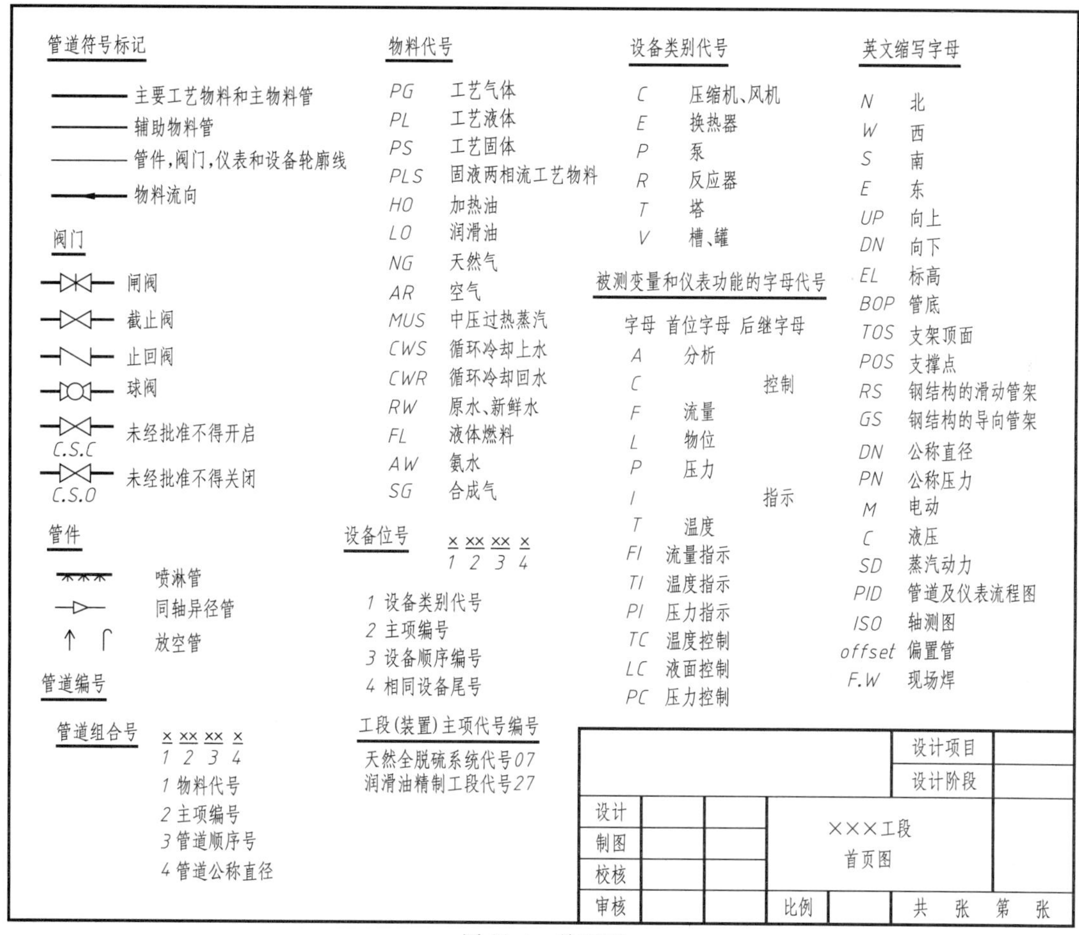

图 11-4 首页图

① 管道及仪表流程图中所采用的管道、阀门及管件符号标记，设备位号、物料代号和管道标注方法等。

② 仪表控制在工艺过程中所采用的检测和控制系统的图例、符号、代号等。

③ 管道及仪表流程图中所涉及的装置及主项的代号和编号。

④ 其他有关需要说明的事项。

11.1.3 物料流程图

物料流程图是在方案流程图的基础上，用图形与表格相结合的形式，反映设计中物料衡算和热量衡算结果的图样。物料流程图是初步设计阶段的主要设计产品，既为设计主管部门和投资决策者的审查提供资料，又是进一步设计的依据，它还可以为实际生产操作提供参考。

图 11-5 所示为某物料残液蒸馏处理系统的物料流程图。从图中可以看出，物料流程图中设备的画法、设备位号及名称的注写、流程线的画法与方案流程图基本一致，只是增加了以下内容。

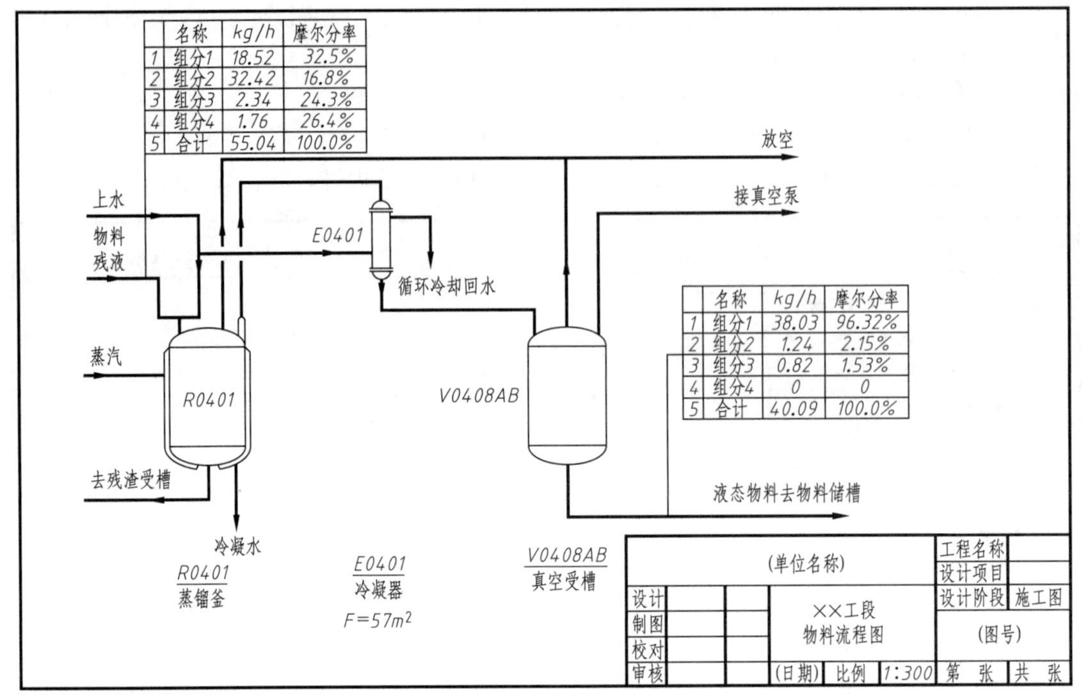

图 11-5 残液蒸馏处理系统的物料流程图

① 在设备位号及名称的下方加注设备特性数据或参数，如换热设备的换热面积，塔设备的直径、高度，储罐的容积，机器的型号等。

② 在流程的起始处以及使物料产生变化的设备后，列表注明物料变化前后其组分的名称、流量（kg/ h)、摩尔分率（%）等参数及各项的总和，实际书写项目依具体情况而定。

③ 表格线和指引线都用细实线绘制。

11.1.4 工艺管道及仪表流程图

工艺管道及仪表流程图（PID）也称带控制点的工艺流程图或施工流程图，是在方案流程图的基础上绘制的内容较为详尽的一种工艺流程图，是设计、绘制设备布置图和管道布置图的基础，又是施工安装和生产操作时的主要参考依据。在施工流程图中应把生产中涉及的所有设备、管道、阀门以及各种仪表控制点等都画出，如图 11-6 所示。

(1) 管道及仪表流程图的内容

① 带接管口的设备示意图，注写设备位号及名称；

② 带阀门等管件和仪表控制点（测温、测压、测流量及分析点等）的管道流程线，注写管道代号；

③ 阀门等管件和仪表控制点的图形符号及图例说明；

④ 标题栏内填写图名及其他签名、设计阶段等。

(2) 工艺管道及仪表流程图的画法与标注

① 设备画法与标注

a. 在管道及仪表流程图中，设备的画法与方案流程图基本相同。与方案流程图不同的是对于两个或两个以上的相同设备一般应全部画出。

b. 设备之间图形布局要考虑管道便于连接和各种符号的标注。

c. 每个工艺设备都应编写设备位号并注写设备名称，并与方案流程图中的设备位号保持一致。相同设备在位号后加注 A、B 等大写字母。

② 管道流程线的画法及标注

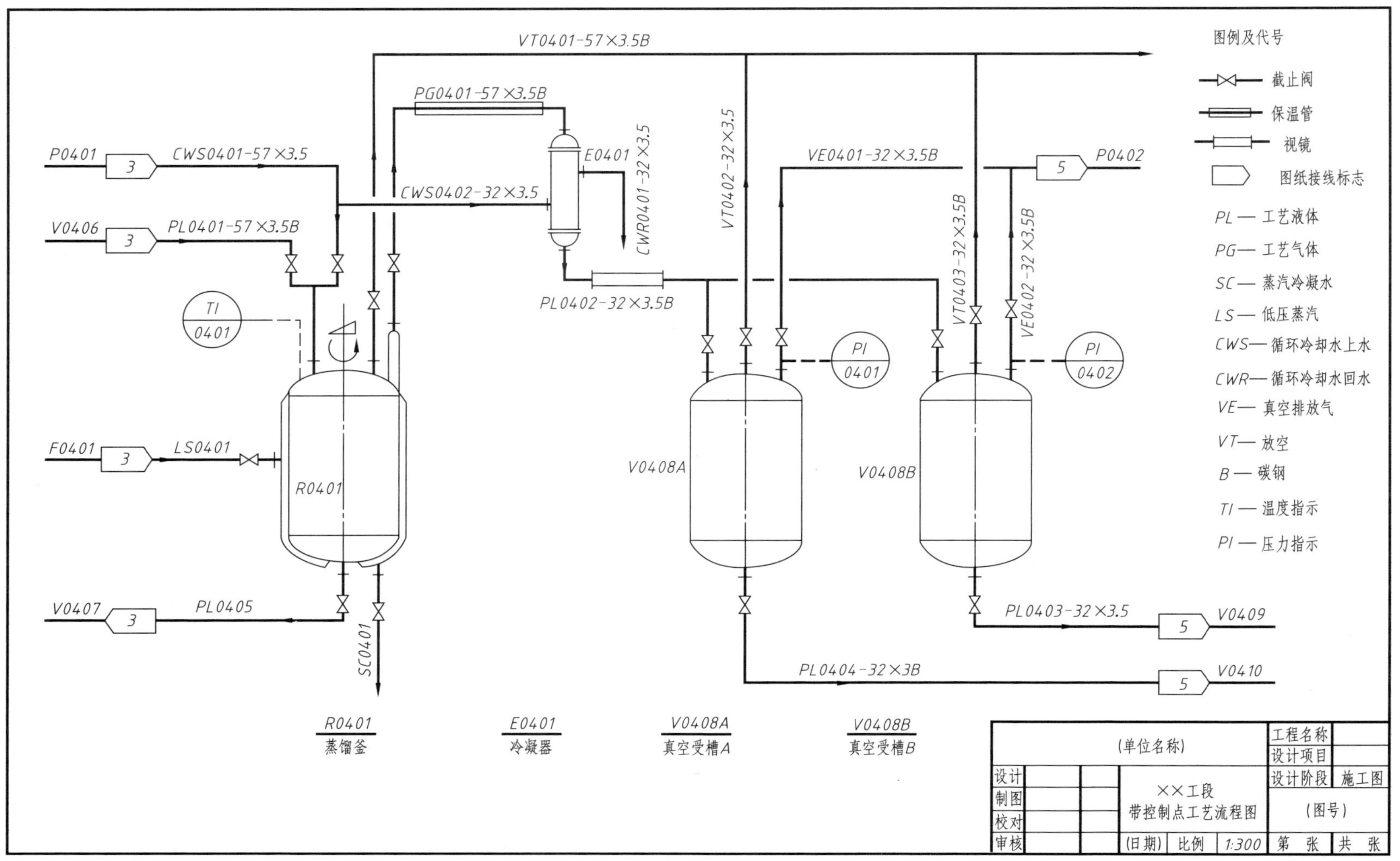

图 11-6　残液蒸馏处理系统的工艺管道及仪表流程图

a. 管道流程线的画法。用粗实线画出主要流程线，用中粗实线画出次要流程线或辅助流程线，其他管道的画法见附表 6-2。管道流程线要用水平线和垂直线表示，管道转弯处一般画成直角。当流程线发生交错时，应将其中一线断开或绕弯通过。一般同一物料线交错，按流程顺序“先不断后断”。不同物料线交错，主物料线不断，辅助物料线断，即“主不断辅断”。在两设备之间的管道流程线上，至少应有一个流向箭头。

b. 管道流程线的标注。图中的管道与其他图纸有关时，应将其端点绘制在图的左方或右方，并用空心箭头标出物料的流向（进或出），在空心箭头内注明与其相关的图纸图号或序号，在其附近（或内部）注明来或去的设备位号或管道号或仪表位号。空心箭头的画法如图 11-7 所示。

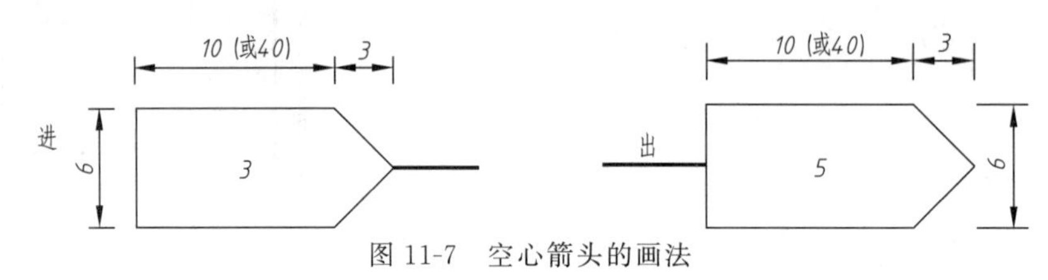

图 11-7 空心箭头的画法

管道及仪表流程图的管道应标注管道组合号，其内容由六个单元组成，即：物料代号、主项编号（工段号）、管道序号（前三个单元组成管段号）、管道规格、管道等级和绝热（或隔声）代号，如图 11-8（b）所示，也可将管道等级和绝热（或隔声）代号标注在管道下方，如图 11-8（c）所示。管段号和管道规格为一组，两者之间用一短横线隔开；管道等级和绝热（或隔声）为另一组，用一短横线隔开，两组间留适当的空隙。水平管道宜平行标注在管道的上方，竖直管道宜平行标注在管道的左侧。在管道密集、无处标注的地方，可用细实线引至图纸空白处水平（或竖直）标注。

当工艺流程简单、管道品种规格不多时，则管道组合号中的管道等级和绝热（或隔声）可省略。管道规格可直接填写管子的“外径×壁厚”，并标注工程规定的管道材料代号，如图 11-8（a）所示。

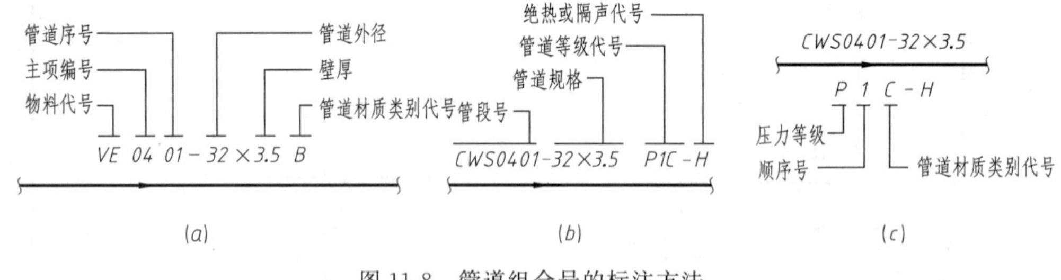

图 11-8 管道组合号的标注方法

在管道组合号中，物料代号按物料的名称和状态取其英文名词的字头组成，一般采用 2～3 个大写字母表示，见表 11-2。

主项编号（工段号）按工程规定填写，采用两位数字，从 01 开始，至 99 为止。

管道序号按相同类别的物料在同一主项内流向先后顺序编号，采用两位数字，从 01 开始，至 99 为止。

管道规格一般标注公称直径，以 mm 为单位，只注数字，不注单位。如 DN200 的公制管道，只需标注“200”，2in 的英制管道，则表示为“2″”。

管道材质类别代号见表 11-3。

表 11-2　物料名称及代号（摘自 HG/T 20519.2—2009）

代号	物料名称	代号	物料名称	代号	物料名称
PA	工艺空气	RW	原水、新鲜水	H	氢
PG	工艺气体	SW	软水	N	氮
PGL	气液两相流工艺物料	WW	生产废水	O	氧
PGS	气固两相流工艺物料	FG	燃料气	DR	排液、导淋
PL	工艺液体	FL	液体燃料	FSL	熔盐
PLS	液固两相流工艺物料	FS	固体燃料	FV	火炬排放气
PS	工艺固体	NG	天然气	IG	惰性气
PW	工艺水	LNG	液化天然气	SL	泥浆
AR	空气	LPG	液化石油气	VE	真空排放气
CA	压缩空气	RO	原油	VT	放空
IA	仪表空气	DO	污油	WG	废气
HS	高压蒸汽	FO	燃料油	WS	废渣
LS	低压蒸汽	GO	填料油	WO	废油
MS	中压蒸汽	LO	润滑油	FLG	烟道气
TS	伴热蒸汽	SO	密封油	CAT	催化剂
SC	蒸汽冷凝水	HO	导热油	AD	添加剂
BW	锅炉给水	AG	气氨	AG	气氨
CSW	化学污水	AL	液氨	AL	液氨
CWR	循环冷却水回水	ERG	气体乙烯或乙烷	AW	氨水
CWS	循环冷却水上水	ERL	液体乙烯或乙烷	CG	转化气
DNW	脱盐水	FRG	氟利昂气体	NG	天然气
DW	自来水、生活用水	PRG	气体丙烯或丙烷	SG	合成气
FW	消防水	PRL	液体丙烯或丙烷	TG	尾气
HWR	热水回水	RWR	冷冻盐水回水		
HWS	热水上水	RWS	冷冻盐水上水		

表 11-3　管道材质类别（摘自 HG/T 20519.6—2009）

代号	A	B	C	D	E	F	G	H
材质类别	铸铁	碳钢	普通低合金钢	合金钢	不锈钢	有色金属	非金属	衬里及内防腐

管道等级代号由三个单元组成，如图 11-8（c）所示。第一单元为管道的公称压力等级代号，用大写拉丁字母表示，A～G 用于 ASME 标准压力等级代号，H～Z 用于国内标准压力等级代号（其中 I、J、O、X 不用），见表 11-4。第二单元为管道材料等级顺序号，用阿拉伯数字表示，由 1～9 组成，在压力等级和管道材质类别代号相同的情况下，可以有九个不同系列的管道材料等级。第三单元为管道材质类别代号，见表 11-3。

表 11-4　管道公称压力等级（摘自 HG/T 20519.6—2009）

压力等级(用于国内标准)				压力等级(用于 ASME 标准)	
代号	公称压力	代号	公称压力	代号	公称压力
H	0.25MPa	R	10.0MPa	A	150lb(2MPa)
K	0.6MPa	S	16.0MPa	B	300lb(5MPa)
L	1.0MPa	T	20.0MPa	C	400lb
M	1.6MPa	U	22.0MPa	D	600lb(11MPa)
N	2.5MPa	V	25.0MPa	E	900lb(15MPa)
P	4.0MPa	W	32.0MPa	F	1500lb(26MPa)
Q	6.4MPa			G	2500lb(42MPa)

绝热及隔声代号见表 11-5。

表 11-5　绝热及隔声代号（摘自 HG/T 20519.2—2009）

代号	功能类型	备　注	代号	功能类型	备　注
H	保温	采用保温材料	S	蒸汽伴热	采用蒸汽伴管和保温材料
C	保冷	采用保冷材料	W	热水伴热	采用热水伴管和保温材料
P	人身防护	采用保温材料	O	热油伴热	采用热油伴管和保温材料
D	防结霜	采用保冷材料	J	夹套伴热	采用夹套管和保温材料
E	电伴热	采用电热带和保温材料	N	隔声	采用隔声材料

③ 阀门等管件的画法：管道上的管道附件有阀门、管接头、异径管接头、弯头、三通、四通、法兰、盲板等。这些管件可以使管道改换方向、变化口径，可以连通和分流以及调节和切换管道中的流体。

a. 在管道及仪表流程图中，管道附件用细实线按规定的符号在相应处画出。阀门图形符号尺寸一般为长为 6mm、宽为 3mm 或长为 4mm、宽为 2mm，常用阀门图形符号见附表 6-3。其他常用管件的图形符号见附表 6-4。

b. 管道上的阀门、管件要按需要进行标注。当其公称直径同所在管道通径不同时，要注出其尺寸。当阀门两端的管道等级不同时，应标出管道等级的分界线，阀门的等级应满足高等级管的要求。

c. 对于异径管应标注“大端公称直径×小端公称直径”。

④ 仪表控制点的画法与标注。

a. 仪表控制点用符号表示，并从其安装位置引出。符号包括图形符号和字母代号，它们组合起来表达仪表功能、被测变量和测量方法。

b. 检测、显示和控制等仪表的图形符号是一个细实线圆圈，其直径约为 10mm。圈外用一条细实线指向工艺管线或设备轮廓线上的检测点，如图 11-9 所示。表示仪表安装位置的图形符号见表 11-6。

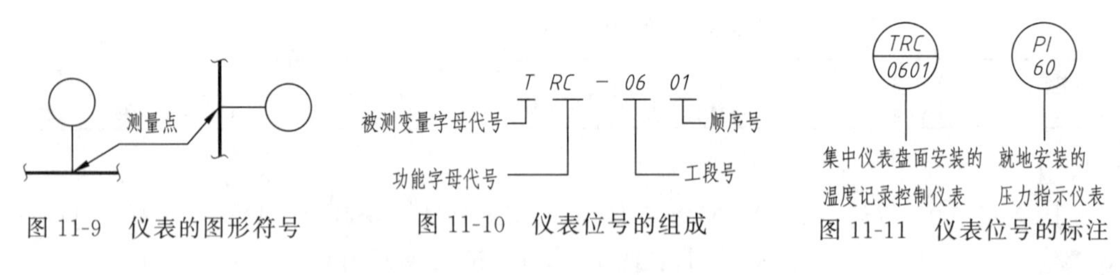

图 11-9　仪表的图形符号　　图 11-10　仪表位号的组成　　图 11-11　仪表位号的标注

表 11-6　表示仪表安装位置的图形符号

安装位置	图形符号	备注	安装位置	图形符号	备注
就地安装仪表			就地仪表盘面安装仪表		
		嵌在管道内	集中仪表盘面后安装仪表		
集中仪表盘面安装仪表			就地仪表盘面后安装仪表		

c. 仪表位号的标注。在检测控制系统中构成一个回路的每个仪表（或元件），都应有自己的仪表位号。仪表位号由字母代号组合与阿拉伯数字编号组成。其中第一位字母表示被测变量，后继字母表示仪表的功能，用两位数字表示工段号，用两位数字表示回路顺序号，如

图 11-10 所示。在施工流程图中，仪表位号中的字母代号填写在圆圈的上半圆中，数字编号填写在圆圈的下半圆中，如图 11-11 所示。被测变量及仪表功能的字母组合示例见表 11-7。

表 11-7　被测变量及仪表功能的字母组合示例

仪表功能	被测变量										
	温度 T	温差 TD	压力或真空 P	压差 PD	流量 F	物位 L	分析 A	密度 D	速率或频率 S	位置 Z	未分类的量 X
指示 I	TI	TDI	PI	PDI	FI	LI	AI	DI	SI	ZI	XI
记录 R	TR	TDR	PR	PDR	FR	LR	AR	DR	SR	ZR	XR
控制 C	TC	TDC	PC	PDC	FC	LC	AC	DC	SC	ZC	XC
报警 A	TA	TDA	PA	PDA	FA	LA	AA	DA	SA	ZA	XA
开关 S	TS	TDS	PS	PDS	FS	LS	AS	DS	SS	ZS	XS
指示、控制	TIC	TDIC	PIC	PDIC	FIC	LIC	AIC	DIC	SIC	ZIC	XIC
记录、报警	TRA	TDRA	PRA	PDRA	FRA	LRA	ARA	DRA	SRA	ZRA	XRA
指示灯 L	TL	TDL	PL	PDL	FL	LL	AL	DL	SL	ZL	XL

⑤ 图幅和附注：工艺管道及仪表流程图一般采用 A1 图幅，横幅绘制，简单的工艺管道及仪表流程图用 A2 图幅，不宜加宽和加长。

附注的内容是对工艺管道及仪表流程图上所采用的除设备外的所有图例、符号、代号的说明。

⑥ 工艺管道及仪表流程图的阅读：由于工艺管道及仪表流程图是设计绘制设备布置图和管道布置图的基础，又是施工安装和生产操作时的参考依据，因此读懂工艺管道及仪表流程图很重要。工艺管道及仪表流程图中给出了物料的工艺流程，以及为实现这一工艺流程所需设备的数量、名称、位号，管道的编号、规格以及阀门和控制点的部位、名称等。阅读工艺管道及仪表流程图的任务就是要把图中所给出的这些信息完全搞清楚，以便在管道安装和工艺操作中做到心中有数。

下面以图 11-6 所示残液蒸馏处理系统的工艺管道及仪表流程图为例，介绍阅读工艺管道及仪表流程图的一般方法和步骤。

a. 看标题栏和图例中的说明。了解所读图样的名称、各种图形符号、代号的意义及管道的标注等。

b. 掌握系统中设备的数量、名称及位号。从图 11-6 中可知，该系统有一台蒸馏釜 R0401 ，一台冷凝器 E0401 ，两台真空受槽 V0408A、V0408B，共有 4 台设备。

c. 了解主要物料的工艺施工流程线。从图 11-6 中可知，在该物料残液蒸馏处理系统中，物料残液从储残槽 V0406 沿 PL0401 管段进入蒸馏釜 R0401，通过夹套内的蒸汽加热，使物料蒸发成为蒸气。为了提高效率，蒸发器内装有搅拌装置。釜中产生的气态物料沿 PG0401-57×3.5B 管进入冷凝器 E0401 冷凝为液体，液态物料沿管 PL0402-32×3.5B 进入真空受槽 V0408B 中，然后通过管 PL0403-32×3.5 到物料储槽 V0409 中。本系统为间断操作，蒸馏釜中蒸馏后留下的物料残渣加水（水由 CWS0401-57×3.5 进入）稀释后，进入蒸馏釜 R0401，再加热生成蒸汽，进入冷凝器 E0401，冷凝后的物料经真空受槽 V0408A，进入物料储槽 V0410。

d. 了解其他物料的工艺施工流程线。从图 11-6 中可知，蒸馏釜 R0401 夹套内的加热蒸汽由蒸汽总管 LS0401 流入夹套内，把热量传递给物料后变成冷凝水从 SC0401 管流走。蒸馏釜 R0401、真空受槽 V0408A、V0408B 上分别装了放空的管子 VT0401-57×3.5B、

VT0402-32×3.5、VT0403-32×3.5B。真空受槽 V0408A、V0408B 的抽真空由与 VE0401-32×3.5B、VE0402-32×3.5B 连接的真空泵 P0402 完成。

e. 了解仪表控制点情况。在真空受槽 V0408A、V0408B 上部，为控制真空排放，在真空排放气管 VE0401-32×3.5B、VE0402-32×3.5B 上有集中仪表盘面安装的压力指示仪表 PI0401、PI0402。在蒸馏釜 R0401 上部，为了控制温度，装有集中仪表盘面安装的温度指示仪表 TI0401。

f. 了解阀门种类、作用、数量等。残液蒸馏处理系统中采用的阀门种类比较单一，共有 15 个不同规格的截止阀。

g. 在现场对照实况读图时，对各种设备、管线，可利用表面标志颜色进行识别。如：红色为消防专用，蓝色为工业空气和仪表空气，黑色为电器电缆，黄色为有毒、腐蚀介质，绿色为水介质，银灰色一般为石化物料或蒸汽，天蓝色是氧气。

11.2 设备布置图

11.2.1 建筑图简介

工艺流程设计所确定的全部设备，必须根据生产工艺的要求和具体情况，在厂房建筑内外合理布置，固定安装，以保证生产的顺利进行。另外厂房建筑设计还要考虑生产辅助设施、相关建筑物、检修场地及各种管道的敷设。

(1) 厂房的结构

厂房属于工业建筑，与民用建筑的功能不同，但其组成部分是相似的。民用建筑的"进深"和"开间"，在厂房建筑中，称为"跨度"和"柱距"。厂房的结构如图 11-12 所示，主要包括：

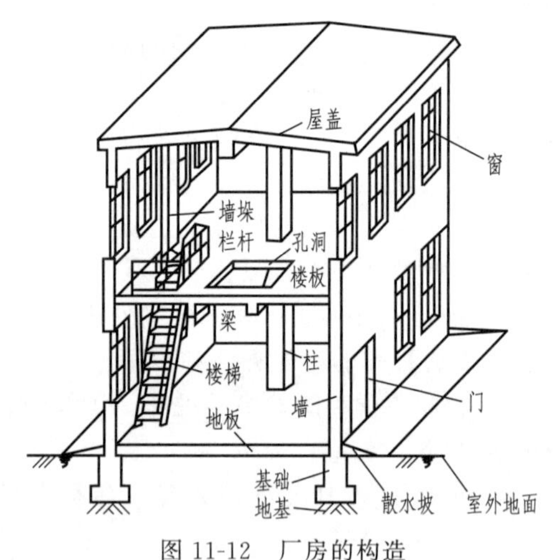

图 11-12 厂房的构造

① 起支撑荷载作用的承重结构，如基础、柱、墙、梁、楼板等。

② 防止外界自然的侵蚀或干扰的围墙结构，如屋面、外墙、雨篷等。

③ 沟通房屋内外与上下的交通结构，如门、走廊、楼梯、台阶、坡道等。

④ 起保护墙身作用的排水结构，如挑檐、天沟、雨水管、勒脚、散水、明沟等。

⑤ 起通风、采光、隔热作用的窗户、天井、隔热层等。

⑥ 起安全和装饰作用的扶手、栏杆、女儿墙等。

(2) 建筑图的视图

建筑图（建筑施工图）是用正投影原理绘制出的、用以指导施工的图样，主要包括总平面图、平面图、立面图、剖面图和构造详图等。图 11-13 是与某厂房建筑图。

① 平面图：建筑平面图是假想用一水平剖切面把房屋的门洞、窗台以上部分切掉并移走，然后向下投射得到的水平剖切俯视图，沿底层切开的称为"底（首）层平面图"，沿二层切开的称"二层平面图"，依此类推，相同楼层共用一个平面图称为"标准层平面图"。

平面图主要表示房屋的平面形状、大小、朝向；各种不同用途房间的内部分隔布置情

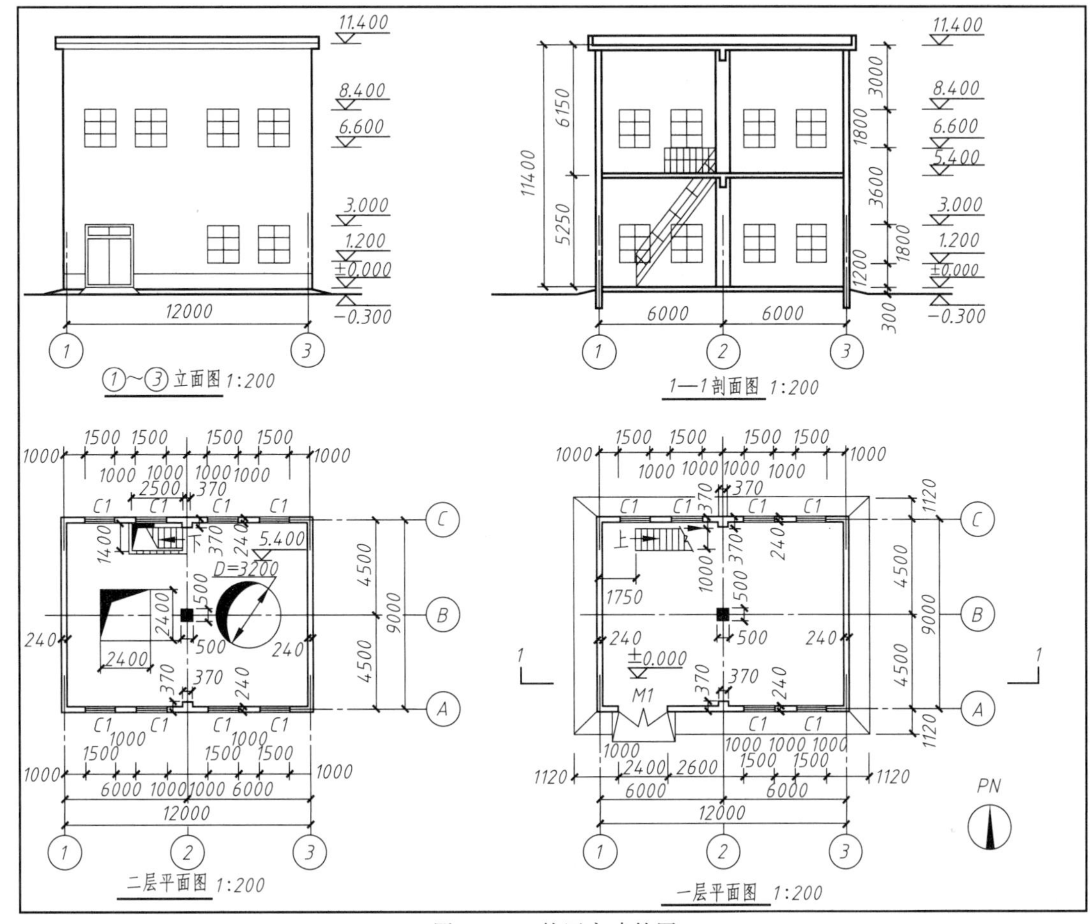

图 11-13 某厂房建筑图

况；内外入口、走道、楼梯等交通联系；墙、柱的位置及门窗类型和位置。

② 立面图：建筑立面图是向平行于房屋某一外墙面的投影面所作的视图，可用定位轴线号来命名，如①～③立面图；也可按方向来确定名称，如南立面图，北立面图。

立面图用于表示房屋外形的长度、高度、层数，门窗的大小、样式、位置、层面形式，台阶、雨篷、阳台、烟囱外墙装修组合等外貌，以及用以推敲建筑立面上的形体比例、装饰、艺术处理等，如图 11-13 所示。

③ 剖面图：建筑剖面图是假想用一个或几个正平面或侧平面，沿铅垂方向把房屋剖开绘制的视图，其位置选择在能反映房屋内部结构特征，或有代表性的复杂部位，并尽量通过门窗、洞口、楼梯通道等部位。

剖面图主要表示房屋内部沿高度方向的结构形式，分层情况和主要承重构件的相互关系及各层梁、板的位置与墙柱的联系、材料及高度等，如图 11-13 所示。

(3) 建筑图的标注

① 定位轴线编号：定位轴线是用来确定房屋的墙、柱和屋架等主要承重构件的位置，以及标注尺寸的基准线，在平面图上的定位轴线需要编号，水平方向的编号采用阿拉伯数字，由左向右依次填写在圆圈内；竖直方向的编号采用大写拉丁字母，由下往上依次注写在圆圈内。在立面图上，只注写墙（两端）的定位轴线编号。

② 平面图尺寸：一般情况下，建筑图的尺寸要注成封闭的，如图 11-14 所示。

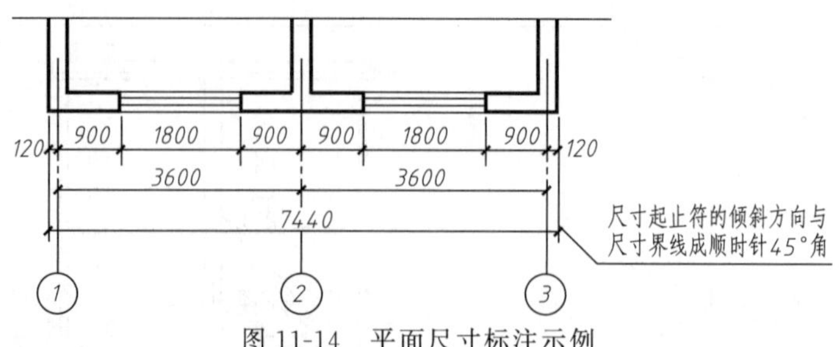

图 11-14 平面尺寸标注示例

平面图尺寸分三道标注：最外面是外包尺寸，表明建筑物总长和总宽；中间是定位轴线尺寸，表明开间和进深的大小；最里一道是表示门窗、孔洞等结构的详细尺寸，如标出设备定位及预留孔洞的定位尺寸，其单位为 mm，只注数字不注尺寸单位。

③ 剖面图尺寸：房屋某一部分的相对高度尺寸，称为标高尺寸。剖面图上只标注地面、楼板面及屋顶面的标高尺寸。标高尺寸以 m 为单位。

④ 注写视图名称和比例：视图的名称和比例，注写在各视图的正下方，如“一层平面图 1∶200”“二层平面图 1∶200”“1—1 剖面图 1∶200”和“①～③立面图 1∶200”。

11.2.2 设备布置图

用来表示设备与建筑物、设备与设备之间的相对位置，并能指导设备安装的图样，称为设备布置图。它是进行管道布置设计、绘制管道布置图的依据。在设计中一般提供下列图样图表：“分区索引图”“设备布置图”以及“设备安装材料一览表”。

(1) 分区索引图

对于联合布置的装置（或小装置）或独立的主项，若管道平面布置图按所选定的比例不

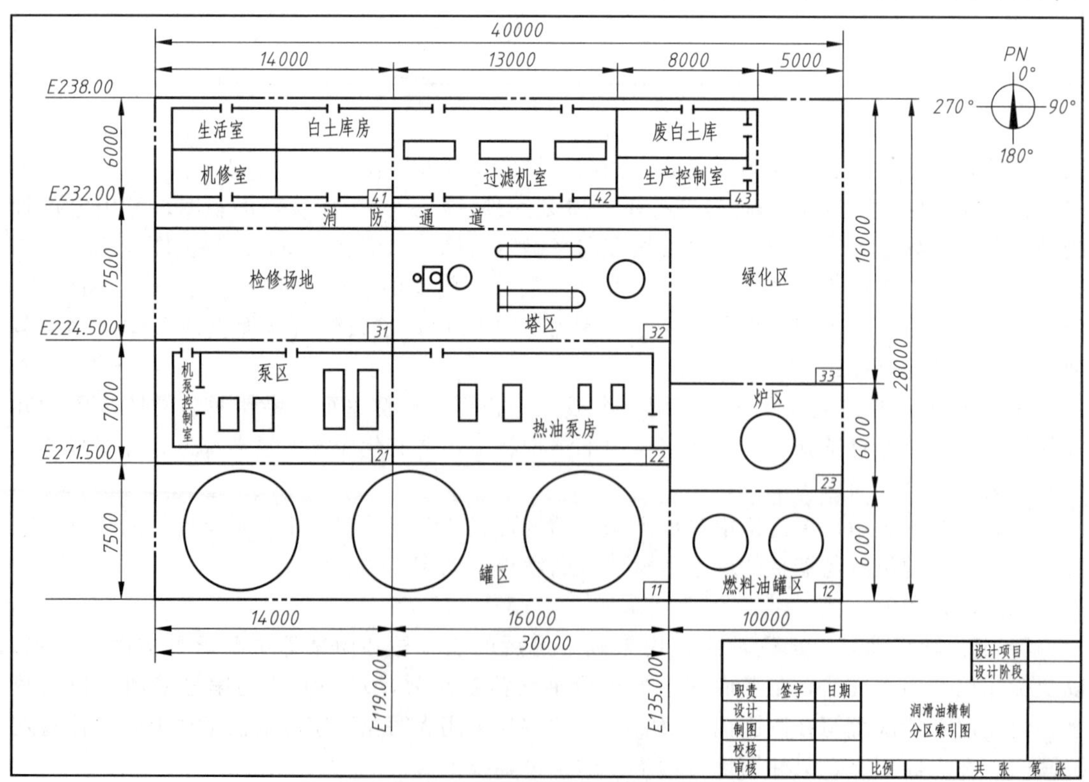

图 11-15 润滑油精制装置分区索引图

能在一张图纸上绘制完成时，需将装置分区进行管道设计。为了了解分区情况，方便查找，应绘制分区索引图。该图可利用设备布置图进行绘制，并作为设计文件之一，发往施工现场。

分区索引图一般以小区为基本单位，将装置划分为若干小区。每一小区的范围，以使该小区的管道平面布置图能在一张图纸上绘制完成为原则。小区数不得超过 90 个。图 11-15 所示为润滑油精制装置分区索引图。

① 画法：利用设备布置图添加分区界线，没分大区而只分小区的分区索引图，分区界线用粗双点画线（线宽 0.6～0.9mm）表示。大区与小区相结合的分区索引图，大区分界线用粗双点画线（线宽 0.6～0.9mm）表示，小区分界线用中粗双点画线（线宽 0.3～0.5mm）表示。

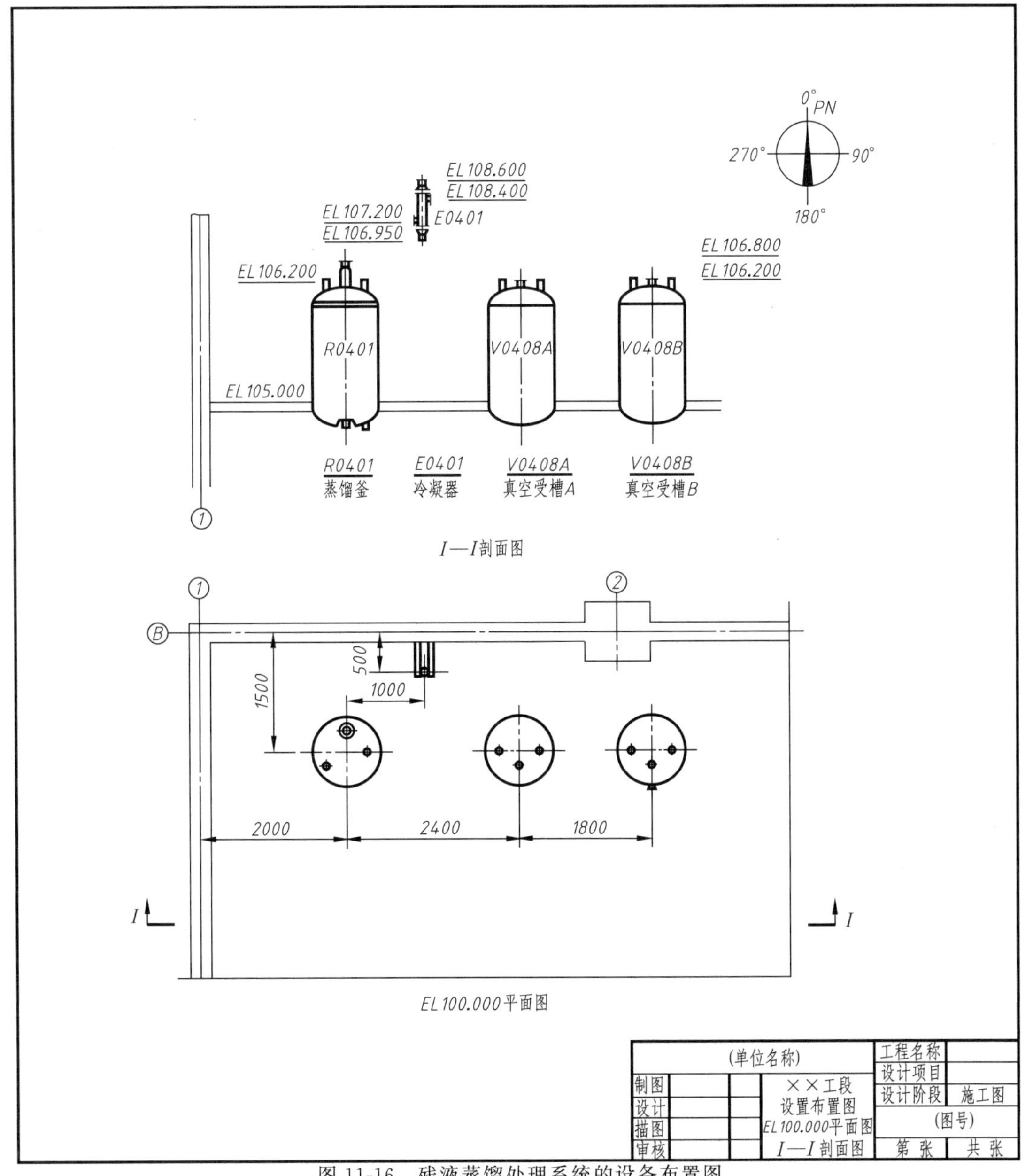

图 11-16　残液蒸馏处理系统的设备布置图

② 编号：小区用两位数进行编号，即按 11、12、13、…、97、98、99 进行编号，其中的十位数为大区号（按 1 区～9 区进行编号），个位数为小区号（按 1 区～9 区进行编号），区号填写在分区界线右下角 16mm×6mm 的矩形方框内。

③ 图样所在区位置表示：在绘制的各小区的设备布置图中，应在图纸的右下方（一般在标题栏上方）绘制缩小的分区索引图，并将该小区所在区域用阴影线表示出来。

④ 图标：在图的右上方绘出方向标。

(2) 设备布置图

设备布置图是根据工艺流程、安全间距、安装操作、经济合理等要求将工艺装置内所需的所有设备排布在适当图幅中。它是指导管道设计和设备安装的重要依据，用以表示设备与建筑物、设备与设备之间的相对位置，并能直接指导设备的安装。设备布置图是化工设计与施工、设备安装、绘制管道布置图的重要技术文件，也是其他专业开展设计的主要依据。图 11-16 所示为某物料残液蒸馏处理系统的设备布置图。

① 设备布置图的内容：从图 11-16 中可以看出，设备布置图一般包括以下几方面内容。

a. 一组视图。视图按正投影法绘制，一般包括平面图和剖面图，用以表示厂房建筑的基本结构和设备在厂房内外的布置情况。

平面图主要表示厂房建筑的方位、占地大小、内部分隔情况，以及与设备安装定位有关的建筑物的结构形状和相对位置。剖面图是在厂房建筑的适当位置上，垂直剖切后绘出的，用来表达设备沿高度方向的布置安装情况。

b. 尺寸和标注。设备布置图中，一般要在平面图中标注与设备定位有关的建筑物尺寸，建筑物与设备之间、设备与设备之间的定位尺寸（不注设备的外形尺寸）；设备的支承点（POS）标高（若有剖面图，可在其剖面图中标注设备支承点或基础的标高）；要在剖面图中标注设备、管口以及设备基础的标高；还要注写厂房建筑定位轴线的编号、设备的名称与位号，以及必要的说明等。

c. 安装方位标。即设计北向标志，是确定设备安装方位的基准，在设备布置平面图的右上角画一个 0°方向与总图的设计北向一致的方向标。设计北以“PN”表示。

d. 标题栏。要注写单位名称、图名、图号、比例、设计者、日期等内容。

② 设备的合理布置：设备布置设计是化工工程设计的一个重要阶段。设备平面布置必须满足工艺、经济及用户要求，还要满足操作、维修、安装、安全、外观等方面的要求。

a. 满足生产工艺要求。设备布置设计中要考虑工艺流程和工艺要求。应按照生产流程顺序和同类设备适当集中的原则进行布置。例如，由工艺流程图中物料流动顺序来确定设备的平面位置，在真空下操作的设备、必须满足重力位差的设备、有催化剂需要置换等要求必须抬高的设备，必须按管道仪表说明图的标高要求布置，与主体设备密切相关的设备，可直接连接或靠近布置等。

b. 符合经济原则。设备布置在满足工艺要求的基础上，应尽可能做到合理布置、节约投资。例如，在满足相关规范的要求下要尽量缩小占地面积，避免管道不必要的往返，减少能耗及操作费用，对贵重及大口径管道要尽可能短，以节省材料和投资费用。应尽量采用经济合理的典型线性布置方式，即装置中央设架空的管廊，管廊下布置泵及检修通道，管廊上方布置空冷器，管廊两侧按流程顺序布置塔、容器、换热器等，压缩机或泵房宜集中布置。

c. 便于操作、安装和检修。设备布置应为操作人员提供良好的操作条件，如操作及检修通道，合理的设备通道和净空高度，必要的平台、楼梯和安全出入口等。设备布置应考虑在安装或维修时有足够的场地、拆卸区及通道。为满足大型设备的吊装，建、构筑物在必要时应设置活梁或活墙。设备的端头和侧面与建、构筑物的间距、设备之间的间距应考虑拆卸和设备维修的需要。建、构筑物内吊装孔的尺寸应满足最大设备外形尺寸（包括设备支耳或支架外缘尺寸）的要求。要考虑吊装孔的共用性，建、构筑物各层楼面的开孔位置要尽量相互对应。要考虑换热器、加热炉等管束抽芯的区域和场地，此区域不应布置管道或设置其他障碍物。应考虑对压缩机等转动设备的零部件的堆放和检修场地。压缩机厂房、泵房应设置起重设备如桥式吊车或单轨吊等。对塔板或塔内部件、填料以及人孔盖应设置吊柱等。

d. 符合安全、卫生的生产要求。设备布置应考虑安全生产要求。在化工生产中，易燃、易爆、高温、有毒的物品较多，其设备、建筑物、构筑物之间距离应符合安全规范要求；火灾危险性分类相近的设备宜集中布置在一起；若场地受到限制，则要求在危险设备的周围设置防火或防爆的混凝土墙，需要泄压的敞开口一侧应对着空地；高温设备与管道应布置在操作人员不能触及的地方或采用保温措施；明火设备要远离泄漏可燃气体的设备，集中布置在装置一侧的上风处（全年最小频率风向的下风向）；较重及振动较大的设备应布置在建、构筑物底层；建筑物的安全疏散门，应向外开启；对承重的钢结构如管廊、框架等应设置耐火保护；装置周围应设置必要的消防和安全疏散通道。

注意环境保护，防止污染物扩散，有毒、易燃、易爆物料不应随意放空、排净，应密闭排放。对生产和事故状态下的污染物排放要有搜集和处理装置或设施。对含有腐蚀性物料的设备应布置在有防腐地面、带有围堰或隔堤的区域。要防止噪声污染，对产生噪声的设备要有隔声、防噪设施，并布置在远离人员密集的区域。

e. 其他。在满足以上要求的前提下，设备布置应尽可能整齐、美观、协调：泵、换热器群排列要整齐；成排布置的塔，人孔方位应一致，人孔的标高尽可能取齐；所有容器或储罐，在基本符合流程的前提下，尽量以直径大小分组排列。

设备布置影响因素较多，稍有不周的细小问题也可能给施工、操作和检修带来不便，甚至引发事故。所以要多学习、观察，综合考虑多方面因素，如环境、污染等，使设备布置更趋合理。

如图 11-16 所示，工艺要求冷凝器 E0401 至真空受液槽 V0408A 和 V0408B 的管线不得有低袋出现，物料应自流到 V0408A 和 V0408B 中，就需要将 E0401 架空，使其物料出口的管口高于 V0408A 和 V0408B 的进料口。为便于 E0401 的支承和避免遮挡窗户，将其靠墙并靠近建筑轴线②附近布置。为满足操作维修要求，各设备之间应留有必要的间距。

③ 设备布置图的画法与标注：绘制设备布置图时，应以工艺施工流程图、厂房建筑图、设备设计条件清单等原始资料为依据。通过这些图样资料，充分了解工艺过程的特点和要求以及厂房建筑的基本结构等。下面简要介绍设备布置图的绘图方法和步骤。

a. 确定视图配置。设备布置图包括平面图和剖面图，如图 11-16 所示。

平面图是表达装置（或厂房）某层上设备布置情况的水平剖视图，它还能表示出建、构筑物的方位、占地大小、分隔情况及与设备安装、定位有关的建、构筑物的结构形状和相对位置。当厂房、框架为多层时，应按楼层或框架不同的标高分别绘制平面图。各层平面图是以上一层的楼板底面水平剖切的俯视图。平面图可以绘制在一张图纸上，或分区绘制在不同的图纸上。在同一张图纸上绘制几层平面图时，应从最底层平面图开始，在图中由下至上或由左至右按层次顺序排列，并在图形下方注明“EL ×××.×××平面”。

当平面图可以清楚地表示出设备和建、构筑物等的位置、标高时，可不需再绘制剖面图。但对于比较复杂的装置或有多层构筑物的装置，则应绘制设备布置剖面图。剖面图是假想用一平面将厂房建筑物沿垂直方向剖开后投影得到的立面剖面图，用来表达设备沿高度方向的布置安装情况。画剖面图时，规定设备按不剖绘制，其剖切位置及投影方向应按《建筑制图标准》规定在平面图上标注清楚，并在剖面图的下方注明相应的剖面名称。平面图和剖面图可以绘制在同一张图上，也可以单独绘制。平面图与剖面图画在同一张图上时，应按剖切顺序由左到右、由上而下排列；若分别画在不同图纸上，可利用剖切符号的编号和剖面图名称是相同的罗马数字或拉丁字母这一关系找到剖切位置及剖面图。

设备布置图图面应布局合理、整洁、美观。整个图形应尽量布置在图纸中心位置，详图表示在周围空间。一般情况下，图形应与图纸左侧及顶部边框线留有70mm的净空距离。在标题栏的上方不宜绘制图形，应依次布置缩制的分区索引图、设计说明、设备安装材料一览表等，如图11-17所示。

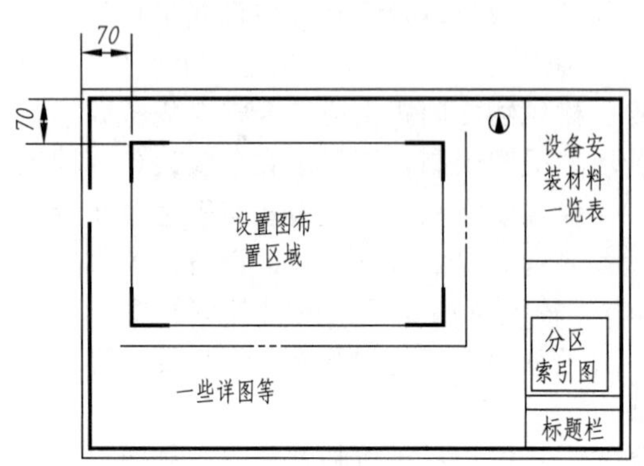

图11-17　设备布置图的图面布置

b. 选定比例与图幅。设备布置图一般采用A1图幅，需要时也可采用A0图幅或其他图幅。应避免采用加长和加宽的图幅。

绘图比例视装置界区的大小和规模而定，常采用1∶100，也可采用1∶200或1∶50。在各种图面信息表示清晰的前提下，不得任意选用大比例。对于大型装置（或主项），需要进行分段绘制设备布置图时，必须采用统一的比例。

c. 绘制设备布置平面图

ⓐ 用细点画线画出建筑物的定位轴线，再用细实线画出房屋建筑（厂房）的平面图，以及表示厂房基本结构的墙、柱、门、窗、楼梯等。

ⓑ 用细点画线画出设备的中心线，用粗实线画出设备、支架、基础、操作平台等的基本轮廓。若有多台规格相同的设备，可只画出一台，其余则用粗实线简化画出其基础的轮廓投影。

ⓒ 标注厂房定位轴线编号和定位轴线间的尺寸，标注设备基础的定形和定位尺寸，注出设备位号和名称（应与工艺流程图一致）。

d. 绘制剖面图。剖面图应完全、清楚地反映出设备与厂房高度方向的位置关系，在充分表达的前提下，剖面图的数量应尽可能少。

ⓐ 用细实线画出厂房剖面图。与设备安装定位关系不大的门、窗等构件，以及表示墙体材料的图例，在剖面图上则一概不予表示。

ⓑ 用粗实线画出设备的立面图（被遮挡的设备轮廓一般不予画出）。

ⓒ 标注厂房定位轴线和定位轴线间的尺寸；标注厂房室内外地面标高（一般以底层室内地面为基准，作为零点进行标注，单位为m，取小数点后三位，高于基准相加，低于基准相减）；标注厂房各层标高；标注设备基础标高；必要时标注各主要管口中心线、设备最高点等标高；注写设备位号和名称。

ⓓ 设备高度方向的尺寸以标高来表示。设备布置图中一般要注出设备、设备管口等的标高。标高标注在剖面图上，其基准一般选择厂房首层室内地面，以确定设备基础面或设备中心线的高度尺寸。标高以m为单位，数值取至小数点后三位，地面设计标高为EL100.000。

在设备中心线的上方标注设备位号，下方标注支承点的标高（如POS EL×××.×××）或主轴中心线的标高（如℄EL×××.×××）。

通常，卧式换热器、卧式罐槽以中心线标高表示（℄EL ×××.×××）；立式换热器、板式换热器以支承点标高表示（POS EL×××.×××）；反应器、塔和立式罐槽以支承点标高表示（POS EL×××. ×××）；泵、压缩机以主轴中心线标高（℄EL ×××. ×××）或以底盘底面标高（即基础顶面标高）表示（POS EL×××. ×××）；对管廊、管架则应注出架顶的标高（TOS EL×××. ×××）；对于一些特殊设备，如有支耳的以支承点标高表示，无支耳的卧式设备以中心线标高表示，无支耳的立式设备以某一管口的中心线标高表示。

ⓔ 剖面图的标注。剖面图名称规定用 $A—A$、$B—B$、$C—C$ 等大写拉丁字母或 $I—I$、Ⅱ—Ⅱ、Ⅲ—Ⅲ等罗马数字形式表示。

e. 绘制方位标。方位标由细实线画出的直径为 20mm 的圆圈及水平、垂直的两轴线构成，并分别在水平、垂直等方位上注以 0°、90°、180°、270°等字样，如图 11-13 中右上角所示。一般采用建筑北向（以“PN”表示）作为 0°方位基准。该方位一经确定，凡必须表示方位的图样（如管口方位图、管段图等）均应统一。

f. 制作设备安装材料一览表。设备安装材料一览表应将设备的位号、名称、基础标高、数量及安装材料的名称、规格、标准号、性能等级、材质、数量、单位等列表说明，应单独制表在设计文件中附出。一般设备布置图中可不列出。设备安装材料一览表的格式见图 11-18。

序号	设备位号	设备名称	设备基础标高	设备数量(台/只)	安装材料							
					名称	规格	标准号	性能等级	材质	单位	数量	备注
1	R0401	蒸馏釜	5	1								
2	E0401	冷凝器	6.95	1								
3	V0408A	真空受槽A	5	1								
4	V0408B	真空受槽B	5	1								

项目名称			设计			公司(院)		设备安装材料一览表		
设计工段			校核							
设计阶段		20　年	审核			图 号		第 版	第 页	共 页

图 11-18　设备安装材料一览表的格式

设备安装材料一览表应按设计工段进行填写。对于设备安装中需要的安装材料均应填写设备安装材料一览表，安装材料包括地脚螺栓、六角螺栓、单头螺柱、双头螺柱、螺母、垫圈、弹簧垫圈、垫板等。对于土建已经预埋的设备地脚螺栓，可以不再填入设备安装材料一览表。对于随设备配套供应的地脚螺栓，可以只填数量，不填规格和其他要求，但应在备注栏内注明“配套”两字。地脚螺栓、螺栓、螺柱、螺母、垫圈、弹簧垫圈标记方法均按 GB 1237 规定执行。地脚螺栓、螺栓、螺柱、螺母的力学性能等级按 GB 3098.1 规定执行。

填写排序应按设备一览表中的设备位号顺序，一般可按设备位号的设备类别代号英文字母和同类设备顺序号中的先后顺序进行填写。

g. 完成图样。注出必要的说明，填写标题栏，检查、校核，最后完成图样。

④ 设备布置图的阅读　设备布置图主要关联两方面的知识：一是厂房建筑图的知识，二是与化工设备布置有关的知识。它与化工设备不同，阅读设备布置图不需要对设备的零部件投影进行分析，也不需要对设备定形尺寸进行分析。它主要解决设备与建筑物结构、设备间的定位问题。阅读设备布置图的步骤如下。

a. 明确视图关系。根据流程图，了解基本工艺过程，通过分区索引图了解设备分区情况，以及设备占用建筑物和相关建筑的情况。

设备布置图由一组平面图和剖面图组成，这些图样不一定在一张图纸上。看图时要清点设备布置图的张数，明确各张图上平面图和剖面图的配置，进一步分析各剖面图在平面图上的剖切位置，弄清各个视图之间的关系。

如图 11-16 所示，蒸馏系统设备布置图包括一平面图和一剖面图。平面图表达了各个设备的平面布置情况：蒸馏釜 R0401 和真空受槽 V0408A、V0408B 布置在距Ⓑ轴 1500mm，距①轴分别串联为 2000mm、2400mm、1800mm 的位置上；冷凝器 E0401 位置距Ⓑ轴 500mm，距蒸馏釜 1000mm。剖面图表达了室内设备在立面上的位置关系，剖面图的剖切位置很容易在平面图上找到（*I*—*I* 处），蒸馏釜与真空受槽 V0408A 和 V0408B 布置在标高为 5m 的楼面上，冷凝器布置在标高为 6.95m 处。

b. 看懂建筑结构。阅读设备布置图中的建筑结构主要是以平面图、剖面图分析建筑物的层次，了解各层厂房建筑的标高，每层中的楼板、墙、柱、梁、楼梯、门、窗及操作平台、坑、沟等结构情况，以及它们之间的相对位置。由厂房的定位轴线间距可得厂房大小。

从图 11-16 中可以看出，厂房轴线间距为 4400～6200mm，总长超过 6200mm，总宽大于 1500mm。

c. 掌握设备布置情况。先从设备安装材料一览表了解设备的种类、名称、位号和数量等内容，再从平面图、剖面图中分析设备与建筑结构、设备与设备的相对位置及设备的标高。

读图的方法是根据设备在平面图和剖面图中的投影关系、设备的位号，明确其定位尺寸，即在平面图中查阅设备的平面定位尺寸，在剖面图中查阅设备高度方向的定位尺寸。平面定位尺寸基准一般是建筑定位轴线，高度方向的定位尺寸基准一般是厂房室内地面，从而确定了设备与建筑结构、设备与设备的相对位置。

如图 11-16 所示，设备蒸馏釜 R0401 布置在平面图的左前方，平面定位尺寸是 2000mm 和 1500mm。根据投影关系和设备位号很容易在 *I*—*I* 剖面图的左下方找到相应的投影。蒸馏釜 R0401 与真空受槽 V0408A、V0408B 并排安装在标高为 5m 的楼面基础上。其他各层平面图中的设备都可按此方法进行阅读。在阅读过程中，可参考有关建筑施工图、工艺流程图、管道布置图以及其他的设备布置图以确认读图的准确性。

11.3 管道布置图

11.3.1 管道的图示方法

管道布置图又称配管图，主要表达管道及其附件在厂房建筑物内外的空间位置、尺寸和规格，以及与有关机器、设备的连接关系。配管图是管道安装施工的重要技术文件。

（1）管道的规定画法

① 管道的表示法：在管道布置图中，公称通径（*DN*）大于或等于 400mm（或 16in）的管道，用双线表示，小于或等于 350mm（或 14in）的管道用单线表示。如果在管道布置图中，大口径的管道不多时，则公称通径（*DN*）大于或等于 250mm（或 10in）的管道用双线表示，小于或等于 200 mm（或 8in）的管道，用单线表示，如图 11-19 所示。

在管道中断处画上断裂符号。当地下管道与地上管道合画在一张图时，地下管道用虚线（粗线）表示，预定要设置的管道和原有的管道用双点画线表示。

在管线适当位置用箭头表示物料的流向（双管线箭头画在中心线上）。

② 管道弯折的表示法：向上弯折 90°角的画法，如图 11-20（a）所示；向下弯折 90°角

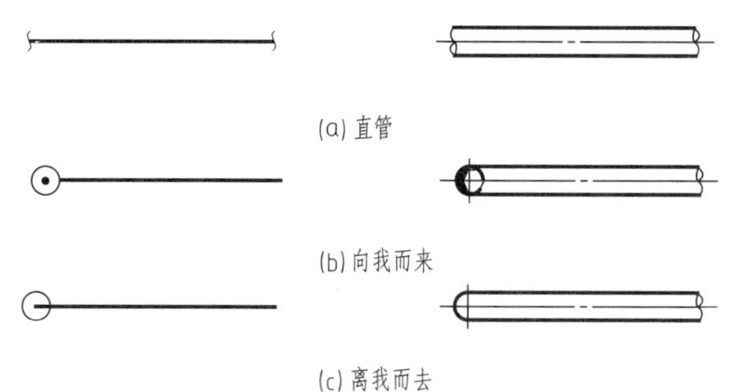

图 11-19　管道的表示法

的管道画法，如图 11-20（b）所示；大于 90°角的弯折管道，如图 11-20（c）所示。二次弯折的管道，如图 11-20（d）、(e）所示。

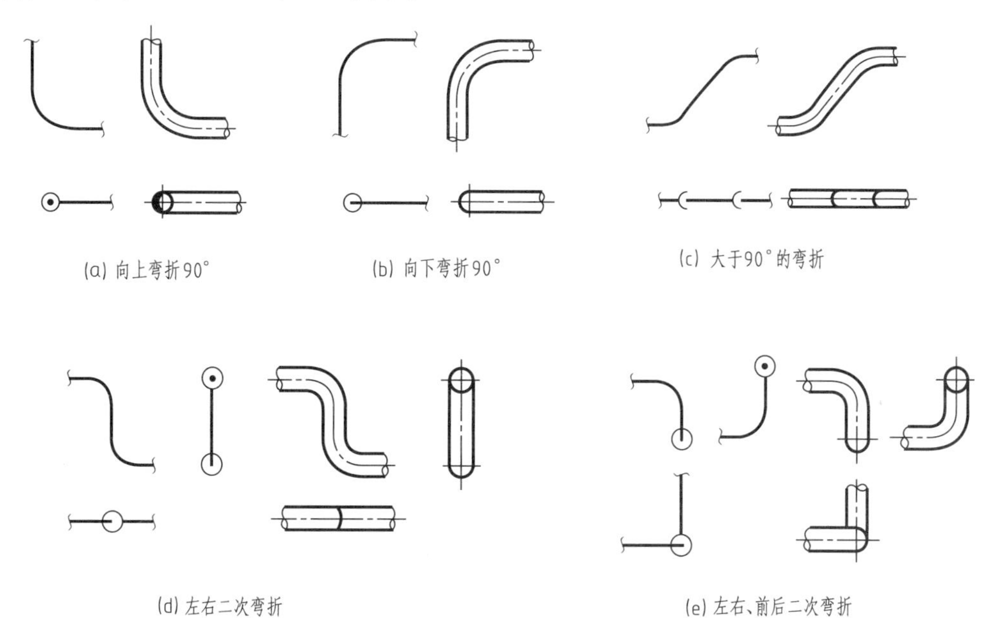

图 11-20　管道弯折的表示法

③ 管道交叉的表示法：当管道交叉时，一般表示方法如图 11-21（a）所示。若需要表

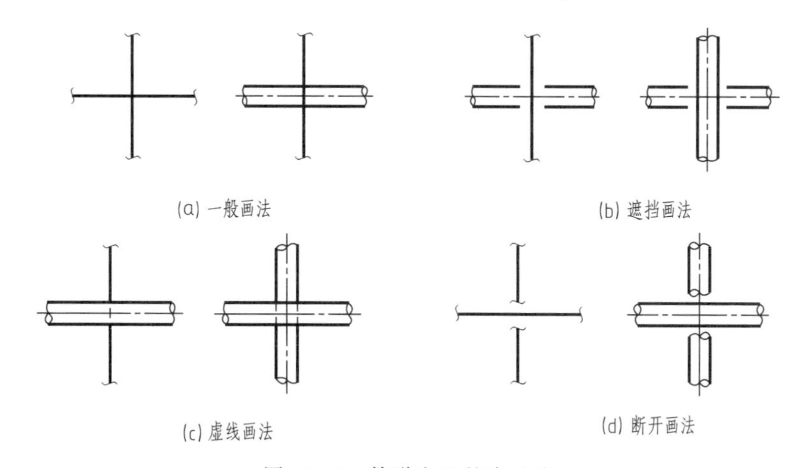

图 11-21　管道交叉的表示法

示两管道的相对位置时，将下面（后面）被遮盖部分的投影断开，如图 11-21（b）所示；或将下面（后面）被遮盖部分的投影用虚线表示，如图 11-21（c）所示；也可将上面的管道投影断裂表示，如图 11-21（d）所示。

④ 管道重叠的表示法：当管道投影重合时，将前面（或上面）可见管道的投影断裂表示，不可见管道的投影则画至重影处（稍留间隙），如图 11-22（a）所示。当少于四条管道的投影重合时，可以用断裂符号数量加以区别，如图 11-22（b）所示。当多条管道投影重合时，可在管道投影断裂处，注上相应的小写字母加以区分，如图 11-22（d）所示。当管道转折后投影重合时，将后面（或下面）的管道画至重影处，并稍留间隙，如图 11-22（c）所示。

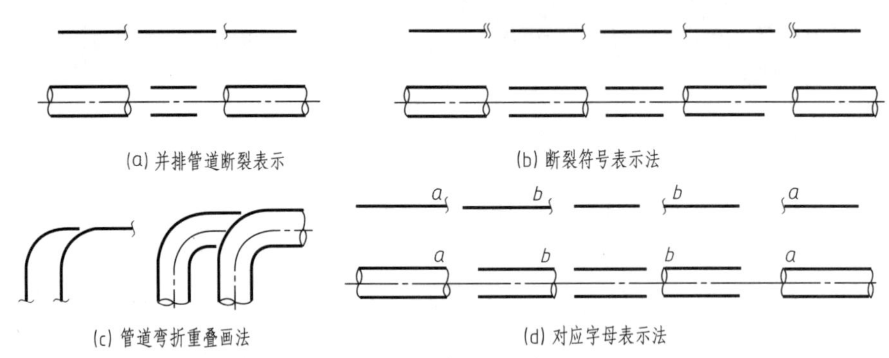

(a) 并排管道断裂表示　(b) 断裂符号表示法

(c) 管道弯折重叠画法　(d) 对应字母表示法

图 11-22　管道重叠的表示法

⑤ 管道连接的表示法：当两段直管相连时，根据连接的形式不同，其画法也不同。常见的连接形式有法兰连接、螺纹连接、承插连接和对焊连接，画法见图 11-23。当管道三通连接时，可能形成三个不同方向的视图，其画法见图 11-24。

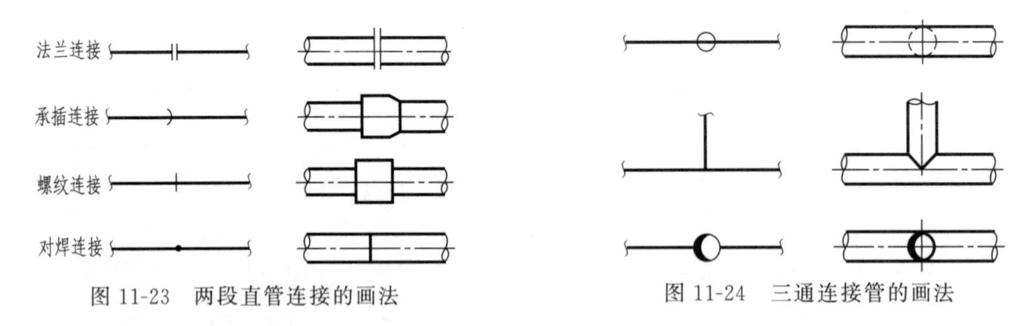

图 11-23　两段直管连接的画法　　图 11-24　三通连接管的画法

⑥ 管件、管件与管道连接的表示法：管道中的其他附件，如弯头、三通、四通、异径管、法兰、软管等管道连接件，简称管件。管道与管件连接的表示法，见附表 6-5。

（2）管架的编号和管架的表示方法

① 管架的表示法：管道是利用各种形式的管架安装并固定在建筑或基础之上的。管架的形式和位置在管道平面图上用符号表示，其中表示管托的圆圈直径为 5mm，如图 11-25（a）所示。

② 管架的编号：管架的编号由五部分内容组成，标注的格式如图 11-25（b）所示。

管架类别和管架生根部位的结构，用大写英文字母表示，见表 11-8。

管廊及外管上的通用型托架，仅注明导向架及固定架的编号，凡未注编号、仅有管架图例者均为滑动管托。管廊及外管上的通用型托架编号与其他支架不同，通用型托架编号均省去区号和布置图尾号，余下两位数字的序号如下：

GS-01 表示无管托的导向架在钢结构上；
GS-11 表示有管托的导向架在钢结构上；
AS-01 表示无管托的固定架在钢结构上；
AS-11 表示有管托的固定架在钢结构上。

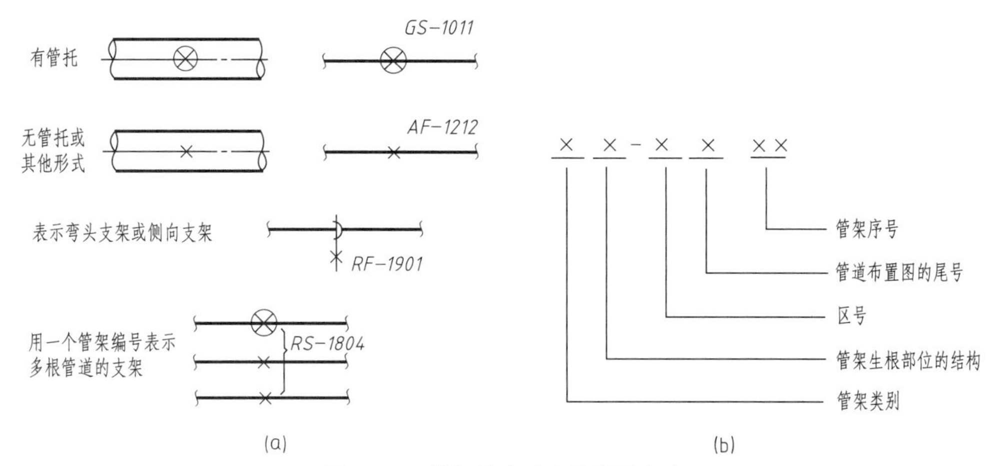

图 11-25　管架的表示法及编号方法

表 11-8　管架类别和管架生根部位的结构（摘自 HG/T 20519.4—2009）

管架类别					
代号	类　别	代号	类　别	代号	类　别
A	固定架	H	吊架	E	特殊架
G	导向架	S	弹性吊架	T	轴向限位架
R	滑动架	P	弹簧支架		
管架生根部位的结构					
代号	结　构	代号	结　构	代号	结　构
C	混凝土结构	S	钢结构	W	墙
F	地面基础	V	设备		

（3）阀门和传动结构的组合表示法

阀门在管道中用来调节流量、切断或切换管道，对管道起安全、控制作用。其规定符号与工艺流程图的画法相同，常用的阀门图形符号见附表 6-3。常用的传动结构符号如图 11-26（a）所示。阀门和传动结构符号的组合方式如图 11-26（b）所示。

阀门与管道的连接画法如图 11-27 所示。

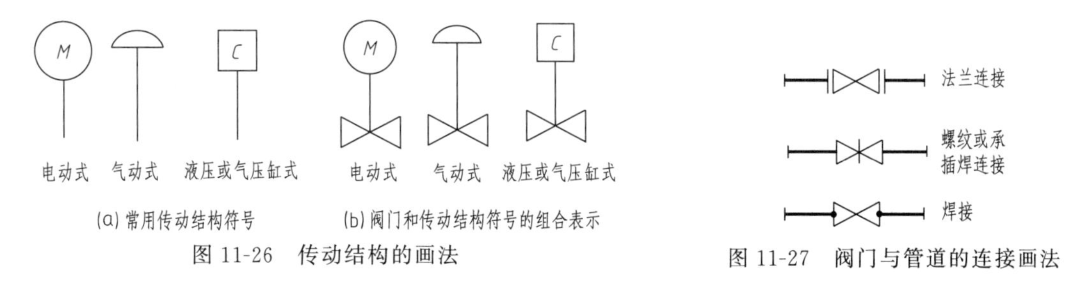

图 11-26　传动结构的画法

图 11-27　阀门与管道的连接画法

各种阀门在管道中的安装方位应在管道中画出，其画法见表 11-9。

表 11-9 阀门在管道布置图中的视图图例（摘自 HG/T 20519.4—2009）

阀门名称	主视图	俯视图	左视图	轴测图
闸阀	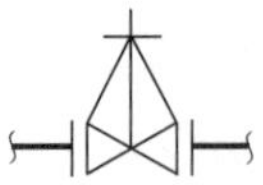			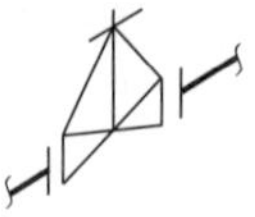
截止阀	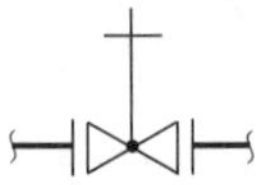			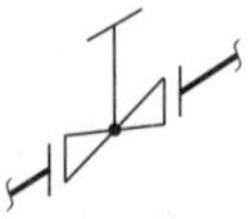
角阀	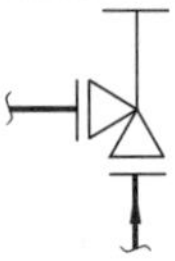	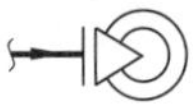		
节流阀	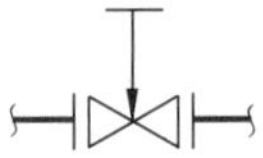			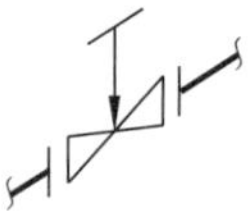
球阀	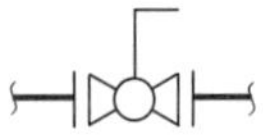			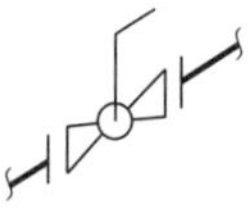
三通球阀		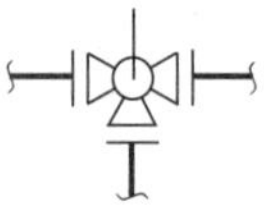	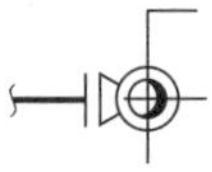	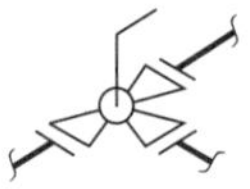
旋塞阀	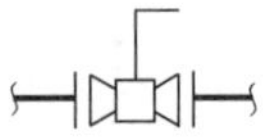			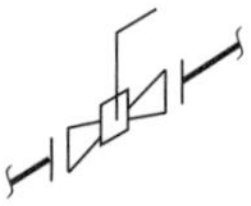
止回阀				
疏水阀				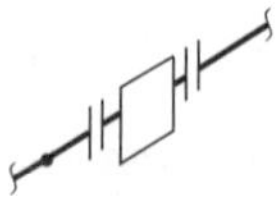

11.3.2 管道布置图的内容

管道布置图又称管道安装图或配管图，主要表达车间或装置内管道和管件、阀、仪表控制点的空间位置、尺寸和规格，以及与有关机器、设备的连接关系。管道布置图是管道安装施工的重要依据。图 11-28 所示为某工段管道布置图。管道布置图一般包括以下内容。

① 一组视图：视图按正投影法绘制，包括一组平面图和剖面图，用以表达整个车间（装置）的建筑物和设备的基本结构以及管道、管件、阀门、仪表控制点等的安装、布置情况。

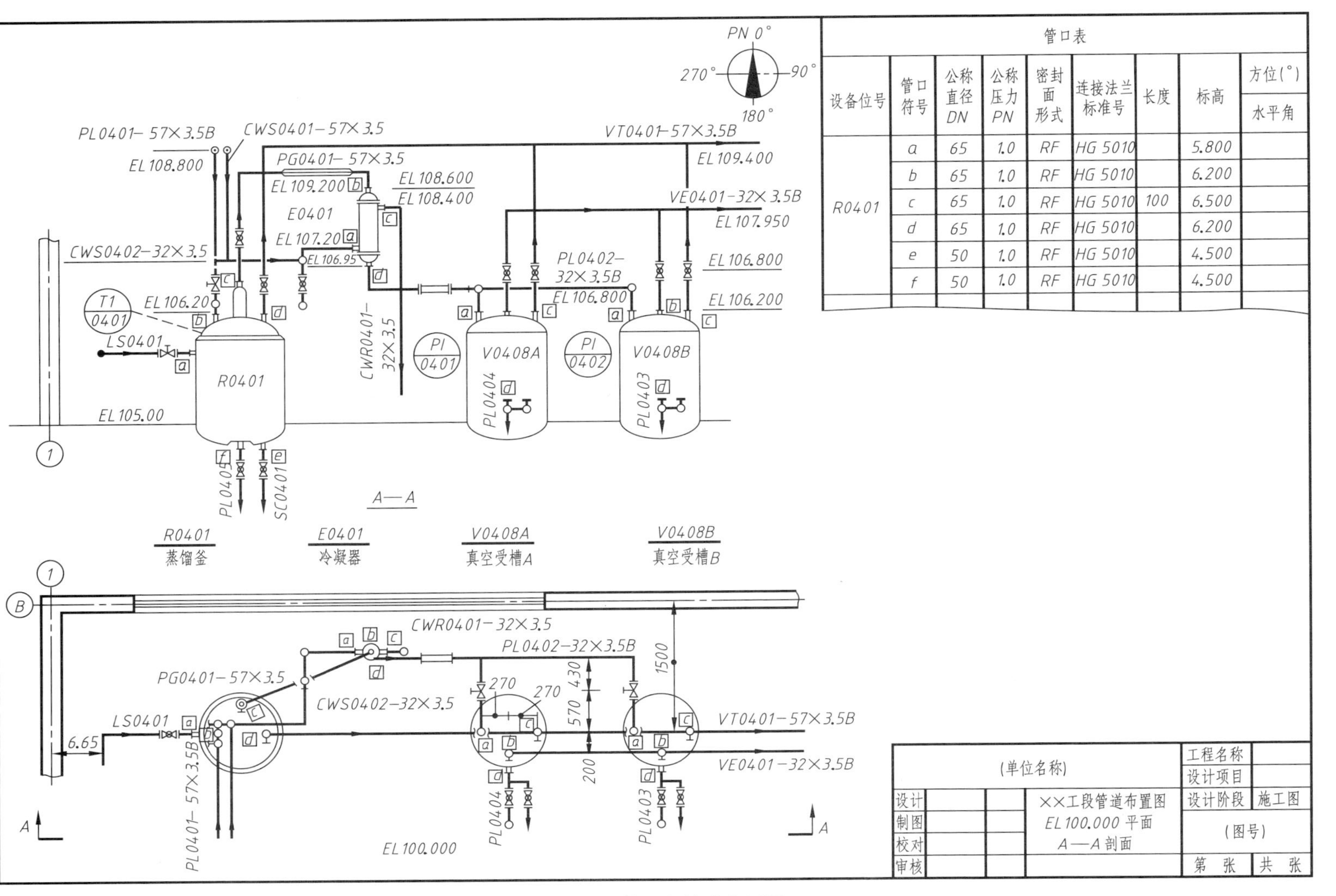

设备位号	管口符号	公称直径DN	公称压力PN	密封面形式	连接法兰标准号	长度	标高	方位(°) 水平角
R0401	a	65	1.0	RF	HG 5010		5.800	
	b	65	1.0	RF	HG 5010		6.200	
	c	65	1.0	RF	HG 5010	100	6.500	
	d	65	1.0	RF	HG 5010		6.200	
	e	50	1.0	RF	HG 5010		4.500	
	f	50	1.0	RF	HG 5010		4.500	

图 11-28　某工段管道布置图

② 尺寸和标注：管道布置图中，一般要标注出管道以及有关管件、阀、仪表控制点等的平面位置尺寸和标高；并标注建筑物的定位轴线编号、设备名称及位号、管段序号、仪表控制点代号等。

③ 管口表：位于管道布置图的右上角，填写该管道布置图中的设备管口。

④ 分区索引图：在标题栏上方画出缩小的分区索引图，并用阴影线在其上表示本图所在的位置。

⑤ 方向标：表示管道安装方位基准的图标，一般放在图面的右上角。

⑥ 标题栏：注写图名、图号、比例、设计阶段等。

11.3.3 管道布置图的画法与标注

(1) 管道布置图的绘制原则

管道布置将直接影响工艺操作、安全生产、输出介质的能量损耗及管道的投资，同时也存在管道布置美观的问题。现简要介绍合理布置管道的一些原则及应考虑的问题。

① 物料因素：对易燃、易爆、有毒及腐蚀性的物料管道应避免敷设在生活间、楼梯和走廊处，并应配置安全装置（如安全阀、防爆膜及阻火器等），其放空管要引至室外指定地点，并符合规定的高度。腐蚀性强的物料管道，应布置在平行管道的外侧或下方，以防泄漏时腐蚀其他管道。冷、热管道应分开布置，无法避开时，热管在上，冷管在下。管外保温层表面的间距，在上下并行时不少于 0.5m，交叉排列时不少于 0.25m。

为了防止停工时物料积存在管内，管道设计时一般应有坡度。对坡度有要求的管道，应标注坡度（代号为 i）和坡向，如图 11-29 所示。对于坡度和坡向无明确规定的管道，可将敷设坡度定为 2/1000，坡向朝着便于流体流动和排放的方向。

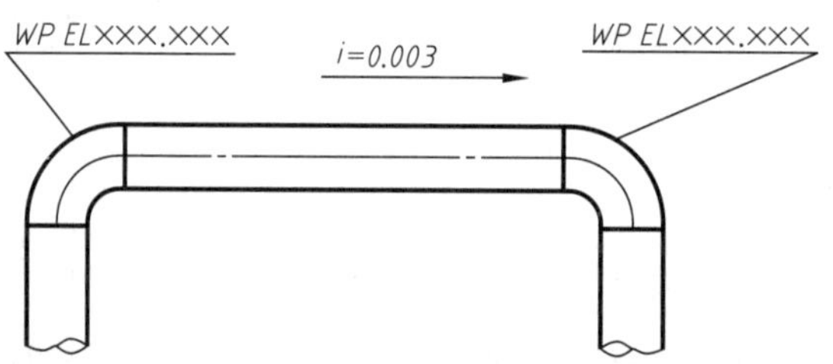

图 11-29　管道坡度及坡向的标注

② 便于操作及安全生产：管道布置的空间位置不应妨碍设备的操作，如设备的人孔、手孔的前方不能有管道通过，以免影响其正常使用。阀门要安装布置在便于操作的部位，对操作时频繁使用的阀门，应按操作的顺序依次排列。不同物料的管道及阀门，可涂刷不同颜色的油漆加以区别。容易开错的阀门，相互要拉开间距布置，并在明显处加以明确的标志。管道和阀门的重量，不要支承在设备上。

距离较近的两设备之间，管道一般不应直连，如图 11-30 (a) 所示。因垫片不易配准，难以紧密连接，且会因热胀冷缩而损坏设备。建议用波形伸缩器或采用 45°斜接和 90°弯连接，如图 11-30 (b)～(d) 所示。

不同材料的管道与管架之间（如不锈钢管与碳钢管架），不应直接接触，以防止电化学腐蚀。管道通过楼板、屋顶、墙壁或裙座时，应安装一个直径较大的管套，管套两端伸出 50mm 左右。管道的敷设，要避免通过电动机、配电盘、仪表盘的上空，以防止管道中介质的跑、冒、滴、漏造成事故。

此外，对于管道上的温差补偿装置、管架的间距、管子在管架上的固定端及活动端分布等问题，都要给予充分考虑和注意，还应顾及电缆、照明、仪表、暖风等其他管道。

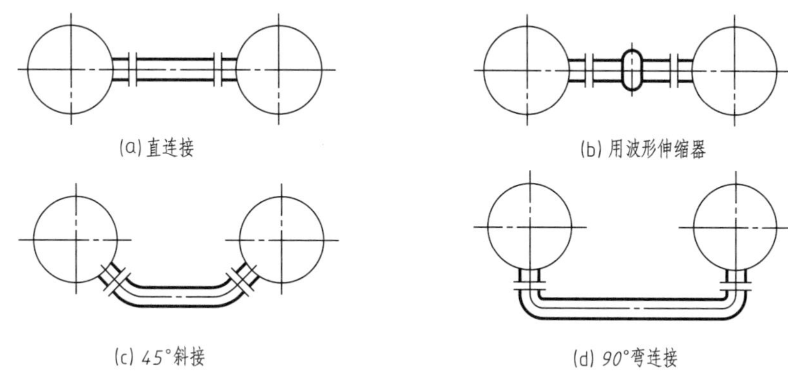

图 11-30 两设备较近时的管道连接

③ 考虑施工、操作及维修方便：对敷设集中的并行管道，应将较重的管道布置在管架的支承部位，将支管及管件较多的管道安排在并行管的外侧。引出支管时，如是气体管或蒸汽管要从管上方引出，液体管则在管下方引出。有可能时管道要集中布置，共用管架。除了进行温差补偿需要外，管道应尽量走直线，且不应妨碍交通、门窗、设备使用及维修。在行走的过道地面至 2.2m 的空间，也不应安装管道。管道应避免出现“气袋”、“口袋”或“盲肠”，如图 11-31 所示。

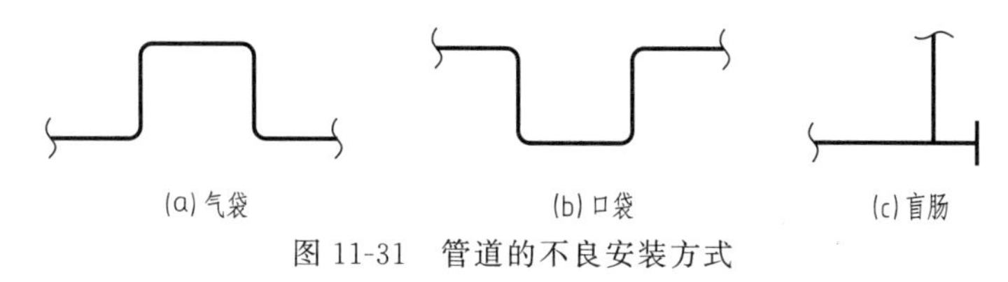

图 11-31 管道的不良安装方式

管道应集中并架空布置，应尽量沿厂房墙壁安装，管道与墙壁间应能容纳管件、阀门等，同时也要考虑方便维修。

(2) 管道布置图的画法

① 确定表达方案：绘制管道布置图应以管道及仪表流程图和设备布置图为依据。管道布置图一般只绘制平面布置图。当平面布置图中局部表达不清时，可绘制剖视图或轴测图，该剖视图或轴测图可画在管道平面布置图边界线以外的空白处，或画在单独的图纸上。

对于多层建筑物、构筑物的管道平面布置图，应按层次绘制。如果在同一张图纸上绘制几层平面图时，应从最低层起、在图纸上由下至上或由左至右依次排列，并在各平面图下方分别注明“EL100.000 平面”“EL×××.×××平面”等。

② 确定比例、选择图幅、合理布局：表达方案确定以后，再确定恰当的比例和选择合适的图幅，便可进行视图的布局。

③ 绘制视图：作图步骤大致如下。

a. 画厂房平面图。为突出管道的布置情况，厂房平面图用细实线画出。建筑物或构筑物应按比例、根据设备布置图画出柱、梁、楼板、门、窗、操作台、楼梯等。

b. 设备平面布置。用细实线按比例以设备布置图所确定的位置，画出设备的简单外形（应画出中心线和管口方位）和基础、平台、楼梯等的平面布置图。

c. 按流程顺序和管道布置原则及管道线型的规定，画出管道平面布置图。

d. 画出管道上的阀门、管件、管道附件等。

e. 用直径为 10mm 的细实线圆圈，表示管道上的检测元件（压力、温度、取样等），圆圈内按管道及仪表流程图中的符号和编号填写。

(3) 管道布置图的标注

在管道布置图中，需标注设备、管道的标高及建筑物的尺寸。

标准规定，基准地面的设计标高为 EL100.000 (m)，高于基准地面往上加，低于基准地面往下减。例如，EL112.500，即比基准地面高 12.5 m；EL99.000，即比基准地面低 1m。

管道布置图中的标高以米 (m) 为单位，小数点后取三位数，至毫米 (mm) 为止；管子公称通径 *DN* 及其尺寸一律以毫米 (mm) 为单位，只注数字，不注单位。

① 建筑物：在管道布置图上，要标注建、构筑物柱网轴线编号及柱距尺寸或坐标；标注地面、楼面、平台面、吊车的标高；标注电缆托架、电缆沟及仪表电缆槽、架的宽度和底面标高，以及就地电气、仪表控制盘的定位尺寸；标注吊车梁定位尺寸、梁底标高、荷载或起重能力；对管廊应标注柱距尺寸 (或坐标) 及各层的顶面标高。

② 设备：在管道布置图上，按设备布置图标注所有设备的定位尺寸或坐标、基础面标高；对于卧式设备还需注出设备支架位置尺寸；对于泵、压缩机、透平机或其他机械设备应按产品样本或制造厂提供的图纸标注管口定位尺寸 (或角度)、底盘底面标高或中心线标高。

按设备图用 5mm×5mm 的方块标注设备管口符号、管口方位 (或角度)，同时标注底部或顶部管口法兰面标高、侧面管口的中心线标高和斜接管口的工作点标高，如图 11-32 所示。

在管道布置图上，设备中心线的上方标注与流程图一致的设备位号，在下方标注设备支承点的标高 (如 POS EL×××.×××) 或主轴中心线的标高 (如℄EL×××.×××)。

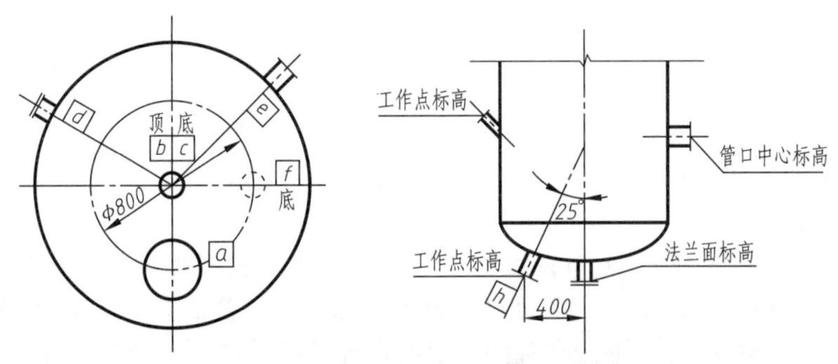

图 11-32 管口方位和管口标高的标注

剖面图上的设备位号，注写在设备的近侧或设备内。

③ 管道：管道布置图上管道的尺寸以建筑物或构筑物的轴线、设备中心线、设备管口中心线、区域界线 (或接续图分界线) 等作为基准标注，管道定位尺寸也可用坐标形式表示。与设备管口相连的直管段，因可用设备管口确定该段管道的位置，则不需注定位尺寸。

管道布置图上应标注出所有管道的定位尺寸及标高、物料的流动方向和管号。在剖面图上，则应注出所有的标高。与设备布置图相同，定位尺寸以 mm 为单位，而标高以 m 为单位。

用单线表示的管道在其上方 (双线表示的管道在中心线上方)，标注与流程图一致的管号，在下方标注管道标高。

当标高以管道中心线为基准时，只需标注 "EL×××.×××"。

当标高以管底为基准时，加注管底代号，如 "BOP EL×××.×××"。

④ 管口表：在管道布置图的右上角，以表格形式填写该图中的设备管口符号及其相关

参数，称为管口表，见表 11-10。管口符号应与本布置图中设备上标注的符号一致。

表 11-10　管口表的格式

管口表								
设备位号	管口符号	公称直径 DN/mm	公称压力 PN/MPa	密封面形式	连接法兰标准号	长度/mm	标高/m	方位/(°) 水平角

11.3.4　管道布置图的阅读

阅读管道布置图的目的，是了解管道、管件、阀门、仪表控制点等，在车间（装置）中的具体布置情况，主要解决如何把管道和设备连接起来的问题。由于管道布置设计是在工艺管道及仪表流程图和设备布置图的基础上进行的，因此在读图前，应该尽量找出相关的工艺管道及仪表流程图、设备布置图及分区索引图等图样，了解生产工艺过程和设备配置情况，进而搞清楚管道的布置情况。

阅读管道布置图时，应以平面图为主，配合剖面图，逐一搞清楚管道的空间走向。再看有无管段图及设计模型，有无管件图、管架图或蒸汽伴热图等辅助图样，这些图都可以帮助阅读管道布置图。

现以图 11-28 为例，说明阅读管道布置图的大致步骤。

（1）明确视图数量及关系

阅读管道布置图首先要明确视图关系，了解平面图的分区情况，平面图、剖面图的数量及配置情况。在此基础上进一步弄清各剖面图在平面图上的剖切位置及各个视图之间的对应关系。

从图 11-28 所示的某工段管道布置图可以看出，该图有一平面图和一剖面图。

（2）看懂管道的来龙去脉

根据工艺管道及仪表流程图，从起点设备开始按流程顺序、管道编号，对照平面图和剖面图，逐条弄清其投影关系，并在图中找出管件、阀门、控制点、管架等的位置。

（3）分析管道位置

看懂管道走向后，在平面图上，以建筑定位轴线、设备中心线、设备管口法兰等为尺寸基准，阅读管道的水平定位尺寸；在剖面图上，以首层地面为基准，阅读管道的安装标高，进而逐条查明管道位置。

由图 11-28 中的平面图和 A—A 剖面图可知：PL0401-57×3.5B 物料管道从标高 8.8m 由南向北拐弯向下进入蒸馏釜。另一根水管 CWS0401-57×3.5 也由南向北拐弯向下，然后分为两路，一路向西拐弯向下再拐弯向南与 PL0401-57×3.5B 管相交；另一路向东再向北转弯向下，然后又向北，转弯向上再向东接冷凝器。物料管与水管在蒸馏釜、冷凝器的进口处都装有截止阀。

PL0402-32×3.5B 管是从冷凝器下部连至真空受槽 A、B 上部的管道，它先从出口向下，至标高 6.8m 处向东，分出一路向南再转弯向下进入真空受槽 A，原管线继续向东又转弯向南再向下进入真空受槽 B，此管在两个真空受槽的入口处都装有截止阀。

VE0401-32×3.5B 管是连接真空受槽 A、B 与真空泵的管道，由真空受槽 A 顶部向上至标高 7.95m 处管道拐弯向东与真空受槽 *B* 顶部来的管道汇合，之后继续向东与真空泵相接。

VT0401-57×3.5B 管是与蒸馏釜、真空受槽 *A*、*B* 相连接的放空管，标高 9.4m，在连接各设备的立管上都装有截止阀。

设备上的其他管道的走向、转弯、分支及位置情况，也可按同样的方法进行分析。

(4) 了解仪表、采样口、分析点的安装情况

在蒸馏釜物料入口处，装有温度指示仪表。在连接真空受槽 *A*、*B* 的真空排放气管 VE0401 上，分别装有压力指示仪表。

(5) 检查总结

将所有管道分析完后，结合管口表、综合材料表，明确各管道、管件、阀门仪表的连接方式，并检查有无错漏等问题。

11.4 管道轴测图

11.4.1 管道轴测图的内容

管道轴测图是用来表达一个设备至另一设备、或某区间一段管道的空间走向，以及管道上所附管件、阀门、仪表控制点等安装布置情况的立体图样。

由于管道轴测图能全面、清晰地反映管道布置的设计和施工细节，便于识读，还可以发现在设计中可能出现的错误，避免发生在图样上不易发现的管道碰撞等情况，有利于管道的预制和加快安装施工进度。利用计算机绘图，绘制区域较大的管段图，还可以代替模型设计。管道轴测图是设备和管道布置设计的重要方式，也是管道布置设计发展的趋势。

管道轴测图包括以下内容。

① 图形：按轴测投影原理绘制的管道轴测图及其附属的管件、阀门等的符号和图形。

② 尺寸及标注：标注管道编号、管道所接设备的位号及其管口序号和安置尺寸等。

③ 方位标：安置方位的基准，北（PN）向与管道布置图上的方向标的北向一致。

管道轴测图是按正等测投影绘制的，在画图之前首先确定其方向，要求其方向与管道布置图的方向标一致，并将管道轴测图的方向标绘制在图样的右上方。轴测图方位标如图 11-33 所示。

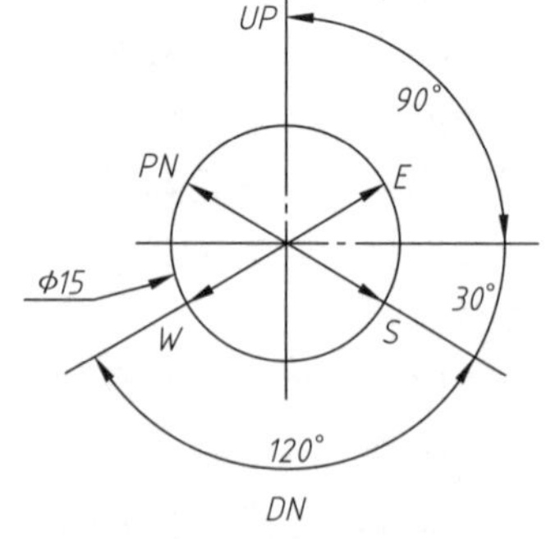

图 11-33 轴测图方位标

④ 技术要求：有关焊接、试压等方面的要求。

⑤ 材料表：列表说明管道所需要的材料名称、尺寸、规格、数量等。

⑥ 标题栏：填写图名、图号、比例、责任者等。

11.4.2 管道轴测图的表达方法

(1) 管道轴测图的画法

① 管段图反映的是个别局部管道，原则上一个管段号画一张管段图。对于复杂的管段，或长而多次改变方向的管段，可利用法兰或焊接点作为自然点断开，分别绘制几张管段图。但需用一个图号注明页数。对于比较简单，物料、材质均相同的几个管段，也可画在一张图样上，并分别注出管段号。

② 绘制管段图可以不按比例，根据具体情况而定，但位置要合理整齐，图面要均匀美观，各种阀门、管件的大小及在管道中的位置、相对比例要协调。

③管道一律用粗实线单线绘制，管件（弯头、三通除外）、阀门、控制点则用细实线以

规定的图形符号绘制，相接的设备可用细双点画线绘制，弯头可以不画成圆弧。管道与管件的连接画法，见管件与管道连接的表示法（HG/T 20519.33—1992）。

④ 阀门的手轮用一短线表示，短线与管道平行。阀杆中心线按所设计的方向画出。

⑤ 管道与管件、阀门连接时，注意保持线向的一致，如图 11-34 所示。

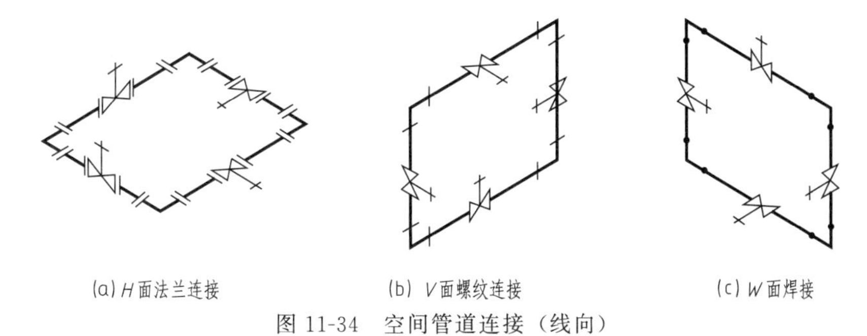

图 11-34 空间管道连接（线向）

⑥ 必要时，画出阀门上控制元件图示符号，传动结构、形式适合于各种类型的阀门，如图 11-35 所示。

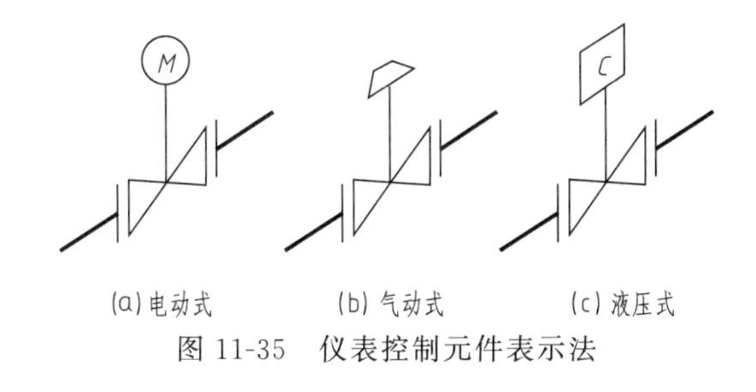

图 11-35 仪表控制元件表示法

【例 11-1】 根据已知一段管道的平面、立面图［图 11-36（a)］，绘制管段图并标注尺寸。

管段图如图 11-36（b）所示。

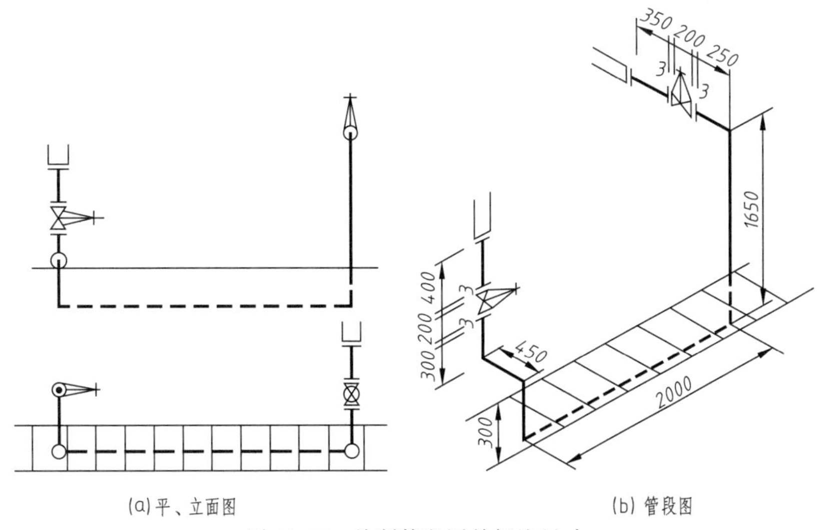

图 11-36 绘制管段图并标注尺寸

（2）偏置管的画法

为便于安装维修和操作管理，并保证劳动场所整齐美观，一般工艺管道布置大都力求平直，使管道走向同三轴测轴方向一致，但有时为了避让，或由于工艺、施工的特殊要求，必须将管道倾斜布置，此时称为偏置管（也称斜管）。

在平面内的偏置管，用对角平面或轴向细实线段平面表示，如图 11-37（a）所示；对于立体偏置管，可将偏置管绘在由三个坐标组成的六面体内，如图 11-37（b）所示。

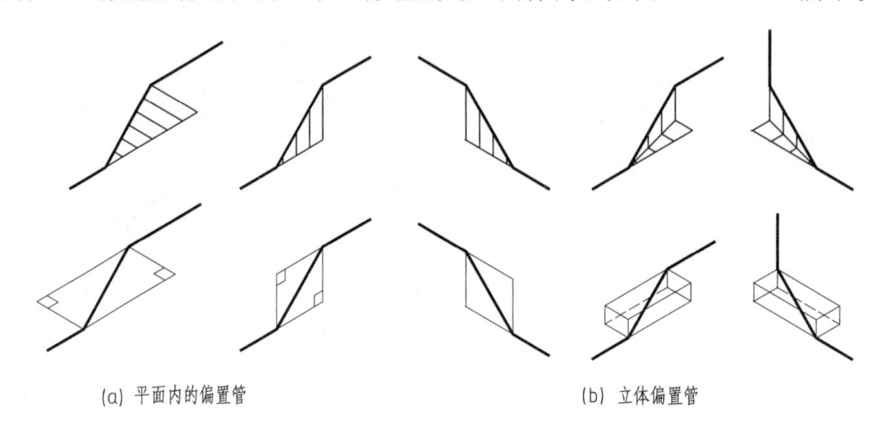

图 11-37　空间偏置管表示法

（3）管道轴测图的尺寸与标注

① 注出管子、管件、阀门等为满足加工预制及安装所需的全部尺寸，如阀门长度、垫片厚度等细节尺寸，以免影响安装的准确性。

② 每级管道至少有一个表示流向的箭头，尽可能在流向箭头附近注出管段编号。

③ 标高的尺寸单位为 m，其余的尺寸均以 mm 为单位。

④ 尺寸界线从管件中心线，或法兰面引出，尺寸线与管道平行。

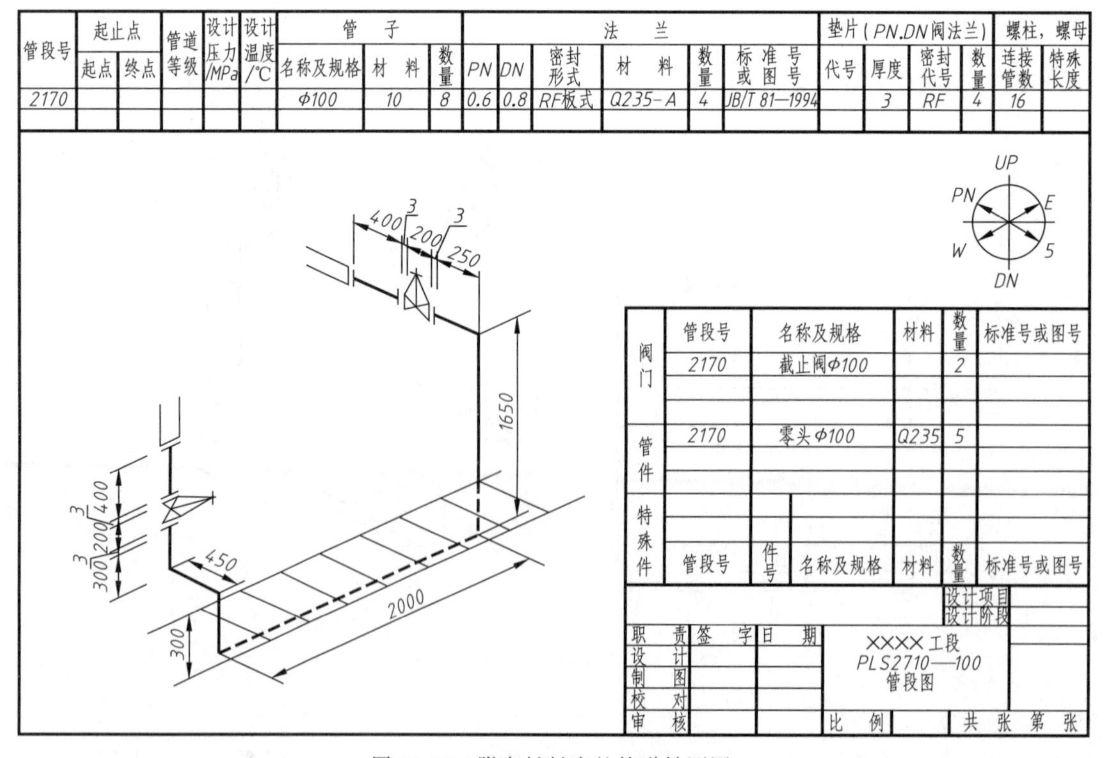

图 11-38　附有材料表的管道轴测图

⑤ 所有垂直管道不注高度尺寸，而以水平管道的标高“EL×××.×××”表示即可。

⑥ 对于不能准确计算，或有待施工时实测修正的尺寸，加注符号“约”作为参考尺寸。对于现场焊接时确定的尺寸，只需注明“F. W”。

⑦ 注出管道所连接的设备位号及管口序号。

⑧ 列出材料表说明管段所需的材料、尺寸、规格、数量等。

在管道轴测图的顶侧及标题栏上方附有材料表。材料表综合了一个管段全部的管件、阀门、管子、法兰、垫片、螺栓和螺母的详细内容，其基本内容的表达如图 11-38 所示。

11.4.3 管道轴测图的阅读

管道轴测图是针对一段管路进行表达的，相对管道布置图更为清晰明了，易读易懂，大多用在现场施工当中。只要结合方位标、材料表，就可以了解这一段管路上管件、阀门的规格、数量、安装形式及管路的走向。

【例 11-2】 阅读如图 11-39 所示的管道轴测图。

由图 11-39 可以得知：

① 此段管道中包括三通管 2 个，弯头 6 个，阀门 3 个。

② 从管口 *A* 到管口 *C* 的管道走向是：从 *A* 管口开始，先向左，再向上，向后，向左，向前，向右，向下，向左可到达 *C* 管口。

③ 管口 *A* 处阀门的阀杆向上，*B* 处阀门的阀杆向前，*C* 处阀门的阀杆向后。

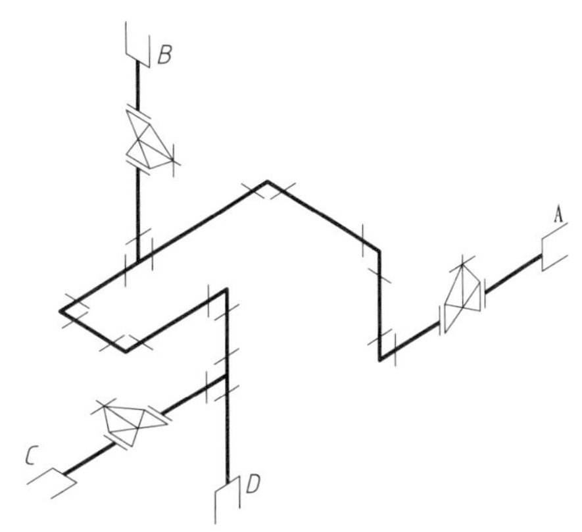

图 11-39　管道轴测图

第 12 章　AutoCAD 基础知识

AutoCAD 是美国 Autodesk 公司推出的通用计算机辅助绘图和设计软件包。

本章旨在学习必要的制图基本知识和技能后，用少量的学时，学习 AutoCAD 2018 中最常用的一些功能，能够应用这些功能绘制常见的零件图、装配图、化工设备图和化工工艺图，为今后进一步学习打下基础。

12.1　AutoCAD 基础

12.1.1　启动 AutoCAD2018

AutoCAD2018 安装后，系统将在开始程序菜单中创建 AutoCAD2018 程序组。通过“开始”菜单中的“程序”选项可启动 AutoCAD2018，也可以双击快捷键菜单中的 AutoCAD2018 图标启动 AutoCAD2018。

12.1.2　AutoCAD2018 操作界面

AutoCAD 的操作界面是 AutoCAD 显示、编辑图形的区域，一个完整的 AutoCAD2018 草图与注释操作界面如图 12-1 所示，包括标题栏、功能区、绘图区、十字光标、导航栏、坐标系图标、命令行窗口、状态栏、布局标签和快速访问工具栏等。

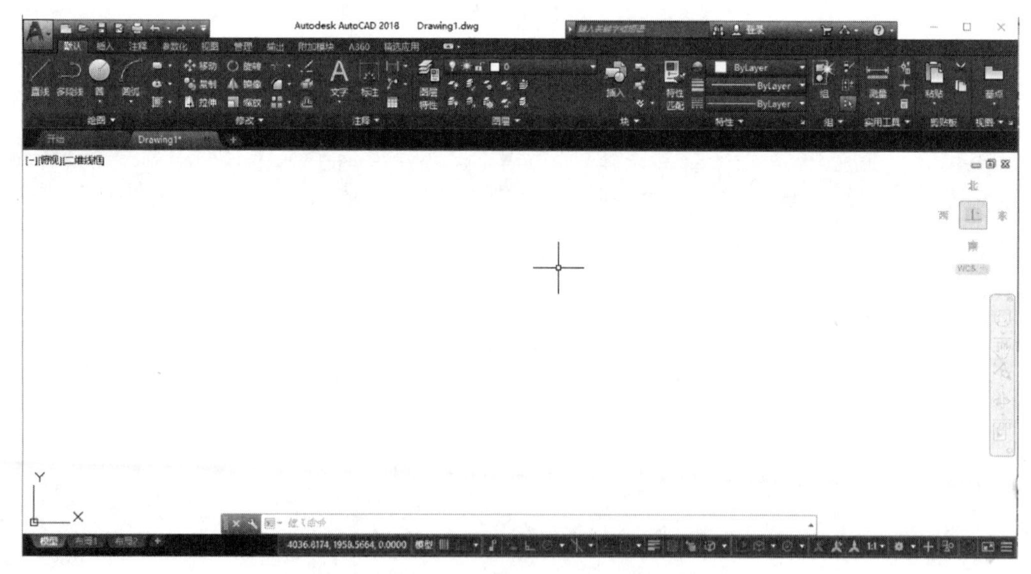

图 12-1　AutoCAD2018 工作界面

(1) 菜单栏

AutoCAD2018 的菜单也是下拉形式的，并在菜单中包含“文件”“编辑”“视图”“插入”“格式”“工具”“绘图”“标注”“修改”“参数”“窗口”和“帮助”十二个子菜单。单击 AutoCAD 快速访问工具栏右侧三角形，在打开的快捷菜单中选择“显示菜单栏”选项，如图 12-2 所示。调出的菜单栏位于界面的上方，如图 12-3 所示。在图 12-4 下拉菜单中选择“隐藏菜单栏”选项，则关闭菜单栏。

利用 AutoCAD2018 提供的菜单可执行 AutoCAD 的大部分命令，将鼠标指针移到其中某一项并单击，便会出现与其相应的菜单，如图 12-5 所示。

AutoCAD2018 的下拉菜单有以下三个特点：

① 在下拉菜单中，右面没有任何内容的菜单项，单击后会执行相应的 AutoCAD 命令，在命令行中显示出相应的提示。

② 在下拉菜单中，右面有小三角形的菜单项，表示该菜单后面带有子菜单，将光标放在上面会弹出子菜单，图 12-5 显示了“绘图”→“圆”后面的子菜单。

③ 在下拉菜单中，右边带有省略号“…”的菜单项，表示单击该项后会弹出一个对话框，图 12-6 显示了“图层”对话框。

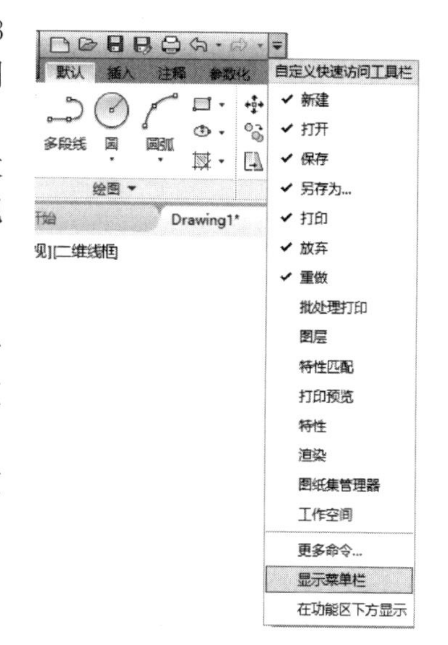

图 12-2　下拉菜单（一）

图 12-3　菜单栏显示界面

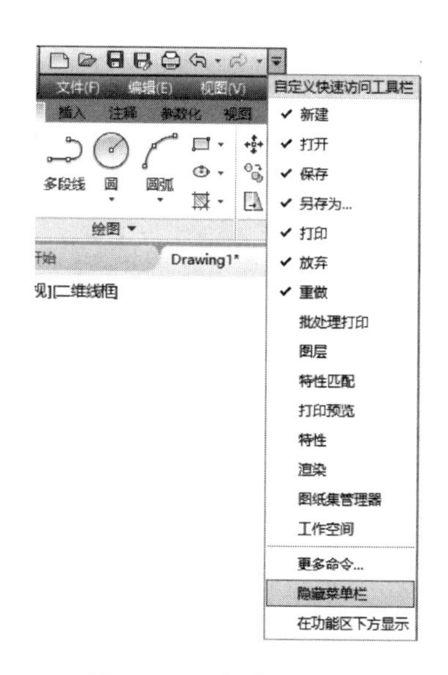

图 12-4　下拉菜单（二）

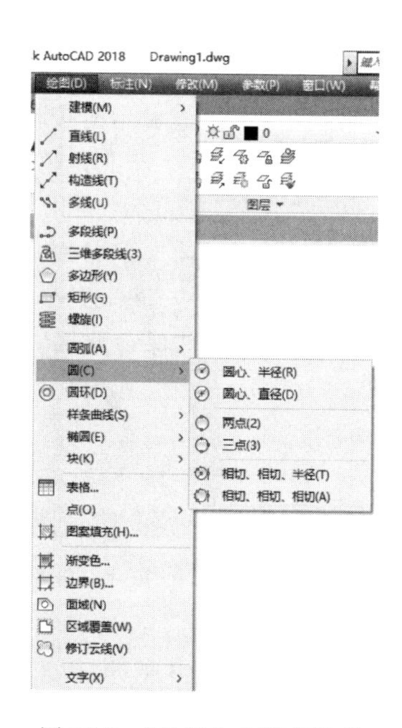

图 12-5　“绘图”中菜单选项

（2）标题栏

标题栏位置在 AutoCAD2018 工作界面的顶部，如图 12-7 所示。在标题栏中，显示了系统当前正在运行的应用程序和用户正在使用的图形文件。在第一次启动 AutoCAD2018 时，标题栏中将显示 AutoCAD2018 在启动时创建并打开的图形文件 Drawing1. dwg。

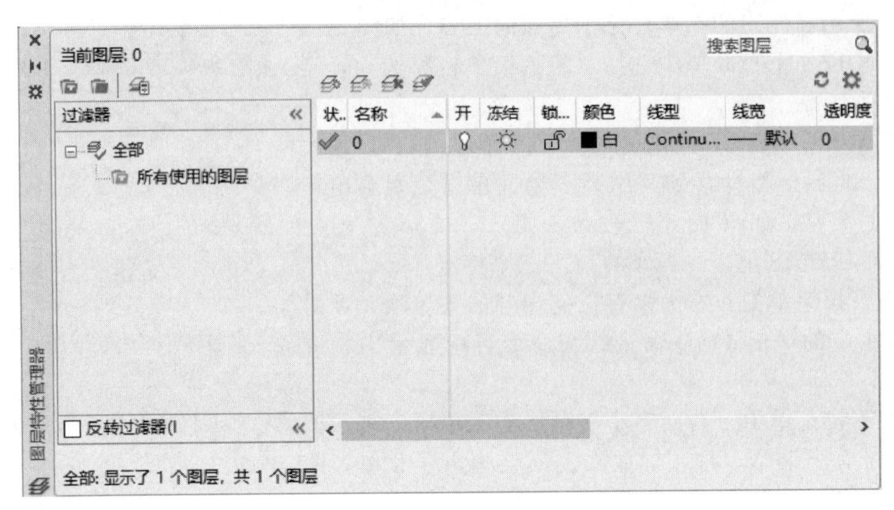

图 12-6 “图层”对话框

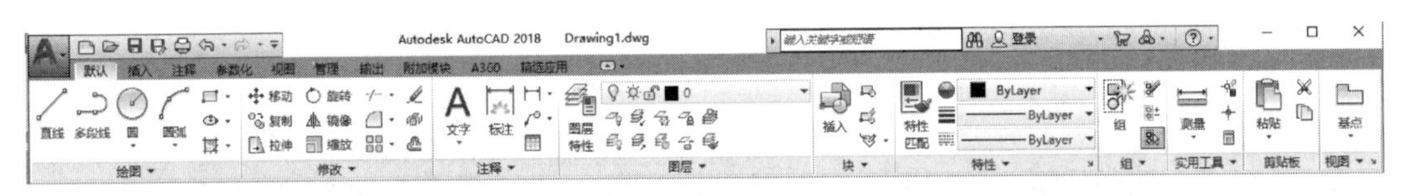

图 12-7 标题栏

（3）工具栏

工具栏是一组按钮工具的集合。AutoCAD2018 提供了几十种工具栏，有些工具栏按钮的右下角有一个小三角形，单击这类按钮会打开相应的工具栏，将光标移动到某一按钮上并单击，该按钮就变为当前显示的按钮。单击当前显示按钮，即可执行相应的命令。

① 快速访问工具栏：该工具栏位置在标题栏的左面，包括“新建”“打开”“保存”“另存为”“打印”“放弃”“重做”和“工作空间”等几个常用的工具。用户也可以单击此工具栏后面的下拉按钮选择需要的常用工具，如图 12-7 所示。

② 交互信息工具栏：该工具栏位置在标题栏的右面，包括“搜索”“Autodesk A360”“Autodesk App Store”“保存连接”和“帮助”等几个常用的数据交互访问工具按钮，如图 12-7 所示。

（4）功能区

功能区位置在标题栏的下方，在默认情况下，功能区包括“默认”“插入”“注释”“参数化”“视图”“管理”“输出”“附加模块”“A360”以及“精选应用”选项卡，如图 12-7 所示。每个选项卡显示面板集成了相关的操作工具，用户可以单击功能区选项后面按钮控制功能的展开和收缩。

① “默认”选项卡中所涉及的命令如图 12-7 所示。与 AutoCAD 以前的版本相比，把“绘图”“修改”“注释”“图层”“块”“特性”“组”“实用程序”“剪切板”“视图”这些图标集中在了一起，更适合用户根据绘图需要调用其中任一命令，去实现各种操作的快捷执行方式。

② “插入”选项卡中所涉及的命令如图 12-8 所示。在绘制各种图样的过程中，常常会遇到重复使用一些专业符号或形状特点相同的图形对象，例如机械制图中的表面粗糙度、各种标准件、基准符号及标题栏等。

图 12-8　“插入”选项卡

③“注释”选项卡中所涉及的命令如图 12-9 所示。除了绘制图形，还有一些文字注释工作，例如注写技术要求，填写标题栏、明细表、标注尺寸等。使用文字注释可以将一些用几何图形难以表达的信息表示出来，文字注释是对工程图形非常必要的补充。此外，还可以在图形中绘制一些复杂、专业的表格。

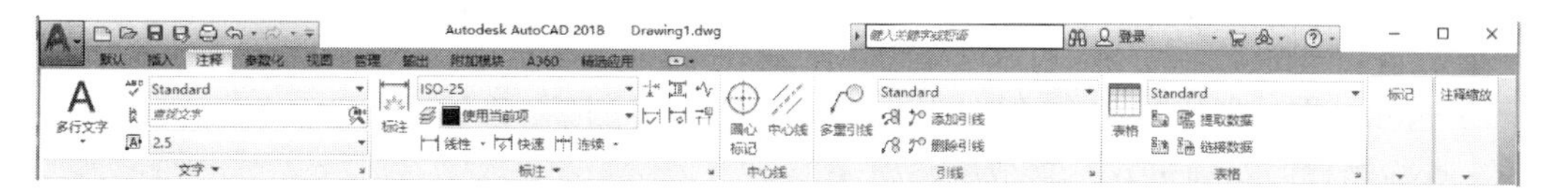

图 12-9　“注释”选项卡

④“参数化”选项卡中所涉及的命令如图 12-10 所示。用户可以把操作过程利用宏录制器记录下来，以便随时进行查看。还可以创建一个“动作”宏，录制一系列命令和输入值，然后回放该宏。

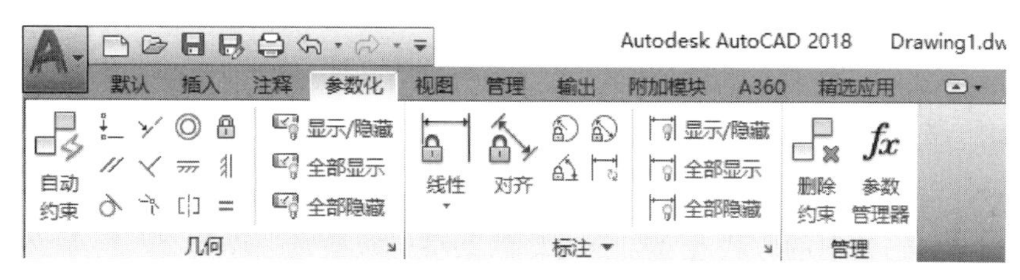

图 12-10　“参数化”选项卡

⑤“视图”选项卡中所涉及的命令如图 12-11 所示。在软件中凡是和显示有关的命令，都可以在此激活。为了便于绘图操作，AutoCAD 还提供了一些控制图形显示的命令，一般这些命令只能改变图形在屏幕上的显示方式，可以按操作者所期望的位置，比例和范围进行显示，以便于观察，但还会使图形产生实质性的改变，既不改变图形的实际尺寸，也不影响实体之间的相互关系。

图 12-11　“视图”选项卡

⑥“输出”选项卡中所涉及的命令如图 12-12 所示。完成了设计绘图后，接下来需要进行打印输出。在 AutoCAD 中有两个工作空间，分别是模型空间和图纸空间。通常，我们在模型空间按 1∶1 进行绘图；为了与其它设计人员交流，进行产品生产加工，或者工程施工，需要输出图纸，这就需要在图纸空间进行排版，即规划图纸的位置与大小，将不同比例的视图安排在一张图纸上并对它们标注尺寸，给图纸加上图框、标题栏、文字注释等内容，然后打印输出。可以这么说模型空间是我们的设计空间，而图纸空间是表现空间。

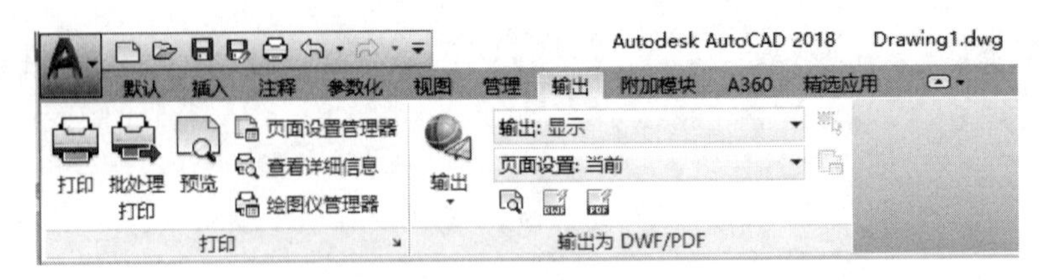

图 12-12　“输出”选项卡

（5）绘图区

绘图区是在功能区下方的大片空白区域，类似于手工绘图时的图纸。是用户使用 AutoCAD 绘图并显示编辑所绘图形的区域。可以根据自己的需要，合理安排绘图的区域，随时打开或关闭某些窗口。

① 光标：在绘图区域中移动鼠标会看到一个十字光标在移动，这时为图形光标。十字线的交点为光标的当前位置。拾取编辑对象时显示为拾取框“口”。选择菜单项和工具按钮时又显示为箭头。

② 坐标系图标：坐标系图标通常位于绘图区的左下角，表示当前绘图使用的坐标系的形式以及坐标方向等。

AutoCAD 提供了两种坐标系。即：世界坐标系（WCS）和用户坐标系（UCS），世界坐标系为默认坐标系，是固定的，且默认时水平向右为 X 轴的正方向，垂直向上为 Y 轴的正方向，当前的两坐标系是重合的。

（6）命令行窗口

命令行窗口位置在绘图区的下方，此窗口是 AutoCAD 显示用户输入的命令以及提示信息的地方。默认时，AutoCAD2018 在命令窗口保留最后 3 行所执行的命令或提示信息。用户可以通过拖动窗口边框的方式改变命令窗口的大小，即把光标移到命令行上边框处，光标变为箭头后，按住左键拖动即可。

（7）状态栏

状态栏位置在 AutoCAD2018 工作界面的最底部，用于显示或设置当前的绘图状态，如图 12-13 所示。单击部分开关按钮，可以实现这些功能的开关。通过部分按钮也可以控制图形或绘图区的状态。

4990.3679, 1208.3870, 0.0000　模型　1:1　小数

图 12-13　状态栏

位于左面的一组数字反映当前光标的坐标。依次为“模型空间”“栅格显示”“捕捉模式”“推断约束”“动态输入”“正交模式”“极轴追踪”“等轴侧草图”“对象捕捉追踪”“二维对象捕捉”“线宽”“透明度”“选择环境”“三维对象捕捉”“动态 UCS”“选择过滤”“小控件”“注释可见性”“自动缩放”“注释比例”“切换工作空间”“注释监视器”“单位”“快捷特性”“锁定用户界面”“隔离对象”“硬件加速”“全屏显示”“自定义”共 30 个功能按钮。

（8）布局标签

AutoCAD 系统默认设定一个“模型”空间和“布局 1”“布局 2”两个图样空间布局标签。

① 布局：布局是系统为绘图设置的一种环境，包括图样大小、尺寸单位、角度设定、数值精确度等，在系统预设的三个标签中，这些环境变量都按默认设置。用户可以根据实际

需要改变变量的值，也可以设置符合自己要求的新标签。

② 模型：AutoCAD 的空间分为模型空间和图样空间两种。模型空间是通过绘图的环境，在图样空间中用户可以创建浮动视口，以不同视图显示所绘图形，还可以调整浮动视口并决定所包含视图的缩放比例。如果用户选择图样空间，可打印多个视图，也可以打印任意布局的视图。AutoCAD 系统默认打开模型空间，用户可以通过单击操作界面下方的布局标签选择需要的布局。

12.1.3 AutoCAD2018 命令的使用

AutoCAD 绘图，离不开 AutoCAD 命令。当向 AutoCAD 发出命令后，AutoCAD 就会出现进一步的提示或对话框，也就是命令提示信息，要求输入坐标值、命令选项或是完成一些命令所需要的数据。

（1）AutoCAD 命令的激活方式

在 AutoCAD 中命令可以通过多种方式激活。

① 在工具栏中选择工具图标按钮；

② 通过下拉菜单中的菜单项；

③ 在命令提示符后直接输入命令；

④ 利用右键快捷菜单中的选项；

⑤ 使用快捷键。

即使是从菜单和工具栏中选择命令，AutoCAD 也会在命令窗口显示命令提示和命令记录。

（2）响应 AutoCAD 命令

① 使用键盘：激活 AutoCAD 的命令后，提示会要求输入坐标值、命令选项或是完成一些命令所需的数据，在键盘上输入即可。

② 使用右键快捷菜单：激活某一命令后，在绘图窗口中单击鼠标右键，会产生一个快捷菜单，它包括了所用命令中的所有选项，以及“确认”“放弃”等选项。其中，“确认”项与回车键等效。不同的命令，右键快捷菜单内显示的内容也有所不同。

（3）多种类型的快捷菜单

右键快捷菜单是在使用 AutoCAD 的过程中即时产生的，与当前条件密切相关，显示的快捷菜单及其提供的选项取决于光标位置、对象是否被选定以及是否有命令在执行。AutoCAD 的大部分界面区域都可以显示快捷菜单，即绘图区域、命令行、对话框和窗口、工具栏、状态栏。

① 绘图区域的右键快捷菜单：在绘图区域单击鼠标的右键快捷，将显示六个快捷菜单之一。可通过下拉菜单中的“工具”→“选项”，打开选项对话框，在“用户系统配置”选项卡中控制菜单的显示。

② 绘图区域外的右键快捷菜单：除了绘图区域之外，在 AutoCAD 窗口的其他区域单击右键也能显示快捷菜单。

12.1.4 AutoCAD 的坐标及其输入

在 AutoCAD2018 中，点的坐标可以用直角坐标、极坐标、球面坐标和柱面坐标表示，每一种坐标又分别具有两种坐标输入方式，即绝对坐标和相对坐标。

（1）绝对坐标

绝对坐标是指对于当前坐标系原点的坐标。用户以绝对坐标的形式输入点时，可以采用直角坐标或极坐标。

1）直角坐标

直角坐标是以“X，Y，Z”形式表现一个点的位置。当绘制二维图形时只需输入X，Y坐标。

AutoCAD的坐标原点“0，0”缺省时是在图形屏幕的左下角，X坐标值向右为正增加，Y坐标值向上为正增加。当使用键盘键入点的X，Y坐标时，之间用“,”（半角）隔开，不能加括号，坐标值可以为负。通常是用鼠标来响应点的坐标输入。

2）极坐标

极坐标以“距离＜角度”的形式表现一个点的位置，它以坐标系原点为基准，原点与该点的连线长度为“距离”，连线与X轴正向的夹角为“角度”确定点的位置。“角度”的方向以逆时针为正，顺时针为负。

例如输入点的极坐标：60＜30，则表示该点到原点的距离为60，该点与原点的连线与X轴正向夹角为30°。

（2）相对坐标

相对坐标是用本次画图时的第一点作为坐标原点，来确定以后所绘点的位置的一种坐标。只要知道下一点与前一点的相对位置就可以作图，因此方便实用。

① 用相对直角坐标时，先输入@，再输入下一点与前一点的相对位置X，Y，Z即可。

② 用相对极坐标时，先输入@，再输入下一点与前一点的相对位置，距离（角度）。

（3）动态数据输入

单击状态栏的“动态输入”按钮，系统打开动态输入功能，用户可以在屏幕上动态地输入某些参数。

12.1.5 图形文件的管理

（1）创建新的图形文件

当启动AutoCAD的时候，CAD软件会自动新建一个文件Drawing1，如果我们想新绘一张图，可以再新建一个图形文件。启用“新建”命令常用以下方法。

① 命令行：NEW；

② 下拉菜单：“文件”→“新建”；

③ 工具栏：单击“新建”按钮；

④ 快捷键：Ctrl＋N。

采用上述任一种方法启用“新建”命令后，都可创建新文件。

（2）保存图形文件

绘制完图或绘制图的过程中都可以保存文件。AutoCAD的图形文件的扩展名为“dwg”，保存图形文件有以下方式。

① 以当前文件名保存图形 启用“保存”图形文件命令常用以下方法。

a. 命令行：QSAVE（或SAVE）；

b. 下拉菜单：“文件”→“保存”；

c. 工具栏：单击“保存”按钮；

d. 快捷键：Ctrl＋S。

采用上述任一种方法启用“保存”图形文件，系统将当前图形文件以原文件名直接保存到原来的位置，即将原文件覆盖。

② 指定新的文件名保存图形 在AutoCAD中，利用“另存为”命令可以指定新的文件名保存图形。启用“另存为”图形文件命令常用以下方法。

a. 命令行：SAVEAS；

b. 下拉菜单：“文件”→“另存为”；

c. 工具栏：单击“另存为”按钮。

采用上述任一种方法启用“另存为”图形文件，系统将弹出“图形另存为”对话框，此时用户可以改变文件的保存路径、文件名和类型。

(3) 打开图形文件

我们可以打开之前保存的文件继续编辑，也可以打开别人保存的文件进行学习或借用图形。启用“打开”图形文件命令常用以下方法。

① 命令行：OPEN；

② 下拉菜单：“文件”→“打开”；

③ 工具栏：单击“打开”按钮；

④ 快捷键：Ctrl+O。

采用上述任一种方法启用“打开”命令后，都可打开所需要的文件。

(4) 退出图形文件

完成图形绘制后，如果不继续绘制就可以直接退出软件。启用退出图形文件常用以下方法。

① 命令行：QUIT 或 EXIT；

② 下拉菜单：“文件”→“退出”；

③ 按钮：单击 AutoCAD 操作界面右上角的“关闭”按钮。

如果图形文件还没有保存，系统将弹出对话框，提示用户保存文件。

12.2 绘图环境的设置

12.2.1 设置图形单位和绘图界限

(1) 设置图形单位

在 AutoCAD2018 中对任何图形而言，总有其大小、精度以及采用的单位，屏幕上显示的只是屏幕单位，但屏幕单位应该对应一个真实的单位，不同的单位其显示格式是不同的。同样也可以设定或选择角度类型、精度和方向。启用设置图形单位常用以下方法。

① 命令行：DDUNITS (或 UNITS，快捷命令：UN)；

② 下拉菜单：“格式”→“单位”。

在菜单栏执行“格式”→“单位”菜单命令，系统打开“图形单位”对话框，如图 12-14 所示。

在“长度”选项组中选择单位类型和精度，工程绘图中一般使用“小数”和“0.0000”。

在“角度”选项组中选择单位类型和精度，工程绘图中一般使用“十进制度数”和“0”。

在“插入时的缩放单位”下拉列表框中选择图形单位，系统默认为“毫米”。

单击“图形单位”对话框中“方向”按钮，系统打开“方向控制”对话框，如图 12-15 所示，可在其中选择基准角度的起点，系统默认为“东”。

(2) 设置图形界限

绘图界限是指绘图区域的大小。绘图区相当于一张空白的纸，用户可以通过绘图命令，在这张纸上绘制图形。由于要绘制的图形大小不同，所以在绘制前需要指定图幅的大小。启用设置图形界限常用以下方法。

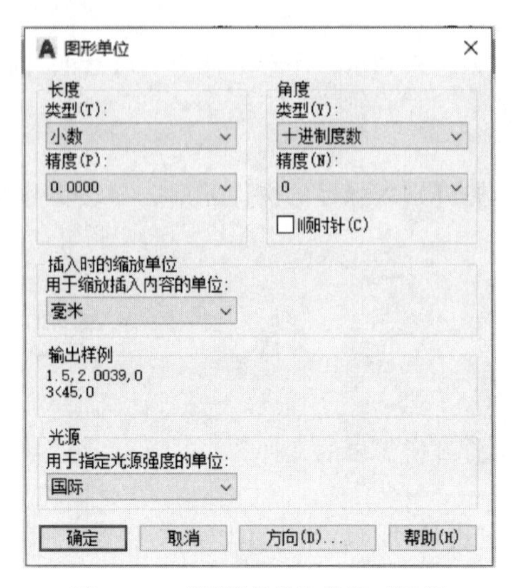

图 12-14　“图形单位”设置对话框

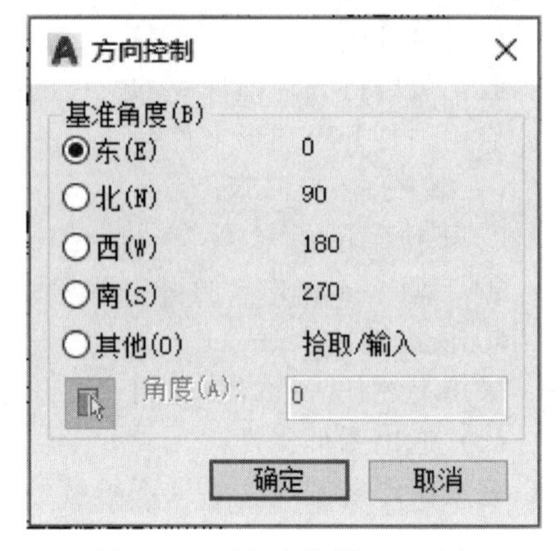

图 12-15　“方向控制”选项卡

① 命令行：LIMITS；

② 下拉菜单：“格式”→“图形界限”。

在菜单栏执行“格式”→“图形界限”菜单命令，命令行提示如下：

命令：_ limits

重新设置模型空间界限：

指定左下角点〔开(ON)关(OFF)〕<0.0000,0.0000>:↙

指定右上角点<420.0000,297.0000>:↙

输入左下角和右上角的坐标设置绘图界限，系统默认为 A3 幅面。图形界限限制显示删格点的范围、视图缩放命令的比例选项显示的区域和视图缩放命令的“全部”选项显示的最小区域。图形界限设置完成后，输入 Z，按【Enter】键，输入 A，按【Enter】键，以便将所设图形界限全部显示在屏幕上。

如果在“动态输入”模式下，绘图区中也会出现相关提示，可根据提示进行相关操作，完成图幅大小的设置。

12.2.2　设置图层

AutoCAD 中的一个图层相当于一张透明的投影片，不同的图形对象就绘制在不同的图层上，将这些透明的投影片叠加起来，就得到最终的图形。在工程图中，图样往往包括粗实线、细实线、虚线、中心线等线型，如果通过图层来对这些信息进行分类，这样就可以很好地组织和管理不同类型的图形信息。各图层具有相同的坐标系、绘图界线和显示时的缩放倍数，同一图层上的实体处于同种状态。把不同对象分门别类地放在不同的图层上，可以很方便地对某个图层上的图形进行修改编辑，而不会影响到其他层上的图形。

设置图层是在“图层特性管理器”对话框中完成的，打开“图层特性管理器”对话框常用以下方法。

① 命令行：LAYER；

② 下拉菜单：“格式”→“图层”；

③ 单击“默认”选项卡“图层”面板中的“图层特性”按钮。

(1) 创建新图层

用户在使用“图层”功能时，首先要创建图层，然后再进行应用。在同一工程图样中，用户可以建立多个图层。

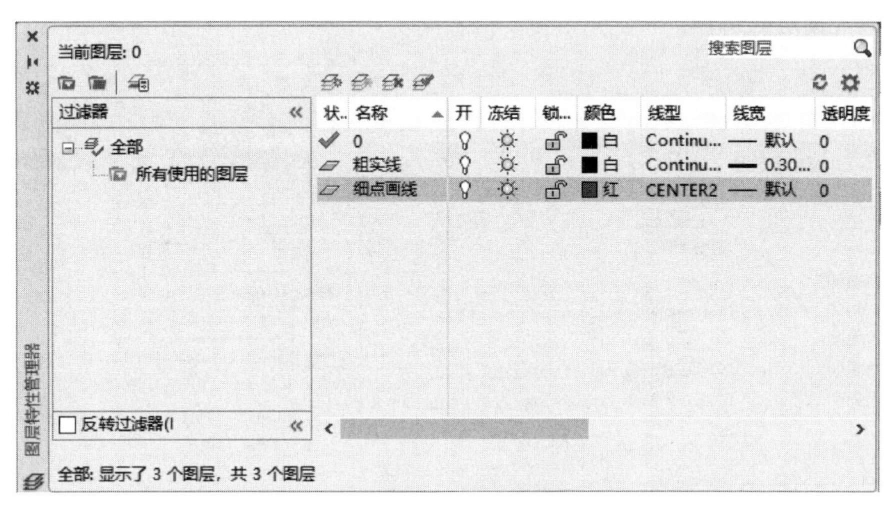

图 12-16　创建新图层

单击"图层特性管理器"对话框中"新建图层"按钮，AutoCAD 将生成一个名为"图层 1"的新图层。可直接输入字符作为新图层的名称；用同样方法可以创建多个图层，如图 12-16 所示。

（2）设置图层颜色

可以使用"图层特性管理器"为图层指定颜色，以便识别不同图层上的图形对象。在"图层特性管理器"中选择一个图层，单击"颜色"图标，打开"选择颜色"对话框，选择一种颜色，单击"确定"按钮，即可为所选图层设定颜色，如图 12-17 所示。

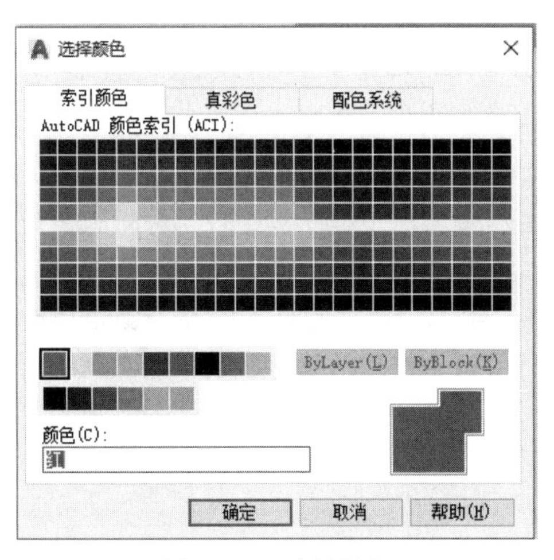

图 12-17　选择颜色

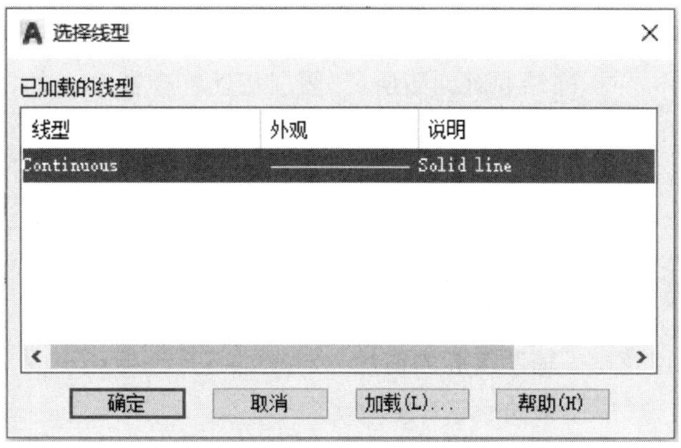

图 12-18　选择线型

（3）设置图层线型

图层线型用来表示图层中图形线条的特性，通过设置图层的线型可以区分不同对象所代表的含义和作用，默认的线型方式为"Continuous"。

单击所选图层的线型名，打开"选择线型"对话框，如图 12-18 所示。在"选择线型"对话框中单击"加载"按钮，即可打开"加载或重载线型"对话框，如图 12-19 所示。

在"加载或重载线型"对话框中选择一个或多个要加载的线型，然后单击"确定"按钮，返回“选择线型”对话框，在“选择线型”对话框中选中所选线型，单击“确定”按钮，即可改变图层的线型。

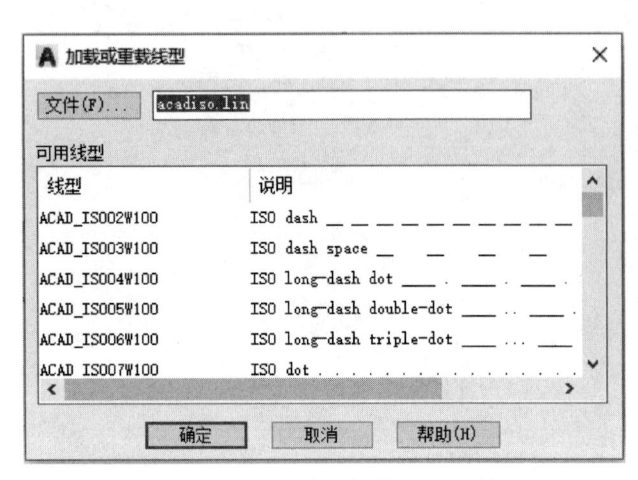

图 12-19 “加载或重载线型”对话框

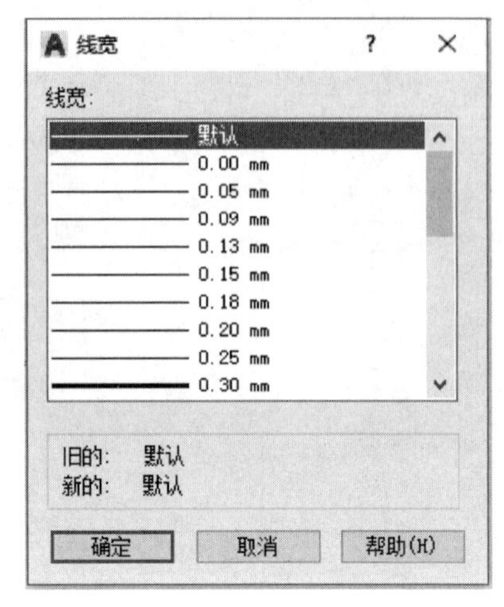

图 12-20 “线宽”对话框

(4) 设置图层线宽

单击所选图层的线宽名，将打开“线宽”对话框，通过此对话框，可改变图层的线宽，如图 12-20 所示。

(5) 控制图层的状态

如果工程图样中包含大量信息，且有很多图层，则用户可通过控制图层状态，使编辑、绘制、观察等工作变得更方便一些。

① 打开和关闭图层：“图层特性管理器”上的图标 或 ，表明图层处于打开或关闭状态。图层打开，该图层上的图形就会显示出来；图层关闭，图层上的图形对象不能显示。关闭的图层与图形一起重生成，但不能被显示或打印。

② 冻结和解冻图层：“图层特性管理器”上的图标 或 ，表明图层处于解冻或冻结状态。解冻的图层上的图形对象是可见的，冻结的图层上的图形对象是不可见的，也不能被打印。

③ 锁定和解锁图层：“图层特性管理器”上的图标 或 ，表明图层处于锁定或解锁状态。图层被锁定，不能对该图层上的图形对象进行编辑、修改的操作，也不能在其上绘制新的图形对象。

12.2.3 辅助工具的使用

(1) 栅格

用户在屏幕绘图区域内看见类似于坐标纸一样的可见点阵，这种点阵称之为栅格。启用“栅格”命令常用以下方法。

① 单击状态栏中的“栅格”按钮；

② 按键盘上的 F7 键。

用右键单击状态栏“栅格”按钮选择“网格设置”选项或打开“草图设置”对话框，可以设置栅格点间距，并控制它的开、关状态，如图 12-21 所示。

(2) 捕捉模式

对象捕捉点在屏幕上是不可见的点，若打开捕捉时，用户在屏幕上移动鼠标，十字交点就位于被锁定的捕捉点上。启用“捕捉”命令常用以下方法。

① 单击状态栏中的“捕捉”按钮；

② 按键盘上的 F9 键。

在绘制图样时，可以对捕捉的分辨率进行设置。用右键单击状态栏“捕捉”按钮选择“捕捉设置”选项或打开“草图设置”对话框，可以设置捕捉间距，并控制它的开、关状态，如图 12-21 所示。

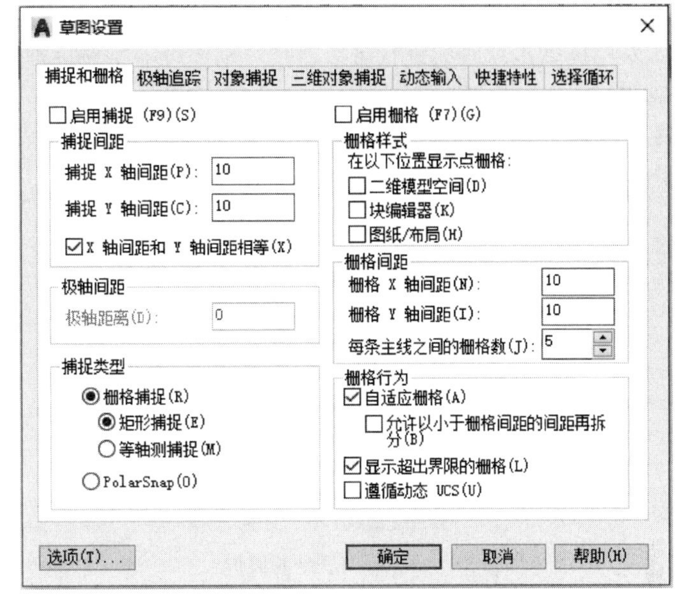

图 12-21 “草图设置”对话框中的捕捉与栅格

(3) 正交模式

用户在绘图过程中，为了使图线能水平和垂直方向绘制，AutoCAD 特别设置了正交模式。启用“正交”命令常用以下方法。

① 单击状态栏中的“正交”按钮；

② 按键盘上的 F8 键。

启用“正交”命令后，就意味着用户只能画水平和垂直两个方向的直线。

(4) 二维对象捕捉

在绘制和编辑图形时，经常要从已经画好的图形上拾取如端点、中点、圆心和交点等一些特殊位置点。二维对象捕捉提供的是一种输入点的方式，它可以捕捉到实体上的特征点，快速而准确地找到所需的点。启用“二维对象捕捉”命令常用以下方法。

① 单击状态栏中的“二维对象捕捉”按钮；

② 按键盘上的 F3 键

(5) 对象捕捉追踪

使用对象捕捉追踪，可以沿着基于对象捕捉点的对齐路径进行追踪。已获取的点显示一个小加号 (+)，一次最多可以获取 7 个追踪点。获取点之后，在绘图路径上移动光标，将显示相对于获取点的水平、垂直或极轴对齐路径。例如，可以基于对象端点、中点或者对象的交点，沿着某个路径选择一点。启用“对象捕捉追踪”命令常用以下方法。

① 单击状态栏中的“对象捕捉追踪”按钮；

② 按键盘上的 F11 键。

AutoCAD 在对象捕捉追踪中，提供了比较全面的对象捕捉追踪方式。可以单独选择一种对象捕捉追踪，也可以同时选择多种对象捕捉追踪方式。“对象捕捉追踪”的设置也可以通过“草图设置”对话框来完成，如图 12-22 所示。

(6) 极轴追踪

极轴追踪可以用于按指定角度绘制对象，或者绘制其他有特定关系的对象。当极轴追踪打开时，屏幕上出现的对齐路径（水平或垂直追踪线）有助于用户精确创建和修改对象。启用“极轴追踪”命令有以下方法。

① 单击状态栏中的“极轴”按钮；

② 按键盘上的 F10 键。

对“极轴追踪”的设置可以通过“草图设置”对话框来完成，如图 12-23 所示。

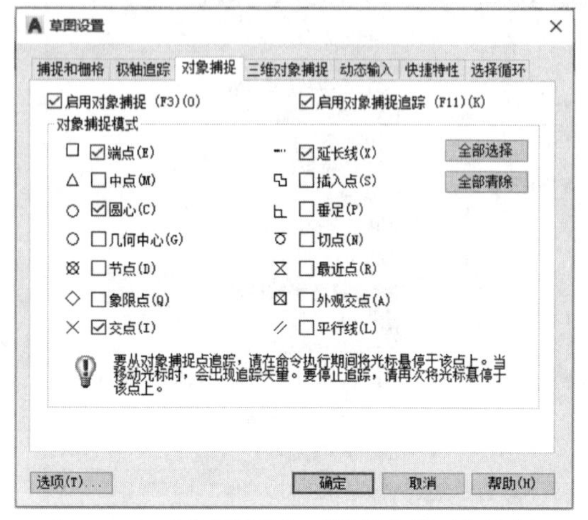

图 12-22 “草图设置”对话框中的对象捕捉

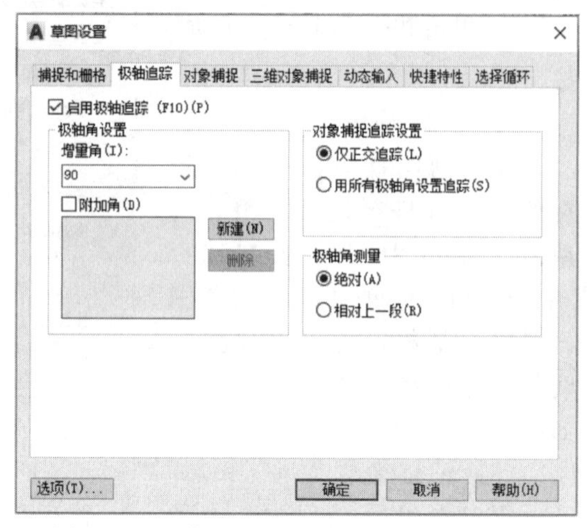

图 12-23 “草图设置”对话框中的极轴追踪

“动态输入”模式下，光标附近会出现一个提示，以帮助用户绘图。在“草图设置”对话框中，单击“动态输入”标签切换到“动态输入”选项卡，可以设置“指针输入”、“标注输入”和“动态提示”等，并可修改其相关参数，也可以重新设置工具提示外观，如图 12-24 所示。

“快捷特性”按钮控制是否显示当前所选图形的特性菜单，若启用“快捷特性”模式，则在绘图区域单击任意图元，即会打开该图元的快捷特性面板，如果想对其位置模式窗口大小等参数进行修改，也可以在“草图设置”对话框中进行设置，如图 12-25 所示。

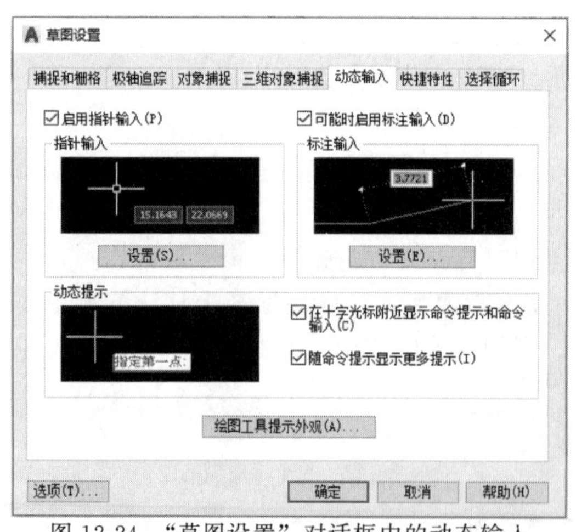

图 12-24 “草图设置”对话框中的动态输入

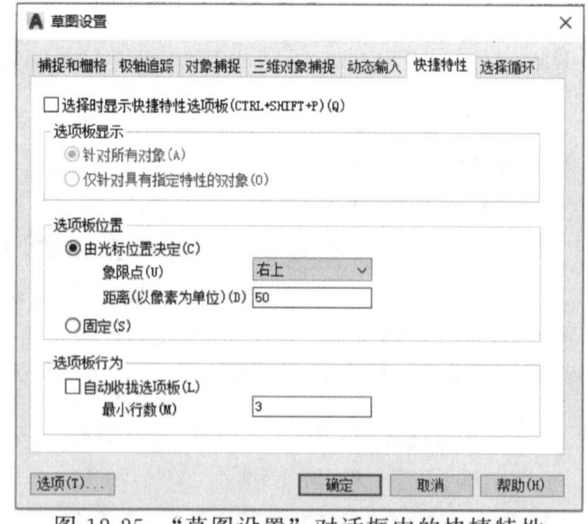

图 12-25 “草图设置”对话框中的快捷特性

12.3 基本绘图命令

12.3.1 绘制点

(1) 绘图点

点是图样中的最基本元素，启用绘制“点”命令常用以下方法。

① 命令行：POINT（快捷命令：PO）；

② 下拉菜单："绘图"→"点"→"单点"；

③ 功能区：单击"默认"选项卡"绘图"面板中的"多点"按钮。

利用以上任意一种方法启用"点"的命令，就可以绘制点的图形。点样式的设置可以通过选择菜单栏中的"格式"→"点样式"对话框来完成，如图 12-26 所示。

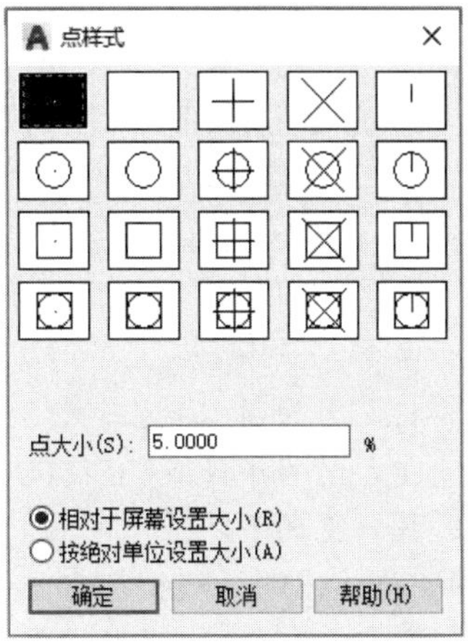

图 12-26 "点样式"对话框

（2）绘制等分点

① 定数等分点：在绘图中，经常需要对直线或一个对象进行定数等分。启用绘制"定数等分"命令常用以下方法。

a. 命令行：DIVIDE（快捷命令：DIV）；

b. 下拉菜单："绘图"→"点"→"定数等分"；

c. 功能区：单击"默认"选项卡"绘图"面板中的"定数等分"按钮。

利用以上任意一种方法启用"定数等分"的命令，就可在所选择的对象上绘制等分点。

② 定距等分点：定距等分就是在一个图形对象上按指定距离绘制多个点。启用绘制"定距等分"命令常用以下方法。

a. 命令行：MEASURE（快捷命令：ME）；

b. 下拉菜单："绘图"→"点"→"定距等分"；

c. 功能区：单击"默认"选项卡"绘图"面板中的"定距等分"按钮。

利用以上任意一种方法启用"定距等分"的命令，就可在所选择的对象上绘制等分点。

12.3.2　绘制直线

直线是 AutoCAD 中最常见的图素之一。启用绘制"直线"命令常用以下方法。

① 命令行：LINE（快捷命令：L）；

② 下拉菜单："绘图"→"直线"；

③ 功能区：单击"默认"选项卡中"绘图"面板中的"直线"按钮。

利用以上任意一种方法启用"直线"的命令，就可绘制直线。

（1）使用鼠标绘制直线

启用绘制"直线"命令，用鼠标在绘图区域内单击一点作为线段的起点，移动鼠标，在用户想要的位置再单击，作为线段的另一点，这样连续可以画出用户所需的直线。

（2）输入点的坐标绘制直线

① 使用绝对坐标确定点的位置来绘制直线：绝对坐标是相对于坐标原点的坐标，在缺省情况下绘图窗口中的坐标系为世界坐标系 WCS。

② 使用相对坐标确定点的位置来绘制直线：相对坐标是用户常用的一种坐标形式，其表示方法有两种：一种是相对直角坐标，另一种是相对极坐标。

12.3.3　绘制圆与圆弧

圆与圆弧是工程图样中常见的曲线元素，在 AutoCAD 中提供了多种绘制圆与圆弧的方法。

(1) 绘制圆

启用绘制“圆”的命令常用以下方法。

① 命令行：CIRCLE（快捷命令：C）；

② 下拉菜单：“绘图”→“圆”；

③ 功能区：单击“默认”选项卡“绘图”面板中的“圆”下拉菜单。

启用“圆”的命令后，命令行提示如下：

命令：circle

指定圆的圆心或〔三点(3P)/两点(2P)/相切、相切、半径(T)〕：

指定圆的半径或〔直径(D)〕：

其含义如下：

三点（3P） 根据三点画圆。依次输入三个点，即可绘制出一个圆。

两点（2P） 根据两点画圆。依次输入两个点，即可绘制出一个圆，两点间的连线即为该圆的直径。

相切、相切、半径（T）画与两个对象相切，且半径已知的圆。输入后，根据命令行提示，指定相切对象并给出半径后，即可画出一个圆。相切的关系可以利用对象捕捉功能轻易的实现。

相切、相切、相切（A）画与三个对象相切，且半径已知的圆。相切的对象可以是直线、圆、圆弧和椭圆等图线。

(2) 绘制圆弧

启用绘制“圆弧”命令常用以下方法。

① 命令行：ARC（快捷命令：A）；

② 下拉菜单：“绘图”→“圆弧”；

③ 功能区：单击“默认”选项卡“绘图”面板中的“圆弧”下拉菜单。

通过选择“默认”选项卡中“绘图”面板中的“圆弧”下拉菜单命令后，系统将打开“圆弧”下拉菜单，在子菜单中提供了 11 种绘制圆弧的方法，用户可根据自己的需要，选择相应的选项来进行圆弧的绘制，如图 12-27 所示。

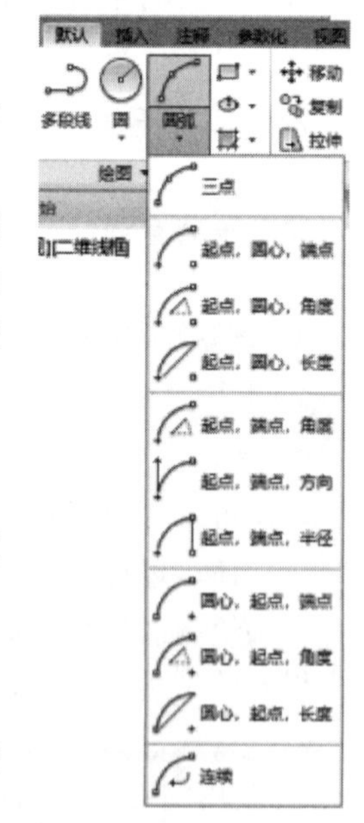

图 12-27 选择绘制圆弧

12.3.4 绘制射线与构造线

(1) 绘制射线

射线是一条只有起点并通过另一点或指定某方向无限延伸的直线，一般用作辅助线。启用绘制“射线”命令常用以下方法。

① 命令行：RAY；

② 下拉菜单：“绘图”→“射线”；

③ 功能区：单击“默认”选项卡“绘图”面板中的“射线”按钮。

利用以上任意一种方法启用“射线”的命令，就可以绘制射线的图形。

(2) 绘制构造线

构造线是指通过某两点并确定了方向，向两个方向无限延伸的直线，一般用作辅助线。启用绘制“构造线”命令常用以下方法。

① 命令行：XLINE（快捷命令：XL）；

② 下拉菜单："绘图"→"构造线"；

③ 功能区：单击"默认"选项卡"绘图"面板中的"构造线"按钮。

启用"构造线"的命令后，命令行提示如下：

命令：_ xline

指定点或〔水平(H)/垂直(V)角度(A)/二等分(B)/偏移(O)〕：

利用以上任意一种方法，根据系统提示进行操作，就可绘制构造线的图形。

12.3.5 绘制矩形与多边形

（1）绘制矩形

矩形可通过定义两个对角点来绘制，同时可以设置圆角、倒角、宽度等。启用绘制"矩形"命令常用以下方法。

① 命令行：RECTANG（快捷命令 REC）；

② 下拉菜单："绘图"→"矩形"；

③ 功能区：单击"默认"选项卡"绘图"面板中的"矩形"按钮。

启用"矩形"的命令后，命令行提示如下：

命令：_ rectang

指定第一个角点或〔倒角(C)/标高(E)/圆角(F)/厚度(T)/宽度(W)〕：

执行绘制"矩形"命令后，根据系统提示进行操作，但要注意圆角、倒角和宽度的控制。

（2）绘制多边形

在AutoCAD中，多边形是具有等边长的封闭图形。启用绘制"多边形"命令常用以下方法。

① 命令行：POLYGON（快捷命令：POL）；

② 下拉菜单："绘图"→"多边形"；

③ 功能区：单击"默认"选项卡"绘图"面板中的"多边形"按钮。

执行绘制"多边形"命令后，应根据系统提示，输入多边形的边数，以及多边形的中心点（坐标）或一条边的两个端点，就可绘制多边形的图形。

12.3.6 绘制椭圆与椭圆弧

（1）绘制椭圆

绘制椭圆的主要参数是椭圆的长轴和短轴，绘制椭圆的缺省方法是通过指定椭圆的第一根轴线的两个端点及另一半轴的长度。启用绘制"椭圆"命令常用以下方法。

① 命令行：ELLIPSE（快捷命令：EL）；

② 下拉菜单："绘图"→"椭圆"；

③ 功能区：单击"默认"选项卡"绘图"面板中的"椭圆"下拉菜单。

执行绘制"椭圆"命令后，应根据系统提示进行操作，包括指定椭圆的轴端点或中心点。

（2）绘制椭圆弧

绘制椭圆弧的方法与绘制椭圆相似，首先确定椭圆的长轴和短轴，然后再输入椭圆的起始角和终止角即可。启用绘制"椭圆弧"命令有以下方法。

① 下拉菜单："绘图"→"椭圆"→"椭圆弧"；

② 功能区：单击"默认"选项卡"绘图"面板中的"椭圆弧"按钮。

12.3.7　绘制样条曲线

样条曲线常用于绘制不规则零件轮廓，例如零件断裂处的边界。启用绘制“样条曲线”命令常用以下方法。

① 命令行：SPLINE；

② 下拉菜单：“绘图”→“样条曲线”；

③ 功能区：单击“默认”选项卡“绘图”面板中的“样条曲线拟合”按钮或“样条曲线控制点”按钮。

12.3.8　绘制多段线

多段线是线段和圆弧构成的连续线段组，是一个单独图形对象。在绘制过程中，用户可以随意设置线宽。启用绘制“多段线”命令常用以下方法。

① 命令行：PLINE（快捷命令：PL）；

② 下拉菜单：“绘图”→“多段线”；

③ 功能区：单击“默认”选项卡“绘图”面板中的“多段线”按钮。

启用“多段线”的命令后，命令行提示如下：

命令：_ pline

指定起点：

当前线宽为 0.0000

指定下一个点或〔圆弧(A)/半宽(H)/长度(L)、放弃(U)/宽度(W)〕：

执行绘制“多段线”命令后，根据系统提示进行操作。

12.3.9　举例

【例 12-1】 绘制图 12-28 所示的基本图形，并存盘。

作图：

① 设置一个 100×80 的绘图幅面，用“视图”→“缩放”→“全部”命令，使图幅充满屏幕。

② 调用直线命令，进入直线绘制状态。系统提示：

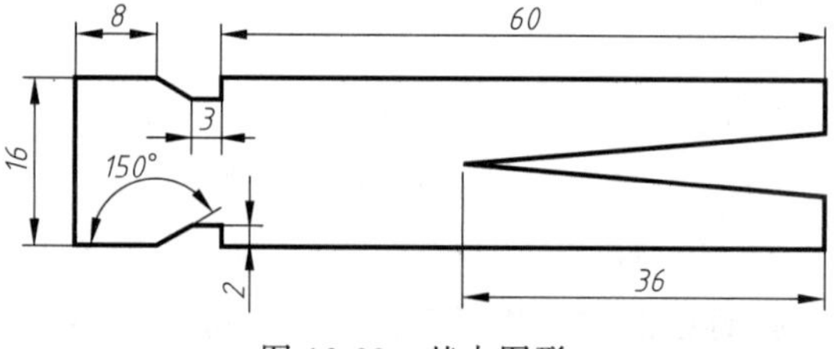

图 12-28　基本图形

命令：_ line

指定第一点：(移动光标到屏幕适当位置单击鼠标左键，完成起始点的确定)

指定下一点或〔放弃(U)〕：@0,16 ↓(输入点的相对坐标，按“Enter”键)

指定下一点或〔放弃(U)〕：@8,0 ↓

指定下一点或〔闭合(C)/放弃(U)〕：@4＜－30 ↓

指定下一点或〔闭合(C)/放弃(U)〕：@3,0 ↓

指定下一点或〔闭合(C)/放弃(U)〕：@0,2 ↓

指定下一点或〔闭合(C)/放弃(U)〕：@60,0 ↓

指定下一点或〔闭合(C)/放弃(U)〕：@0,－5 ↓

指定下一点或〔闭合(C)/放弃(U)〕：@－36,－3 ↓

指定下一点或〔闭合(C)/放弃(U)〕：@36,－3 ↓

指定下一点或〔闭合(C)/放弃(U)〕：@0,－5 ↓

指定下一点或〔闭合(C)/放弃(U)〕：@－60,0 ↓

指定下一点或〔闭合(C)/放弃(U)〕:@0,2 ↓

指定下一点或〔闭合(C)/放弃(U)〕:@−3,0 ↓

指定下一点或〔闭合(C)/放弃(U)〕:@4<210 ↓

指定下一点或〔闭合(C)/放弃(U)〕:c ↓(完成图形绘制)

③ 调用存盘命令，在“文件另存为”对话框中，将建立的图形文件命名并存盘。

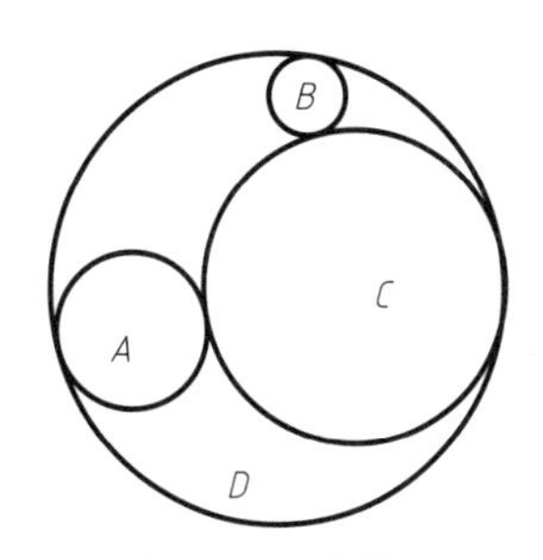

图 12-29　绘制圆

【例 12-2】 以点 A（80，80）为圆心做半径为 30 的圆，以点 B（150，170）为圆心做直径为 30 的圆。求作：

① 与两圆相切且半径为 60 的圆 C；

② 与 A、B、C 圆相外切的圆 D。如图 12-29 所示。

作图：

① 命令:＿circle

指定圆的圆心或〔三点(3P)/两点(2P)/切点、切点、半径(T)〕:

80,80(选择绘制圆的命令,输入点 A 的圆心坐标)

指定圆的半径或〔直径(D)〕:30 ↙(输入半径值)

② 命令:＿circle

指定圆的圆心或〔三点(3P)/两点(2P)/切点、切点、半径(T)〕:150,175(选择绘制圆的命令,输入点 B 的圆心坐标)

指定圆的半径或〔直径(D)〕:D ↙(输入 D 选择“直径”选项)

指定圆的直径:30 ↙(输入直径值)

③ 命令:＿circle

指定圆的圆心或〔三点(3P)/两点(2P)/切点、切点、半径(T)〕:T ↙(选择绘制圆的命令,输入 T 选择“切点、切点、半径”选项)

指定对象与圆的第一切点:_tan 到(捕捉圆 A 的切点)

指定对象与圆的第二切点:_tan 到(捕捉圆 B 的切点)

指定圆的半径:60 ↙(输入半径值)

④ 命令:＿circle

指定圆的圆心或〔三点(3P)/两点(2P)/切点、切点、半径(T)〕:3P ↙(选择绘制圆的命令,输入 3P 选择“三点”选项)

指定圆上的第一切点:_tan 到(捕捉圆 A 的切点)

指定圆上的第二切点:_tan 到(捕捉圆 B 的切点)

指定圆上的第三切点:_tan 到(捕捉圆 C 的切点)

12.4　图形编辑命令

图形的编辑实际指对已有的图形进行修改、移动、复制和删除等操作。AutoCAD 具有强大的编辑功能，实际绘图时，将绘图命令与编辑命令交替使用，可大量节省绘图时间。

12.4.1　选择对象

（1）选择对象的方式

① 选择单个对象：选择单个对象的方法叫做点选。用十字光标直接单击图形对象，被选中的对象将以带有夹点的虚线显示。如果需要选择多个图形对象，可以继续单击需要选择的图形对象。

② 利用矩形窗口选择对象：通过两个对角点来定义一个矩形窗口，在所选图形对象的左上角单击，并向右下角移动鼠标，系统将显示一个实线矩形框，单击鼠标，全部位于矩形框内的图形对象被选中。

③ 利用交叉矩形窗口选择对象：通过两个对角点来定义一个矩形窗口，在所选图形对象的右下角单击，并向左上角移动鼠标，系统将显示一个虚线矩形框，单击鼠标，全部位于矩形框内的图形对象与窗口相交的所有图形对象都被选中。

(2) 选择全部对象

在绘图工程中，如果用户需要选择整个图形对象，可以使用以下两种方法。

① 下拉菜单："编辑"→"全部选择"；

② 按键盘上"Ctrl＋a"键。

(3) 取消选择

要取消选择的对象，有两种方法。

① 按键盘上的"Ecs"键；

② 在绘图区内鼠标右击，在光标菜单中选择"全部不选"命令。

12.4.2 删除对象

使用"删除"命令是将图形中的没有用的图形对象删除掉。启用"删除"命令常用以下方法。

① 命令行：ERASE；

② 下拉菜单："修改"→"删除"；

③ 功能区：单击"默认"选项卡"修改"面板中的"删除"按钮。

启用"删除"命令后，根据命令行提示，选择对象，然后按"Enter"键，选中的图形就被删除。

12.4.3 复制对象

对图形中相同或相似的对象一般只画一次，而用编辑命令复制、镜像、偏移、阵列绘出其他。不同情况应使用不同的命令。

(1) 复制

复制命令的功能是将选择的对象复制到指定的位置。可以复制一次，也可以复制多次(即多重复制)。启用"复制"命令常用以下方法。

① 命令行：COPY；

② 下拉菜单："修改"→"复制"；

③ 功能区：单击"默认"选项卡"修改"面板中的"复制"按钮；

④ 快捷菜单：选择要复制的对象，在绘图区右击，在打开的快捷菜单中选择"复制选择"命令。

启用"复制"命令后，命令行提示如下：

命令：_copy

选择对象：(选择要复制的对象)

选择对象：(按"Enter"键结束选择)

当前设置：复制模式＝多个

指定基点或〔位移(D)/模式(O)〕<位移>:(给定基点)

指定位移的第二点或〔阵列(A)/模式(O)〕<使用第一点作位移>:(指定第二点来确定位移)

指定位移的第二点或〔阵列(A)/退出(E)/放弃(U)〕<退出>:(按"Enter"键)

根据提示，输入数据或选项，即可完成操作的过程。

(2) 镜像

镜像命令的功能将选择的对象按指定的对称轴（镜像线）镜像复制，生成的图形与源图形关于对称轴对称。镜像适用于对称图形，绘制完对称图形的一半后，即可利用镜像进行编辑以得到完整的图形。启用“镜像”命令常用以下方法。

① 命令行：MIRROR；

② 下拉菜单：“修改”→“镜像”；

③ 功能区：单击“默认”选项卡“修改”面板中的“镜像”按钮。

启用“镜像”命令后，命令行提示如下：

命令：_ mirror

选择对象:(选择要镜像的对象)

选择对象:(按"Enter"键结束选择)

指定镜像线的第一点:(指定镜像轴线上的第一点 A)

指定镜像线的第二点:(指定镜像轴线上的第二点 B)

是否删除源对象?〔是(Y)/否(N)〕<N>:(不删除源对象并结束命令)

图中删除源对象的“镜像”结果如图 12-30（b)，保留源对象的“镜像”结果如图 12-30（c)。

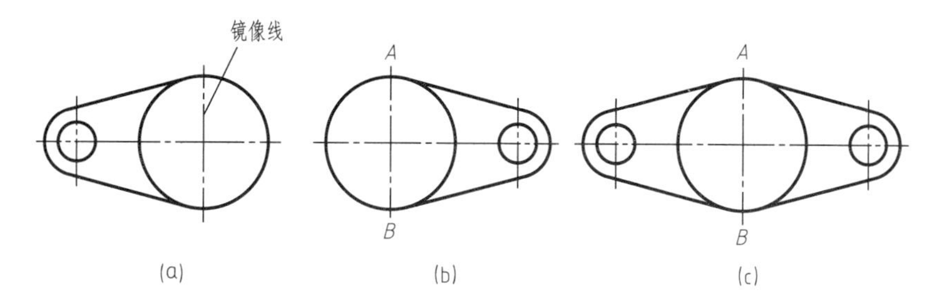

图 12-30　“镜像”对象

(3) 偏移对象

偏移命令的功能是根据选定的对象、指定的距离和方向，复制出一个形状相同或相似新对象。可以偏移的对象包括直线、圆弧、圆、二维多段线、椭圆、构造线、射线和平面样条曲线等。启用“偏移”命令常用以下方法。

① 命令行：OFFSET；

② 下拉菜单：“修改”→“偏移”；

③ 功能区：单击“默认”选项卡“修改”面板中的“偏移”按钮。

启用“偏移”命令后，命令行提示如下：

命令：_ offset

当前设置:删除源=否　图层=源　　OFFSETGAPTYPE=0

指定偏移距离或〔通过(T)/删除(E)/图层(L)〕<0.0000>:(指定偏移距离值,或用鼠标

点取两点确定偏移距离。通过(T)指偏移的对象将通过随后点取的点)

选择要偏移的对象,或〔退出(E)/放弃(U)〕＜退出＞:(选择要偏移的对象)

指定要偏移的那一侧上的点,或〔退出(E)/多个(M)/放弃(U)〕＜退出＞:(指定点来确定往哪个方向偏移)

(4) 阵列

阵列是指多次重复选择对象并把这些副本按矩形、路径和环形排列。把副本按矩形排列称为矩形阵列，把副本按路径排列称为路径阵列，把副本按环形排列称为环形阵列。启用“阵列”命令常用以下方法。

① 命令行：ARRAY；

② 下拉菜单：“修改”→“阵列”→“矩形阵列”/“路径阵列”/“环形阵列”；

③ 功能区：单击“默认”选项卡“修改”面板中的“矩形阵列”按钮/“路径阵列”按钮/“环形阵列”按钮。

a. 矩形阵列：矩形阵列是通过设置行数、列数、行偏移和列偏移来进行复制。启用“矩形阵列”命令后，命令行提示如下：

命令:_ arrayect

选择对象:(选择要阵列的对象)

选择对象:(按“Enter”键结束选择)

类型＝矩形　关联＝是

选择夹点以编辑阵列或〔关联(AS)/基点(B)/计数(COU)/间距(S)/列数(COL)/行数(R)/层数(L)/退出(X)〕＜退出＞:cou(输入计数字母代号,按“Enter”键)

输入列数数或〔表达式(E)〕＜4＞:(输入阵列的列数,按“Enter”键)

输入行数数或〔表达式(E)〕＜3＞:(输入阵列的行数,按“Enter”键)

选择夹点以编辑阵列或〔关联(AS)/基点(B)/计数(COU)/间距(S)/列数(COL)/行数(R)/层数(L)/退出(X)〕＜退出＞:s(输入间距字母代号,按“Enter”键)

指定列之间的距离或〔单位单元(U)〕＜50＞:(输入列之间的距离数值,按“Enter”键)

指定行之间的距离或＜30＞:(输入行之间的距离数值,按“Enter”键)

选择夹点以编辑阵列或〔关联(AS)/基点(B)/计数(COU)/间距(S)/列数(COL)/行数(R)/层数(L)/退出(X)〕＜退出＞:(按“Enter”键结束命令)

b. 环形阵列：环形阵列是指可以通过围绕指定的圆心复制选定对象来创建一个环形阵列图形。启用“环形阵列”命令后，命令行提示如下：

命令：_ arraypolar

选择对象:(选择要阵列的对象)

选择对象:(按“Enter”键结束选择)

类型＝极轴　关联＝是

指定阵列的中心或〔基点(B)/旋转轴(A)〕:(选取阵列的中心点,按“Enter”键)

选择夹点以编辑阵列或〔关联(AS)/基点(B)/项目(I)/项目间角度(A)/填充角度(F)/行(ROW)/层(L)/旋转项目(ROT)/退出(X)〕＜退出＞:I(输入项目字母代号,按“Enter”键)

输入阵列的项目数或〔表达式(E)〕＜6＞:(输入阵列的项目数值,按“Enter”键)

选择夹点以编辑阵列或〔关联(AS)/基点(B)/项目(I)/项目间角度(A)/填充角度(F)/行(ROW)/层(L)/旋转项目(ROT)/退出(X)〕＜退出＞:F(输入填充角度字母代号,按“Enter”键)

输入填充角度(+=逆时针、-=顺时针)或〔表达式(EX)〕＜360＞:(输入环形阵列角度数值,按“Enter”键)

选择夹点以编辑阵列或〔关联(AS)/基点(B)/项目(I)/项目间角度(A)/填充角度(F)/行(ROW)/层(L)/旋转项目(ROT)/退出(X)〕＜退出＞:(按“Enter”键结束命令)

c. 路径阵列：路径阵列是沿整个路径或部分路径平均分布对象副本。路径可以是直线、多段线、三维多段线、样条曲线、螺旋线、圆弧、圆或椭圆等所有开放性线段。启用“路径阵列”命令后，命令行提示如下：

命令：_ arraypath

选择对象:(选择要阵列的对象)

选择对象:↙(结束选择)

类型=路径　关联=是

选择路径曲线:(选择要阵列的路径,按“Enter”键结束选择)

选择夹点以编辑阵列或〔关联(AS)/方法(M)/基点(B)/切向(T)/项目(I)/行(R)/层(L)/对齐项目(A)/Z 方向(Z)/退出(X)〕＜退出＞:I(输入项目字母代号,按“Enter”键)

指定沿路径的项目之间的距离或〔表达式(E)〕＜30＞:30↙(输入阵列间距离数值,)

最大项目数=11

指定项目数或〔填写完整路径(F)/表达式(E)〕＜5＞:11↙(输入阵列数目)

选择夹点以编辑阵列或〔关联(AS)/方法(M)/基点(B)/切向(T)/项目(I)/行(R)/层(L)/对齐项目(A)/Z 方向(Z)/退出(X)〕＜退出＞:↙(结束命令)

根据命令行提示，选择阵列图形的对象，然后选择阵列的路径曲线，并输入阵列数目即可完成操作。路径阵列之前如图 12-31 (a)，阵列之后如图 12-31 (b)。

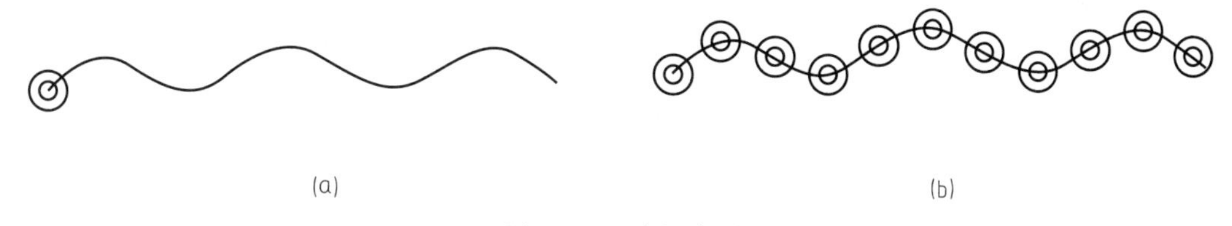

(a)　　(b)

图 12-31　路径阵列

12.4.4　调整对象

(1) 移动

移动命令的功能是将选中的对象从当前位置平行移动到指定的新位置。启用“移动”命令常用以下方法。

① 命令行：MOVE；

② 下拉菜单：“修改”→“移动”；

③ 功能区：单击“默认”选项卡“修改”面板中的“移动”按钮✣；

④ 快捷菜单：选择要复制的对象，在绘图区右击，在弹出的快捷菜单中选择“移动”命令。

启用“移动”命令后，命令行提示如下：

命令：_ move

选择对象:(选择要移动的对象)

选择对象:(按“Enter”键结束选择)

指定基点或〔位移(D)〕＜位移＞:(指定位移的基点或直接输入位移)

指定位移的第二点或＜使用第一个点作为位移＞:(如果点取了某点,则指定移动第二点。如果直接按回车键,则用第一点数值作为位移来移动对象)

(2) 旋转

旋转命令的功能是将选中的对象绕指定的基点旋转给定的角度。启用“旋转”命令常用以下方法。

① 命令行：ROTATE;

② 下拉菜单：“修改”→“旋转”;

③ 功能区：单击“默认”选项卡“修改”面板中的“旋转”按钮;

④ 快捷菜单：选择要复制的对象，在绘图区右击，在弹出的快捷菜单中选择“旋转”命令。

启用“旋转”命令后，命令行提示如下：

命令：_ rotate

UCE 当前的正角方向：ANGDIR＝逆时针 ANGBASE＝0

选择对象:(选择要旋转的对象)

选择对象:(按“Enter”键结束选择)

指定基点:(指定旋转的基点)

指定旋转角度,或〔复制(C)/参照(R)〕＜0＞:(输入旋转的角度或采用参照方式旋转对象)

(3) 拉伸

拉伸命令的功能是按给定的方向和距离拉伸或缩短对象。启用“拉伸”命令常用以下方法。

① 命令行：STRETCH;

② 下拉菜单：“修改”→“拉伸”;

③ 功能区：单击“默认”选项卡“修改”面板中的“拉伸”按钮。

启用“拉伸”命令后，命令行提示如下：

命令：_ stretch;

以交叉窗口或交叉多边形选择要拉伸的对象…

选择对象:(以交叉窗口或交叉多边形选择要拉伸的对象)

选择对象:(按“Enter”键结束选择)

指定基点或〔位移(D)〕＜位移＞:(单击确定基点)

指定第二点或＜使用第一个点作为位移＞:(单击确定目标点,然后按“Enter”键结束)

(4) 拉长

拉长命令的功能是显示选中对象的长度，并按指定的方式拉长或缩短选中的对象。还可以改变非闭合的直线、圆弧、多段线、椭圆弧和样条曲线的长度及圆弧的角度。启用“拉长”命令常用以下方法。

① 命令行：LENGTHEN;

② 下拉菜单：“修改”→“拉长”;

③ 功能区：单击“默认”选项卡“修改”面板中的“拉长”按钮。

启用“拉长”命令，命令行提示如下：

命令:_ lengthen

选择要测量的对象或〔增量(DE)/百分数(P)/总计(T)/动态(DY)〕＜总计(T)＞:

其中各选项含义如下：

增量（DE）：通过给定增量来延长或缩短对象，正值表示延长，负值表示缩短；如果是圆弧，还可以指定角度增量。

百分数（P）：以相对于原长度的百分比来拉长或缩短对象的长度或角度。

总计（T）：指定对象被拉长或缩短的总长度，如果是圆弧，还可以指定其被拉长或缩短后的夹角角度。

动态（DY）：通过动态拖动模式改变所选对象的长度或角度。

（5）缩放

缩放命令的功能是将选择的对象相对指定的基点按比例放大或缩小。启用“缩放”命令常用以下方法。

① 命令行：SCALE；

② 下拉菜单：“修改”→“缩放”；

③ 功能区：单击“默认”选项卡“修改”面板中的“缩放”按钮；

④ 快捷菜单：选择要复制的对象，在绘图区右击，在打开的快捷菜单中选择“缩放”命令。

启用“缩放”命令后，命令行提示如下：

命令：_ scale

选择对象：(选择要缩放的对象)

选择对象：(按“Enter”键结束选择)

指定基点：(指定一个基点作为缩放的基准)

指定比例因子或〔复制(C)/参照(R)〕：(输入要缩放的对象的比例因子。复制是指复制并缩放指定对象。参照是指以参照方式缩放指定对象，当用户输入参考长度和新长度，系统把新长度和参考长度作为比例因子进行缩放)

12.4.5 编辑对象

（1）修剪

修剪命令的功能是将选定的对象以指定的剪切边为界进行部分修剪。启用“修剪”命令常用以下方法。

① 命令行：TRIM；

② 下拉菜单：“修改”→“修剪”；

③ 功能区：单击“默认”选项卡“修改”面板中的“修剪”按钮 -/-- 。

启用“修剪”命令后，命令行提示如下：

选择剪切边…(提示选择剪切边，选择对象作为剪切边界)

选择对象或<全部选择>：(按“Enter”键结束选择)

选择要修剪的对象，或按住 Shift 键选择要延伸的对象，或〔栏选(F)/窗交(C)/投影(P)/边(E)/删除(R)/放弃(U)〕：(选择要修剪的对象)

其中各选项含义如下：

栏选（F）：此选项为使用栏选的方式，进行剪切。

窗交（C）：以窗口相交方式剪切对象。

投影（P）：确定命令执行时是否使用投影方式。

边（E）：确定剪切边的模式。有“延伸（E）”“不延伸（N）”两种模式。

删除（R）：选择要删除的对象。

放弃（U）：取消最后一次的剪切操作。

按住 Shift 键选择要延伸的对象 如果在按住 Shift 键的同时选择与剪切边不相交的对象，那么所选择的对象将延伸至剪切边。

（2）延伸

延伸命令的功能是将选定的对象延伸到指定的边界。启用“延伸”命令常用以下方法。

① 命令行：EXTEND；

② 下拉菜单：“修改”→“延伸”；

③ 功能区：单击“默认”选项卡“修改”面板中的“延伸”按钮。

启用“延伸”命令后，命令行提示如下：

选择边界的边…(提示选择延伸边界的边，选择对象作为延伸边界)

选择对象或<全部选择>：(按“Enter”键结束选择)

选择要延伸的对象，或按住 Shift 键选择要修剪的对象，或〔栏选(F)/窗交(C)投影(P)/边(E)/放弃(U)〕：(选择要延伸的对象)

（3）打断

打断命令的功能是将对象上指定的两点间的一部分去掉，或把一个对象从一点分成两个对象。可以打断的对象有直线、圆、圆弧、多段线、椭圆、样条曲线等。启用“打断”命令常用以下方法。

① 命令行：BREAK；

② 下拉菜单：“修改”→“打断”；

③ 功能区：单击“默认”选项卡“修改”面板中的“打断”按钮。

启用“打断”命令后，命令行提示如下：

选择对象：(选择要打断的对象。如果在后面的提示中不输入 F 来重新定义第一点，则拾取该对象的点为第一点)

指定第二个打断点或〔第一点(F)〕：(拾取打断的第二点。如果输入@指第二点和第一点相同，即将选择对象分成两段)

打断，是将对象在某两点处打断，并删除所指定的两点之间的线段或对象。

打断于点，是将对象在某点一分为二，用户可以在独断以后，对其中任一段进行编辑处理。

（4）和并

合并命令的功能是将图形中几个对象合并成一个对象。利用它可以将直线、圆、圆弧、多段线、椭圆、样条曲线等独立的线段合并为一个对象。启用“合并”命令常用以下方法。

① 命令行：JOIN；

② 下拉菜单：“修改”→“合并”；

③ 功能区：单击“默认”选项卡“修改”面板中的“合并”按钮。

启用“合并”命令后，命令行提示如下：

选择源对象或要一次合并的多个对象：(选择合并对象的其中一个作为源对象)

选择要合并的对象：(选择其他的对象合并到源对象)

（5）分解

分解命令的功能是将一个复杂的对象分解成若干个相互独立的简单基本图形对象（直线和圆弧）。启用“分解”命令常用以下方法。

① 命令行：EXPLODE；

② 下拉菜单："修改"→"分解"；

③ 功能区：单击"默认"选项卡"修改"面板中的"分解"按钮。

启用"分解"命令后，根据命令行提示，选择对象，然后按"Enter"键，整体图形就被分解。

(6) 倒角

倒角是机械图样中常见的结构，它可以通过倒角命令直接产生。启用"倒角"命令常用以下方法。

① 命令行：CHAMFER；

② 下拉菜单："修改"→"倒角"；

③ 功能区：单击"默认"选项卡"修改"面板中的"倒角"按钮。

启用"倒角"命令后，命令行提示如下：

("修剪"模式)当前倒角距离 1＝0.0000,距离 2＝0.0000

选择第一条直线或〔放弃(U)/多段线(P)/距离(D)/角度(A)/修剪(T)/方式(E)/多个(M)〕：

其中各选项含义如下：

放弃（U）：恢复在命令中执行的上一个操作。

多段线（P）：对多段线进行倒角。

距离（D）：根据两个倒角距离确定倒角大小。

角度（A）：根据第一倒角距离和一个角度确定倒角大小。

修剪（T）：确定倒角时是否对第一、第二角边进行修剪。

方式（E）：确定按距离（D）还是按角度（A）方式进行倒角。

多个（M）：该选项可在调用一次倒角命令的情况下依次对多个对象进行倒角操作。

(7) 圆角

圆角命令的功能是用一个指定半径的圆弧光滑连接两个对象。启用"圆角"命令常用以下方法。

① 命令行：FILLET；

② 下拉菜单："修改"→"圆角"；

③ 功能区：单击"默认"选项卡"修改"面板中的"圆角"按钮。

启用"圆角"命令后，命令行提示如下：

当前设置：模式＝修剪，半径＝0.0000

选择第一条对象或〔放弃(U)/多段线(P)/半径(R)/修剪(T)/多个(M)〕：

圆角命令操作时，命令行提示行中各选项的含义和"倒角"命令相应选项类同，在此不再重复。

12.4.6 文字编辑

(1) 文字样式

AutoCAD2018 图形中的文字有与其相对应的文字样式。当输入文字对象时，CAD 使用当前设置的文字样式。文字样式是用来控制文字基本形状的一组设置。启用"文字样式"命令常用以下方法。

① 命令行：STYLE（快捷命令：ST）或 DDSTYLE；

② 下拉菜单："格式"→"文字样式"；

③ 功能区：单击"默认"选项卡"注释"面板中的"文字样式"按钮。

启用“文字样式”命令后，系统打开“文字样式”对话框，如图 12-32 所示。

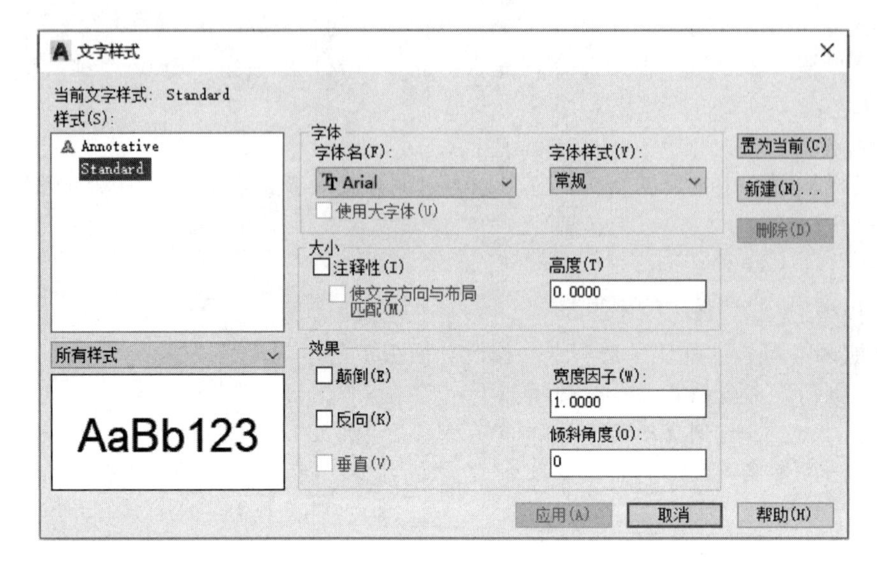

图 12-32　“文字样式”对话框

设置文字样式的步骤如下：

a. 设置文字样式名称：单击“新建”按钮，打开“新建文字样式”对话框，如图 12-33 所示。在此对话框中，可以为新建的样式输入名称，单击“确定”按钮，系统返回到“文字样式”对话框中。

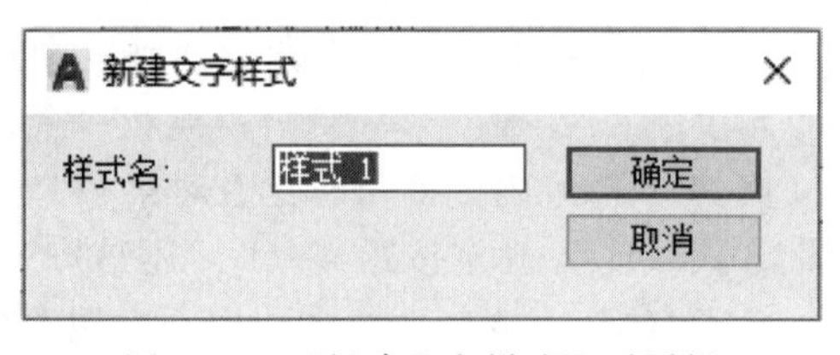

图 12-33　“新建文字样式”对话框

b. 设置文字样式的字体：在“字体”下拉列表中可以选择字体，在 AutoCAD2018 中，除了固有的 SHX 字体外，还可以使用 TrueType 字体（如宋体、楷体等）。

c. 字体“大小”：用于确定文字样式使用的字体文件、字体风采及字高。“高度”文本框用来设置创建文字时的固定字高，在用 TEXT 命令输入文字时，AutoCAD2018 不在提示输入字高参数。如果将文字高度设置为“0”，则会在每一次创建文字时提示输入字高。因此，如果不想固定字高就可以将其设置为“0”。

d. 字体“效果”：在“效果”栏的“颠倒”“反向”“垂直”复选框中选择文本的处置方式。在“宽度因子”文本框中设置文字的高度和宽度之比。在“倾斜角度”文本框中设置文字的倾斜角度，值为零时不倾斜，正值表示文字字头向右斜，负值表示向左斜。

（2）文字输入

AutoCAD 提供了“多行文字”和“单行文字”两种创建文字的方式。

① 单行文字。单行文字的每一行都是一个文字对象，因此可以用来输入内容比较简短的文字对象，并且可以对它们进行单独编辑。启用“单行文字”命令常用以下方法。

a. 命令行：TEXT；

b. 下拉菜单：“绘图”→“文字”→“单行文字”；

c. 功能区：单击“默认”选项卡“注释”面板中的“单行文字”按钮 A 或单击“注释”选项卡“文字”面板中的“单行文字”按钮 A。

启用“单行文字”命令后，命令行提示如下：

命令：__text

当前文字样式："standard"　当前文字高度：2.5000　注释性 否 对正：左

指定文字的起点或〔对正(J)/样式(S)〕：

指定文字的高度＜2.5000＞：

指定文字的旋转角度＜0＞：

其中各选项含义如下：

指定文字的起点　该选项为默认选项，输入或拾取注写文字的起点位置。

对正（J）该选项用于确定文本的对齐方式。

样式（S）该选项用于改变当前文字样式。

② 多行文字。多行文字又称为段落文字，它的各行文字都作为一个整体处理。用于输入较复杂的文字说明。启用“多行文字”命令常用以下方法。

a. 命令行：MTEXT（快捷命令：TH 或 MT）；

b. 下拉菜单：“绘图”→“文字”→“多行文字”；

c. 功能区：单击“默认”选项卡“注释”面板中的“多行文字”按钮或单击“注释”选项卡“文字”面板中的“多行文字”按钮。

启用“多行文字”命令后，在绘图区空白处单击，指定第一角点，向右下方拖动鼠标适当距离，左键单击，指定第二点，打开多行文字编辑器和“文字输入编辑器”选项卡，输入需要的文字，如图 12-34 所示。输入完成后，单击“文字编辑器”按钮。

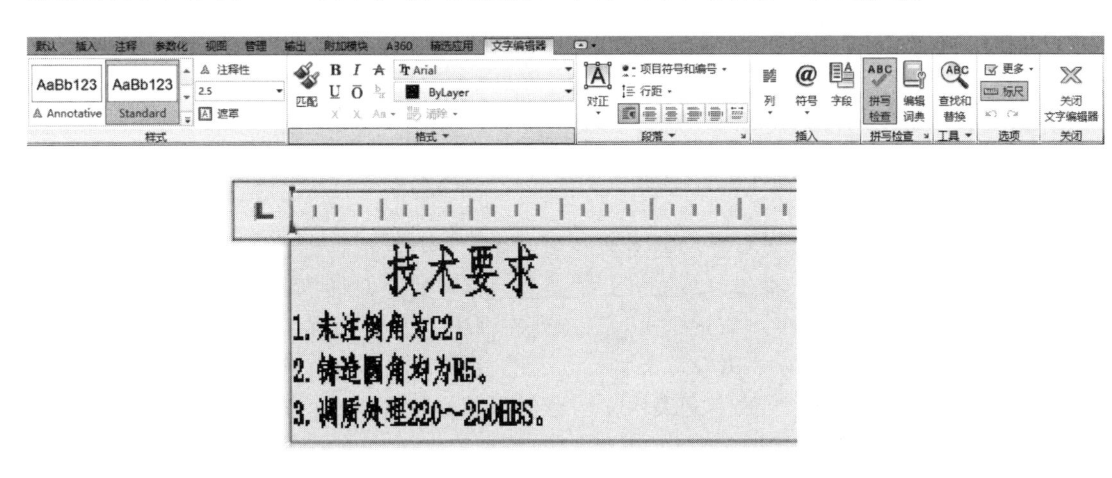

图 12-34　“多行文字编辑器”和“文字编辑器”选项卡

（3）文字编辑

AutoCAD2018 提供了“文字样式”编辑器，通过这个编辑器可以方便直观地设置需要的文本样式，或是对已有的样式进行修改。启用“文字的编辑”命令有以下方法。

① 命令行：TEXTEDIT；

② 下拉菜单：“修改”→“对象”→“文字”→“编辑”；

③ 鼠标双击要修改的文字对象。

启用“文字的编辑”命令后，单行文字直接在“文字”文本框中修改文字内容，完成后按“Enter”键。多行文字在打开多行文字编辑器和“文字输入编辑器”选项卡内可对文字的内容、字体、大小、颜色和效果等进行修改。

12.4.7　创建表格

（1）表格样式

AutoCAD2018 图形中的表格有与其相对应的表格样式。当插入表格对象时，系统使用当前设置的表格样式。表格样式是用来控制表格基本形状和间距的一组设置。启用“表格样式”命令有以下方法。

① 命令行：TABLESTYLE；

② 下拉菜单：“格式”→“表格样式”；

③ 功能区：单击“默认”选项卡“注释”面板中的“表格样式”按钮。

启用“表格样式”命令后，系统打开“表格样式”对话框，如图 12-35 所示。

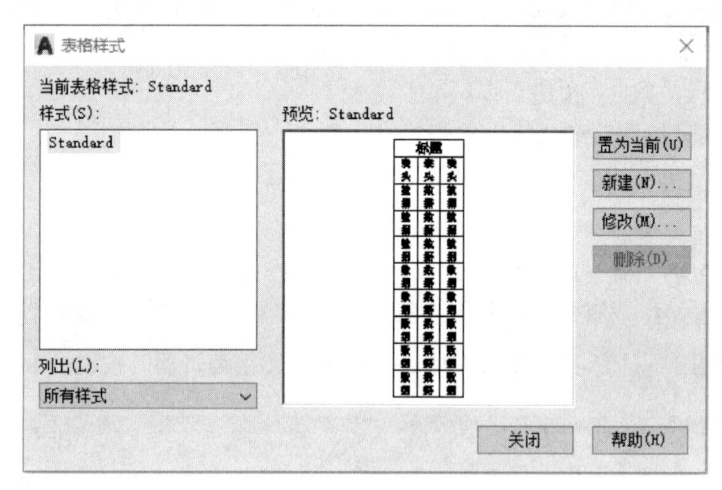

图 12-35　“表格样式”对话框

设置表格样式的步骤如下：

单击“新建”按钮，系统打开“创建新的表格样式”对话框，如图 12-36 所示，输入新样式名称，并单击“继续”按钮，系统打开“新建表格样式”对话框，如图 12-37 所示，在“常规”中设置表格方向，在“单元样式”下拉列表框中，设置“数据”“表头”和“标题”所对应的“常规”“文字”和“边框”等特性。设置完成后，单击“确定”按钮，返回“表格样式”对话框，此时在“样式”列表中显示刚创建好的表格样式。

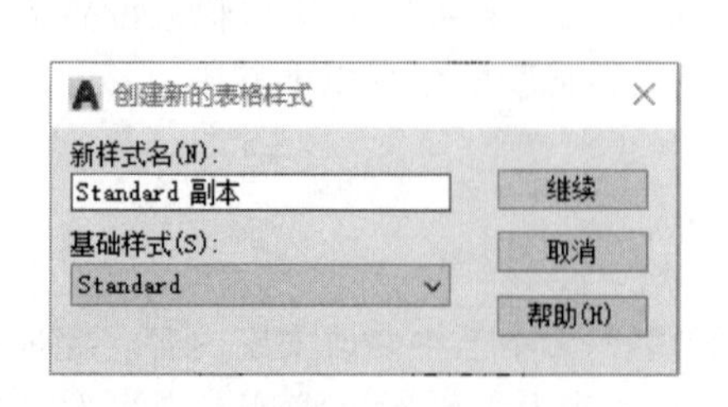

图 12-36　“创建新的表格样式”对话框

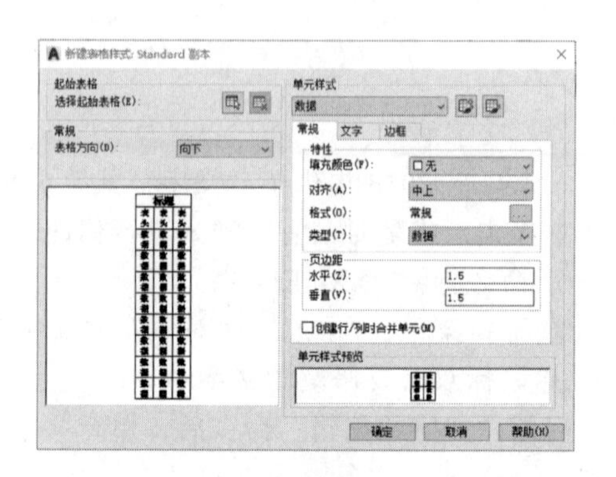

图 12-37　“新建表格样式”对话框

(2) 创建表格

在设置好表格样式后，用户就可以创建表格。启用“表格”命令有以下方法。

① 命令行：TABLE；

② 下拉菜单：“绘图”→“表格”；

③ 功能区：单击“默认”选项卡“注释”面板中的“表格”按钮或单击“注释”选项卡中“表格”面板中的“表格”按钮。

启用“表格”命令后，系统打开“插入表格”对话框，如图 12-38 所示。在“列和行设置”选项组中，设置列数和行数值，在“设置单元样式”选项组中设置单元样式，单击“确定”按钮，退出“插入表格”对话框，在绘图区指定插入点插入表格，效果如图 12-39 所示。单击某个单元格，出现钳夹点，通过移动夹点，可以改变单元格的大小。如图 12-40 所示。双击单元格，打开文字编辑器，在各单元格中输入相应的文字或数据，最终完成参数表的绘制。

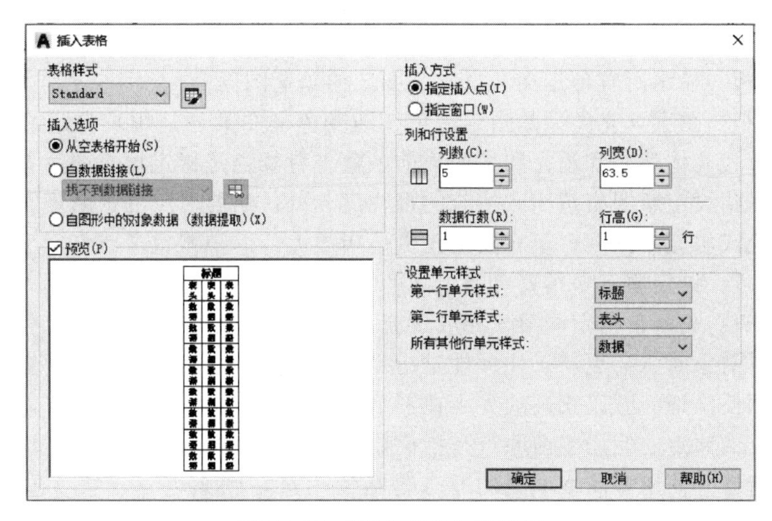

图 12-38　“插入表格”对话框

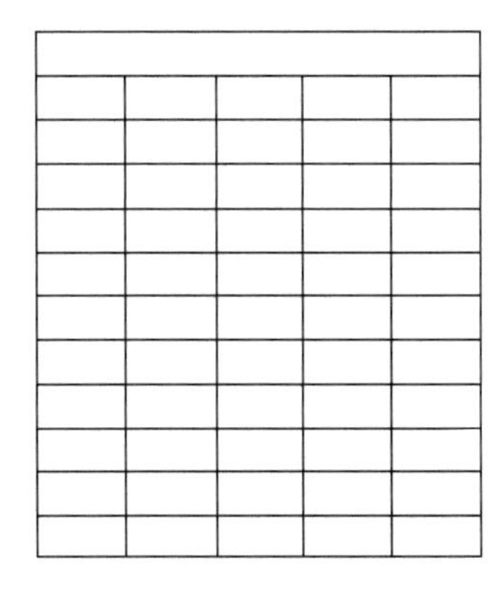

图 12-39　插入表格

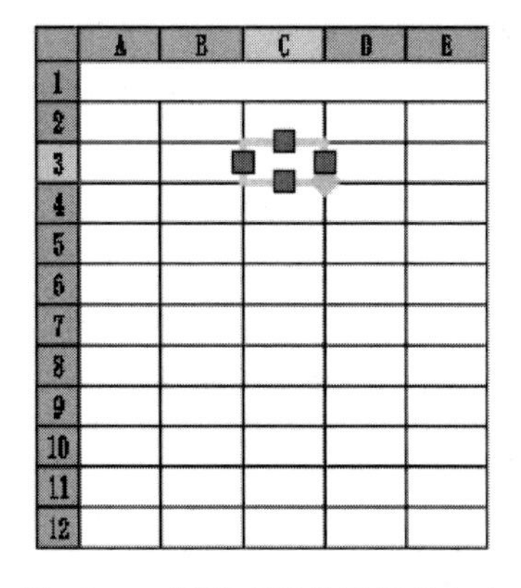

图 12-40　调整表格单元格的大小

12.4.8　图案填充

图案用来区分工程部件或用来表现组成对象的材质。启用“图案填充”命令常用以下方法。

① 命令行：BHATCH（快捷命令：H）

② 下拉菜单：“绘图”→“图案填充”；

③ 单击“默认”选项卡“绘图”面板中的“图案填充”按钮。

启用“图案填充”命令后，系统将打开“图案填充创建”选项卡，如图 12-41 所示。

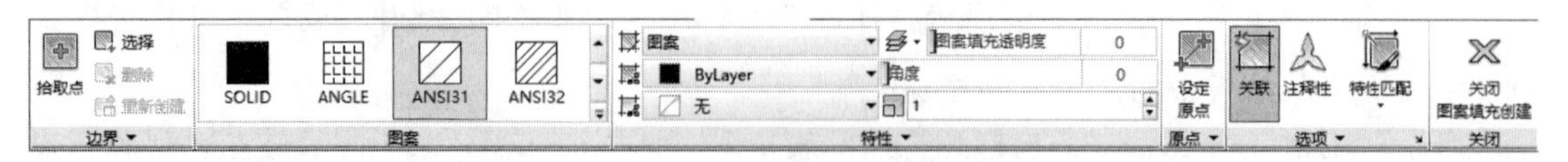

图 12-41 “图案填充创建”选项卡

选项卡中各选项的含义如下：

“边界”面板：拾取点是通过选择由一个或多个对象形成的封闭区域内的点。选择边界对象是指定基于选定对象的图案填充边界。删除边界对象是从定义中删除之前添加的任何对象。重新创建边界是围绕选定的图案填充或填充对象创建多段线或面域，并使其与图案填充对象相关联（可选）。

“图案”面板：显示所有预定义和自定义图案的预览图像。

“特性”面板：图案填充类型是指定纯色、渐变色、图案还是用户自定义的填充。图案填充颜色是指替代实体填充和填充图案的当前颜色。背景色是指定填充图案背景的颜色。图案填充透明度是指设定新图案填充或填充的透明度，替代当前对象的透明度。图案填充角度是指定图案填充或填充的角度。填充图案比例是指放大或缩小预定义或自定义填充图案。

“原点”面板：设定原点是指直接指定新的图案填充原点。

“选项”面板：关联是指定图案填充或填充为关联图案填充，关联的图案填充或填充在用户修改其边界对象时将会更新。注释性是指定图案填充为注释性，此特性会自动完成缩放注释过程，从而使注释能够以正确的大小在图纸上打印或显示。特性匹配有使用当前原点和使用源图案填充的原点。使用当前原点是指使用选定图案填充对象（除图案填充原点外）设定图案填充的特性，使用源图案填充的原点是指使用选定图案填充对象（包括图案填充原点）设定图案填充的特性。

12.4.9 图块及其属性

图块又称块，它是由一组图形对象组成的集合，一组对象一旦被定义为图块，它们将成为一个整体。用户可以把一组图形对象组成图块加以保存，需要的时候把图块以任意比例和旋转角度插入到图中任意位置。如果需要对组成的图块进行编辑，可以用“分解”命令把图块分解成若干个对象进行编辑。

（1）定义图块

启用“块”的命令常用以下方法。

① 命令行：BLOCK（快捷命令：B）；

② 下拉菜单：“绘图”→“块”→“创建”；

③ 功能区：单击“默认”选项卡“块”面板中的“创建”按钮或单击“插入”选项卡“块定义”面板中的“创建块”按钮。

启用“块”命令后，系统打开“块定义”对话框，如图 12-42 所示。

对话框中各选项的含义如下：

名称：输入或选择要创建的图块的名称。

基点：确定图块插入基点的位置。用户可以输入插入基点的 X、Y、Z 坐标；也可以单

图 12-42 “块定义”对话框

击“拾取点”按钮，在绘图区中选取插入基点的位置。

对象：选择构成图块的图形对象。单击“选择对象”按钮，即可在绘图区选择构成图块的图形对象。

保留：选择该选项，则在创建图块后，所选图形对象仍保留并且属性不变。

转换为块：选择该选项，则在创建图块后，所选图形对象转换为图块。

删除：选择该选项，则在创建图块后，所选图形对象将被删除。

方式：指定块的行为。

注释性：指定在图纸空间中块参照的方向与布局方向匹配。

按一定比例缩放：指定块参照是否按统一比例缩放。

允许分解：指定块参照是否可以被分解。

设置：指定块的设置。

块单位：指定块参照插入单位。

“超链接”按钮：将某个超链接与块定义相关联，单击“超链接”按钮，打开“插入超链接”对话框，从列表或指定的路径，可以将超链接与块定义相关联。

说明：输入图块的说明文字。

在块编辑器中打开　在块编辑器中打开当前的块定义。

(2) 写块

前面定义的图块，只能在当前图形文件中使用，而写块可以调入在任何图形中，插入到所需的位置上。“写块”只能使用“WBLOCK”命令，启用命令后，系统打开“写块”对话框，如图 12-43 所示。

对话框中各选项的含义如下：

源：选择图块和图形对象，将其保存为文件并为其指定插入点。

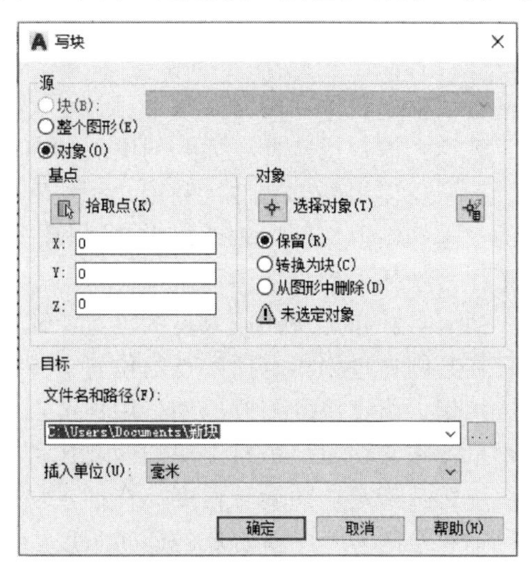

图 12-43 “写块”对话框

块：从列表中选择要保存为图形文件的现有图块。

整个图形：将当前图形作为一个图块，并作为一个图形文件保存。

对象：从绘图区中选择构成图块的图形对象。

目标：指定图块文件的名称、位置和插入图块时使用的测量单位。

文件名和路径：输入或选择图块文件的名称、保存位置。单击右侧按钮，打开“浏览图形文件”对话框，即可指定图块的保存位置，并指定图块的名称。

插入单位：选择插入图块时使用的测量单位。

设置完成后，单击“确定”按钮，将图形存储到指定的位置，在绘图过程中需要时即可调用。

（3）插入块

在绘图工程中，若需要应用图块时，可以利用“插入块”命令将已创建的图块插入到当前图形中。在插入图块时，用户需要指定图块的名称插入点缩放比例和旋转角度等。启用“插入块”的命令常用以下方法。

① 命令行：INSERT（快捷命令：I）；

② 下拉菜单：“插入”→“块”；

③ 功能区：单击“默认”选项卡“块”面板中的“插入”按钮或单击“插入”选项卡“块”面板中的“插入”按钮。

启用“插入块”命令后，系统打开“插入”对话框，如图 12-44 所示，从中即可指定要插入的图块名称与位置。

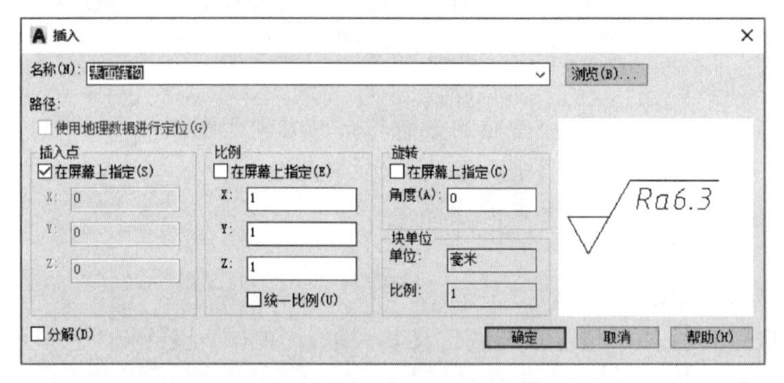

图 12-44 插入对话框

对话框中各选项的含义如下：

名称：输入或选择要插入的图块的名称。

若需要使用外部文件（利用“写块”命令创建的图块），可以单击“浏览”按钮，在打开的“选择图形文件”对话框中选择相应的图块文件，单击“确定”按钮，即可将文件中的图形作为块插入到当前图形。

插入点：指定块的插入点的位置。用户可以输入插入块的 X、Y、Z 坐标，也可以利用鼠标在绘图窗口中指定插入点的位置。

比例：指定块的缩放比例。用户可以输入插入块的 X、Y、Z 方向的比例因子，也可以利用鼠标在绘图窗口中指定块的缩放比例。

旋转：指定块的旋转角度。在插入块时，用户可以按照设置的角度旋转图块，也可以利用鼠标在绘图窗口中指定块的旋转角度。

分解：若选择该选项，则插入的块不是一个整体，而是被分解为各个单独的图形对象。

（4）图块的属性

① 创建块属性。定义带有属性的图块时，需要作为图块的图形与标记图块属性的信息，将这两个部分进行属性的定义后，再定义为图块即可。启用“定义属性”的命令常用以下方法。

a. 命令行：ATTDEF（快捷命令：ATT）；

b. 下拉菜单：“绘图”→“块”→“定义属性”；

c. 功能区：单击“默认”选项卡“块”面板中的“定义属性”按钮或单击“插入”选项卡“块定义”面板中的“定义属性”按钮。

启用“定义属性”命令，系统打开“属性定义”对话框，从中即可以定义模式、属性标记、属性提示、属性值插入点以及属性的文字设置选项等，如图 12-45 所示。

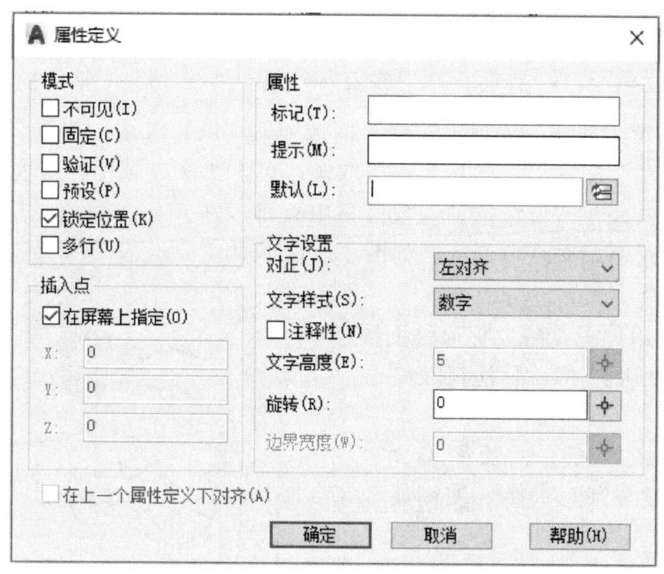

图 12-45　“属性定义”对话框

② 编辑图块属性。创建带有属性的块以后，用户可以对其属性进行编辑，如编辑属性标记、提示等。用户双击带有属性的图块，系统打开“增强属性编辑器”对话框，如图 12-46 所示。

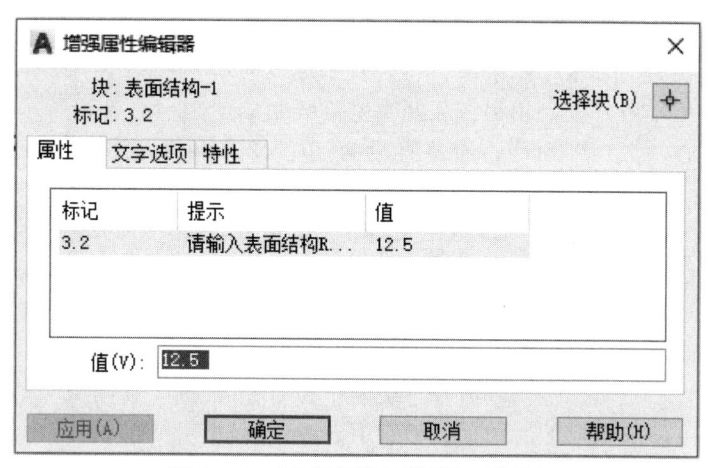

图 12-46　“增强属性编辑器”对话框

对话框中各选项的含义如下：

属性：显示图块的属性，如标记、提示以及缺省值，此时用户可以修改图块属性的缺省值。

文字选项：设置属性文字在图形中的显示方式，如文字样式、对正方式、文字高度、旋转角度等。

特性：定义图块属性所在的图层以及线型、颜色、线宽等。

设置完成后单击“应用”按钮，即可修改图块属性；若单击“确定”按钮，也可修改图块属性，并关闭对话框。

③ 修改图块属性值。创建带有属性的块，要指定一个属性值，如果这个属性不符合需要，可以在图块中对属性值进行修改。修改图块属性值时，使用“编辑属性”命令。启用“编辑属性”命令有以下方法。

a. 命令行：ATTEDIT（快捷命令：ATE）；

b. 下拉菜单：“修改”→“对象” → “编辑”→“单个”；

c. 功能区：单击“默认”选项卡“块”面板中的“编辑属性”按钮。

启用“编辑属性”命令后，光标变为拾取框，单击要修改属性的图块，系统打开“增强属性编辑器”对话框，在“值”选项的数值框中，可以输入新的数值。单击“确定”按钮，退出对话框，完成对图块属性值修改，如图 12-46 所示。

12.4.10 举例

【例 12-3】 绘制如图 12-47 所示的机械摇柄平面图（按尺寸画图，但不标注尺寸）。

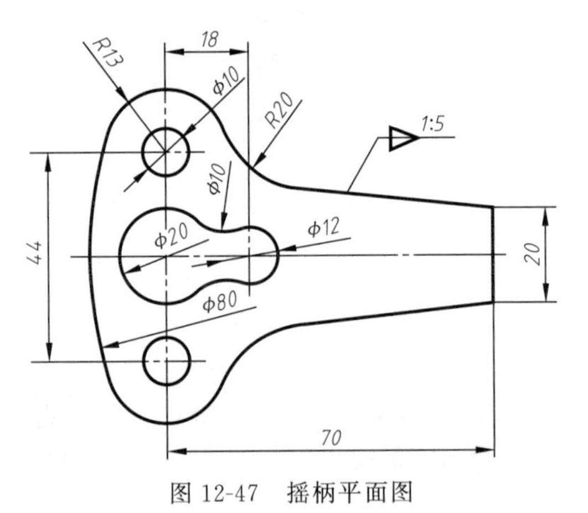

图 12-47 摇柄平面图

作图：

① 设置一个 297×210 的绘图幅面，用“视图”→“缩放”→“全部”命令，使图幅充满界面。

② 设置图层，单击“格式”→“图层”命令，打开“图层管理器”对话框，单击“新建”按钮，创建细点画线、粗实线图层。

③ 利用“构造线”命令绘制水平、竖直作图基准线，如图 12-48（a）所示。

④ 利用“偏移”命令将水平基准线向上偏移 10、20 复制出另两条水平基准线；将竖直基准线向右偏移 18、70、170（70＋100，为绘制 1∶5 斜度线做准备）复制出另三条竖直基准线，如图 12-48（b）所示。

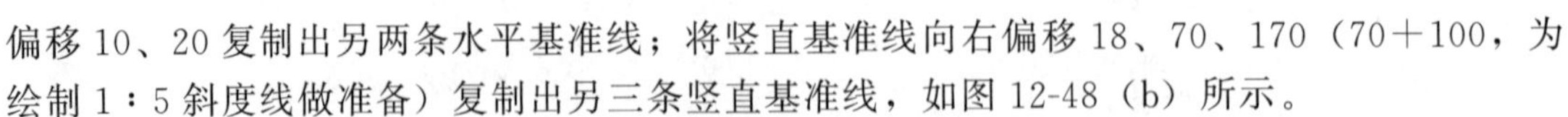

⑤ 利用“圆心、半径”命令，绘制直径为 20、12、10 及半径为 13 的圆，如图 12-48（c）所示。

⑥ 利用构造线命令，过 A、B 两点画 1∶5 的斜度线，如图 12-48（d）所示。

⑦ 利用“相切、相切、半径”命令，绘制半径分别为 10、20 的两圆，利用“剪切”命令编辑修改图形，如图 12-48（e）所示。

⑧ 利用“镜像”命令，以图形水平中心线为镜像线作对称图形，如图 12-48（f）所示。

⑨ 利用“相切、相切、半径”命令，绘制半径为 80 的圆，如图 12-48（g）所示。

⑩ 在构造线上画出图形上的水平、竖直中心线；通过“修改”编辑功能编辑修改图形，最终完成图形，如图 12-48（h）所示。

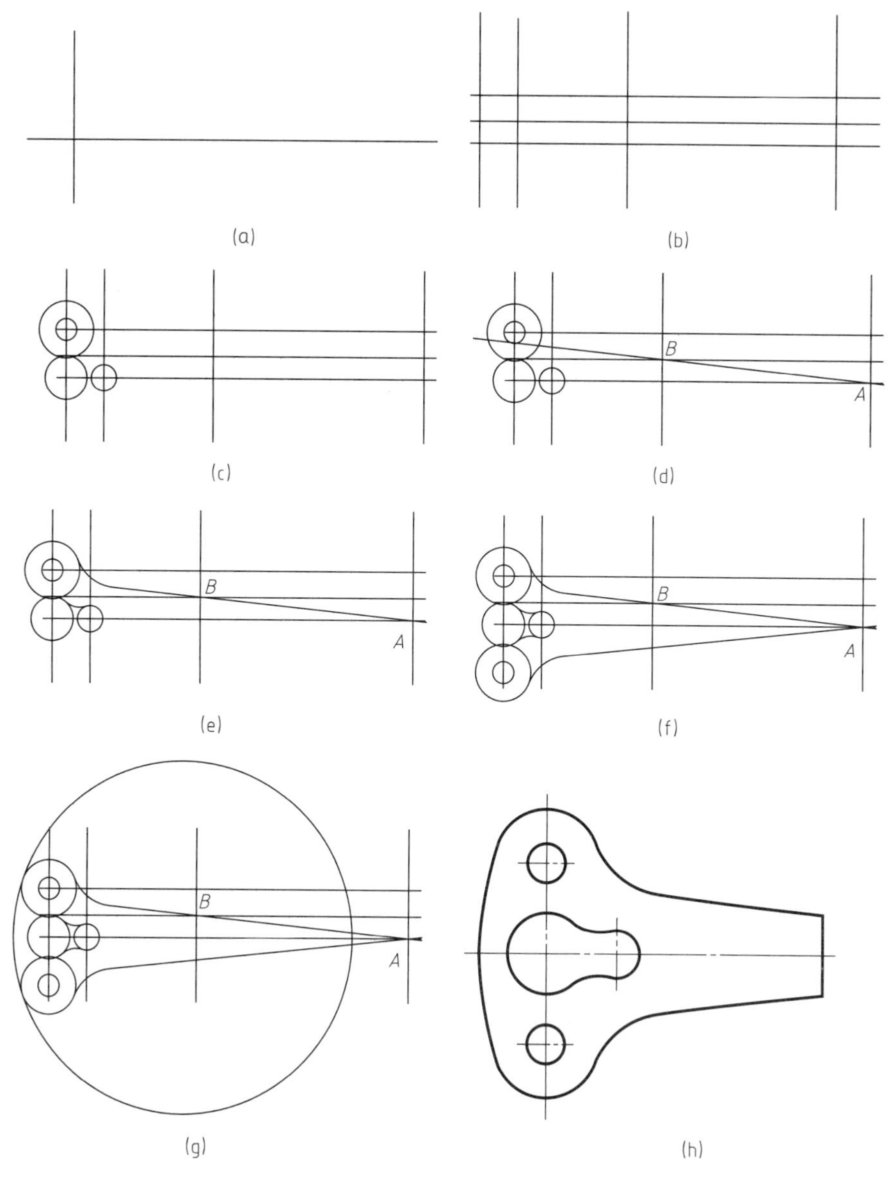

图 12-48 摇柄平面图的画图过程

12.5 尺寸标注

尺寸标注是工程设计绘图中比不可少的工作。尺寸是制造零件、装配、安装及检验的重要依据。AutoCAD 为用户提供了方便、准确、完整的尺寸标注功能。

12.5.1 尺寸标注样式设置

(1) 创建尺寸样式

由于 AutoCAD 尺寸标注的缺省设置通常不能满足用户的需要，所以在标注尺寸时，利用“标注样式管理器”用户可以根据需要创建尺寸标注样式。启用“标注样式”命令常用以下方法。

① 命令行：DIMSTYLE（快捷命令：D）；

② 下拉菜单："格式"→"标注样式"；

③ 功能区：单击"默认"选项卡"注释"面板中的"标注样式"按钮。

启用"标注样式"命令后，系统打开"标注样式管理器"对话框，如图 12-49 所示。

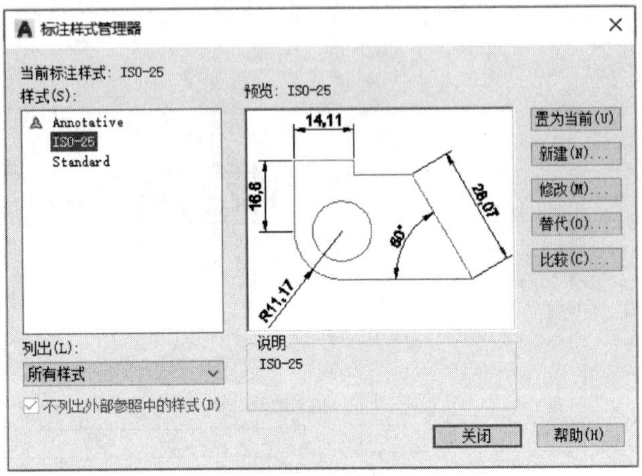

图 12-49 "标注样式管理器"对话框

对话框中各选项的含义如下：

样式：该列表框中可列出所有的尺寸标注样式，用户可以选择，并将其"置为当前"。

预览：预览当前的尺寸标注样式的效果。

列出：控制在当前图形文件中是否全部显示所有的尺寸标注样式。

置为当前：将在"样式"列表框中选取的样式设置为当前样式。

新建：用户根据需要，用来创建一个新的尺寸标注样式。单击该按钮，打开"创建新标注样式"对话框，如图 12-50 所示。用户可对所创建的新的标注样式进行命名和对尺寸线、尺寸界线、箭头、圆心标记、尺寸数字等进行设置。

修改：对所选择的尺寸标注样式进行修改。

替代：对所选择的尺寸标注样式进行临时更改，但不能存储这些更改。

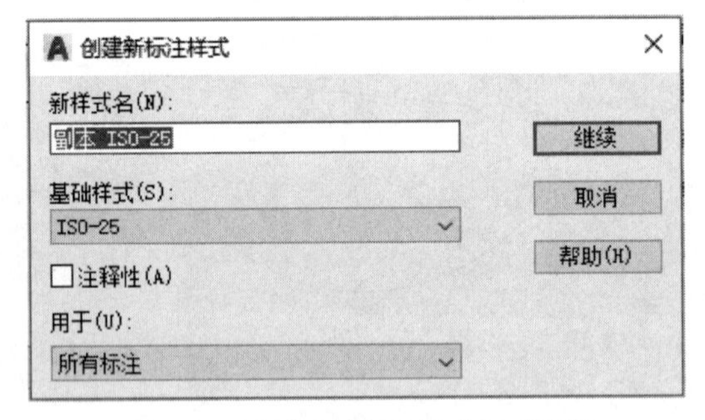

图 12-50 "创建新标注样式"对话框

比较：对比两个尺寸标注样式的变量，并可浏览一个尺寸样式的所有变量。

（2）标注样式设置

在"标注样式管理器"中，单击"新建""修改""替代"等按钮后，都将进入"建新标注样式"对话框，如图 12-51 所示。用户可以实现以下操作：

直线：用户可以对尺寸线和尺寸界线进行设置。

符号和箭头：对箭头、圆心标记、弧长符号和折弯半径标注的格式和位置进行设置。

文字：对标注的外观和文字的位置进行设置。

调整：对标注文字、箭头、尺寸界线之间的位置关系进行设置。

主单位：设置主标注单位的格式和精度，并设置标注文字的前缀和后缀。

换算单位：设置文件的标注测量值中换算单位的显示并设置其格式和精度。

公差：设置标注文字中公差的格式及显示。

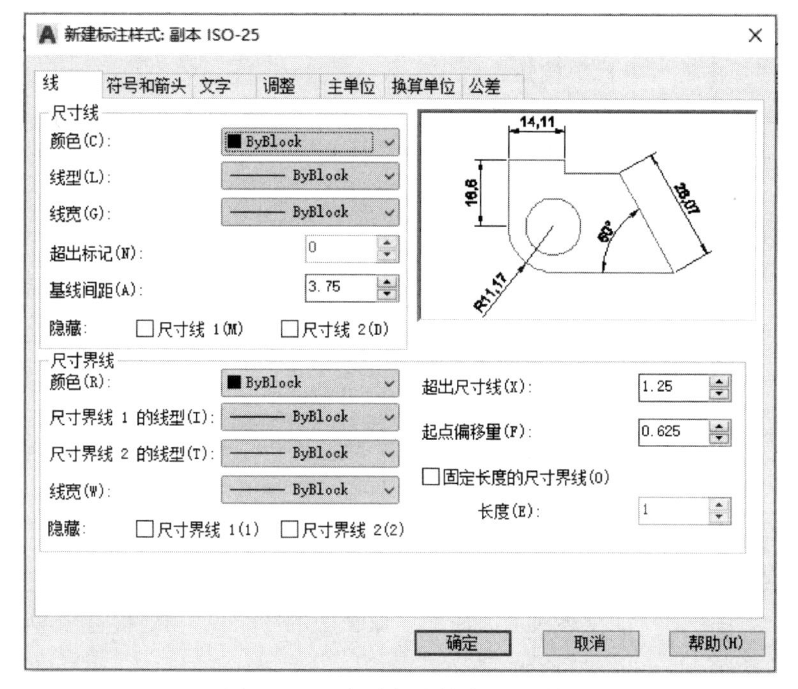

图 12-51　“新建标注样式”对话框

12.5.2　尺寸的标注

在设置好“尺寸样式”后，即可利用新设置的“尺寸样式”进行尺寸的标注。

(1) 线性尺寸标注

线性尺寸标注指两点可以通过指定两点之间的水平或垂直距离尺寸，也可以是旋转一定角度的直线尺寸。启用“线性尺寸”命令常用以下方法。

① 命令行：DIMLINEAR（缩写名：DIMLIN）；

② 下拉菜单：“标注”→“线性”；

③ 功能区：单击“默认”选项卡“注释”面板中的“线性”按钮。

标注时，要按照命令提示行的提示进行操作。提示中可能有多项选择，用户可以根据需要进行选择。

(2) 对齐标注

对齐标注是对倾斜的对象进行标注，特点是尺寸线平行于倾斜的标注对象。启用“对齐标注”命令常用以下方法。

① 命令行：DIMALIGNED（快捷命令：DAL）；

② 下拉菜单：“标注”→“对齐”；

③ 功能区：单击“默认”选项卡“注释”面板中的“对齐”按钮或单击“注释”选项卡“标注”面板中的“对齐”按钮。

(3) 坐标标注

坐标标注是标注图形对象某点，相对于坐标原点的 X 坐标值或 Y 坐标值．启用“坐标标注”命令常用以下方法。

① 命令行：DIMORDINATE；

② 下拉菜单："标注"→"坐标"；

③ 功能区：单击"默认"选项卡"注释"面板中的"坐标"按钮或单击"注释"选项卡"标注"面板中的"坐标"按钮。

(4) 弧长标注

弧长尺寸标注是用于测量圆弧或多段线弧线段上的距离。启用"弧长标注"命令常用以下方法。

① 命令行：DIMARC；

② 下拉菜单："标注"→"弧长"；

③ 功能区：单击"默认"选项卡"注释"面板中的"弧长"按钮或单击"注释"选项卡"标注"面板中的"弧长"按钮。

(5) 角度标注

角度尺寸标注用于标注圆或圆弧的中心角、两条不平行直线间的夹角，也可以根据已知的三个点来标注角度。启用"角度标注"命令常用以下方法。

① 命令行：DIMANGULAR（快捷命令：DAN）；

② 下拉菜单："标注"→"角度"；

③ 功能区：单击"默认"选项卡"注释"面板中的"角度"按钮或单击"注释"选项卡"标注"面板中的"角度"按钮。

(6) 标注半径尺寸

标注半径尺寸是由一条具有指向圆或圆弧的箭头的半径尺寸线组成，测量圆或圆弧半径时，自动生成的标注文字前显示一个表示半径长度的字母"R"。启用"半径标注"命令常用以下方法。

① 命令行：DIMRADIUS（快捷命令：DRA）；

② 下拉菜单："标注"→"半径"；

③ 功能区：单击"默认"选项卡"注释"面板中的"半径"按钮或单击"注释"选项卡"标注"面板中的"半径"按钮。

(7) 标注直径尺寸

标注直径尺寸与圆或圆弧半径尺寸的标注方法相似。启用"直径标注"命令常用以下方法。

① 命令行：DIMRADIUS（快捷命令：DRA）；

② 下拉菜单："标注"→"直径"；

③ 功能区：单击"默认"选项卡"注释"面板中的"直径"按钮或单击"注释"选项卡"标注"面板中的"直径"按钮。

(8) 折弯标注

折弯标注是当圆或圆弧的中心位于布局外且无法在其实际位置显示时，使用"折弯"标注可以创建折弯半径标注，也称为"缩放的半径标注"。启用"折弯"命令常用以下方法。

① 命令行：DIMJOGGED（快捷命令：DJO 或 JOG）；

② 下拉菜单："标注"→"折弯"；

③ 功能区：单击"默认"选项卡"注释"面板中的"折弯"按钮或单击"注释"选项卡

项卡“标注”面板中的“折弯”按钮。

(9) 连续标注

连续尺寸标注是指一系列首尾相连的尺寸标注，每个连续标注都从前一个标注的第二条尺寸界线处开始。启用“连续标注”命令常用以下方法。

① 命令行：DIMCONTINUE（快捷命令：DCO）；

② 下拉菜单：“标注”→“连续”；

③ 功能区：单击“注释”选项卡“标注”面板中的“连续”按钮。

(10) 基线标注

基线尺寸标注是指多个的尺寸都共用一条基准线。在进行基线标注之前，应先创建或选择一个尺寸，系统以该尺寸的第一条尺寸界线为基准线测量基线标注。启用“基线标注”命令有常用以下方法。

① 命令行：DIMBASELINE（快捷命令：DBA）；

② 下拉菜单：“标注”→“基线”；

③ 功能区：单击“注释”选项卡“标注”面板中的“基线”按钮。

(11) 快速标注

快速标注是快速创建或编辑基线标注、连续标注，或为圆、圆弧创建标注，可以一次选择多个对象。启用“快速标注”命令常用以下方法。

① 命令行：QDIM；

② 下拉菜单：“标注”→“快速标注”；

③ 功能区：单击“注释”选项卡“标注”面板中的“快速标注”按钮。

(12) 多重引线标注

多重引线标注用于注释对象信息。从指定的位置绘制出一条引线来标注对象，在引线的末端可以输入文本、公差、图形元素等。启用“多重引线”命令常用以下方法。

① 命令行：MLEADER；

② 下拉菜单：“标注”→“多重引线”；

③ 功能区：单击“默认”选项卡“注释”面板中的“多重引线”按钮

(13) 形位公差标注

形位公差标注可以利用“公差”命令来创建各种的形位公差。启用“公差”命令常用以下方法。

① 命令行：TOLERANCE（快捷命令：TOL）；

② 下拉菜单：“标注”→“公差”；

③ 功能区：单击“注释”选项卡“标注”面板中的“公差”按钮。

12.5.3 尺寸编辑

(1) 编辑标注文字

在尺寸标注中，如果仅仅想对标注文字进行编辑，有以下两种方法。

① 利用“文字编辑器”对话框进行编辑：选中需要修改的尺寸标注，选择“修改”→“对象”→“文字”→“编辑”菜单命令或双击标注文字，系统打开“文字编辑器”选项卡，淡蓝色文本表示当前的标注文字，可以修改或添加其他字符，单击“关闭”按钮，完成标注文字编辑。

② 使用“对象特性管理器”进行编辑：选择“修改”→“特性”菜单命令，打开“对象

特性管理器”对话框，选择需要修改的标注，拖动对话框的滑块到对话框的文字特性的控制区域，单击激活“文字替代”文本框，输入需要替代的文字。或者是先选择要编辑的尺寸，然后鼠标右击，在光标菜单中选择“特性”，也将打开“对象特性管理器”对话框，按键盘中的“Enter”键确认，按键盘中的“Esc”键，退出标注的选择状态，完成标注文字编辑。

(2) 编辑标注

用于改变已标注文本的内容、转角、位置，同时还可以改变尺寸界线与尺寸线的相对倾斜角。启用“编辑标注”命令常用以下方法。

① 命令行：DIMEDIT（快捷命令：DED）；

② 下拉菜单：“标注”→“对齐文字”→“默认”；

③ 功能区：单击“注释”选项卡“标注”面板中的“倾斜”按钮。

(3) 尺寸文本位置修改

尺寸文本位置有时会根据图形的具体情况不同适当调整。启用“尺寸文本位置修改”命令常用以下方法。

① 命令行：DIMTEDIT；

② 下拉菜单：“标注”→“对齐文字”→“角度/左/居中/右”；

③ 功能区：单击“注释”选项卡“标注”面板中的“文字角度”/“左对正”/“居中对正”/“右对正”。

12.6　综合应用实例

12.6.1　平面图形画法

【例 12-4】 按尺寸要求，绘制如图 12-52 (a) 所示的平面图形，并标注尺寸。

分析：该图形多数线段的连接都是圆弧连接，因此使用直线、圆和圆命令中的相切、相切、半径选项，再通过偏移、修剪命令，即可完成图形的绘制。

作图：

① 设置绘图区域大小、绘图单位、图层、线型、颜色。

② 在中心线图层上绘制基准线，如图 12-52 (b) 所示。

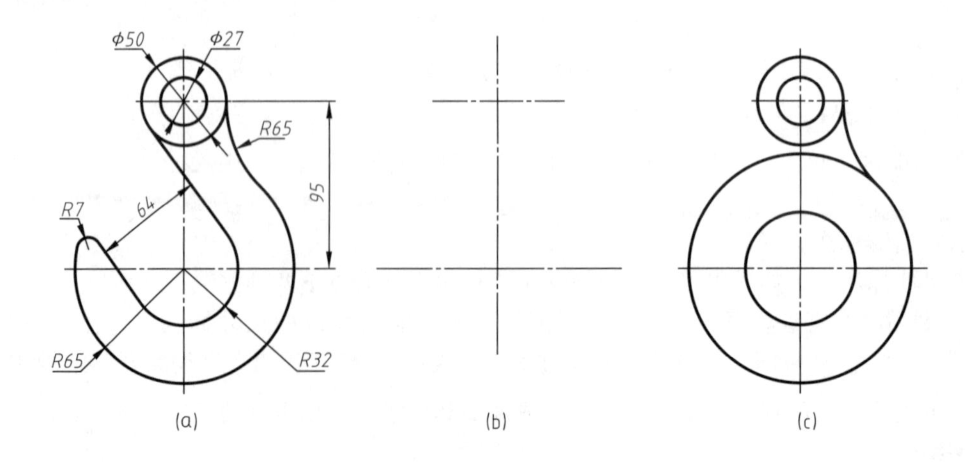

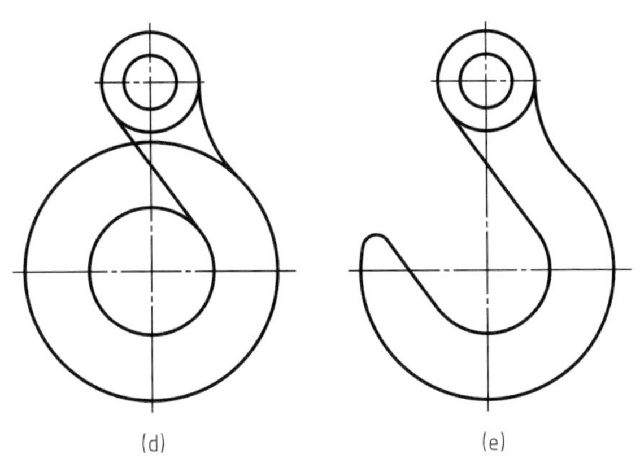

图 12-52　吊钩平面图

③ 切换图层，在粗实线图层绘制已知的线段，如 $\phi 50$、$\phi 27$、R32、R65。使用圆命令中的相切、相切、半径选项，可画出吊钩 R62 的圆，通过修剪命令，得到如图 12-52（c）所示的图形。

④ 使用“对象捕捉”中“切点”选项，用直线连接 $\phi 50$、R32 圆和圆弧使其相切，如图 12-52（d）所示。

⑤ 使用“修改”中“偏移”选项，偏移 $\phi 50$、R32 圆和圆弧相切的直线在左 64，使用圆命令中的相切、相切、半径选项，可画出吊钩 R7 的圆，通过修剪命令，得到如图 12-52（e）所示的图形。

⑥ 在完成的图形上标注尺寸，如图 12-52（a）所示。

12.6.2　三视图画法

AutoCAD 绘制平面图形的命令很丰富，相同图形元素的作图方法也多种多样，这使得同一个图样的绘制可采取许多不同的作图顺序来完成。

【例 12-5】 绘制如图 12-53 所示支架的三视图。

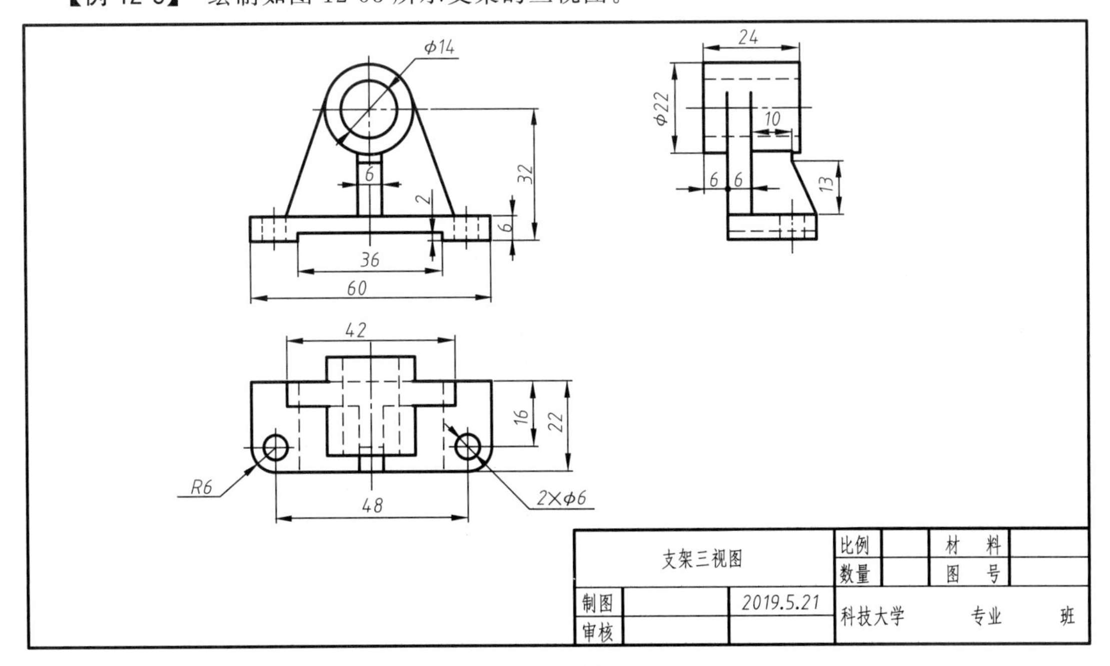

图 12-53　支架三视图

（1）设置绘图环境

① 创建图形文件。启动 AutoCAD2018 应用程序，执行“文件”→“新建”菜单命令，打开“选择样板文件”对话框，选择已有的样板图建立新文件；或者用创建新图形创建新文件，将此文件命名为“支架三视图”并进行保存。

② 设置图层。根据“支架三视图”中的线型要求，在“图层管理器”中设置粗实线、中心线、虚线、标注尺寸、细实线五种线型即可。

③ 显示图形界限。执行“视图”→“缩放”→“全部”命令，调整绘图区的显示比例。

（2）绘制三视图

① 绘制基准线。调用“中心线”图层，绘制支架的高度基准为底板下面，支架的左右对称线为长度方向定位基准，支架的后面为宽度方向定位基准，为保证宽度方向尺寸相等，在两个宽度基准线交线处画一条 45°斜线，如图 12-54（a）所示。

② 绘制底板。调用“粗实线”图层，启用直线、偏移、圆、修剪等命令绘制底板的轮廓线。调用“虚线”图层，启用直线、偏移、修剪等命令绘制底板三视图中的虚线，如图 12-54（b）所示。

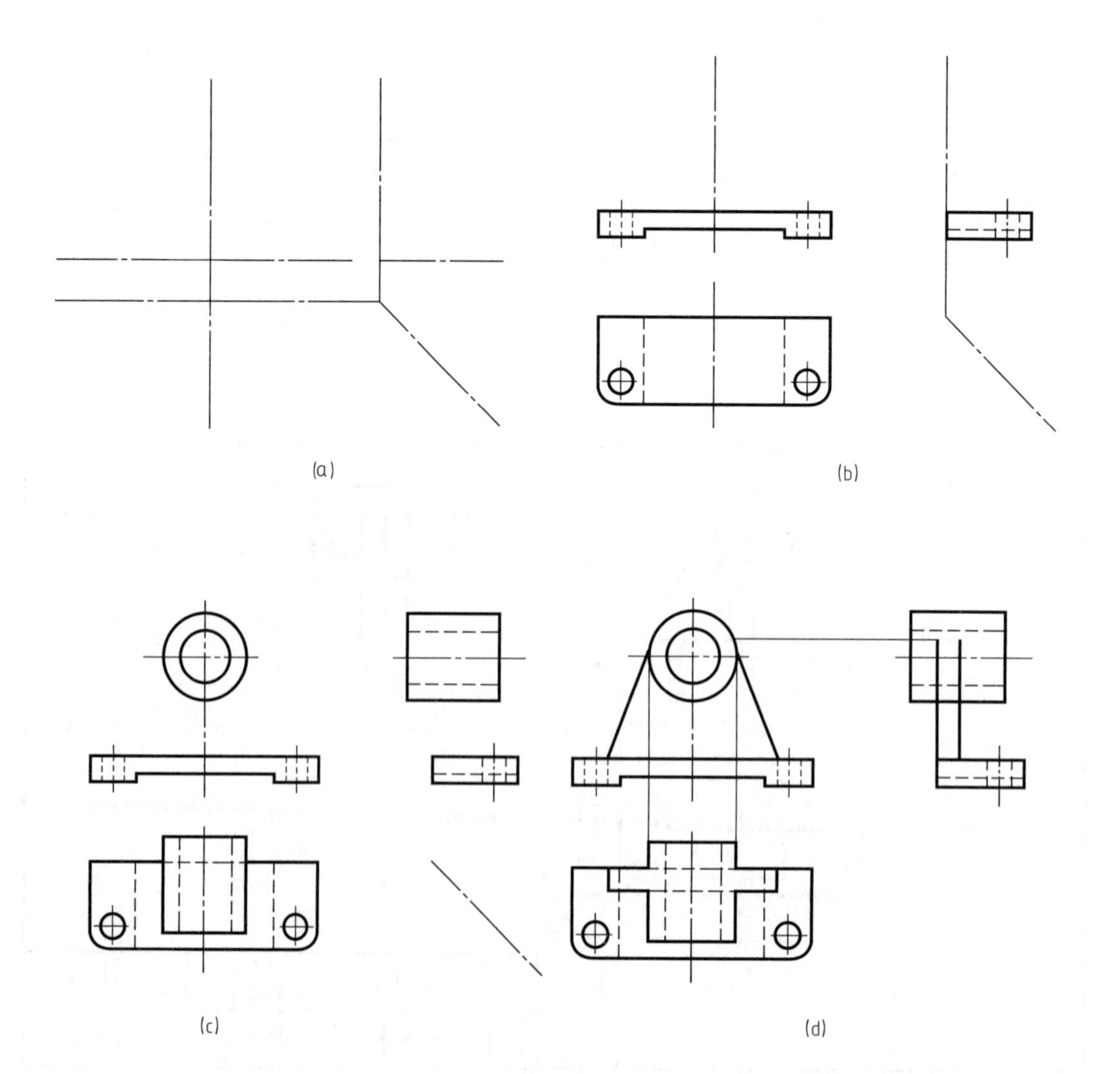

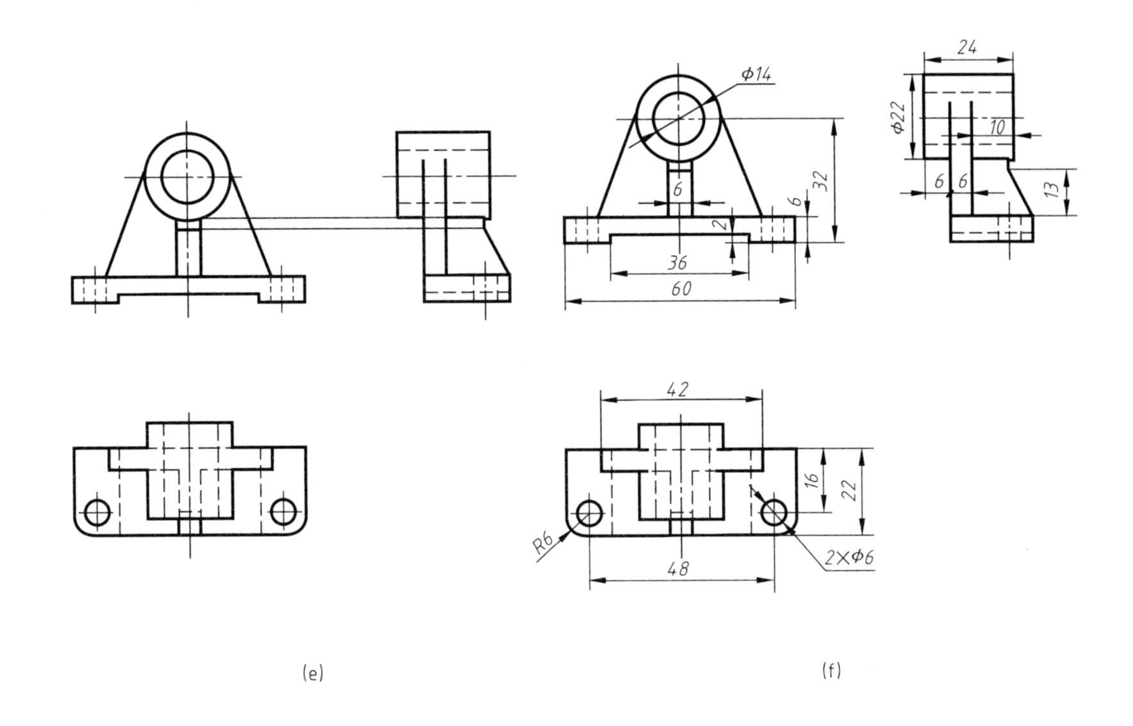

图 12-54　三视图的画法

③ 绘制空心圆柱。将高度方向基准线向上偏移 32，确定空心圆柱的中心，根据尺寸和投影关系，启用圆、直线、偏移、修剪等命令，画出图形如图 12-54（c）所示。

④ 绘制支承板。支承板与空心圆柱相切，与底座叠加且后端面平齐，长为 42，宽为 6，根据尺寸和投影关系，启用直线、偏移、修剪等命令，画出图形如图 12-54（d）所示。

⑤ 绘制肋板。肋板与底板、支承板相叠加，与空心圆柱相交，宽为 6，距离空心圆柱前面 2，距离底板顶面高为 13，绘制图形时注意他们之间的关系。启用直线、偏移、修剪等命令，画出图形如图 12-54（e）所示。

（3）标注尺寸

分析支架各部分之间的定形、定位、总体尺寸，设置合适的尺寸样式。调用“标注”图层，进行标注尺寸，如图 12-54（f）所示。

（4）填写标题栏

标题栏的填写可以利用单行文字插入的方法来完成。在这里将零件名放在“细实线”图层，文字高度设置为 10，将标题栏注释文字高度设置为 5，填写好的标题栏如图 12-55 所示。

<table>
<tr><td colspan="3" rowspan="2">(名称)</td><td>比例</td><td></td><td>图号</td><td></td></tr>
<tr><td>数量</td><td></td><td>材料</td><td></td></tr>
<tr><td>制图</td><td>(姓名)</td><td>(日期)</td><td colspan="4" rowspan="2">(单位)</td></tr>
<tr><td>审核</td><td></td><td></td></tr>
</table>

图 12-55　填写标题栏

通过上述一系列的操作，就完成了整个支架三视图的绘制，如图 12-54 所示。然后把绘制好的图形保存。

12.6.3　零件图画法

【例 12-6】 根据如图 12-56 所示的轴的零件图，按 1∶1 比例绘制图形，并标注尺寸和填写技术要求。

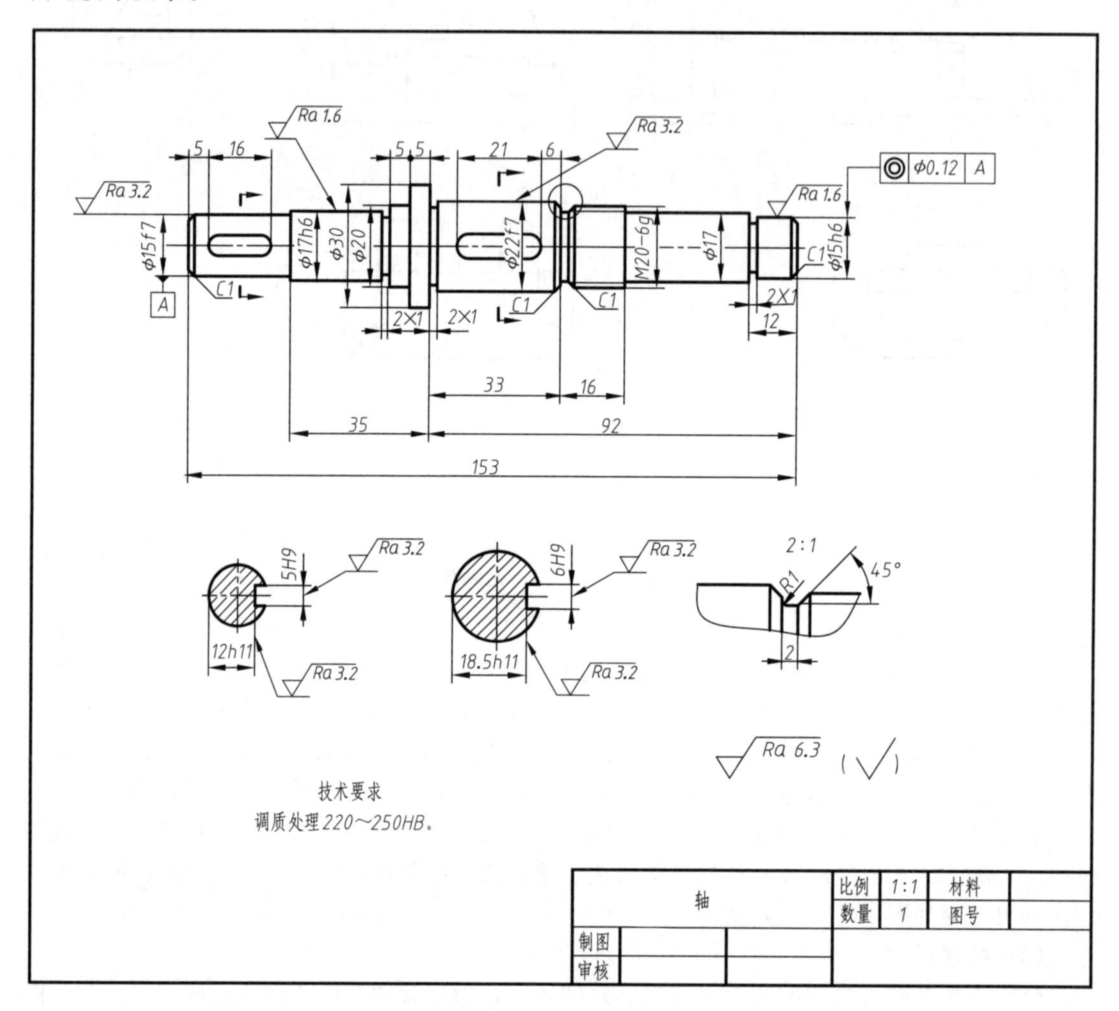

图 12-56　轴的零件图

（1）绘图设置

启动 AutoCAD2018 应用程序，用创建新图形或是以样板文件创建一个 A3 新文件，将新文件命名为“轴的零件图”并保存。图形内设置好粗实线、中心线、标注尺寸、细实线图层等。

（2）绘制视图

① 将“中心线”层设置为当前图层，调用“直线”命令，绘制轴的中心线和轴的长度方向定位线，如图 12-57（a）所示。

② 根据图中的图形及尺寸，采用偏移、直线、圆、倒角、修剪等命令绘制轴的上半部分，如图 12-57（b）所示。

③ 调用镜像命令，将轴的上半部分以“轴”中心线为对称轴进行镜像，如图 12-57（c）

所示。

④ 绘制键槽断面图，采用圆、直线、偏移、修剪、填充命令绘制断面图，如图 12-57（d）所示。

⑤ 绘制局部放大图，首先复制一个轴的主视图，以放大部位画一个圆，以圆为边界，将其他部分剪切掉，采用样条曲线绘制局部边界，用缩放命令进行放大，再根据实际结构绘出图形，如图 12-57（d）所示。

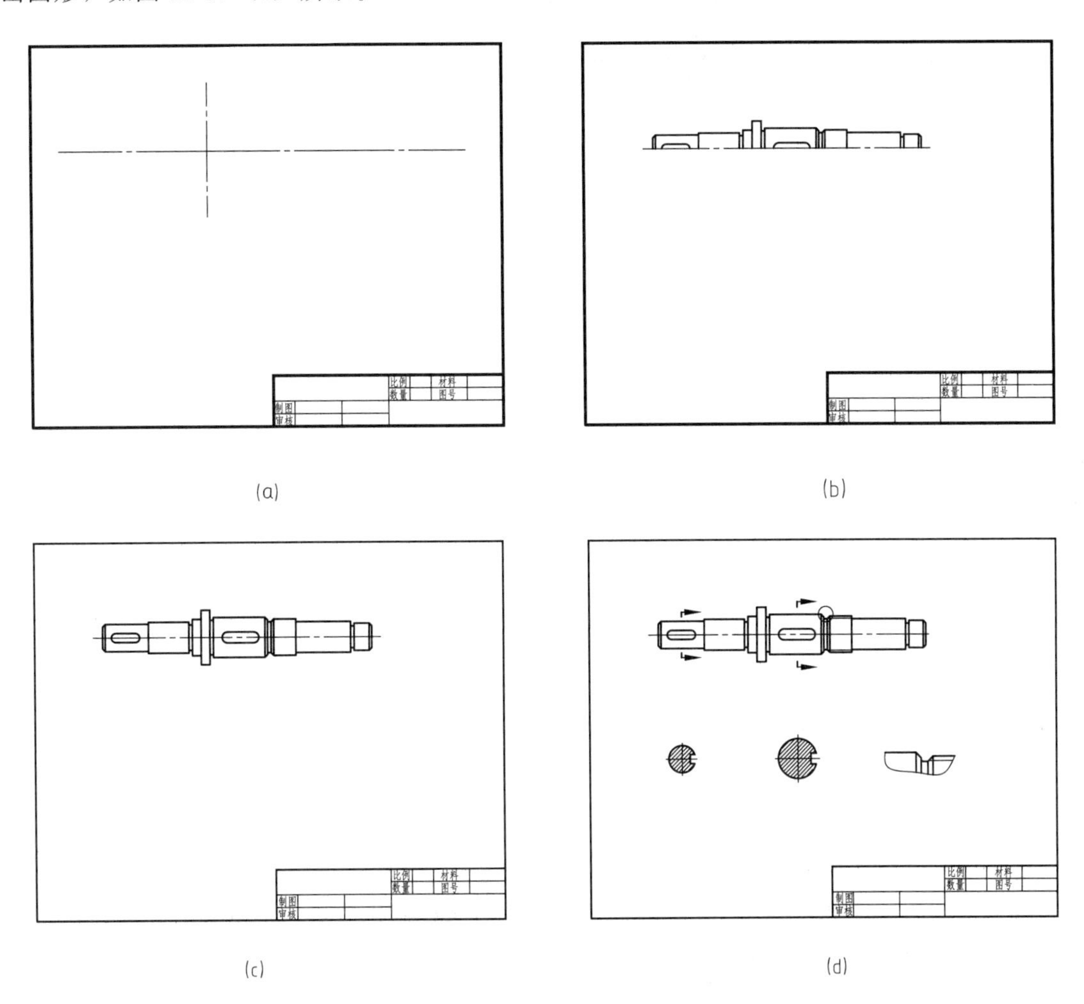

图 12-57　轴的零件图的画图过程

⑥ 运用移动命令调整主视图，断面图和局部放大图的位置，留出标注尺寸的位置。

(3) 尺寸标注

① 调出“标注尺寸”图层，设置标注尺寸样式。

② 标注图中尺寸，对于图中有公差或技术说明时应进行编辑处理。

③ 创建带属性的块，标注表面粗糙度。

④ 采用引线命令标注倒角，用公差命令标注轴的形位公差。

(4) 填写标题栏和技术要求

采用文字样式命令，设定文字样式，填写标题栏和技术要求。完成最后图形如图 12-58 所示。

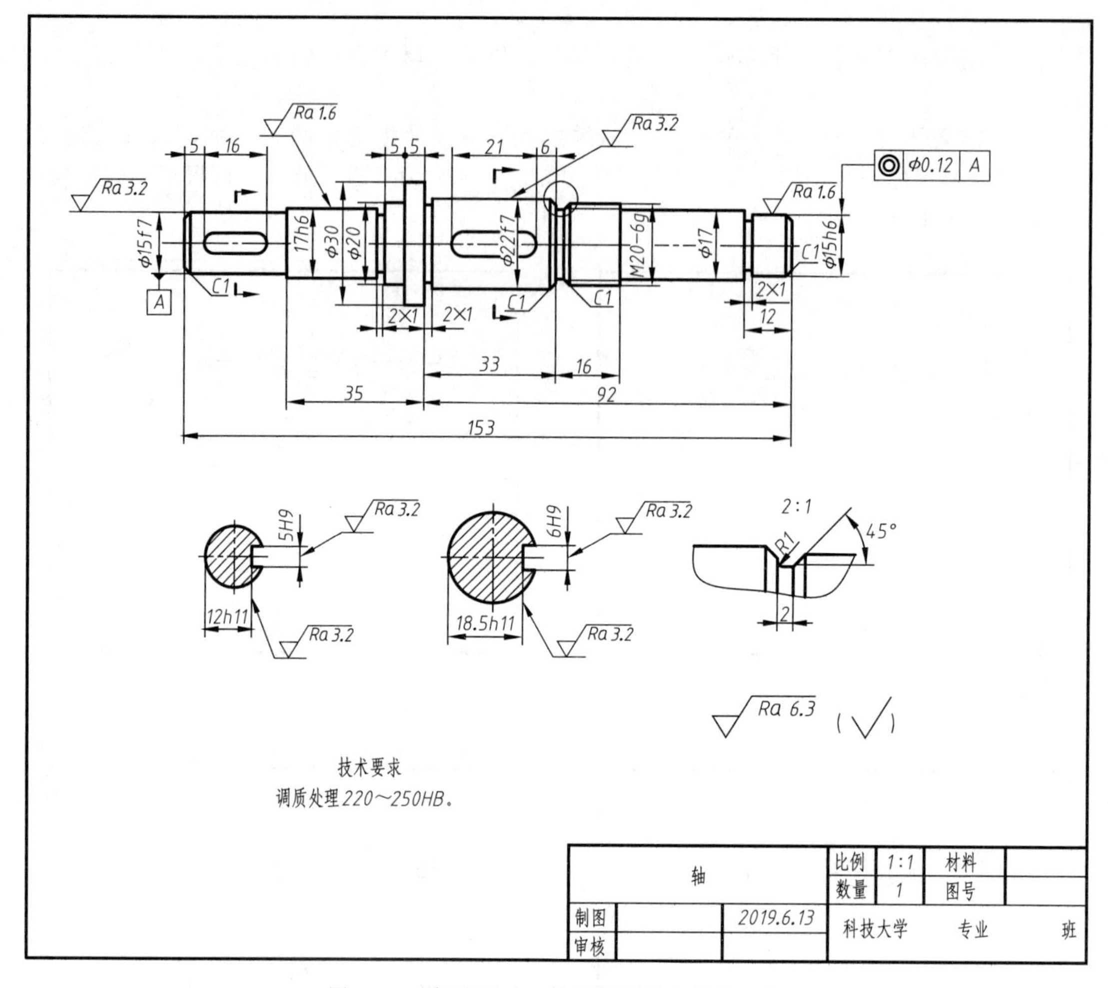

图 12-58　标注尺寸、填写标题栏和技术要求

12.6.4　装配图画法

装配图是零部件加工和装配过程中重要的技术文件。用 AutoCAD 绘制装配图时，首先将组成装配体的零件绘制出零件图，然后将视图进行修改制作成块，再将这些块插入装配图中，写块的步骤本节不再介绍，用户可以参考前面的介绍。

【例 12-7】 绘制如图 12-59 所示齿轮油泵的装配图。

（1）设置绘图环境

用创建新图形或是以样板文件创建一个 A2 新文件，将新文件命名为“齿轮油泵”并保存。

（2）装配图的绘制

齿轮油泵装配图主要由泵体、泵盖、齿轮轴、从动齿轮、从动轴、防护螺母、压盖、螺母、钢球、弹簧等零件组成。在绘制零件图时，为了装配的需要，可以将零件的主视图以及其他视图分别定义成图块，但是在定义的图块中不包括零件的尺寸标注和定位中心线，块的基点应选择在与其零件有装配关系的关键点上。根据前面所学块的知识，将绘制好的齿轮油泵各零件图制作成块并保存。

① 绘制基准线。

调用“直线”命令，绘制齿轮油泵长度、宽度、高度方向的基准线，如图 12-60 所示。

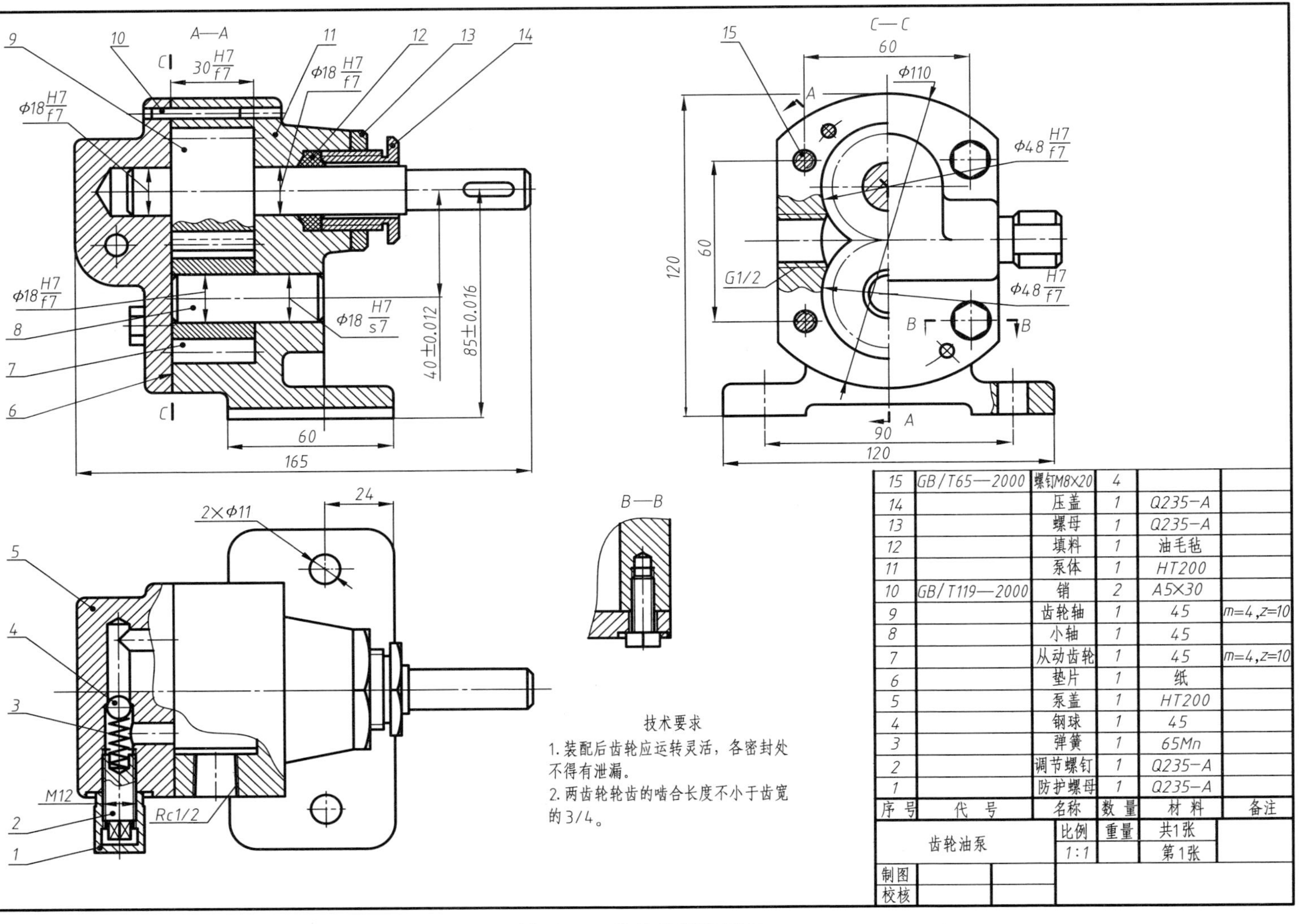

序号	代号	名称	数量	材料	备注
15	GB/T65—2000	螺钉M8×20	4		
14		压盖	1	Q235—A	
13		螺母	1	Q235—A	
12		填料	1	油毛毡	
11		泵体	1	HT200	
10	GB/T119—2000	销	2	A5×30	
9		齿轮轴	1	45	m=4,z=10
8		小轴	1	45	
7		从动齿轮	1	45	m=4,z=10
6		垫片	1	纸	
5		泵盖	1	HT200	
4		钢球	1	45	
3		弹簧	1	65Mn	
2		调节螺钉	1	Q235—A	
1		防护螺母	1	Q235—A	

齿轮油泵	比例	重量	共1张	
	1:1		第1张	
制图				
校核				

图 12-59　齿轮油泵装配图

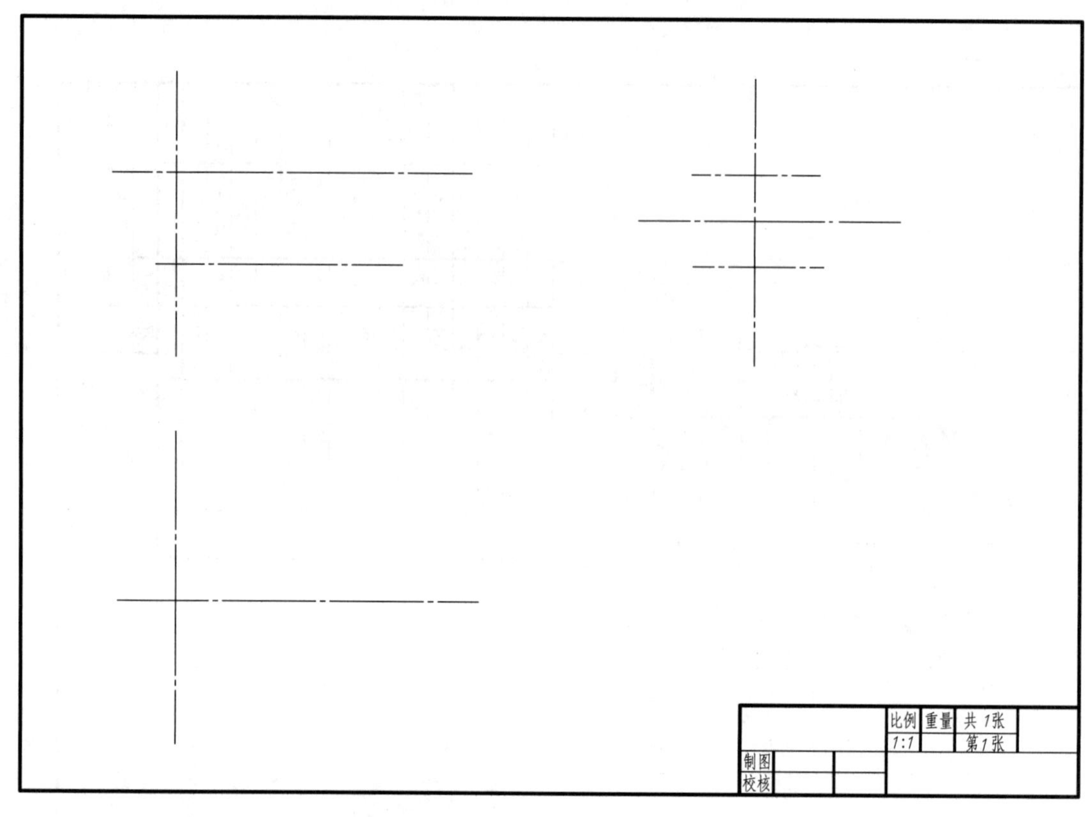

图 12-60 确定绘制基准线

② 插入泵体。

单击“菜单浏览器”按钮，执行“插入”→“块”菜单命令，打开“插入”对话框，如图 12-61 所示。在对话框中单击“浏览（B）”，系统将弹出“选择图形文件”选项卡，用户可以根据需要选择相应的文件，如图 12-62 所示选择“齿轮油泵-零件图-块”。在文件中选择“泵体主视图”块，双击该块，弹出“插入”对话框，如图 12-63 所示。在对话框中选择图形比例为 1∶1，旋转角度为 0°，然后单击“确定”按钮，在齿轮油泵主视图基准位置用光标捕捉基点将“泵体主视图”插入到装配图中。如图 12-64 所示。

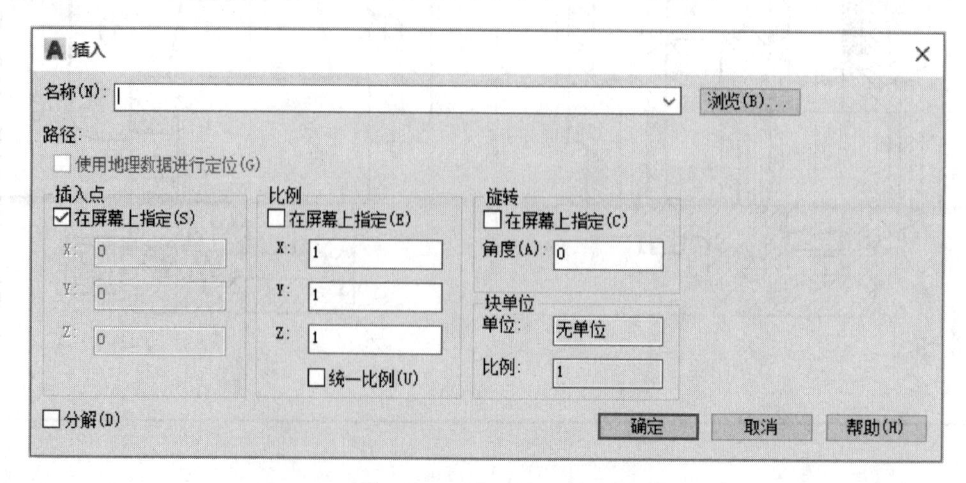

图 12-61 “插入”对话框

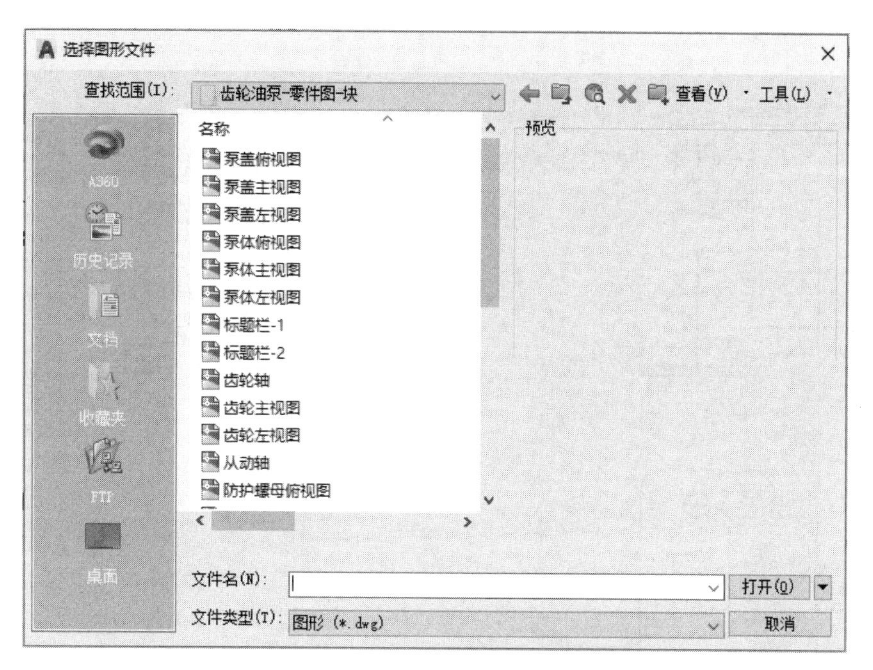

图 12-62　“选择图形文件”选择卡

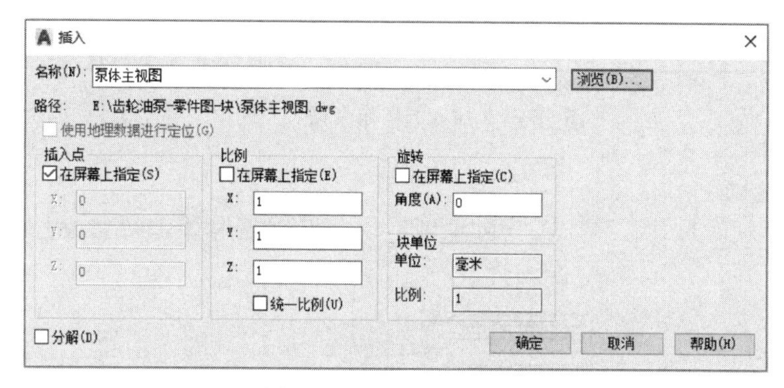

图 12-63　“插入”对话框

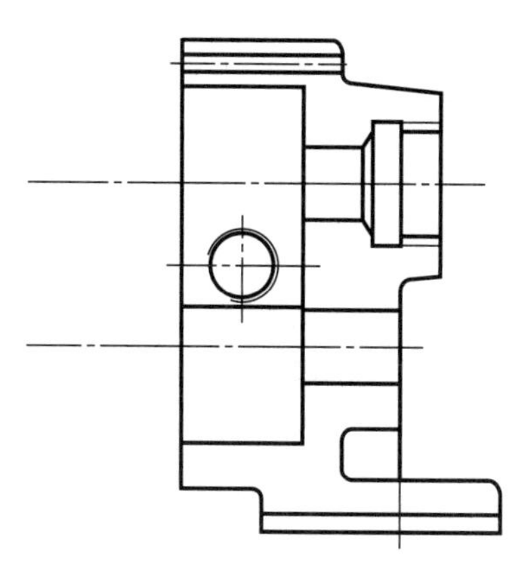

图 12-64　插入泵体主视图

在“插入”对话框中继续插入“泵体俯视图”“泵体左视图”块，结果如图 12-65 所示。

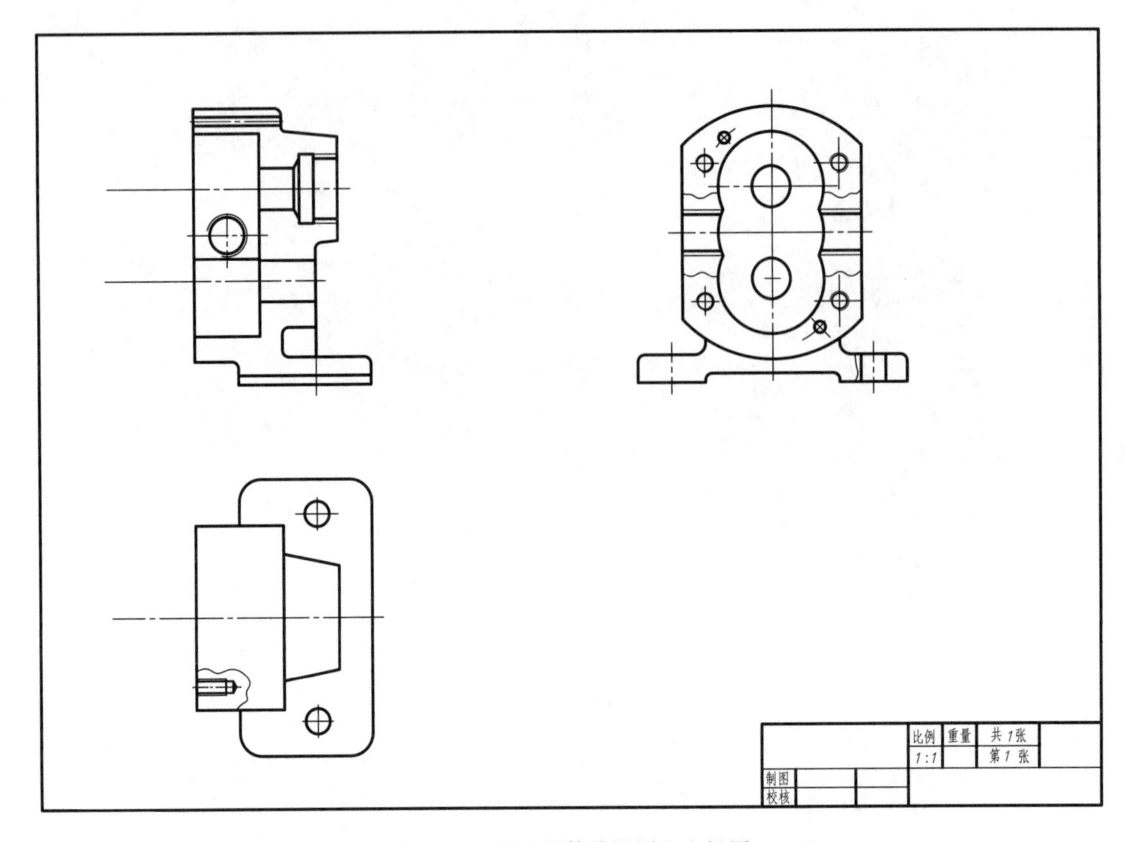

图 12-65　插入泵体俯视图和左视图

③ 插入齿轮轴。

在“插入”对话框中继续插入“齿轮轴”块，把块分解并进行修改，结果如图 12-66 所示。

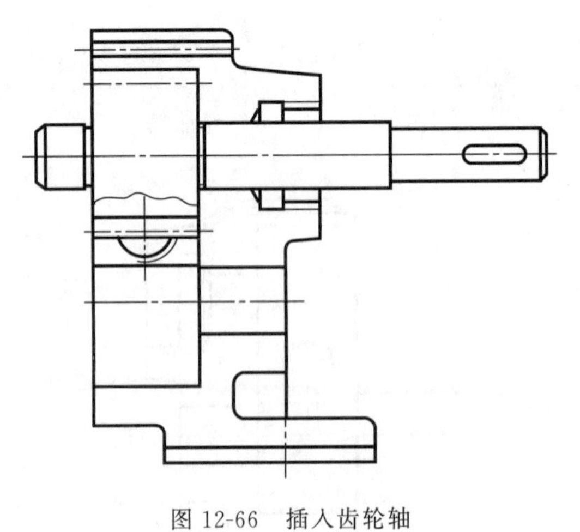

图 12-66　插入齿轮轴

④ 插入泵盖。

在“插入”对话框中继续插入“泵盖主视图”“泵盖俯视图”“泵盖左视图”块，把块分解并进行修改，结果如图 12-67 所示。

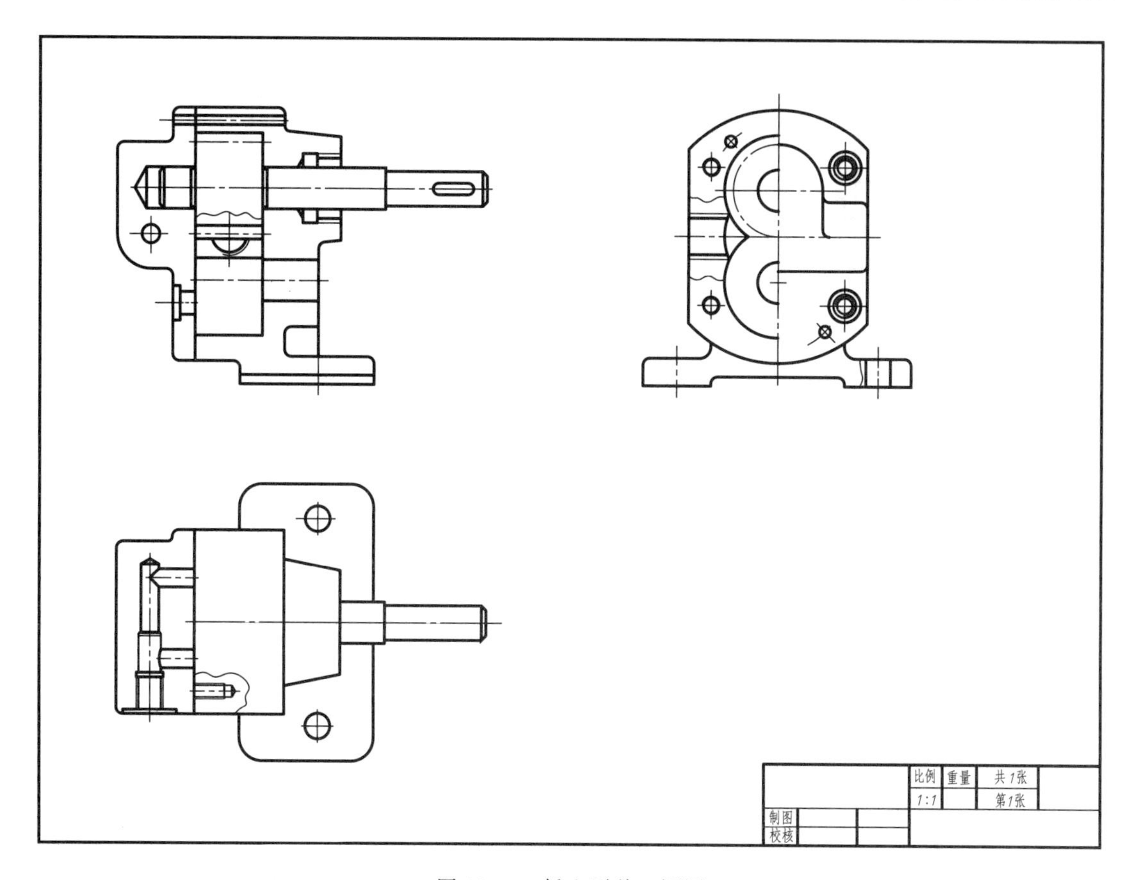

图 12-67　插入泵盖三视图

⑤ 插入从动轴。

在“插入”对话框中继续插入“从动轴”块，把块分解并进行修改，结果如图 12-68 所示。

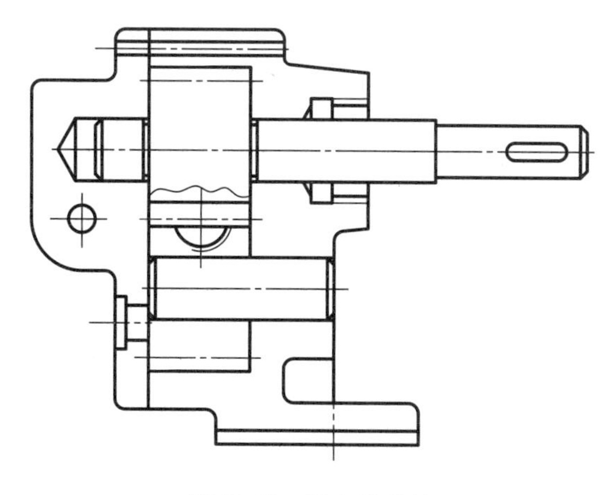

图 12-68　插入从动轴

⑥ 插入从动齿轮。

在“插入”对话框中继续插入“齿轮主视图”“齿轮左视图”块，把块分解并进行修改，注意啮合处的画法，结果如图 12-69 所示。

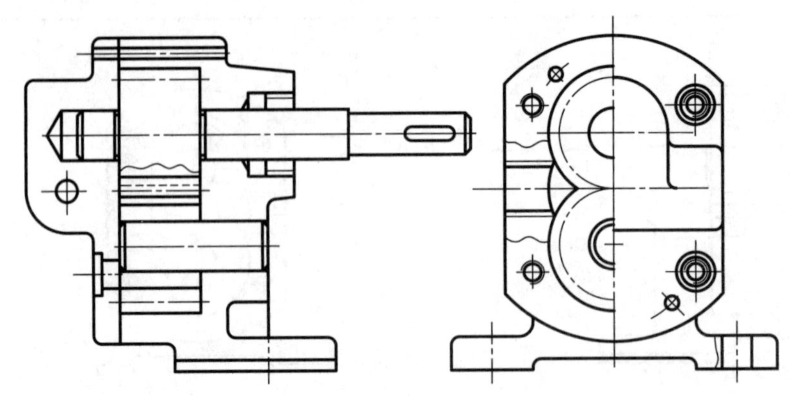

图 12-69　插入从动齿轮

⑦ 插入压盖和螺母。

在“插入”对话框中继续插入“压盖”“螺母”块，把块分解并进行修改，结果如图 12-70 所示。

⑧ 插入调节螺钉。

在“插入”对话框中继续插入“调节螺钉”块，把块分解并进行修改，结果如图 12-71 所示。

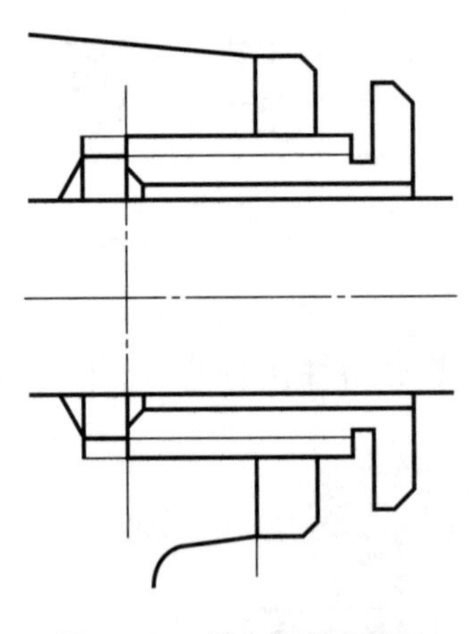

图 12-70　插入压盖和螺母

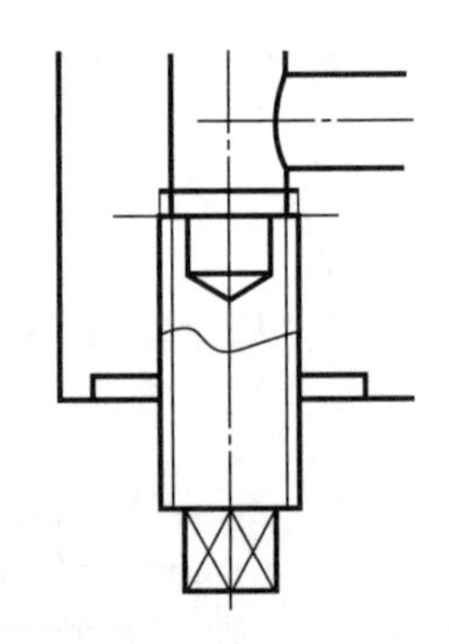

图 12-71　插入调节螺钉

⑨ 插入防护螺母。

在“插入”对话框中继续插入“防护螺母”块，把块分解并进行修改，结果如图 12-72 所示。

⑩ 调整装配图。

为了表达防护螺母左视图，将进油口、钢球、弹簧、调节螺钉、防护螺母在俯视图用局部剖视图表达出来。螺钉、泵体、泵盖的装配关系用局部剖视图单独表达出来，结果如图 12-73 所示。

⑪ 填充剖面线。

综合运用各种命令，对装配图进行修改并填充剖面线。如果填充后用户感觉不满意，可以双击图形中的剖面线进行修改，结果如图 12-74 所示。

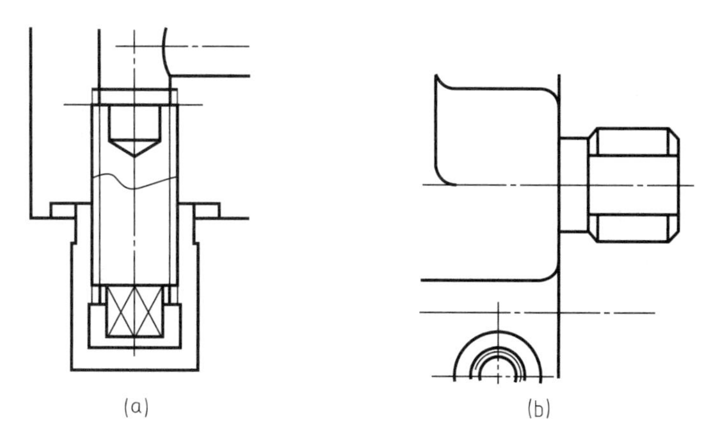

图 12-72　插入防护螺母

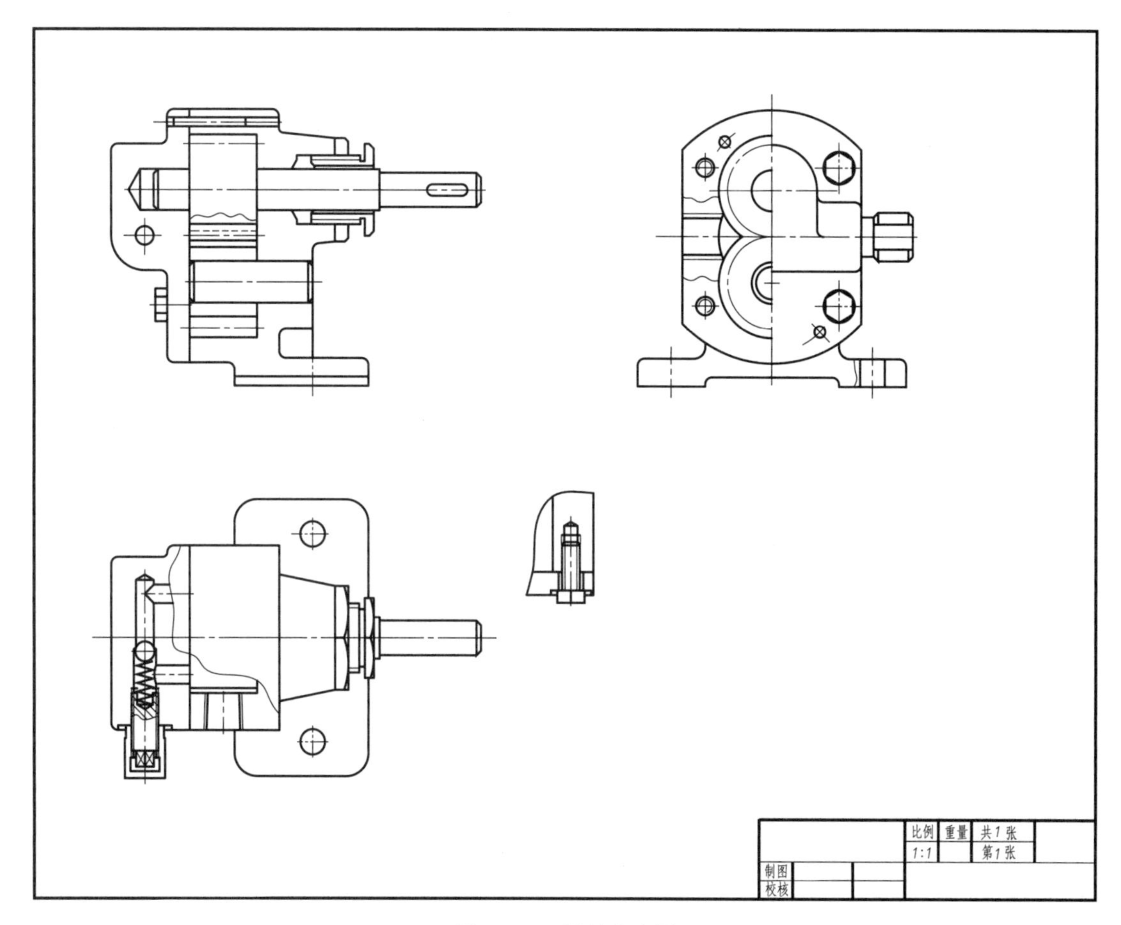

图 12-73　调整装配图

（3）装配图的尺寸标注

在装配图中需要标注的尺寸有规格尺寸、装配尺寸、外形尺寸、安装尺寸以及其他重要尺寸。在标注时先标注尺寸，后标注零件序号，结果如图 12-75 所示。

（4）绘制明细栏

表格的绘制在前面已经讲过，这里不再赘述。

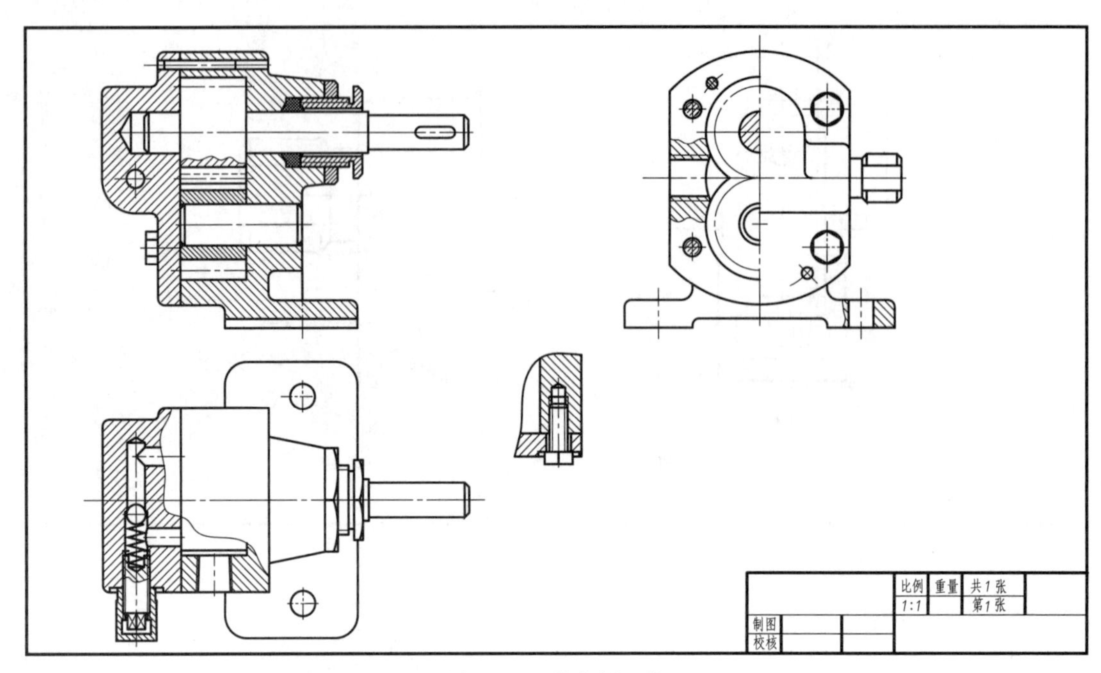

图 12-74　填充剖面线

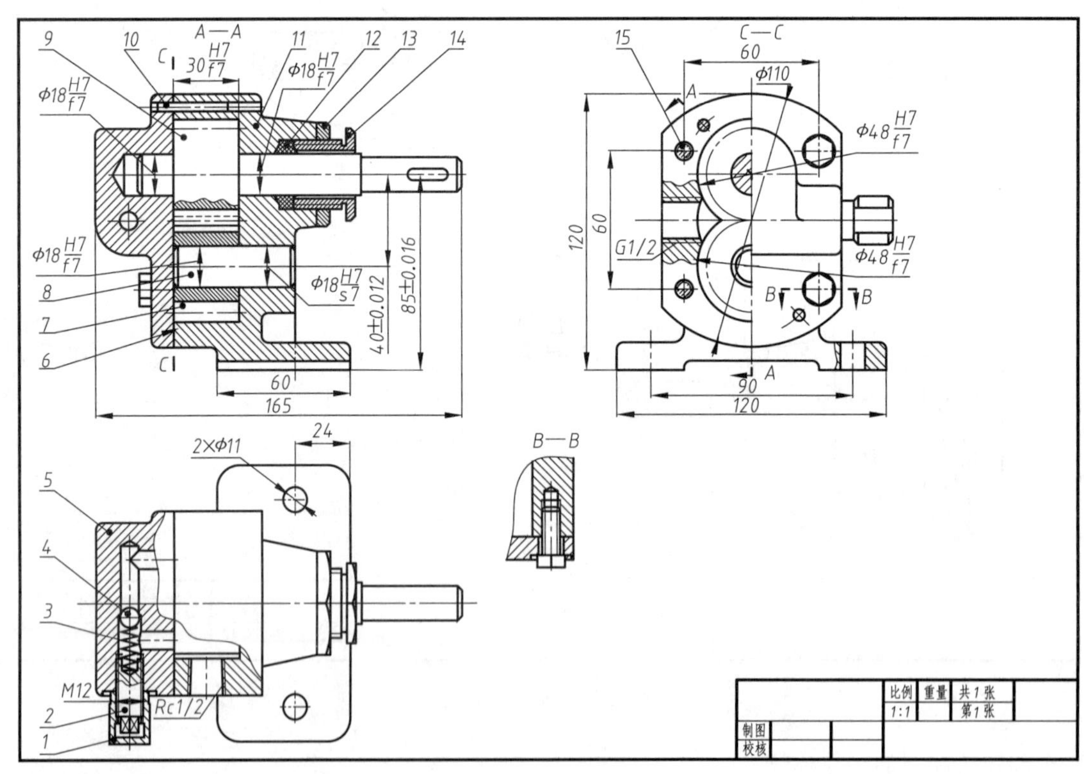

图 12-75　标注尺寸

（5）填写标题栏、明细栏和技术要求

采用文字样式命令，设定文字样式，填写标题栏、明细栏和技术要求。完成最后图形如图 12-76 所示。

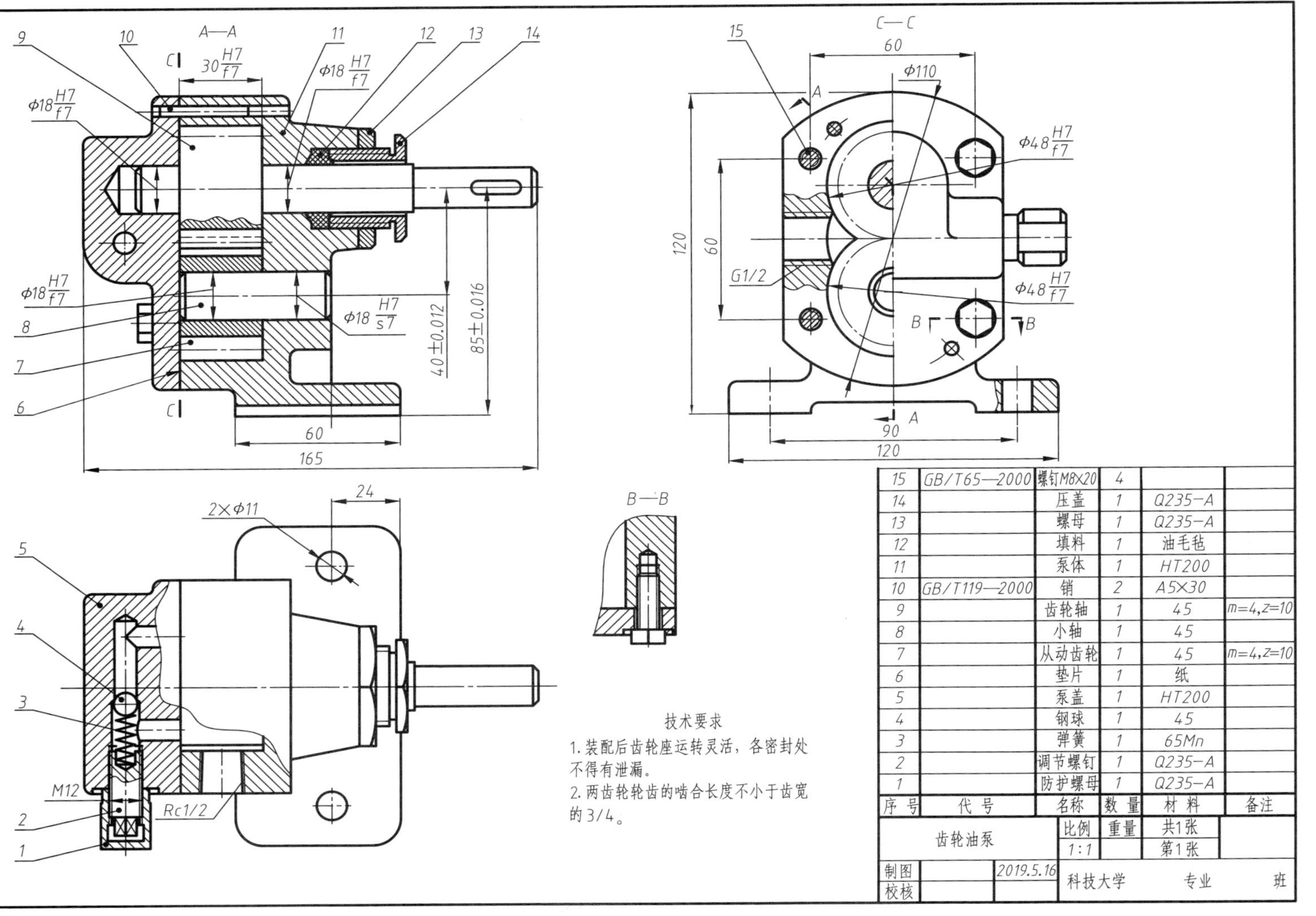

序号	代号	名称	数量	材料	备注
15	GB/T65—2000	螺钉M8×20	4		
14		压盖	1	Q235-A	
13		螺母	1	Q235-A	
12		填料	1	油毛毡	
11		泵体	1	HT200	
10	GB/T119—2000	销	2	A5×30	
9		齿轮轴	1	45	m=4,z=10
8		小轴	1	45	
7		从动齿轮	1	45	m=4,z=10
6		垫片	1	纸	
5		泵盖	1	HT200	
4		钢球	1	45	
3		弹簧	1	65Mn	
2		调节螺钉	1	Q235-A	
1		防护螺母	1	Q235-A	

齿轮油泵		比例	重量	共1张	
		1:1		第1张	
制图	2019.5.16	科技大学	专业		班
校核					

图 12-76　填写标题栏、明细栏和技术要求

附　　录

附录 1　螺纹

附表 1-1　普通螺纹（摘自 GB/T 193，196—2003）

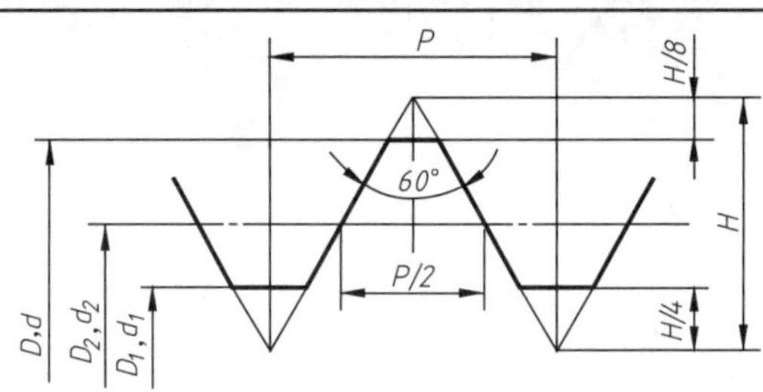

标记示例：

M10—5g6g—S

粗牙普通螺纹，公称直径 10mm，右旋，中径公差带代号 5g，顶径公差带代号 6g，短旋合长度的外螺纹

M10×1—6H—LH

细牙普通螺纹，公称直径 10mm，螺距 1mm，中径和顶径公差带代号都是 6H，中等旋合长度的内螺纹，左旋

<table>
<tr><th colspan="3">公称直径 D,d</th><th colspan="2">螺距 P</th><th rowspan="2">粗牙螺纹小径 D_1,d_1</th></tr>
<tr><th>第一系列</th><th>第二系列</th><th>第三系列</th><th>粗牙</th><th>细　牙</th></tr>
<tr><td>4</td><td></td><td></td><td>0.7</td><td rowspan="2">0.5</td><td>3.242</td></tr>
<tr><td>5</td><td></td><td></td><td>0.8</td><td>4.134</td></tr>
<tr><td>6</td><td></td><td></td><td rowspan="2">1</td><td rowspan="2">0.75,(0.5)</td><td>4.917</td></tr>
<tr><td></td><td></td><td>7</td><td>5.917</td></tr>
<tr><td>8</td><td></td><td></td><td>1.25</td><td>1,0.75,(0.5)</td><td>6.647</td></tr>
<tr><td>10</td><td></td><td></td><td>1.5</td><td>1.25,1,0.75,(0.5)</td><td>8.376</td></tr>
<tr><td>12</td><td></td><td></td><td>1.75</td><td rowspan="2">1.5,1.25,1,(0.75),(0.5)</td><td>10.106</td></tr>
<tr><td></td><td>14</td><td></td><td>2</td><td>11.835</td></tr>
<tr><td></td><td></td><td>15</td><td></td><td>1.5,(1)</td><td>13.376</td></tr>
<tr><td>16</td><td></td><td></td><td>2</td><td>1.5,1,(0.75),(0.5)</td><td>13.835</td></tr>
<tr><td></td><td>18</td><td></td><td rowspan="3">2.5</td><td rowspan="3">2,1.5,1,(0.75),(0.5)</td><td>15.294</td></tr>
<tr><td>20</td><td></td><td></td><td>17.294</td></tr>
<tr><td></td><td>22</td><td></td><td>19.294</td></tr>
<tr><td>24</td><td></td><td></td><td>3</td><td>2,1.5,1,(0.75)</td><td>20.752</td></tr>
<tr><td></td><td></td><td>25</td><td></td><td>2,1.5,(1)</td><td>22.835</td></tr>
<tr><td></td><td>27</td><td></td><td>3</td><td>2,1.5,(1),(0.75)</td><td>23.752</td></tr>
<tr><td>30</td><td></td><td></td><td rowspan="2">3.5</td><td rowspan="2">(3),2,1.5,(1),(0.75)</td><td>26.211</td></tr>
<tr><td></td><td>33</td><td></td><td>29.211</td></tr>
<tr><td></td><td></td><td>35</td><td></td><td>1.5</td><td>33.376</td></tr>
<tr><td>36</td><td></td><td></td><td rowspan="2">4</td><td rowspan="2">3,2,1.5,(1)</td><td>31.670</td></tr>
<tr><td></td><td>39</td><td></td><td>34.670</td></tr>
</table>

注：1. 优先选用第一系列，其次是第二系列，第三系列尽可能不选用。

2. M14×1.25 仅用于火花塞；M35×1.5 仅用于滚动轴承锁紧螺钉。

3. 括号内尺寸尽可能不选用。

附表 1-2　非螺纹密封管螺纹（摘自 GB/T 7307.1—2001）　　mm

标记示例：

G1/2——公称直径 1/2in 内螺纹

G1/2A——公称直径 1/2inA 级外螺纹

G1/2B——公称直径 1/2inB 级外螺纹

G1/2LH——公称直径 1/2in 左旋内螺纹

G1/2G1/2A——公称直径 1/2in 的内螺纹与 A 级外螺纹连接

尺寸代号	基面上的直径(GB/T 7306) 基本直径(GB/T 7307)			螺距 P	螺距 h	圆弧半径 r	每 25.4mm 内的牙数 n	有效螺纹长度 (GB/T 7306)	基准的基本长度 (GB/T 7306)
	大径 $d=D$	中径 $d_2=D_2$	小径 $d_1=D_1$						
1/16	7.723	7.142	6.561	6.561	6.561	6.561	28	6.5	4.0
1/8	9.728	9.147	8.566					6.5	4.0
1/4	13.157	12.301	11.445	6.561	6.561	6.561	19	9.7	6.0
3/8	16.662	15.806	14.950					10.1	6.4
1/2	20.955	19.793	18.631	6.561	6.561	6.561	14	13.2	8.2
3/4	26.441	25.279	24.117					14.5	9.5
1	33.249	31.770	30.291	6.561	6.561	6.561	11	16.8	10.4
$1\frac{1}{4}$	41.910	40.431	28.952					19.1	12.7
$1\frac{1}{4}$	47.803	46.324	44.845					19.1	12.7
2	59.614	58.135	56.656					23.4	15.9
$1\frac{1}{4}$	75.184	73.705	72.226					26.7	17.5
3	87.884	86.405	84.926					29.8	20.6
4	113.030	111.551	110.072					35.8	25.4
5	138.430	136.951	135.472					40.1	28.6
6	163.830	162.351	160.872					40.1	28.6

附表 1-3　梯形螺纹（摘自 GB/T 5796.2～5796.3—2005）　　mm

标记示例：

Tr40×7—7H

梯形内螺纹，公称直径 40mm，螺距 7mm，右旋，中径和顶径公差带代号都是 7H，中等旋合长度

Tr60×14(P7)LH—8e—L

梯形外螺纹，公称直径 60mm，双线，导程 14mm，螺距 7mm，左旋，中径和顶径公差带代号都是 8e，长旋合长度（梯形螺纹没有短旋合长度）

梯形螺纹的基本尺寸

d 公称系列		螺距 P	中径 $d_2=D_2$	大径 D	小　径		d 公称系列		螺距 P	中径 $d_2=D_2$	大径 D	小　径	
第一系列	第二系列				d_1	D_1	第一系列	第二系列				d_1	D_1
8		1.5	7.25	8.3	6.2	6.5	16		4	14.0	16.5	11.5	12
	9	2	8.0	9.5	6.5	7		18		16.0	18.5	13.5	14
10			9.0	10.5	7.5	8	20			18.0	20.5	15.5	16
	11		10.0	11.5	8.5	9		22	5	19.5	22.5	16.5	17
12		3	10.5	12.5	8.5	9	24			21.5	24.5	18.5	19
	14		12.5	14.5	10.5	11		26		23.5	26.5	20.5	21

续表

梯形螺纹的基本尺寸													
d 公称系列		螺距 P	中径 $d_2=D_2$	大径 D	小径		d 公称系列		螺距 P	中径 $d_2=D_2$	大径 D	小径	
第一系列	第二系列				d_1	D_1	第一系列	第二系列				d_1	D_1
28		5	25.5	28.5	22.5	23	44		7	40.5	45	36	37
	30	6	27.0	31.0	23.0	24		46		42.0	47	37	38
32			29.0	33	25	26	48		8	44.0	49	39	40
	34	6	31.0	35	27	28		50		46.0	51	41	42
36			33.0	37	29	30	52			48.0	53	43	44
	38		34.5	39	30	31		55	9	50.5	56	45	46
40		7	36.5	41	32	33	60			55.5	61	50	51
	42		38.5	43	34	35		60	10	60.0	66	54	55

附录 2 螺栓

附表 2-1 六角头螺栓

六角头螺栓—C 级(摘自 GB/T 5780—2000)

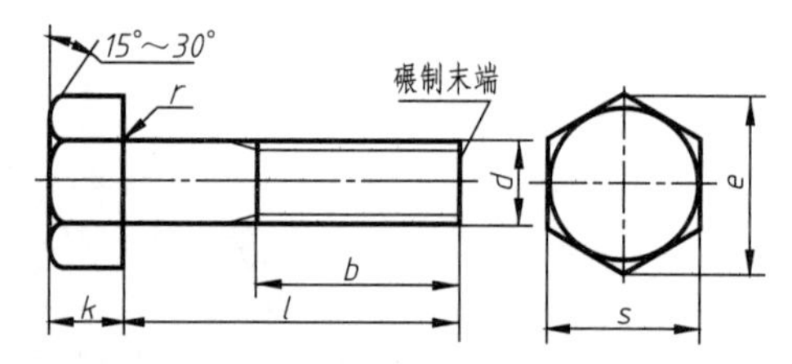

六角头螺栓—A 和 B 级(摘自 GB/T 5782—2000)

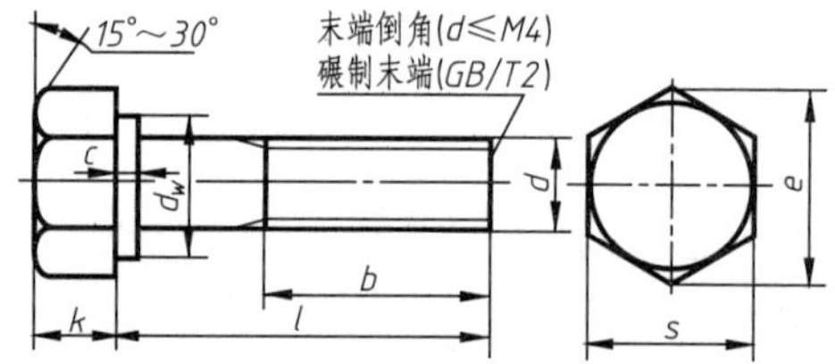

标记示例:

螺栓 GB/T 5782 M12×80

螺纹规格 d=M12,公称长度 l=80mm,性能等级为 4.8 级,不经表面处理,C 级的六角头螺栓

螺纹规格 d		M5	M6	M8	M10	M12	M16	M20	M24	M30	M36	M42	M48
$b_{参考}$	$l \leqslant 125$	16	18	22	26	30	38	40	54	66	78	—	—
	$125 < l \leqslant 1200$	—	—	28	32	36	44	52	60	72	84	96	108
	$l > 200$	—	—	—	—	—	57	65	73	85	97	109	121
$k_{公称}$		3.5	4.0	5.3	6.4	7.5	10	12.5	15	18.7	22.5	26	30
s_{max}		8	10	13	16	18	24	30	36	46	55	65	75
e_{min}		8.63	10.9	14.2	17.6	19.9	26.2	33.0	39.6	50.9	60.8	72.0	82.6
d_{smax}		5.48	6.48	8.58	10.6	12.7	16.7	20.8	24.8	30.8	37.0	45.0	49.0
$l_{范围}$	GB/T 5780—2000	25~50	30~60	35~80	40~100	45~120	55~160	65~200	80~240	90~300	110~300	160~420	180~480
	GB/T 5781—2000	10~40	12~50	16~65	20~80	25~100	35~100	40~100	50~100	60~100	70~100	80~420	90~480
$l_{系列}$		10,12,16,20~50(5 进位),(5 进位),60,(65),70~160(10 进位),180,220~500(20 进位)											

附表 2-2　螺母　　mm

1 六角螺母—A 和 B 级(GB/T 6170—2000)
1 六角头螺母—细牙—A 和 B 级(GB/T 6171—2000)
1 六角螺母—C 级(GB/T 41—2000)

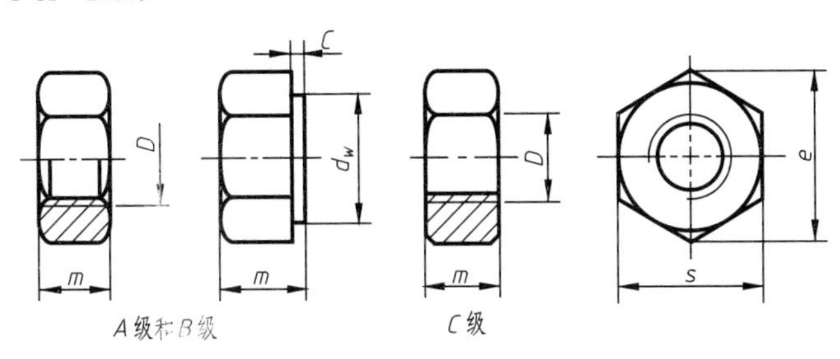

标记示例：

螺母　GB/T 41 M12

螺纹规格　D＝M12，性能等级为 5 级，不经表面处理，C 级的 1 型六角螺母

螺母　GB/T 6171 M24×2

螺纹规格　D＝M24，性能等级为 10 级，不经表面处理，B 级的 1 型细牙六角螺母

<table>
<tr><td rowspan="2">螺纹规格</td><td>D</td><td>M4</td><td>M5</td><td>M6</td><td>M8</td><td>M10</td><td>M12</td><td>M16</td><td>M20</td><td>M24</td><td>M30</td><td>M36</td><td>M42</td><td>M48</td></tr>
<tr><td>$D\times P$</td><td>—</td><td>—</td><td>—</td><td>M8×1</td><td>M10×1</td><td>M12×15</td><td>M16×15</td><td>M20×2</td><td>M24×2</td><td>M30×2</td><td>M36×3</td><td>M42×3</td><td>M48×3</td></tr>
<tr><td colspan="2">c</td><td>0.4</td><td colspan="2">0.5</td><td colspan="4">0.6</td><td colspan="3">0.8</td><td colspan="3">1</td></tr>
<tr><td colspan="2">s_{max}</td><td>7</td><td>8</td><td>10</td><td>13</td><td>16</td><td>18</td><td>24</td><td>30</td><td>36</td><td>46</td><td>55</td><td>65</td><td>75</td></tr>
<tr><td rowspan="2">e_{min}</td><td>A、B 级</td><td>7.66</td><td>8.79</td><td>11.05</td><td>14.38</td><td>17.77</td><td>20.03</td><td>26.75</td><td rowspan="2">32.95</td><td rowspan="2">39.95</td><td rowspan="2">50.85</td><td rowspan="2">60.79</td><td rowspan="2">72.02</td><td rowspan="2">82.6</td></tr>
<tr><td>C 级</td><td>—</td><td>8.63</td><td>10.89</td><td>14.2</td><td>17.59</td><td>19.85</td><td>26.17</td></tr>
<tr><td rowspan="2">m_{max}</td><td>A、B 级</td><td>3.2</td><td>4.7</td><td>5.2</td><td>6.8</td><td>8.4</td><td>10.8</td><td>14.8</td><td>18</td><td>21.5</td><td>25.6</td><td>31</td><td>34</td><td>38</td></tr>
<tr><td>C 级</td><td>—</td><td>5.6</td><td>6.1</td><td>7.9</td><td>9.5</td><td>12.2</td><td>15.9</td><td>18.7</td><td>22.3</td><td>26.4</td><td>31.5</td><td>34.9</td><td>38.9</td></tr>
<tr><td rowspan="2">d_{wmin}</td><td>A、B 级</td><td>5.9</td><td>6.9</td><td>8.9</td><td>11.6</td><td>14.6</td><td>16.6</td><td>22.5</td><td rowspan="2">27.7</td><td rowspan="2">33.7</td><td rowspan="2">42.7</td><td rowspan="2">51.1</td><td rowspan="2">60.6</td><td rowspan="2">69.4</td></tr>
<tr><td>C 级</td><td>—</td><td>6.9</td><td>8.7</td><td>11.5</td><td>14.5</td><td>16.5</td><td>22</td></tr>
</table>

附表 2-3　垫圈　　mm

平垫圈倒角型—A 级
GB/T 97.2—2002

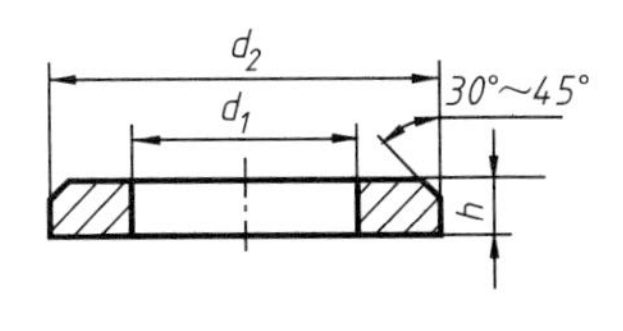

平垫圈—A 级
GB/T 97.1—2002

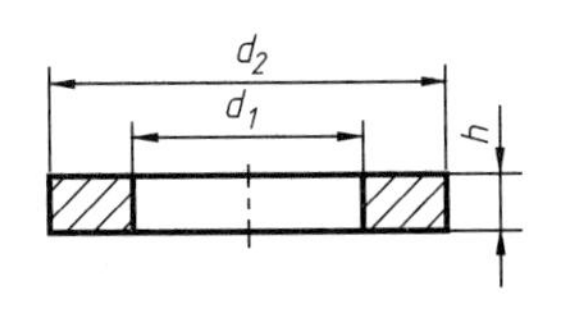

标准型弹簧垫圈
GB/T 93—1987

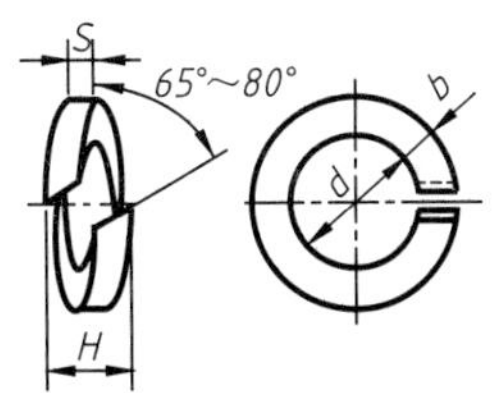

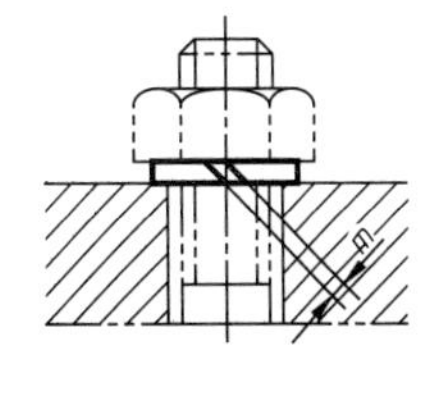

标记示例：

垫圈　GB/T 97.1 8

标准系列，公称尺寸　d＝8mm，由钢制造的硬度等级为 200HV 级，不经表面处理，产品等级为 A 级的平垫圈

垫圈　GB/T 93 16

公称直径 16mm，材料为 65Mn，表面氧化的标准弹簧垫圈

续表

公称尺寸 d （螺纹规格）		4	5	6	8	10	12	14	16	20	24	30	36	42	48
GB/T 97.1—2002（A 级）	d_1	4.3	5.3	6.4	8.4	10.5	13	15	17	21	25	31	37	—	—
	d_2	9	10	12	16	20	24	28	30	37	44	56	66	—	—
	h	0.8	1	1.6	1.6	2	2.5	2.5	3	3	4	4	5	—	—
GB/T 97.2—2002（A 级）	d_1	—	5.3	6.4	8.4	10.5	13	15	17	21	25	31	37	—	—
	d_2	—	10	12	16	20	24	28	30	37	44	56	66	—	—
	h	—	1	1.6	1.6	2	2.5	2.5	3	3	4	4	5	—	—
GB/T 95—2002（C 级）	d_1	—	5.5	6.6	9	11	13.5	15.5	17.5	22	26	33	39	45	52
	d_2	—	10	12	16	20	24	28	30	37	44	56	66	78	92
	h	—	1	1.6	1.6	2	2.5	2.5	3	3	4	4	5	8	8
GB/T 93—1987	d_1	4.1	5.1	6.1	8.1	10.2	12.2	—	16.2	20.2	24.5	30.5	36.5	42.5	48.5
	$s=b$	1.1	1.3	1.6	2.1	2.6	3.1	—	4.1	5	6	7.5	9	10.5	12
	H	2.8	3.3	4	5.3	6.5	7.8	—	10.3	12.5	15	18.6	22.5	26.3	30

附表 2-4　双头螺柱

mm

$b_m=d$（GB/T 897—1988）　　$b_m=1.25d$（GB/T 898—1988）

$b_m=1.5d$（GB/T 899—1988）　　$b_m=2d$（GB/T 900—1988）

A型

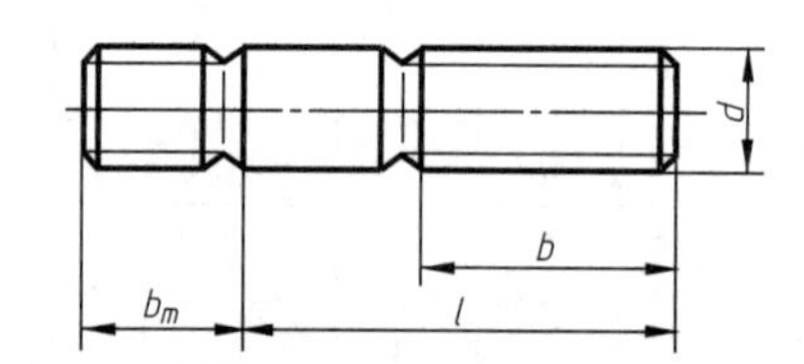

B型

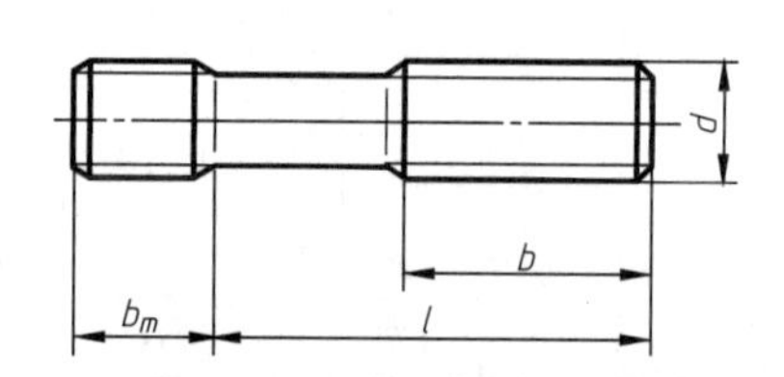

标记示例：

螺柱　GB/T 900 M10×50

两端均为粗牙普通螺纹，$d=$M10，公称长度 $l=50$mm，性能等级为 4.8 级，不经表面处理，$b_m=2d$，B 型的双头螺柱

螺柱　GB/T 900 AM10—10×1×50

旋入机体一端均为粗牙普通螺纹，旋螺母端为螺距 $P=1$mm 的细牙普通螺纹，$d=$M10，公称长度 $l=50$mm，性能等级为 4.8 级，不经表面处理，$b_m=2d$，A 型的双头螺柱

螺纹规格 d	b_m（旋入机体端长度）				l（螺柱长度）/ b（旋螺母端长度）
	GB/T 897	GB/T 898	GB/T 899	GB/T 900	
M4	—	—	6	8	16～22/8　25～40/14
M5	5	6	8	10	16～22/10　25～40/16
M6	6	8	10	12	16～22/10　25～30/14　32～90/22
M8	8	10	12	16	20～22/10　16～22/16　16～22/10

续表

螺纹规格 d	b_m（旋入机体端长度）				l（螺柱长度）/ b（旋螺母端长度）
	GB/T 897	GB/T 898	GB/T 899	GB/T 900	
M10	10	12	15	20	$\frac{25\sim28}{14}$ $\frac{30\sim38}{16}$ $\frac{40\sim120}{26}$ $\frac{130}{32}$
M12	12	15	18	24	$\frac{25\sim30}{14}$ $\frac{32\sim40}{16}$ $\frac{45\sim120}{26}$ $\frac{130\sim180}{32}$
M16	16	20	24	32	$\frac{30\sim38}{16}$ $\frac{45\sim55}{20}$ $\frac{60\sim120}{30}$ $\frac{130\sim200}{36}$
M20	20	25	30	40	$\frac{35\sim40}{20}$ $\frac{45\sim65}{30}$ $\frac{70\sim120}{38}$ $\frac{130\sim200}{44}$
(M24)	24	30	36	48	$\frac{45\sim50}{25}$ $\frac{55\sim75}{35}$ $\frac{80\sim120}{46}$ $\frac{130\sim200}{52}$
(M30)	30	38	45	60	$\frac{60\sim65}{40}$ $\frac{70\sim90}{50}$ $\frac{95\sim120}{66}$ $\frac{130\sim300}{72}$ $\frac{210\sim250}{85}$
M36	36	45	54	72	$\frac{65\sim75}{45}$ $\frac{80\sim110}{60}$ $\frac{120}{78}$ $\frac{130\sim200}{84}$ $\frac{210\sim300}{97}$
M42	42	52	63	84	$\frac{70\sim80}{50}$ $\frac{85\sim110}{70}$ $\frac{120}{90}$ $\frac{130\sim200}{96}$ $\frac{210\sim300}{109}$
M48	48	60	72	96	$\frac{80\sim90}{60}$ $\frac{95\sim110}{80}$ $\frac{120}{102}$ $\frac{130\sim200}{108}$ $\frac{210\sim300}{121}$
$l_{系列}$	12、(14)、16、(18)、20、(22)、25、(28)、30、(32)、35、(38)、40、45、50、55、60、(65)、70、75、80、(85)、(95)、100～260(10进位)、280、300				

注：1. 尽可能不采用括号内的规格。末端按 GB/T 2—2001 的规定。
2. b_m 的值与材料有关。$b_m=1d$ 用于钢对钢，$b_m=(1.25\sim1.5)d$ 用于铸铁，$b_m=2d$ 用于铝合金。

附表 2-5　螺钉　　mm

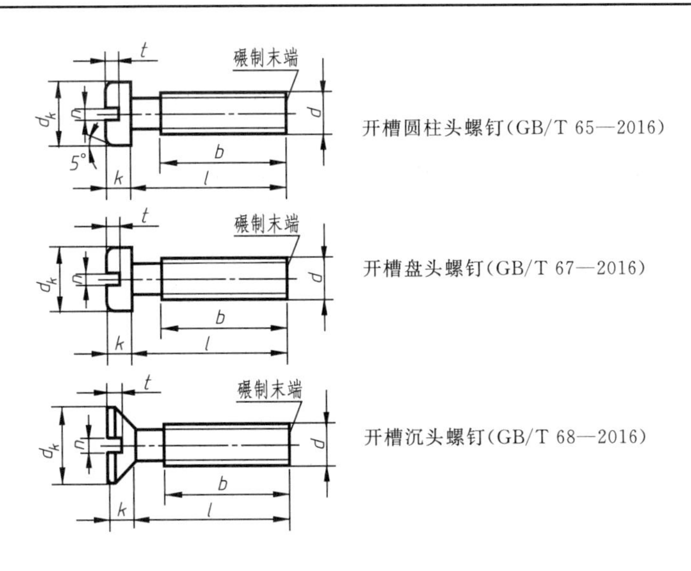

标记示例：

螺钉　GB/T 65　M5×20

螺纹规格，d=M5，公称长度 l=20mm，性能等级为 4.8 级不经表面处理，A 级开槽圆柱头螺钉

续表

螺纹规格 d		M1.6	M2	M2.5	M3	(M3.5)	M4	M5	M6	M8	M10
$n_{公称}$		0.4	0.5	0.6	0.8	1	1.2	1.2	1.6	2	2.5
GB/T 65	d_{kmax}	3	3.8	4.5	5.5	6	7	8.5	10	13	16
	k_{max}	1.1	1.4	1.8	2	2.4	2.6	3.3	3.9	5	6
	t_{min}	0.45	0.6	0.7	0.85	1	1.1	1.3	1.6	2	2.4
	$l_{范围}$	2～16	3～20	3～25	4～30	5～35	5～40	6～50	8～60	10～80	12～80
GB/T 67	d_{kmax}	3.2	4	5	5.6	7	8	9.5	12	16	20
	k_{max}	1	1.3	1.5	1.8	2.1	2.4	3	3.6	4.8	6
	t_{min}	0.35	0.5	0.6	0.7	0.8	1	1.2	1.4	1.9	2.4
	$l_{范围}$	2～16	2.5～30	3～25	4～30	5～35	5～40	6～50	8～60	10～80	12～80
GB/T 68	d_{kmax}	3	3.8	4.7	5.5	7.3	8.4	9.3	11.3	15.8	18.3
	k_{max}	1	1.2	1.5	1.65	2.35	2.7	2.7	3.3	4.65	5
	t_{min}	0.32	0.4	0.5	0.6	0.9	1	1.1	1.2	1.8	2
	$l_{范围}$	2.5～16	3～20	4～25	5～30	6～35	6～40	8～50	8～60	10～80	12～80
$l_{系列}$		2、2.5、3、4、5、6、8、10、12、(14)、16、20、25、30、35、40、45、50、(55)、60、(65)、70、(75)、80									

注：1. 括号内的规格尽可能不用。
2. 螺纹公差为6g，力学性能为4.8、5.8，产品等级为A。
3. M1.6～M3的螺钉，公称长度 $l\leqslant30$ 的，制出全螺纹；M4～M10的螺钉，公称长度 $l\leqslant40$ 的，制出全螺纹。

附表 2-6　紧定螺钉（摘自 GB/T 71，73，75—1985）

开槽锥端紧定螺钉(摘自 GB/T 71—1985)
开槽平端紧定螺钉(摘自 GB/T 73—1985)
开槽长圆柱端紧定螺钉(摘自 GB/T 75—1985)

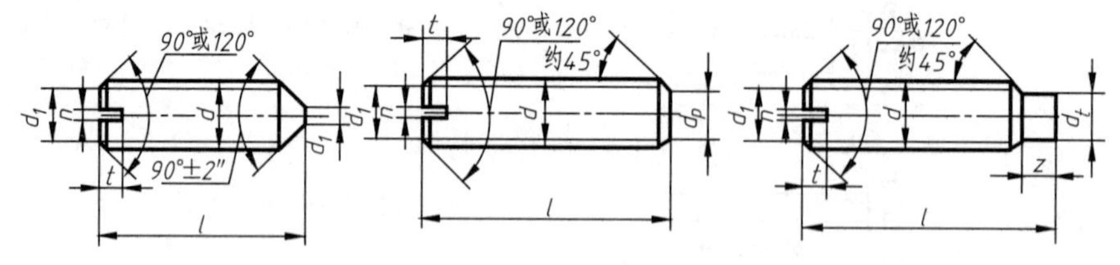

标记示例：

螺钉　GB/T 73—1985　M6×12

(螺纹规格 d=6mm、公称长度 l=12mm、性能等级为14H级、表面氧化的开槽平端紧定螺钉)

螺钉　GB/T 75—1985　M8×20

(螺纹规格 d=8mm、公称长度 l=20mm、性能等级为14H级、表面氧化的开槽长圆柱端紧定螺钉)

螺纹规格 d	M1.6	M2	M2.5	M3	M4	M5	M6	M8	M10	M12
P(螺距)	0.35	0.4	0.45	0.5	0.7	0.8	1	1.25	1.5	1.75
d_f=	螺纹小径									
n	0.25	0.25	0.4	0.4	0.6	0.8	1	1.2	1.6	2

续表

螺纹规格 d		M1.6	M2	M2.5	M3	M4	M5	M6	M8	M10	M12
t		0.74	0.84	0.95	1.05	1.42	1.63	2	2.5	3	3.6
d_t		0.16	0.2	0.25	0.3	0.4	0.5	1.5	2	2.5	3
d_p		0.8	1	1.5	2	2.5	3.5	4	5.5	7	8.5
z		1.05	1.25	1.5	1.75	2.25	2.75	3.25	4.3	5.3	6.3
l	GB/T 71—1985	2～8	3～10	3～12	4～16	6～20	8～25	8～30	10～40	12～50	14～60
	GB/T 73—1985	2～8	2～10	2.5～12	3～16	4～20	5～25	6～30	8～40	10～50	12～30
	GB/T 75—1985	2.5～8	3～10	4～12	5～16	6～20	8～25	10～30	10～40	12～50	14～60
$l_{系列}$		2、2.5、3、4、5、6、8、10、12、(14)、16、20、25、30、35、40、45、50、(55)、60									

注：1. l 为公称长度。
2. 括号内的规格尽可能不用。

附表 2-7　中心孔（摘自 GB/T 145—1985、GB/T 4459.5—1999）

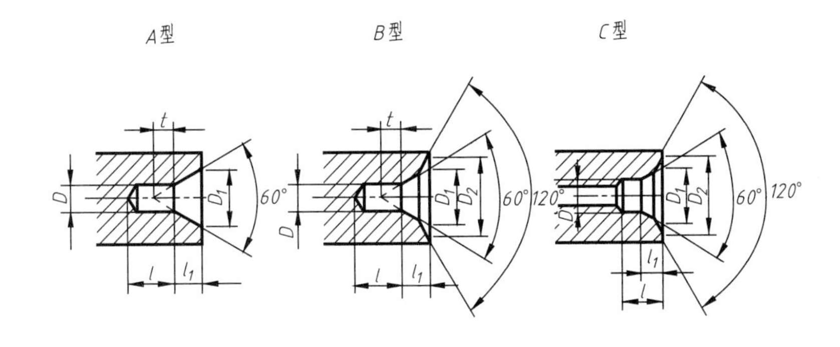

A、B型							C型					选择中心孔参考数据(非标准内容)		
D	A型			B型			D	D_1	D_2	l	参考	原料端部最小直径 D_o	轴状原料最大直径 D_c	工件最大质量/t
	D_1	参考 l_1	参考 t	D_1	参考 l_1	参考 t					l_1			
2.00	4.25	1.95	1.8	6.30	2.54	1.8						8	>10～18	2.00
2.50	5.30	2.42	2.2	8.00	3.20	2.2						10	>18～30	2.00
3.15	6.70	3.07	2.8	10.00	4.03	2.8	M3	3.2	5.8	2.6	1.8	12	>30～50	2.00
4.00	8.50	3.90	3.5	12.50	5.05	3.5	M4	4.3	7.4	3.2	2.1	15	>50～80	2.00
(5.00)	10.60	4.85	4.4	16.00	6.41	4.4	M5	5.3	8.8	4.0	2.4	20	>80～120	2.00
6.30	13.20	5.98	5.5	18.00	7.36	5.5	M6	6.4	10.5	5.0	2.8	25	>120～180	2.00
(8.00)	17.00	7.79	7.0	22.40	9.36	7.0	M8	8.4	13.2	6.0	3.3	30	>180～220	2.00
10.00	21.20	9.70	8.7	28.00	11.66	8.7	M10	10.5	16.3	7.5	3.8	42	>220～260	2.00

附表 2-8 平键和键槽的尺寸与公差（摘自 GB/T 1095，1096—2003）

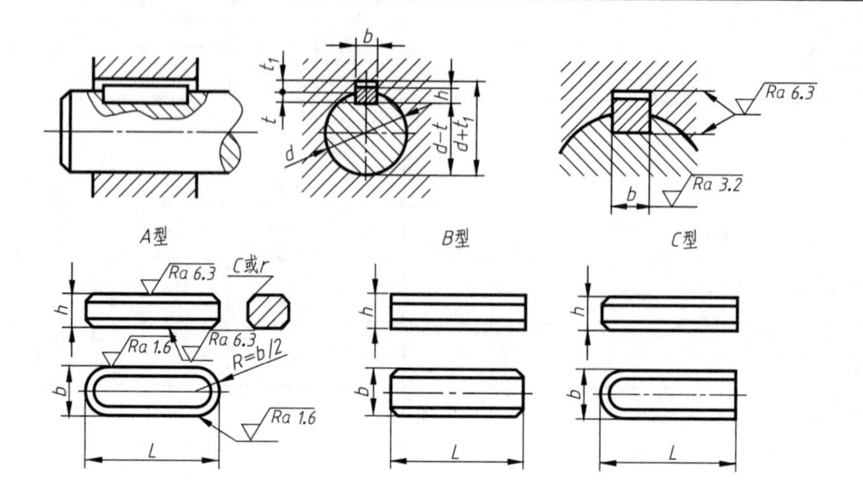

标记示例：

键 12×60 GB/T 1096—2003（圆头普通平键、b=12mm、h=8mm、L=60mm）

键 B12×60 GB/T 1096—2003（平头普通平键、b=12mm、h=8mm、L=60mm）

键 C12×60 GB/T 1096—2003（单圆头普通平键、b=12mm、h=8mm、L=60mm）

轴	键		键槽								
公称直径 d	公称尺寸 $b\times h$	长度 L	宽度 b			深度				半径 r	
			公称尺寸	极限偏差		轴 t		毂 t_1			
				一般键连接							
				轴 N9	毂 JS9	公称	极限偏差	公称	极限偏差	最大	最小
>10～12	4×4	8～45	4	0 −0.030	±0.015	2.5	+0.1 0	1.8	+0.1 0	0.08	0.16
>12～17	5×5	10～56	5			3.0		2.3		0.16	0.25
>17～22	6×6	14～70	6			3.5		2.8			
>22～30	8×7	18～90	8	0 −0.036	±0.018	4.0	+0.2 0	3.3	+0.2 0		
>30～38	10×8	22～110	10			5.0		3.3		0.25	0.40
>38～44	12×8	28～140	12	0 −0.043	±0.0215	5.0		3.3			
>44～50	14×9	36～160	14			5.5		3.8			
>50～58	16×10	45～180	16			6.0		4.3			
>58～65	18×11	50～200	18			7.0		4.4			
>65～75	20×12	56～220	20	0 −0.052	±0.026	7.5		4.9		0.40	0.60
>75～85	22×14	63～250	22			9.0		5.4			
>85～95	25×14	70～280	25			9.0		5.4			
>95～110	28×16	80～320	28			10		6.4			
$L_{系列}$	6～22(2进位)、25、28、32、36、40、45、50、56、63、70、80、90、100、110、125、140、160、180、200、220、250、280、320、360、400、450、500										

注：1. b 的极限偏差为 h9，h 的极限偏差为 h11，键长 L 的极限偏差为 h14。

2. $d-t$ 和 $d+t$ 两组组合尺寸的极限偏差按相应的 t 和 t_1 的极限偏差选取，但 $d-t$ 极限偏差应取负号（−）。

附表 2-9　圆柱销（摘自 GB/T 119.1—2000）

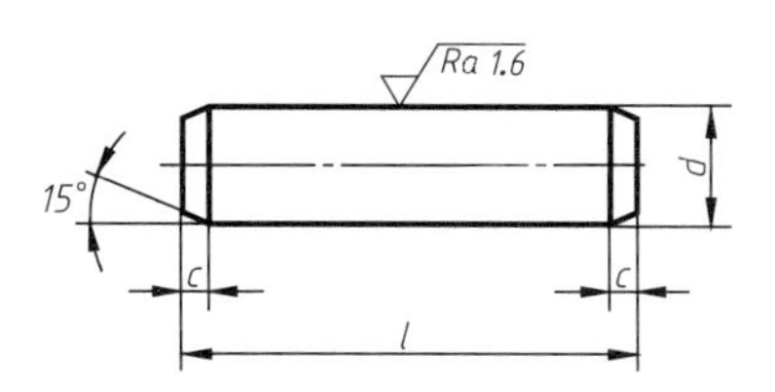

标记示例：

销　GB/T 119.1　8m6×30

公称直径 d=8mm、公差为 m6、公称长度 l=30mm、材料为 35 钢、不经淬火、不经表面处理的圆柱销

d(公称) m6/h8	2	3	4	5	6	8	10	12	16	20	25
$c\approx$	0.35	0.5	0.63	0.8	1.2	1.6	2	2.5	3	3.5	4
$l_{范围}$	6～20	8～30	8～40	10～50	12～60	14～80	18～95	22～140	26～180	35～200	50～200
$l_{系列}$(公称)	2、3、4、5、6～32(2 进位)、35～100(5 进位)、120～200(20 进位)										

附表 2-10　圆锥销（摘自 GB/T 117—2000）

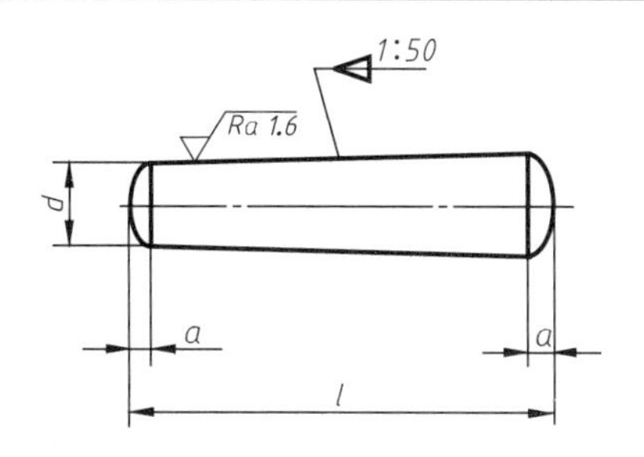

标记示例：

销　GB/T 117　10×60

公称直径 d=10mm、公称长度 l=60mm、材料为 35 钢、热处理硬度 28～38HRC、表面氧化处理的 A 型圆锥销

$d_{公称}$	2	2.5	3	4	5	6	8	10	12	16	20	25
$a\approx$	0.35	0.3	0.4	0.5	0.63	0.8	1.0	1.2	1.6	2.0	2.5	3.0
$l_{范围}$	10～35	10～35	12～45	14～55	18～60	22～90	22～120	26～160	32～180	40～200	45～200	50～200
$l_{系列}$	2、3、4、5、6～32(2 进位)、35～100(5 进位)、120～200(20 进位)											

附表 2-11　滚动轴承

深沟球轴承（GB/T 276—2013）

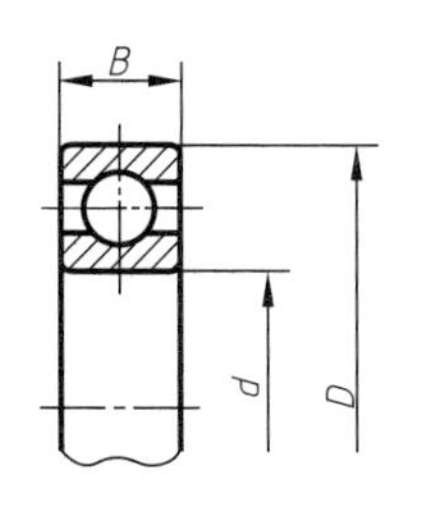

推力球轴承（GB/T 301—1995）

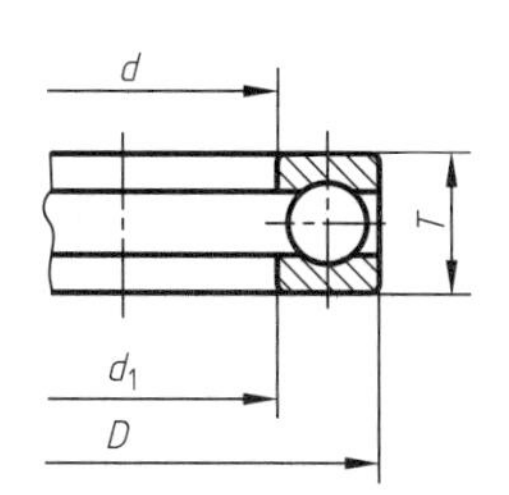

圆锥滚子轴承（GB/T 297—2015）

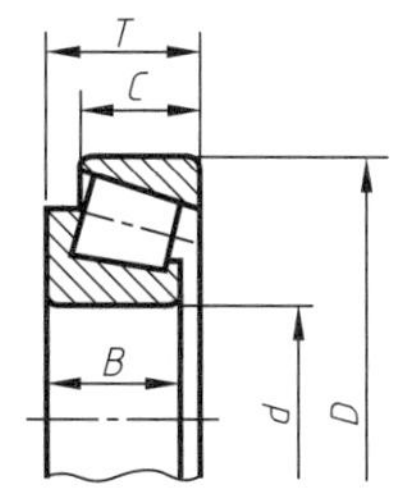

标记示例：

滚动轴承　6012　GB/T 276—2013

滚动轴承　51214　GB/T 301—1995

滚动轴承　30204　GB/T 297—2015

续表

轴承型号	尺寸/mm			轴承型号	尺寸/mm					轴承型号	尺寸/mm			
	d	D	B		d	D	B	C	T		d	D	T	d_1
尺寸系列[(0)2]				尺寸系列(02)						尺寸系列(12)				
6202	15	35	11	30203	17	40	12	11	13.25	51202	15	32	12	17
6203	17	40	12	30204	20	47	14	12	15.25	51203	17	35	12	19
6204	20	47	14	30205	25	52	15	13	16.25	51204	20	40	14	22
6205	25	52	15	30206	30	62	16	14	17.25	51205	25	47	15	27
6206	30	62	16	30207	35	72	17	15	18.25	51206	30	52	16	32
6207	35	72	17	30208	40	80	18	16	19.25	51207	35	62	18	37
6208	40	80	18	30209	45	85	19	16	20.75	51208	40	68	19	42
6209	45	85	19	30210	50	90	20	17	21.75	51209	45	73	20	47
6210	50	90	20	30211	55	100	21	18	22.75	51210	50	78	22	52
6211	55	100	21	30212	60	110	22	19	23.75	51211	55	90	25	57
6212	60	110	22	30213	65	120	23	20	24.75	51212	60	95	26	62
尺寸系列[(0)3]				尺寸系列(03)						尺寸系列(13)				
6302	15	42	13	30302	15	42	13	11	14.25	51304	20	47	18	22
6303	17	47	14	30303	17	47	14	12	15.25	51305	25	52	18	27
6304	20	52	15	30304	20	52	15	13	16.25	51306	30	60	21	32
6305	25	62	17	30305	25	62	17	15	18.25	51307	35	68	24	37
6306	30	72	19	30306	30	72	19	16	20.75	51308	40	78	26	42
6307	35	80	21	30307	35	80	21	18	22.75	51309	45	85	28	47
6308	40	90	23	30308	40	90	23	20	25.25	51310	50	95	31	52
6309	45	100	25	30309	45	100	25	22	27.25	51311	55	105	35	57
6310	50	110	27	30310	50	110	27	23	29.25	51312	60	110	35	62
6311	55	120	29	30311	55	120	29	25	31.50	51313	65	115	36	67
6312	60	130	31	30312	60	130	31	26	33.50	51314	70	125	40	72
尺寸系列[(0)4]				尺寸系列(04)						尺寸系列(14)				
6403	17	62	17	31305	25	62	17	13	18.25	51405	25	62	24	27
6404	20	72	19	31306	30	72	19	14	20.75	51406	30	72	28	32
6405	25	80	21	31307	35	80	21	15	22.75	51407	35	80	32	37
6406	30	90	23	31308	40	90	23	17	25.25	51408	40	90	36	42
6407	35	100	25	31309	45	100	25	18	27.25	51409	45	100	39	47
6408	40	110	27	31310	50	110	27	19	29.25	51410	50	110	43	52
6409	45	120	29	31311	55	120	29	21	31.50	51411	55	120	48	57
6410	50	130	31	31312	60	130	31	22	33.50	51412	60	130	51	62
6411	55	140	33	31313	65	140	33	23	36.00	51413	65	140	56	68
6412	60	150	35	31314	70	150	35	25	38.00	51414	70	150	60	73
6413	65	160	37	31315	75	160	37	26	40.00	51415	75	160	65	78

附录 3　极限与配合

附表 3-1　优先及常用孔的极限偏差表（摘自 GB/T 1800.2—2009）　μm

代号		A	B	C	D	E	F	G	H							JS		K			M	N		P		R	S	T	U
公称尺寸/mm		公差等级																											
大于	至	11	11	11①	9①	8	8①	7①	6	7①	8①	9①	10	11①	12	6	7	6	7①	8	7	6	7①	6	6①	7	7①	7	7①
—	3	+330 +270	+200 +140	+120 +60	+45 +20	+28 +14	+20 +6	+12 +2	+6 0	+10 0	+14 0	+25 0	+40 0	+60 0	+100 0	±3	±5	0 −6	0 −10	0 −14	−2 −12	−4 −10	−4 −14	−6 −12	−6 −16	−10 −20	−14 −24	—	−18 −28
3	6	+345 +270	+215 +140	+145 +70	+60 +30	+38 +20	+28 +10	+16 +4	+8 0	+12 0	+18 0	+30 0	+48 0	+75 0	+120 0	±4	±6	+2 −6	+3 −9	+5 −13	0 −12	−5 −13	−4 −16	−9 −17	−8 −20	−11 −23	−15 −27	—	−19 −31
6	10	+370 +280	+240 +150	+170 +80	+76 +40	+47 +25	+35 +13	+20 +5	+9 0	+15 0	+22 0	+36 0	+58 0	+90 0	+150 0	±4.5	±7	+2 −7	+5 −10	+6 −16	0 −15	−7 −16	−4 −19	−12 −21	−9 −24	−13 −28	−17 −32	—	−22 −37
10	14	+400 +290	+260 +150	+205 +95	+93 +50	+59 +32	+43 +16	+24 +6	+11 0	+18 0	+27 0	+43 0	+70 0	+110 0	+180 0	±5.5	±9	+2 −9	+6 −12	+8 −19	0 −18	−9 −20	−5 −23	−15 −26	−11 −29	−16 −34	−21 −39	—	−26 −44
14	18																												
18	24	+430 +300	+290 +160	+240 +110	+117 +65	+73 +40	+53 +20	+28 +7	+13 0	+21 0	+33 0	+52 0	+84 0	+130 0	+210 0	±6.5	±10	+2 −11	+6 −15	+10 −23	0 −21	−11 −24	−7 −28	−18 −31	−14 −35	−20 −41	−27 −48	—	−33 −54
24	30																											−33 −54	−40 −61
30	40	+470 +310	+330 +170	+280 +120	+142 +80	+89 +50	+64 +25	+34 +9	+16 0	+25 0	+39 0	+62 0	+100 0	+160 0	+250 0	±8	±12	+3 −13	+7 −18	+12 −27	0 −25	−12 −28	−8 −33	−21 −37	−17 −42	−25 −50	−34 −59	−39 −64	−51 −76
40	50	+480 +320	+340 +180	+290 +130																								−45 −70	−61 −86
50	65	+530 +340	+380 +190	+330 +140	+174 +100	+106 +60	+76 +30	+40 +10	+19 0	+30 0	+46 0	+74 0	+120 0	+190 0	+300 0	±9.5	±15	+4 −15	+9 −21	+14 −32	0 −30	−14 −33	−9 −39	−25 −45	−21 −51	−30 −60	−42 −72	−55 −85	−76 −106
65	80	+550 +360	+390 +200	+340 +150																						−32 −62	−48 −78	−64 −94	−91 −121
80	100	+600 +380	+440 +220	+390 +170	+207 +120	+126 +72	+90 +36	+47 +12	+22 0	+35 0	+54 0	+87 0	+140 0	+220 0	+350 0	±11	±17	+4 −18	+10 −25	+16 −38	0 −35	−16 −38	−10 −45	−30 −52	−24 −59	−38 −73	−58 −93	−78 −113	−111 −146
100	120	+630 +410	+460 +240	+400 +180																						−41 −76	−66 −101	−91 −126	−131 −166

续表

代号		A	B	C	D	E	F	G	H							JS		K			M	N		P		R	S	T	U
公称尺寸/mm		公差等级																											
大于	至	11	11	11①	9①	8	8①	7①	6	7①	8①	9①	10	11①	12	6	7	6	7①	8	7	6	7①	6	6①	7	7①	7	7①
120	140	+710 +460	+510 +260	+450 +200																						−48 −88	−77 −117	−107 −147	−155 −195
140	160	+770 +520	+530 +280	+460 +210	+245 +145	+148 +85	+106 +43	+54 +14	+25 0	+40 0	+63 0	+100 0	+160 0	+250 0	+400 0	±12.5	±20	+4 −21	+12 −28	+20 −43	0 −40	−20 −45	−12 −52	−36 −61	−28 −68	−50 −90	−85 −125	−119 −159	−175 −215
160	180	+830 +580	+560 +310	+480 +230																						−53 −93	−93 −133	−131 −171	−195 −235
180	200	+950 +660	+630 +340	+530 +240																						−60 −106	−105 −151	−149 −195	−219 −265
200	225	+1030 +740	+670 +380	+550 +260	+285 +170	+172 +100	+122 +50	+61 +15	+29 0	+46 0	+72 0	+115 0	+185 0	+290 0	+460 0	±14.5	±23	+5 −24	+13 −33	+22 −50	0 −46	−22 −51	−14 −60	−41 −70	−33 −79	−63 −109	−113 −159	−163 −209	−241 −287
225	250	+1110 +820	+710 +420	+570 +280																						−67 −113	−123 −169	−179 −225	−267 −313
250	280	+1240 +920	+800 +480	+620 +300	+320 +190	+191 +110	+137 +56	+69 +17	+32 0	+52 0	+81 0	+130 0	+210 0	+320 0	+520 0	±16	±26	+5 −27	+16 −36	+25 −56	0 −52	−25 −57	−14 −66	−47 −79	−36 −88	−74 −126	−138 −190	−198 −250	−295 −347
280	315	+1370 +1050	+860 +540	+650 +330																						−78 −130	−150 −202	−220 −272	−330 −382
315	355	+1560 +1200	+960 +600	+720 +360	+350 +210	+214 +125	+151 +62	+75 +18	+36 0	+57 0	+89 0	+140 0	+230 0	+360 0	+570 0	±18	±28	+7 −29	+17 −40	+28 −61	0 −57	−26 −62	−16 −73	−51 −87	−41 −98	−87 −144	−169 −226	−247 −304	−369 −426
355	400	+1710 +1350	+1040 +680	+760 +400																						−93 −150	−187 −244	−273 −330	−414 −471
400	450	+1900 +1500	+1160 +760	+840 +440	+385 +230	+232 +135	+165 +68	+83 +20	+40 0	+63 0	+97 0	+155 0	+250 0	+400 0	+630 0	±20	±31	+8 −32	+18 −45	+29 −68	0 −63	−27 −67	−17 −80	−55 −95	−45 −108	−103 −166	−209 −272	−307 −370	−467 −530
450	500	+2050 +1650	+1240 +840	+880 +480																						−109 −172	−229 −292	−337 −400	−517 −580

① 优先选用。

附表 3-2　优先及常用轴的极限偏差表（摘自 GB/T 1800.2—2009）

μm

代号		a	b	c	d	e	f	g	h									js	k	m	n	p	r	s	t	u	v	x	y	z
公称尺寸/mm		公差等级																												
大于	至	11	11	11①	9①	8	7①	6①	5	6①	7①	8	9①	10	11①	12	6	6①	6	6①	6①	6	6①	6	6①	6	6	6	6
—	3	-270 -330	-140 -200	-60 -120	-20 -45	-14 -28	-6 -16	-2 -8	0 -4	0 -6	0 -10	0 -14	0 -25	0 -40	0 -60	0 -100	±3	+6 0	+8 +2	+10 +4	+12 +6	+16 +10	+20 +14	—	+24 +18	—	+26 +20	—	+32 +26
3	6	-270 -345	-140 -215	-70 -145	-30 -60	-20 -38	-10 -22	-4 -12	0 -5	0 -8	0 -12	0 -18	0 -30	0 -48	0 -75	0 -120	±4	+9 +1	+12 +4	+16 +8	+20 +12	+23 +15	+27 +19	—	+31 +23	—	+36 +28	—	+43 +35
6	10	-280 -370	-150 -240	-80 -170	-40 -76	-25 -47	-13 -28	-5 -14	0 -6	0 -9	0 -15	0 -22	0 -36	0 -58	0 -90	0 -150	±4.5	+10 +1	+15 +6	+19 +10	+24 +15	+28 +19	+32 +23	—	+37 +28	—	+43 +34	—	+51 +42
10	14	-290 -400	-150 -260	-95 -205	-50 -93	-32 -59	-16 -34	-6 -17	0 -8	0 -11	0 -18	0 -27	0 -43	0 -70	0 -110	0 -180	±5.5	+12 +1	+18 +7	+23 +12	+29 +18	+34 +23	+39 +28	—	+44 +33	—	+51 +40	—	+61 +50
14	18																							—		+50 +39	+56 +45	—	+71 +60
18	24	-300 -430	-160 -290	-110 -240	-65 -117	-40 -73	-20 -41	-7 -20	0 -9	0 -13	0 -21	0 -33	0 -52	0 -84	0 -130	0 -210	±6.5	+15 +2	+21 +8	+28 +15	+35 +22	+41 +28	+48 +35	—	+54 +41	+60 +47	+67 +54	+76 +63	+86 +73
24	30																							+54 +41	+61 +48	+68 +55	+77 +64	+88 +75	+101 +88
30	40	-310 -470	-170 -330	-120 -280	-80 -142	-50 -89	-25 -50	-9 -25	0 -11	0 -16	0 -25	0 -39	0 -62	0 -100	0 -160	0 -250	±8	+18 +2	+25 +9	+33 +17	+42 +26	+50 +34	+59 +43	+64 +48	+76 +60	+84 +68	+96 +80	+110 +94	+128 +112
40	50	-320 -480	-180 -340	-130 -290																				+70 +54	+86 +70	+97 +81	+113 +97	+130 +114	+152 +136
50	65	-340 -530	-190 -380	-140 -330	-100 -174	-60 -106	-30 -60	-10 -29	0 -13	0 -19	0 -30	0 -46	0 -74	0 -120	0 -190	0 -300	±9.5	+21 +2	+30 +11	+39 +20	+51 +32	+60 +41	+72 +53	+85 +66	+106 +87	+121 +102	+141 +122	+163 +144	+191 +172
65	80	-360 -550	-200 -390	-150 -340																		+62 +43	+78 +59	+94 +75	+121 +102	+139 +120	+165 +146	+193 +174	+229 +210
80	100	-380 -600	-220 -440	-170 -390	-120 -207	-72 -126	-36 -71	-12 -34	0 -15	0 -22	0 -35	0 -54	0 -87	0 -140	0 -220	0 -350	±11	+25 +3	+35 +13	+45 +23	+59 +37	+73 +51	+93 +71	+113 +91	+146 +124	+168 +146	+200 +178	+236 +214	+280 +258
100	120	-410 -630	-240 -460	-180 -400																		+76 +54	+101 +79	+126 +104	+166 +144	+194 +172	+232 +210	+276 +254	+332 +310

续表

代号		a	b	c	d	e	f	g	h								js	k	m	n	p	r	s	t	u	v	x	y	z
公称尺寸/mm		公差等级																											
大于	至	11	11	11①	9①	8	7①	6①	5	6①	7①	8	9①	10	11①	12	6	6①	6	6①	6①	6	6①	6	6①	6	6	6	6
120	140	−460 −710	−260 −510	−200 −450																		+88 +63	+117 +92	+147 +122	+195 +170	+227 +202	+273 +248	+325 +300	+390 +365
140	160	−520 −770	−280 −530	−210 −460	−145 −245	−85 −148	−43 −83	−14 −39	0 −18	0 −25	0 −40	0 −63	0 −100	0 −160	0 −250	0 −400	±12.5	+28 +3	+40 +15	+52 +27	+68 +43	+90 +65	+125 +100	+159 +134	+215 +190	+253 +228	+305 +280	+365 +340	+440 +415
160	180	−580 −830	−310 −560	−230 −480																		+93 +68	+133 +108	+171 +146	+235 +210	+277 +252	+335 +310	+405 +380	+490 +465
180	200	−660 −950	−340 −630	−240 −530																		+106 +77	+151 +122	+195 +166	+265 +236	+313 +284	+379 +350	+454 +425	+549 +520
200	225	−740 −1030	−380 −670	−260 −550	−170 −285	−100 −172	−50 −96	−15 −44	0 −20	0 −29	0 −46	0 −72	0 −115	0 −185	0 −290	0 −460	±14.5	+33 +4	+46 +17	+60 +31	+79 +50	+109 +80	+159 +130	+209 +180	+287 +258	+339 +310	+414 +385	+499 +470	+604 +575
225	250	−820 −1110	−420 −710	−280 −570																		+113 +84	+169 +140	+225 +196	+313 +284	+369 +340	+454 +425	+549 +520	+669 +640
250	280	−920 −1240	−480 −800	−300 −620	−190 −320	−110 −191	−56 −108	−17 −49	0 −23	0 −32	0 −52	0 −81	0 −130	0 −210	0 −320	0 −520	±16	+36 +4	+52 +20	+66 +34	+88 +56	+126 +94	+190 +158	+250 +218	+347 +315	+417 +385	+507 +475	+612 +580	+742 +710
280	315	−1050 −1370	−540 −860	−330 −650																		+130 +98	+202 +170	+272 +240	+382 +350	+457 +425	+557 +525	+682 +650	+822 +790
315	355	−1200 −1560	−600 −960	−360 −720	−210 −350	−125 −214	−62 −119	−18 −54	0 −25	0 −36	0 −57	0 −89	0 −140	0 −230	0 −360	0 −570	±18	+40 +4	+57 +21	+73 +37	+98 +62	+144 +108	+226 +190	+304 +268	+426 +390	+511 +475	+626 +590	+766 +730	+936 +900
355	400	−1350 −1710	−680 −1040	−400 −760																		+150 +114	+244 +208	+330 +294	+471 +435	+566 +530	+696 +660	+856 +820	+1036 +1000
400	450	−1500 −1900	−760 −1160	−440 −840	−230 −385	−135 −232	−68 −131	−20 −60	0 −27	0 −40	0 −63	0 −97	0 −155	0 −250	0 −400	0 −630	±20	+45 +5	+63 +23	+80 +40	+108 +68	+166 +126	+272 +232	+370 +330	+530 +490	+635 +595	+780 +740	+960 +920	+1140 +1100
450	500	−1650 −2050	−840 −1240	−480 −880																		+172 +132	+292 +252	+400 +360	+580 +540	+700 +660	+860 +820	+1040 +1000	+1290 +1250

① 优先选用。

附录 4 常用材料及热处理

附表 4-1 常用的金属材料和非金属材料

名称		牌号	说明	应用举例
黑色金属	灰铸铁 (GB/T 9439)	HT150	HT——“灰铁”代号 150——抗拉强度,MPa	用于制造端盖、带轮、轴承座、阀壳、管子及管子附件、机床底座、工作台等
		HT200		用于较重要铸件,如汽缸、齿轮,机器、飞轮、床身、阀壳、衬筒等
	球墨铸铁 (GB/T 1348)	QT450-10 QT500-7	QT——“球铁”代号 450——抗拉强度,MPa 10——伸长率,%	具有较高的强度和塑性,广泛用于机械制造业中受磨损和受冲击的零件,如曲轴、汽缸套、活塞环、摩擦片中低压阀门、千斤顶座等
	铸钢 (GB/T 11352)	ZG200-400 ZG270-500	ZG——“铸钢”代号 200——屈服强度,MPa 400——抗拉强度,MPa	用于各种形状的零件,如机座、变速箱座、飞轮、重负荷机座、水压机工作缸等
	碳素结构钢 (GB/T 700)	Q215-A Q235-A	Q——“屈”字代号 215——屈服点数值 A——质量等级	有较高的强度和硬度,易焊接,是一般机械上的主要材料,用于制造垫圈、铆钉、轻载齿轮、键、拉杆、螺栓、螺母、轮轴等
	优质碳素结构钢 (GB/T 699)	15	15——平均含碳量(万分之几)	塑性、韧性、焊接性和冷冲性能均良好,但强度较低,用于制造螺钉、螺母、法兰盘及化工储器等
		35		用于强度要求较高的零件,如汽轮机叶轮、压缩机、机床主轴、花键轴等
		15Mn 65Mn	15Mn——平均含碳量(万分之几) Mn——含锰量较高	其性能与 15 钢相似,但其塑性、强度比 15 钢高
				强度高,适用做大尺寸的各种扁、圆弹簧
	低合金结构钢 (GB/T 1591)	15MnV	15——平均含碳量(万分之几) M——含锰量较高 V——合金元素钒	用于制作高中压油石化工容器、桥梁、船舶、起重机等
		16Mn		用于制作车辆、管道、大型容器、低温压力容器、重型机械等
有色金属	普通黄铜 (GB/T 5231)	H96	H——“黄”铜的代号 96——基本元素铜的含量	用于导管、冷凝管、散热器管、散热片等
		H59		用于一般机器零件、焊接件、热冲零件等
	铸造锡青铜 (GB/T 1176)	ZCuSn10Zn2	Z——“铸”造代号 Cu——基体金属铜元素符号 Sn10——锡元素符号及名义含量,%	在中等及较高载荷下工作的重要管件,以及阀、旋塞、泵体、齿轮、叶轮等
	铸造铝合金 (GB/T 1173)	ZAlSiCu1Mg	Z——“铸”字代号 Al——基体金属铝元素符号 Si——硅元素符号	用于水冷发动机的汽缸体、汽缸头、汽缸盖、空冷发动机头和发动机曲轴箱等

续表

名称		牌号	说明	应用举例
非金属	耐油橡胶板 (GB/T 5574)	3707 3807	37,38——顺序号 07——扯断强度,kPa	硬度较高,可在温度为-30～+100℃的机油、变压器油、汽油等介质中工作,适于冲制各种形状的垫圈
	耐油橡胶板 (GB/T 5574)	4708 4808	47,48——顺序号 08——扯断强度,kPa	较高硬度,具有耐热性能,可在温度为-30～+100℃且压力不大的条件下,在蒸气、热空气等介质中工作,用于冲制各种垫圈和垫板
	油浸石棉盘根 (JC/T 68)	YS350 YS250	YS——"油"字代号 350——适用的最高温度	用于加转轴、活塞或阀门杆上作密封材料,介质为蒸气、空气、工业用水、重质石油等
	橡胶石棉盘根 (JC/T 67)	XS550 XS350	XS——"橡石"代号 550——适用的最高温度	用于蒸汽机、往复泵的活塞和阀门杆上作密封材料
	聚四氟乙烯 (PTFE)			主要用于耐蚀、耐高温的密封元件,如填料、衬垫、胀圈、阀座,也用作输送腐蚀介质的高温管路、耐腐蚀衬里、容器的密封圈等

附表 4-2 热处理方法及应用

名称	处理方法	应用
退火	将钢件加热到临界温度以上,保温一段时间,然后缓慢地冷却下来(例如在炉中冷却)	用来消除铸、锻、焊零件的内应力,降低硬度,改善加工性能,增加塑性和韧性,细化金属晶粒,使组织均匀。适用于含碳量在0.83%以下的铸、锻、焊零件
正火	将钢件加热到临界温度以上,保温一段时间,然后在空气中缓慢冷却下来,冷却速度比退火快	用来处理低碳和中碳结构钢件用渗碳零件,使其晶粒细化,增加强度与韧性,改善切削加工性能
淬火	将钢件加热到临界温度以上,保温一段时间,然后在水、盐水或油水中急速冷却下来	用来提高钢的硬度、强度和耐磨性。但淬火后会引起内应力及脆性,因此淬火的钢件必须回火
回火	将淬火后的钢件,加热到临界温度以下的某一温度,保温一段时间,然后在空气或油中冷却下来	用来消除淬火时产生的脆性和应力,以提高钢件的韧性和强度
调质	淬火后进行高温回火(450～650℃)	可以完全消除内应力,并获得较高的综合力学性能。一些重要零件淬火后都要经过调质处理
时效处理	天然时效:在空气存放半年到一年以上。人工时效:加热到200℃左右,保温10～20h或更长时间	使铸件或淬火后的钢件慢慢消除内应力,而达到稳定其形状和尺寸的目的

附表 4-3 钢管 mm

低压流体输送用焊接钢管(摘自 GB/T 3091—2001)							
公称口径	外径	普通管壁厚	加厚管壁厚	公称口径	外径	普通管壁厚	加厚管壁厚
6	10.0	2.00	2.50	40	48.0	3.50	4.25
8	13.5	2.25	2.75	50	60.0	3.50	4.50
10	17.0	2.25	2.75	65	75.5	3.75	4.50
15	21.3	2.75	3.25	80	88.5	4.00	4.75
20	26.8	2.75	3.50	100	114.0	4.00	5.00
25	33.5	3.25	4.00	125	140.0	4.00	5.50
32	42.3	3.25	4.00	150	165.0	4.50	5.50

续表

低、中压锅炉用钢管(摘自 GB 3087—1999)

外径	壁厚	外径	壁厚	外径	壁厚	外径	壁厚	外径	壁厚	外径	壁厚	外径	壁厚	外径	壁厚
10	1.5～2.5	19	2～3	30	2.5～4	45	2.5～5	70	3～6	114	4～12	194	4.5～26	426	11～16
12	1.5～2.5	20	2～3	32	2.5～4	48	2.5～5	76	3.5～8	121	4～12	219	6～26	—	—
14	2～3	22	2～4	35	2.5～4	51	2.5～5	83	3.5～8	127	4～12	245	6～26	—	—
16	2～3	24	2～4	38	2.5～4	57	3～5	89	4～8	133	4～12	273	7～26	—	—
17	2～3	25	2～4	40	2.5～4	60	3～5	102	4～12	159	4.5～26	325	8～26	—	—
18	2～3	29	2.5～4	42	2.5～5	63.5	3～5	108	4～12	168	4.5～26	377	10～26	—	—
壁厚尺寸系列	1.5,2,2.5,3,3.5,4,4.5,5,6,7,8,9,10,11,12,13,14,15,16,17,18,19,20,21,22,23,24,25,26														

高压锅炉用无缝钢管（摘自 GB 5310—1995）

外径	壁厚	外径	壁厚	外径	壁厚	外径	壁厚	外径	壁厚	外径	壁厚	外径	壁厚
22	2～3.2	42	2.8～6	76	3.5～19	121	5～26	194	7～45	325	13～60	480	14～70
25	2～3.5	48	2.8～7	83	4～20	133	5～32	219	7.5～50	351	13～60	500	14～70
28	2.5～3.5	51	2.8～9	89	4～20	146	6～36	245	9～50	377	13～70	530	14～70
32	2.8～5	57	3.5～12	102	4.5～22	159	6～36	273	9～50	426	14～70	—	—
38	2.8～5.5	60	3.5～12	108	4.5～26	168	6.5～40	299	9～50	450	14～70	—	—
壁厚尺寸系列	2,2.5,2.8,3,3.2,3.5,4,4.5,5,5.5,6,(6.5),7,(7.5),8,9,10,11,12,13,14,(15),16,(17),18,(19),20,22,(24),25,26,28,30,32,(34),36,38,40,(42),45,(48),50,56,60,63,(65),70												

注：1. 括号内的尺寸尽可能不用。

2. GB/T 3091 适用于常压容器，但用作工业用水及煤气输送等用途时，可用于≤0.6MPa 的场合。

3. GB/T 3087 用于设计压力≤10MPa 的受压元件；GB/T 5310 用于设计压力≥10MPa 的受压元件。

附录 5　化工设备的常用标准化零部件

附表 5-1　内压筒体壁厚（经验数据）　mm

<table>
<tr><th rowspan="2">材料</th><th rowspan="2">工作压力/MPa</th><th colspan="29">公称直径 DN</th></tr>
<tr><th>300</th><th>(350)</th><th>400</th><th>(450)</th><th>500</th><th>(550)</th><th>600</th><th>(650)</th><th>700</th><th>800</th><th>900</th><th>1000</th><th>(1100)</th><th>1200</th><th>1300</th><th>1400</th><th>(1500)</th><th>1600</th><th>(1700)</th><th>1800</th><th>(1900)</th><th>2000</th><th>(2100)</th><th>2200</th><th>(2300)</th><th>2400</th><th>2600</th><th>2800</th><th>3000</th></tr>
<tr><td rowspan="5">Q235-A
Q235-A・F</td><td>≤0.3</td><td rowspan="4">3</td><td rowspan="3">3</td><td rowspan="3">3</td><td rowspan="3">3</td><td rowspan="2">3</td><td rowspan="2">3</td><td rowspan="2">3</td><td rowspan="3">4</td><td rowspan="3">4</td><td rowspan="2">4</td><td rowspan="2">4</td><td rowspan="3">5</td><td rowspan="3">5</td><td rowspan="3">5</td><td rowspan="2">5</td><td rowspan="2">5</td><td rowspan="2">5</td><td rowspan="2">5</td><td rowspan="2">5</td><td rowspan="2">6</td><td rowspan="2">6</td><td rowspan="2">6</td><td rowspan="2">6</td><td rowspan="2">6</td><td rowspan="2">6</td><td rowspan="2">6</td><td rowspan="2">8</td><td rowspan="2">8</td><td rowspan="2">8</td></tr>
<tr><td>≤0.4</td></tr>
<tr><td>≤0.6</td><td>4</td><td>4</td><td>4</td><td>4.5</td><td>4.5</td><td>6</td><td>6</td><td>6</td><td>6</td><td>8</td><td>8</td><td>8</td><td>8</td><td>8</td><td>8</td><td>10</td><td>10</td><td>10</td><td>10</td><td>10</td></tr>
<tr><td>≤1.0</td><td>4</td><td>4</td><td>4.5</td><td>4.5</td><td>5</td><td>6</td><td>6</td><td>6</td><td>6</td><td>6</td><td>8</td><td>8</td><td>8</td><td>8</td><td>10</td><td>10</td><td>10</td><td>12</td><td>12</td><td>12</td><td>12</td><td>12</td><td>14</td><td>14</td><td>14</td><td>16</td><td>16</td><td>16</td></tr>
<tr><td>≤1.6</td><td>4.5</td><td>5</td><td>6</td><td>6</td><td>8</td><td>8</td><td>8</td><td>8</td><td>8</td><td>8</td><td>10</td><td>10</td><td>10</td><td>12</td><td>12</td><td>12</td><td>14</td><td>14</td><td>16</td><td>16</td><td>16</td><td>18</td><td>18</td><td>18</td><td>20</td><td>20</td><td>24</td><td>24</td><td>24</td></tr>
<tr><td rowspan="5">不锈钢</td><td>≤0.3</td><td rowspan="4">3</td><td rowspan="4">3</td><td rowspan="4">3</td><td rowspan="3">3</td><td rowspan="3">3</td><td rowspan="3">3</td><td rowspan="3">3</td><td rowspan="3">3</td><td rowspan="3">3</td><td rowspan="3">3</td><td rowspan="3">3</td><td rowspan="3">4</td><td rowspan="3">4</td><td rowspan="2">4</td><td rowspan="2">4</td><td rowspan="2">4</td><td rowspan="2">4</td><td rowspan="2">4</td><td rowspan="2">5</td><td rowspan="2">5</td><td rowspan="2">5</td><td rowspan="2">5</td><td rowspan="2">5</td><td rowspan="2">5</td><td rowspan="2">5</td><td>5</td><td rowspan="2">7</td><td rowspan="2">7</td><td rowspan="2">7</td></tr>
<tr><td>≤0.4</td><td>7</td></tr>
<tr><td>≤0.6</td><td>5</td><td>5</td><td>5</td><td>5</td><td>5</td><td>6</td><td>6</td><td>6</td><td>6</td><td>7</td><td>7</td><td>7</td><td>8</td><td>8</td><td>9</td><td>0</td></tr>
<tr><td>≤1.0</td><td>4</td><td>4</td><td>4</td><td>4</td><td>5</td><td>5</td><td>5</td><td>5</td><td>6</td><td>6</td><td>6</td><td>7</td><td>7</td><td>8</td><td>8</td><td>9</td><td>9</td><td>10</td><td>10</td><td>12</td><td>12</td><td>12</td><td>12</td><td>14</td><td>14</td><td>16</td></tr>
<tr><td>≤1.6</td><td>4</td><td>4</td><td>5</td><td>5</td><td>6</td><td>6</td><td>7</td><td>7</td><td>7</td><td>7</td><td>8</td><td>8</td><td>9</td><td>10</td><td>12</td><td>12</td><td>12</td><td>14</td><td>14</td><td>14</td><td>16</td><td>16</td><td>18</td><td>18</td><td>18</td><td>18</td><td>20</td><td>22</td><td>24</td></tr>
</table>

附表 5-2 椭圆形封头（摘自 JB/T 4746—2002，钢制压力容器用封头） mm

以内径为基准的椭圆形封头(EHA)

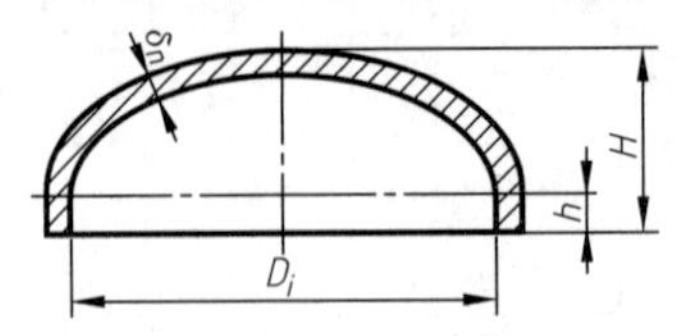

以外径为基准的椭圆形封头(EHB)

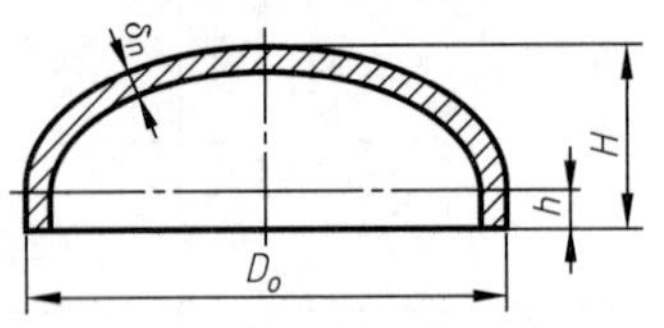

以内径为基准的椭圆形封头(EHA)，$D_i/[2(H-h)]=2$，$DN=D_i$

序号	公称直径 DN	总深度 H	名义厚度 δ_n	序号	公称直径 DN	总深度 H	名义厚度 δ_n
1	300	100	2～8	32	2700	715	10～32
2	350	113	2～8	33	2800	740	10～32
3	400	125	3～14	34	2900	765	10～32
4	450	138	3～14	35	3000	790	10～32
5	500	150	3～20	36	3100	815	12～32
6	550	163	3～20	37	3200	840	12～32
7	600	175	3～20	38	3300	865	16～32
8	650	188	3～20	39	3400	890	16～32
9	700	200	3～20	40	3500	915	16～32
10	750	213	3～20	41	3600	940	16～32
11	800	225	4～28	42	3700	965	16～32
12	850	238	4～28	43	3800	990	16～32
13	900	250	4～28	44	3900	1015	16～32
14	950	263	4～28	45	4000	1040	16～32
15	1000	275	4～28	46	4100	1065	16～32
16	1100	300	5～32	47	4200	1090	16～32
17	1200	325	5～32	48	4300	1115	16～32
18	1300	350	6～32	49	4400	1140	16～32
19	1400	375	6～32	50	4500	1165	16～32
20	1500	400	6～32	51	4600	1190	16～32
21	1600	425	6～32	52	4700	1215	16～32
22	1700	450	8～32	53	4800	1240	16～32
23	1800	475	8～32	54	4900	1265	16～32
24	1900	500	8～32	55	5000	1290	16～32
25	2000	525	8～32	56	5100	1315	16～32
26	2100	565	8～32	57	5200	1340	16～32
27	2200	590	8～32	58	5300	1365	16～32
28	2300	615	10～32	59	5400	1390	16～32
29	2400	640	10～32	60	5500	1415	16～32
30	2500	665	10～32	61	5600	1440	16～32
31	2600	690	10～32	62	5700	1465	16～32

续表

以内径为基准的椭圆形封头(EHA),$D_i/[2(H-h)]=2$,$DN=D_i$							
序号	公称直径 DN	总深度 H	名义厚度 δ_n	序号	公称直径 DN	总深度 H	名义厚度 δ_n
63	5800	1490	16～32	65	6000	1540	16～32
64	5900	1515	16～32	—	—	—	—
以内径为基准的椭圆形封头(EHB),$D_o/[2(H-h)]=2$,$DN=D_o$							
1	159	65	4～8	4	325	106	6～12
2	219	80	5～8	5	377	119	8～14
3	273	93	6～12	6	426	132	8～14

注：名义厚度 δ_n 系列（单位均为 mm）：2，3，4，5，6，8，10，12，14，16，18，20，22，24，26，28，30，32。

附表 5-3　管路法兰及垫片　　mm

凸面板式平焊钢制管法兰
（摘自 JB/T 81—1994）

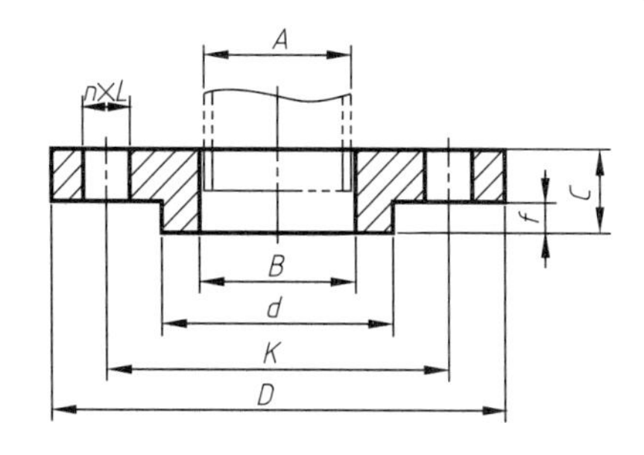

管路法兰用石棉橡胶垫片
（摘自 JB/T 87—1994）

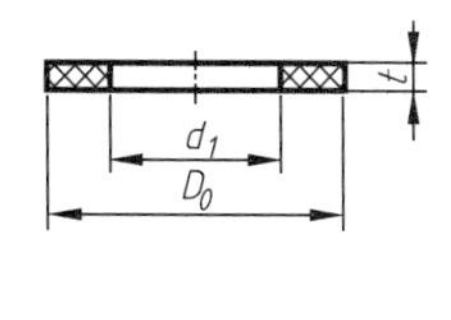

凸面板式平焊钢制管法兰																
PN/MPa	公称通径 DN	10	15	20	25	32	40	50	65	80	100	125	150	200	250	300
0.25 0.6 1.0 1.6	管子外径 A	14	18	25	32	38	45	57	73	89	108	133	159	219	273	325
	法兰内径 B	15	19	26	33	39	46	59	75	91	110	135	161	222	276	328
	密封面厚度 f	2	2	2	2	2	3	3	3	3	3	3	3	3	3	4
0.25 0.6	法兰外径 D	75	80	90	100	120	130	140	160	190	210	240	265	320	375	440
	螺栓中心直径 K	50	55	65	75	90	100	110	130	150	170	200	225	280	335	395
	密封面直径 d	32	40	50	60	70	80	90	110	125	145	175	200	255	310	362
1.0 1.6	法兰外径 D	90	95	105	115	140	150	165	185	200	220	250	285	340	395	445
	螺栓中心直径 K	60	65	75	85	100	110	125	145	460	480	210	240	295	350	400
	密封面直径 d	40	45	55	65	78	85	100	120	165	155	185	210	265	320	368
0.25	法兰厚度 C	10	10	12	12	12	12	12	14	14	14	14	16	18	22	22
0.6		12	12	14	14	16	16	16	16	18	18	20	20	22	24	24
1.0							18	18	20	20	22	24	24	24	26	28
1.6		14	14	16	18	18	20	22	24	24	26	28	28	30	32	32
0.25 0.6	螺栓数量 n	4	4	4	4	4	4	4	4	4	4	8	8	8	12	12
1.0										4	8			8		
1.6										8	8			12		

续表

PN/MPa	公称通径 DN	10	15	20	25	32	40	50	65	80	100	125	150	200	250	300
0.25	螺栓孔直径 L	12	12	12	12	14	14	14	14	18	18	18	18	18	18	23
0.6	螺栓规格	M10	M10	M10	M10	M12	M12	M12	M12	M16	M16	M16	M16	M16	M16	M20
1.0	螺栓孔直径 L	14	14	14	14	18	18	18	18	18	18	18	23	23	23	23
	螺栓规格	M12	M12	M12	M12	M16	M16	M16	M16	M16	M16	M16	M20	M20	M20	M20
1.6	螺栓孔直径 L	14	14	14	14	18	18	18	18	18	18	18	13	13	16	16
	螺栓规格	M12	M12	M12	M12	M16	M16	M16	M16	M16	M16	M16	M20	M20	M24	M24
0.25 0.6	管路法兰用石棉橡胶垫片外径 D_0	38	43	53	63	76	86	96	116	132	152	182	207	262	317	372
1.0		46	51	61	71	82	92	107	127	142	462	492	217	272	327	377
1.6															330	385
管路法兰用石棉橡胶垫片内径 d_1		14	18	25	32	38	45	57	76	89	108	133	159	219	273	325
管路法兰用石棉橡胶垫片厚度 t		2														

板式平焊钢制管法兰
(摘自 HG/T 20592—2009)

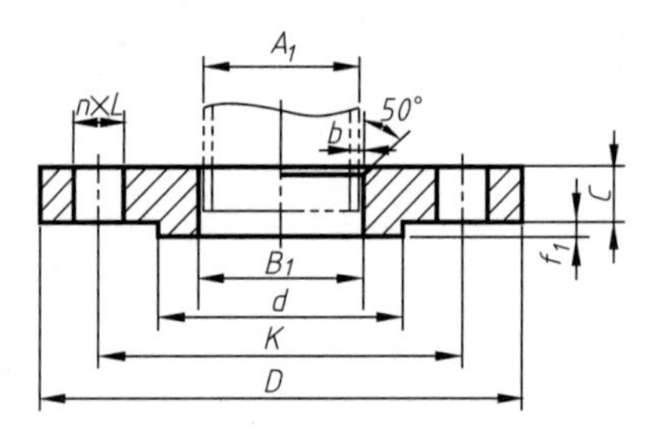

石棉橡胶垫片
(摘自 HG/T 20606—2009)

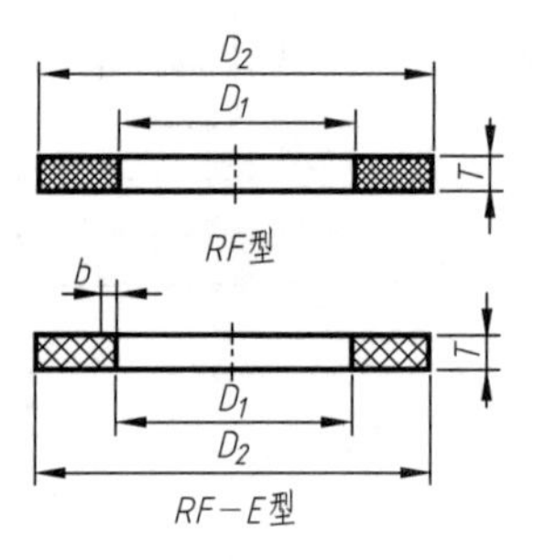

板式平焊钢制管法兰

PN/MPa	公称通径 DN		10	15	20	25	32	40	50	65	80	100	125	150	200	250	300
2.5	管子外径 A_1	A	17.2	21.3	26.9	33.7	42.4	48.3	60.3	76.1	88.9	114.3	139.7	168.3	219.1	273	323.9
		B	14	18	25	32	38	45	57	75	89	108	133	159	219	273	325
	法兰内径 B	A	18	22.5	27.5	34.5	43.5	48.5	61.5	77.5	90.5	116	143.5	170.5	221.5	276.5	328
		B	15	19	26	33	39	46	59	78	91	110	135	161	222	276	328
	法兰外径 D		75	80	90	100	120	130	140	160	190	210	240	265	320	375	440
	螺栓中心圆直径 K		50	55	65	75	90	100	110	130	150	170	200	225	280	335	395
	密封面直径 d		35	40	50	60	70	80	90	110	128	148	178	202	258	312	365
	密封面厚度 f_1		2														
	法兰厚度 C		12	12	14	14	16	16	16	16	18	18	20	20	22	24	24
	螺栓孔数量 n		4	4	4	4	4	4	4	4	4	4	8	8	8	12	12
	螺栓孔直径 L		11	11	11	11	14	14	14	14	18	18	18	18	18	18	22
	螺栓 Th		M10	M10	M10	M10	M12	M12	M12	M12	M16	M16	M16	M16	M16	M16	M20
	凸面法兰用 RF 和 RF-E 型垫片外径 D_2		39	44	54	64	76	86	96	116	132	152	182	207	262	317	373

续表

PN/MPa	公称通径 DN	10	15	20	25	32	40	50	65	80	100	125	150	200	250	300
2.5	凸面法兰用 RF 和 RF-E 型垫片内径 D_1	18	22	27	34	43	49	61	77	89	115	141	169	220	273	324
	凸面法兰用 RF 和 RF-E 型垫片厚度 T	1.5														
	包边宽度 b	3														

注：1. 本标准适用的钢管外径包括 A、B 两个系列，A 系列为国际通用系列（俗称英制管）、B 系列为国内沿用系列（俗称公制管）。

2. 垫片内径 D_1 为最大垫片内直径。用户可规定其他垫片内径尺寸，但应在订货时注明。

3. 表中的垫片厚度 T 为推荐选用的垫片厚度。

4. 橡胶垫厚度大于或等于 1.5mm。

附表 5-4　设备法兰及垫片　　mm

甲型平焊法兰(平密封面)（摘自 JB/T 4701—2000）　　非金属软垫片（摘自 JB/T 4701—2000）

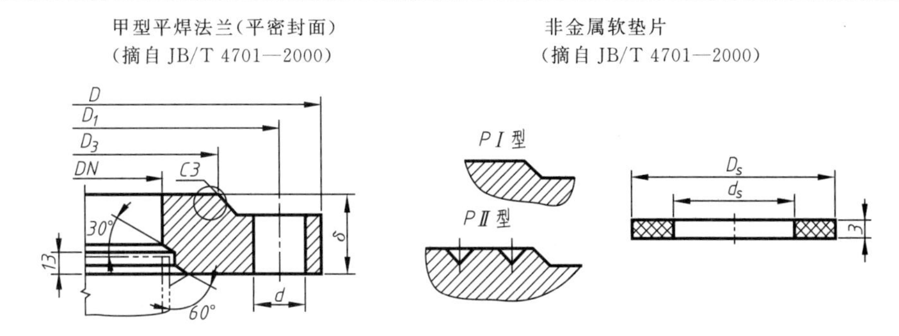

公称直径 DN	甲型平焊法兰					非金属垫片		螺　柱	
	D	D_1	D_3	δ	d	D_s	d_s	规格	数量
PN＝0.25MPa									
700	815	780	740	36	18	739	709	M16	28
800	915	880	840	36		839	809		32
900	1015	980	940	40		939	309		36
1000	1030	1090	1045	40	23	1044	1004	M20	32
1200	1330	1290	1241	44		1240	1200		36
1400	1530	1490	1441	46		1440	1400		40
1600	1730	1690	1641	50		1640	1600		48
1800	1930	1890	1841	56		1840	1800		52
2000	2130	2090	2041	60		2040	2000		60
PN＝0.6MPa									
500	615	580	540	30	18	539	503	M16	20
600	715	680	640	32		639	603		24
700	830	790	745	36	23	744	704	M20	24
800	930	890	845	40		844	804		24
900	1030	990	945	44		944	904		32
1000	1130	1090	1045	48		1044	1004		36
1200	1330	1290	1241	60		1540	1200		52

续表

公称直径 DN	甲型平焊法兰					非金属垫片		螺柱	
	D	D_1	D_3	δ	d	D_s	d_s	规格	数量
PN=1.0MPa									
300	415	380	340	26	18	339	303	M16	16
400	515	480	440	30		439	403		20
500	630	590	545	34		544	504		20
600	730	690	645	40		644	604		24
700	830	790	745	46	23	744	704	N20	32
800	930	890	845	54		844	804		40
900	1030	990	945	60		944	904		48
PN=1.6MPa									
300	430	390	345	30		344	304		16
400	530	490	445	36	23	444	404	M20	20
500	630	590	545	44		544	504		28
600	730	690	645	54		644	604		40

附表 5-5 人孔与手孔

mm

常压人孔(摘自 HG/T 21514—2005)

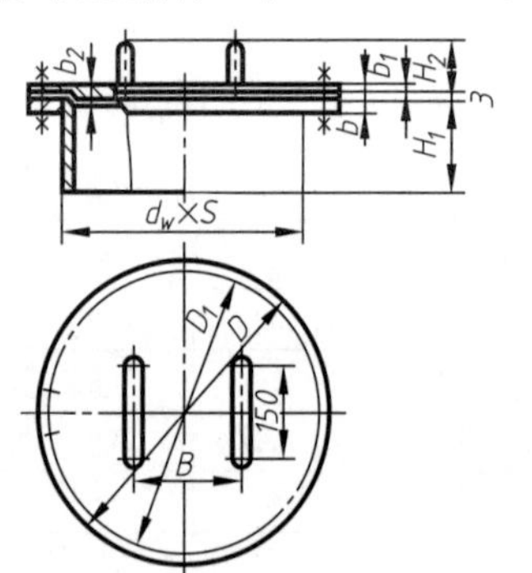

常压手孔(摘自 HG/T 21528—2005)

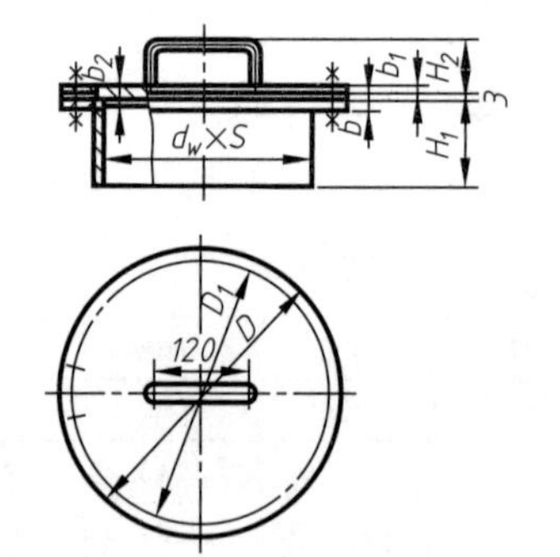

常压人孔

公称压力/MPa	公称直径 DN	$d_w×S$	D	D_1	b	b_1	b_2	H_1	H_2	B	螺栓数量	螺栓规格
	(400)	426×6	515	480				150		250	16	
0.7	450	480×6	570	535	14	10	12	160	90		20	M16×50
	500	530×6	620	585						300		
	600	630×6	720	685	16	12	14	180	92		24	M16×55

常压手孔

公称压力/MPa	公称直径 DN	$d_w×S$	D	D_1	b	b_1	b_2	H_1	H_2	B	螺栓数量	螺栓规格
0.7	150	159×4.5	235	205	10	6	8	100	72	—	8	M16×40
	250	273×6.5	350	320	12	8	10	120	74	—	12	M16×45

附表 5-6 鞍式支座（摘自 JB/T 4712.1—2007）

*DN*500～*DN*900，120°包角、重型、带垫板或不带垫板

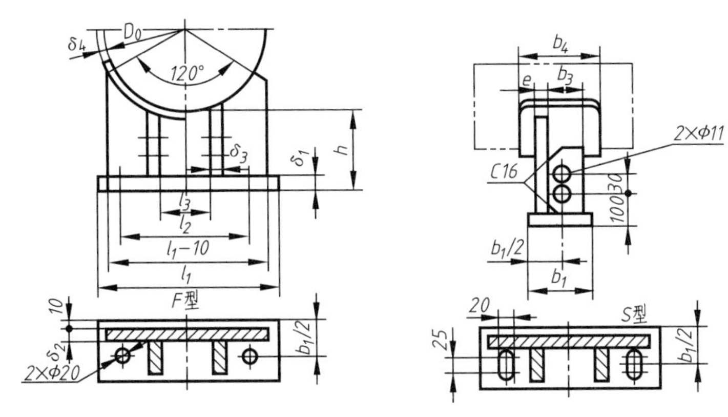

*DN*1000～*DN*2000，120°包角、重型、带垫板

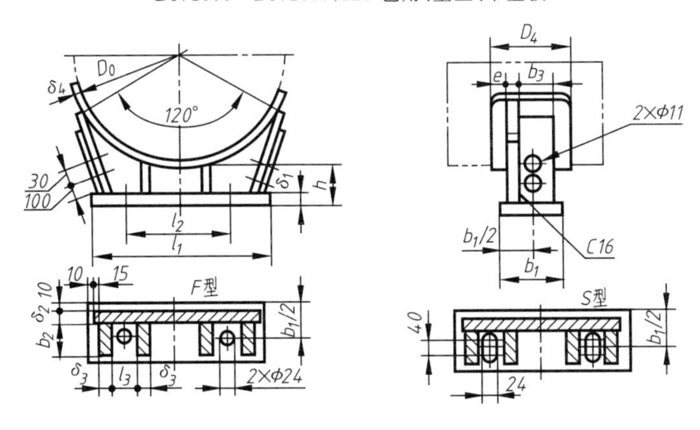

<table>
<tr><th rowspan="2">形式特征</th><th rowspan="2">公称直径 DN</th><th rowspan="2">鞍座高度 h</th><th colspan="3">底 板</th><th rowspan="2">腹板 δ_2</th><th colspan="4">肋 板</th><th colspan="4">垫 板</th><th>螺栓间距</th></tr>
<tr><th>l_1</th><th>b_1</th><th>δ_1</th><th>l_3</th><th>b_2</th><th>b_3</th><th>δ_3</th><th>弧长</th><th>b_4</th><th>δ_4</th><th>e</th><th>l_2</th></tr>
<tr><td rowspan="7">DN500～DN900
120°包角
重型带垫板
或不带垫板</td><td>500</td><td rowspan="7">200</td><td>460</td><td rowspan="7">150</td><td rowspan="7">10</td><td rowspan="5">8</td><td>250</td><td rowspan="7"></td><td rowspan="7">120</td><td rowspan="5">8</td><td>590</td><td rowspan="5">200</td><td rowspan="7">6</td><td rowspan="5">56</td><td>330</td></tr>
<tr><td>550</td><td>510</td><td>275</td><td>650</td><td>360</td></tr>
<tr><td>600</td><td>550</td><td>300</td><td>710</td><td>400</td></tr>
<tr><td>650</td><td>590</td><td>325</td><td>770</td><td>430</td></tr>
<tr><td>700</td><td>640</td><td>350</td><td>830</td><td>460</td></tr>
<tr><td>800</td><td>720</td><td rowspan="2">10</td><td>400</td><td>10</td><td>940</td><td rowspan="2">260</td><td rowspan="2">65</td><td>530</td></tr>
<tr><td>900</td><td>810</td><td>450</td><td></td><td>1060</td><td>590</td></tr>
<tr><td rowspan="11">DN1000～
DN2000
120°包角
重型带垫板</td><td>1000</td><td rowspan="5">200</td><td>760</td><td rowspan="5">170</td><td rowspan="5">12</td><td rowspan="2">8</td><td>170</td><td rowspan="5">140</td><td rowspan="5">200</td><td rowspan="2">8</td><td>1180</td><td rowspan="5">350</td><td rowspan="5">8</td><td rowspan="5">70</td><td>600</td></tr>
<tr><td>1100</td><td>820</td><td>185</td><td>1290</td><td>660</td></tr>
<tr><td>1200</td><td>880</td><td rowspan="3">10</td><td>200</td><td rowspan="3">10</td><td>1410</td><td>720</td></tr>
<tr><td>1300</td><td>940</td><td>215</td><td>1520</td><td>780</td></tr>
<tr><td>1400</td><td>1000</td><td>230</td><td>1640</td><td>840</td></tr>
<tr><td>1500</td><td rowspan="6">250</td><td>1060</td><td rowspan="3">200</td><td rowspan="6">16</td><td rowspan="3">12</td><td>240</td><td rowspan="3">170</td><td rowspan="3">240</td><td rowspan="6">12</td><td>1760</td><td rowspan="3">440</td><td rowspan="6">10</td><td rowspan="6">90</td><td>900</td></tr>
<tr><td>1600</td><td>1120</td><td>255</td><td>1870</td><td>960</td></tr>
<tr><td>1700</td><td>1200</td><td>277</td><td>1990</td><td>1040</td></tr>
<tr><td>1800</td><td>1280</td><td rowspan="3">220</td><td rowspan="3">14</td><td>295</td><td rowspan="3">190</td><td rowspan="3">260</td><td>2100</td><td rowspan="3">460</td><td>1120</td></tr>
<tr><td>1900</td><td>1360</td><td>315</td><td>2220</td><td>1200</td></tr>
<tr><td>2000</td><td>1420</td><td>330</td><td>2330</td><td>1260</td></tr>
</table>

附表 5-7 耳式支座（摘自 JB/T 4712.3—2007）

mm

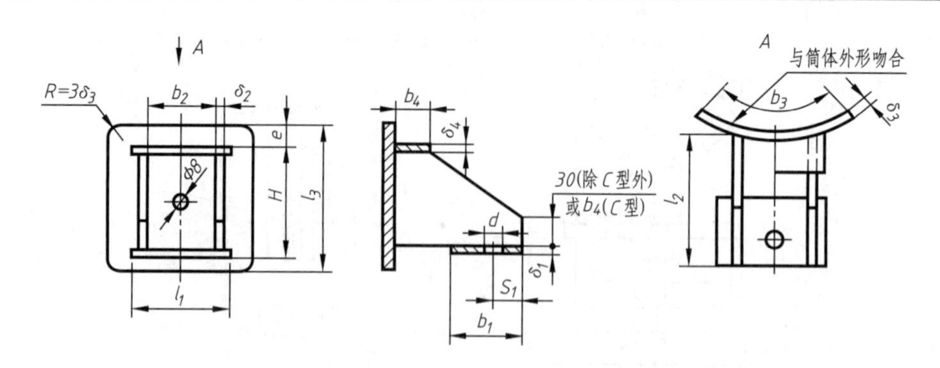

支座号			1	2	3	4	5	6	7	8
适用容器公称直径 DN			300～600	500～1000	700～1400	1000～2000	1300～2600	1500～3000	1700～3400	2000～4000
高度 H		A、B 型	125	160	200	250	320	400	480	600
		C 型	200	250	300	360	430	480	540	650
底板	l_1	A、B 型	100	125	160	200	250	315	375	480
		C 型	130	160	200	250	300	360	440	540
	b_1	A、B 型	60	80	105	140	180	230	280	360
		C 型	80	80	105	140	180	230	280	360
	δ_1	A、B 型	6	8	10	14	16	20	22	36
		C 型	8	12	14	18	22	24	28	30
	S_1	A、B 型	30	40	50	70	90	115	130	145
		C 型	40	40	50	70	90	115	130	140
	c	C 型	—	—	—	90	120	160	200	280
肋板	l_2	A 型	80	100	125	160	200	150	300	380
		B 型	160	180	205	290	330	380	430	510
		C 型	250	280	300	390	430	480	530	600
	b_2	A 型	70	90	110	140	180	230	280	350
		B 型	70	90	110	140	180	230	270	350
		C 型	80	100	130	170	210	260	310	400
	δ_2	A 型	4	5	6	8	10	12	14	16
		B 型	5	6	8	10	12	14	16	18
		C 型	6	6	8	10	12	14	16	18
垫板	l_3	A、B 型	160	200	250	315	400	500	600	700
		C 型	260	310	370	430	510	570	630	750
	b_3	A、B 型	125	160	200	250	320	400	480	600
		C 型	170	210	260	320	380	450	540	650
	δ_3	A、B、C 型	6	6	8	8	10	12	14	16
	e	A、B 型	20	24	30	40	48	60	70	72
		C 型	30	30	35	35	40	45	45	50

续表

支座号			1	2	3	4	5	6	7	8
适用容器公称直径 DN			300～600	500～1000	700～1400	1000～2000	1300～2600	1500～3000	1700～3400	2000～4000
盖板	b_4	A 型	30	30	30	30	30	50	50	50
		B、C 型	50	50	50	70	70	100	100	100
	δ_4	A 型	—	—	—	—	—	12	14	16
		B 型	—	—	—	—	—	14	16	18
		C 型	8	10	12	12	14	14	16	18
地脚螺栓	d	A、B 型	24	24	30	30	30	36	36	36
		C 型	24	30	30	30	30	36	36	36
	规格	A、B 型	M20	M20	M24	M24	M25	M30	M30	M30
		C 型	M20	M24	M24	M24	M25	M30	M30	M30

附表 5-8　补强（摘自 JB/T 4736—2002）　　mm

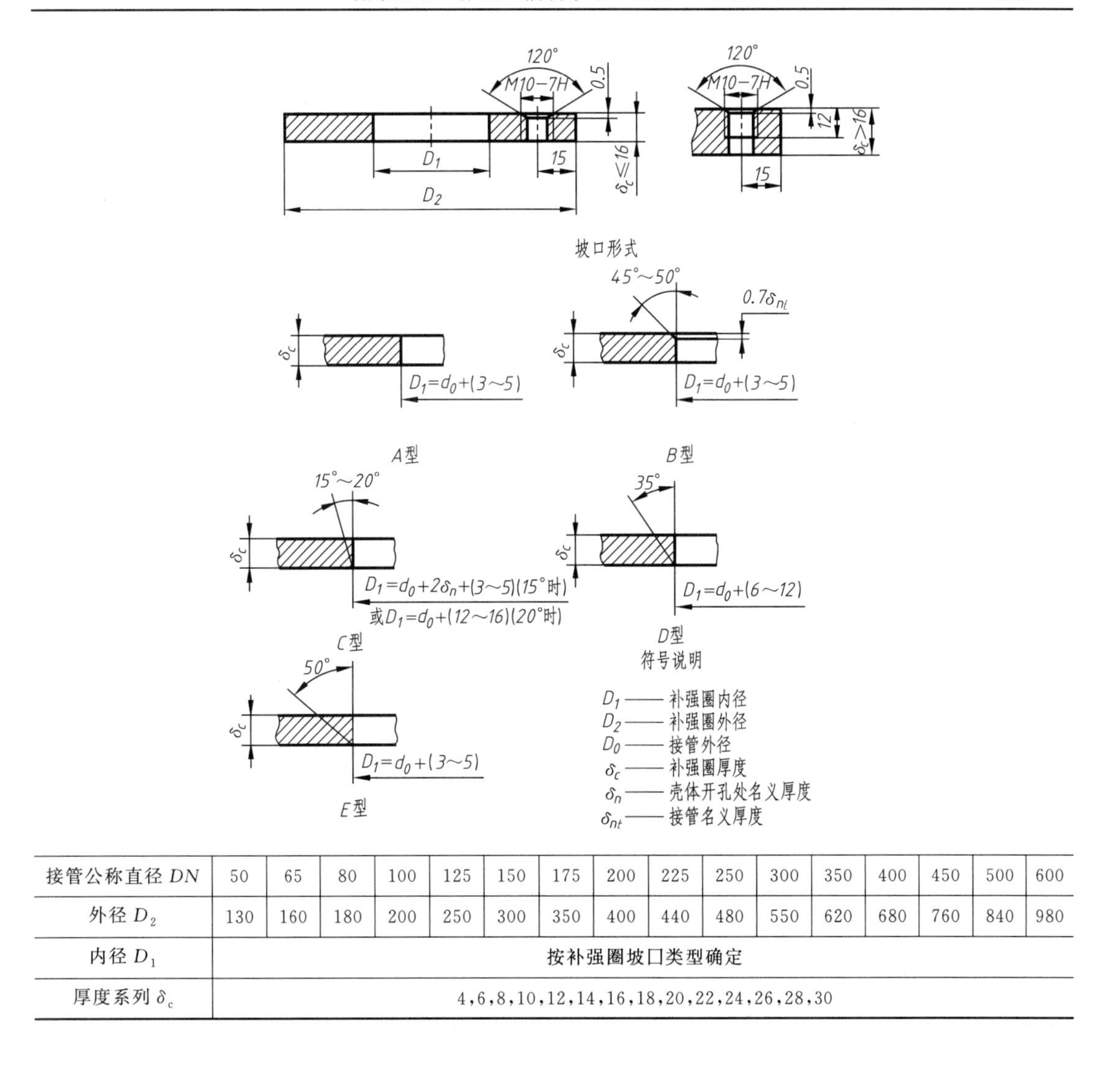

接管公称直径 DN	50	65	80	100	125	150	175	200	225	250	300	350	400	450	500	600
外径 D_2	130	160	180	200	250	300	350	400	440	480	550	620	680	760	840	980
内径 D_1	按补强圈坡口类型确定															
厚度系列 δ_c	4,6,8,10,12,14,16,18,20,22,24,26,28,30															

附录6 化工工艺图中的有关图例

附表6-1 常用设备分类代号及其图例（摘自HG/T 20519.2—2009）

设备类别及代号	图例	设备类别及代号	图例
塔（T）	填料塔 板式塔 喷洒塔	烟囱 火炬（S）	烟囱 火炬
塔内件	降液管 受液盘 泡罩塔塔板 浮阀塔塔板 格栅板 升气管 湍球塔 筛板塔塔板 分配（分布）器、喷淋器 丝网除沫层 填料除沫层	反应器（R）	固定床反应器 列管式反应器 流化床反应器 反应釜(闭式、带搅拌、夹套) 反应釜(开式、带搅拌、夹套) 反应釜(开式、带搅拌、夹套、内盘管)
泵（P）	离心泵 水环式真空泵 旋转泵齿轮泵 螺杆泵 往复泵 隔膜泵 液下泵 喷射泵 旋涡泵	压缩机（C）	鼓风机 (卧式) (立式) 旋转式压缩机 离心式压缩机 往复式压缩机 二段往复式压缩机(L形) 四段往复式压缩机

续表

设备类别及代号	图　例
换热器(E)	换热器(简图)；固定管板式列管换热器；U形管式换热器；浮头式列管换热器；套管式换热器；釜式换热器；板式换热器；螺旋式换热器；翅片管换热器；蛇管式(盘管式)换热器；喷淋式冷却器；刮板式薄膜蒸发器；列管式(薄膜)蒸发器；抽风式空冷器；送风式空冷器；带风扇的翅片管式换热器
设备内件附件	防涡流器；插入管式防涡流器；防冲板；加热或冷却部件；搅拌器
工业炉(F)	箱式炉；圆筒炉；圆筒炉
容器(V)	锥顶罐；(地下、半地下)池、槽、坑；浮顶罐；圆顶锥底容器；碟形封头容器；平顶容器；干式气柜；湿式气柜；球罐；卧式容器；卧式容器；填料除沫分离器；丝网除沫分离器；旋风分离器；干式电除尘器；湿式电除尘器；固定床过滤器；带滤筒的过滤器
称量机械(W)	带式定量给料秤；地上衡

续表

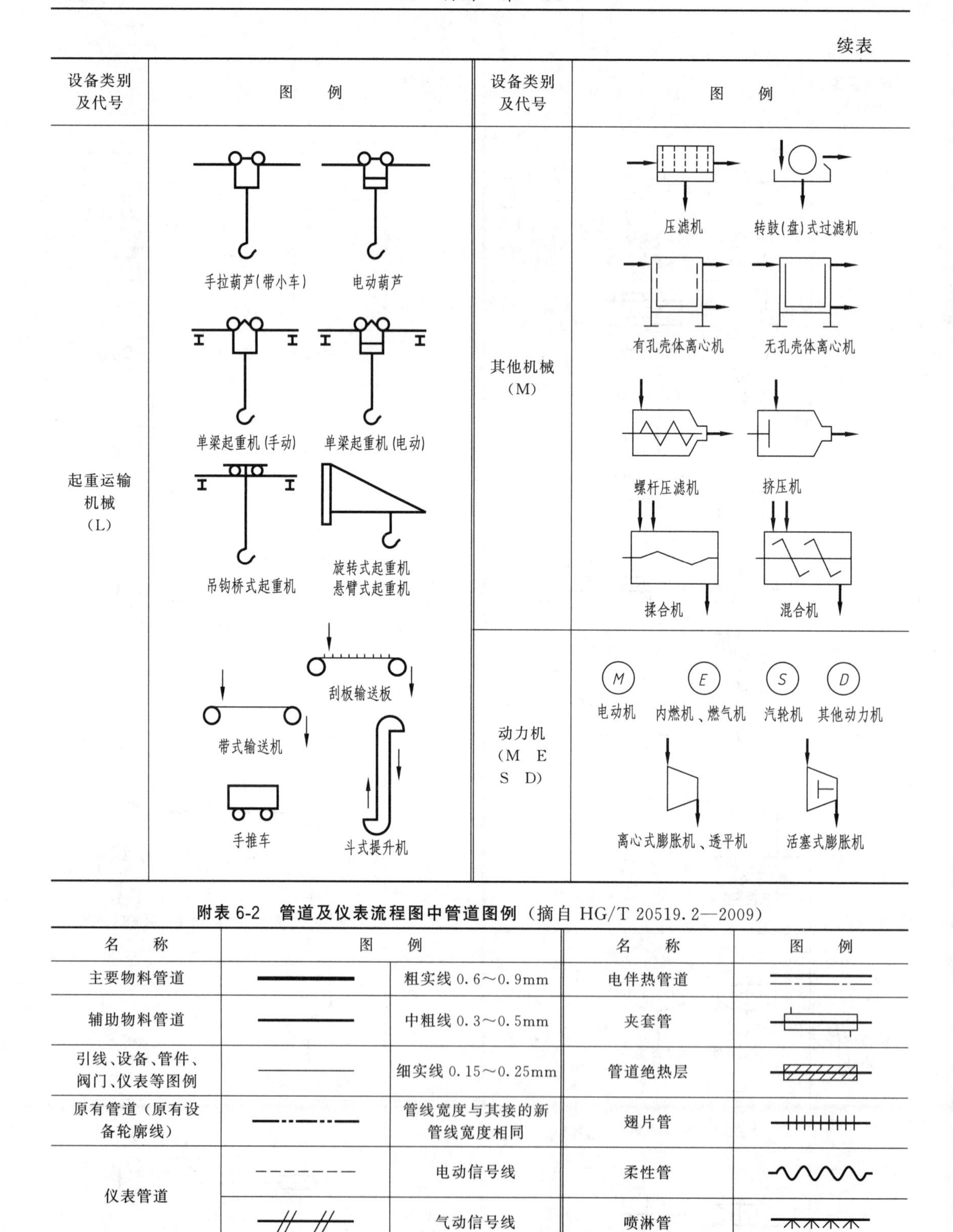

设备类别及代号	图例	设备类别及代号	图例
起重运输机械（L）	手拉葫芦(带小车)；电动葫芦；单梁起重机(手动)；单梁起重机(电动)；吊钩桥式起重机；旋转式起重机 悬臂式起重机；刮板输送板；带式输送机；手推车；斗式提升机	其他机械（M）	压滤机；转鼓(盘)式过滤机；有孔壳体离心机；无孔壳体离心机；螺杆压滤机；挤压机；揉合机；混合机
		动力机（M E S D）	M 电动机；E 内燃机、燃气机；S 汽轮机；D 其他动力机；离心式膨胀机、透平机；活塞式膨胀机

附表 6-2 管道及仪表流程图中管道图例（摘自 HG/T 20519.2—2009）

名称	图例		名称	图例
主要物料管道		粗实线 0.6～0.9mm	电伴热管道	
辅助物料管道		中粗线 0.3～0.5mm	夹套管	
引线、设备、管件、阀门、仪表等图例		细实线 0.15～0.25mm	管道绝热层	
原有管道（原有设备轮廓线）		管线宽度与其接的新管线宽度相同	翅片管	
仪表管道		电动信号线	柔性管	
		气动信号线	喷淋管	
蒸汽伴热管道			同心异径管	
地下管道（埋地或地下管沟）			偏心异径管	底平 顶平

附表 6-3　常用阀门图形符号（摘自 HG/T 20519.2—2009）

名　　称	符　　号	名　　称	符　　号
闸阀		止回阀	
截止阀		柱塞阀	
节流阀		蝶阀	
球阀		减压阀	
旋塞阀		隔膜阀	
直流截止阀		插板阀	
疏水阀		针型阀	
底阀		呼吸阀	
角式截止阀		带阻火器呼吸阀	
角式节流阀		角式弹簧安全阀	
角式球阀		角式重锤安全阀	
三通截止阀		四通截止阀	
三通球阀		四通球阀	
三通旋塞阀		四通旋塞阀	

附表 6-4　管件图形符号（摘自 HG/T 20519.2—2009）

名　　称	符　　号	名　　称	符　　号
螺纹管帽		阀端法兰(盖)	
法兰连接		管帽	
软管接头		阀端丝堵	
管端盲板		管端丝堵	
管端法兰(盖)		文氏管	

附表 6-5 管件与管路连接的表示法（摘自 HG/T 20519.4—2009）

名称			管道布置图 单线		管道布置图 双线		轴测图	
90°弯头	螺纹或承插焊							
	对焊							
	法兰焊							
三通管	螺纹或承插焊							
	对焊							
	法兰焊							
偏心异径管	螺纹或承插焊	平面	E.R25×20 FOB	E.R25×20 FOT			E.R25×20 FOB	E.R25×20 FOT
		立面	E.R25×20 FOB	E.R25×20 FOT				
	对焊	平面	E.R80×50 FOB	E.R80×50 FOT	E.R80×50 FOB(FOT)		E.R80×50 FOB	E.R80×50 FOT
		立面	E.R80×50 FOB	E.R80×50 FOT	E.R80×50 FOB	E.R80×50 FOT		
	焊法兰	平面	E.R80×50 FOB	E.R80×50 FOT	E.R80×50 FOB(FOT)		E.R80×50 FOB	E.R80×50 FOT
		立面	E.R80×50 FOB	E.R80×50 FOT	E.R80×50 FOB	E.R80×50 FOT		

注：1. E. R——偏心异径管。

2. FOB——底平。

3. FOT——顶平。

4. 轴测图图例均为举例，可按实际管道走向作相应的表示。

参 考 文 献

[1] 高菲任. 机械制图. 北京：高等教育出版社，2013.
[2] 胡建生. 机械制图. 北京：机械工业出版社，2016.
[3] 天工在线. AutoCAD2018 从入门到精通. 北京：中国水利水电出版社，2017.